“十三五”国家重点出版物出版规划项目
中国建筑千米级摩天大楼建造技术研究系列丛书

千米级摩天大楼结构设计关键技术研究

组织编写　中国建筑股份有限公司
　　　　　中国建筑股份有限公司技术中心
丛书主编　毛志兵
本书主编　吴一红　陈　勇

中国建筑工业出版社

图书在版编目（CIP）数据

千米级摩天大楼结构设计关键技术研究/吴一红，陈勇本书主编. —北京：中国建筑工业出版社，2017.12
（中国建筑千米级摩天大楼建造技术研究系列丛书/毛志兵丛书主编）
ISBN 978-7-112-21169-2

Ⅰ.①千… Ⅱ.①吴… ②陈… Ⅲ.①超高层建筑-建筑结构-结构设计 Ⅳ.①TU973

中国版本图书馆 CIP 数据核字（2017）第 215192 号

本书对高度达千米级别的超高层建筑的结构设计关键技术进行了研究和总结，内容共分 12 章，分别是：摩天大楼建筑结构的发展概况、千米级摩天大楼建筑方案与结构方案、千米级摩天大楼结构设计、动力弹塑性时程分析、风洞数值模拟分析、风洞试验、加强层及巨型支撑研究、结构主要节点与外包钢板剪力墙研究、施工过程力学及混凝土收缩徐变模拟计算分析、温度效应分析、地基基础研究、外包钢板-混凝土组合剪力墙试验研究。本书的研究成果比较前沿，其中关于超高层结构设计中的动力弹塑性时程分析、风动数值模拟分析等的研究结论，对于我国将来建设更高高度的超高层建筑具有参考意义。

本书适用于建筑结构研究、设计人员参考使用，也可作为相关专业大中专院校师生学习参考书。

总 策 划：尚春明
责任编辑：万 李 张 磊
责任设计：李志立
责任校对：李欣慰 党 蕾

“十三五”国家重点出版物出版规划项目
中国建筑千米级摩天大楼建造技术研究系列丛书
千米级摩天大楼结构设计关键技术研究
组织编写 中国建筑股份有限公司
中国建筑股份有限公司技术中心
丛书主编 毛志兵
本书主编 吴一红 陈 勇
*
中国建筑工业出版社出版、发行（北京海淀三里河路 9 号）
各地新华书店、建筑书店经销
霸州市顺浩图文科技发展有限公司制版
北京建筑工业印刷厂印刷
*
开本：850×1168 毫米 1/16 印张：21 字数：600 千字
2018 年 1 月第一版 2019 年 8 月第二次印刷
定价：**55.00** 元
ISBN 978-7-112-21169-2
（30807）

《中国建筑千米级摩天大楼建造技术研究系列丛书》编写委员会

《千米级摩天大楼结构设计关键技术研究》编写人员

本书主编： 吴一红　陈　勇

本书副主编： 陈　鹏　金　钊　隋庆海

本书编委：

中国建筑股份有限公司技术中心：

王冬雁

中国建筑东北设计研究院有限公司：

洪嵩然　周　宇　高　键　程　曦　董志峰　张　宇
吕延超　李振宇　高大帅　徐田雨　柳　超　吴　迪
梁　峰　张　叙　程　云　国　辉　白际盟　张格阳
于红亮　窦南华　赵　阳　刘子青　黄　堃　孙　哲
张振涛　郑孝党

哈尔滨工业大学土木工程学院：

郑朝荣　武　岳　张文元

序

超高层建筑是现代化城市重要的天际线，也是一个国家和地区经济、科技、综合国力的象征。从1930年竣工的319m高克莱斯勒大厦，到2010年竣工的828m高哈利法塔，以及正在建设中的1007m高国王塔，都代表了世界超高层建筑发展的时代坐标。

20世纪90年代以来，伴随着国民经济不断增长和综合国力的提升，中国超高层建筑发展迅速，超高层建筑数量已跃居世界第一位。据有关统计显示，我国仅在2017年完工的超高层建筑就近120栋，累计将达到600栋以上。深圳平安国际金融中心、上海中心大厦等高度都在600m以上，建造中的武汉绿地中心高度将达636m。

中国建筑股份有限公司（简称：中国建筑）是中国专业化发展最久、市场化经营最早、一体化程度最高、全球排名第一的投资建设集团，2017年世界500强排名第24位。中国建筑秉承“品质保障、价值创造”的核心价值观，在超高层建筑建造领域，承建了国内90%以上高度超过300m的超高层建筑，经过一批400m、500m、600m级超高层建筑的施工实践，形成了完整的建造技术。公司建造的北京“中国尊”、上海环球金融中心、广州东塔和西塔、深圳平安国际金融中心等一批地标性建筑，打造了一张张靓丽的城市名片。

2011年起，我们整合集团内外优势资源，历时4年，投入研发经费1750万元，组织完成了“中国建筑千米级摩天大楼建造技术研究”课题。在超高层建筑设计、结构设计、机电设计以及施工技术等方面取得了一系列研究成果，部分成果已成功应用于工程中。由多位中国工程院院士和中国勘察设计大师组成的课题验收组认为，课题研究的整体成果达到了国际领先水平。

为交流超高层建筑建造经验，提高我国建筑业整体技术水平，课题组在前期研究基础上，结合公司超高层施工实践经验，编写了这套《中国建筑千米级摩天大楼建造技术研究系列丛书》。丛书包括《千米级摩天大楼建筑设计关键技术研究》、《千米级摩天大楼结构设计关键技术研究》、《千米级摩天大楼机电设计关键技术研究》、《千米级摩天大楼结构施工关键技术研究》及《中国500米以上超高层建筑施工组织设计案例集》5册，系统地总结了超高层建筑、千米级摩天大楼在建造过程中设计与施工关键技术的研究、实践和方案。丛书凝结了中国建筑工程技术人员的智慧和汗水，是集团公司在超高层建筑领域持续创新的成果。

丛书的出版是我们探索研究千米级摩天大楼建造技术的开始，但仅凭一家之力是不够的，期望业界广大同仁和我们一起探索与实践，分享成果，共同推动世界摩天大楼的“中国建造”。

中国建筑工程总公司　董事长、党组书记
中国建筑股份有限公司　董事长

前 言

随着国家经济持续快速发展，中国已成为世界上建筑业最活跃与最繁荣的地区，在当今超高层建筑如火如荼发展的今天，建造超过 1000m 的摩天大楼已经指日可待，为了适应我国高速发展的建设形势，同时为今后建造千米级摩天大楼进行设计，施工、材料方面进行技术储备，中国建筑总公司于 2010 年提出了《千米级摩天大楼建造技术研究》的大型科研课题，对以往积累的超高层建造技术进行整理提炼，并前瞻性地进行更高建筑的探索研究工作。中国建筑东北设计研究院有限公司与中国建筑技术中心共同承担了《千米级摩天大楼结构设计关键技术研究》的子课题。

《千米级摩天大楼结构设计关键技术研究》共分 12 章，第 1 章介绍了摩天大楼建筑结构的发展史。第 2 章和第 3 章介绍了千米级摩天大楼建筑方案与结构方案的产生和结构设计分析内容和相关指标。第 4 章介绍了应用我院自主开发的钢筋混凝土梁柱单元材料用户子程序、单元网格划分前处理程序和提取数据的后处理程序进行的动力弹塑性时程分析的成果。第 5 章介绍了我院自主开发的非稳态流固耦合技术在千米级摩天大楼风工程控制方面取得的研究进展。第 6 章介绍了风洞试验的设计和实验结果分析情况。第 7 章重点分析了加强层及巨型支撑设计指标。第 8 章介绍了结构主要构件钢管混凝土柱与钢梁、桁架以及支撑连接节点以及外包钢板混凝土剪力墙的分析情况。第 9 章介绍了考虑施工过程和混凝土收缩徐变影响的力学分析情况。第 10 章介绍了千米级建筑温度效应分析结果。第 11 章介绍了常规地基基础设计，探讨了基础浅埋的可能性。第 12 章介绍了外包钢板-混凝土组合剪力墙试验情况。在整个课题研究过程中，取得了 20 项国家发明、实用新型专利和著作权，书中多项技术达到国际领先或先进水平。

需要说明的是本书的诸多技术的研发和应用，汲取了大量中国建筑发展过程中工程技术人员及业界人士的经验与成果，在此对研究过程中给予我们帮助、提供宝贵资料和建议的专家、学者和工程技术人员表示衷心感谢！由于本书涉及的专业知识繁杂且深奥，受编者能力和水平所限，书中难免有不当之处，希望广大同仁批评指正！

本书编委会

2017 年 6 月

目　　录

1 摩天大楼建筑结构的发展概况

1.1 国内外摩天大楼发展历程

“摩天大楼（Skyscraper）”，又称超高层建筑，在19世纪末国外就已出现，当时世界经济发展热点地区的美国出现了多栋20～30层高层建筑，人们为了区别于其他低矮建筑，将其夸张地形容为高度接近天空的“摩天”大楼。1909年美国纽约建成的“都市生活”办公楼的高度达到213m，实现了真正意义的现代摩天大楼，此后到1933年的期间，美国出现了摩天大楼爆发式的增长，一下涌现了10余栋200m以上的超高层建筑，其中，1931年建成的美国纽约帝国大厦的高度达到102层的381m，保持了世界最高建筑的记录40余年之久，直到1973年110层、高415m的纽约世界贸易中心大楼的建成才将此记录打破，一年后美国芝加哥的希尔斯大厦将该记录改写为110层的442m，20多年后的1998年，马来西亚吉隆坡88层的石油大厦又将该记录刷新为452m，2004年中国台北的101层的台北101大厦再次将记录提高到508m，2010年阿拉伯联合酋长国迪拜的163层的哈利法塔将该记录定格为现今的828m，据报道，不久的将来在沙特阿拉伯的利雅得将有一栋高度超过1000m的建筑拔地而起。

我国高层建筑出现得较晚，大约20世纪20年代才在少数几个城市出现了高层建筑。在国内高层建筑成规模和成系统的发展，是在20世纪80年代末90年代初逐渐开始的，到今天为止仅仅30年左右的时间；因此，与国外（超）高层建筑的发展史相比，国内的发展史在时间跨度上较短，脉络上显得不连贯，并有断层现象的存在。

1976年国内建成了第一栋超过100m的高层建筑，它就是广州的白云宾馆，楼高112m。20世纪80年代以来，随着改革开放的不断深入，建筑业也随着发展的浪潮呈现出了史无前例的一派新景象。1985年超过150m高的深圳国贸大厦以“三天一层”的深圳速度首开大陆超高层建筑建设的浪潮；1990年北京200m高的京广中心的建成，才让中国进入了一个真正意义上的超高层摩天大楼建设阶段；1996年深圳地王大厦以“九天四层楼”的新深圳速度将大楼拔高到384m；1998年金茂大厦以420.5m的高度跃居当时的世界第三和中国第一；2004年台北101大楼的建成一举以508m的高度夺得当时“世界第一摩天大楼”的称号，而2008年上海环球金融中心也以492m的高度夺得中国内陆“第一高楼”的称号；2016年建成的632m的上海中心，成为中国当今第一高楼，世界第二高楼。

国际高层建筑与城市住宅委员会（CTBUH）于2016年10月发布的世界上最高的300栋建筑统计资料，如表1-1所示。由表可见，在排名世界前300栋建筑中，建筑高度均超过250m，它们分别被来自亚洲、美洲、欧洲以及大洋洲的24个国家瓜分，详见表1-2；在表1-2中统计了按年代分布的各世界各地区超高层发展情况，1985年前，250m以上超高层建筑主要集中在美洲的美国，而其他各大洲在该高度的建筑数量为零，1986～1995年间，超高层建筑在亚洲有了长足的发展，但还是落后于美洲，在1996～2005年间，亚洲的超高层建筑的数量已经与美洲基本相当，到2006年之后的十年间，亚洲超高层建筑出现了跨越式发展，在中国、阿联酋等国家的带领下，已经远远将美国等超高层老牌国家甩在后面，到2016年为止，亚洲国家的超高层建筑数量占总体 300 栋数量的 79%，达到 228 栋，而且世界上最高建筑的前三名均在亚洲；其中，中国贡献了 129 栋，占世界总量的 43%。

2016 年统计的世界已建成最高 300 栋建筑及中国在其中排序 **表 1-1**

（根据国际高层建筑与城市住宅委员会（CTBUH）2016 年 10 月统计）

世界排序	中国排序	建筑名称	城市(国家)	高度(m)	层数	建成年份	建筑材料	建筑功能
1		Burj Khalifa(哈利法塔)	迪拜(阿联酋)	828.0	163	2010	M	多功能
2	1	上海中心大厦	上海(中国)	632.0	128	2015	M	多功能
3		Makkah Royal Clock Tower	麦加(沙特)	601.0	120	2012	M	多功能
4		OneWorld Trade Center	纽约(美国)	541.3	94	2014	M	办公
5	2	广州周大福金融中心	广州(中国)	530.0	111	2016	M	多功能
6	3	台北 101 大厦	台北(中国)	508.0	101	2004	M	办公
7	4	上海环球金融中心	上海(中国)	492.0	101	2008	M	多功能
8	5	环球贸易广场	香港(中国)	484.0	108	2010	M	多功能
9		Petronas Twin Tower 1	吉隆坡(马来西亚)	451.9	88	1998	M	办公
10		Petronas Twin Tower 2	吉隆坡(马来西亚)	451.9	88	1998	M	办公
11	6	紫峰大厦	南京(中国)	450.0	66	2010	M	多功能
12		Willis Tower	芝加哥(美国)	442.1	108	1974	S	办公
13	7	京基 100	深圳(中国)	441.8	100	2011	M	多功能
14	8	广州国际金融中心	广州(中国)	438.6	103	2010	M	多功能
15		432 Park Avenue	纽约(美国)	425.5	85	2015	C	住宅
16		Trump International Hotel & Tower	芝加哥(美国)	423.2	98	2009	C	多功能
17	9	金茂大厦	上海(中国)	420.5	88	1999	M	多功能
18		Princess Tower	迪拜(阿联酋)	413.4	101	2012	M	住宅
19		AlHamra Tower	科威特(科威特)	412.6	80	2011	C	办公
20	10	国际金融中心二期	香港(中国)	412.0	88	2003	M	办公
21		23Marina	迪拜(阿联酋)	392.4	88	2012	C	住宅
22	11	中信广场	广州(中国)	390.2	80	1996	C	办公
23	12	信兴广场	深圳(中国)	384.0	69	1996	M	办公
24	13	大连中心·裕景 ST1 塔	大连(中国)	383.5	80	2014	M	多功能
25		Burj Mohammed Bin Rashid	阿布扎比(阿联酋)	381.2	88	2014	C	住宅
26		Empire State Building	纽约(美国)	381.0	102	1931	S	办公
27		Elite Residence	迪拜(阿联酋)	380.5	87	2012	C	住宅
28	14	中环广场	香港(中国)	373.9	78	1992	C	办公
29	15	中国银行大厦	香港(中国)	367.4	72	1990	M	办公
30		Bank of America Tower	纽约(美国)	365.8	55	2009	M	办公
31		Almas Tower	迪拜(阿联酋)	360.0	68	2008	C	办公
32		JW Marriott Marquis Hotel Dubai Tower 1	迪拜(阿联酋)	355.4	82	2012	C	酒店
33		JW Marriott Marquis Hotel Dubai Tower 2	迪拜(阿联酋)	355.4	82	2013	C	酒店
34		Emirates Tower One	迪拜(阿联酋)	354.6	54	2000	M	办公
35		OKO-Residential Tower	莫斯科(俄罗斯)	353.6	90	2015	C	多功能

续表

世界排序	中国排序	建筑名称	城市(国家)	高度(m)	层数	建成年份	建筑材料	建筑功能
36		The Torch	迪拜(阿联酋)	352.0	86	2011	C	住宅
37	16	沈阳市府恒隆广场1号楼	沈阳(中国)	350.6	68	2015	M	多功能
38	17	广晟国际大厦	广州(中国)	350.3	60	2012	C	办公
39	18	T & C大厦	高雄(中国)	347.5	85	1997	M	多功能
40		Aon Center	芝加哥(美国)	346.3	83	1973	S	办公
41	19	中环中心	香港(中国)	346.0	73	1998	S	办公
42		John Hancock Center	芝加哥(美国)	343.7	100	1969	S	多功能
43		ADNOC Headquarters	阿布扎比(阿联酋)	342.0	65	2015	C	办公
44	20	无锡国际金融广场	无锡(中国)	339.0	68	2014	M	多功能
45	21	重庆环球金融中心	重庆(中国)	338.9	72	2015	M	多功能
46		Mercury City Tower	莫斯科(俄罗斯)	338.8	75	2013	C	多功能
47	22	天津现代城办公大楼	天津(中国)	338.0	65	2016	M	办公
48	23	天津环球金融中心	天津(中国)	336.9	75	2011	M	办公
49	24	世茂国际广场	上海(中国)	333.3	60	2006	C	多功能
50		RoseRayhaan by Rotana	迪拜(阿联酋)	333.0	71	2007	M	酒店
51	25	民生银行大厦	武汉(中国)	331.0	68	2008	S	办公
52	26	中国国际贸易中心	北京(中国)	330.0	74	2010	M	多功能
53		Keangnam Hanoi Landmark Tower	河内(越南)	328.6	72	2012	C	多功能
54	27	龙希国际大酒店	江阴(中国)	328.0	72	2011	M	多功能
55		AlYaqoub Tower	迪拜(阿联酋)	328.0	69	2013	C	多功能
56	28	无锡苏宁广场1号	无锡(中国)	328.0	67	2014	M	多功能
57		The Index	迪拜(阿联酋)	326.0	80	2010	C	多功能
58		The Landmark	阿布扎比(阿联酋)	324.0	72	2013	C	多功能
59	29	德基广场	南京(中国)	324.0	62	2013	M	多功能
60	30	烟台世茂海湾1号	烟台(中国)	323.0	59	2016	M	多功能
61		Q1 Tower	黄金海岸(澳大利亚)	322.5	78	2005	C	住宅
62	31	温州贸易中心	温州(中国)	321.9	68	2011	C	多功能
63		Burj Al Arab	迪拜(阿联酋)	321.0	56	1999	M	酒店
64	32	如心广场	香港(中国)	320.4	80	2006	C	多功能
65		Chrysler Building	纽约(美国)	318.9	77	1930	S	办公
66		New York Times Tower	纽约(美国)	318.8	52	2007	S	办公
67		HHHR Tower	迪拜(阿联酋)	317.6	72	2010	C	住宅
68	33	南京国际青年文化中心1号大厦	南京(中国)	314.5	68	2015	M	多功能
69		MahaNakhon	曼谷(泰国)	314.2	75	2016	C	多功能
70		Bank of America Plaza	亚特兰大(美国)	311.8	55	1992	M	办公
71	34	沈阳茂业中心A座	沈阳(中国)	311.0	75	2014	M	多功能
72		U.S. Bank Tower	洛杉矶(美国)	310.3	73	1990	S	办公
73		Ocean Heights	迪拜(阿联酋)	310.0	83	2010	C	住宅

续表

世界排序	中国排序	建筑名称	城市(国家)	高度(m)	层数	建成年份	建筑材料	建筑功能
74		Menara TM	吉隆坡(马来西亚)	310.0	55	2001	C	办公
75	35	珠江城大厦	广州(中国)	309.4	71	2013	M	办公
76	36	财富中心	广州(中国)	309.4	68	2015	M	办公
77		Emirates Tower Two	迪拜(阿联酋)	309.0	56	2000	M	酒店
78		Stalnaya Vershina	莫斯科(俄罗斯)	308.9	72	2015	M	多功能
79		Burj Rafal	利雅得(沙特)	307.9	68	2014	C	多功能
80	37	万达广场1号楼	昆明(中国)	307.3	67	2016	M	办公
81	38	万达广场2号楼	昆明(中国)	307.3	67	2016	M	办公
82		The Franklin-North Tower	芝加哥(美国)	306.9	60	1989	M	办公
83		Cayan Tower	迪拜(阿联酋)	306.4	73	2013	C	住宅
84		One57	纽约(美国)	306.1	75	2014	M	多功能
85	39	东海商务广场主楼	深圳(中国)	306.0	85	2013	M	住宅
86		碎片大厦	伦敦(英国)	306.0	73	2013	M	多功能
87		大通大厦	休斯敦(美国)	305.4	75	1982	M	办公
88		Etihad Towers T2	阿布扎比(阿联酋)	305.3	80	2011	C	住宅
89		Northeast Asia Trade Tower	仁川(韩国)	305.0	68	2011	M	多功能
90		Baiyoke Tower Ⅱ	曼谷(泰国)	304.0	85	1997	C	酒店
91	40	深圳CFC长富中心	深圳(中国)	303.8	68	2016	M	办公
92	41	无锡茂业城—万豪酒店	无锡(中国)	303.8	68	2014	M	酒店
93		Two Prudential Plaza	芝加哥(美国)	303.3	64	1990	C	办公
94	42	地王国际财富中心	柳州(中国)	303.0	72	2015	M	多功能
95	43	济南绿地中心	济南(中国)	303.0	61	2014	M	办公
96	44	南昌绿地中央广场1号	南昌(中国)	303.0	59	2015	M	办公
97	45	南昌绿地中央广场2号	南昌(中国)	303.0	59	2015	M	办公
98	46	利通广场	广州(中国)	302.7	64	2012	M	办公
99		Wells Fargo Plaza	休斯敦(美国)	302.4	71	1983	S	办公
100		Kingdom Centre	利雅得(沙特)	302.3	41	2002	M	多功能
101		The Address	迪拜(阿联酋)	302.2	63	2008	C	多功能
102	47	东方之门	苏州(中国)	301.8	66	2015	M	多功能
103		Capital City Moscow Tower	莫斯科(俄罗斯)	301.8	76	2010	C	住宅
104	48	深圳市中洲控股金融中心A座	深圳(中国)	300.8	61	2015	M	多功能
105		Doosan Haeundae We've the Zenith Tower A	釜山(韩国)	300.0	80	2011	C	住宅
106		Torre Costanera	圣地亚哥(智利)	300.0	62	2014	C	办公
107		Abeno Harukas	大阪(日本)	300.0	60	2014	S	多功能
108		Arraya Tower	科威特(科威特)	300.0	60	2009	C	办公
109		Aspire Tower	多哈(卡塔尔)	300.0	36	2007	M	多功能
110		First Canadian Place	多伦多(加拿大)	298.1	72	1975	S	办公
111	49	港岛东中心	香港(中国)	298.1	68	2008	C	办公

续表

世界排序	中国排序	建筑名称	城市(国家)	高度(m)	层数	建成年份	建筑材料	建筑功能
112		4 World Trade Center	纽约(美国)	297.7	65	2014	M	办公
113		Eureka Tower	墨尔(澳大利亚)	297.3	91	2006	C	住宅
114		Comcast Center	费城(美国)	296.7	57	2008	M	办公
115		Landmark Tower	横滨(日本)	296.3	73	1993	S	多功能
116	50	富力盈凯广场	广州(中国)	296.2	66	2014	M	多功能
117		Emirates Crown	迪拜(阿联酋)	296.0	63	2008	C	住宅
118	51	厦门世贸海峡大厦B座	厦门(中国)	295.3	67	2015	M	办公
119		Khalid Al Attar Tower 2	迪拜(阿联酋)	294.0	66	2011	C	酒店
120	52	京基滨河时代广场	深圳(中国)	293.0	64	2016	M	多功能
121		311 South Wacker Drive	芝加哥(美国)	292.9	65	1990	C	办公
122		Sky Tower	阿布扎比(阿联酋)	292.2	74	2010	C	多功能
123		Haeundae I Park Marina Tower 2	釜山(韩国)	292.1	72	2011	M	住宅
124	53	深圳赛格广场	深圳(中国)	291.6	71	2000	C	办公
125		70 Pine	纽约(美国)	290.2	67	1932	S	办公
126	54	东莞台商大厦	东莞(中国)	289.0	68	2013	M	多功能
127		Busan Int'l Finance Center Landmark Tower	釜山(韩国)	289.0	63	2014	C	办公
128		Key Tower	克利夫兰(美国)	288.6	57	1991	M	办公
129		Gama Tower	雅加达(印尼)	288.6	63	2016	C	多功能
130	55	中国储能大厦	深圳(中国)	288.6	62	2016	M	办公
131	56	上海恒隆广场	上海(中国)	288.2	66	2001	C	办公
132		One Liberty Place	费城(美国)	288.0	61	1987	S	办公
133		Sulafa Tower	迪拜(阿联酋)	288.0	76	2010	C	住宅
134	57	佳兆业广场	惠州(中国)	288.0	66	2015	C	多功能
135	58	英利国际金融中心	重庆(中国)	288.0	58	2012	C	办公
136	59	绍兴世茂皇冠假日酒店	绍兴(中国)	288.0	55	2012	M	多功能
137	60	东吴·国际广场东塔	湖州(中国)	288.0	50	2014	M	多功能
138	61	东吴·国际广场西塔	湖州(中国)	288.0	50	2014	M	住宅
139	62	联合国际大厦	重庆(中国)	287.0	67	2013	C	办公
140	63	海航保利国际中心	重庆(中国)	286.8	61	2013	C	多功能
141		30 Park Place	纽约(美国)	285.6	67	2016	C	多功能
142		Millennium Tower	迪拜(阿联酋)	285.0	59	2006	C	住宅
143	64	明天广场	上海(中国)	284.6	60	2003	C	多功能
144		Columbia Center	西雅图(美国)	284.4	76	1984	M	办公
145		Trump Ocean Club International Hotel & Tower	巴拿马城(巴拿马)	284.0	70	2011	C	多功能
146		Three International Finance Center	首尔(韩国)	284.0	55	2012	M	办公
147	65	重庆世界贸易中心	重庆(中国)	283.1	60	2005	C	办公
148	66	长江集团中心	香港(中国)	282.8	63	1999	S	办公
149	67	高德置地冬广场南塔	广州(中国)	282.8	47	2016	M	多功能

续表

世界排序	中国排序	建筑名称	城市(国家)	高度(m)	层数	建成年份	建筑材料	建筑功能
150		The Trump Building	纽约(美国)	282.5	71	1930	S	办公
151		City of Lights C1 Tower	阿布扎比(阿联酋)	282.1	62	2015	C	办公
152		AlHekma Tower	迪拜(阿联酋)	282.0	64	2015	M	办公
153	68	苏州润华环球大厦	苏州(中国)	282.0	49	2010	M	办公
154		Doosan Haeundae We've the Zenith Tower B	釜山(韩国)	281.5	75	2011	C	住宅
155		Bank of America Plaza	达拉斯(美国)	280.7	72	1985	M	办公
156		Torre Vitri	巴拿马城(巴拿马)	280.7	75	2012	C	住宅
157		Marina Pinnacle	迪拜(阿联酋)	280.0	73	2011	C	住宅
158		United Overseas Bank Plaza One	新加坡(新加坡)	280.0	66	1992	S	办公
159	69	卓越·世纪中心1座	深圳(中国)	280.0	60	2010	M	办公
160	70	郑州绿地广场	郑州(中国)	280.0	56	2014	M	多功能
161	71	大连裕景中心	大连(中国)	279.5	62	2015	M	多功能
162		Abraj Al Bait ZamZam Tower	麦加(沙特)	279.0	58	2012	C	酒店
163		601 Lexington	纽约(美国)	278.9	63	1977	S	办公
164	72	香港新世界大厦	上海(中国)	278.3	59	2004	M	多功能
165		Overseas Union Bank Centre	新加坡(新加坡)	277.8	63	1986	S	办公
166		Etihad Towers T1	阿布扎比(阿联酋)	277.6	69	2011	C	多功能
167		D1 Tower	迪拜(阿联酋)	277.5	78	2015	C	住宅
168		Trump International Hotel & Tower Toronto	多伦多(加拿大)	276.9	63	2012	C	多功能
169		World Trade CenterAbu Dhabi-The Offices	阿布扎比(阿联酋)	276.6	60	2014	C	办公
170		Republic Plaza	新加坡(新加坡)	276.3	66	1996	M	办公
171		Abraj Al Bait Hajar Tower	麦加(沙特)	276.0	54	2012	C	酒店
172	73	南宁地王国际商会中心	南宁(中国)	276.0	54	2006	C	多功能
173		Scotia Tower	多伦多(加拿大)	275.0	68	1988	M	办公
174	74	侨鸿滨江世纪广场	芜湖(中国)	275.0	66	2015	M	多功能
175		Williams Tower	休斯敦(美国)	274.6	64	1982	S	办公
176		Ilham Tower	吉隆坡(马来西亚)	274.0	58	2015	C	多功能
177	75	中南汇泉国际广场	南通(中国)	273.3	53	2011	M	多功能
178	76	武汉世界贸易大厦	武汉(中国)	273.0	60	1998	M	办公
179	77	NEO大厦A座	深圳(中国)	273.0	56	2011	C	办公
180	78	福州世茂国际中心	福州(中国)	273.0	56	2013	M	办公
181		Haeundae I Park Marina Tower 1	釜山(韩国)	272.9	66	2011	M	住宅
182		Lotte Center Hanoi	河内(越南)	272.0	65	2014	M	多功能
183		Aura at College Park	多伦多(加拿大)	271.9	78	2014	C	住宅
184	79	上海会德丰国际广场	上海(中国)	270.5	55	2010	C	办公
185		Renaissance Tower	达拉斯(美国)	270.1	56	1986	S	办公
186	80	绿地中心1号楼	西安(中国)	270.0	57	2016	M	办公
187	81	渤海银行大厦	天津(中国)	270.0	55	2015	M	办公

续表

世界排序	中国排序	建筑名称	城市(国家)	高度(m)	层数	建成年份	建筑材料	建筑功能
188	82	天玺Ⅰ	香港(中国)	269.9	68	2008	C	住宅
189	83	天玺Ⅱ	香港(中国)	269.9	68	2008	C	多功能
190	84	华远·华中心7号楼	长沙(中国)	269.7	54	2016	M	办公
191		Four Seasons Hotel	麦纳麦(巴林)	269.7	50	2015	C	酒店
192	85	中华国际中心B座	广州(中国)	269.5	62	2007	C	办公
193	86	上海时代金融中心	上海(中国)	269.0	47	2008	C	办公
194		Radisson Royal Hotel Dubai	迪拜(阿联酋)	269.0	60	2010	C	酒店
195		21st Century Tower	迪拜(阿联酋)	269.0	55	2003	M	住宅
196	87	昆明同德广场	昆明(中国)	269.0	54	2015	M	多功能
197		Naberezhnaya Tower Block C	莫斯科(俄罗斯)	268.4	61	2007	M	办公
198		Nation Towers Residential Lofts	阿布扎比(阿联酋)	268.0	64	2012	C	住宅
199	88	苏州中心广场	苏州(中国)	268.0	52	2013	C	多功能
200	89	江西南昌绿地紫峰大厦	南昌(中国)	268.0	56	2015	M	多功能
201	90	广州银行大厦	广州(中国)	267.8	57	2012	C	办公
202		10 Hudson Yards	纽约(美国)	267.7	52	2016	M	多功能
203		Bicsa Financial Center	巴拿马城(巴拿马)	267.0	66	2013	C	多功能
204	91	北京财富金融中心	北京(中国)	267.0	60	2014	M	办公
205		Petronas Tower 3	吉隆坡(马来西亚)	267.0	60	2012	C	办公
206		AlFaisaliah Center	利雅得(沙特)	266.9	30	2000	M	多功能
207		The Point	巴拿马城(巴拿马)	266.0	67	2011	C	住宅
208		Bank of America Corporate Center	夏洛特(美国)	265.5	60	1992	C	办公
209		Eight Spruce Street	纽约(美国)	265.2	76	2011	C	住宅
210	92	常州现代传媒中心	常州(中国)	265.1	58	2013	M	多功能
211		Doosan Haeundae We've the Zenith Tower C	釜山(韩国)	265.0	70	2011	C	住宅
212		900 North Michigan Avenue	芝加哥(美国)	265.0	66	1989	M	多功能
213		Business Central Tower 1	迪拜(阿联酋)	265.0	53	2008	C	办公
214		Business Central Tower 2	迪拜(阿联酋)	265.0	53	2008	C	办公
215		WBC The Palace 1	釜山(韩国)	265.0	51	2011	C	住宅
216		WBC The Palace 2	釜山(韩国)	265.0	51	2011	C	住宅
217		120 Collins Street	墨尔本(澳大利亚)	264.9	52	1991	C	办公
218	93	红人财富中心	武汉(中国)	264.6	47	2016	M	办公
219		SunTrust Plaza	亚特兰大(美国)	264.3	60	1992	C	办公
220		Triumph Palace	莫斯科(俄罗斯)	264.1	61	2005	C	多功能
221	94	普提金国际金融中心	武汉(中国)	264.0	56	2014	M	多功能
222		Tower Palace Three, Tower G	首尔(韩国)	263.7	73	2004	M	住宅
223	95	金融街和平中心	天津(中国)	263.0	47	2016	M	办公
224		U-Bora Tower 1	迪拜(阿联酋)	262.8	58	2011	C	办公
225		Bitexco Financial Tower	胡志明(越南)	262.5	68	2010	C	办公

续表

世界排序	中国排序	建筑名称	城市(国家)	高度(m)	层数	建成年份	建筑材料	建筑功能
226		Trump World Tower	纽约(美国)	262.4	72	2001	C	住宅
227	96	宁波环球航运广场	宁波(中国)	262.4	52	2015	M	办公
228		Wisma 46	雅加达(印尼)	261.9	46	1996	C	办公
229	97	杏林湾商务运营中心	厦门(中国)	261.9	54	2016	M	办公
230		Water Tower Place	芝加哥(美国)	261.9	74	1976	C	多功能
231	98	恒隆大厦 1 号楼	上海(中国)	261.8	54	2005	C	办公
232	99	恒隆大厦 2 号楼	上海(中国)	261.8	54	2005	C	办公
233		Aqua	芝加哥(美国)	261.8	86	2009	C	多功能
234		Aon Center	洛杉矶(美国)	261.5	62	1974	S	办公
235	100	杏林湾商务运营中心 B 座	深圳(中国)	261.0	72	2013	M	住宅
236		Sapphire Tower	伊斯坦布尔(土耳其)	261.0	55	2010	C	住宅
237		Brookfield Place	多伦多(加拿大)	260.9	53	1990	M	办公
238		Etihad Towers T3	阿布扎比(阿联酋)	260.3	60	2011	C	办公
239	101	广东电信广场	广州(中国)	260.0	68	2002	C	办公
240		Vision Tower	迪拜(阿联酋)	260.0	60	2011	C	办公
241	102	新地中心	沈阳(中国)	260.0	59	2014	C	多功能
242	103	静安嘉里中心 2 号楼	上海(中国)	260.0	58	2013	M	多功能
243	104	宇洋中央金座	福州(中国)	260.0	56	2014	M	办公
244	105	北京绿地大望京	北京(中国)	260.0	53	2016	M	多功能
245		Dual Towers 1	麦纳麦(巴林)	260.0	53	2007	C	办公
246		Dual Towers 2	麦纳麦(巴林)	260.0	53	2007	C	办公
247		101 Collins Street	墨尔本(澳大利亚)	260.0	50	1991	M	办公
248		Transamerica Pyramid	旧金山(美国)	260.0	48	1972	M	办公
249	106	深圳特区报业大厦	深圳(中国)	260.0	42	1998	C	办公
250	107	上海国际金融中心北塔	上海(中国)	259.9	56	2010	M	办公
251		Comcast Building	纽约(美国)	259.1	70	1933	S	办公
252		Chase Tower	芝加哥(美国)	259.1	60	1969	S	办公
253		Commerzbank Tower	法兰克福(德国)	259.0	56	1997	M	办公
254		Philippine Bank of Communications	马卡蒂(菲律宾)	258.6	55	2000	M	办公
255		Two Liberty Place	费城(美国)	258.5	58	1990	S	多功能
256		Tamkeen Tower	利雅得(沙特)	258.2	58	2012	M	办公
257		The River South Tower	曼谷(泰国)	258.0	74	2012	C	住宅
258	108	浪高·君悦大酒店	重庆(中国)	258.0	60	2005	C	多功能
259	109	海澜财富中心	江阴(中国)	258.0	59	2015	M	办公
260		Sahid Sudirman Center	雅加达(印尼)	258.0	59	2015	C	办公
261	110	重庆浪高会展国际广场	重庆(中国)	258.0	54	2010	C	多功能
262	111	天津大都会	天津(中国)	258.0	53	2013	M	办公
263	112	浙江财富金融中心	杭州(中国)	258.0	52	2011	M	办公

续表

世界排序	中国排序	建筑名称	城市(国家)	高度(m)	层数	建成年份	建筑材料	建筑功能
264	113	雷迪森财富中心1号楼	杭州(中国)	258.0	50	2013	M	酒店
265	114	新葡京酒店	澳门(中国)	258.0	48	2008	M	多功能
266		Park Tower	芝加哥(美国)	257.4	68	2000	C	多功能
267		Devon Energy Center	俄克拉荷马城(美国)	257.2	52	2012	C	办公
268		Capital City St. Petersburg Tower	莫斯科(俄罗斯)	257.2	65	2010	C	住宅
269	115	名铸	香港(中国)	257.0	64	2009	C	多功能
270		MesseTurm	法兰克福(德国)	256.5	64	1990	C	办公
271	116	擎天半岛1号楼	香港(中国)	256.4	75	2003	C	住宅
272		U. S. Steel Tower	匹兹堡(美国)	256.3	64	1970	S	办公
273		Mokdong Hyperion Tower A	首尔(韩国)	256.0	69	2003	C	住宅
274		The Imperial Ⅰ	孟买(印度)	256.0	60	2010	C	住宅
275		The Imperial Ⅱ	孟买(印度)	256.0	60	2010	C	住宅
276		Rinku Gate Tower	泉佐野(日本)	256.0	56	1996	M	多功能
277		Osaka World Trade Center	大阪(日本)	256.0	55	1995	S	办公
278	117	重庆企业天地2号楼	重庆(中国)	255.8	47	2014	M	办公
279		Toranomon Hills	东京(日本)	255.5	52	2014	S	多功能
280		Capital Tower	新加坡(新加坡)	255.4	52	2000	M	办公
281	118	新世纪广场1号楼	南京(中国)	255.2	48	2006	C	办公
282	119	朗豪坊办公楼	香港(中国)	255.1	59	2004	C	办公
283	120	南京国际青年文化中心2号楼	南京(中国)	255.0	61	2015	M	酒店
284	121	温州置信广场	温州(中国)	255.0	53	2016	C	多功能
285		Regent Emirates Pearl	阿布扎比(阿联酋)	255.0	52	2016	C	多功能
286		Prima Pearl Apartments	墨尔本(澳大利亚)	254.0	72	2014	C	住宅
287	122	深圳和记黄埔中航广场	深圳(中国)	254.0	52	2012	M	办公
288		Harbour Hotel and Residence Dubai	迪拜(阿联酋)	253.8	63	2007	C	住宅
289		Raffles Hotel	雅加达(印尼)	253.3	52	2015	C	多功能
290		Kempinski Residences and Suites	多哈(卡塔尔)	253.3	64	2009	C	住宅
291	123	惠州诚杰壹中心	惠州(中国)	253.0	54	2015	M	多功能
292	124	富力国际商务中心二期	广州(中国)	252.6	53	2016	M	办公
293	125	晓庐	香港(中国)	252.3	73	2003	C	住宅
294		ThePakubuwono Signature	雅加达(印尼)	252.0	50	2014	C	住宅
295	126	上海银行大厦	上海(中国)	252.0	46	2005	M	办公
296		Conrad Dubai	迪拜(阿联酋)	251.2	51	2013	C	多功能
297	127	香港洲际酒店	香港(中国)	251.2	73	2003	C	住宅
298		Rialto Towers	墨尔本(澳大利亚)	251.1	63	1986	C	办公
299	128	佳丽广场	武汉(中国)	251.0	57	1997	C	办公
300	129	泰安道5号院	天津(中国)	250.8	45	2015	M	办公

注：1. 高度为建筑主入口地面至结构顶，小数点后保留一位；
2. S (steel) 为钢结构，C (Concrete) 为混凝土结构，M (mixed structure,) 为钢—混凝土混合结构。

截至 2016 年的世界最高 300 栋建筑按地区发展趋势统计　　表 1-2

序号	地区（%）	国家	建筑数量（%）	1985 年前（%）	1986 年至 1995 年（%）	1996 年至 2005 年（%）	2006 年至 2015 年（%）	2016 年 10 月（%）
1	亚洲 228 栋（76）	中国	129(43.0)		2(0.7)	25(8.3)	84(28.0)	18(6.0)
2		阿联酋	44(14.7)			4(1.3)	39(13.0)	1(0.3)
3		韩国	12(4.0)			2(0.7)	10(3.3)	
4		沙特	7(2.3)			2(0.7)	5(1.7)	
5		日本	5(1.7)		2(0.7)	1(0.3)	2(0.7)	
6		印尼	5(1.7)			1(0.3)	3(1.0)	1(0.3)
7		马来西亚	5(1.7)			3(1.0)	2(0.7)	
8		新加坡	4(1.3)		2(0.7)	2(0.7)		
9		越南	3(1.0)				3(1.0)	
10		巴林	3(1.0)				3(1.0)	
11		泰国	3(1.0)			1(0.3)	1(0.3)	1(0.3)
12		卡塔尔	2(0.7)				2(0.7)	
13		印度	2(0.7)				2(0.7)	
14		科威特	2(0.7)				2(0.7)	
15		菲律宾	1(0.3)			1(0.3)		
16		土耳其	1(0.3)				1(0.3)	
1	美洲 56 栋（18.7）	美国	46(15.3)	19(6.3)	12(4.0)	2(0.7)	11(3.7)	2(0.7)
2		加拿大	5(1.7)	1(0.3)	2(0.7)		2(0.7)	
3		巴拿马	4(1.3)				4(1.3)	
4		智利	1(0.3)				1(0.3)	
1	欧洲 10 栋（3.3）	俄罗斯	7(2.3)			1(0.3)	6(2.0)	
2		德国	2(0.7)		1(0.3)	1(0.3)		
3		英国	1(0.3)				1(0.3)	
1	大洋洲 6 栋(2.0)	澳大利亚	6(2.0)		3(1.0)	1(0.3)	2(0.7)	
合计	4 大洲	24 国	300(100)	20(6.9)	24(8.0)	47(15.7)	186(62.0)	23(7.7)

注：括号内数字为百分比（%），均以 300 栋为分母计算。

从表 1-1 和表 1-2 中可以看出，超高层建筑的发展实际上是与国家经济发展形势密不可分的，一个国家内部的不同地区超高层建筑的多少，也随经济情况有所不同。我国的经济总量已居世界第二位，而且还在不断持续增长中，今后随着城市化进程的加快，土地供应会越来越紧缺，就会出现建筑向更高天空发展的需求，因此，对于如何跟上国内与国际建筑发展的步伐，是结构设计研究人员必须考虑的现实问题。

1.2　摩天大楼建筑结构体系

作为建筑大家庭中年轻的一员，摩天大楼——超高层建筑发展到今天也仅仅只有 100 多年的历史。在这短短的一个多世纪里，超高层建筑在其功能布局、垂直交通、结构形式等各个方面都发展出了一套庞大又丰富的科学与技术体系。

建筑的结构体系是指结构抵抗竖向荷载和水平荷载时的传力及构件组成方式，竖向荷载通过水平构件（楼盖）和竖向构件（柱、墙、斜撑等）传递到基础，是任何结构的最基本的传力体系；而在高层建筑中，因为要将房屋承受的地震或风荷载等水平作用传递到基础，抗侧力体系的选择和组成成为高层建筑结构设计的首要考虑及决策重点。随着建筑物高度不断增加，其总体承受的竖向荷载不断增加，所承受风作用及地震作用等的水平侧力也相应加大，而抵抗水平侧力将成为建筑结构研究与设计的控制因素，如何选用安全、合理、高效、经济的结构体系对于超高层建筑来说显得尤为重要。

超高层建筑结构体系的发展离不开对建造结构主体所采用材料的研究与应用，建筑用钢材具有自重轻、延性好、可实现工业化加工与现场安装速度快等特点，但存在刚度小、变形大、防火要求高等缺点，在我国还存在造价高以及受传统观念影响的问题；而混凝土具有刚度大、造价低、工艺简单、防火好等优点，也存在自重大、延性一般等一些不足。表 1-3 列出了目前各个高度级别超高层建筑采用的主体结构材料情况。从中可知，在 300 栋建筑中，采用钢材为结构主体材料的建筑为 29 栋，占 9.7%，采用混凝土材料为 138 栋，占 46%，采用钢—混凝土的混合材料为 133 栋，占 44.3%；其中，300m 以下超高层建筑以混凝土为主，300m 以上则以混合材料为主。随着建筑高度的不断攀升，目前世界上超过 500m 的 6 项工程的结构主体均采用了混合材料。

截至 2016 年的世界最高 300 栋建筑按高度不同结构建材应用情况　　表 1-3

建筑高度 结构建材	800m 以上（%）	600～700m（%）	500～600m（%）	400～500m（%）	300～400m（%）	250～300m（%）	总体占比（%）
S				1(0.3)	10(3.3)	18(6.0)	9.7
C				3(1.0)	35(11.7)	100(33.3)	46.0
M	1(0.3)	2(0.7)	3(1.0)	10(3.3)	44(14.7)	73(24.3)	44.3
合计	1(0.3)	2(0.7)	3(1.0)	14(4.7)	89(29.7)	191(63.3)	100

注：1. 括号内数字为百分比（%），均以 300 栋楼为分母计算；
2. 由于括号内数字保留小数点一位，个别求和值略有误差。

建筑结构混合材料是指钢材与混凝土相互搭配、优势互补，充分发挥两种材料的双重优势的一种组合材料；其可以构件的形式出现，即一个构件由两种材料共同组成，如钢管混凝土、劲性（钢骨）混凝土等；又可以不同材料的构件之间组合形式出现，如钢柱、钢梁与混凝土剪力墙组成的框架剪力墙或框筒体系等；还可以以不同材料体系之间的进行组合，如主体结构的下部楼层为混凝土结构体系，而上部为钢结构体系等。

在我国现行规程《高层建筑混凝土结构技术规程》JGJ 3—2010 对采用混合材料的结构体系（Mixed structure）进行了如下定义：由钢框架（框筒）、型钢混凝土框架（框筒）、钢管混凝土框架（框筒）与钢筋混凝土核心筒体所组成的共同承受水平和竖向作用的建筑结构。由于混合结构体系充分发挥了钢与混凝土材料组合的优势，同时也发挥了作为不同材料传力体系的各自特点，因此，对于目前超高层建筑的发展起到了至关重要的作用。

超高层建筑结构体系的合理性，从安全、经济的角度主要表现在抗侧力体系的效能上，由最初的框架、剪力墙结构等基本体系，发展为框架—剪力墙（支撑）体系、框架—筒体体系、筒中筒体系、巨型框架体系、巨型框架体系＋巨型支撑体系等，见表 1-4。

我国一些部分建成和在建的超高层建筑采用的结构体系 表 1-4

序号	建筑名称(高度)	结构体系构成
1	上海中心大厦(632m)	核心筒(型钢或钢板混凝土)+巨型框架(巨型型钢混凝土柱+箱形空间环形钢桁架+径向伸臂钢桁架)+伸臂钢桁架+次框架(钢柱、钢梁)+楼面(钢梁与混凝土组合)
2	广州周大福金融中心(530m)	核心筒(型钢混凝土)+巨型框架(矩形钢管混凝土柱+环形钢桁架)+伸臂钢桁架+次框架(钢柱、钢梁)+楼面(钢梁与混凝土组合)
3	上海环球金融中心(492m)	核心筒(型钢混凝土)+巨型单向斜支撑(钢管混凝土)+巨型框架(巨型型钢混凝土柱+环形钢桁架+径向伸臂钢桁架)+次框架(钢柱、钢梁)+楼面(钢梁与混凝土组合)
4	紫峰大厦(450m)	核心筒(钢筋混凝土)+框架(型钢混凝土柱+钢梁)+伸臂钢桁架+腰钢桁架+楼面(钢梁与混凝土组合)
5	京基 100(441.8m)	核心筒(型钢混凝土)+X形巨型斜支撑(箱形截面钢)+框架(矩形钢管混凝土柱+钢梁)+伸臂钢桁架+腰钢桁架+楼面(钢梁与混凝土组合)
6	广州国际金融中心(438.6m)	核心筒(钢筋混凝土)+外筒(圆钢管混凝土形成的菱形网格)+楼面(钢梁与混凝土组合)
7	金茂大厦(420.5m)	核心筒(钢筋混凝土)+巨型框架(型钢混凝土柱+环形钢桁架)+伸臂钢桁架+次框架(钢柱、钢梁)+楼面(钢梁与混凝土组合)
8	中信广场(390.2m)	核心筒(钢筋混凝土)+框架(钢筋混凝土柱、梁)+楼面(混凝土)
9	信兴广场(384m)	核心筒(型钢混凝土)+框架(矩形钢管混凝土柱、钢梁)+伸臂钢桁架+腰钢桁架+楼面(钢梁与混凝土组合)
10	裕景大连塔 1 号(383.5m)	核心筒(型钢混凝土)+巨型单向斜支撑(矩形钢管混凝土)+巨型框架(型钢混凝土柱+箱形钢桁架)+次框架+楼面(钢梁与混凝土组合)
11	沈阳市府恒隆广场 1 号楼(350.6m)	核心筒(型钢混凝土)+框架(型钢混凝土柱+钢梁)+伸臂钢桁架+腰桁架+楼面(钢梁与混凝土组合)
12	广晟国际大厦(350.3m)	核心筒(钢筋混凝土)+框架(型钢混凝土柱+钢管混凝土柱+混凝土梁)+楼面(混凝土)
13	天津 117 大厦(597m)	核心筒(内置钢板混凝土)+X形巨型斜支撑(箱形截面钢)+巨型框架(钢管混凝土柱+箱形钢桁架)+次框架+楼面(钢梁与混凝土组合)
14	中国尊(528m)	核心筒(内置钢板混凝土)+X形巨型斜支撑(箱形截面钢)+巨型框架(钢管混凝土柱+箱形钢桁架)+次框架+楼面(钢梁与混凝土组合)
15	大连国贸中心大厦(433m)	核心筒(内置钢板混凝土)+框架(钢管混凝土柱+钢梁)+伸臂钢桁架+腰桁架+楼面(钢梁与混凝土组合)
16	大连绿地中心(518m)	核心筒(内置钢板或型钢混凝土)+巨型框架(型钢混凝土柱+环形钢桁架)+次框架+楼面(钢梁与混凝土组合)
17	平安金融中心(600m)	核心筒(内置钢板或型钢混凝土)+巨型框架(型钢混凝土柱+箱形钢桁架)+次框架+楼面(钢梁与混凝土组合)
18	苏州中南中心大厦(728m)	核心筒(内置钢板或型钢混凝土)+巨型框架(型钢混凝土柱+箱形钢桁架)+次框架+楼面(钢梁与混凝土组合)
19	武汉绿地中心(636m)	核心筒(型钢混凝土)+巨型框架(型钢混凝土柱+箱形钢桁架)+次框架+楼面(钢梁与混凝土组合)

有时为了较好的控制超高层建筑的位移，需要沿建筑高度隔一段设置（一层或多层）由伸臂桁架、环向（腰）桁架组成的加强层，加强核心筒与框架柱的连接，用以缓解框架柱的剪力滞后效应和满足建筑整体位移控制，就形成了框架—筒体—伸臂钢架的改进的结构体系，见图 1-1。还有超高层建筑中，如果对剪力墙的承载力及延性有较高要求，也可以将其核心筒剪力墙设计为内置或外包钢板的剪力墙来满足要求，见图 1-2。不仅如此，近年来超高层建筑的发展还表现出构件巨型化的趋势，如巨型柱、巨型支撑的应用以及它们与巨型桁架组成的巨型框架体系，见图 1-3 (1)～(4)、(*a*)～(*d*)。

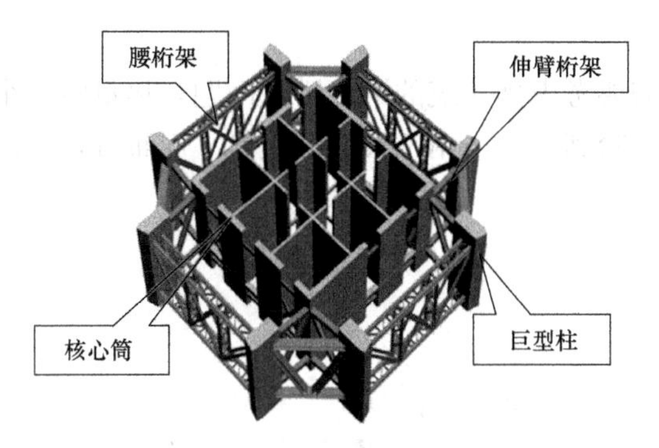

图 1-1 核心筒与伸臂桁架和腰桁架

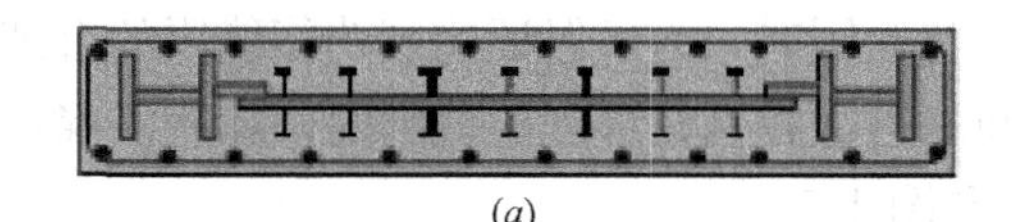

(a)

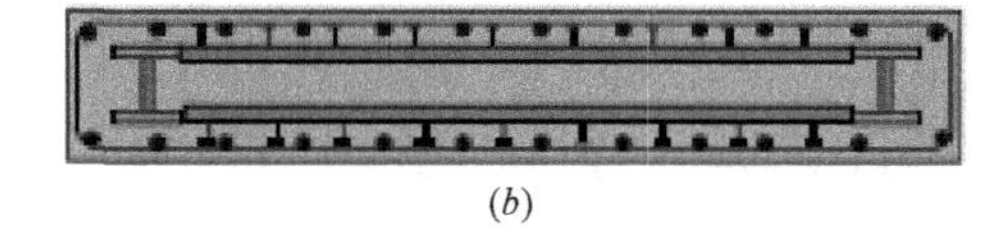

(b)

图 1-2 钢板剪力墙
(a) 单钢板剪力墙；(b) 双钢板剪力墙

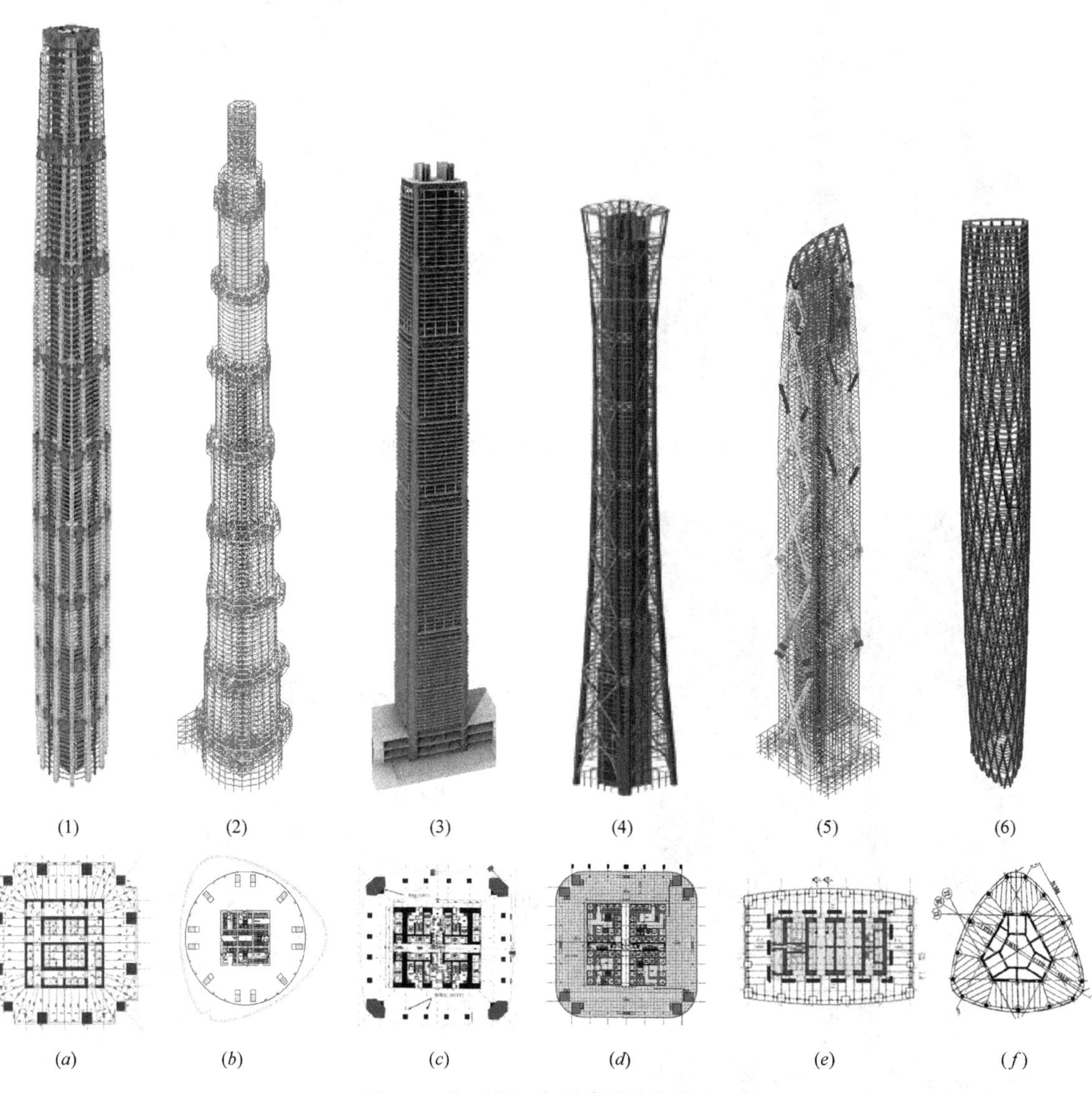

图 1-3 典型的超高层建筑结构体系
(1)、(a) 苏州中南中心大厦结构体系和平面；(2) 、(b) 上海中心大厦结构体系和平面；(3) 、(c) 天津 117 大厦结构体系和平面；(4) 、(d) 中国尊大厦结构体系和平面；(5) 、(e) 京基 100 结构体系和平面；(6) 、(f) 广州国际金融中心结构体系和平面

为了满足结构的抗震和抗风要求，超高层建筑沿高度方向经常做成下大上小的“楔形”，用以减小上部建筑质量和迎风面，达到增加结构稳定减少地震作用和风阻力的目的。这方面的例子

也较多。

与此同时，为了保证建筑功能使用的合理性，需要考虑到建筑的平面进深问题，尽量将每个房间的进深控制在合理的范围内，如武汉绿地中心、哈利法塔采用三叉形的建筑平面布置，见图1-4和图1-5。

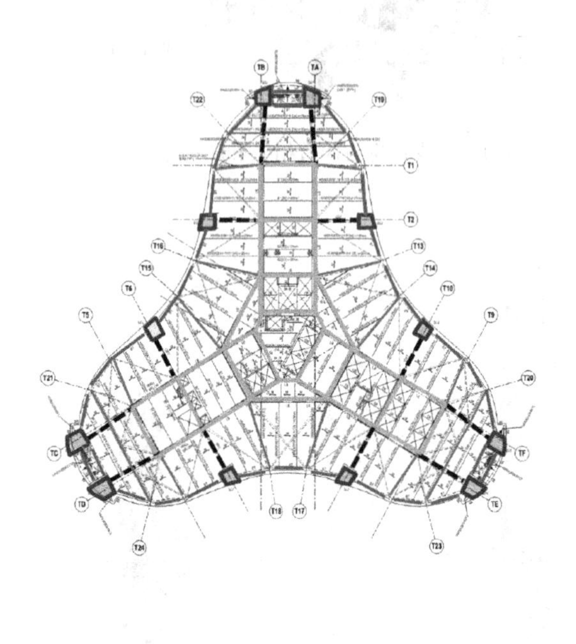

图 1-4 武汉绿地中心效果图与平面图

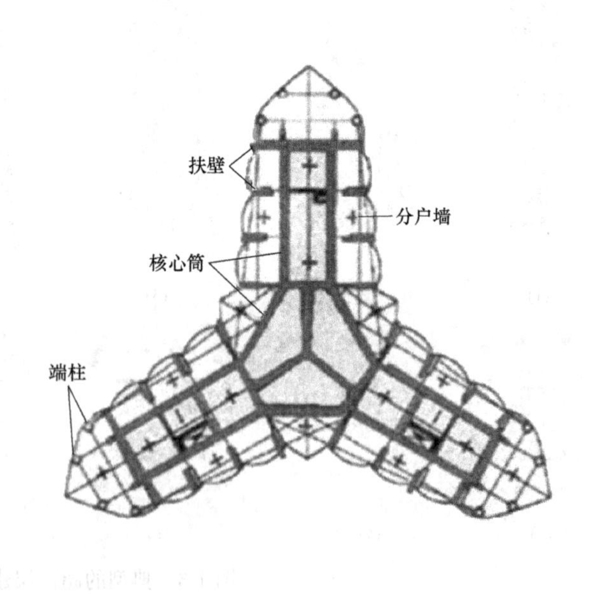

图 1-5 迪拜哈利法塔效果图与平面图

值得一提的是，哈利法塔（Burj Khalifa）采用了下部混凝土结构、上部钢结构的全新超高层结构体系，见图1-5，哈利法塔在近6年的使用过程中，各项建筑性能表现非常优异。

1.3 千米级摩天大楼结构设计研究内容与目标

随着国家经济持续快速发展，中国已成为世界上建筑业最活跃与最繁荣的地区，由于城市建筑规模不断扩大，城市可利用的建设用地减少，导致建筑高度不断增加，超高层建筑不断涌现，这些超高建筑在给城市增添亮点的同时，也极大地推动了我国建筑设计、构件加工和施工水平的提升。

在当今超高层建筑如火如荼发展的今天，建造超过1000m的摩天大楼已经指日可待，为了适应我国高速发展的建设形势，同时为今后建造千米级摩天大楼进行设计，施工、材料方面进行技术储备，中国建筑总公司于2010年提出了《千米级摩天大楼建造技术研究》(CSCEC-2010-Z-01）的大型科研课题，从总公司内部抽调了对超高层建筑设计、施工、构件加工、材料多方面国内著名单位参与到课题中来，对以往积累的超高层建造技术进行整理提炼，并前瞻性地进行更高建筑的探索研究工作。中国建筑东北设计研究院有限公司承担了《千米级摩天大楼结构研究》(CSCEC-2010-Z-01-02）的子课题。

(1) 千米级摩天大楼建筑结构体系

通过对国内外超高层建筑结构体系的总结、比较分析，对超高层建筑的主体结构的材料、延性、侧向刚度、构件尺寸、造价以及施工模拟等方面的探讨，选取适合千米级摩天大楼的结构材料形式。针对不同超高层结构体系的特点，通过细致分析与计算对比，力求找出满足建筑使用功能、抗震和抗风条件下的优化超高层结构体系，提出适应建筑高度的安全、经济、合理的抗侧力结构。

(2) 千米级摩天大楼建筑结构设计分析方法

建筑结构设计主要采用理论研究、试验研究与数值模拟技术等分析方法。从理论上探讨结构在竖向荷载和水平风荷载及地震作用的不同体系之间的受力机理；从试验研究针对结构体系、构件与节点进行验证；通过数值模拟技术进行模拟计算，找出优化的结构体系、构件及节点形式，提出有效的构造措施。

(3) 千米级摩天大楼建筑结构抗震特性

利用数值模拟技术了解不同结构体系的抗震特点与要求，通过构件的低周往复试验，得到结构构件的真实抗震效果，运用动力弹塑性时程分析方法，考察结构在弹塑性分析下的塑性铰发展机制，找出薄弱部位并重点加强，最终对结构的整体抗震性能作出综合评价。

(4) 千米级摩天大楼建筑风振特性

风荷载是超高层建筑结构的主要水平作用之一，尤其是对于千米级摩天大楼，风荷载完全有可能起到控制作用。风荷载与建筑区域、场地、外形及结构刚度密切相关，现有的《建筑结构荷载规范》GB 50009—2012，对很多体形复杂的建筑并没有给出详细的风荷载计算参数，也没有考虑群楼效应。采用数值模拟技术，对超高层建筑的风压、体型系数、风振系数进行研究，从而确定对抗风有利的建筑外形及结构体系；采用风洞试验与数值模拟技术相结合的方法确定超高层的风荷载，补充与完善我国规范对超高层建筑风荷载规定的不足；同时对超高层建筑对周围环境的影响和在风荷载作用下的舒适度问题进行研究。

(5) 千米级摩天大楼建筑结构基础形式

超高层建筑结构具有荷载大且分布不均、重心高、风载和地震作用引起的水平剪力和弯矩大、差异沉降明显等特点。从以往工程经验看，超高层建筑结构基础形式以桩筏为主，但每个工程都有自身的特殊性，包括底板厚度及配筋、桩型、桩长、桩布置都不尽相同，这取决于上部结构布置、传力情况和地基岩土情况。

根据千米级摩天大楼基础受力的特点，针对地基的土质特性，通过理论研究与数值模拟，确定基础形式；并讨论基础浅埋的可能性。

（6）千米级摩天大楼建筑结构温度作用效应分析

竖向温度效应对于高度超过1000m的建筑将产生明显的影响，研究将从季节温差、高空与地面温差、日照温差、室内外温差等多因素、多工况入手，利用有限元分析手段，找出整个建筑的最不利温度效应工况，以及其对结构整体和构件产生的受力变化，并在设计中予以考虑。

（7）千米级摩天大楼建筑结构施工模拟研究

在施工模拟计算分析中，采用单元生死和几何非线性的大变形分析技术，考虑施工的先后顺序逐步进行跟踪分析，得到每一步完成状态下“不完整结构”和构件的内力与变形情况，以求真实反应施工的动态过程。

按照施工进度计划流程，根据不同的施工周期、超前层数和伸臂桁架终拧时间等施工因素，考虑混凝土收缩、徐变的条件下，通过模拟施工计划逐层加载计算并考虑施工找平补偿的影响的方式，对施工过程中的竖向变形差异进行详细分析。

（8）千米级摩天大楼建筑结构构件的研究

对于一些结构受力的关键部位，如重要的梁、柱、墙体和支撑等构件以及节点，进行细致的有限元分析，必要时还需进行相应的试验工作，验证分析结果的准确性。

2　千米级摩天大楼建筑方案与结构方案

2.1　建筑方案

2.1.1　设计理念

自古人类便有征服天空的渴望，西方《圣经》中有营造巴比塔的传说；中国历史上也曾通过修建高耸的楼阁以及抒发“不敢高声语，恐惊天上人”的情感来表达对“摩天”建筑的精神向往。

在21世纪里，人类面临着城市不断扩张，大量农田被侵蚀，交通状况越来越恶劣的困境；迫使人们向高空索取进一步的生存空间，去营造有益于身心健康的“空中之城”。千米级摩天大楼是利用“空中之城”概念，采用创新的科技手段，建造出有助于减少交通能耗和环境污染的“竖向城市”，是一座可以“足不出户”便能满足人们日常办公、学习、生活、娱乐等需求的功能齐全的超大型综合建筑。千米级“空中之城”以安全、低碳、绿色为基本理念，将是疲惫的人们超脱于现实生活的场所，是人们向往身心放松、舒适的家园，更是一座通往心灵深处的世外桃源。

2.1.2　建设场址的选择

国内外的超高层建筑一般在大中型城市主要功能区内集中建设，尤其是在中央商务区、城市新区内。该地区往往也是城市主要公共活动中心，拥有相对完善的交通及市政等基础设施条件，特别是以轨道交通为代表的大容量公共交通网络的建设较为完善。区域周边有大片开敞空间可以作为高强度建设的缓冲区或实现容积率的空间转移，同时拥有利于塑造城市轮廓线、天际线的区域，如海岸线、江河岸线等。

对于千米级摩天大楼结构的设计研究来说，除了考虑上述建筑区域、功能和配套设施等要求外，还应对气候条件、地震设防烈度、每年的施工时间以及科研成果的普遍性进行考察。

我国辽宁省大连市地区属于海洋性的暖温带大陆性季风气候，四季分明，年平均10.5℃，极端气温最高37.8℃，最低－19.13℃，按常规一年约有8个月的施工期，能够代表我国大部分区域的气候特点；大连每年均有遭遇台风的可能，基本风压较大；其抗震设防烈度为7度，也与大多数大中城市相当；因此，大连作为千米级摩天大楼模拟建造的理想地点被确定下来，也为结构专业设计科研成果。应用提供了设计依据。

大连市是我国提倡发展的环渤海经济圈的重要城市，是我国天然优良的深水港，利于东北地区货物运输及人员的交流往来。未来还将建成世界一流水平的最长海底隧道，进一步加强东北地区与山东及其以南地区商贸、人员、技术等的交流，增加地区活力，具有天然的辽东半岛区域发展的优势。

千米级摩天大楼用地拟位于大连市甘井子区南关岭—北站附近的中心地段。基地北临华北路，南临龙华路，东侧为东北快速路，西侧紧邻原有居住小区，地处大连黄金商圈及城市中心，交通便利。基地北侧的大连北站是中国大型铁路客运枢纽，市内几十条公交线路汇集于此地并延伸至京沈、沈大、沈丹等高速公路。区内有多家星级酒店、高档写字楼、银行及完善的配套设施，该区域是大连经济实力的标志和城市形象的象征。项目区域图详见图 2-1。

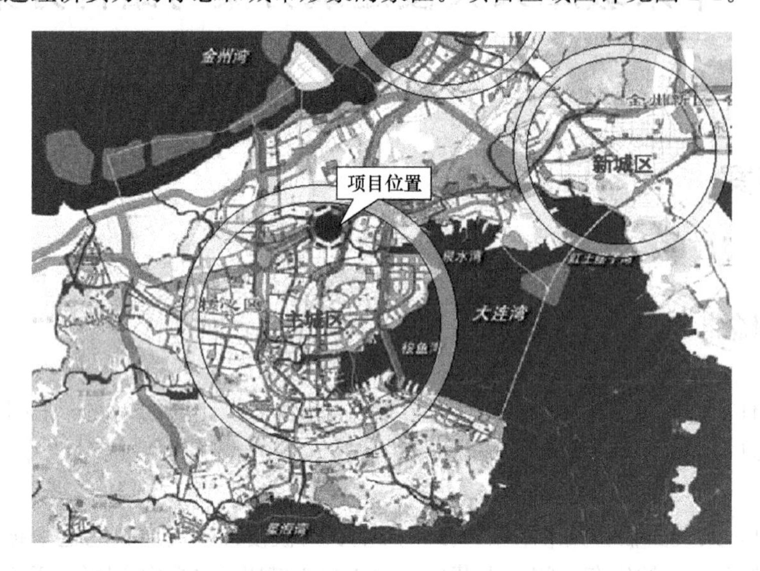

图 2-1　项目区域图

2.1.3　建筑方案比较

通过国内外几十栋超过 400m 的超高层建筑研究发现：高度和高宽比是超高层建筑结构设计的主要控制因素之一，结构基底倾覆力矩与建筑高度的平方成正比，建筑顶部侧移与建筑高度的四次方成正比，并按结构宽度的三次方递减，建筑的高度和高宽比是决定结构刚度的重要指标；超高层结构由于建筑功能的限制，基底尺寸通常不会过大，一般为 60～80m 左右，因此，对于超过 400m 以上超高层建筑的高宽比一般为 7～9；我国规范也给出了不同结构体系、不同烈度下的最大高宽比。建筑方案设计时，在考虑建筑高度和高宽比的基础上，提出三种建筑方案，效果图及典型平面图详见图 2-2、图 2-3。方案一，带削角的矩形平面，从底到顶平面尺寸基本不变，为了保证结构的稳定性和足够的抵抗地震、风荷载能力，平面几何尺寸必然很大，平面为 100m×100m 带削角的矩形平面，高宽比达到 10.0，结构体系采用巨型框架—核心筒结构体系。方案二，底部 0～400m 为十字形平面，沿建筑高度逐渐向内收进，400m 以上为矩形平面，首层平面最大轴线尺寸为 168m×168m，400m 以上的矩形平面尺寸为 72m×72m，底部高宽比为 1000/168＝6.0，顶部高宽比 400/72＝8.3，结构体系采用巨型框架—核心筒结构体系，周边设置 8 个巨柱，400m 以下巨柱向内倾斜，倾斜接近 7 度，400m 以上为直柱，同时在避难层设置转换桁架和伸臂桁架，在角部巨柱间设置 X 形交叉支撑，转换桁架将次框架荷载集中到边角的巨柱上，减少巨柱的拉力，伸臂桁架协调内筒与外框架共同工作，提高结构整体抗侧刚度，交叉支撑增加外框刚度，协调两巨柱共同工作，提高外框架承担的剪力和倾覆力矩。方案三，由四个单塔通过底部 100m 裙房和 100m 以上每 100m 设置两层共 15m 高的刚性连接平台连接组合而成的巨型组合结构体系，底部最大尺寸 220×220m，0～100m 通过裙房将四个单塔连接在一起，100m 以上在每 100m 位置下设置两层共 15m 高的刚性连接平台将四个单塔连接在一起，其余位置四个单塔完全分开。

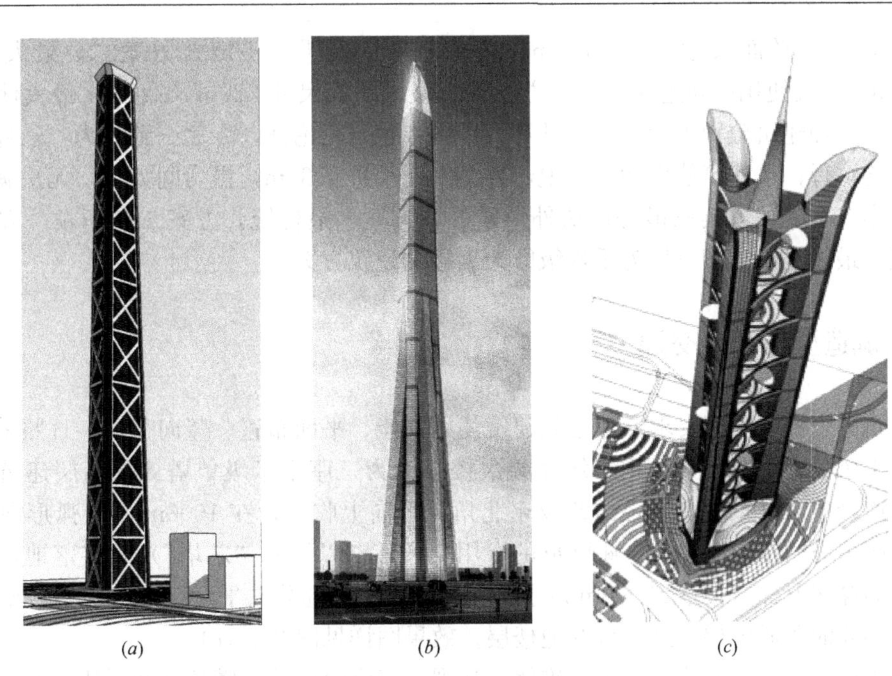

图 2-2　三种建筑方案效果图

(*a*) 方案一；(*b*) 方案二；(*c*) 方案三

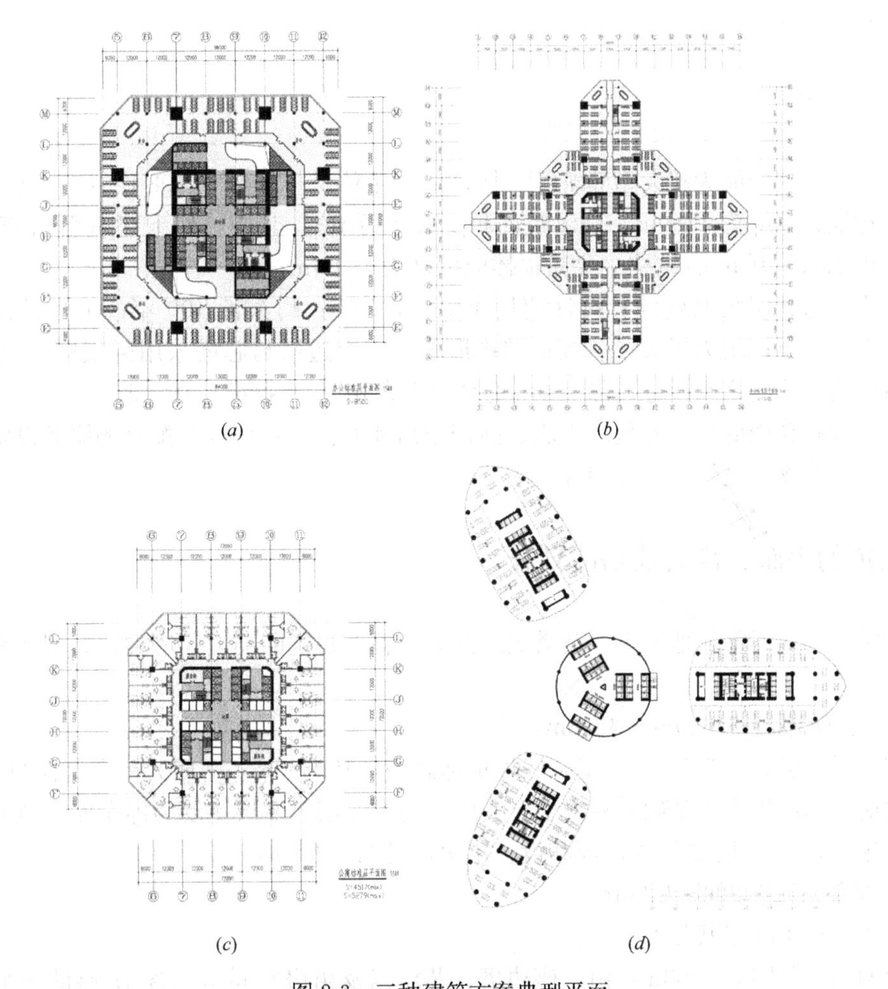

图 2-3　三种建筑方案典型平面

(*a*) 方案一；(*b*) 方案二 0～400m 典型平面；(*c*) 方案二 400m 以上典型平面；(*d*) 方案三

方案一，最大平面尺寸 100×100m，最大使用空间进深 30m；方案二，最大平面尺寸 168m×168m，最大使用空间进深 21m；方案三，最大平面尺寸 220m×220m，最大使用空间进深 18m。对这三种建筑分别进行了结构计算，进行专家讨论论证，专家一致认为：三种建筑方案的结构方案均可行；从建筑使用功能上说，方案一使用进深 30m，黑房间太多，无法满足建筑功能要求，方案二次之，方案三最好；从外形来看，方案一最传统，方案二较新颖，方案三最新颖、最现代；最终建议方案三作为千米级摩天大楼的建筑方案。

2.1.4 建筑造型与竖向交通

根据建筑的规模与高度要求，考虑到建筑使用功能、平面布置、竖向交通、日照采光、消防设施以及减小风阻等控制因素，千米级摩天大楼设计为三座千米级单塔式超高层建筑（以下称“边塔”）的连合体，分别在南向、西北及东北角弧形向上收分，在 1000m 以上弧形向外出挑成花瓣形；三座边塔的几何中心为一座圆形的专用交通塔（以下称“芯塔”）直接落地，人员可集中乘坐其中的穿梭电梯直接达到 300m 以上的相隔百米的交通公共平台，再分散转换到每个边塔建筑内部核心筒的普通电梯，到达目的地楼层。效果图详见图 2-2（*c*）。

建筑整体造型现代、简洁、大气、雄伟、壮观，三座边塔及芯塔外立面采用单元式组合玻璃幕墙，使挺拔的体型更加富有生气，清澈透明的玻璃体，使建筑庞然体形化于无形，凸显千米级摩天大楼的高耸气魄。

2.1.5 工程概况

千米级摩天大楼功能为超大型建筑综合体，地上主体塔楼层数为 198 层（含 8 层塔瓣），地下室 9 层。建筑总高度为 1180m，总建筑面积 262.1 万 m^2，其中，地下建筑面积 65.5 万 m^2，地上建筑面积 196.6 万 m^2，结构主要屋顶楼面标高为 1040m。

建筑性质：超高层公共建筑；设计使用年限：100 年；耐久性 100 年；工程设计等级：特级；建筑分类：一类；耐火等级：一级；结构形式：三个边塔与芯塔采用巨型框架-外包钢板剪力墙核心筒结构，他们之间通过每隔 100m 的高空平台相连，“捆绑”在一起。

整幢建筑设有高档商场、五星级酒店、高档公寓和办公、娱乐以及配套的服务设施，满足客人办公、居住、购物、生活以及休闲等需求。

2.1.6 建筑的平面、剖面及功能划分

整体建筑分为地下室、地上主体及塔尖三部分，整个建筑的剖面、塔尖、典型平面示意图详见图 2-4。

1. 地下室（标高±0.000～−48.6m）

地下室 9 层的层高均为 5.4m，基础底板顶标高为−48.600m，平面为一个直径约 300m 的圆形，三个边塔与芯塔生根于基础底板之上；其中，地下 4 层至 9 层主要为停车库，地下 3 层为停车库和设备用房，地下 1、2 层为商场和设备用房，见图 2-4（*p*）。

2. 地上主体（±0.000～1000m）

地上主体塔楼 190 层共分为 10 段。

第 1 段的高度范围 0～100m，由三座边塔、芯塔以及裙房共同组成含 19 层的一个整体，边塔、芯塔和裙房每层平面互通，为了满足建筑整体立面变化的要求，裙房的外轮廓曲线由

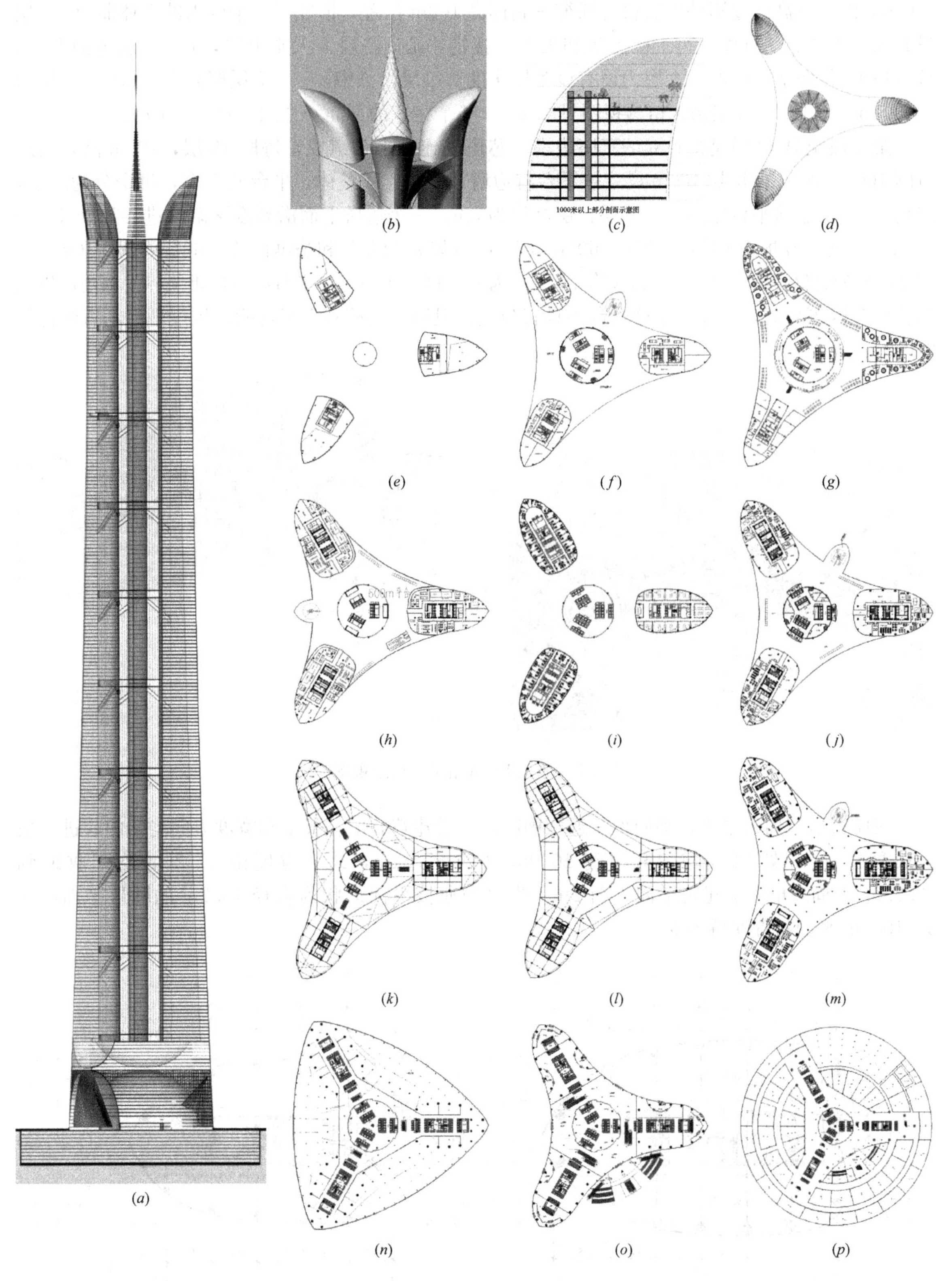

图 2-4 剖面及典型平面图

(*a*) 剖面示意图；(*b*) 塔尖三维示意图；(*c*) 周边塔塔尖剖面图；(*d*) 塔尖 1080m 俯视图；
(*e*) 1045m 平面图；(*f*) 1000m 平面图；(*g*) 985m 平面图；(*h*) 600m 平面图；
(*i*) 550m 平面图；(*j*) 400m 平面图；(*k*) 392.5m 平面图；(*l*) 385m 平面图；(*m*) 100m 平面图；
(*n*) 60m 平面图；(*o*) 0.00m 平面图；(*p*) 地下室平面图

±0.000沿建筑高度逐渐外扩后再逐渐缩进到标高 100m 位置，形成了三个巨大的立体曲面。1 层设有入口大堂、休息厅、写字楼大堂和大客户接待中心，2 层为大堂上空，3～16 层为商业区，17～18 层为综合服务区，19 层为设有设备用房的避难层，其中，1～17 层层高 5m，18～19 层层高 7.5m；地上 100m 裙房入口透视图见图 2-5，整个建筑的剖面示意图详见 2-4（*a*）。

第 2 段至第 10 段是由独立的三座边塔、芯塔及连接平台组成，每段 19 层，100m 高，高度范围 100～1000m；每隔 100m 设连接平台将边塔、芯塔连成整体，平台共 9 个，每个分为二层，层高 7.5m；连接平台之间为标准层，层高均为 5m，三个边塔平面沿高度逐渐收进。100～300m（第 2、3 段）为办公区楼层，300～600m（第 4～6 段）为办公和公寓区段，600～900m（第 5～9 段）为公寓区段，900～1000m（第 10 段）为酒店区；9 个连接平台肩负避难层、设备用房以及综合服务区等功能，第九个连接平台还具有观光、卫星天线控制室等功能，楼层平面示意图详见 2-4（*f*）～（*l*）。

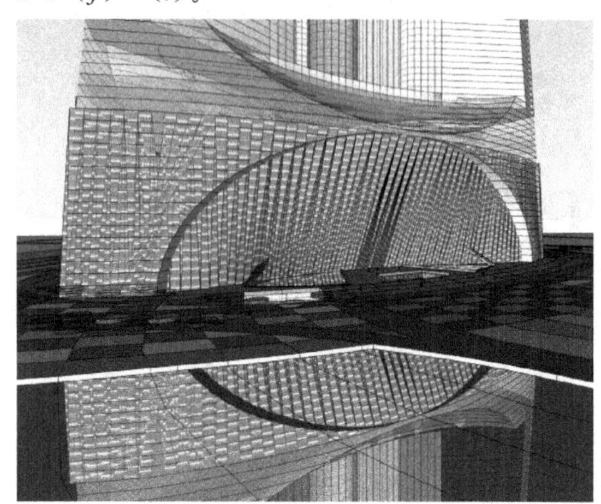

图 2-5　地上 100m 裙房入口透视图

三座边塔（周边单塔）平面形状近似椭圆形，沿建筑高度在长度和宽度方向均向内收进，最大长度由 100m 处 82m 均匀减小到 1000m 处的 67.21m，最大宽度由 47.28m 均匀收缩到 33.220m，周边单塔子建筑平面见图 2-6。中央交通核平面形状为直径 48.2m 的圆形平面，且 0～1000m 平面布置保持不变。

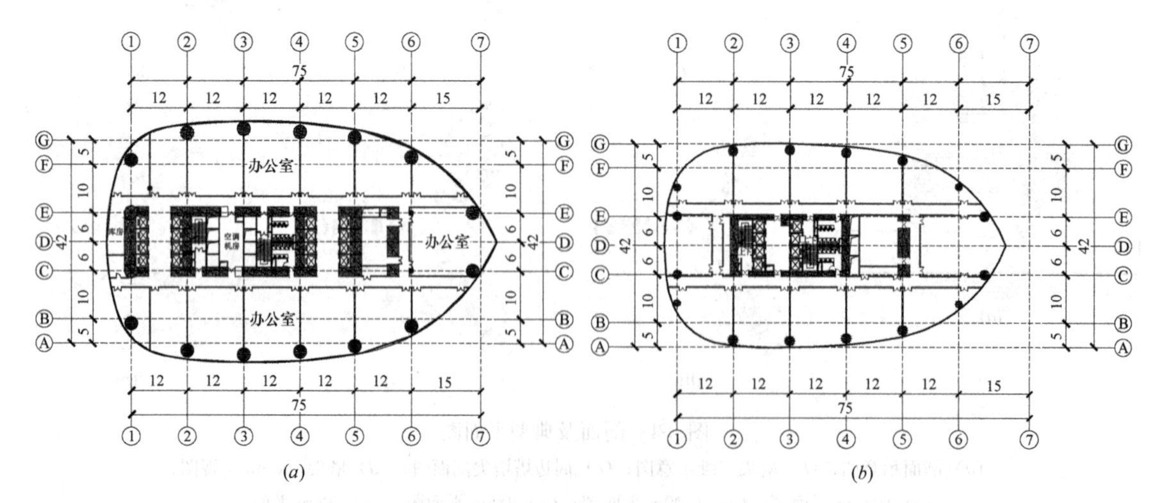

图 2-6　周边单塔子建筑单元平面（一）

（*a*）100～200m 子建筑单元平面（开放式办公）；（*b*）400～600m 子建筑单元平面

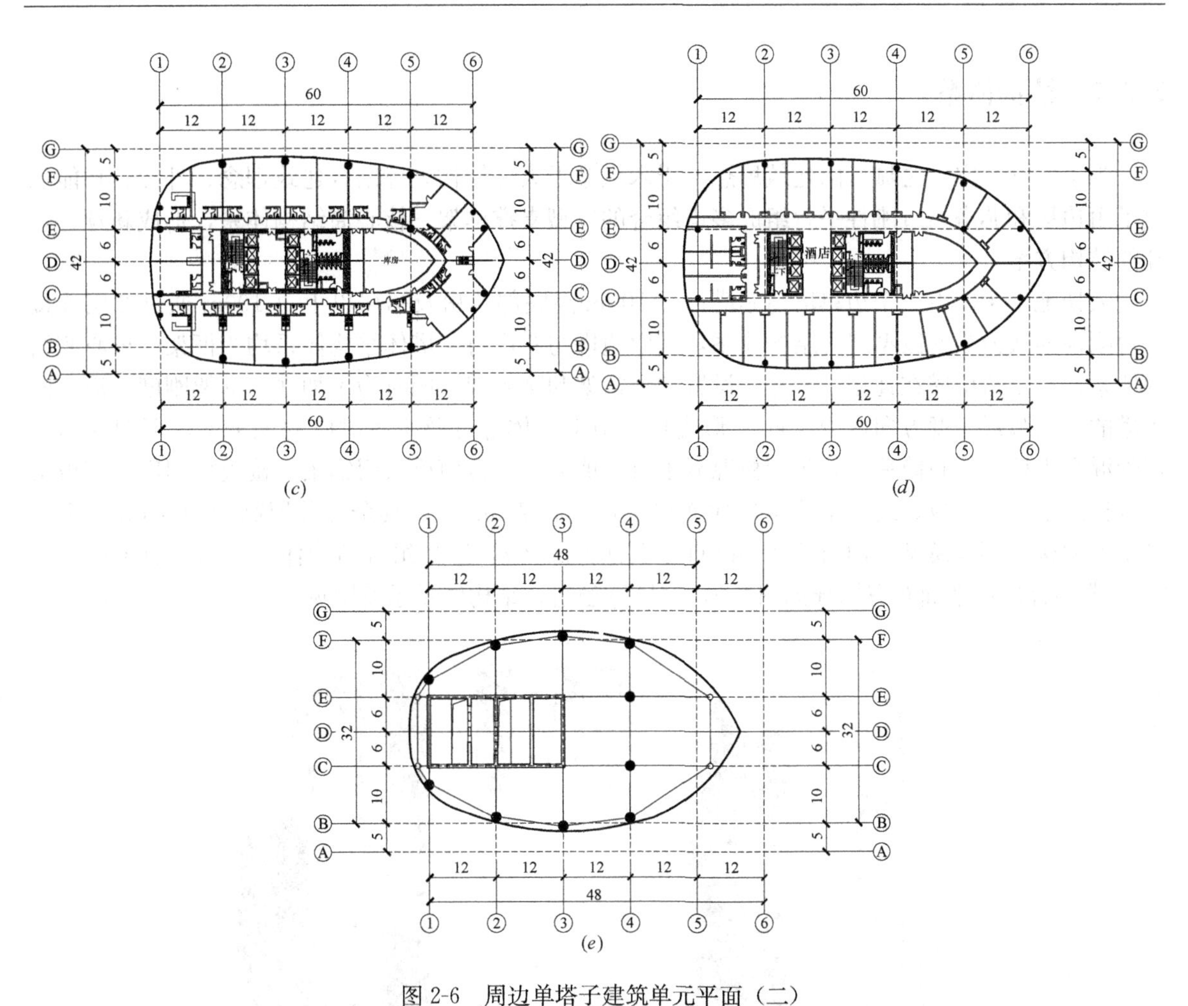

图 2-6 周边单塔子建筑单元平面（二）

(*c*) 600～800m 子建筑单元平面；(*d*) 800～1000m 子建筑单元平面（酒店式公寓层）；

(*e*) 1000～1040m 子建筑单元平面（总统套房层）

3. 塔尖（1000～1180m）

塔尖由两部分组成：①标高 1000m～1080m，是从三个边塔升起 80m 高的三个独立塔瓣，其中，塔瓣下部层高为 5m 的 8 层高档办公区域，上部 40m 为开阔的休闲空间区域。②在芯塔顶部标高 1040m 以上为高度 140m 的通信塔。塔尖示意图详见图 2-4（*b*）、(*c*)。

2.2 结构方案

中国建筑千米级摩天大楼按抗震设防分类标准，属于乙类建筑，地处 7 度抗震设防烈度区，应按 7 度计算地震作用，按 8 度采取抗震措施。同时，应充分考虑沿海地区台风等带来的抗风问题。结构体系的选型必须基于有效、安全、经济的原则，需考虑的问题包括以下几点：

1）建筑造型与结构体系的合理性；

2）建筑自身荷载作用与非荷载作用；

3）结构体系的抗震（风）性能；

4）结构的可建性及施工周期；

5）造价合理。

2.2.1 结构体系

为了实现“空中之城”的建筑思想，千米级摩天大楼结构设计结合建筑理念、外形、功能创建了由边塔和芯塔通过刚性平台组成多塔组合的巨型支撑框架—核心筒结构体系，形成新颖、合理的结构方案。

大楼地上主体由三个边单塔与芯塔通过 100m 高底部裙房及裙房以上每 100m 通过 2 层连接平台刚性连接而成的巨型组合结构体系，其中边塔与芯塔每个塔体结构体系均为框架—核心筒结构体系，三个边单塔在连接平台楼层设置伸臂桁架和腰桁架，同时为了加强外框架刚度，沿每段边塔的立面弧形长度方向两侧设置 X 形支撑。地上主体部分及主体对应的地下室，框架柱均为钢管混凝土柱，核心筒采用外包钢板混凝土组合剪力墙，楼面梁采用钢梁，楼板采用压型钢板组合楼板或钢筋桁架板。地上主体结构除连接平台层高 7.5m 外，其余部分层高均为 5.0m。千米级摩天大楼 Etabs 模型、BIM 图及 3D 打印图详见图 2-7，巨型组合结构体系平面构成图详见图 2-8，典型标准层平面布置图详见图 2-9，多塔巨型组合结构体系示意图见 2-10。

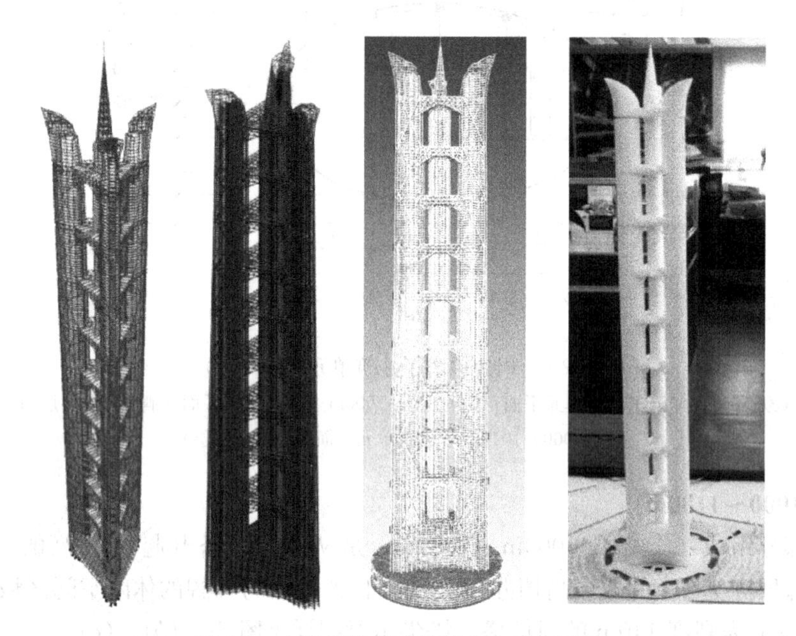

图 2-7 中国建筑千米级摩天大楼三维图

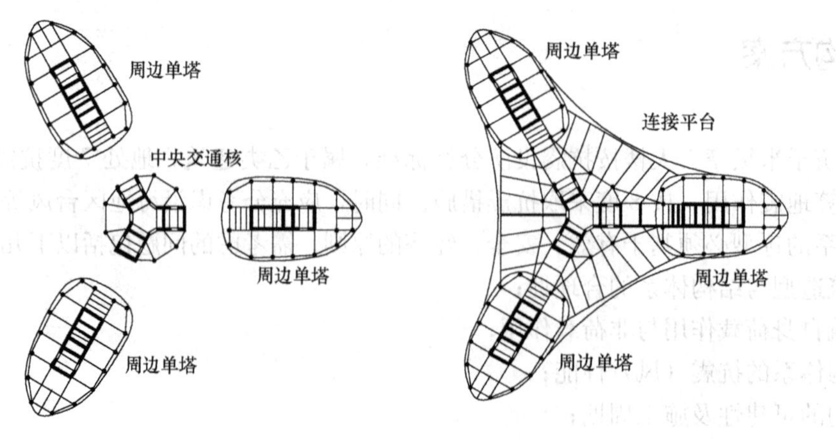

图 2-8 巨型组合体系平面简图

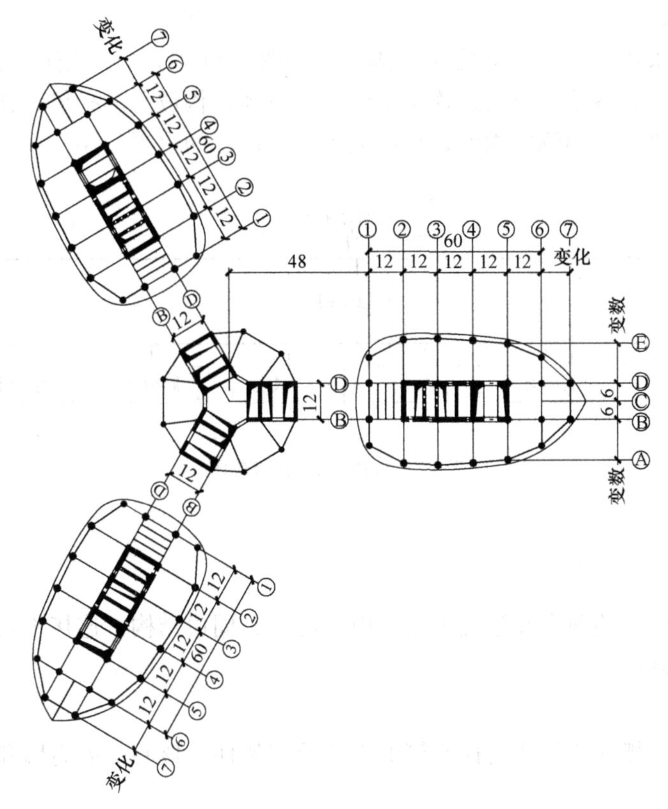

图 2-9 标准层平面布置图（单位：m）

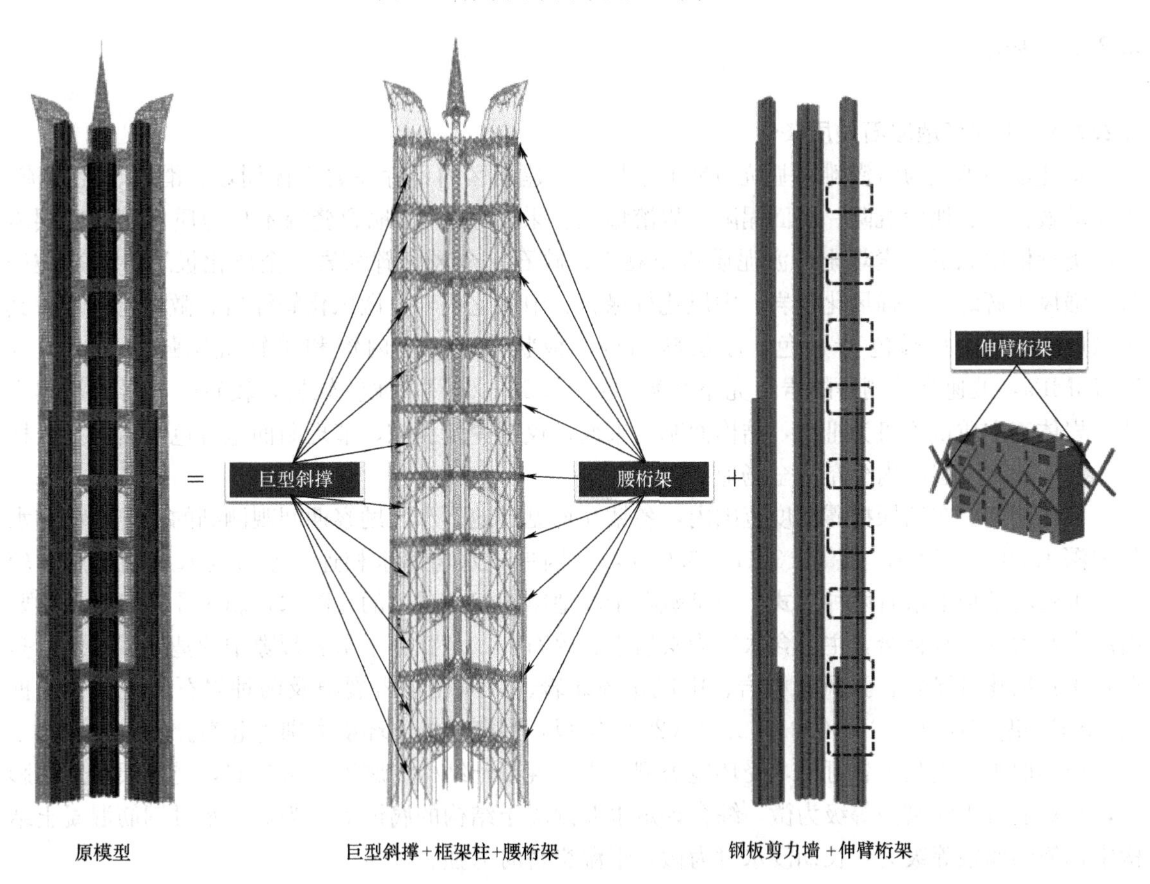

图 2-10 结构体系示意图

2.2.1.1 抗侧力体系

千米级摩天大楼采用了多重结构抗侧力体系，如图 2-11 所示，单塔的抗侧力体系由核心筒及核心筒周边结构构成，各单塔再通过连接平台连成整体，构成总的抗侧力体系，多重抗侧力体系共同作用为结构提供必要的侧向刚度，承担风和地震产生的水平作用。

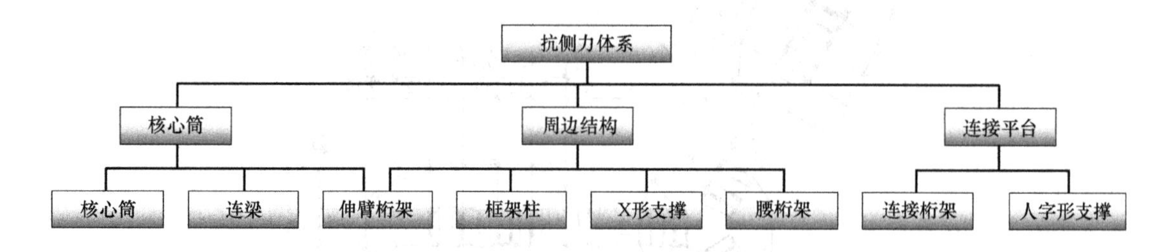

图 2-11 抗侧力体系示意图

2.2.1.2 传力路径

1. 水平荷载

风和地震作用所产生的剪力及倾覆力矩，由核心筒、周边结构、连接平台组成的抗侧力体系共同承担，最终传至基础。

2. 竖向荷载

竖向荷载由楼板、楼面梁传递给核心筒剪力墙及框架柱，核心筒剪力墙和框架柱再把竖向荷载传递至基础。

2.2.2 基础

2.2.2.1 拟建场地岩石地质条件

拟建场地地貌为海漫滩，基坑内地形平坦。拟建场区内不存在岩土体崩塌、滑坡、泥石流、无振动液化层、地面沉降、地面塌陷（岩溶塌陷、采矿塌陷）、地裂缝等不良地质作用，各层岩土体类型依次如下：素填土、淤泥质粉质黏土、碎石、全风化辉绿岩、全风化板岩、构造破碎带、强风化辉绿岩、强风化板岩、中风化辉绿岩、中风化板岩、微风化辉绿岩、微风化板岩。其中微风化板岩：灰褐色-青灰色，厚层状结构，板状构造，室内饱和单轴抗压强度标准值为16.73MPa，波速测试测得的岩石完整系数 K_V＝0.33～0.71，属较软岩，较破碎，岩体基本完整，岩体基本质量等级为Ⅲ级，结构面基本未变，仅有少量裂隙，节理断面呈青色，岩芯呈长柱状、短柱状。该层区内分布于全场地。

钻孔期间，在钻探揭露深度范围内，各钻孔均见有地下水，勘察期间观测到的地下水稳定水位埋深 1.50～8.50m，标高－3.17～3.01m，且因地下水与海水相连，水位受海水潮汐影响较大。拟建场地地下水有两种形式：一是赋存于场地第四纪土层中的孔隙水，属于孔隙潜水，主要由海水和大气降水补给，主要含水层为素填土、碎石。二是赋存于基岩裂隙中的基岩裂隙水，多存在于强风化辉绿岩、强风化板岩、中风化辉绿岩、中风化板岩裂隙及两种岩石交汇处。依据《岩土工程勘察规范》GB 50021—2001（2009 年版）判定，场地环境类别为Ⅱ类。

根据取水样化验报告可见，受环境类型，水对混凝土结构的腐蚀等级为弱，受地层渗透的影响，水对混凝土的腐蚀等级为微，综合评定水对混凝土结构的腐蚀等级为弱；水对钢筋混凝土结构中钢筋的腐蚀等级为：长期浸水时为微，干湿交替时为强。

各层地基承载力特征值及工程参数详见表 2-1。

各层地基土承载力及工程参数　　表 2-1

地层名称	承载力特征值 f_{ak}(kPa)	重度 γ (kN/m³)	黏聚力 c (kPa)	摩擦角 ϕ (°)	桩端阻力标准值 q_{pa}(kPa)	桩侧阻力标准值 q_{sa}(kPa)
①素填土		17	10	10		
②淤泥质粉质黏土	70	17.7	11	6		20
③碎石	350	20	10	32		110
④全风化辉绿岩	300	20	20	25		90
⑤全风化板岩	280	22	25	16		70
⑥构造破碎带	500	25	35	33		135
⑦强风化辉绿岩	450	24	30	40	8000	270
⑧强风化板岩	800	23	31.1	43	6000	140
⑨中风化辉绿岩	2500	28.2	80	46	13670 *	360
⑩中风化板岩	2500	26.7	71.0	45.7	10320 *	270
⑪微风化辉绿岩	4000	29	210	48	25510 *	495
⑫微风化板岩	3200	28	200	48	16730 *	315

注：标注 * 为饱和抗压强度标准值。

2.2.2.2 地基基础

根据地质勘查报告，绝对标高−35m 处已经是微风化板岩，其承载力特征值为 3200kPa。主楼区域采用天然筏板基础（筏板 A 区域为三个边单塔与芯塔对应的位置，厚度定为 10m；B 区域为除三个周边单塔与芯塔以外的地上裙房对应位置，厚度为 5m），详见图 2-12，主楼区域基础底板在重力荷载、水平风荷载和小震作用下并未出现零应力区，主楼区域筏板基础基底平均反力约为 2920kPa，小于地基承载力特征值 3200kPa，满足设计要求；主楼最大沉降为 11mm 左右；主楼区域基础埋深为−58.6m，相对建筑高度约为 58.6/1180＝1/20，虽然比规范 1/15 限值稍小，但满足规范对地基承载力、稳定性和基础底面不出现零应力区的要求。

根据地质勘察期间观测到的地下水位，千米级高层抗浮水位确定为绝对标高−1.000m，地下水水头 50m 左右，主楼区域整体计算时筏板在恒荷载作用下满足整体抗浮验算要求，但地下室裙房部分恒荷载不能满足抗浮验算的要求，因此地下室裙房部分采用天然筏板基础（C 区域为除地上部分以外的地下室对应位置，板厚 2m）＋抗浮锚杆。抗浮锚杆用以抵消地下水的浮力，抗拔锚杆初步估算长度为 8m，锚杆直径 150mm，间距 1.2m，抗拔力标准值 T_{uk}＝450kN。

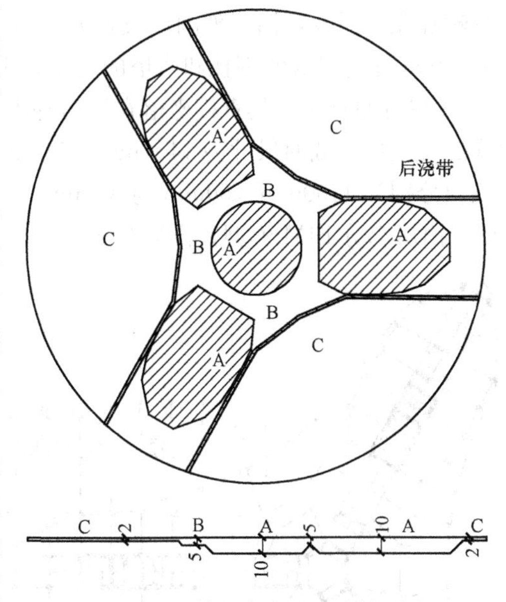

图 2-12　筏板布置示意及剖面图

2.2.3 地下室结构

地下室内塔楼范围仍然采用钢管混凝土柱＋外包钢板混凝土组合剪力墙结构方案，但梁板均采用混凝土结构；塔楼范围以外的地下室裙房部分采用钢筋混凝土结构，首层楼板厚度为

200mm，其他层楼板厚度为120mm，地下室主要构件截面尺寸见表2-2。千米级摩天大楼选取地下室顶板作为上部结构的嵌固端，为了满足关于嵌固部分的刚度比值的要求，地下室裙楼在塔楼的相关范围内结合建筑楼梯间的需要布置了多道剪力墙，相关范围取主楼外扩3跨的范围，地下一层与地上一层的剪切刚度比值符合规范的要求。

地下室主要构件截面尺寸　　表2-2

构件类型	构件尺寸(mm)	混凝土强度等级
塔楼钢管混凝土柱	3000/100、2800/100、2600/100、1800/50、1100/50	C120
塔楼钢板剪力墙	1850/100、1750/100、1550/100、1350/100	C120
塔楼梁	500×1200	C30
地下室混凝土柱	900×900	C30
地下室剪力墙	600、550	C30
地下室外墙	550、500、450、400	C30
地下室主梁	500×1200、500×1000	C30

2.2.4　地上主体结构

2.2.4.1　裙房

地上设置100m高裙房，建筑外轮廓在边塔与芯塔连接部分由±0.000沿着建筑高度逐渐外扩到60m，最大扩出尺寸为35m，再从60m逐渐缩进到高度100m处。由于边塔与芯塔连接部分建筑轮廓先扩后收，裙房外围柱设置成先向外斜、再向内收的斜柱配合建筑造型需求，斜柱生根于±0.000处的裙房外围柱和边塔的框架柱上；为了减小梁的跨度，在裙房外扩过程中，设置间距12m左右的直柱，其直接坐落在裙房外围斜柱上；支撑斜柱的±0.00处裙房框架柱采用圆形钢管混凝土柱，截面尺寸为1400mm×50mm；斜柱与分割梁跨度的直柱均采用圆形钢管柱，最大截面分别为1100mm×50mm与800mm×35mm。标高±0.000、60m和100m结构布置图见图2-13，裙房部分BIM模型，详见图2-14。

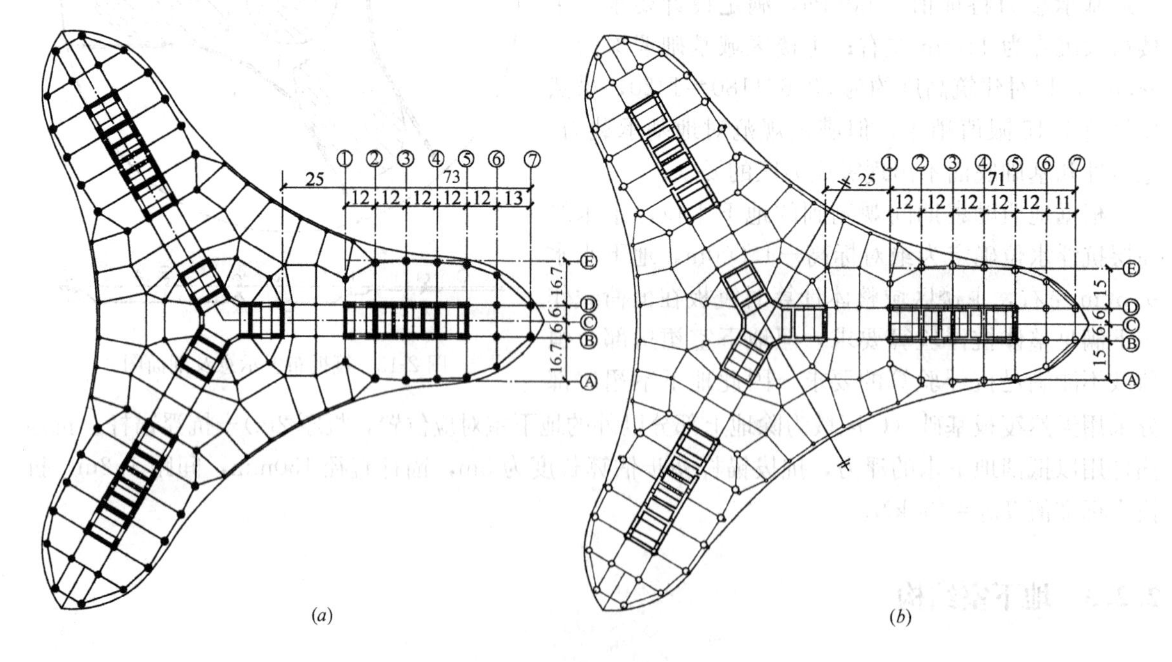

图2-13　裙房部分楼层结构布置示意图（一）
(*a*) ±0.000结构布置图；(*b*) 100.000m结构布置图

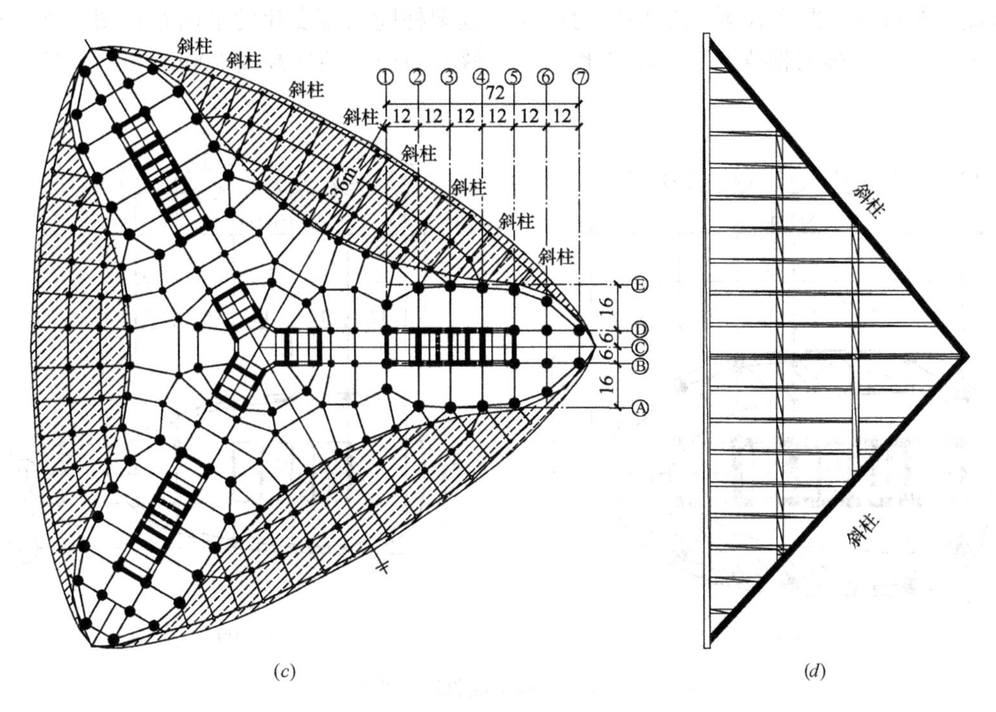

图 2-13　裙房部分楼层结构布置示意图（二）

（c）60.000m 结构布置图（阴影部分为外扩部分）；（d）裙房外扩部分斜柱支撑示意图

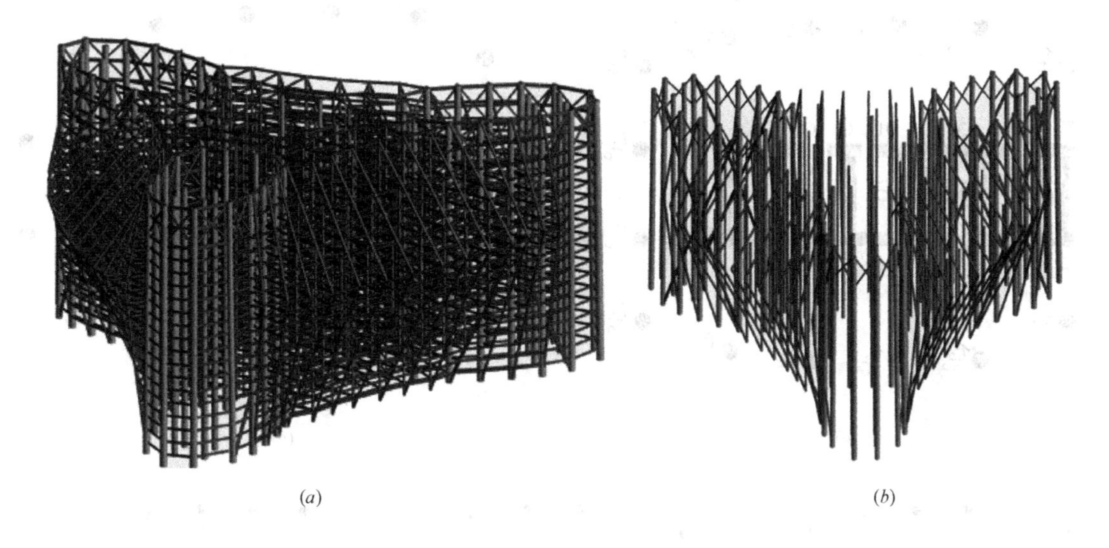

图 2-14　裙房 BIM 模型

（a）裙房 BIM 正视图；（b）三维 BIM 直柱、斜柱显示图

2.2.4.2　边塔

三个边塔采用巨型框架-外包钢板混凝土组合剪力墙核心筒结构体系，平面近似椭圆形，沿建筑高度在长度和宽度方向均逐渐内收，平面的最大长度由标高±0.000 处 83.9m 均匀减小到标高 1000m 处的 66.5m，最大宽度由 49.7m 均匀收缩到 32.6m，详见图 2-15，图（a）中阴影部分为边塔收缩的范围，边塔在±0.000 处建筑面积为 3415m^2，在 1000m 处的建筑面积为 1721m^2。为了最大限度地减少结构构件占用建筑面积，配合外围尺寸的减小，外框架柱全部设为斜柱，且其外边缘紧贴结构外轮廓线。由于平面沿建筑高度不断缩减，部分框架柱和剪力墙伸

至一定高度后被截断，图 2-16 给出边塔剪力墙与外框架柱随高度变化的平面布置图。外框柱在高度 700m、900m 处分别收掉 KZ6、KZ9 和 KZ1；核心筒剪力墙在高度 200m、600m 处分别收掉 Q3 和 Q5。

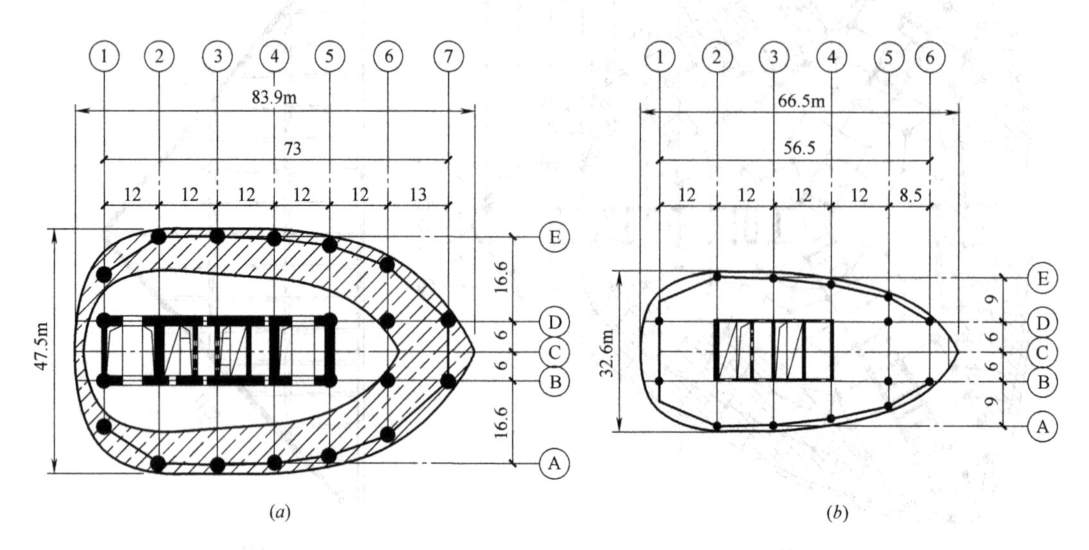

图 2-15　周边单塔平面收进示意图

（*a*）±0.000 单塔平面布置图；（*b*）1000.000m 单塔平面布置图

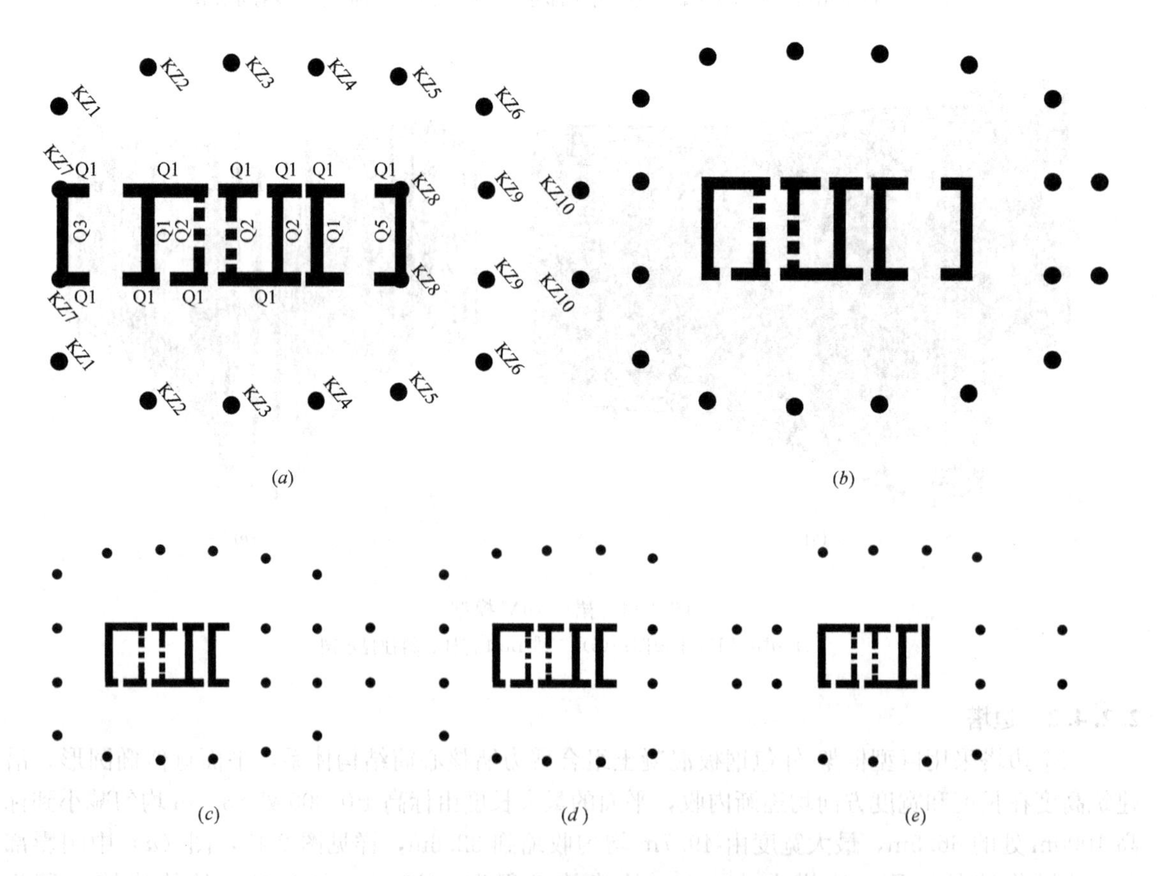

图 2-16　周边单塔墙、柱随高度变化的平面布置图

（*a*）0～200m 墙柱布置图；（*b*）200～600m 墙柱布置图；（*c*）600～700m 墙柱布置图；

（*d*）700～900m 墙柱布置图；（*e*）900～1000m 墙柱布置图

为了加强外框架的刚度，提高框架承担的剪力，增加结构的刚度和稳定性，沿每个边塔的弧形长度方向两侧（2～6 轴）的框架柱每 100m 设置两道 X 形箱形截面巨型钢支撑。同时为了减小风荷载下的位移角，增大结构的抗扭刚度和平动刚度，协调外框柱之间和框架柱与核心筒的变形，提高结构的整体抗倾覆稳定性，边塔沿建筑高度在每个连接平台楼层处设置箱形截面的伸臂桁架和腰桁架共 10 道，图 2-17 给出边塔外框架、X 形单塔巨型支撑、腰桁架和 1～6 轴伸臂桁架示意图。框架梁和次梁采用焊接工字形钢梁，连接框架柱之间的框架梁全部刚接，除在连接平台处框架梁与核心筒为固接外，其余楼层均采用铰接。

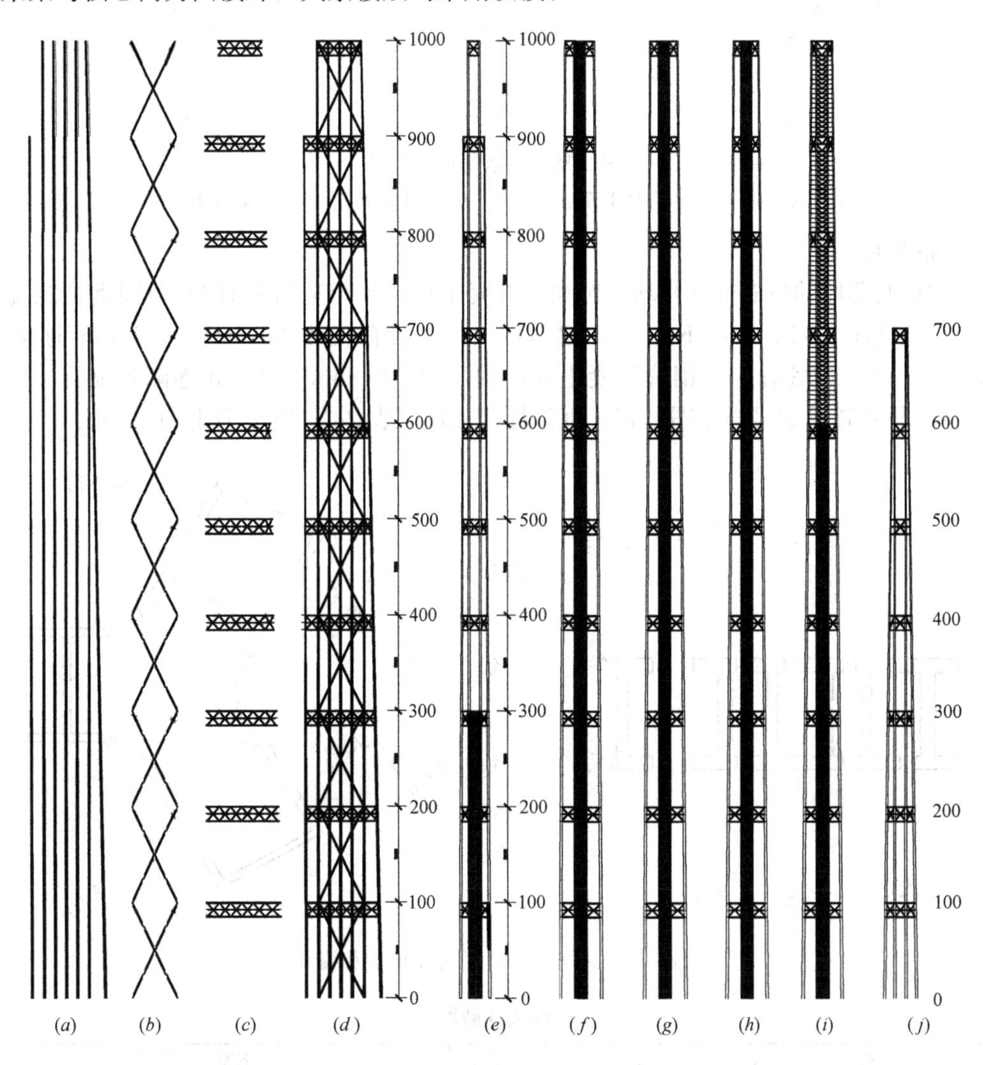

图 2-17 周边单塔外框架、X 型单塔矩形支撑、腰桁架及 1 轴至 6 轴伸臂桁架布置图
(a) 外框柱；(b) X 支撑；(c) 腰桁架；(d) 组合外框；
(e) 1 轴；(f) 2 轴；(g) 3 轴；(h) 4 轴；(i) 5 轴；(j) 6 轴

2.2.4.3 芯塔

芯塔平面形状为直径 49.8m 的圆形平面，且±0.000～1000m 高度范围内平面布置保持不变，由 6 根钢管混凝土框架柱和外包钢板剪力墙组成；在高度 1000m 处收掉部分墙肢，同时在高度 1000～1005m 之间将框架柱向中心倾斜，减小了芯塔的平面尺寸，并在高度 1040m 处转换成 140m 的纯钢结构塔尖；主要框架梁采用箱形截面与框架柱刚接，除在连接平台处框架梁与核心筒刚接外，其余楼层与核心筒均为铰接，详见图 2-18。

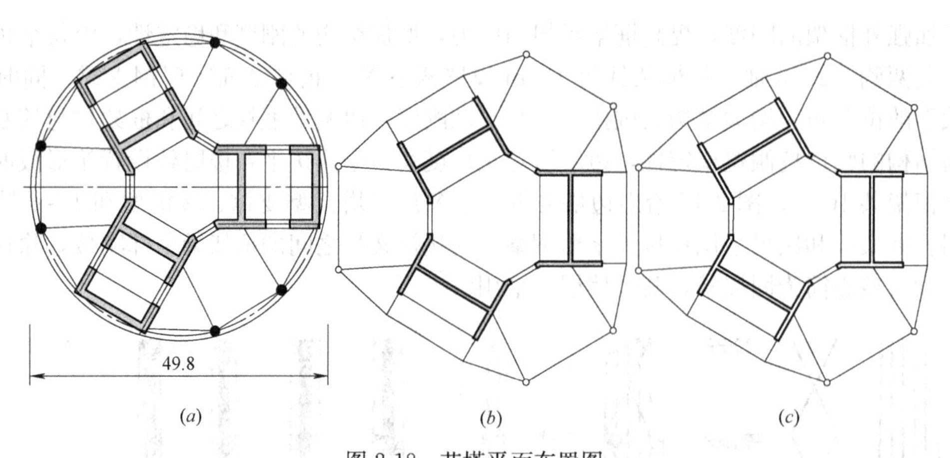

图 2-18 芯塔平面布置图

(*a*) ±0.000～1000m 芯塔平面布置；(*b*) 1005m 平面布置；(*c*) 1040m 平面布置

2.2.4.4 框架柱

三个边塔与芯塔的所有框架柱均为圆钢管混凝土柱，每个边塔共有 20 根圆钢管混凝土框架柱，包含 6 根直柱（K7、K8、K9），14 根斜柱，柱钢管截面由 2800mm×100mm 逐渐收缩为 1300mm×50mm；芯塔有 6 根钢管混凝土柱，截面由 1800mm×50mm 逐渐收缩为 1300mm×50mm，框架柱布置及编号详见图 2-19，框架柱截面详见表 2-3，钢材采用 Q420 钢。

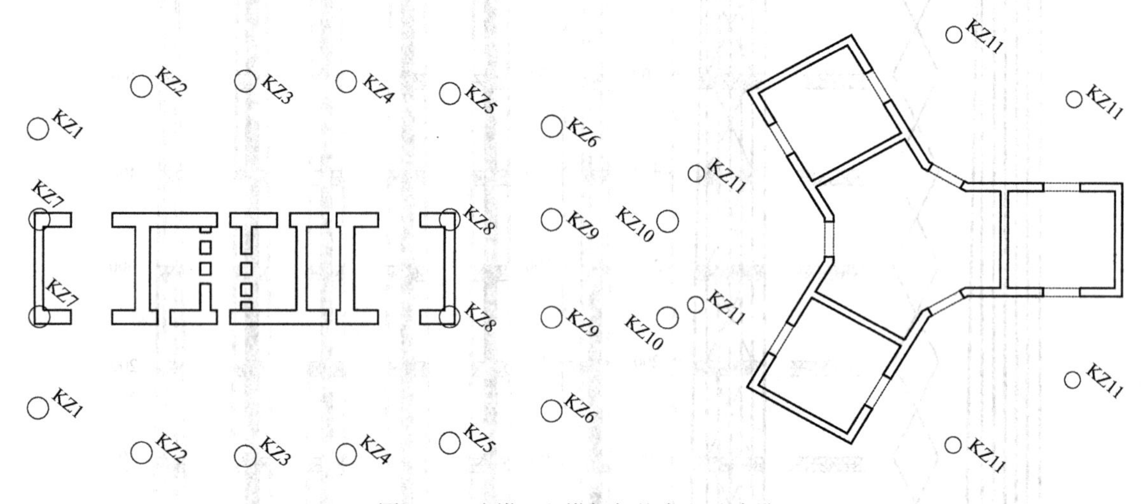

图 2-19 边塔、芯塔框架柱布置及编号

框架柱截面 **表 2-3**

楼层（标高 m）	KZ1 (mm)	KZ2 (mm)	KZ3～KZ5 KZ10(mm)	KZ6 (mm)	KZ7 (mm)	KZ8 (mm)	KZ9 (mm)	KZ11 (mm)
1～10 (0～50)	2500/100	2800/100	2800/100	2500/100	2500/100	2500/100	2500/100	1800/50
11～19 (50～100)	2400/100	2700/100	2700/100	2400/100	2500/100	2500/100	2400/100	1800/50
20～29 (100～150)	2300/90	2600/100	2600/100	2300/90	2500/100	2500/100	2300/90	1750/50
30～38 (150～200)	2200/90	2500/100	2500/100	2200/90	2500/100	2500/100	2200/90	1750/50
39～48 (200～250)	2100/90	2400/100	2400/100	2100/90	2400/100	2400/100	2100/90	1700/50
49～57 (250～300)	2000/90	2300/90	2300/90	2000/90	2300/90	2300/90	2000/90	1700/50

续表

楼层 （标高 m）	KZ1 （mm）	KZ2 （mm）	KZ3～KZ5 KZ10（mm）	KZ6 （mm）	KZ7 （mm）	KZ8 （mm）	KZ9 （mm）	KZ11 （mm）
58～67 （300～350）	1800/80	2200/90	2200/90	1800/80	2200/90	2200/90	1800/80	1650/50
68～76 （350～400）	1600/70	2100/90	2100/90	1600/70	2100/90	2100/90	1600/70	1650/50
77～86 （400～450）	1400/50	2000/90	2000/90	1400/50	2000/90	2000/90	1400/50	1600/50
87～95 （450～500）	1200/50	1900/80	1900/80	1200/50	1900/80	1900/80	1200/50	1600/50
95-105 （500～550）	1150/50	1800/80	1800/80	1100/50	1800/80	1800/80	1100/50	1550/50
106～114 （550～600）	1150/50	1700/70	1700/70	1100/50	1700/70	1700/70	1100/50	1550/50
115～124 （600～650）	1100/50	1600/70	1600/60	1000/45	1600/60	1600/60	1000/45	1500/50
125～133 （650～700）	1100/50	1600/70	1500/50	1000/45	1600/60	1500/50	1000/45	1500/50
134～143 （700～750）	1050/50	1600/60	1500/50		1500/50	1500/50		1450/50
144～152 （750～800）	1050/50	1600/60	1450/50		1500/50	1450/50		1450/50
153～162 （800～850）	1000/45	1500/50	1450/50		1500/50	1450/50		1400/50
163～171 （850～900）	1000/45	1500/50	1400/50		1500/50	1400/50		1400/50
172～181 （900～950）		1400/50	1350/50		1400/50	1350/50		1350/50
182～188 （950～985）		1400/50	1300/50		1400/50	1300/50		1350/50
189～191 （985～1000）		1400/50	1300/50		1400/50	1300/50		1300/50
192～198 （1000～1040）		1000/25	1000/25			1000/25		900/25

注：“/”前数字代表柱外直径，“/”后数字代表柱钢管厚度。

2.2.4.5 核心筒

三个边塔与芯塔的剪力墙核心筒从筏板顶向上延伸至大楼顶层，贯通建筑物全高，容纳了主要的垂直交通和机电设备管道，并承担竖向及水平荷载。

核心筒均采用外包钢板混凝土组合剪力墙，并沿墙体长度方向设置肋板，形成多腔体钢板混凝土组合剪力墙。核心筒混凝土最大强度等级为C120，等级为C120高强混凝土与外包钢板共同工作，在保证一定延性的前提下，提高了构件抗压、抗剪承载力，有效降低结构自重。外包钢板混凝土组合剪力墙优点如下：①强度高，刚度大，可以显著减小剪力墙截面厚度，1180m高中国建筑千米级摩天大楼，首层最厚墙厚仅1700mm，极大地减小了结构自重，减小了地震作用；②延性好，抗震抗风性能好。通过小震弹性、中震弹性和大震不屈服作用下分析研究发现，外包钢板混凝土组合剪力墙显著提高结构的抗震性能，很容易满足规范要求；通过弹塑性时程分析表明，外包钢板混凝土组合剪力墙的钢板mises应力和混凝土的受压损失不大，基本上保持为弹性；③采用C120高性能混凝土；④采用高强度钢材，如Q420、Q460；⑤工业化水平高，便于施工，节能环保，绿色施工；剪力墙的外包钢板、加劲肋、栓钉可在工厂事先加工完成，在施工现场进行构件拼接焊接，实现免模板浇筑混凝土。设计采用的典型外包钢板剪力墙平面构造如图2-20所示，核心筒布置及墙肢编号示意图详见图2-21，核心筒截面厚度见表2-4。

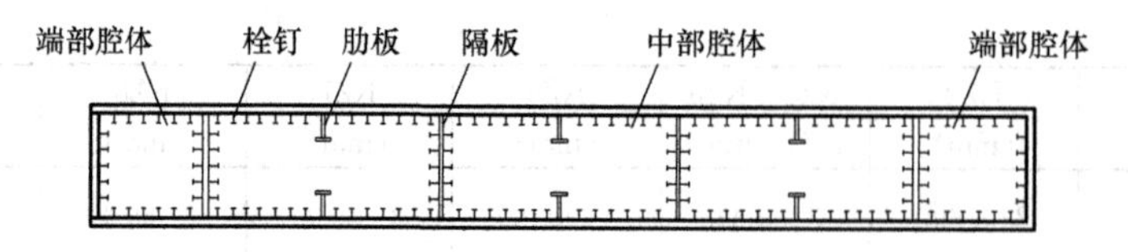

图 2-20　典型外包钢板剪力墙平面构造图

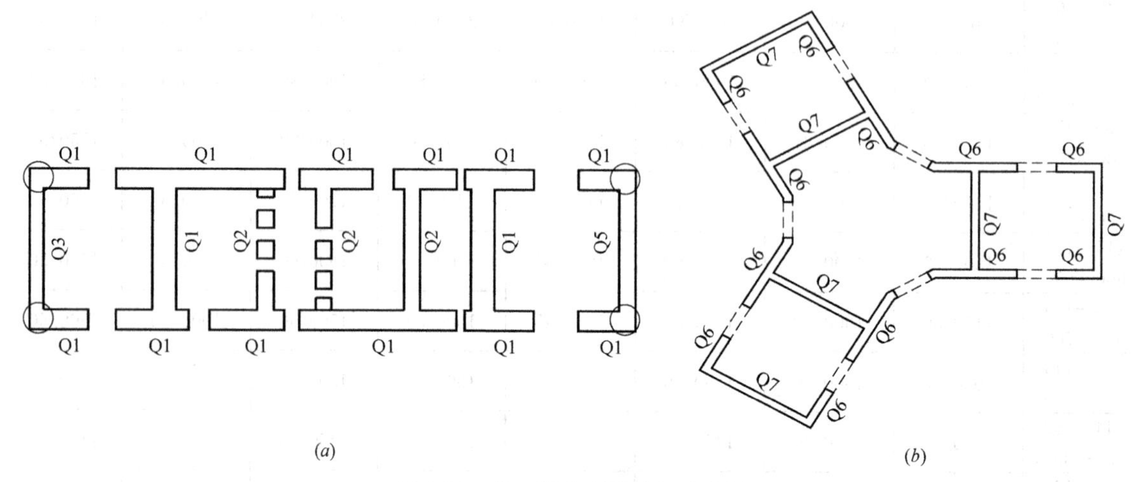

图 2-21　核心筒布置及编号示意图

（a）周边单塔核心筒剪力墙编号；（b）芯塔核心筒剪力墙编号

核心筒剪力墙截面　　**表 2-4**

楼层	标高(m)	Q1(mm)	Q2(mm)	Q3(mm)	Q5(mm)	Q6(mm)	Q7(mm)
L1～L10	0～50	1700/90	1200/86	800/70	1200/86	1350/86	1200/90
L11～L19	50～100	1650/90	1100/86	700/60	1150/86	1250/86	1150/90
L20～L29	100～150	1600/90	1050/86	600/50	1100/86	1200/86	1100/90
L30～L38	150～200	1550/90	1000/86	500/40	1050/86	1150/86	1050/90
L39～L48	200～250	1500/90	950/80		1000/86	1100/86	1000/90
L49～L57	250～300	1450/90	900/80		950/80	1050/86	950/80
L58～L67	300～350	1400/86	850/80		900/80	1000/86	900/80
L68～L76	350～400	1350/86	850/80		800/70	950/80	850/80
L77～L86	400～450	1300/86	800/70		700/60	900/80	800/70
L87～L95	450～500	1250/86	750/70		600/50	900/80	800/70
L96～L105	500～550	1200/86	700/60		550/50	850/80	750/70
L106～L114	550～600	1150/86	700/60		500/40	850/80	750/70
L115～L124	600～650	1100/86	650/60			800/70	700/60
L125～L131	650～685	1000/86	650/60			800/70	700/60
L132～L133	685～700	950/80	600/50			750/70	650/60
L134～L143	700～750	900/80	600/50			750/70	650/60
L144～L150	750～785	850/80	600/50			750/70	650/60
L151～L152	785～800	750/70	500/40			700/60	600/50
L153～L162	800～850	750/70	500/40			700/60	600/50

续表

楼层	标高(m)	Q1(mm)	Q2(mm)	Q3(mm)	Q5(mm)	Q6(mm)	Q7(mm)
L163～L169	850～885	700/60	500/40			700/60	600/50
L170～L171	885～900	650/60	450/40			650/60	550/50
L172～L181	900～950	600/50	450/40			650/60	550/50
L182～L188	950～985	500/40	400/30			600/50	500/40
L189～L191	985～1000	500/40	350/30			600/50	500/40
L192～L198	1000～1040	450/40	300/30			600/40	500/40

注："/"前数字代表剪力墙总厚度，"/"后数字代表剪力墙的外包钢板总厚度，单侧外包钢板厚度为总厚度的1/2。

三个边塔的核心筒均呈矩形布置，位置偏向于芯塔楼方向，底部尺寸为48m×12m，标高1000m以上逐步收进为24m×12m，核心筒周边主要墙体厚度由1700mm逐步收减为500mm。

芯塔核心筒平面呈Y形布置，位置居平面正中，质心与刚心基本一致，Y形筒每个枝杈的外伸长度为16.5m，宽度12m，1000m高度以下该核心筒平面外轮廓无变化，核心筒周边主要墙体厚度从下至上逐步由1350mm收减至600mm，筒内墙体厚度由1200mm逐渐内收至500mm。

2.2.4.6 边塔伸臂桁架及腰桁架

为了协调每个边塔核心筒与其框架的变形，提高边塔的整体刚度，在各个连接平台处设置了伸臂桁架和腰桁架。伸臂桁架使框架柱与核心筒共同工作，一起抵抗水平地震与风作用；腰桁架架设在边塔的周边框架柱处，减小框架柱剪力滞后效应。伸臂桁架与腰桁架示意图详见图2-22，桁架截面尺寸详见表2-5。

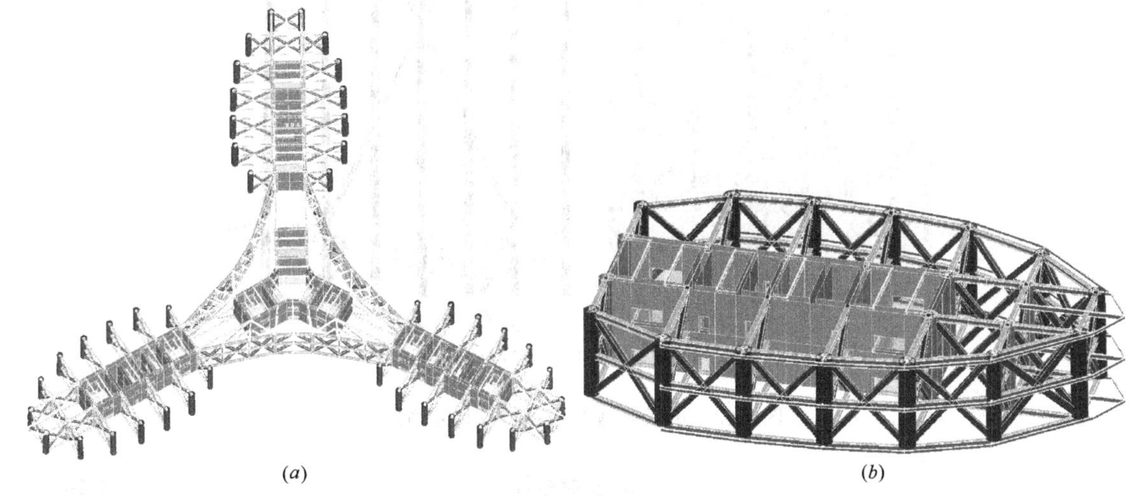

图2-22 伸臂桁架及腰桁架示意图
(*a*) 伸臂桁架；(*b*) 腰桁架

腰桁架布置 **表2-5**

腰桁架	所在位置层	高度(m)	腰桁架上下弦工字形截面(mm)	腰桁架腹杆箱形截面(mm)
第1道	F18-F19	15	H1000×750×35×54	B 800×700×52×52
第2道	F37-F38	15	H1000×700×30×50	B 1000×700×70×42
第3道	F56-F57	15	H1000×700×30×50	B 1000×700×70×42
第4道	F75-F76	15	H1000×700×30×50	B 1000×700×70×42
第5道	F94-F95	15	H1000×650×30×48	B 900×650×62×40

续表

腰桁架	所在位置层	高度(m)	腰桁架上下弦工字形截面(mm)	腰桁架腹杆箱形截面(mm)
第6道	F113-F114	15	H1000×650×30×48	B 750×650×50×42
第7道	F132-F133	15	H1000×600×30×45	B 750×600×50×40
第8道	F151-F152	15	H1000×600×30×45	B 750×600×50×35
第9道	F170-F171	15	H1000×500×30×45	B 750×500×48×30
第10道	F189-F190	15	H900×400×30×45	B 700×400×45×22

注：H表示工字形截面、B表示箱形截面。

2.2.4.7 边塔巨型支撑

每个边塔沿平面弧形长度方向两侧每100m高设置一道X形巨型支撑，支撑为箱型截面，最大截面尺寸为1700mm×950mm×110mm×50mm。支撑各段在各柱间呈直线布置，由于外框柱为曲面布置，因此整根支撑为空间折线。支撑与柱通过特殊构造相互脱开，受力清晰，大大简化其节点构造，解决了构件制作和安装的复杂问题。通过楼面体系设置水平支撑，对其面内外进行约束，降低计算长度，确保其与结构整体的协调变形。边塔典型X形巨型支撑示意图见2-23，表2-6给出了边塔支撑截面尺寸。

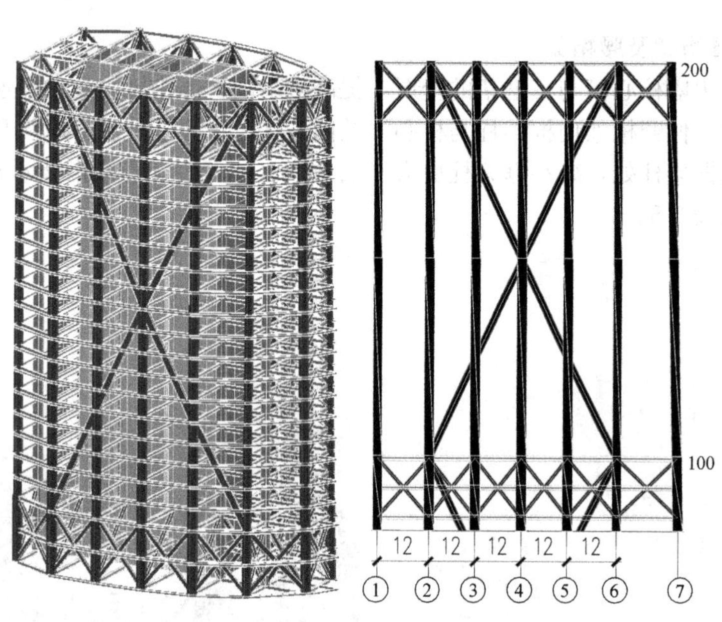

图2-23 单塔典型X形巨型支撑示意图

单塔支撑布置 **表2-6**

巨型支撑	标高(m)	单塔箱形X支撑截面(mm)
第1道	0～100	B 1700×950×110×50
第2道	100～200	B 1650×950×110×50
第3道	200～300	B 1650×900×105×50
第4道	300～400	B 1600×900×105×50
第5道	400～500	B 1600×800×105×40
第6道	500～600	B 1500×800×100×42
第7道	600～700	B 1500×700×100×35
第8道	700～800	B 1500×700×90×35
第9道	800～900	B 1400×600×90×35
第10道	900～1000	B 1350×600×90×35

2.2.4.8 边塔与芯塔的连接平台

三个边塔与芯塔沿建筑高度，通过每 100m、2 层 15m 高平台进行刚性连接，在 200m 及其以上每 100m 各连接平台处设置了多道连接桁架，分别为：外部桁架、中部桁架及内部桁架，具体布置详见图 2-24。外部桁架通过边塔的外侧框架柱将两座边塔连接起来，桁架跨度 86.8m；中部桁架通过边塔的框架柱和芯塔框架柱将两座边塔和芯塔连接起来，边塔框架柱与芯塔框架柱的间距为 31.7m，两根芯塔框架柱之间的距离为 15m；内部桁架通过每个边塔框架柱与芯塔剪力墙连接起来，桁架跨度 24.6m；同时为了增加连接平台结构的整体性和抗弯刚度，在外部桁架的下部设置了四层高的人字形支撑，图 2-25 给典型连接平台示意图，表 2-7 给出了连接平台截面尺寸。三种桁架高度均为两层层高 15m，桁架上、下弦采用 H 型钢，腹杆和人字形支撑采用箱形截面。为增大楼面水平刚度，同时防止大震下楼板与框架梁、桁架上下弦杆脱开后，产生框架梁、桁架上下弦杆无侧向支撑问题，在连接平台的顶、底楼层平面内设置了水平支撑。

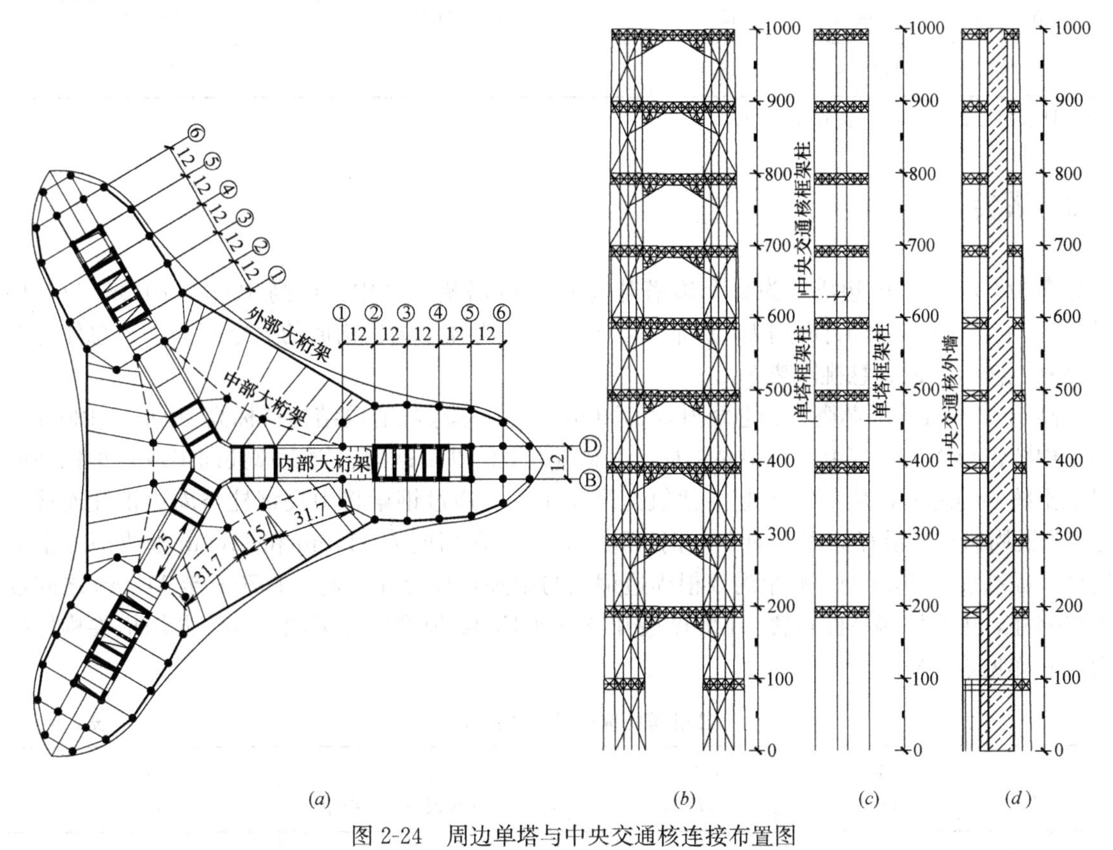

图 2-24 周边单塔与中央交通核连接布置图

(a) 典型连接平台平面布置图（180m 处）；(b) 外部大桁架展开图；(c) 中部大桁架；(d) 内部大桁架

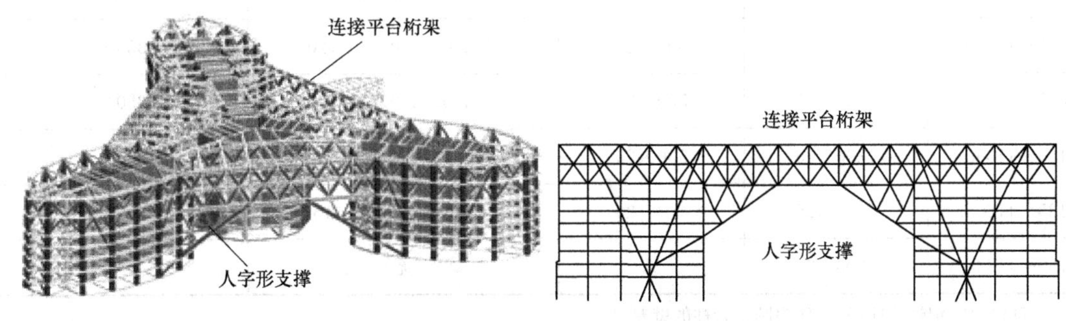

图 2-25 典型 X 形巨型支撑

连接平台构件（单位：mm） 表 2-7

连接平台	连接平台桁架弦杆	连接平台桁架腹杆	连接平台人字形支撑截面
第 1 道	H1700×1000×40×60	B1500×1000×100×80	B1800×1000×115×55
第 2 道	H1700×1000×40×60	B1500×1000×100×80	B1800×950×115×55
第 3 道	H1700×950×40×60	B1400×950×95×62	B1700×950×110×50
第 4 道	H1700×950×40×55	B1400×950×95×62	B1700×950×110×50
第 5 道	H1700×950×40×55	B1300×950×90×58	B1600×900×102×48
第 6 道	H1700×950×40×55	B1300×950×90×58	B1600×900×102×48
第 7 道	H1700×800×40×50	B1300×800×90×48	B1500×750×100×40
第 8 道	H1700×700×40×45	B1200×700×80×40	B1400×700×90×36
第 9 道	H1700×700×40×45	B1200×700×80×40	B1400×700×90×36

注：H 表示工字形截面、B 表示箱形截面。

2.2.5 塔尖

标高 1000～1080m 边塔，为每个边塔升起的 80m 塔瓣，其中：标高 1000～1040m 为 8 层 5m 层高的混凝土框架核心筒结构，上部 1040～1080m 为纯钢结构构成的大空间，塔楼总体造型向一侧悬挑倾斜，最大悬挑距离 8m。

标高 1000～1180m 芯塔，为芯塔升起的 40m 混凝土框架核心筒结构；标高 1040～1180m 为纯钢结构圆锥形塔架，其由 1 根中央钢柱、9 根周边钢柱以及钢梁、钢支撑共同组成，承托在底部混凝土核心筒之上，从 1045m 起沿建筑高度每 10m，通过钢梁将中央钢柱与周边钢柱连接在一起，9 根周边钢柱沿径向逐渐向中央钢柱靠拢，分别在高度为 1140m 和 1160m 处收掉 3 根周边钢柱；在高度 1170m 处，剩余的 3 根周边钢柱与中央钢柱合在一起；1170m 至 1180m 之间设置 1 根钢柱，中心塔楼平面布置、120 度展开及三维 Etabs 模型图详见图 2-26，芯塔塔尖构件的截面尺寸详见表 2-8。

芯塔塔尖构件（单位：mm） 表 2-8

标高	中间立管（$D\times t$）	外部钢柱（$D\times t$）	梁（高×宽×腹板厚×翼缘厚）	支撑（$D\times t$）
1040～1055m	6 根 800×25	600×20	工 500×250×10×20	350×20
1055～1075m	1200×25	600×20	工 500×250×10×20	350×20
1075～1085m	1200×25	600×20	工 450×200×10×20	350×20
1085～1105m	1200×25	500×20	工 450×200×10×20	350×15
1105～1135m	1200×25	500×20	工 350×150×8×15	350×15
1135～1160m	1200×25	450×20	工 350×150×8×15	350×15
1160～1180m	1200×25	无	无	无

注：D 代表圆钢管的外径，t 代表圆钢管柱的壁厚。

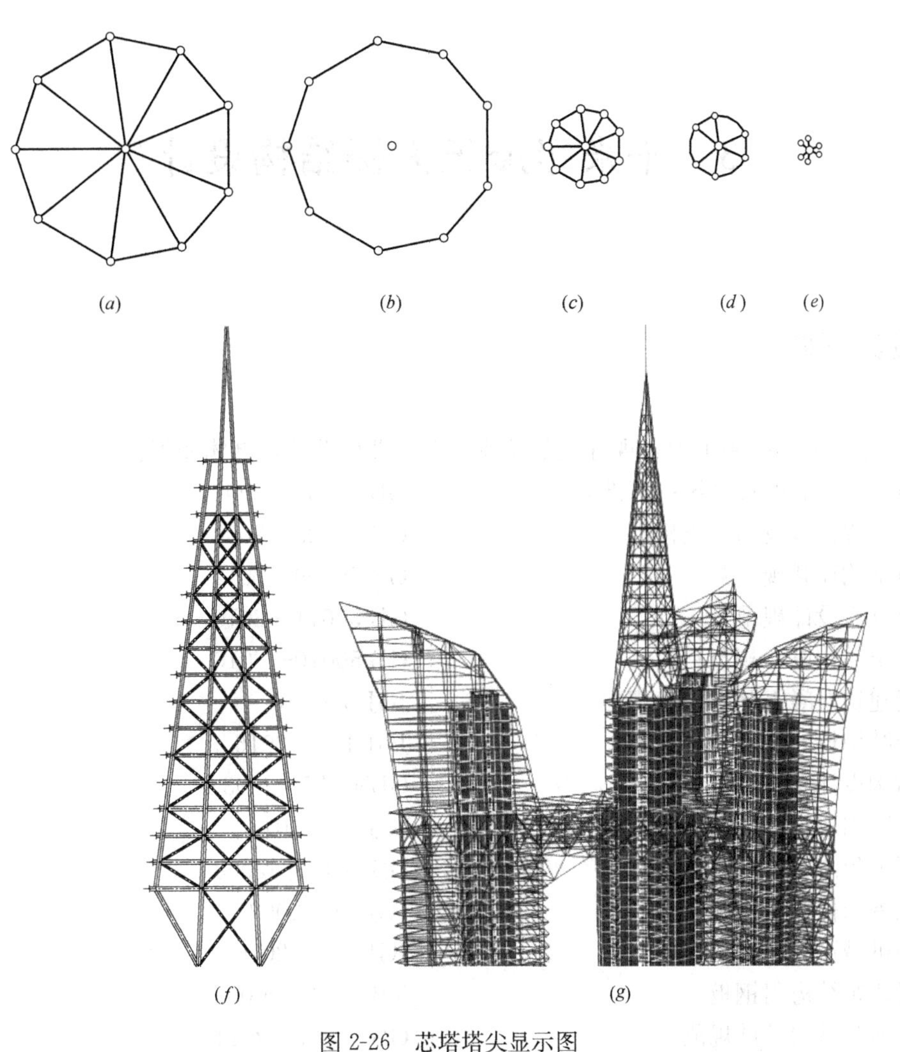

图 2-26 芯塔塔尖显示图

(*a*) 1045m 布置图；(*b*) 1050m；(*c*) 1110m；(*d*) 1115m；(*e*) 1150m

(*f*) 芯塔塔尖展开图；(*g*) Etabs 三维模型图

3 千米级摩天大楼结构设计

3.1 设计依据

千米级摩天大楼按中国国家现行规范及地方规范进行设计，具体如下：

《建筑结构可靠度设计统一标准》	GB 50068—2001
《建筑工程抗震设防分类标准》	GB 50223—2008
《建筑结构荷载规范》	GB 50009—2012
《建筑抗震设计规范》	GB 50011—2010
《混凝土结构设计规范》	GB 50010—2010
《高层建筑混凝土结构技术规程》	JGJ 3—2010
《组合结构设计规范》	JGJ 138—2016
《钢结构设计规范》	GB50017－2003
《高层民用建筑钢结构技术规程》	JGJ 99—2015
《地下工程防水技术规范》	GB 50108—2008
《建筑钢结构焊接技术规程》	JGJ 81—2002
《钢筋机械连接通用技术规程》	JGJ 107—2016
《高层建筑结构用钢板》	YB 4104—2000
《建筑地基基础设计规范》	GB 50007—2011
《工程建设标准强制性条文》	房屋建筑部分 2009 版
《建筑地基基础技术规范》	DB 21/907—2005
《岩土工程技术规范》	DB 29-20—2000
《高层建筑伐形与箱形基础技术规范》	JGJ 6—2011

3.2 材料

3.2.1 混凝土

千米级摩天大楼地下室构件采用的混凝土等级见表 2-2，±0.000 以上框架柱、剪力墙的混凝土强度等级见表 3-1，楼板统一采用 C35 混凝土，其中，混凝土强度等级 C15～C80 混凝土的轴心抗压、抗拉强度标准值、设计值及弹性模量按《混凝土结构设计规范》GB 50010—2010 采用，混凝土强度等级超过 C80 后，规范没有给出其强度和弹性模量，中国建筑股份有限公司技术中心材料研究中心对 C80 以上的混凝土材料属性进行了专项研究，并给出了相应的研究成果，详见表 3-2。同时也参照规范条文说明中 C80 的参数进行计算，即按式（3-1）至（3-5）计算，强度等级 C90～C120 的材料属性详见表 3-2。比较了表 3-2 和表 3-3 中高强度混凝土的材料属性，表 3-2 给出的混凝土强度太高，通用性差，故计算时采用参照规范条文说明中 C80 的参数计算出的材料属性，即采用表 3-3 中的数值。

地上结构混凝土强度等级 **表 3-1**

楼层	标高(m)	框架柱、剪力墙	楼板	楼层	标高(m)	框架柱、剪力墙	楼板
L1～L38	0～200	C120	C35	L134～L152	705～800	C80	C35
L39～L76	205～400	C110	C35	L153～L171	805～900	C70	C35
L77～L114	405～600	C100	C35	L172～L190	905～1000	C60	C35
L115～L133	605～700	C90	C35	L191～L198	1005～1040	C50	C35

中国建筑股份有限公司技术中心提供的高强度混凝土材料属性 **表 3-2**

性能指标	计算公式	强度等级						
		C90	C100	C110	C120	C130	C140	C150
$f_{c,10}$(MPa)	$0.542\times f_{cu,10}+35.7$	84.48	89.9	95.32	100.74	106.16	111.58	117
f_{w10}(MPa)	$0.098\times f_{cu,10}+1.3$	10.14	11.12	12.11	13.09	14.07	15.05	16.03
f_{pl10}(MPa)	$0.04\times f_{cu,10}+2.26$	5.89	6.29	6.70	7.10	7.50	7.90	8.31
τ(MPa)	$0.00586\times f_{cu,10}+5.31$	5.84	5.90	5.95	6.01	6.07	6.13	6.19
$\varepsilon_0\times10^{-6}$	$3.701\times f_{cu,10}+1913$	2246	2283	2320	2357	2394	2431	2468
E_0(MPa)	$(0.287\times f_{cu,100.5}+1.438)\times10^4$	41607	43080	44481	45819	47103	48338	49530

注：这个是中国建筑股份有限公司技术中心材料研究中心收集整理的国内的超高强混凝土力学性能指标统计值，$f_{c,10}$为轴心抗压强度；试件尺寸为 100mm×100mm×300mm 的棱柱体试件，$f_{w,10}$为抗折强度；f_{pl}为劈拉强度；τ为光圆钢筋与高强混凝土的粘结强度；ε_0为峰值应变，泊桑比在 0.18～0.28 之间；欧盟标准中的 70，80，90 对应着国内的 C85，C90，C105 强度等级，其轴心抗拉强度分别为 4.6MPa、4.8MPa、5.0MPa，弹性模量为 41000MPa、42000MPa、44000MPa。关于超高强的混凝土剪切模量，目前还没有相关的数据。

$$f_{ck}=0.88\alpha_{c1}\alpha_{c2}f_{cu,k} \tag{3-1}$$

$$f_{tk}=0.88\times0.395f_{cu,k}^{0.55}(1-1.645\delta)^{0.45}\times\alpha_{c2} \tag{3-2}$$

$$f_c=f_{ck}/1.4 \tag{3-3}$$

$$f_t=f_{tk}/1.4 \tag{3-4}$$

$$E_c=\frac{10^5}{2.2+\frac{34.7}{f_{cu,k}}} \tag{3-5}$$

式中 f_{ck}、f_{tk}——混凝土轴心抗压、抗拉强度标准值；

f_c、f_t——混凝土轴心抗压、抗拉强度设计值；

α_{c1}——棱柱强度与立方强度之比值，取 0.82；

α_{c2}——C40 以上的混凝土考虑脆性折减系数，取 0.87；

δ——变异系数，取 0.1；

E_c——混凝土的弹性模量。

钢筋混凝土密度 25kN/m^3。

结构设计耐久年限为 100 年，混凝土中最大氯离子含量为 0.06%，当使用碱活性骨料时，混凝土中的最大碱含量为 3.0kg/m^3。

C90～C120 材料属性（单位：N/mm^2） **表 3-3**

强度等级	$f_{cu,k}$	f_{ck}	f_c	f_{tk}	f_t	$E_c(\times10^4)$
C90	90	56.50	40.36	3.31	2.37	3.868
C100	100	62.78	44.84	3.51	2.51	3.926
C110	110	69.06	49.33	3.70	2.64	3.975
C120	120	75.34	53.81	3.88	2.77	4.017

3.2.2 钢筋

钢筋材料属性见表 3-4，计算时，钢筋密度取 78kN/m³。

钢筋材料属性　　表 3-4

钢筋种类	直径(mm)	标准值 f_{yk}(N/mm²)	设计值 f_y/f'_y(N/mm²)	弹性模量 E_s(N/mm²)
HPB300	6~22	300	270	2.1×10^5
HRB335	6~50	335	300	2.0×10^5
HRB400	6~50	400	360	2.0×10^5
HRB500	6~50	500	435	2.0×10^5

3.2.3 混凝土保护层

混凝土保护层最小厚度见表 3-5。

保护层最小厚度（单位：mm）　　表 3-5

钢筋	一类环境			二 a 类环境(迎水面)
	板、墙	梁	柱	基础、顶板
纵向受力	15	25	30	≥50 且不小于主筋直径
箍筋、分布筋及构造筋	10	15	15	≥50 且不小于主筋直径

保护层的厚度是从钢筋的边缘到混凝土表面；基础的最小混凝土保护层厚度是 40mm；二墙合一的地下连续墙保护层厚度为 70mm。设计耐久年限为 100 年的结构，一类环境中，混凝土保护层厚度应按表中规定增加 40%。

3.2.4 钢材

结构采用的钢材设计值见表 3-6、表 3-7。

钢材的物理性能指标　　表 3-6

弹性模量 E(N/mm²)	剪切模量 G(N/mm²)	线膨胀系数(/℃)	质量密度 ρ(N/mm²)
206×10^3	79×10^3	12×10^{-6}	7850

钢材强度设计值（单位：N/mm²）　　表 3-7

钢材		抗拉、抗压、抗弯	抗剪	端面承压
牌号	厚度或直径(mm)	f_y/f	f_y	(刨平顶紧)
Q235 钢	≤16	235/215	125	325
	>16~40	225/205	120	325
	>40~60	215/200	115	325
	>60~100	205/190	110	325
Q345 钢	≤16	345/310	180	400
	>16~35	325/295	170	400
	>35~50	295/265	155	400
	>50~100	275/250	145	400

续表

钢材		抗拉、抗压、抗弯 f_y/f	抗剪 f_y	端面承压（刨平顶紧）
牌号	厚度或直径(mm)			
Q345GJ 钢	≤16	345/315	180	420
	>16～35	345/315	180	420
	>35～50	335/305	175	420
	>50～100	325/295	170	420
Q390 钢	≤16	390/350	205	415
	>16～35	370/335	190	415
	>35～50	350/315	180	415
	>50～100	330/295	170	415
Q390GJ 钢	≤16	390/350	202	417
	>16～35	390/350	202	417
	>35～50	380/342	197	417
	>50～100	370/333	192	417
Q420 钢	≤16	420/380	220	440
	>16～35	400/360	210	440
	>35～50	380/340	195	440
	>50～100	360/325	185	440
Q420GJ 钢	≤16	120/380	220	
	>16～35	420/380	220	
	>35～50	410/370	215	
	>50～100	400/360	210	

3.3 荷载

3.3.1 楼面荷载

楼面附加恒荷载及活荷载及建筑使用要求，见表 3-8。

楼面荷载标准值（单位：kN/m²） **表 3-8**

功能	活荷载	恒荷载						
		楼板厚度(mm)	吊顶	附加面层	线荷载折算	合计恒载	次梁折算	总和
商业	3.5	120	0.3	1.44	0	1.74	0.35	2.09
办公室	2	120	0.3	1.00	0	1.30	0.35	1.65
公寓	2	100	0.3	1.00	1.5	2.80	0.35	3.15
酒店	2	100	0.3	0.20	2.25	2.75	0.35	3.10
电梯大堂	3.5	120	0.3	1.44	0	1.74	0.30	2.04
卫生间	2.5	120	0.3	1.56	1.13	2.99	0.30	3.29
机房	7	120	0.3	0.40	0	0.70	0.30	1.00
库房	5	120	0.3	0.40	0	0.70	0.30	1.00

续表

功能	活荷载	恒荷载						
		楼板厚度（mm）	吊顶	附加面层	线荷载折算	合计恒载	次梁折算	总和
避难层	10	120	0.3	1.00	0	1.30	0.35	1.65
商城	3.5	120	0.3	1.44	0	1.74	0.35	2.09
裙房	3.5	120	0.3	1.44	0	1.74	0.35	2.09

注：1. 商业、商城、裙房的楼面做法为30mm厚的砂浆和30mm厚的花岗岩组成，附加面层荷载为1.44kN/m^2；办公楼、公寓及避难层的楼面附加面层重量折合成50mm厚的砂浆，附加面层荷载为1.0kN/m^2；酒店部分楼面在混凝土楼板压光的基础上，铺设地毯，附加面层荷载为0.2kN/m^2；机房和库房的楼面做法为20mm厚的砂浆，附加面层荷载为0.4kN/m^2；卫生间在钢筋混凝土楼板上再附加50mm厚的砂浆和30mm厚的花岗岩，附加面层荷载为1.56kN/m^2。

2. 隔墙采用轻质塑合条形隔墙与高密度水泥空心砖墙，含抹灰100mm厚的墙体容重为9kN/m^3，125mm厚墙体的墙体容重为7kN/m^3，将隔墙折算到相应位置的楼板上，折算后的公寓、酒店楼板附加隔墙荷载分别为1.5kN/m^{2}和2.25kN/m^2。

3. 千米级摩天大楼模型巨大，单元数多，为了缩减计算时间，在整体模型计算中没有全部将次梁输入到整个模型当中，仅在典型楼层中计算次梁，其余楼层将次梁的自重以面荷载的形式附加到楼面上，商城、商业、办公室、公寓、酒店荷载大且次梁跨度大，最大跨度16.6m，次梁采用H700×250×12×14，间距3m，折算自重0.35kN/m^2；卫生间、机房、库房荷载虽大但次梁跨度相对较小，最大跨度12m，次梁H600×250×10×14，间距3m，折算自重0.3kN/m^2。

4. 千米级摩天大楼首层楼板180mm，高度60m处楼板、连接平台楼层楼板、加强层及加强层上下各一层楼板厚度150mm。

3.3.2 风荷载

大连市风荷载根据以下参数计算：

10年一遇基本风压　　0.40kN/m^2

50年一遇基本风压　　0.65kN/m^2

100年一遇基本风压　　0.75kN/m^2

地面粗糙度类别　　B类

由于千米级摩天大楼的体型特殊且超高，规范不能提供用于设计的合适风计算参数，作为超高、超柔的风敏感结构，风荷载及其响应的大小直接影响到结构安全、用户舒适度和建造成本，因此应通过风洞试验确定设计风荷载和顶部加速度。

千米级摩天大楼是由风荷载控制其内力与侧向位移，由4个单塔通过连接平台刚性连接而成的巨型组合结构体系，我国相关荷载规范和规程如《建筑结构荷载规范》GB 50009及《高层建筑混凝土结构技术规程》JGJ 3均没有给出其体型系数，如何确定结构风荷载成为设计的关键，因此对风荷载的研究显得尤为重要。在实际设计中，采用了风洞试验与数值风洞技术相结合的方法，考察研究了不同风环境下的结构响应，首先采用风洞数值模拟技术模拟了结构的体型系数，为结构前期设计提供风荷载的体型系数，然后将风洞数值模拟结果与风洞试验进行对比，最终确定风荷载。

3.3.2.1 阻尼比

按《建筑结构荷载规范》GB 50009—2012规定，计算风荷载时，对于钢结构阻尼比取0.01，对于有填充墙的钢结构房屋取0.02，对钢筋混凝土及砌体结构可取0.05。《高层建筑混凝土结构技术规程》JGJ 3—2010规定，风荷载作用下楼层位移验算和构件设计时，阻尼比可取0.02至0.04。《高层民用建筑钢结构技术规程》JGJ 99—98在第5.5.1条条文说明中阐述“横风向振动的临界阻尼比一般可取0.01至0.02，视具体情况选用”。

考虑到千米级摩天大楼为钢一混凝土混合结构体系和超高、超柔的特点，结合以上国家标准、规程的要求，风荷载计算及加速度验算时的阻尼比取值如下：

风荷载计算：0.02；

舒适度验算：0.01。

3.3.2.2 风洞数值模拟

对于高层建筑特别是超高层建筑，我国规范只给出了规则建筑的体型系数，对于外立面不规则的或位于高密度高层建筑区的建筑，应通过更准确的途径来确定平均风荷载。风洞试验是迄今为止通常采用的方法，但时间长，费用高。数值风洞模拟方法是当今世界上预测高层建筑平均风荷载的一种先进且有效的方法，正逐步显现出其优越性。因此，设计中采用 Fluent14.0 进行了风洞数值模拟，对千米级摩天大楼的风压系数和体型系数进行模拟，为结构前期设计提供风荷载计算依据，采用雷诺应力方程模型 RSM 进行数值模拟。

根据荷载规范，大连 10 年一遇的基本风压 W_0 为 0.4kPa，对应的离地 10m 高、10min 平均年最大风速 $\mu_0=\sqrt{1600W}=25.30\text{m/s}$。

以 B 类地面粗糙度类别对应的大气边界层流为来流条件进行计算。模型化后风剖面（模型比 1∶1）的表达式为 $V(z)=V_{10}(z/10)^{\alpha}$，其中，$V_{10}$为 10m 高度处的远处来流风速，$\alpha$ 为粗糙度指数，z 为风剖面内某点高度，自模型底部（或计算域底部）计算。来流湍流特征通过直接给定湍流动能 k 和湍流耗散率 ε 来给定。

$$k=\frac{3}{2}(V_z I)^2 \tag{3-6}$$

$$\varepsilon=0.09^{3/4}k^{3/2}/l \tag{3-7}$$

来流边界处的风剖面 $V(z)$、k 和 ε 均采用用户自定义函数（UDF）编程与 Fluent 实现接口。

日本规范定义的湍流强度为：

$$I=0.1\times\left(\frac{Z_b}{Z_G}\right)^{-\alpha-0.05} \quad (Z\leqslant Z_b) \tag{3-8}$$

$$I=0.1\times\left(\frac{Z}{Z_G}\right)^{-\alpha-0.05} \quad (Z_b<Z\leqslant Z_G) \tag{3-9}$$

其中，Z 为计算高度；$Z_b=10\text{m}$；Z_G为梯度风高度，为 350m；α 为 0.15。

中国荷载规范建议的湍流强度为：

$$I=I_{10}\bar{I}_z(Z)$$

$$\bar{I}_z(Z)=\left(\frac{Z}{10}\right)^{-\alpha} \tag{3-10}$$

式中 Z——计算高度；

I_{10}——10m 高名义湍流度，对应 A、B、C、D 类地面粗糙度，可分别取 0.12、0.14、0.23 和 0.39，在风荷载数值模拟时取日本规范规定的湍流强度。

湍流尺度取日本规范：

$$L_z=\begin{cases}100\left(\dfrac{Z}{30}\right)^{0.5} & (30\text{m}<Z<Z_G)\\ 100 & (Z<30\text{m})\end{cases} \tag{3-11}$$

计算域出口条件：湍流充分发展，流场任意物理量沿出口法向的梯度为零。

计算域壁面及研究对象表面：无滑移。

由于在现行设计软件中，风荷载是采用沿结构轴线方向的体型系数输入的，不能分面或分区输入风压值，而数值模拟或风洞试验得出的结果为各测点或面的风压和体型系数，因此需要把各个截面的体型系数向结构轴线方向进行等效，等效后的体型系数（等效体型系数）即为设计软件所需的体型系数。建筑物体型系数详见图 3-1。

通过计算后，向建筑物轴线等效后的整体体型系数为 1．2，实际计算时取 1.3。

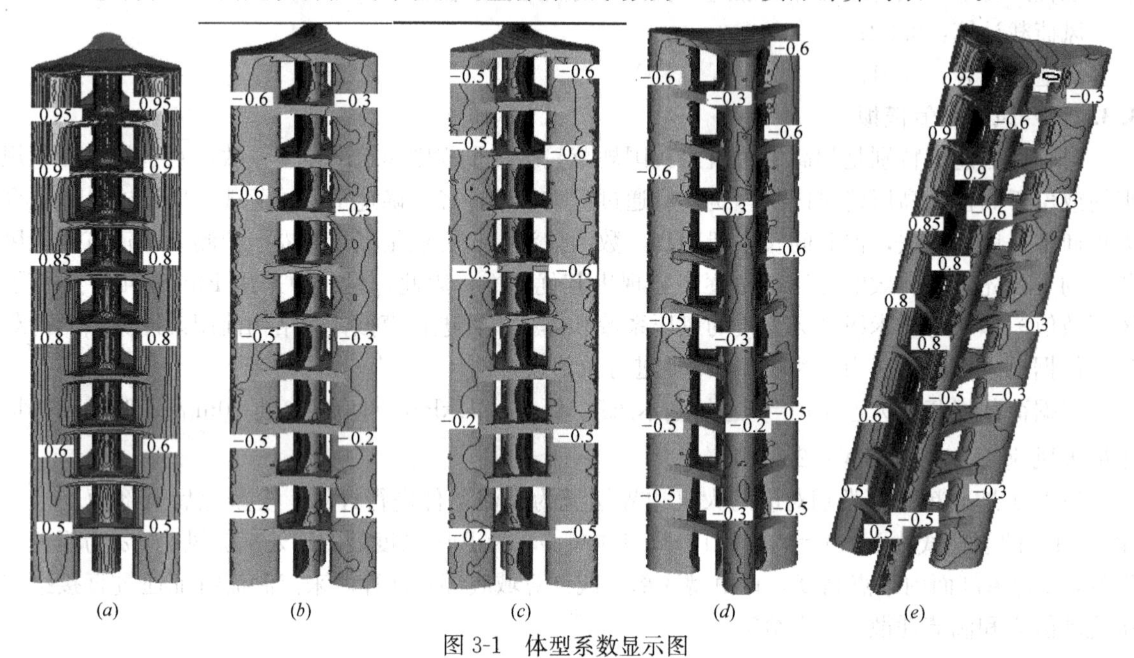

图 3-1 体型系数显示图

（a）迎风面；（b）侧风面 1；（c）侧风面 2；（d）背风面（2）；（e）整体

3.3.2.3 风洞试验

千米级摩天大楼风洞试验在哈尔滨工业大学风洞试验室进行，根据 30 年的气象统计资料得到了风速及风向联合分布规律，并考虑建筑周边地形对风速的影响，分别进行了刚性模型测压试验、高雷诺数试验、气动弹性试验，得出了建筑表面各测点风压时程数据，进而分析得到结构设计需要的风压信息、等效静力风荷载、风致加速度等参数和气动稳定性。其中刚性模型测压试验与气动弹性模型试验采用 1∶600 缩尺模型，高雷诺数试验采用 1∶450 与 1∶600 的节段缩尺模型，模型包括了半径 900m 内已建及待建建筑物。试验风向角间隔为 10°，共进行 36 个风向角的试验，图 3-2 给出了各风向角示意图，图 3-3 给出了风洞试验中模型的测压试验照片。

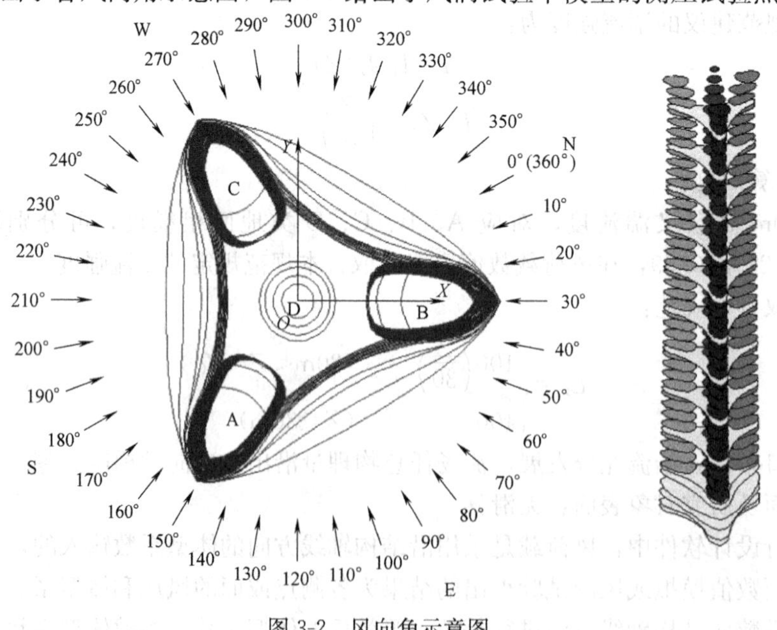

图 3-2 风向角示意图

刚性模型风洞试验结果显示，千米级摩天大楼气动特性较好，结构设计荷载主要由顺风向风荷载控制，横风向效应不明显，图 3-4 给出了风向角下基底剪力，对 X 向（水平）来说，210°为最不利方向角，对 Y 向（竖向）来说，330°为最不利方向角；高雷诺数试验表明该工程不存在不利的雷诺数效应，用刚性模型测压试验结果计算得到的风荷载与风致响应是偏安全的；气动弹性试验结果表明该结构不会发生气动失稳，并验证了风振分析结果的正确性。

图 3-3 刚性模型测压试验

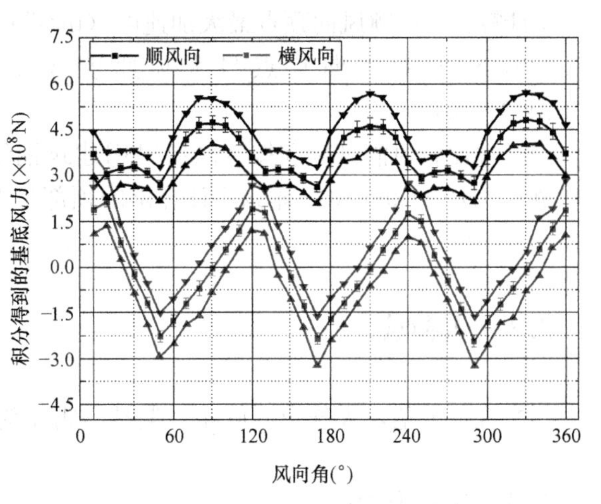

图 3-4 各风向角下基底剪力

3.3.2.4 风洞数值模拟与风洞试验的风荷载比较

比较了风洞数值模拟（体型系数 1.3）和风洞试验结果，图 3-5、图 3-6 分别给出两种结果作用下在结构上产生的楼层剪力、位移角，通过比较发现：数值模拟结果大于风洞试验结果；对 X 向（水平向）来说，210°风向角度风洞试验结果与数值模拟结果的楼层剪力比较接近，对 Y 向（竖向）来说，330°风向角度风洞试验结果与数值模拟结果的楼层剪力比较接近；在设计过程中采用数值模拟得出的体型系数 1.3 进行设计，最大位移角 X 向 1/460（123 层）、Y 向 1/480（122 层）。

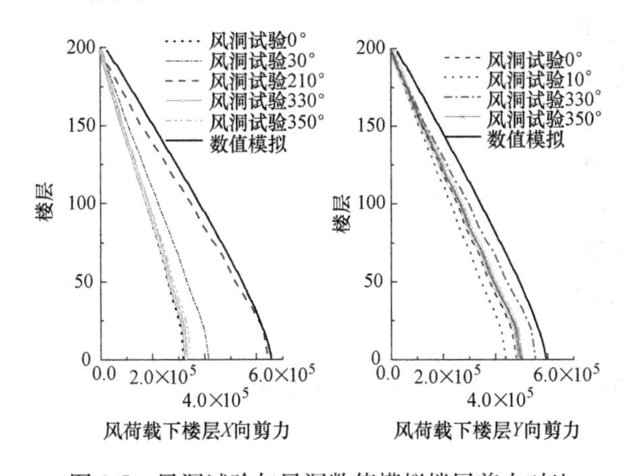

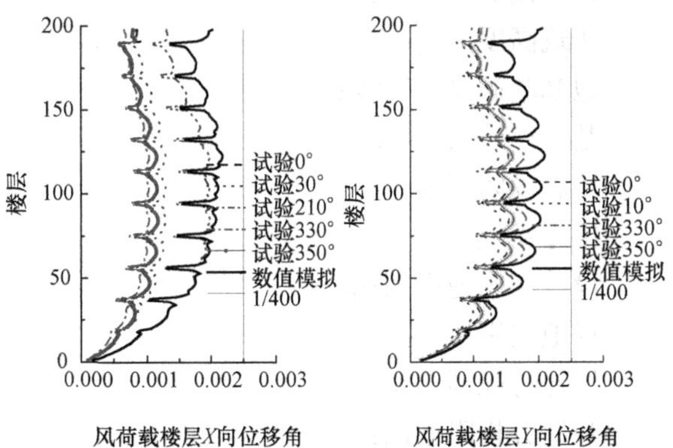

图 3-5 风洞试验与风洞数值模拟楼层剪力对比

图 3-6 风洞试验与风洞数值模拟楼层位移角对比

3.3.2.5 风荷载屋顶舒适度计算

风荷载作用下，高层建筑的舒适度是一个非常重要的控制指标。《建筑结构荷载规范》GB 50009—2012 规定用 10 年一遇的风荷载（基本风压为 0.40kN/m²）计算结构顶点加速度最大值，并进行舒适度验算。通过刚性模型测压试验与风振分析得到结构风荷载、顶部加速度，在阻尼比 2%下最大顶部加速度响应极值为 0.083m/s²，在阻尼比 1%下最大顶部加速度响应极值为

0.116m/s^2，均满足规范0.25m/s^{2}的限值要求。

按风洞数值模拟（体型系数1.3）的结果，取10年一遇的风压及0.01的阻尼比，计算千米级摩天大楼的舒适度，按我国《高层民用建筑钢结构技术规程》JGJ 99—2015计算：X向顺风向顶点最大加速度（m/s^2）=0.044，X向横风向顶点最大加速度（m/s^2）=0.037，Y向顺风向顶点最大加速度（m/s^2）=0.040，Y向横风向顶点最大加速度（m/s^2）=0.037；按荷载规范附录J计算：X向顺风向顶点最大加速度（m/s^2）=0.038，X向横风向顶点最大加速度（m/s^2）=0.090，Y向顺风向顶点最大加速度（m/s^2）=0.036，Y向横风向顶点最大加速度（m/s^2）=0.086。

通过比较风洞试验和按《高层民用建筑钢结构技术规程》JGJ 99—2015及《建筑结构荷载规范》GB 50009—2012附录J计算出的顶部最大加速度均0.25 m/s^{2}的限值以内，故舒适度满足要求。

3.3.3 雪荷载

按规范取值，大连市100年一遇基本雪压为0.45kN/m^2。

3.3.4 地震作用

3.3.4.1 主要设计参数及指标

抗震设计将主要依据中国《建筑抗震设计规范》GB 50011—2010，考虑三个水准的地震效应。千米级结构分析和设计采用的建筑物分类参数如下：

结构设计基准期：	50年
结构设计使用年限：	100年
建筑结构安全等级：	一级
结构重要性系数：	1.1
建筑抗震设防分类：	乙类
建筑高度类别：	超B级
地基基础设计等级：	甲级
基础设计安全等级：	一级
抗震设防烈度：	7度
抗震措施：	8度
设计基本地震加速峰值：	0.10g
场地类别：	Ⅲ类
场地特征周期T_g：	小震0.45；中震0.45；大震0.50
弹性分析阻尼比：	3.5%
弹塑性分析阻尼比：	5.5%
钢筋混凝土核心筒、框架柱抗震等级：	特一级
钢构件和组合构件抗震等级：	一级
周期折减系数：	0.85

3.3.4.2 设计地震反应谱

根据抗震规范，工程抗震设防烈度为7度，水平地震影响系数最大值为0.08，设计地震分组为第一组。根据地质资料，场地土类别为Ⅲ类。抗震规范给出了0到6s的加速度反应谱曲线；

上海在大量超高建筑研究的基础上，上海市工程建筑规范《建筑抗震设计规范》DGJ 08-9—2013 中规定周期在 6s 至 10s 之间的地震影响系数为 6s 时的地震影响系数，即加速度反应谱曲线在 6s 后取平延伸至 10s；广东省《钢结构设计技术规程》（定向征求意见稿，2011 年）中规定，地震影响系数曲线在国标 GB 50011—2010 的基础上，增加 6s 以后的曲线，曲线向下延伸，各种标准的地震影响系数曲线如图 3-7 所示。

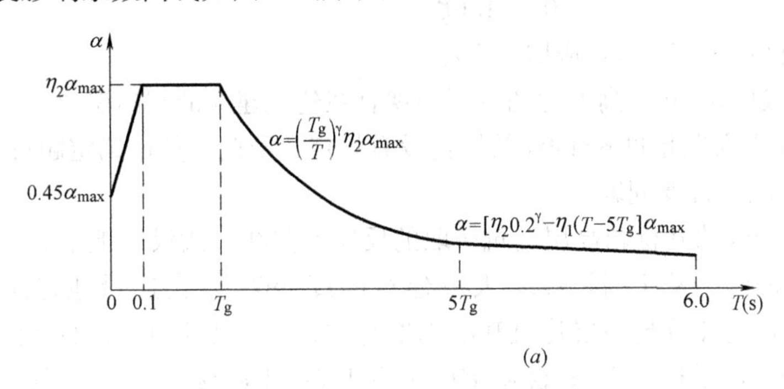

(a)

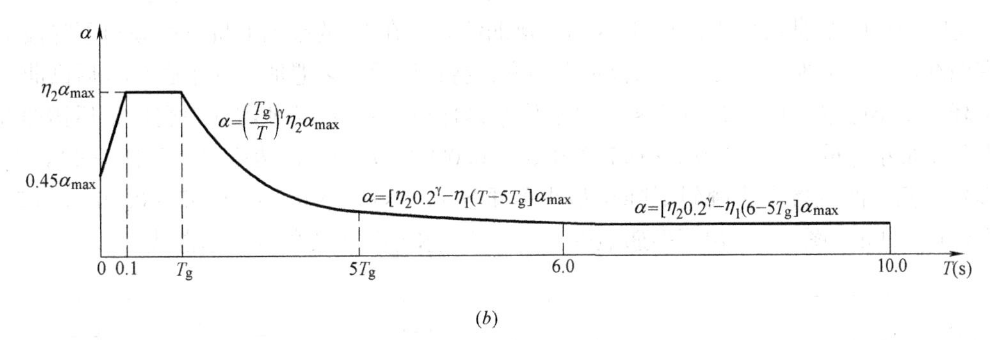

(b)

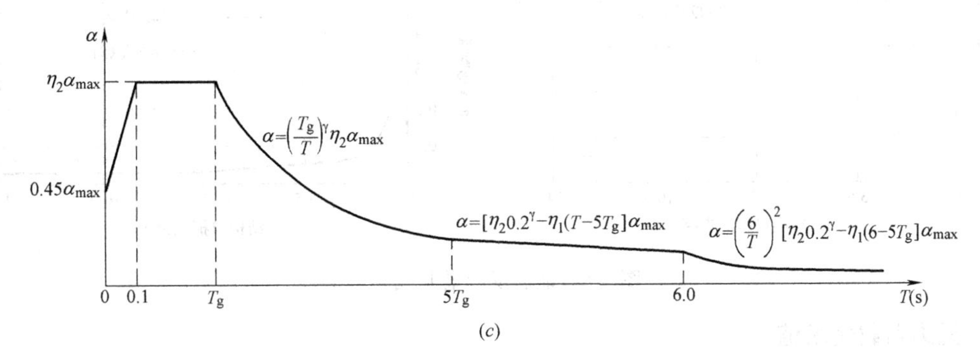

(c)

图 3-7　不同标准的地震影响系数曲线

(a) GB 50011—2010 规定的地震影响系数曲线；(b) DGJ 08-9—2013 给出的地震影响系数曲线；
(c) 广东钢结构设计规程意见稿给出的地震影响系数曲线

α—地震影响系数；α_{max}—地震影响系数最大值；η_1—直线下降段的下降斜率调整系数；
γ—衰减指数；T_g—特征周期；η_2—阻尼调整系数；T—结构自振周期。

1）曲线下降段的衰减指数 γ 应按下式确定：

$$\gamma=0.9+\frac{0.05-\zeta}{0.3+6\zeta} \tag{3-12}$$

式中　γ——曲线下降段的衰减指数；

ζ——阻尼比。

2）直线下降段的下降斜率调整系数应按下式确定：

$$\eta_1 = 0.02 + \frac{(0.05-\zeta)}{4+32\zeta} \tag{3-13}$$

式中 η_1——直线下降段的下降斜率调整系数，小于 0 时取 0。

3）阻尼调整系数应按下式确定：

$$\eta_2 = 1 + \frac{0.05-\zeta}{0.08+1.6\zeta} \tag{3-14}$$

式中 η_2——阻尼调整系数，当小于 0.55 时，应取 0.55。

千米级摩天大楼结构高度超过 1000m，高度远超过国内现有在建或建完的超高层建筑，基本周期超过 6s，我国抗震规范对基本周期超过 6s 的建筑结构没有规定，因此，如何确定超过 6s 后的反应谱曲线将成为抗震设计面临的首要问题。

分析研究了国内高度超高 500m 的几栋超高层建筑所取的反应谱曲线，武汉绿地中心建筑高度 636m，上海中心建筑高度 632m，天津高银 117 大厦建筑高度 597m，大连绿地建筑高度 518m，苏州中南中心大厦 598m，这几栋超高层建筑基本周期都超过 6s，超过 6s 后的谱曲线在 6s 的基础上将直线倾斜下降段从 6s 延长至 10s；沈阳宝能金融中心 T1 塔楼高 565m，基本周期 8.7s，其反应谱 6.0s 后曲线取平。超过 6s 后的谱曲线，有在 6s 的基础上将直线倾斜下降段继续延伸，也有曲线取平。千米级摩天大楼综合考虑刚度、剪重比后，多遇地震（小震）6s 后谱曲线将直线倾斜下降至最小剪重比 0.012（6.56s），然后取平延伸至 14s；设防地震（中震）6s 后谱曲线将直线倾斜下降至最小剪重比 0.23×0.2×0.75×0.85=0.0293（7.54s），然后取平延伸至 14s；罕遇地震（大震）6s 后谱曲线将直线倾斜下降至最小剪重比 0.5×0.2×0.75×0.85=0.06375（7.88s），然后取平延伸至 14s，图 3-8 给出了多遇地震、设防地震及罕遇地震的反应谱曲线。

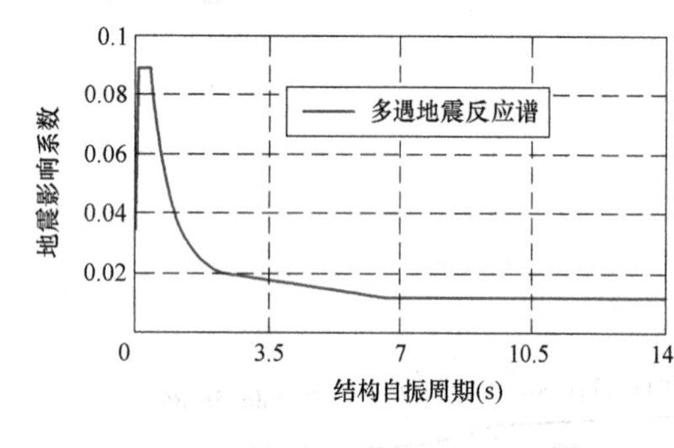

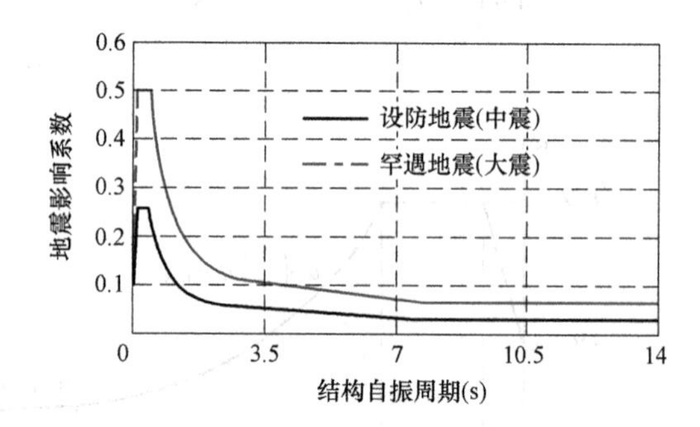

图 3-8 地震反应谱曲线

3.3.4.3 重力荷载代表值

计算地震作用时，建筑结构的重力荷载代表值应取永久荷载标准值和可变荷载组合值之和，即：G_e=恒荷载+λ_L活荷载

λ_L=0.5（一般情况），0.8（书库、档案库），不考虑活荷载折减及屋面活荷载。

3.3.4.4 楼层水平地震剪力

结构抗震验算时，任何一楼层的水平地震剪力应符合下式要求：

$$V_{Eki} \geqslant \lambda \sum_{j=i}^{n} G_j \tag{3-15}$$

式中 V_{Eki}——第 i 层对应于水平地震作用标准值的楼层剪力；

λ——剪力系数，对于扭转效应明显或基本周期小于 3.5s 的结构取为 0.016，对于基本周期大于 5.0s 的结构取为 0.012，对于基本周期介于 3.5～5.0s 之间的结构，可插入取值；对竖向不规则结构的薄弱层，尚应乘以 1.15 的增大系数；

G_j——第 j 层的重力荷载代表值；

3.3.4.5 双向水平地震效应

双向水平地震作用的扭转效应，可按下列公式确定：

$$S_{Ek}=\max(\sqrt{S_x^2+(0.85S_y)^2},\sqrt{(0.85S_x)^2+S_y^2}) \tag{3-16}$$

3.3.5 荷载组合及折减

3.3.5.1 作用效应组合

在抗震设计进行构件承载力验算时，其荷载作用的分项系数应按表 3-9 取用，应取各构件可能出现的最不利组合进行截面设计。

设计荷载分项系数 **表 3-9**

组合		恒载		活载		风	地震
		不利	有利	不利	有利		
1	恒+活	1.35	1.0	0.7×1.4	0.0	—	—
2	恒+活	1.2	1.0	1.4	0.0	—	—
3	恒+活+风	1.2	1.0	0.7×1.4	0.0	1.0×1.4	—
4	恒+活+风	1.2	1.0	1.0×1.4	0.0	0.6×1.4	—
5	恒+活+水平地震	1.2	1.0	0.5×1.2	0.5	—	1.3
6	恒+活+风+水平地震	1.2	1.0	0.5×1.2	0.5	0.2×1.4	1.3

3.3.5.2 各层楼盖的活荷载折减系数（表 3-10）

楼盖活荷载折减系数 **表 3-10**

墙，柱，基础计算截面以上的层数	1	2～3	4～5	6～8	9～20	>20
计算截面以上各楼层活荷载总和的折减系数	1.00 (0.90)*	0.85	0.70	0.65	0.60	0.55

注：* 当楼面梁的受荷面积超过 25m²时，采用括号内的系数。

3.3.6 验算要求

3.3.6.1 结构验算

结构在承载力极限状态和正常使用极限状态下应符合下列要求：

$$S\leqslant R \tag{3-17}$$

式中 S——荷载或作用效应；

R——结构抗力。

3.3.6.2 构件验算

1. 正常使用极限状态

结构构件在正常使用极限状态下应满足下列公式的要求：

$$S_d\leqslant C \tag{3-18}$$

式中 S_d——荷载效应设计值（如变形、裂缝）；

C——设计对该效应的相应限值。

2. 承载能力极限状态

1）验算构件承载力极限状态时，对于非地震组合应满足：

$$\gamma_0 S\leqslant R \tag{3-19}$$

式中 γ_0——结构重要性系数；

S——荷载或作用效应组合设计值；

R——结构构件承载力设计值。

2）在第一阶段抗震设计中，构件的承载力应满足下列要求：

$$\gamma_{RE}S \leqslant R \tag{3-20}$$

式中 γ_{RE}——承载力抗震调整系数，取值见表 3-11；

S——结构构件内力组合的设计值；

R——结构构件承载力设计值。

γ_{RE} 取值　　表 3-11

材料	结构构件	受力状态	γ_{RE}
钢	柱，梁，支撑，节点板件，螺栓，焊缝 柱，支撑	强度 稳定	0.75 0.80
混凝土	梁 轴压比小于 0.15 的柱 轴压比不小于 0.15 的柱 抗震墙 剪力墙 各类构件	受弯 偏压 偏压 偏压 局部承压 受剪、偏拉	0.75 0.75 0.80 0.85 1.00 0.85
型钢混凝土	梁 柱 支撑 抗震墙 各类构件及节点 焊缝及高强螺栓	受弯 偏压 压 偏压 受剪	0.75 0.80 0.85 0.85 0.85 0.90

3.4 位移与变形

3.4.1 受弯构件的挠度限值

1. 钢筋混凝土框架

楼面梁　$L_0 \leqslant 7m$ 时　$\leqslant 1/200$

　　　　$7m \leqslant L_0 \leqslant 9m$ 时　$\leqslant 1/250$

　　　　$L_0 > 9m$ 时　$\leqslant 1/300$

其中，L_0 是梁的计算长度。

2. 钢结构框架梁或桁架

可变荷载作用下　$\leqslant 1/500$

永久和可变荷载作用下　$\leqslant 1/400$

3. 楼面次梁（组合梁）

可变荷载作用下　$\leqslant 1/300$

永久和可变荷载作用下　$\leqslant 1/250$

3.4.2 水平变形限值

3.4.2.1 小震作用下

小震作用下最大层间位移角限值：1/400（$H>250$m）。

3.4.2.2 风作用下

风作用下最大层间位移角限值：1/400（$H>250$m）。风荷载下位移角的计算，采用 50 年一遇标准进行。

3.5 场地条件和基础

3.5.1 自然条件

3.5.1.1 场地地震效应

根据抗震规范，场地的抗震设防烈度为 7 度，设计基本地震加速度为 0.10g，设计地震分组为第二组，建筑场地类别为Ⅲ类场地，均为建筑抗震的一般地段，拟建场地稳定。

3.5.1.2 场地地层特性

拟建场地地貌为海漫滩，场区内不存在岩土体崩塌、滑坡、泥石流、无振动液化层、地面沉降、地面塌陷、地裂缝等不良地质作用，各层岩土体类型如下：

1）素填土：主要由黏性土和碎石组成，碎石成分为板岩、辉绿岩，均匀性差。

2）淤泥质粉质黏土：灰褐色，饱和，软塑状，局部可塑状，海陆交汇沉积。

3）碎石：黄褐色，稍湿，稍密局部中密，冲洪积成因，碎石成分为石英岩、板岩。

4）全风化辉绿岩：岩石风化强烈，岩体基本质量等级为Ⅴ级，岩芯呈砂土状。

5）全风化板岩：岩石风化强烈，岩体基本质量等级为Ⅴ级，岩芯呈土状。

6）构造破碎带：碎裂结构，块状构造，为基岩挤压变形而成，强度不均。

7）强风化辉绿岩：辉绿结构，岩体基本质量等级为Ⅴ级，岩芯呈碎块状、椭球状。

8）强风化板岩：鳞片变晶结构，板状构造，岩体基本质量等级为Ⅴ级。

9）中风化辉绿岩：辉绿结构，岩体基本质量等级为Ⅳ级。

10）中风化板岩：鳞片变晶结构，岩体基本质量等级为Ⅴ级。

11）微风化辉绿岩：辉绿结构，球状或块状构造，室内饱和单轴抗压强度标准值为 25.51MPa，属于较软岩，较破碎，岩体基本质量等级为Ⅱ级。

12）微风化板岩：厚层状结构，板状构造，室内饱和单轴抗压强度标准值为 16.73MPa，波速测试测得的岩石完整系数 $K_V=0.33\sim0.71$，属较软岩，较破碎，岩体基本完整，岩体基本质量等级为Ⅲ级，结构面基本未变，仅有少量裂隙，节理断面呈青色，岩芯呈长柱状、短柱状。

3.5.1.3 场地地下水情况及水质分析

根据取水样化验报告可见，受环境类型，水对混凝土结构的腐蚀等级为弱，受地层渗透的影响，水对混凝土的腐蚀等级为微，综合评定水对混凝土结构的腐蚀等级为弱；水对钢筋混凝土结构中钢筋的腐蚀等级为：长期浸水时为微，干湿交替时为强。

3.5.1.4 场地各岩土层承载力及工程参数

各层地基承载力特征值及工程参数详见第 2 章表 2-1。

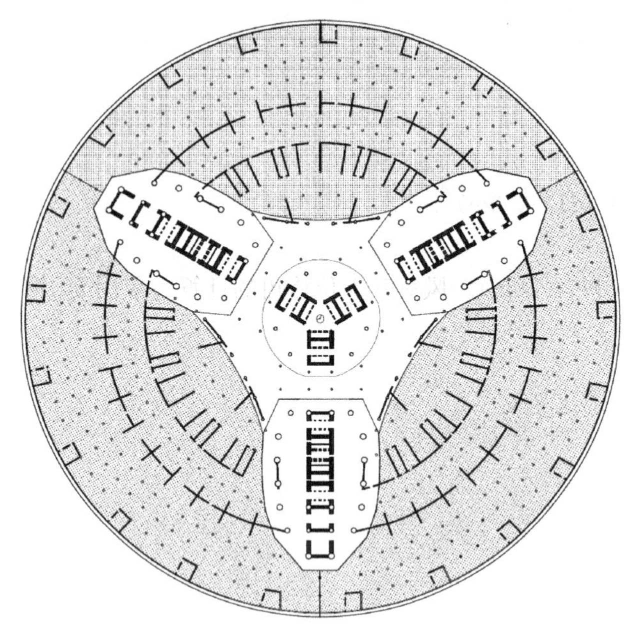

图 3-9　抗浮锚杆布置示意图

3.5.2　地基基础设计

千米级摩天大楼采用天然筏形基础，主楼区域中的四个塔楼筏板厚 10m，四个塔楼之中间的筏板厚度为 5m，地下室除主楼区域以外筏板厚度为 2m，详见第 2 章 2.2.2.2 节。根据地质勘查期间观测到的地下水位，千米级高层抗浮水位确定为绝对标高－1m，地下水水头 50m 左右，地下室裙房部分不出地面，恒荷载不能满足抗浮验算的要求，因此地下室裙房部分采用天然筏板基础＋抗浮锚杆。抗浮锚杆用以抵消地下水的浮力，抗拔锚杆初步估算长度为 8m，锚杆直径 150mm，间距 1.2m，抗拔力标准值 T_{uk}＝450kN，抗浮锚杆布置详见图 3-9。

3.5.2.1　地基承载力

主楼区域基础底板在重力荷载和水平风荷载标准值、重力荷载和多遇水平地震标准值共同作用下并未出现零应力区。主楼区域筏板基础基底平均反力约为 2920kPa，小于地基承载力特征值 3200kPa，满足设计要求。

3.5.2.2　地基变形

地基基础采用 YJK 软件计算，数值分析结果表明：采用天然地基，主楼最大沉降为 11mm 左右，且沉降最大点基本都在 4 个塔楼的筏板形心附近，地下室裙房部分筏板几乎没有沉降，沉降云图如图 3-10 所示。

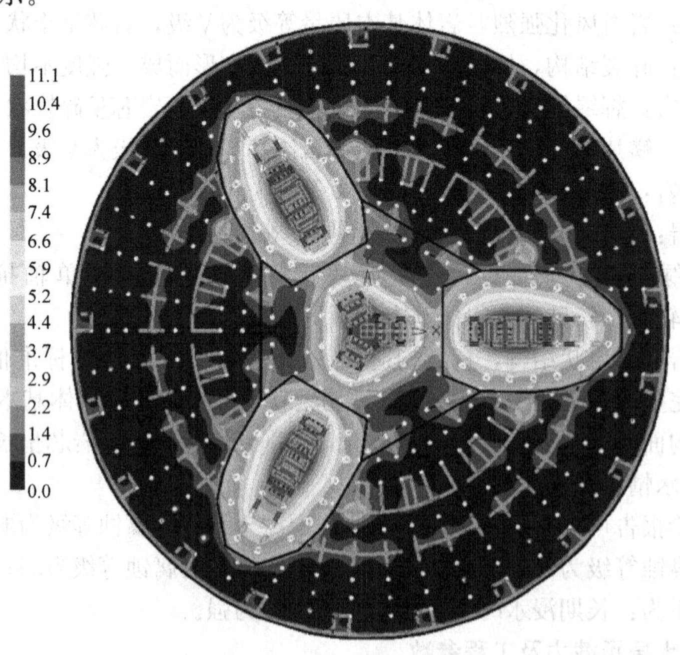

图 3-10　基础沉降云图

3.6 抗震性能目标

结构抗震性能目标是针对某一级地震设防水准而期望建筑物能达到的性能水准或等级，是抗震设防水准与结构性能水准的综合反映，鉴于本工程的超限水平和结构特点，将对抗侧构件实施全面的性能化设计，根据工程的场地条件、社会效益、结构的功能和构件重要性，考虑经济因素，并结合概念设计中的“强柱弱梁”、“强剪弱弯”、“强节点弱构件”和框架柱“二道防线”的基本原则，制定了工程的抗震性能化目标，如表 3-12 所示。

抗震性能化目标 **表 3-12**

<table>
<tr><th colspan="3">抗震烈度
（参考级别）</th><th>频遇地震
（小震）</th><th>设防烈度地震
（中震）</th><th>罕遇地震
（大震）</th></tr>
<tr><td colspan="3">性能水平定性描述</td><td>不损坏</td><td>可修复损坏</td><td>无倒塌</td></tr>
<tr><td colspan="3">层间位移角限值</td><td>$h/400$</td><td>—</td><td>$h/100$</td></tr>
<tr><td rowspan="13">构件性能</td><td rowspan="3">核心筒
墙肢</td><td rowspan="2">压弯拉弯</td><td rowspan="2">弹性</td><td>底部加强部位及转换
桁架上下层部位弹性</td><td>不屈服</td></tr>
<tr><td>其他楼层及次要墙体
不屈服</td><td></td></tr>
<tr><td>抗剪</td><td>弹性</td><td>弹性</td><td>抗剪截面不屈服</td></tr>
<tr><td colspan="2">核心筒连梁</td><td>弹性</td><td></td><td></td></tr>
<tr><td colspan="2">巨型柱</td><td>弹性</td><td>弹性</td><td>不屈服</td></tr>
<tr><td colspan="2">巨型斜撑</td><td>弹性</td><td>弹性</td><td>不屈服</td></tr>
<tr><td colspan="2">连体桁架</td><td>弹性</td><td>弹性</td><td>不屈服</td></tr>
<tr><td colspan="2">伸臂桁架</td><td>弹性</td><td>弹性</td><td></td></tr>
<tr><td colspan="2">腰桁架</td><td>弹性</td><td>弹性</td><td></td></tr>
<tr><td colspan="2">与巨型斜撑相
连的框架梁</td><td>弹性</td><td>弹性</td><td>不屈服</td></tr>
<tr><td colspan="2">连接平台楼板</td><td>弹性</td><td>弹性</td><td></td></tr>
<tr><td colspan="2">节点</td><td>不先于构件破坏</td><td>不先于构件破坏</td><td></td></tr>
<tr><td colspan="2">其他结构构件</td><td>规范设计要求</td><td></td><td></td></tr>
</table>

3.7 建筑结构规则性检查

3.7.1 高度及高宽比

根据我国《高层建筑混凝土结构技术规程》JGJ 3—2010，框架-核心筒结构在 7 度区的最大适用高度为 190m，千米级大楼地上结构高度 1040m，大大超出规范限值，属于高度超限的结构。图 3-11 给出了±0.000 处平面示意图，大楼底部平面宽约 169.5m（标高±0.000 处，每个边塔长度方向端部柱至对应裙房边柱之间的距离），高宽比约 6.14，未超过规范限值的高宽比 7。

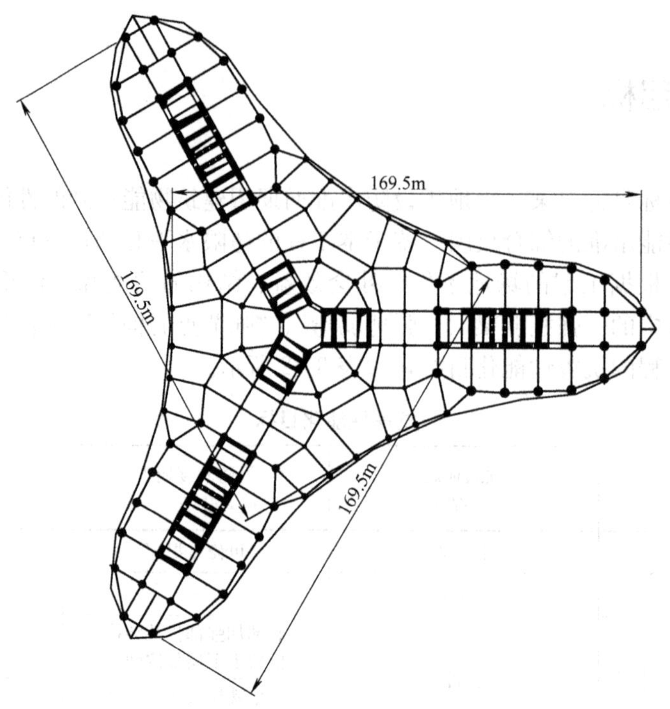

图 3-11　±0.000m 平面宽度示意图

3.7.2　平面不规则

3.7.2.1　周期比

结构的扭转周期、平动周期及其比值见表 3-13。

结构周期比　　表 3-13

参数	周期(s)	振型	扭转周期/平动周期
第一周期	13.3207	*X* 向平动	—
第二周期	13.3167	*Y* 向平动	—
第三周期	11.2994	扭转	0.8483<0.85,满足要求

计算结果表明，第一扭转周期与第一平动周期之比为 0.8483，小于 0.85，满足规范要求。

3.7.2.2　扭转不规则

当考虑偶然偏心（即 5%质心平面偏移）后楼层最大弹性水平位移（或层间位移）大于结构两端弹性水平位移（或层间位移）平均值的 1.2 倍时，将认为结构有扭转不规则性，如果上述比值超过 1.4，将视为严重不规则。

计算表明：本千米级结构两个方向最大水平位移和层间位移与该楼层平均值之比均大于 1.2，小于 1.4，属于扭转不规则结构。

1. 楼层最大弹性水平位移与平均位移之比

图 3-12 给出了偶然偏心下楼层最大弹性水平位移与平均位移之比曲线图，由图明显可知，在底部裙房位置处，在规定水平力偶然偏心地震荷载作用下，最大位移比 1.22，楼层位移比稍稍超过 1.2，抗震规范和《超限高层建筑工程抗震设防专项审查技术要点》规定，扭转比超过 1.2 的结构为平面扭转不规则结构。

为了减小篇幅，表 3-14 仅给出了裙房部分的在 *X*±5%、*Y*±5%偏心下的楼层最大弹性水平位移、平均位移及扭转位移比。

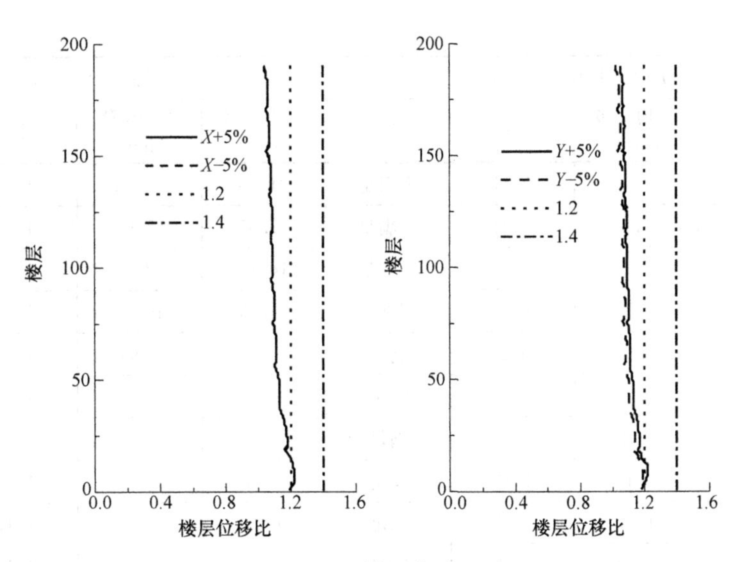

图 3-12 楼层位移比

楼层位移比 表 3-14

楼层	X向水平力+5%偏心				X向水平力-5%偏心			
	最大位移(mm)	平均位移(mm)	比值	备注	最大位移(mm)	平均位移(mm)	比值	备注
18	51.24	42.61	1.2	满足	51.26	42.61	1.2	满足
17	45.92	38.05	1.21	不满足	45.93	38.05	1.21	不满足
16	42.12	34.83	1.21	不满足	42.13	34.84	1.21	不满足
15	38.32	31.64	1.21	不满足	38.33	31.65	1.21	不满足
14	34.6	28.53	1.21	不满足	34.61	28.54	1.21	不满足
13	30.97	25.51	1.21	不满足	30.98	25.51	1.21	不满足
12	27.44	22.58	1.22	不满足	27.45	22.59	1.22	不满足
11	23.98	19.72	1.22	不满足	23.99	19.72	1.22	不满足
10	20.66	16.97	1.22	不满足	20.66	16.98	1.22	不满足
9	17.51	14.38	1.22	不满足	17.51	14.38	1.22	不满足
8	14.54	11.94	1.22	不满足	14.54	11.94	1.22	不满足
7	11.76	9.67	1.22	不满足	11.76	9.67	1.22	不满足
6	9.2	7.58	1.21	不满足	9.21	7.58	1.21	不满足
5	6.89	5.68	1.21	不满足	6.89	5.68	1.21	不满足
4	4.83	4	1.21	不满足	4.83	4	1.21	不满足
3	3.06	2.54	1.2	满足	3.06	2.54	1.2	满足
2	1.6	1.33	1.2	满足	1.6	1.33	1.2	满足
1	0.54	0.45	1.19	满足	0.54	0.45	1.19	满足
楼层	Y向水平力+5%偏心				Y向水平力-5%偏心			
	最大位移(mm)	平均位移(mm)	比值	备注	最大位移(mm)	平均位移(mm)	比值	备注
13	29.28	24.29	1.21	不满足	31.57	26.66	1.18	满足
12	26.08	21.57	1.21	不满足	27.97	23.53	1.19	满足
11	22.73	18.8	1.21	不满足	24.45	20.58	1.19	满足

续表

楼层	Y向水平力+5%偏心				Y向水平力−5%偏心			
	最大位移(mm)	平均位移(mm)	比值	备注	最大位移(mm)	平均位移(mm)	比值	备注
10	19.53	16.16	1.21	不满足	21.06	17.74	1.19	满足
9	16.51	13.67	1.21	不满足	17.85	15.05	1.19	满足
8	13.68	11.34	1.21	不满足	14.82	12.51	1.18	满足
7	11.06	9.18	1.21	不满足	11.99	10.13	1.18	满足
6	8.65	7.19	1.2	满足	9.38	7.94	1.18	满足
5	6.47	5.39	1.2	满足	7.01	5.95	1.18	满足
4	4.53	3.79	1.2	满足	4.92	4.19	1.17	满足
3	2.87	2.41	1.19	满足	3.11	2.66	1.17	满足
2	1.5	1.26	1.19	满足	1.62	1.39	1.17	满足
1	0.51	0.43	1.18	满足	0.54	0.47	1.16	满足

2. 楼层最大弹性层间位移与平均层间位移之比

图3-13给出了楼层最大层间水平位移与平均层间位移之比曲线图，由图明显可知，在底部裙房13层以下，在规定水平力偶然偏心地震荷载作用下，最大位移比1.22，顶部1000m以上，最大位移比1.25，其余层间位移比均小1.2。为了减小篇幅，表3-15仅给出了裙房部分及顶部1000m以上的在X±5%、Y±5%偏心下的楼层最大层间弹性水平位移、平均层间位移及扭转位移比，在裙房部分及顶部大部分楼层的位移比超过1.2。

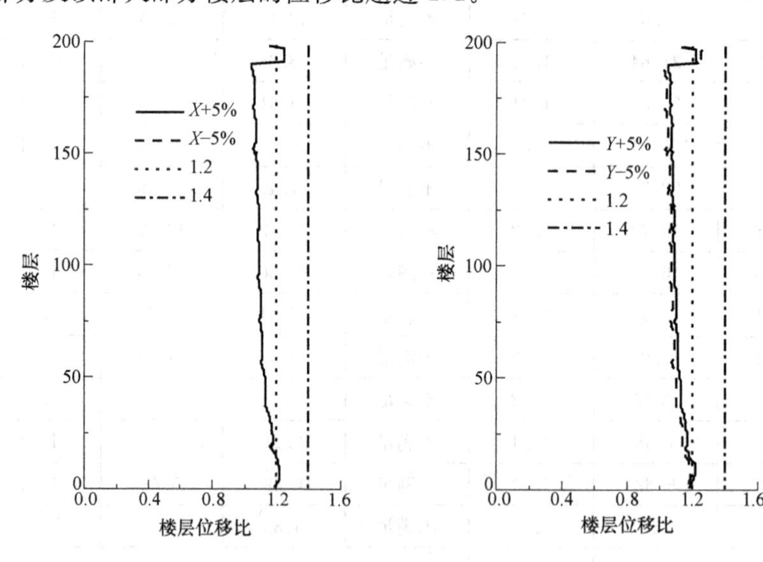

图3-13 层间位移比

层间位移比 **表3-15**

楼层	X向水平力+5%偏心				X向水平力−5%偏心			
	最大层间位移(mm)	平均层间位移(mm)	比值	备注	最大层间位移(mm)	平均层间位移(mm)	比值	备注
198	6.38	5.49	1.16	满足	6.38	5.49	1.16	满足
197	6.89	5.5	1.25	不满足	6.9	5.5	1.26	不满足
196	6.91	5.51	1.25	不满足	6.91	5.51	1.25	不满足

续表

楼层	X向水平力+5%偏心				X向水平力-5%偏心			
	最大层间位移(mm)	平均层间位移(mm)	比值	备注	最大层间位移(mm)	平均层间位移(mm)	比值	备注
195	6.9	5.52	1.25	不满足	6.91	5.52	1.25	不满足
194	6.89	5.51	1.25	不满足	6.89	5.51	1.25	不满足
193	6.85	5.49	1.25	不满足	6.86	5.49	1.25	不满足
192	6.8	5.44	1.25	不满足	6.8	5.44	1.25	不满足
191	6.66	5.31	1.25	不满足	6.66	5.31	1.25	不满足
13	3.53	2.93	1.21	不满足	3.53	2.93	1.21	不满足
12	3.47	2.87	1.21	不满足	3.47	2.87	1.21	不满足
11	3.32	2.74	1.21	不满足	3.32	2.74	1.21	不满足
10	3.15	2.59	1.22	不满足	3.15	2.59	1.22	不满足
9	2.97	2.44	1.22	不满足	2.97	2.44	1.22	不满足
8	2.77	2.27	1.22	不满足	2.77	2.27	1.22	不满足
7	2.56	2.09	1.22	不满足	2.56	2.09	1.22	不满足
6	2.32	1.9	1.22	不满足	2.32	1.9	1.22	不满足
5	2.06	1.68	1.22	不满足	2.06	1.68	1.22	不满足
4	1.77	1.46	1.22	不满足	1.77	1.46	1.22	不满足
3	1.46	1.21	1.21	不满足	1.46	1.21	1.21	不满足
2	1.06	0.88	1.2	满足	1.06	0.88	1.2	满足
1	0.54	0.45	1.19	满足	0.54	0.45	1.19	满足

楼层	Y向水平力+5%偏心				Y向水平力-5%偏心			
	最大层间位移(mm)	平均层间位移(mm)	比值	备注	最大层间位移(mm)	平均层间位移(mm)	比值	备注
198	6.03	5.35	1.13	满足	6.45	5.62	1.15	满足
197	6.53	5.35	1.22	不满足	7.05	5.62	1.26	不满足
196	6.54	5.37	1.22	不满足	7.07	5.63	1.25	不满足
195	6.54	5.37	1.22	不满足	7.06	5.64	1.25	不满足
194	6.53	5.37	1.22	不满足	7.05	5.63	1.25	不满足
193	6.5	5.35	1.22	不满足	7.02	5.6	1.25	不满足
192	6.44	5.3	1.22	不满足	6.96	5.55	1.25	不满足
191	6.35	5.18	1.23	不满足	6.82	5.43	1.26	不满足
13	3.33	2.79	1.2	满足	3.6	3.06	1.18	满足
12	3.35	2.74	1.22	不满足	3.53	2.99	1.18	满足
11	3.2	2.62	1.22	不满足	3.39	2.86	1.18	满足
10	3.02	2.47	1.22	不满足	3.21	2.71	1.19	满足
9	2.83	2.32	1.22	不满足	3.03	2.55	1.19	满足
8	2.63	2.16	1.22	不满足	2.83	2.38	1.19	满足
7	2.42	1.99	1.22	不满足	2.61	2.19	1.19	满足
6	2.18	1.8	1.21	不满足	2.36	1.99	1.19	满足
5	1.93	1.6	1.21	不满足	2.1	1.77	1.19	满足

续表

楼层	Y向水平力+5%偏心				Y向水平力−5%偏心			
	最大层间位移(mm)	平均层间位移(mm)	比值	备注	最大层间位移(mm)	平均层间位移(mm)	比值	备注
4	1.66	1.38	1.2	满足	1.81	1.53	1.18	满足
3	1.37	1.15	1.19	满足	1.49	1.26	1.18	满足
2	1	0.84	1.19	满足	1.08	0.92	1.17	满足
1	0.51	0.43	1.18	满足	0.54	0.47	1.16	满足

3.7.2.3 凹凸不规则

《建筑抗震设计规范》GB 50011—2010 规定：凹凸不规则定义为平面布置中在指定方向上凹凸处的两侧尺寸投影大于该方向平面总尺寸的30%。

塔楼无凹凸不规则。

3.7.2.4 楼板不连续

《建筑抗震设计规范》GB 50011—2010 规定：楼板不连续是指横隔板发生尺寸的突变，包括有开口或开洞尺寸超出该楼层楼板典型宽度的50%或开洞面积大于该层楼面面积约30%，或有较大的楼层错层。

塔楼二层楼板开洞面积超过30%，其他楼层无楼板不连续。

3.7.3 竖向不规则

3.7.3.1 侧向刚度不规则

《建筑抗震设计规范》GB 50011—2010 规定某层侧向刚度小于其上一层的70%，或小于其上相邻三个楼层侧向刚度平均值的80%，属于侧向刚度不规则。《高层建筑混凝土结构技术规程》JGJ 3—2010 要求框架-核心筒结构各楼层侧向刚度与其相邻上层侧向刚度的比值不宜小于0.9（当本层层高大于相邻上层层高的1.5倍时，该比值不宜小于1.1，对结构底部嵌固层，该比值不宜小于1.5）。图3-14给出了结构各楼层侧向刚度与上一层侧向刚度70%的比值或上三层平均侧向刚度80%的比值中的较小值（抗震规范要求）；同时也给出了结构各楼层侧向刚度与上一层侧向刚度90%（当本层层高大于相邻上层层高的1.5倍时，与上一层侧向刚度110%；对结构底部嵌固层，与上一层侧向刚度150%）的比值，由图明显可知：按抗震规范对刚度比的规定要求，该结构为侧向刚度规则结构；而按高层规程对刚度比的规定要求，在第2～9个连接平台的下层，由于高层规程对刚度比计算公式中考虑层高的影响，连接平台的下层层高由5m变换到连接平台层7.5m，从而导致连接平台下层的刚度比小于1.0，该结构为侧向刚度不规则结构。

为了详细说明刚度变化情况，表3-16给出了典型连接平台范围内（第二连接平台，200m范围）的刚度变化情况。

第二连接平台刚度 **表3-16**

楼层	层高(m)	标高(m)	X向刚度(kN/m)	Y向刚度(kN/m)	位置
36	5.0	185.00	9.3814×10^7	9.3907×10^7	连接平台下层
37	7.5	192.50	7.5229×10^7	7.5266×10^7	连接平台层
38	7.5	200.00	7.2684×10^7	7.2699×10^7	连接平台层
39	5.0	205.00	8.1719×10^7	8.1726×10^7	连接平台上层

1. 侧向刚度比计算

1）楼层侧向刚度 k_i，一般采用地震作用下的楼层剪力标准值 V_i 与地震作用标准值时的层

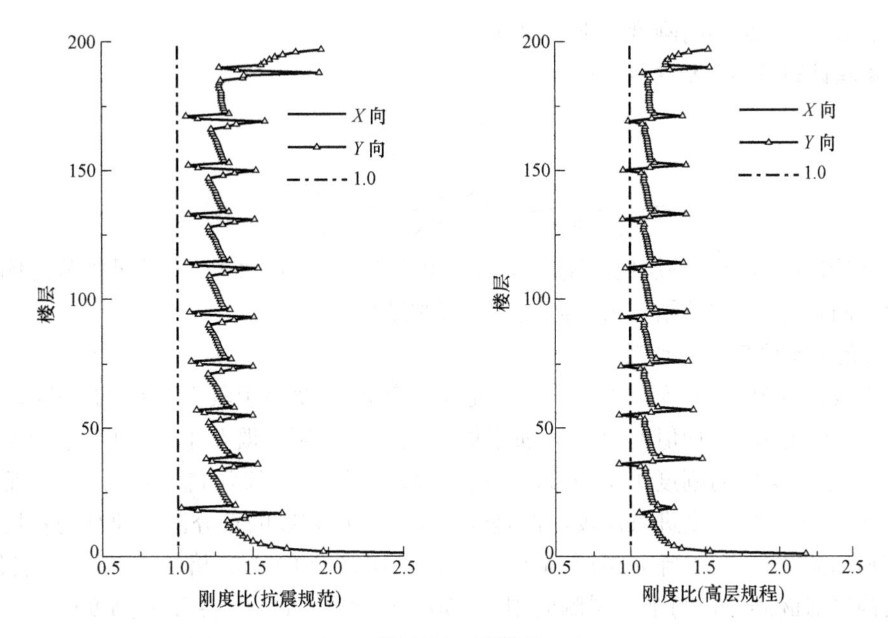

图 3-14 刚度比

间位移Δ_i的比值计算。k_i、V_i及Δ_i均为采用各振型位移 CQC 组合的计算结果，当采用刚性楼板计算假定时，V_i为楼层剪力，Δ_i为楼层质心处的层间位移；当采用弹性楼板计算假定时，$k_i=\sum(V_j/\Delta_j)$，其中V_j为计算质点的剪力，Δ_j为计算质点的层间位移，值得注意的是，此处不采用"规定的水平力"作用下的计算值。

2）侧向刚度比，本层刚度与相邻上层刚度比。

① 楼层剪力与层间位移的比值法，按虎克定律（楼层标高处产生单位水平位移需要的水平力）确定结构的侧向刚度，$\gamma_i=\dfrac{V_i\Delta_i}{V_{i+1}\Delta_{i+1}}=\dfrac{k_i}{k_{i+1}}$。抗震规范规定：本层与相邻上层的比值不宜小于 0.7，与相邻上部三层侧向刚度平均值的比值不宜小于 0.8。该方法物理概念清晰，理论上适合于所有的结构，尤其适合于楼层刚度有规律均匀变化的结构，适用于对结构"软弱层"及"薄弱层"的初步判断。

② 考虑层高修正的楼层侧向刚度比值法——即高层规程公式（3.5.2-2）。在以弯曲变形或弯剪变形为主的结构中，如框架-剪力墙结构、板柱-剪力墙结构、剪力墙结构、框架-核心筒结构、筒中筒结构，楼层结构对侧向刚度的贡献较小，层高变化时侧向刚度变化滞后，对上部结构的侧向刚度比采用考虑层高修正的楼层侧向刚度比值法，$\gamma_i=\dfrac{V_i\Delta_i}{V_{i+1}\Delta_{i+1}}\cdot\dfrac{h_i}{h_{i+1}}=\dfrac{k_i}{k_{i+1}}\cdot\dfrac{h_i}{h_{i+1}}$，该方法在国外规范中采用。

2. 按抗震规范计算 36 层 X 向刚度比

$$\gamma_i=\frac{k_i}{k_{i+1}}\;;\quad \gamma_i=\frac{k_i}{\frac{1}{3}(k_{i+1}+k_{i+2}+k_{i+3})} \tag{3-21}$$

$$\gamma_{x36}=\frac{k_{36}}{k_{37}}=\frac{9.3814\times10^7}{7.5229\times10^7}=1.247 \tag{3-22}$$

$$\gamma_{x36}=\frac{k_{36}}{\frac{1}{3}(k_{37}+k_{38}+k_{39})}=\frac{9.3814\times10^7}{\frac{1}{3}(7.5229\times10^7+7.2684\times10^7+8.1719\times10^7)}=1.226 \tag{3-23}$$

36 层 X 向侧向刚度与上一层侧向刚度 70% 的比值 1.781 或上三层平均侧向刚度 80% 的比值

1.5325 均大于 1.0，满足侧向刚度规则性要求。

3. 高层规程计算 36 层 X 向刚度比

$$\gamma_i=\frac{k_i}{k_{i+1}}\cdot\frac{h_i}{h_{i+1}} \tag{3-24}$$

$$\gamma_{x36}=\frac{k_{36}}{k_{37}}\cdot\frac{h_{36}}{h_{37}}=\frac{9.3814\times10^7}{7.5229\times10^7}\cdot\frac{5}{7.5}=0.832 \tag{3-25}$$

36 层 X 向侧向刚度与上一层侧向刚度 90%为 0.832/0.9=0.924，不满足规范对侧向刚度规则性要求，存在软弱层，即该结构为侧向刚度不规则结构。

4. 不同规范关于刚度比的比较

《建筑抗震设计规范》GB 50011—2010 规定某层侧向刚度小于其上一层的 70%，或小于其上相邻三个楼层侧向刚度平均值的 80%，属于侧向刚度不规则，既与上一层刚度 70%比较，又要与其上相邻三个楼层侧向刚度平均值 80%进行比较，没有考层高的影响。而高层规程增加了层高的影响，仅与上一层刚度进行比较，但是改变了上一层刚度的百分比，即结构各楼层侧向刚度与上一层侧向刚度 90%（当本层层高大于相邻上层层高的 1.5 倍时，与上一层侧向刚度 110%；对结构底部嵌固层，与上一层侧向刚度 150%）的比。以 36 层 X 向刚度比为例，高层规程考虑层高系数 5/7.5=0.667，在与上一层侧向刚度 90%比较，即要大于上一层侧向刚度90%/0.667=135%，才为侧向刚度规则性结构，而抗震规范要求大于上一层刚度 70%，才为侧向刚度规则性结构，明显高层规范严于抗震规范，故该结构在 8 个连接平台的下层满足抗震规范的侧向刚度规则性要求，而不满足高层规范侧向刚度规则性要求。

通过该结构 36 层侧向刚度比计算可知：当刚度比不满足规范对侧向刚度规则性要求时，最有效的方法是改变层高，层高对结构刚度的影响最大，其次增设支撑，最后增大薄弱层或削弱薄弱层下一层的竖向构件截面尺寸或修改混凝土材料等级，来满足规范要求。

3.7.3.2 竖向抗侧力构件不连续

竖向抗侧力构件不连续是指当竖向抗侧力构件（柱、抗震墙、抗震支撑）的内力由水平转换构件（梁、桁架）向下传递。本工程剪力墙及巨型柱等抗侧力构件均通高布置，无转换。

3.7.3.3 楼层承载力突变——薄弱层

1. 千米级摩天大楼楼层抗剪承载力比

《建筑抗震设计规范》GB 50011—2010 规定抗侧力结构的层间受剪承载力小于相邻上一楼层的 80%即为楼层承载力突变，《高层建筑混凝土结构技术规程》JGJ 3—2010 要求 B 级高度高层建筑的楼层抗侧力结构的层间受剪承载力不应小于其相邻上一层受剪承载力的 75%，图 3-15 给出了该结构的楼层承载力比曲线图，由图可知：X 向和 Y 向楼层承载力比趋势相同，由于周边单塔与中央交通核通过连接平台刚性连接，从而导致连接平台下层的楼层抗剪承载力小于连接平台的楼层抗剪承载力，顶部 7 个连接平台下层楼层抗剪承载力比小于 0.8，故该结构存在承载力突变。

2. 楼层层间抗侧力结构的受剪承载力计算

柱的受剪承载力可根据柱两端实配的受弯承载力按两端同时屈服的假定失效模式反算；剪力墙可根据实配钢筋按抗剪设计公式反算；斜撑的受剪承载力可计入其轴力的贡献，考虑受压屈服的影响。

1）柱的受剪承载力 V_c 可根据柱两端实配的受弯承载力，按式（3-26）计算：

$$V_c=(M_{cua}^{t}+M_{cua}^{b})/H_n \tag{3-26}$$

式中 M_{cua}^{t}、M_{cua}^{b}——分别为柱上、柱下端按顺时针或逆时针方向实配的正截面抗震受弯承载力所对应的弯矩值，按两端同时屈服的假定失效模式，根据实配钢筋面积、材料强度标准值、考虑承载力抗震调整系数确定；

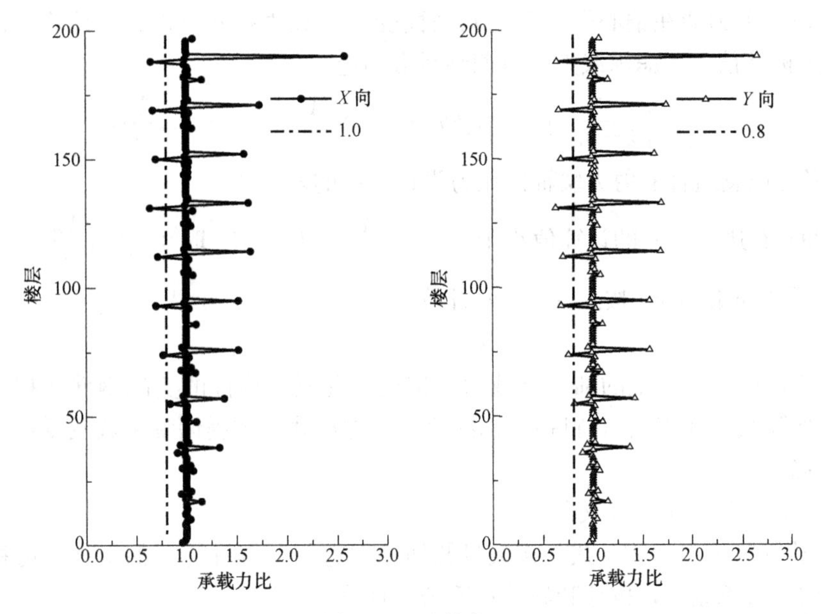

图 3-15　承载力比

H_n——为柱净高。

对称配筋矩形截面大偏心受压柱按柱端实际配筋考虑承载力抗震调整系数的正截面受弯承载力 M_{cua}，可按式（3-27）计算：

$$M_{cua}=\frac{1}{\gamma_{RE}}\left[0.5\gamma_{RE}Nh\left(1-\frac{\gamma_{RE}N}{\alpha_1 f_{ck}bh}\right)+f'_{yk}A_s^{a'}(h_0-a'_s)\right] \tag{3-27}$$

式中　N——重力荷载代表值产生的柱轴向压力设计值；

f_{ck}——混凝土轴心受压强度标准值；

f'_{yk}——普通受压钢筋强度标准值；

$A_s^{a'}$——普通受压钢筋实配截面面积；

b、h、h_0——截面宽度、高度、有效高度。

a'_s——受压区纵向钢筋合力点至截面受压边缘的距离；

γ_{RE}——抗震调整系数。

2）剪力墙的受剪承载力 V_w 可根据实配钢筋计算

① 钢筋混凝土剪力墙在偏心受压时的斜截面受剪承载力按式（3-28）计算，根据实配钢筋面积、材料强度标准值、考虑承载力抗震调整系数确定。

$$V_w=\frac{1}{\gamma_{RE}}\left[\frac{1}{\lambda-0.5}\left(0.4f_{tk}bh_0+0.1N\frac{A_w}{A}\right)+0.8f_{yvk}\frac{A_{sh}}{s}h_0\right] \tag{3-28}$$

式中　N——考虑地震组合的剪力墙轴向压力设计值中的较小值；但 N 大于 $0.2fbh$ 时取 $0.2fbh$；

λ——计算截面处的剪跨比，$\lambda=M/(Vh_0)$；当 λ 小于 1.5 时取 1.5；当 λ 大于 2.2 时取 2.2；此处，M 为与设计剪力值 V 对应的弯矩设计值；当计算截面与墙底之间的距离小于 $h_0/2$ 时，应按距离墙底 $h_0/2$ 处的弯矩设计值与剪力设计值计算；

A_w——T 形或 I 形截面剪力墙腹板的面积，矩形截面时取 A；

f_{yvk}——横向（水平）钢筋的抗拉强度标准值；

A_{sh}、s——剪力墙水平分布钢筋的全截面面积、间距；

f_{tk}——混凝土轴心抗拉强度标准值。

② 钢筋混凝土剪力墙在偏心受拉时的斜截面受剪承载力按式（3-29）计算，根据实配钢筋面积、材料强度标准值、考虑承载力抗震调整系数确定。

$$V_{\mathrm{w}}=\frac{1}{\gamma_{\mathrm{RE}}}\left[\frac{1}{\lambda-0.5}\left(0.4f_{\mathrm{tk}}bh_0-0.1N\frac{A_{\mathrm{w}}}{A}\right)+0.8f_{\mathrm{yvk}}\frac{A_{\mathrm{sh}}}{s}h_0\right] \tag{3-29}$$

式中　N——考虑地震组合的剪力墙轴向压力设计值中的较大值。

当式（3-29）右边方括号的计算值小于 $0.8f_{\mathrm{yvk}}\frac{A_{\mathrm{sh}}}{s}h_0$ 时，V_{w} 取 $0.8f_{\mathrm{yvk}}\frac{A_{\mathrm{sh}}}{s}h_0$。

3）斜撑的受剪承载力 V_{b} 按式（3-30）计算。

$$V_{\mathrm{b}}=N_{\mathrm{b}}\cos\alpha \tag{3-30}$$

式中　N_{b}——为斜撑杆件实配的轴力承载力，按钢筋混凝土构件的实配钢筋面积（或钢构件的实际截面面积）、材料强度标准值、考虑承载力抗震调整系数及受压屈服的影响后确定；

α——斜撑杆件与水平面夹角。

4）对其他构件可依据上述公式，按矢量叠加原理进行分解计算。如斜柱，可根据柱端实配弯矩和柱实配的轴力承载力，按柱和斜撑计算公式计算。

5）楼层层间抗侧力结构的受剪承载力按式（3-31）计算。

$$V_{\mathrm{i}}=\sum V_{\mathrm{c}}+\sum V_{\mathrm{w}}+\sum V_{\mathrm{b}} \tag{3-31}$$

式中　$\sum V_{\mathrm{c}}$——楼层全部柱的受剪承载力之和；

$\sum V_{\mathrm{w}}$——楼层全部剪力墙的受剪承载力之和；

$\sum V_{\mathrm{b}}$——楼层全部支撑的受剪承载力之和。

抗侧力结构不应仅指竖向构件（如剪力墙、框架柱、斜撑等），还应包括与之相连的水平构件（连梁、框架梁等），但水平构件对楼层层间受剪承载力的影响，可通过相应的竖向构件内力体现。

3. 结构设计建议

1）当楼层抗剪承载力比难于满足《高层建筑混凝土结构技术规程》JGJ 3—2010 第 3.5.3 条的规定时，在结构调整方面可适当提高本层结构构件强度，增大混凝土柱的纵向钢筋和剪力墙水平分布钢筋面积、提高混凝土强度、加大柱或剪力墙的截面面积，以提高本层墙、柱等抗侧力构件的抗剪承载力，或适当降低上层墙、柱等抗侧力构件的抗剪承载力。通过比较研究发现，在不得改变抗侧力构件面积的情况下，增大柱的纵向钢筋和剪力墙水平分布钢筋面积，对提高本层抗剪承载力比值更加有效。

对于加强层，因设置了伸臂或腰桁架斜撑，加强层的下一层往往难于满足《高层建筑混凝土结构技术规程》JGJ 3—2010 3.5.3 条的规定，此时应保证刚度比满足相关规范的要求，避免软弱层和薄弱层同时发生在一层。

2）依据《高层建筑混凝土结构技术规程》JGJ 3—2010 第 3.7.4 条及《建筑抗震设计规范》GB 50010—2010 第 5.5.2 条的规定，楼层受剪承载力按钢筋混凝土构件实际配筋和材料强度标准值计算，属于“大震”设计内容，反应谱法判定的薄弱层位置，一般只适合于规则结构或不规则程度较轻的结构，对其他结构应采用弹塑性分析法进行补充分析。对实际超限工程，可先采用反应谱法对薄弱层位置进行初步判断，再采用弹塑性分析方法对薄弱层的位置予以确认。

3.7.4 超限情况总结

根据《超限高层建筑工程抗震设防专项审查技术要点》，对涉及结构不规则性的条文进行逐项检查，见表 3-17～表 3-19。

高度超限检查　　表 3-17

超限类别	规范要求	结构特性	超限判断
高度	>190m(7 度，混合框架核心筒)	1040m	超限

一般不规则性超限检查（同时满足三项及以上）　　表 3-18

超限类别	规范要求	超限判断	结论
扭转不规则	考虑偶然偏心的扭转位移比大于 1.2	有(1.26)	平面不规则(扭转不规则、楼板局部不连续)
偏心布置	偏心距大于 0.15 或相邻层质心相差较大	无	
凹凸不规则	平面凹凸尺寸大于相应边长的 30%	无	
组合平面	细腰形或角部重叠形	无	
楼板不连续	有效宽度小于 50%，开洞面积大于 30%	有	
刚度突变	相邻楼层大于 90%	有	竖向四项不规则
尺寸突变	缩进大于 25%，外挑大于 10%或 4m	有	
构件间断	上下墙、柱和支撑不连续，含加强层	加强层	
承载力突变	层间受剪承载力小于相邻上一层的 80%	有	

特别不规则性超限检查（具有一项）　　表 3-19

超限类别	规范要求	超限判断	结论
扭转不规则	考虑偶然偏心的扭转位移比大于 1.4	无	特别不规则(连体)
扭转刚度弱	混合结构扭转周期比大于 0.85	无	
层刚度偏小	本层侧向刚度小于相邻上层的 50%	无	
高位转换	框支结构转换构件位置：7 度超过 5 层	无	
厚板转换	7～9 度设防的厚板转换结构	无	
塔楼偏置	大底盘偏心距大于相应边长的 20%	无	
复杂连接	刚度、布置不同的错层或连体结构	连体	
多重复杂	结构同时具有转换层、加强层、错层、连体和多塔类型的结构形式 3 种	无	

3.8　整体性能弹性分析

3.8.1　计算模型

整体结构计算采用 YJK（盈建科）软件进行，采用 ETABS 和 MIDAS-GEN 进行对比计算。

3.8.2　周期和振型

结构自振周期比较

表 3-20 给出了 YJK、ETABS、midas Gen 三个模型计算的周期与振型对比

周期与振型 表 3-20

振型	YJK 周期(s)	YJK 振型			ETABS 周期(s)	MIDAS-GEN 周期(s)
		X 向平动	Y 向平动	Z 向扭转		
1	13.3207	0.98	0.02	0	13.695	13.1085
2	13.3167	0.02	0.98	0	13.561	13.0983
3	11.2994	0.00	0.00	1.00	11.636	11.0197
4	4.5019	0.00	0.01	0.99	4.63	4.4657
5	4.4667	0.99	0.01	0	4.537	4.4433
6	4.4643	0.01	0.97	0.01	4.536	4.4377
7	2.6215	0.00	0.00	1	2.688	2.6062
8	2.341	0.96	0.04	0	2.379	2.331
9	2.3402	0.04	0.96	0	2.378	2.3292
10	1.7962	0.00	0.00	1	1.85	1.7784

由表 3-20 可见，结构前两阶振型为平动，第三阶振型为扭转，结构的第一扭转周期与第一平动周期之比为 0.8483，符合规范要求，YJK 计算的前 3 阶振型如图 3-16 所示。

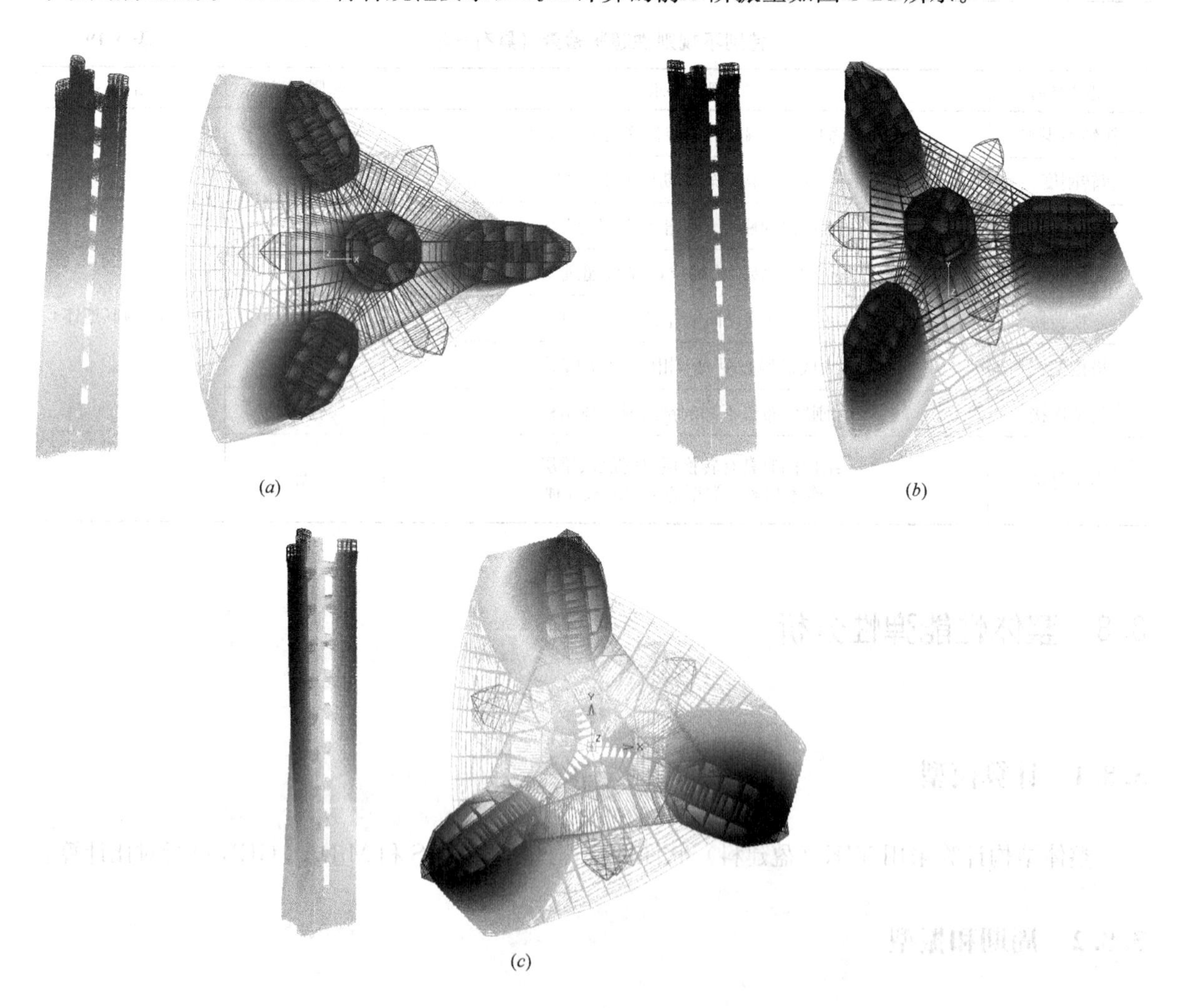

(a) (b) (c)

图 3-16 振型

(a) T_1=13.3207；(b) T_2=13.3167；(c) T_3=11.2994

表 3-21 给出了部分国内外超过 500m 的超高层建筑周期统计，从表中可知，国外超高层建筑的第一周期略大于国内同结构体系、同条件的建筑结构；国内主要屋面高度超过 550m 的结构，第一周期超过了 9s，千米级摩天大楼主要屋面高度 1040m，第一周期 13.32s。

国内外超过 500m 超高层周期统计 **表 3-21**

项目名及地址	高度(m)	结构材料	T_1(s)	T_2(s)	T_3(s)	T_3/T_1
迪拜塔，迪拜 阿联酋	828	M	11.24	10.25	5.62	0.50
芝加哥螺旋塔楼，芝加哥 美国	599	M	20.16	19.38	5.45	0.27
釜山乐天大楼，首尔 韩国	555	M	9.24	9.18	2.82	0.31
The Pearl(EP07)，迪拜 阿联酋	544	M	10.11	9.88	3.34	0.33
银川塔楼，首尔 韩国	542	M	11.90	10.80	8.18	0.69
自由塔，纽约 美国	536	M	9.62	8.93	4.50	0.47
Lagoons T29，迪拜 阿联酋	529	M	5.79	5.51	2.21	0.38
上海中心，上海 中国	632	M	9.05	8.96	5.59	0.62
天津 117，天津 中国	597	M	9.06	8.97	3.46	0.38
深圳平安金融中心，深圳 中国	600	M	8.65	8.56	3.39	0.39
武汉绿地中心，武汉 中国	636	M	8.44	8.40	4.49	0.53
广州东塔，广州 中国	530	M	8.64	8.33	4.74	0.55
中国尊，北京 中国	528	M	7.30	7.27	2.99	0.41
大连绿地，大连 中国	518	M	7.45	7.05	4.52	0.61
苏州中南中心，苏州 中国	729	M	9.16	8.98	3.77	0.41

注：M 为钢-混凝土混合结构。

3.8.3 结构质量分布

结构总面积 224.5 万 m^2，总恒载 3.60×10^7 kN，总活载 3.10×10^6 kN，结构总质量为 3.91×10^7 kN，平均每平方米恒荷载 16.04kPa，活载 1.381kPa，荷载沿楼层分布基本均匀，如图 3-17 所示。

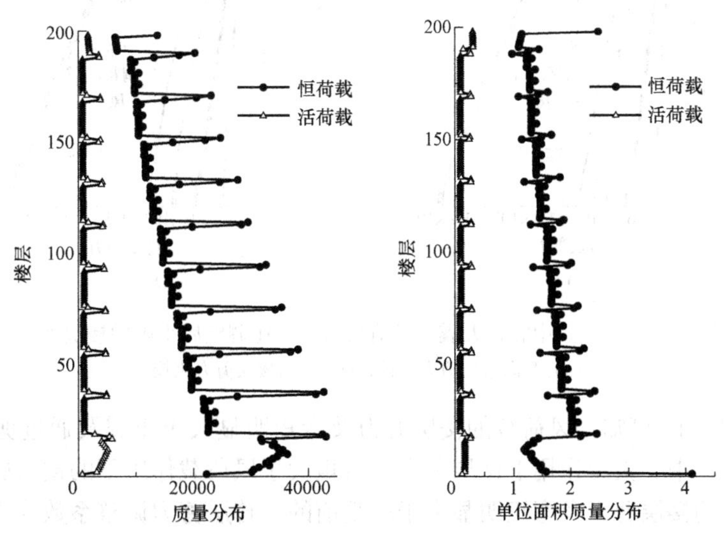

图 3-17 质量分布

3.8.4 层剪力和倾覆弯矩

地震与风作用下结构基底剪力及倾覆弯矩见表 3-22，图 3-18、图 3-19 给出了小震、中震、大震、风荷载及剪重比调整后小震的楼层剪力及弯矩随楼层变化曲线，剪力及弯矩数据由 YJK 软件计算所得。

结构基底剪力 表 3-22

作用情况	多遇地震(小震)		风荷载		设防地震(中震)		罕遇地震(大震)	
方向	X 向	Y 向	X 向	Y 向	X 向	Y 向	X 向	Y 向
底部剪力(kN)	2.80×10^5	2.80×10^5	6.88×10^5	6.22×10^5	7.82×10^5	7.82×10^5	1.73×10^6	1.73×10^6
倾覆弯矩(kN·m)	1.55×10^8	1.55×10^8	3.68×10^8	3.33×10^8	4.45×10^8	4.45×10^8	9.71×10^8	9.71×10^8

由表 3-22 可知：风荷载作用下 X、Y 向底部剪力是小震的 2.23、2.01 倍，相对于小震而言，风荷载起控制作用；中震、大震作用下的底部剪力分别是小震的 2.79、6.18 倍；中震下的底部剪力大于风荷载作用下的楼层剪力，中震的底部剪力 X、Y 向分别是风荷载的 1.14 和 1.25 倍，风与恒、活荷载组合（1.2×恒+0.98×活+1.4×风）明显大于中震不屈服与恒、活荷载组合（1.0×恒+0.5×活+1.0×地震）值。同时，风与恒、活荷载组合（1.2 恒+0.98 活+1.4 风）也大于中震弹性与恒、活荷载组合（1.2×0.85 恒+0.6×0.85 活+1.3×0.85 地震）值，即在计算构件承载力时中震不起控制作用；大震下的底部剪力明显大于风荷载作用下的楼层剪力，大震的底部剪力 X、Y 向分别是风荷载的 2.51 和 2.78 倍。

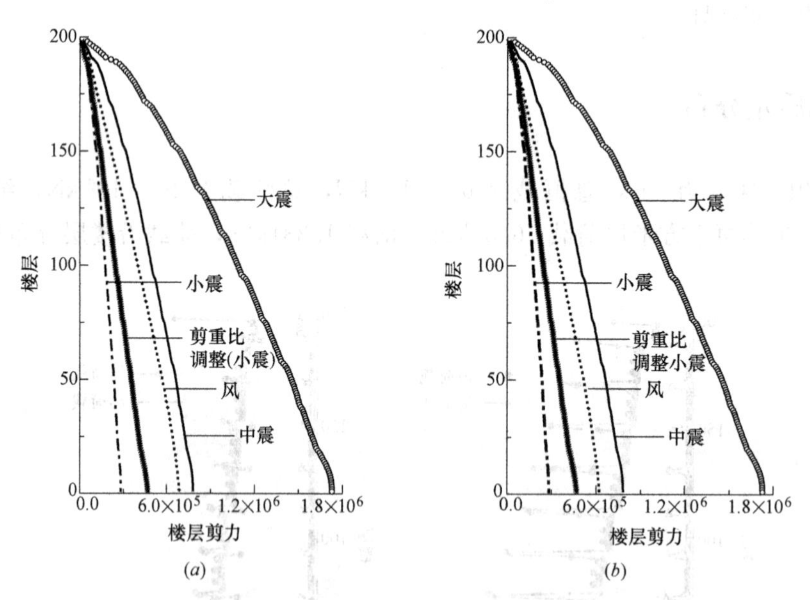

图 3-18 小震、中震、大震、风荷载及剪重比调整后小震的楼层剪力

(*a*) X 向楼层剪力比较；(*b*) Y 向楼层剪力比较

由图 3-18、图 3-19 可知：风荷载的楼层剪力及弯矩明显大于小震及通过剪重比调整后小震的楼层剪力及弯矩；中、大震作用下楼层剪力及弯矩大于风荷载作用下的楼层剪力及弯矩；通过剪重比调整后小震的楼层剪力及弯矩明显大于调整前的，首层剪力调整系数为 1.67。

图 3-20～图 3-29 给出了地震与风作用下结构各楼层的作用力、楼层剪力、弯矩分布。

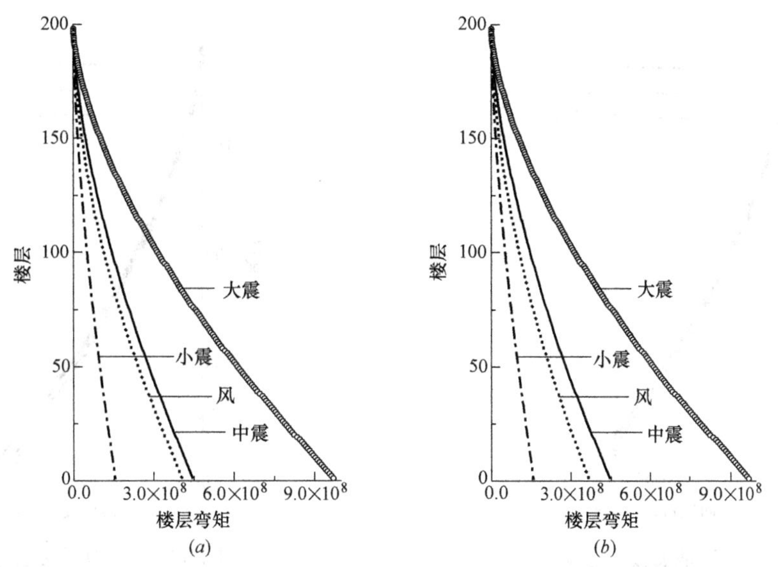

图 3-19　小震、中震、大震、风荷载及剪重比调整后小震的楼层弯矩

(*a*) *X* 向楼层弯矩比较；(*b*) *Y* 向楼层弯矩比较

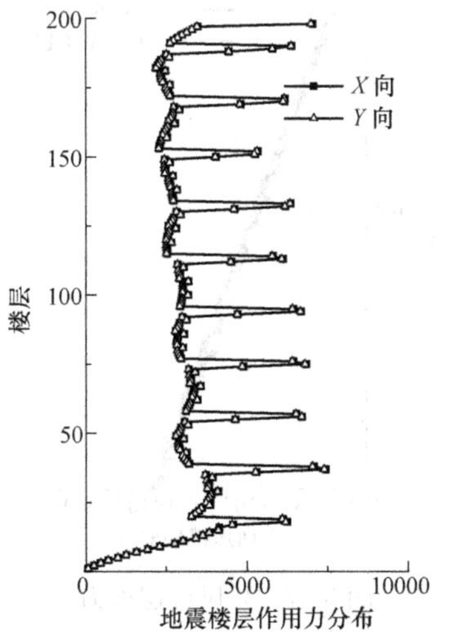

图 3-20　地震楼层作用力

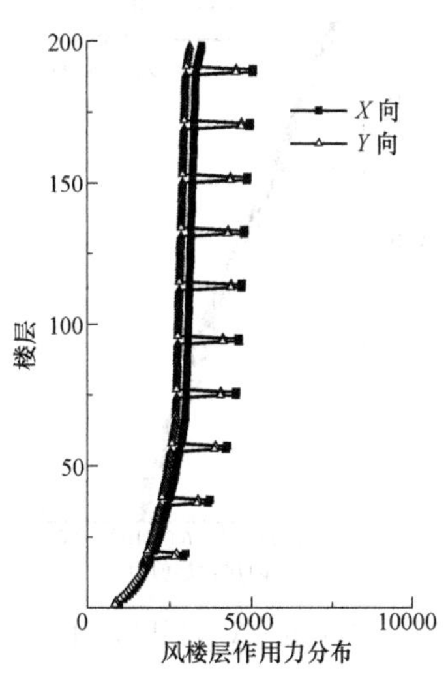

图 3-21　风楼层作用力

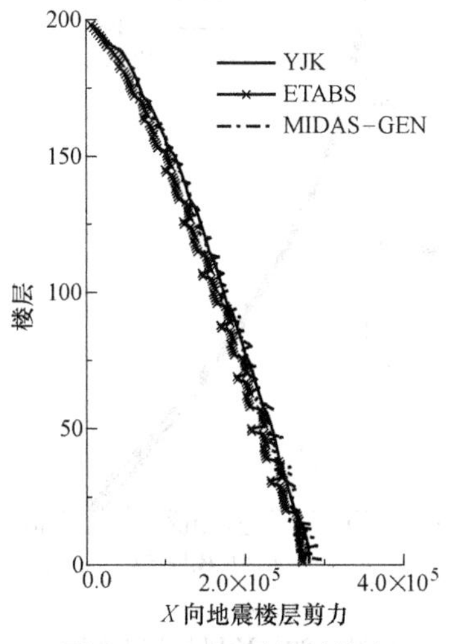

图 3-22　*X* 地震楼层剪力

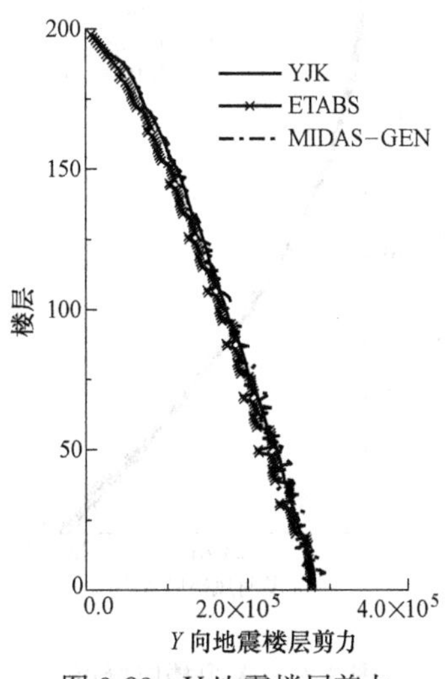

图 3-23　*Y* 地震楼层剪力

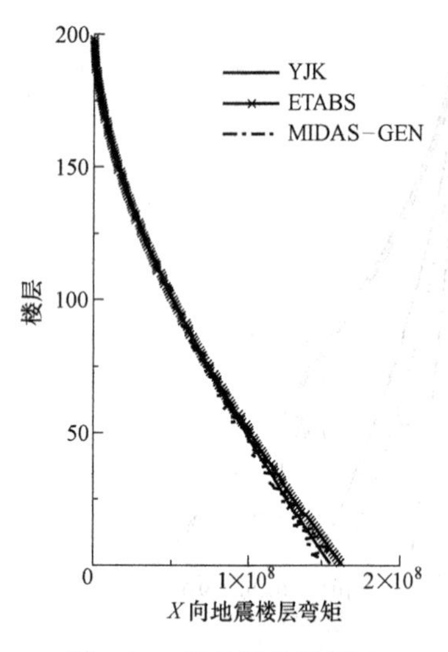

图 3-24　X 地震楼层弯矩

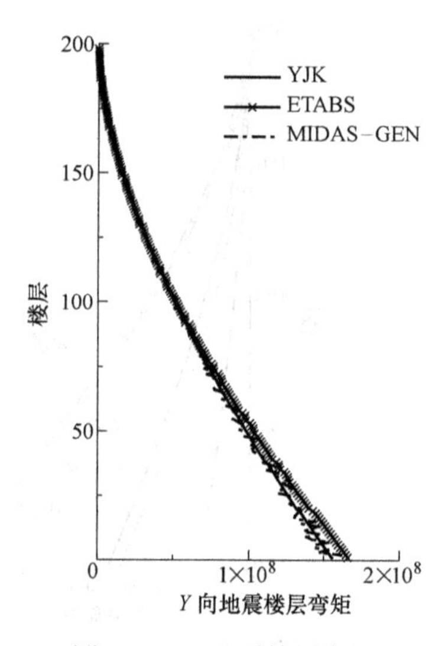

图 3-25　Y 地震楼层弯矩

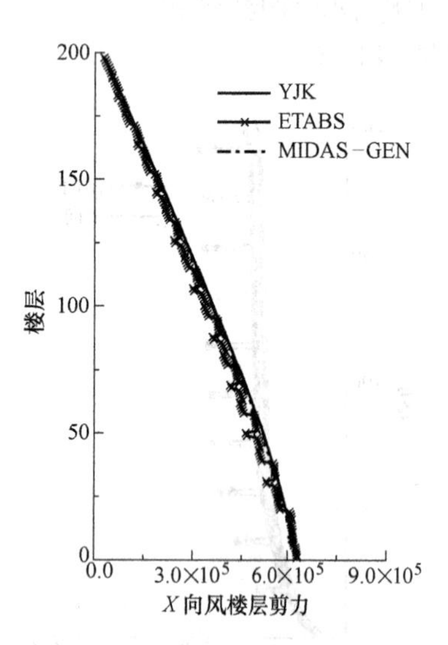

图 3-26　X 风楼层剪力

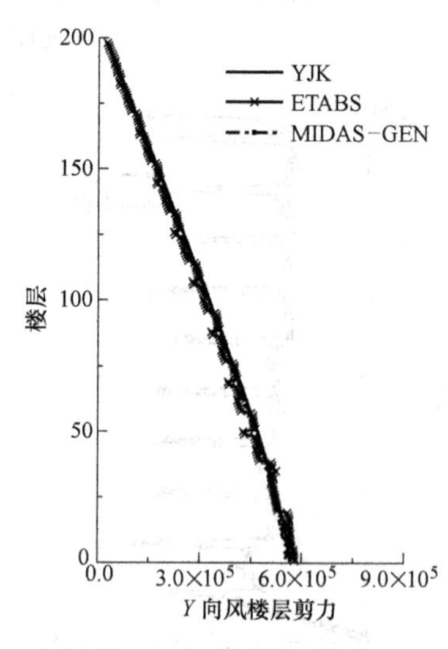

图 3-27　Y 风楼层剪力

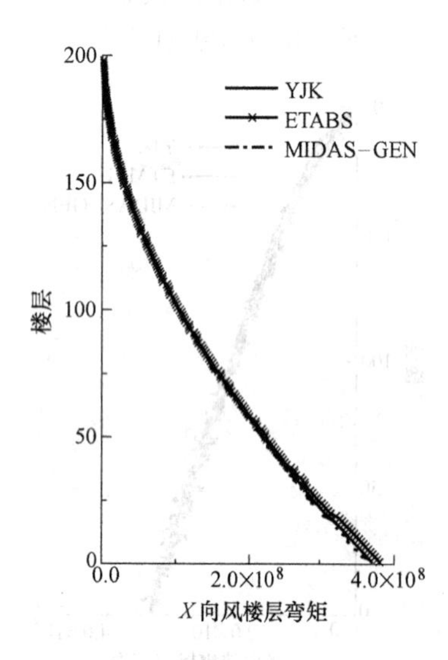

图 3-28　X 风楼层弯矩

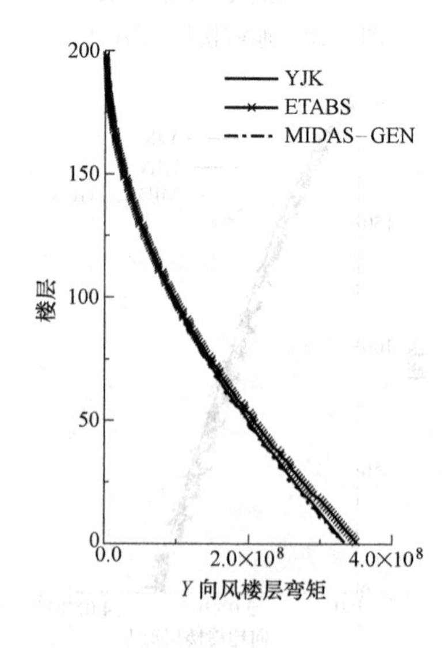

图 3-29　Y 风楼层弯矩

3.8.5 剪重比

结构各层剪重比如图 3-30 所示。根据《建筑抗震设计规范》GB 50011—2010 表 5.2.5 条规定，7 度区结构周期大于 3.5s 的最小剪重比为 0.012，图中所示的限值为 0.012×0.85＝0.0102，图 3-31 给出了按最小剪重比 0.0102 调整楼层剪力的调整系数。

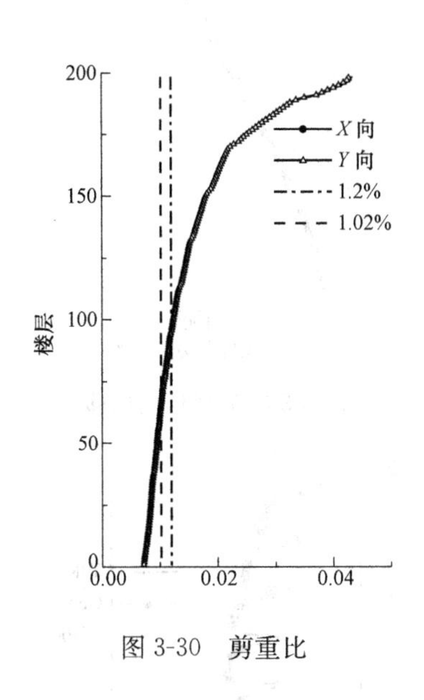

图 3-30 剪重比

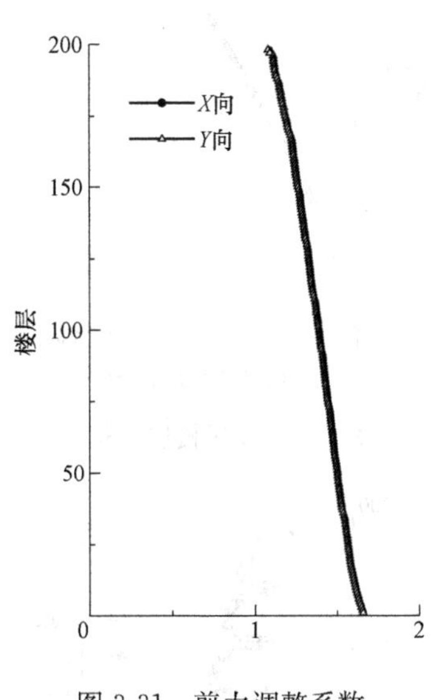

图 3-31 剪力调整系数

3.8.6 位移

结构在多遇地震及 50 年风荷载作用下层间位移及位移角的分布情况如图 3-32～图 3-39 所示。

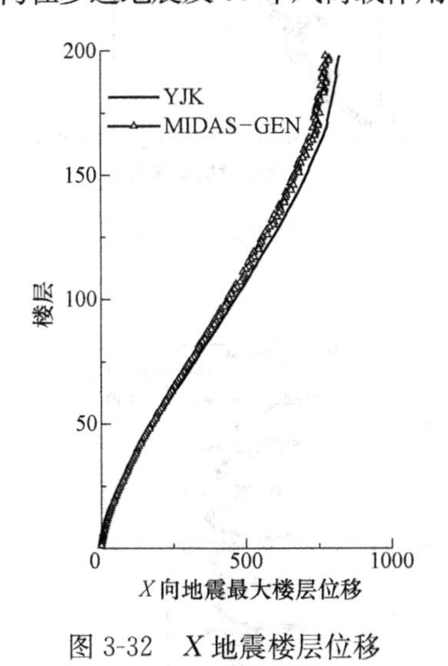

图 3-32 X 地震楼层位移

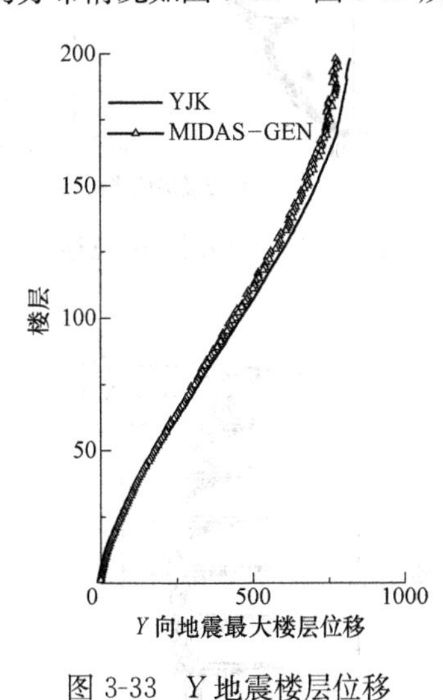

图 3-33 Y 地震楼层位移

3.8.7 框架承担剪力

图 3-40 给出了在多遇地震下框架承担剪力占基底剪力、楼层剪力百分比，从图中看出：底

层框架承担的剪力都大于5%，由于连接平台下人字撑的影响，框架承担的剪力在连接平台下层最大，在连接平台楼层相对较小。

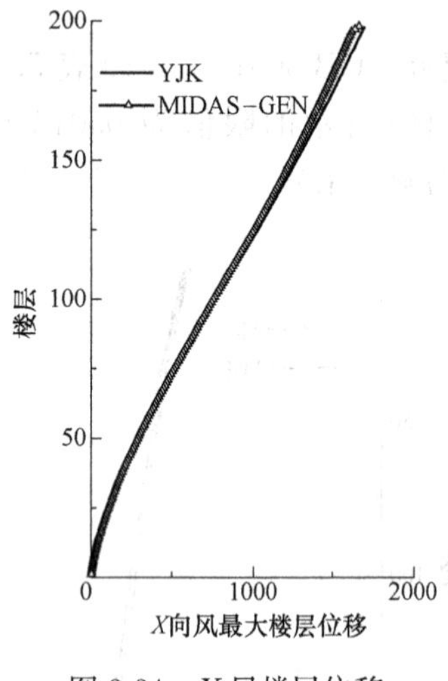

图 3-34　X 风楼层位移

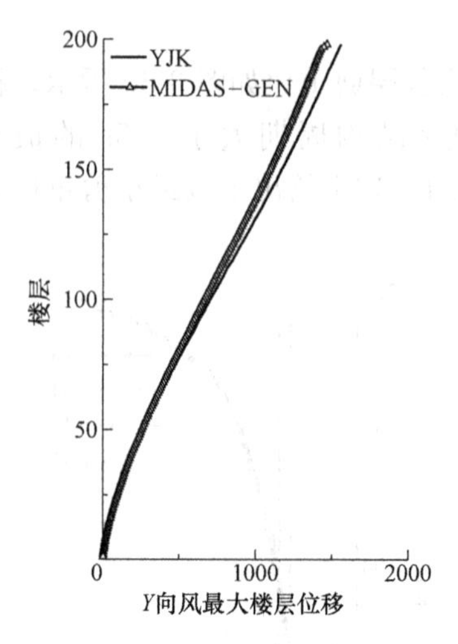

图 3-35　Y 风楼层位移

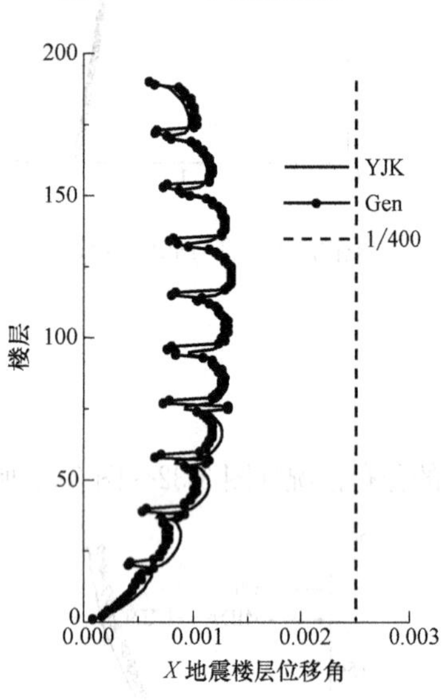

图 3-36　X 地震层间位移角

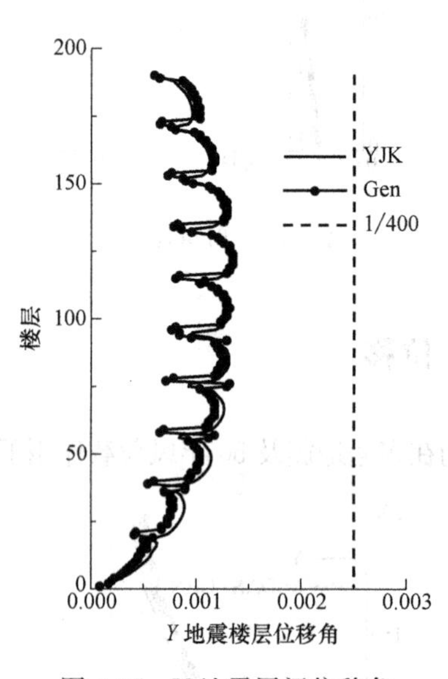

图 3-37　Y 地震层间位移角

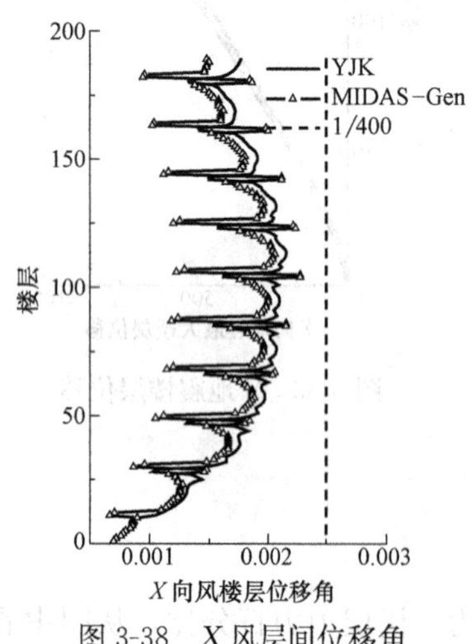

图 3-38　X 风层间位移角

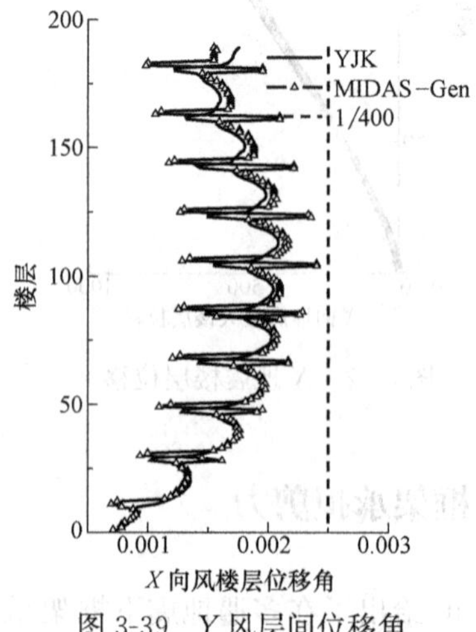

图 3-39　Y 风层间位移角

根据柱子的变化情况对框架剪力采用分段调整的方法，根据各段底部剪力 20% 与各段 $1.5V_{f,max}$ 较大值进行调整，其中 $V_{f,max}$ 不包括连接平台及连接平台上下各一层。第 1 段：0～100m（1～19 层）裙房部分；第 2 段：105～200m（20～38 层）；第 3 段：205～600m（39～114 层），6 根柱由端柱改变为框架柱；第 4 段：605～700m（115～133 层），6 根柱由端柱改变为框架柱；第 5 段：705～900m（134～171 层），共 12 根框架柱收掉；第 6 段：905～1000m（172～190 层），共 6 根框架柱收掉。图 3-41 给出了 X 向、Y 向多遇地震下框架剪力调整系数，最大调整系数 8.0。

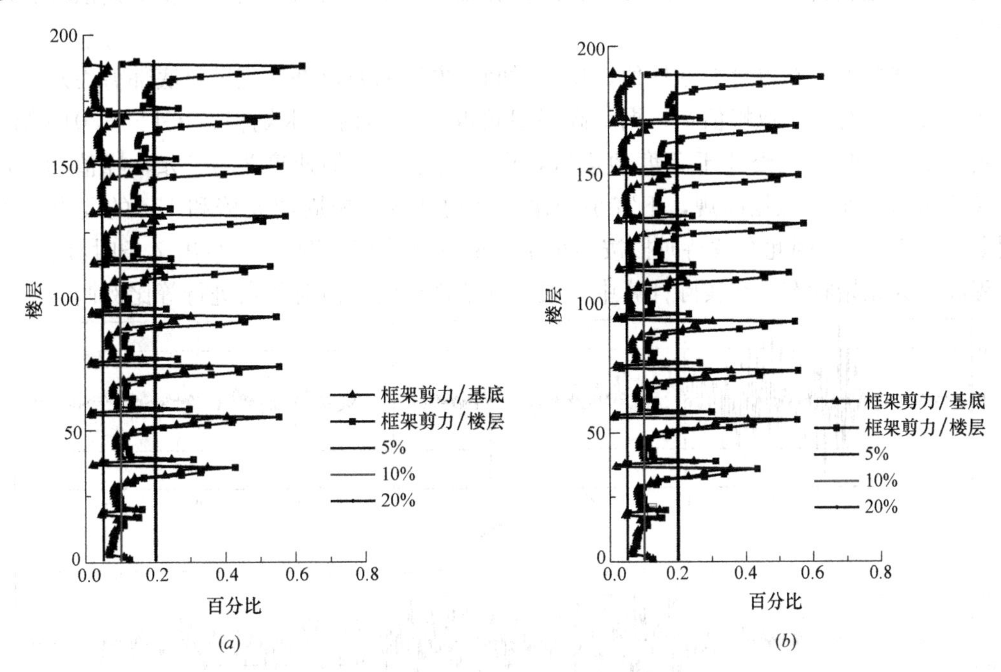

图 3-40 框架地震剪力所占基底及楼层地震剪力的百分比

(a) X 向地震；(b) Y 向地震

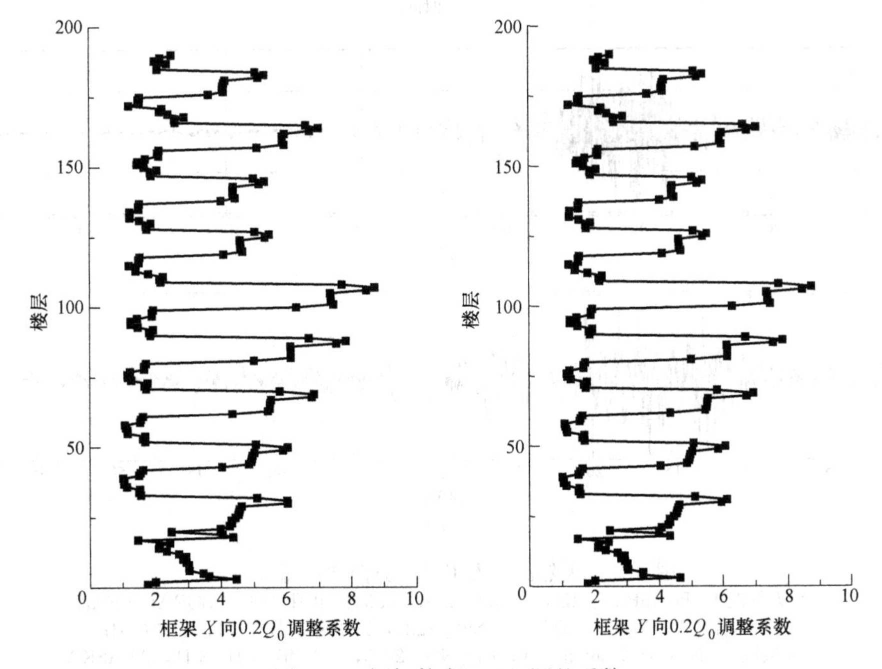

图 3-41 框架剪力 $0.2Q_0$ 调整系数

3.8.8 弹性时程分析

3.8.8.1 天然波和人工波的选取

根据《建筑抗震设计规范》GB 50010—2010 要求，千米级摩天大楼采用弹性时程分析法进行多遇地震下的补充计算，采用了 5 组天然和 2 组人工合成的加速度时程波，每组时程波包含 3 个方向的分量，地震剪力取 7 条加速度时程波计算结果的平均值与振型分解反应谱法计算结果二者的较大值。

在波形的选择上，在符合有效峰值、持续时间等方面的要求外，应满足底部剪力及高阶振型方面的相关要求。对于有效峰值，根据《高层建筑混凝土结构技术规程》JGJ 3—2010 第 4.3.5 条的规定，千米级摩天大楼处于 7 度地震区，设计基本地震加速度为 0.10g，峰值为 35cm/s^2(gal)；对于持续时间，根据高规，不宜小于建筑结构基本自振周期 5 倍和 15s 的要求，该结构基本周期约为 13.2s，因此有效持时拟按不小于 60s 进行选用。图 3-42 给出 7 条时程波波形图，各条时程波均为原始状态，在实际计算中，根据规范规定的峰值对各点进行等比例调整。

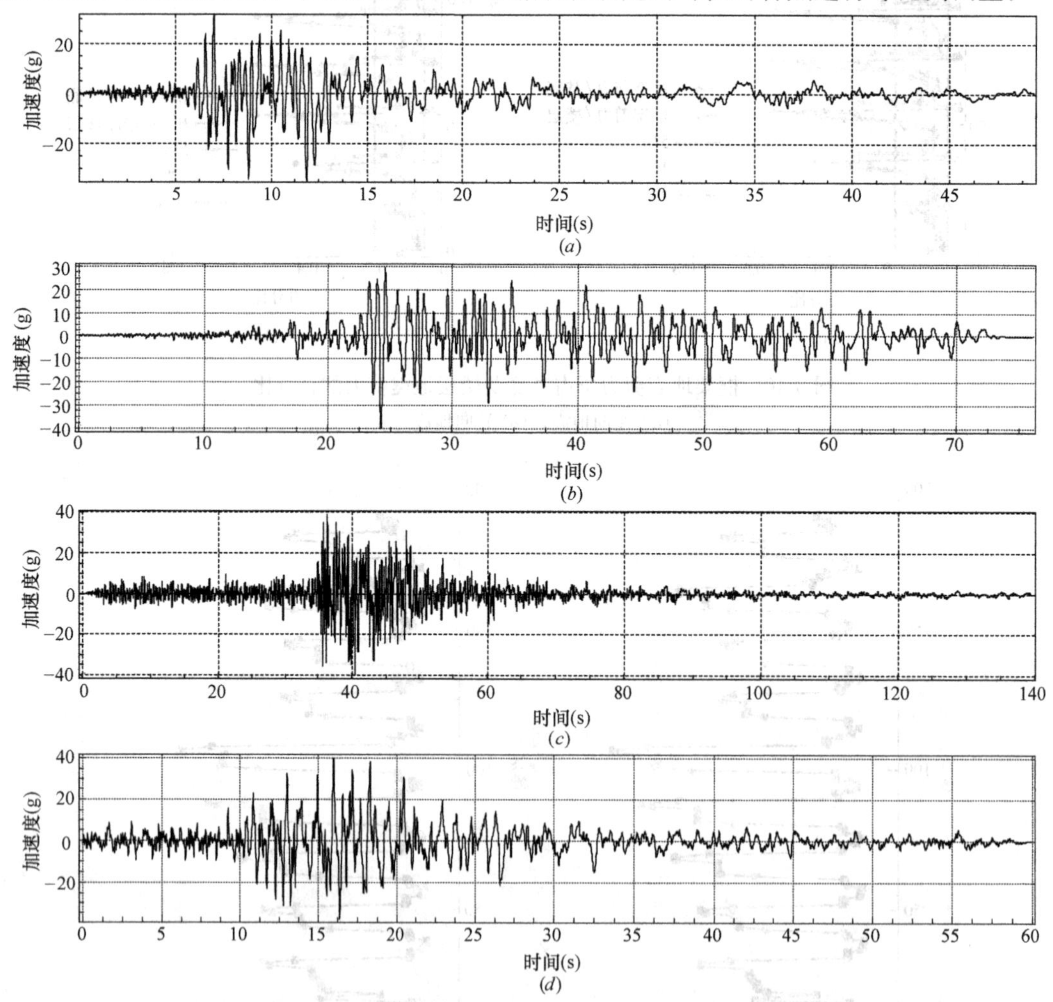

图 3-42 天然波及人工波主方向波形图（一）

(*a*) 天然波 1 BorahPeak，ID-01 _ NO _ 439，1983 年 10 月 28 日，BORAH PEAK；

(*b*) 天然波 2 Chi-Chi，Taiwan _ NO _ 1221，1999 年 9 月 20 日，CHI-CHI；

(*c*) 天然波 3 NenanaMountain，Alaska _ NO _ 2075，2002 年 10 月 23 日，ALASKA；

(*d*) 天然波 4 Big Bear-01 _ NO _ 937，1992 年 6 月 28 日，BIGBEAR

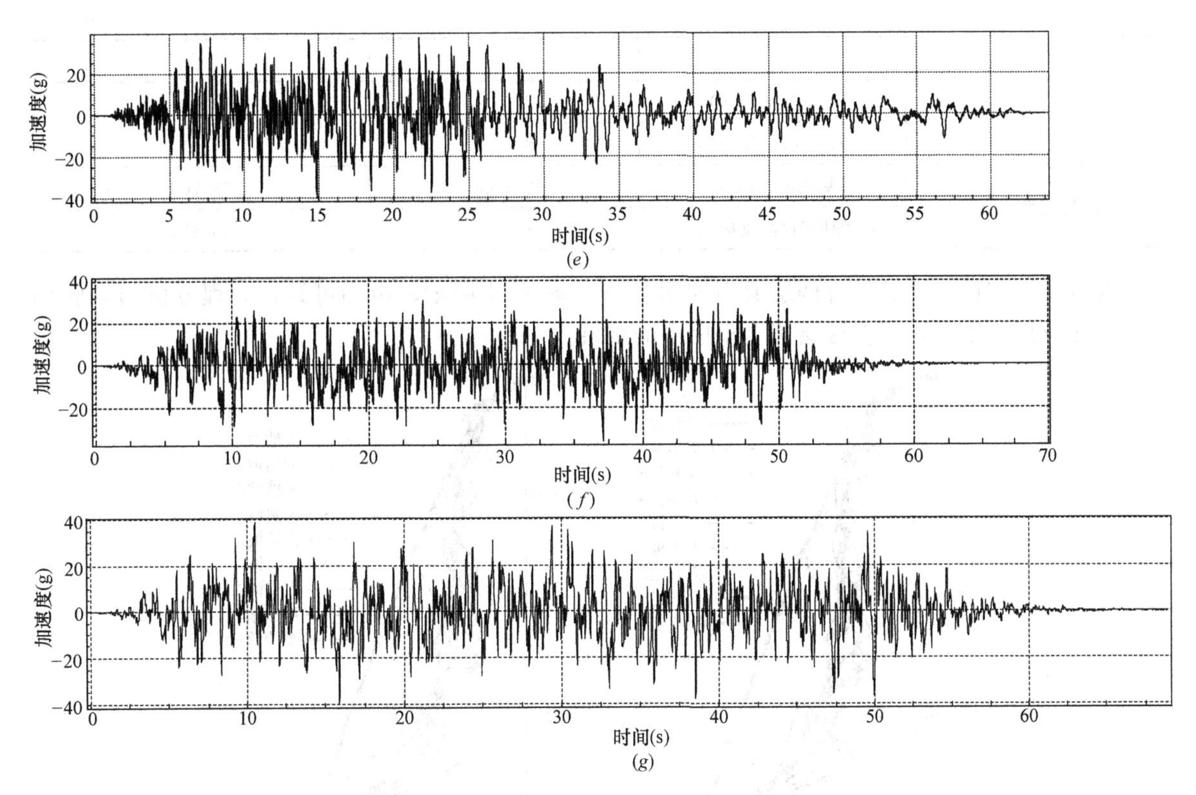

图 3-42 天然波及人工波主方向波形图（二）

（e）天然波 5 ImperialValley-06 _ NO _ 164，1979 年 10 月 15 日，IMPERIAL VALLEY；（f）人工波 1；（g）人工波 2

3.8.8.2 地震时程反应分析结果

弹性时程分析与反应谱分析所得基底剪力对比详见表 3-23，由表可知：上述 7 组时程曲线主方向作用下的基底剪力基本处于 65%～135%之间，且平均值处于反应谱的 80%～120%之间，满足规范对弹性时程分析所得基底剪力的要求。

弹性时程分析与反应谱分析基底剪力比较 **表 3-23**

工况	项目	X 向	Y 向
规范反应谱	基底剪力(kN)	280497	280215
天然波 1	基底剪力(kN)	22903	227597
	弹性时程/反应谱	81.9%	81.2%
天然波 2	基底剪力(kN)	226496	229155
	弹性时程/反应谱	80.7%	81.8%
天然波 3	基底剪力(kN)	272484	274644
	弹性时程/反应谱	97.1%	98.0%
天然波 4	基底剪力(kN)	217855	216387
	弹性时程/反应谱	77.7%	77.2%
天然波 5	基底剪力(kN)	210114	208671
	弹性时程/反应谱	74.9%	74.5%
人工波 1	基底剪力(kN)	235279	237508
	弹性时程/反应谱	83.9%	84.8%

续表

工况	项目	X向	Y向
人工波2	基底剪力(kN)	240524	241993
	弹性时程/反应谱	85.7%	86.4%
时程波平均值	基底剪力(kN)	233208	233708
	弹性时程/反应谱	83.1%	83.4%

时程分析与反应谱分析各楼层剪力如图 3-43、图 3-44 所示，由图可知，时程分析结果底部楼层小于反应谱结果，顶部楼层稍大于反应谱结果。

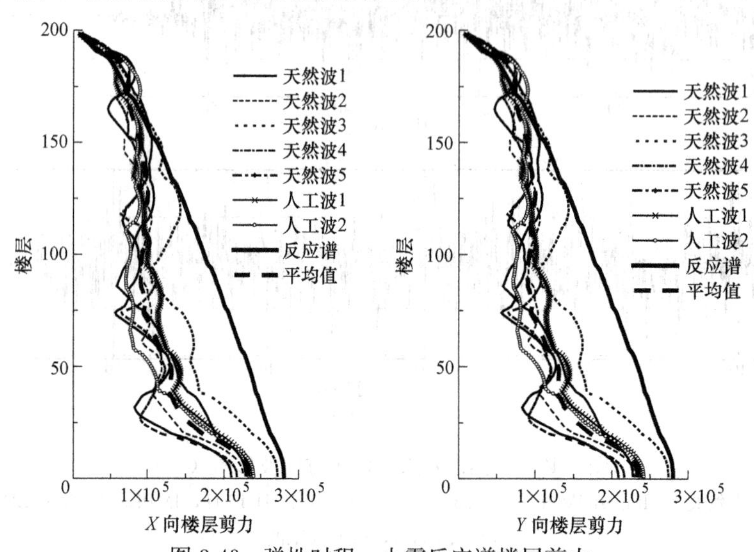

图 3-43　弹性时程、小震反应谱楼层剪力

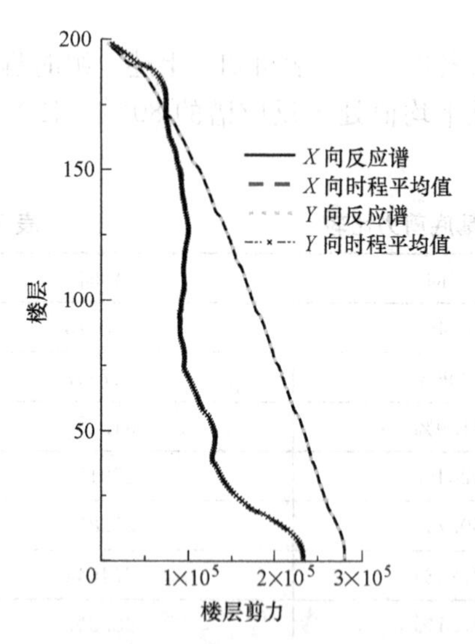

图 3-44　弹性时程平均值与小震反应谱楼层剪力

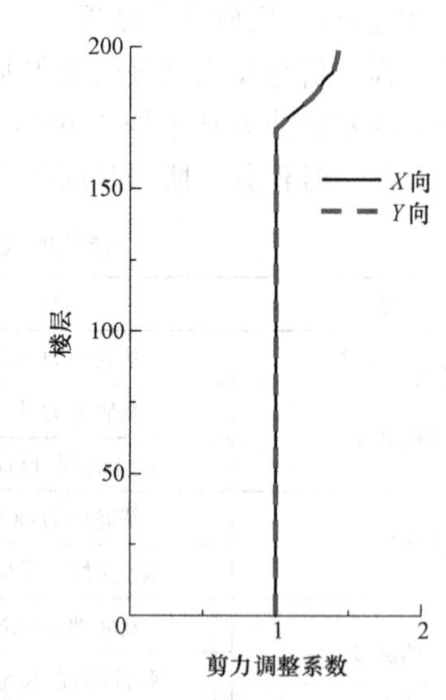

图 3-45　弹性时程分析楼层剪力调整系数

设计中将采用 7 条时程波各层剪力的平均值与反应谱进行比较，在多遇地震条件下，对地震剪力标准值进行调整，图 3-45 给出了弹性时程分析对楼层剪力的调整系数，X 向 172 层以上、Y 向 174 层以上对反应谱楼层剪力标准值进行调整，最大调整系数 1.4。

3.8.8.3　弹性时程层间位移

弹性时程分析与反应谱分析的各楼层层间位移角结果如图 3-46 所示，时程分析所得的层间位移角满足规范要求。

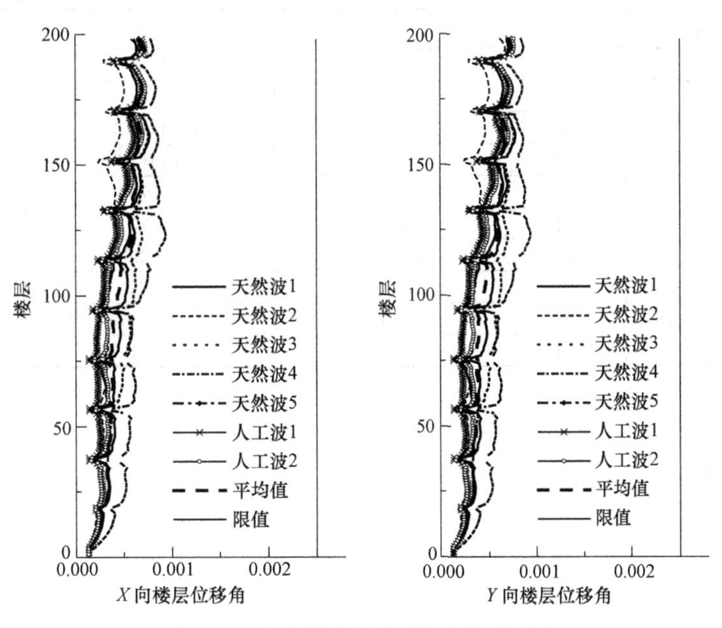

图 3-46 小震弹性时程楼层层间位移角

3.8.8.4 弹性时程分析结论

时程分析七条波基底剪力平均值大于振型分解反应谱法的 80%，各条波底部剪力值大于振型分解反应谱法的 65%，满足《建筑抗震设计规范》GB 50010—2010 第 5.1.2 条中的规定。由于小震 6s 后谱曲线将直线倾斜下降至最小剪重比 0.012（6.56s），然后取平延伸至 14s，反应谱曲线取值相对保守，从而使得弹性时程分析所得的楼层剪力 172 层以下小于反应谱，楼层层间位移角相对较小。时程分析所得顶部楼层剪力与反应谱的比值最大为 1.43，说明在高阶振型的影响下，千米级摩天大楼顶部楼层鞭梢效应明显。

3.8.9 整体弹性分析主要结果汇总

表 3-24 给出了结构弹性分析主要结果汇总，从表可知：三个软件计算的自振周期、结构总质量和基底总剪力结果相差小于 3%，说明三个模型分析结果基本一致，结构整体模型分析计算正确，且第一扭转周期与第一平动周期之比小于 0.85；质量参与系数大于 90%；刚重比大于 1.4，需要考虑重力二阶效应。

结构弹性分析主要结果汇总 表 3-24

计算程序		YJK	Gen	Etabs
总质量 W_t（$\times10^4$t）		390.90	390.90	390.90
T_1（s）		13.321(*X*)	13.109(*X*)	13.695(*X*)
T_2（s）		13.317(*Y*)	13.098(*Y*)	13.561(*Y*)
T_3（s）		11.299(*Z*)	11.020(*Z*)	11.636(*Z*)
T_3/T_1		0.848	0.841	0.849
有效质量系数	*X* 向	91.0 %	92.5 %	92.4 %
	Y 向	91.0 %	92.6 %	92.5 %
总地震剪力 Q_0（kN）	*X* 向	280498	283303	271880
	Y 向	280215	283016	276232
总风荷载剪力（kN）	*X* 向	688130	688576	688450
	Y 向	622335	622550	622465

续表

计算程序		YJK	Gen	Etabs
地表倾覆弯矩（$\times 10^8$kN·m）	X向	1.55	1.57	1.62
	Y向	1.55	1.57	1.65
地震下最大层间位移角(数值/楼层)	X向	1/752(123)	1/744(123)	1/852(123)
	Y向	1/753(123)	1/744(123)	1/856(123)
首层剪重比(%)	X向	0.72	0.73	0.70
	Y向	0.72	0.73	0.71
刚重比	X向	1.411	1.426	1.400
	Y向	1.409	1.423	1.400
风荷载下最大层间位移角(数值/楼层)	X向	1/460(123)	1/458(123)	1/460(123)
	Y向	1/480(122)	1/484(122)	1/478(122)

3.9 构件验算

3.9.1 框架柱

为了研究框架柱的受力及承载能力情况，同时考虑周边单塔的对称情况，对一个周边单塔和中央交通核的框架柱进行编号，框架柱编号如图 3-47 所示。

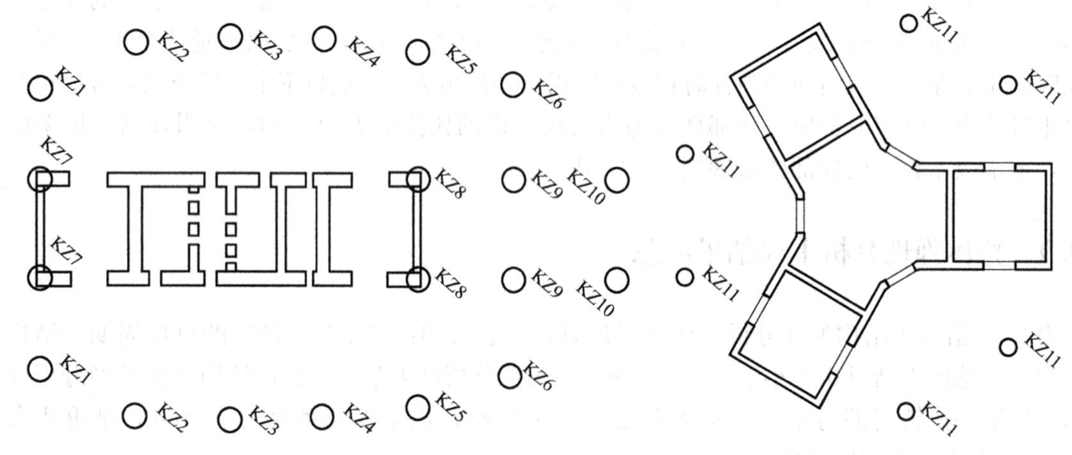

图 3-47　主要框架柱编号

3.9.1.1 轴压比验算

千米级摩天大楼塔楼的框架柱全部采用圆形钢管混凝土柱，规范对圆形钢管混凝土柱的轴压比没有限制要求，仅要求其套箍指标，但规范给出了矩形钢管混凝土柱和型钢混凝土柱的轴压比限制，为了加强钢管混凝土的承载能力及延性，圆形钢管混凝土柱的轴压比限制参考矩形钢管混凝土柱和型钢混凝土柱的轴压比限制，根据《高层建筑混凝土结构技术规程》JGJ 3—2010 第 11.4.4 条和第 11.4.10 条规定，考虑地震作用组合时的框架核心筒结构一级型钢混凝土框架柱及钢筋混凝土框架柱，其轴压比分别不宜大于 0.70，计算公式如下：

$$\mu_N = N/(f_c A_c + f_a A_a) \tag{3-32}$$

式中　N——考虑地震组合的柱轴向力设计值；

A_c——扣除钢管后的混凝土截面面积；

f_c——混凝土的轴心抗压强度设计值；

A_a——钢管的截面面积；

f_a——钢管的轴心抗压强度设计值。

本工程框架柱的轴压比如图 3-48 所示，从图中可知，各层框架柱的轴压比都满足规范要求。

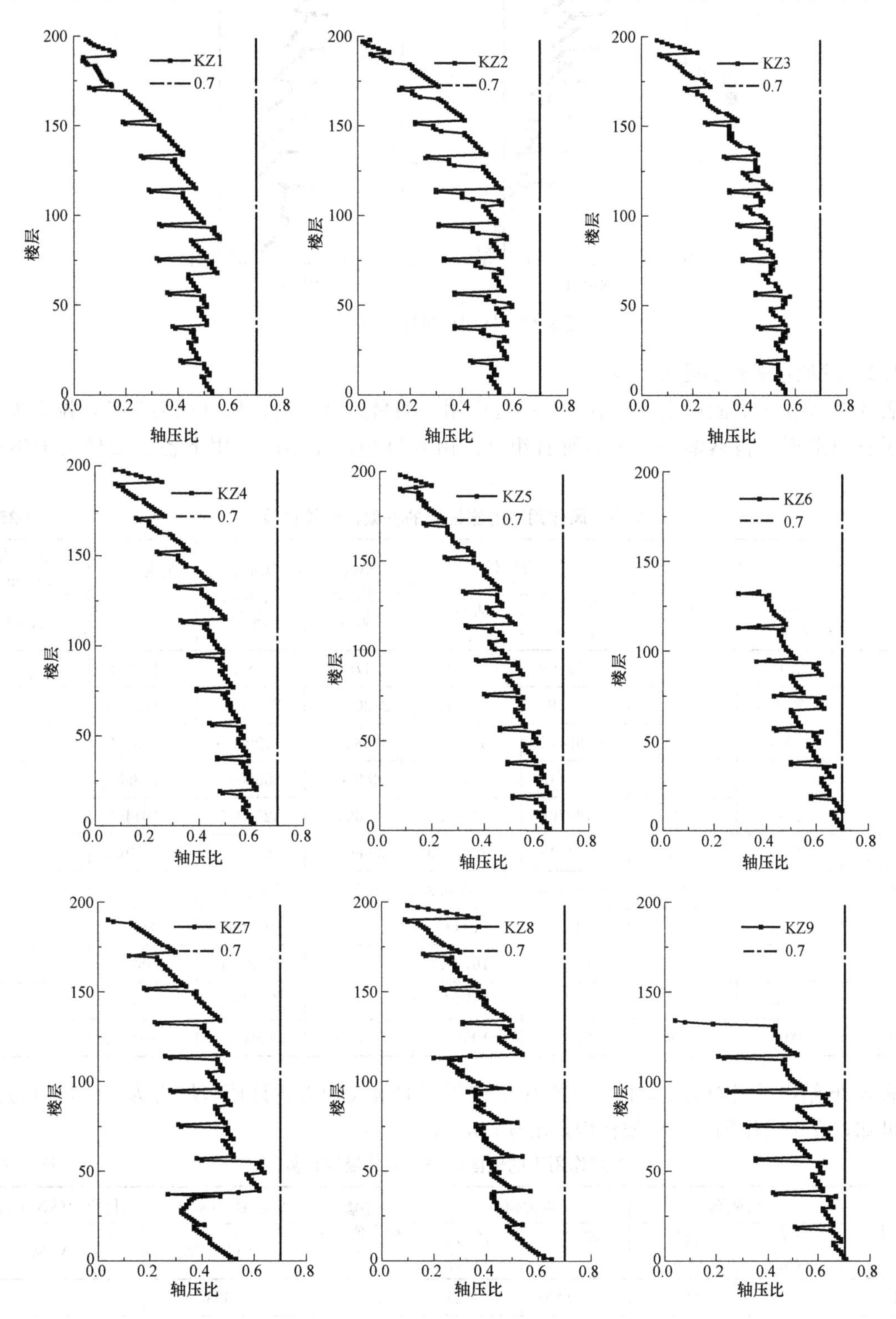

图 3-48　框架柱轴压比（一）

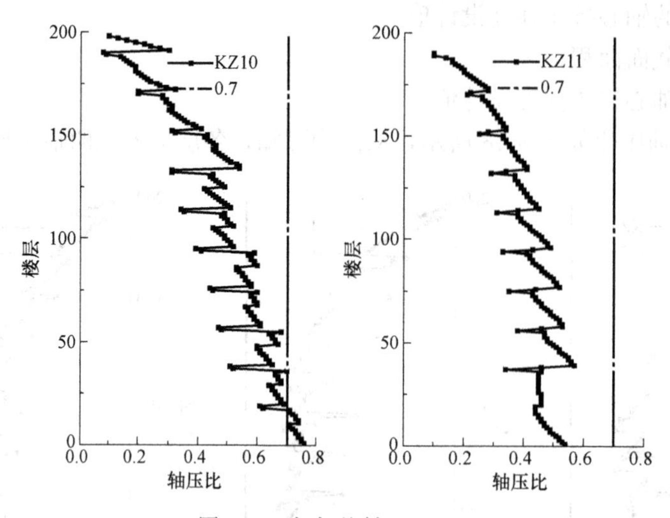

图 3-48 框架柱轴压比（二）

3.9.1.2 框架柱嵌固层受拉计算

表 3-25 给出了嵌固层主要框架柱在小震作用下的最大轴力设计值（压力为负，拉力为正），考虑了双向地震、偶然偏心工况的所有组合。由表可知，在小震作用下各框架柱均未出现拉应力。

小震、风作用下的嵌固层的框架柱受拉计算 表 3-25

柱号	柱截面		重力荷载		小震标准值 N_{ek} (kN)	风荷载标准值 (kN)	最大轴力 N (kN)	拉应力 (kN/mm²)
	外径 (mm)	内径 (mm)	恒 G_{qk} (kN)	活 G_{lk} (kN)				N/bh
1	2500	2300	−159300	−29821.4	23475.5	24085.8	−136948	—
2	2800	2600	−197586	−38317.2	27202.7	33500.9	−172000	—
3	2800	2600	−195471	−36935.2	33832.9	38998.6	−159036	—
4	2800	2600	−195113	−36111.9	48900	55880	−133953	—
5	2800	2600	−192706	−34431.5	65697	82529.5	−101408	—
6	2500	2300	−164218	−28879.3	66660.5	88361	−64770.9	—
7	2500	2300	−128110	−11406.3	48685.5	58825.8	−54050.7	—
8	2500	2300	−135687	−11944.8	76364.9	103496	−826.532	—
9	2500	2300	−167998	−16791.5	65619.7	87291.1	−59895.4	—
10	2800	2600	−202491	−34747.4	95550.4	126098.2	−55141.1	—
11	1800	1700	−85863.1	−10687.7	1188.1	630.5	−89485.9	—

表 3-26 给出了嵌固层主要框架柱在中震作用下的最大轴力设计值（压力为负，拉力为正），由表可知，在中震作用下各框架柱均未出现拉应力。

中震作用下的嵌固层的框架柱受拉计算 表 3-26

柱号	柱截面		重力荷载		中震标准值 N_{ek} (kN)	总轴力(kN)	拉应力(kN/mm²)
	外径 (mm)	内径 (mm)	恒 G_{qk} (kN)	活 G_{lk} (kN)		$N=G_e+N_{ek}$	N/bh
1	2500	2300	−159300	−29821.4	35358	−138852	—
2	2800	2600	−197586	−38317.2	46535	−170210	—
3	2800	2600	−195471	−36935.2	54368	−159571	—

续表

柱号	柱截面		重力荷载		中震标准值 N_{ek} (kN)	总轴力(kN)	拉应力(kN/mm^2)
	外径 (mm)	内径 (mm)	恒 G_{qk} (kN)	活 G_{lk} (kN)		$N=G_e+N_{ek}$	N/bh
4	2800	2600	−195113	−36111.9	78312	−134857	—
5	2800	2600	−192706	−34431.5	110081	−99841	—
6	2500	2300	−164218	−28879.3	113864	−64793	—
7	2500	2300	−128110	−11406.3	77952	−60527	—
8	2500	2300	−135687	−11944.8	130380	−16166	—
9	2500	2300	−167998	−16791.5	112678	−70585	—
10	2800	2600	−202491	−34747.4	164016	−55848	—
11	1800	1700	−85863.1	−10687.7	1664	−93903	—

表 3-27 给出了嵌固层主要框架柱在大震作用下的最大轴力设计值（压力为负，拉力为正），由表可知，在大震作用下，周边单塔长度方向的框架柱出现拉应力，由于大震弹性反应谱曲线在 0.0637（8s）处取平直线，大震地震剪力很大，导致部分框架柱承受拉力，但钢管混凝土的钢管完全可以承受此拉应力。

大震作用下的嵌固层的框架柱受拉计算　　表 3-27

柱号	柱截面		重力荷载		大震标准值 N_{ek} (kN)	总轴力(kN)	拉应力(kN/mm^2)
	外径 (mm)	内径 (mm)	恒 G_{qk} (kN)	活 G_{lk} (kN)		$N=G_e+N_{ek}$	N/bh
1	2500	2300	−159300	−29821.4	79549	−94662	—
2	2800	2600	−197586	−38317.2	103519	−113225	—
3	2800	2600	−195471	−36935.2	121273	−92665	—
4	2800	2600	−195113	−36111.9	173704	−39465	—
5	2800	2600	−192706	−34431.5	244666	34744	4.77
6	2500	2300	−164218	−28879.3	251767	73110	12.71
7	2500	2300	−128110	−11406.3	165770	27291	4.75
8	2500	2300	−135687	−11944.8	279752	133206	23.17
9	2500	2300	−167998	−16791.5	247139	63876	11.11
10	2800	2600	−202491	−34747.4	361847	141983	19.50
11	1800	1700	−85863.1	−10687.7	3822	−91745	—

3.9.2　剪力墙

为了研究各墙肢的受力及承载能力情况，同时考虑周边单塔的对称情况，对一个周边单塔和中央交通核的墙肢进行编号，墙体编号如图 3-49 所示。

3.9.2.1　轴压比验算（重力荷载代表值）

参照《高层建筑混凝土结构技术规程》JGJ 3—2010 第 11.4.14 条和广东省标准《高层建筑混凝土结构技术规程》DBJ 15-92—2013 第 12.4.12 条，给出外包钢板混凝土组合剪力墙墙肢的轴压比计算公式。

$$\mu_N=\frac{N}{f_cA_c+f_aA_a} \tag{3-33}$$

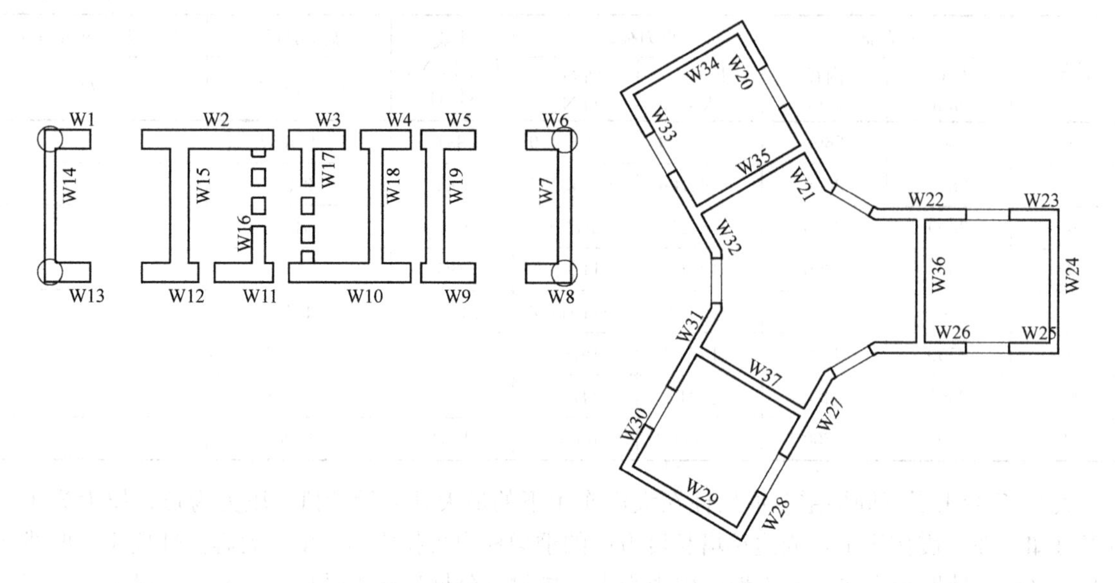

图 3-49　主要墙肢编号

式中　N——重力荷载代表值作用下墙体的轴力设计值；

A_c——剪力墙墙肢混凝土截面面积；

f_c——混凝土的轴心抗压强度设计值；

A_a——外包钢板的截面面积；

f_a——外包钢板的抗压强度设计值。

高层规程规定：7、8 度一级钢筋混凝土剪力墙墙肢轴压比限制为 0.5；《组合结构设计规范》JGJ 138—2016 规定：内置钢板剪力墙特一级墙肢轴压比为 0.4；千米级摩天大楼剪力墙采用多腔体外包钢板混凝土组合剪力墙，外包钢板混凝土组合剪力墙与普通钢筋混凝土剪力墙相比，延性大幅度提高，同时现有设计软件没有考虑外包钢板混凝土组合剪力墙中混凝土三向受压的有利影响，故对外包钢板混凝土组合剪力墙的轴压比限制定为 0.6。

图 3-50 给出了各墙肢随楼层变化的轴压比变化曲线。

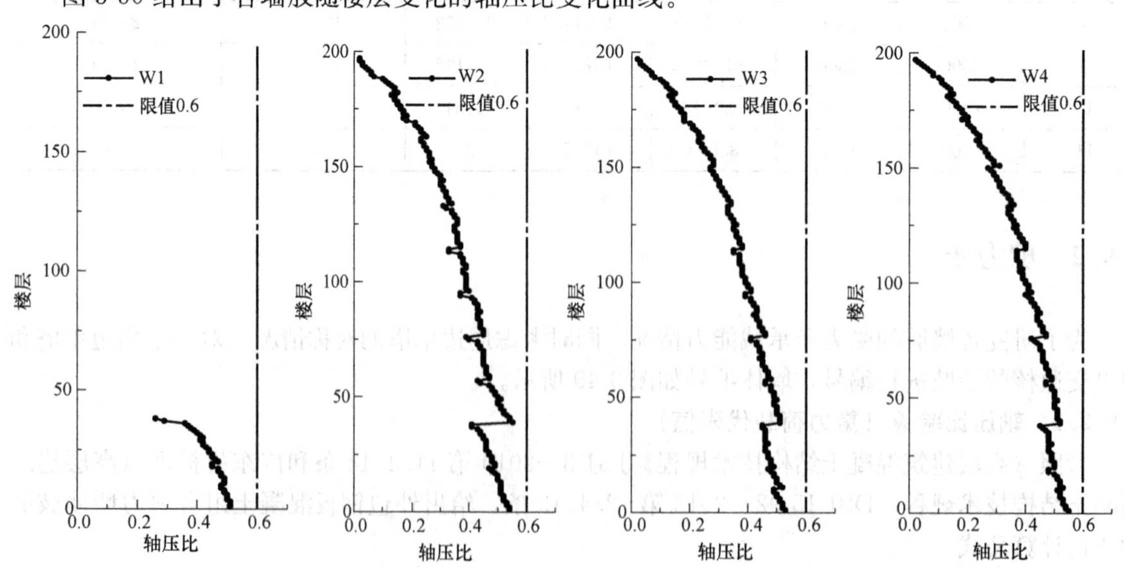

图 3-50　主要墙肢轴压比（一）

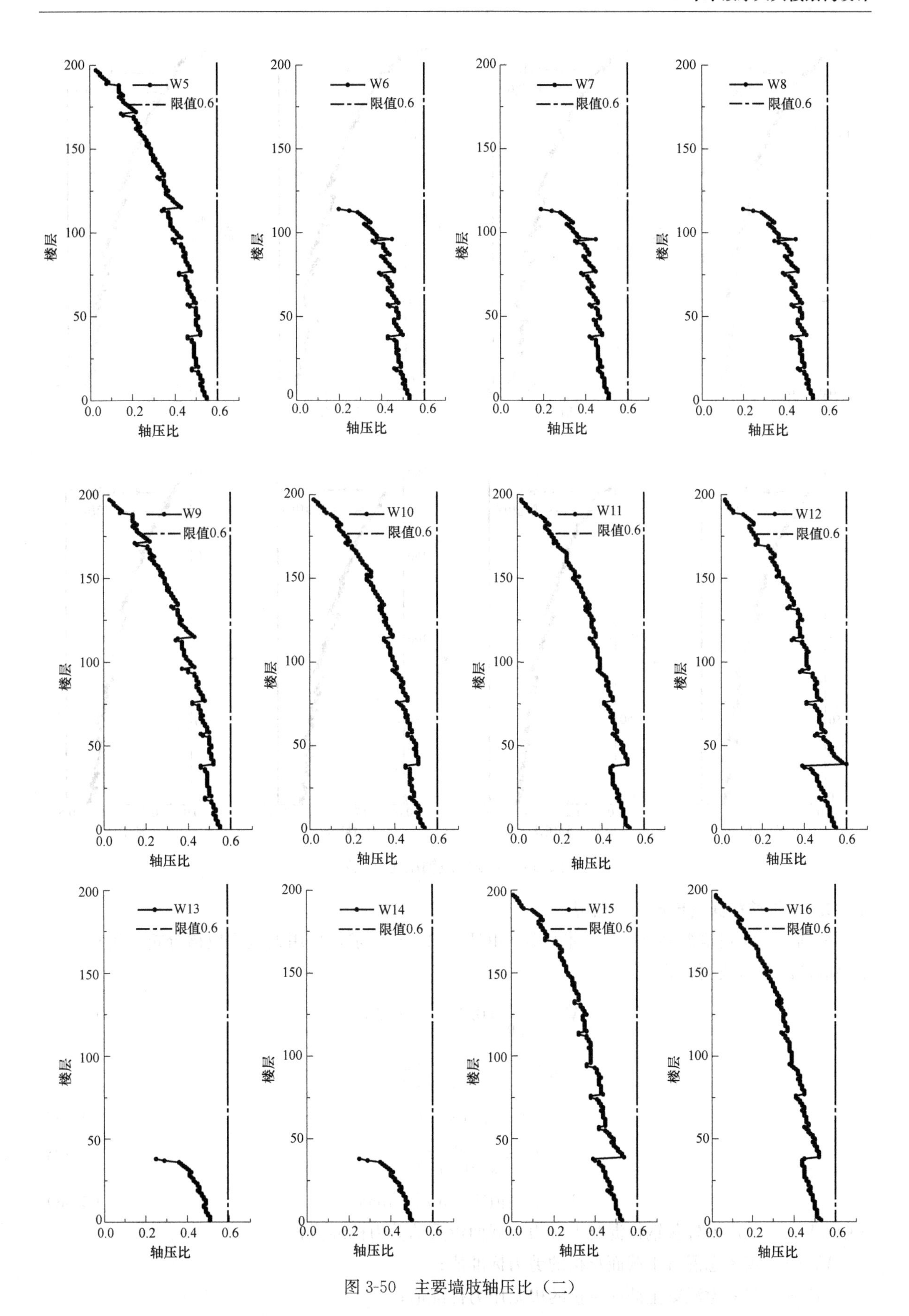

图 3-50 主要墙肢轴压比（二）

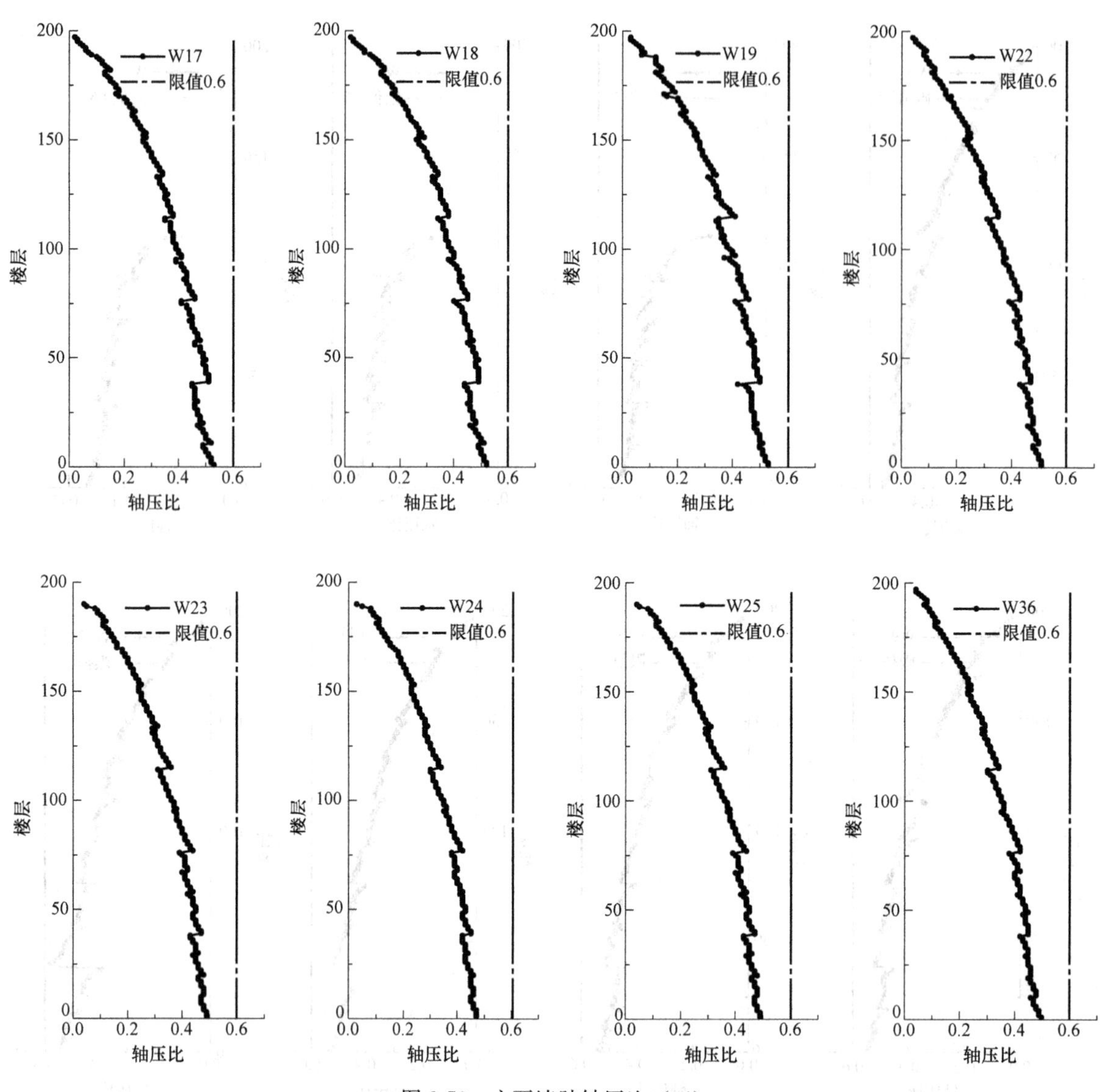

图 3-50　主要墙肢轴压比（三）

3.9.2.2　抗剪截面（剪压比）验算

根据《高层建筑混凝土结构技术规程》JGJ 3—2010 要求，采用大震反应谱分析，进行了各主要墙体的受剪截面验算。

$$V_{cw} \leqslant \frac{1}{\gamma_{RE}}(0.15\beta_c f_{ck} b_w h_{w0}) \tag{3-34}$$

$$V_{cw} = V - \frac{1}{\gamma_{RE}} \frac{0.5}{\lambda - 0.5} f_{sp} A_{sp} \tag{3-35}$$

$$V_c = \beta_c f_{ck} b_w h_{w0} \tag{3-36}$$

$$V_s = \frac{0.5}{\lambda - 0.5} f_{sp} A_{sp} \tag{3-37}$$

$$V = 1.0\,恒 + 0.5\,活 + \max_E \tag{3-38}$$

式中　V——大震下外包钢板混凝土剪力墙截面承受的剪力标准值；

V_{cw}——仅考虑混凝土截面承担的剪力标准值；

V_c——仅考虑混凝土截面承担的极限压力标准值；

V_s——外包钢板承担的剪力标准值；

f_{ck}——混凝土的轴心抗压强度标准值；

β_c——混凝土强度影响系数；

b_w——墙体截面厚度；

h_{w0}——墙体截面有效高度；

γ_{RE}——构件承载力抗震调整系数，此处验算取 1.0；

f_{sp}——外包钢板剪力墙所配钢板的抗压强度标准值；

A_{sp}——外包钢板剪力墙所配钢板的横截面面积。

分析了主要墙肢中 $(0.15V_c+V_s)/V$ 的计算结果，各墙肢各楼层该值均大于 1，表明按上述公式验算的主要剪力墙肢均满足大震下的最小受剪截面要求（剪压比小于 0.15）。为了节省篇幅，仅给出部分主要墙肢的剪压比曲线图，图 3-51～图 3-54 给出了典型墙肢 W2、W15、W23 、W24 大震剪压比的曲线图。由图可知：仅外包钢板承担的剪力就满足大震剪压比的限制要求，外包钢板混凝土组合剪力墙具有良好的抗剪能力。

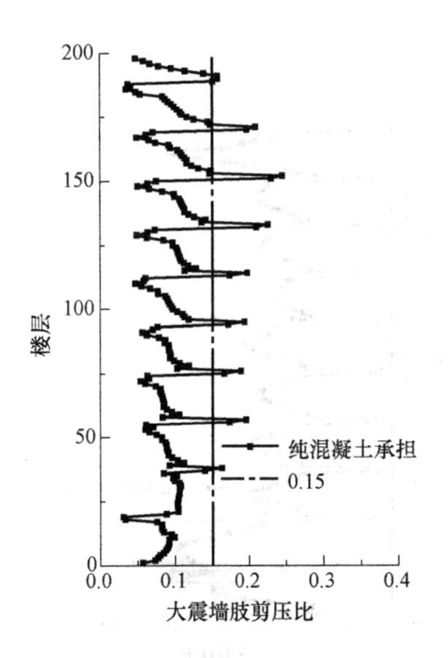

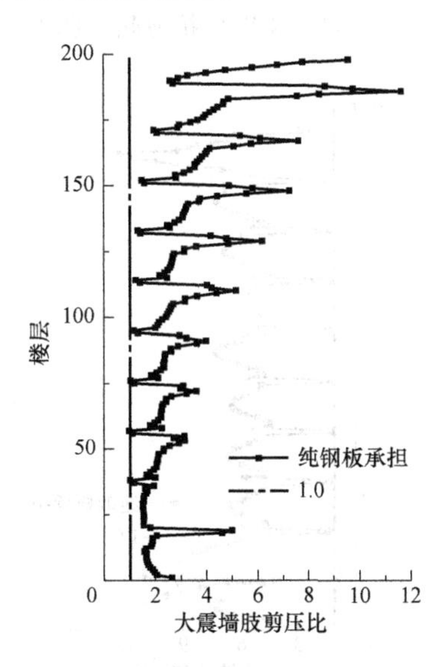

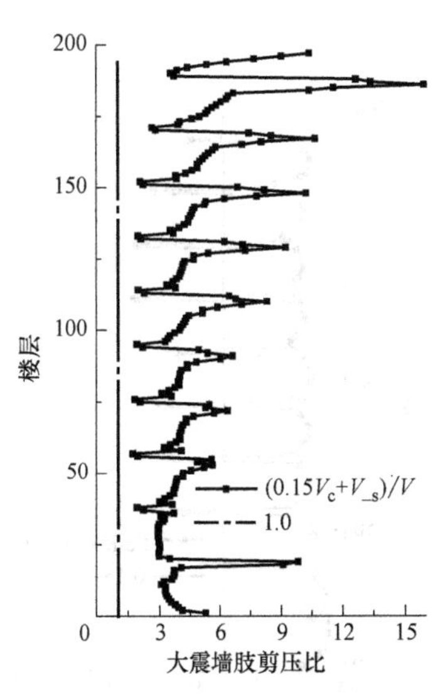

图 3-51 墙 W2 抗剪截面验算

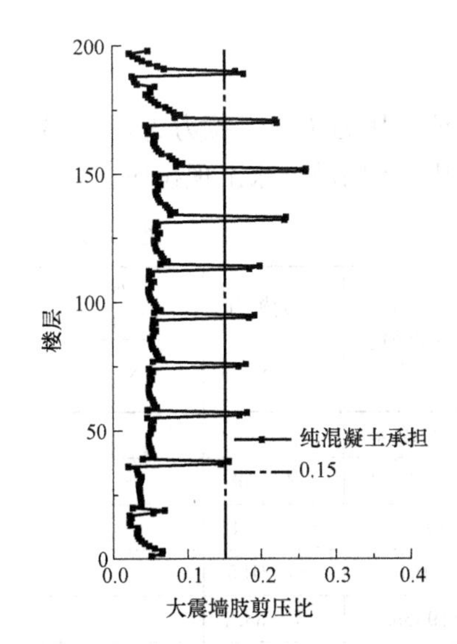

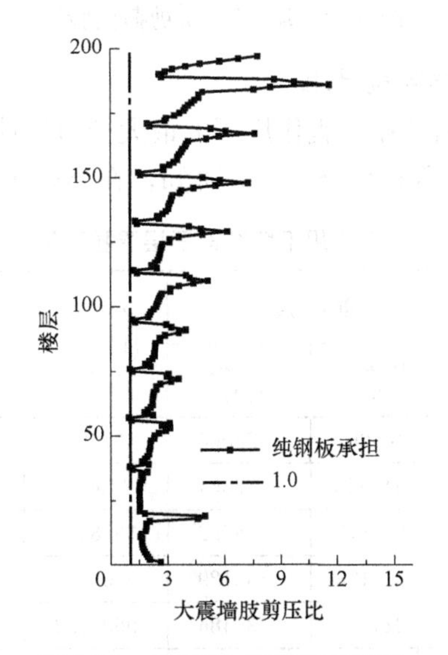

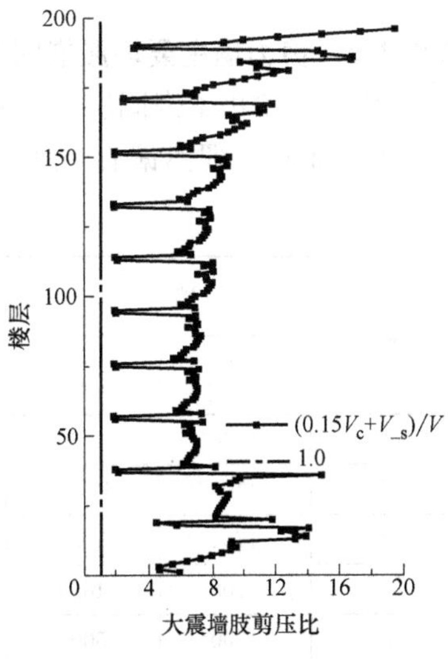

图 3-52 墙 W15 抗剪截面验算

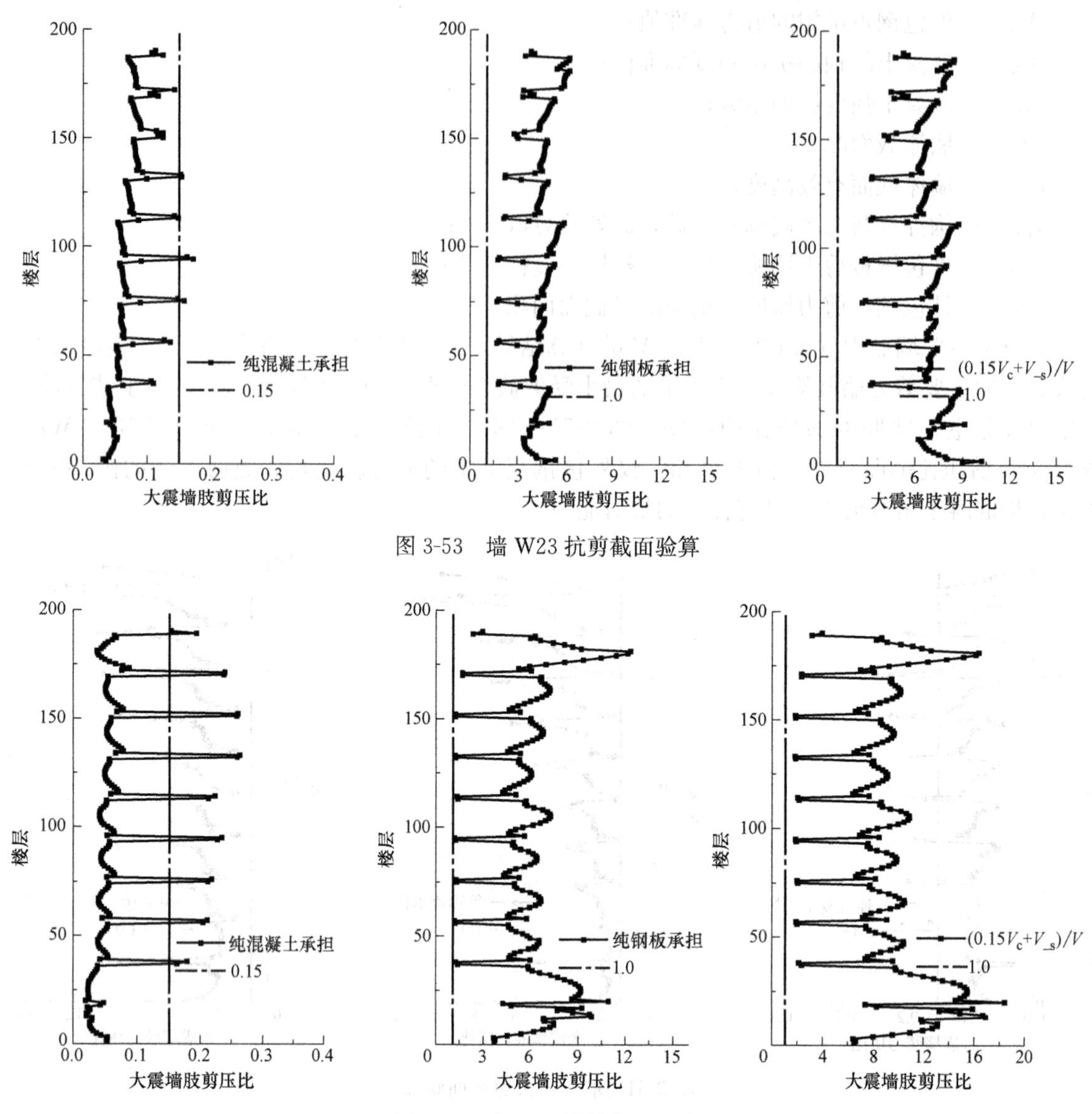

图 3-53　墙 W23 抗剪截面验算

图 3-54　墙 W24 抗剪截面验算

3.9.2.3　剪力墙主要墙肢嵌固层受拉计算

表 3-28 给出了嵌固层主要墙肢在小震作用下的最大轴力设计值（压力为负，拉力为正），考虑了双向地震、偶然偏心、风的所有组合。由表可知，在小震作用下各墙肢均未出现拉应力。

小震作用下墙肢嵌固层受拉验算　　表 3-28

墙号	墙截面		重力荷载		小震标准值 N_{ek} (kN)	风荷载标准值 (kN)	最大轴力 N (kN)	拉应力 (kN/mm²)
	b (mm)	h (mm)	恒 G_{qk} (kN)	活 G_{lk} (kN)				N/bh
1	1700	3730	−161002	−26060	45762.9	52412.4	−99865	—
2	1700	12100	−543623	−86554	114663.7	134390.1	−400208	—
3	1700	5400	−242819	−38592	53882.8	60235.8	−166518	—
4	1700	4650	−209175	−33129	65589.8	74514	−112155	—
5	1700	5000	−224056	−35486	95011.3	119369.6	−73333.1	—
6	1700	3500	−151078	−24218	71632.2	97128.8	−35440.6	—

续表

墙号	墙截面		重力荷载		小震标准值 N_{ek} (kN)	风荷载标准值 (kN)	最大轴力 N (kN)	拉应力 (kN/mm²)
	b (mm)	h (mm)	恒 G_{qk} (kN)	活 G_{lk} (kN)				N/bh
7	1200	12000	−392632	−62823	202053.5	291676.6	−37055.9	—
8	1700	3500	−151080	−24170	71094.3	97072.2	−35481.6	—
9	1700	5000	−223831	−35379	93389.9	120455.3	−73024.4	—
10	1700	11500	−519375	−82220	129485.2	133035.7	−338460	—
11	1700	5400	−243026	−38566	50771.3	59993.8	−179508	—
12	1700	5250	−235247	−37416	59506.4	62900.1	−158985	—
13	1700	3730	−161260	−26050	47239.9	52134.9	−98275.3	—
14	800	12000	−277661	−44923	89542.5	119783.5	−130718	—
15	1700	12000	−528235	−84002	74254.9	76828.7	−435392	—
16	1200	4150	−139092	−22079	15037.8	17222.8	−120792	—
17	1200	4150	−138968	−22094	20158.4	22856	−112438	—
18	1200	12000	−400301	−63348	91980.4	129894.5	−247715	—
19	1700	12000	−530534	−83877	174001.2	247642.7	−226108	—
20	1350	4100	−146425	−17834	57797.5	71251.3	−54912.5	—
21	1350	8200	−301743	−36382	69822.6	82743	−197811	—
22	1350	8200	−301663	−36221	67441.5	68509.6	−204767	—
23	1350	4100	−146323	−17638	55655.4	69601.9	−57029	—
24	1200	12000	−393001	−47206	161209.8	228748	−94563.1	—
25	1350	4100	−146332	−17591	54204.1	69574.5	−57054.4	—
26	1350	8200	−301536	−36112	68239.6	68342	−203619	—
27	1350	8200	−301558	−36177	70582.3	82677.5	−196600	—
28	1350	4100	−146330	−17666	57786.7	71244.8	−54748.6	—
29	1200	12000	−393169	−47507	155644.2	178771.2	−153840	—
30	1350	4100	−146409	−17760	56207.4	69716.1	−57011.8	—
31	1350	8200	−301672	−36354	70706.7	92435	−189058	—
32	1350	8200	−301640	−36435	70187.1	92352.3	−189180	—
33	1350	4100	−146421	−17867	54980.4	69623.8	−57202.3	—
34	1200	12000	−393321	−47915	159226.1	178635.5	−149486	—
35	1200	12000	−394314	−47395	59895.1	67549.5	−310570	—
36	1200	12000	−394210	−47080	60648.7	86531.2	−294817	—
37	1200	12000	−394301	−47217	58583.8	67646	−312186	—

注：活 G_{lk} 考虑了0.5的组合系数。

表3-29给出了嵌固层主要墙肢在中震作用下的最大轴力设计值（压力为负，拉力为正），考虑了双向地震、偶然偏心工况的所有组合。由表可知，在中震作用下各墙肢均未出现拉应力。

中震作用下的嵌固层的主要墙肢受拉计算　　表 3-29

墙号	墙截面		重力荷载		中震标准值 N_{ek} (kN)	总轴力(kN)	拉应力(kN/mm²)
	b (mm)	h (mm)	恒 G_{qk} (kN)	活 G_{lk} (kN)		$N=G_e+N_{ek}$	N/bh
1	1700	3730	−161002	−26060	69150	−104882	—
2	1700	12100	−543623	−86554	193171	−393729	—
3	1700	5400	−242819	−38592	85660	−176455	—
4	1700	4650	−209175	−33129	102699	−123041	—
5	1700	5000	−224056	−35486	157194	−84605	—
6	1700	3500	−151078	−24218	121755	−41432	—
7	1200	12000	−392632	−62823	345451	−78593	—
8	1700	3500	−151080	−24170	121639	−41526	—
9	1700	5000	−223831	−35379	156828	−84693	—
10	1700	11500	−519375	−82220	193563	−366922	—
11	1700	5400	−243026	−38566	85539	−176770	—
12	1700	5250	−235247	−37416	91996	−161959	—
13	1700	3730	−161260	−26050	73345	−100940	—
14	800	12000	−277661	−44923	150134	−149988	—
15	1700	12000	−528235	−84002	121566	−448670	—
16	1200	4150	−139092	−22079	23527	−126604	—
17	1200	4150	−138968	−22094	32112	−117904	—
18	1200	12000	−400301	−63348	157964	−274011	—
19	1700	12000	−530534	−83877	298134	−274339	—
20	1350	4100	−146425	−17834	97999	−57343	—
21	1350	8200	−301743	−36382	115999	−203936	—
22	1350	8200	−301663	−36221	98913	−220861	—
23	1350	4100	−146323	−17638	90135	−65007	—
24	1200	12000	−393001	−47206	273751	−142853	—
25	1350	4100	−146332	−17591	82754	−72374	—
26	1350	8200	−301536	−36112	103738	−215854	—
27	1350	8200	−301558	−36177	119142	−200504	—
28	1350	4100	−146330	−17666	97981	−57182	—
29	1200	12000	−393169	−47507	236944	−179978	—
30	1350	4100	−146409	−17760	93146	−62143	—
31	1350	8200	−301672	−36354	119709	−200140	—
32	1350	8200	−301640	−36435	118497	−201361	—
33	1350	4100	−146421	−17867	87759	−67596	—
34	1200	12000	−393321	−47915	261330	−155949	—
35	1200	12000	−394314	−47395	98530	−319481	—
36	1200	12000	−394210	−47080	103235	−314515	—
37	1200	12000	−394301	−47217	89390	−328520	—

表3-30给出了嵌固层主要墙肢在大震作用下的最大轴力设计值（压力为负，拉力为正），考虑了双向地震、偶然偏心工况的所有组合。由表可知，在大震作用下，周边单塔和中央交通核外围部分墙肢出现拉应力，由于剪力墙为外包钢板剪力墙，同时大震弹性反应谱曲线在0.0637（8s）处取平直线，大震地震剪力很大，导致部分剪力墙承受拉力，但外包钢板完全可以承受此拉应力。

大震作用下的嵌固层的主要墙肢受拉计算 **表3-30**

墙号	重力荷载		墙截面		大震标准值 N_{ek} (kN)	总轴力(kN)	拉应力(km/mm²)
	b (mm)	h (mm)	恒 G_{qk} (kN)	活 G_{lk} (kN)		$N=G_e+N_{ek}$	N/bh
1	1700	3730	−161002	−26060	164635	−9397	—
2	1700	12100	−543623	−86554	508630	−78270	—
3	1700	5400	−242819	−38592	221732	−40384	—
4	1700	4650	−209175	−33129	270078	44338	5.61
5	1700	5000	−224056	−35486	409732	167933	19.76
6	1700	3500	−151078	−24218	298850	135663	22.80
7	1200	12000	−392632	−62823	761467	337424	23.43
8	1700	3500	−151080	−24170	298057	134892	22.67
9	1700	5000	−223831	−35379	403062	161542	19.00
10	1700	11500	−519375	−82220	515452	−45033	—
11	1700	5400	−243026	−38566	222283	−40026	—
12	1700	5250	−235247	−37416	248004	−5951	—
13	1700	3730	−161260	−26050	171955	−2330	—
14	800	12000	−277661	−44923	357574	57451	5.98
15	1700	12000	−528235	−84002	297387	−272849	—
16	1200	4150	−139092	−22079	58086	−92045	—
17	1200	4150	−138968	−22094	82261	−67754	—
18	1200	12000	−400301	−63348	407344	−24631	—
19	1700	12000	−530534	−83877	761760	189288	9.28
20	1350	4100	−146425	−17834	241375	86033	15.54
21	1350	8200	−301743	−36382	297427	−22508	—
22	1350	8200	−301663	−36221	253687	−66087	—
23	1350	4100	−146323	−17638	219733	64591	11.67
24	1200	12000	−393001	−47206	673846	257242	17.86
25	1350	4100	−146332	−17591	196239	41112	7.43
26	1350	8200	−301536	−36112	283181	−36410	—
27	1350	8200	−301558	−36177	310481	−9165	—
28	1350	4100	−146330	−17666	241288	86126	15.56
29	1200	12000	−393169	−47507	583260	166338	11.55
30	1350	4100	−146409	−17760	234534	79245	14.32
31	1350	8200	−301672	−36354	313114	−6735	—
32	1350	8200	−301640	−36435	312922	−6936	—
33	1350	4100	−146421	−17867	223801	68446	12.37
34	1200	12000	−393321	−47915	648895	231616	16.08
35	1200	12000	−394314	−47395	244399	−173612	—
36	1200	12000	−394210	−47080	253856	−163894	—
37	1200	12000	−394301	−47217	219806	−198103	—

3.9.3 支撑

3.9.3.1 单塔巨型斜撑

根据本章第 3.8.4 节分析，风荷载作用组合下构件的应力明显大于小震弹性及小震弹性与风荷载组合下的应力，依据性能化设计要求，单塔框架柱间的巨型斜撑应在小震、中震下保持弹性，大震下保持不屈服。为了节省篇幅，仅给出 0～100m 单塔巨型支撑在各性能目标要求下的应力比（应压力控制），如图 3-55 所示。

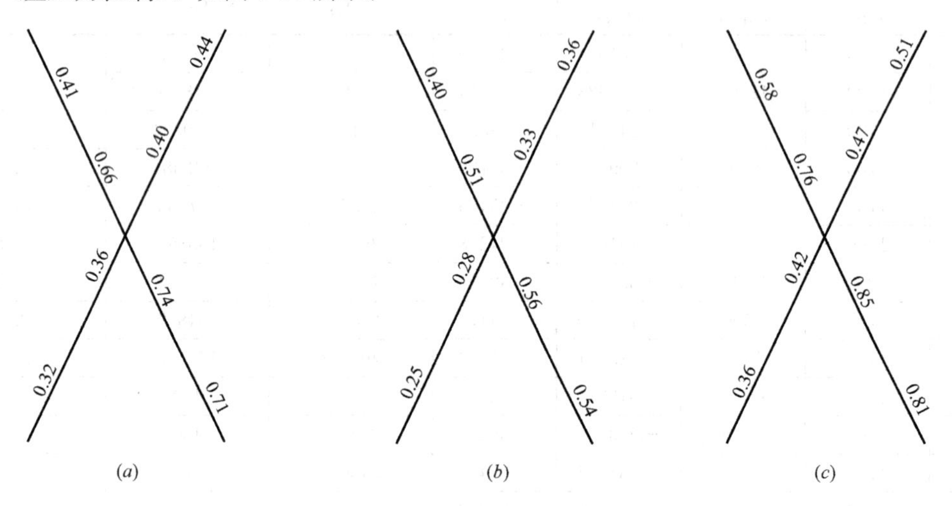

图 3-55 单塔巨型斜撑 0～100m 应力比

(a) 小震弹性、风荷载及其组合下应力比较大值；(b) 中震弹性；(c) 大震不屈服

表 3-31 给出了单塔框架柱间巨型斜撑在小震弹性和风荷载及其组合下、中震弹性、大震不屈服下的应力比，其中小震弹性、风荷载及其组合下构件的应力比最大值为风荷载作用下的值，荷载组合为：1.2 恒＋0.98 活＋1.4 风。由图 3-55 和表 3-31 可知：大震不屈服下构件应力比最大，风荷载作用下应力比次之，中震弹性下应力比最小；中震弹性下应力比明显小于风荷载作用下的值，这与前面各工况（风荷载、小震弹性、中震弹性、大震不屈服）及组合作用下的内力与应力分析结果相同；对巨型斜撑的应力比而言，中震弹性不起控制作用。

单塔框架柱间巨型斜撑应力比 **表 3-31**

位置	小震弹性、风荷载及其组合最大值	中震弹性	大震不屈服
	1.2D+0.9L+1.4W	1.2D+0.6L+1.3Eh	1.0D+0.5L+1.0Eh
0～100m	0.74	0.56	0.85
100～200m	0.85	0.67	0.92
200～300m	0.88	0.78	0.96
300～400m	0.86	0.76	0.95
400～500m	0.85	0.78	0.93
500～600m	0.79	0.70	0.90
600～700m	0.85	0.84	0.93
700～800m	0.75	0.73	0.92
800～900m	0.73	0.70	0.91
900～1000m	0.58	0.55	0.75

3.9.3.2 连接平台支撑

图 3-56 给出了第 2 连接平台外圈桁架斜杆及人字形支撑应力比，分别给出了小震弹性、风荷载及其组合的最大应力比，中震弹性下，大震不屈服下的应力比。

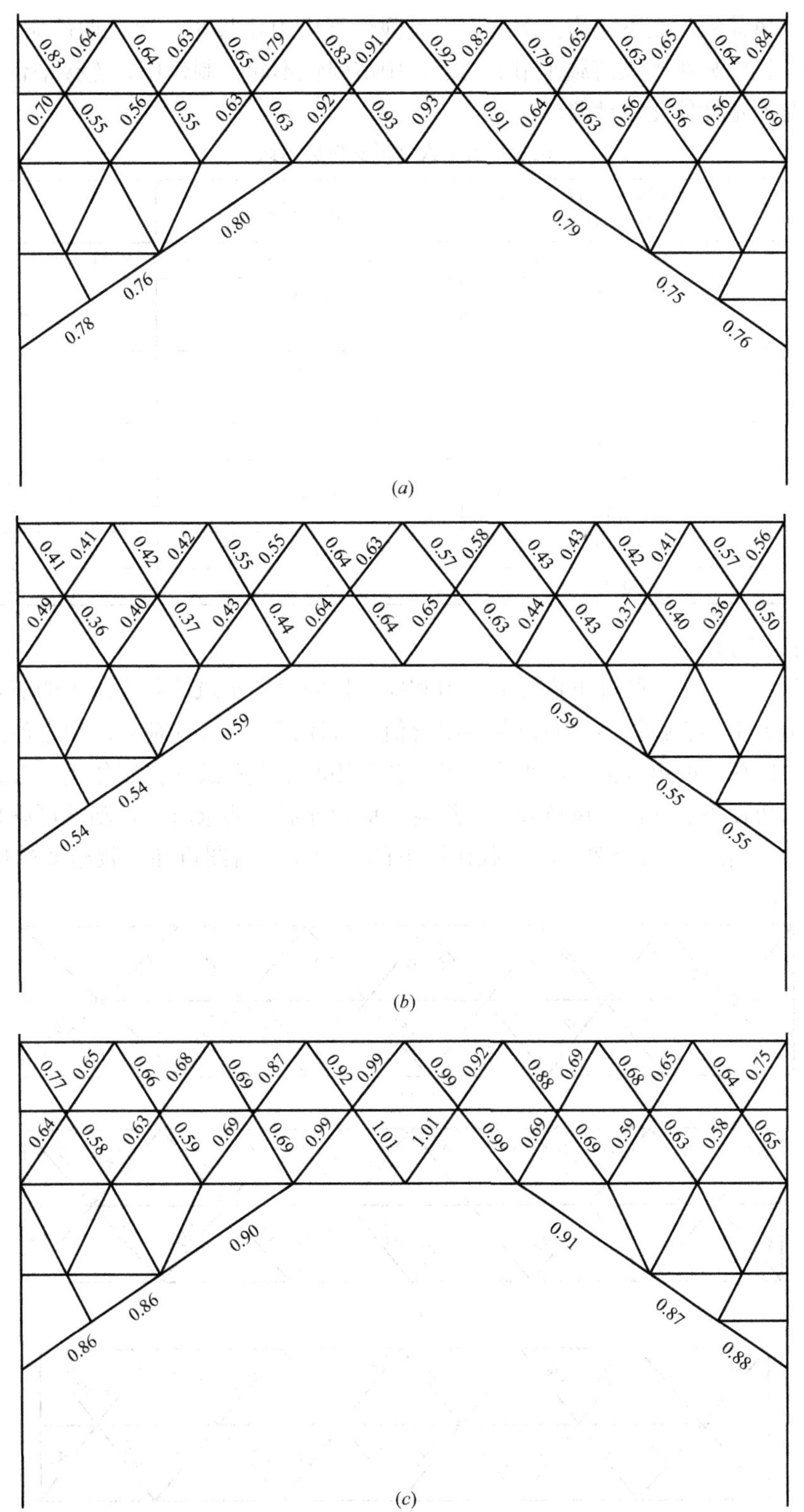

图 3-56 连接平台 2 外圈桁架斜杆及人字形支撑应力比

(*a*) 小震弹性、风荷载及其组合下应力比最大值；(*b*) 中震弹性；(*c*) 大震不屈服

表 3-32 给出了连接平台外圈桁架斜杆及人字形支撑在小震弹性和风荷载及其组合下、中震弹性、大震不屈服下的应力比。其中小震弹性、风荷载及其组合下构件的应力比最大值为风荷载作用下的值，荷载组合为：1.2 恒＋0.98 活＋1.4 风。由图 3-56 和表 3-32 知：大震不屈服下构件应力比最大，风荷载作用下应力比次之，中震弹性下应力比最小；通过构件应力比比较可知，中震弹性下应力比明显小于风荷载作用下的值，中震弹性不起控制作用；连接平台桁架及其下的人字形支撑满足预定性能化设计要求。

连接平台下人字形支撑应力比　　表 3-32

位置	小震弹性、风荷载及其组合最大值	中震弹性	大震不屈服
	1.2D＋0.9L＋1.4W	1.2D＋0.6L＋1.3Eh＋0.5Ev	1.0D＋0.5L＋1.0Eh＋0.5Ev
第 2 平台	0.80	0.59	0.91
第 3 平台	0.82	0.54	0.95
第 4 平台	0.84	0.66	0.96
第 5 平台	0.80	0.68	0.95
第 6 平台	0.76	0.65	0.93
第 7 平台	0.72	0.60	0.91
第 8 平台	0.70	0.65	0.92
第 9 平台	0.61	0.54	0.83
第 10 平台	0.43	0.39	0.59

3.9.3.3　腰桁架支撑

由前面分析可知，中震弹性下构件的内力和应力比明显小于风荷载作用下的值，风荷载与竖向荷载的组合值大于小震弹性与竖向荷载的组合值，且风荷载与竖向荷载的组合值还大于小震弹性与风荷载、竖向荷载的组合值，即小震与风荷载作用时由风荷载起控制作用。考虑腰桁架的性能化要求，腰桁架在小震弹性、风荷载及其组合下应力比满足要求时，自动就可满足中震弹性的要求，故图 3-57 仅给出了腰桁架在风荷载作用下的应力比，由图可知，腰桁架的应力比满足预定性能化设计要求。

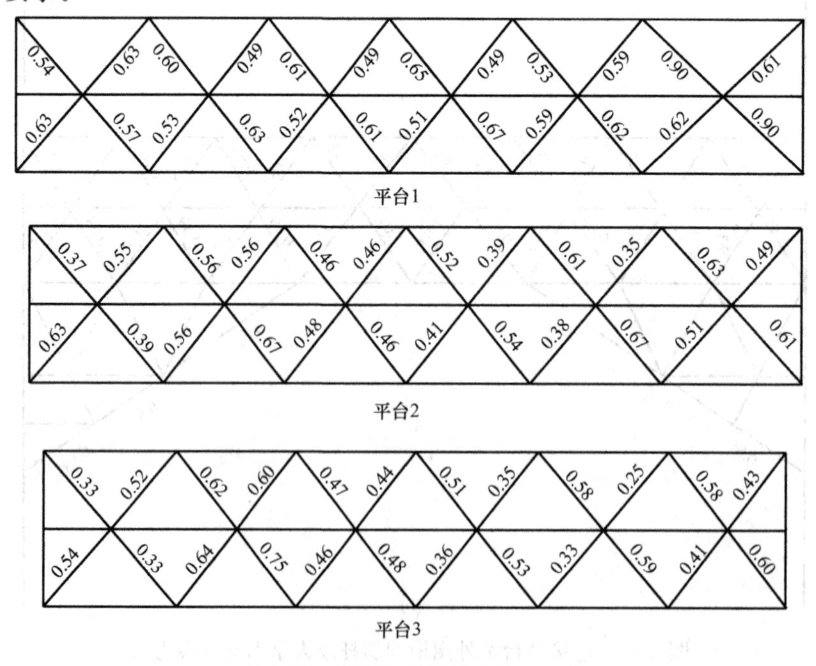

图 3-57　腰桁架支撑应力比（一）

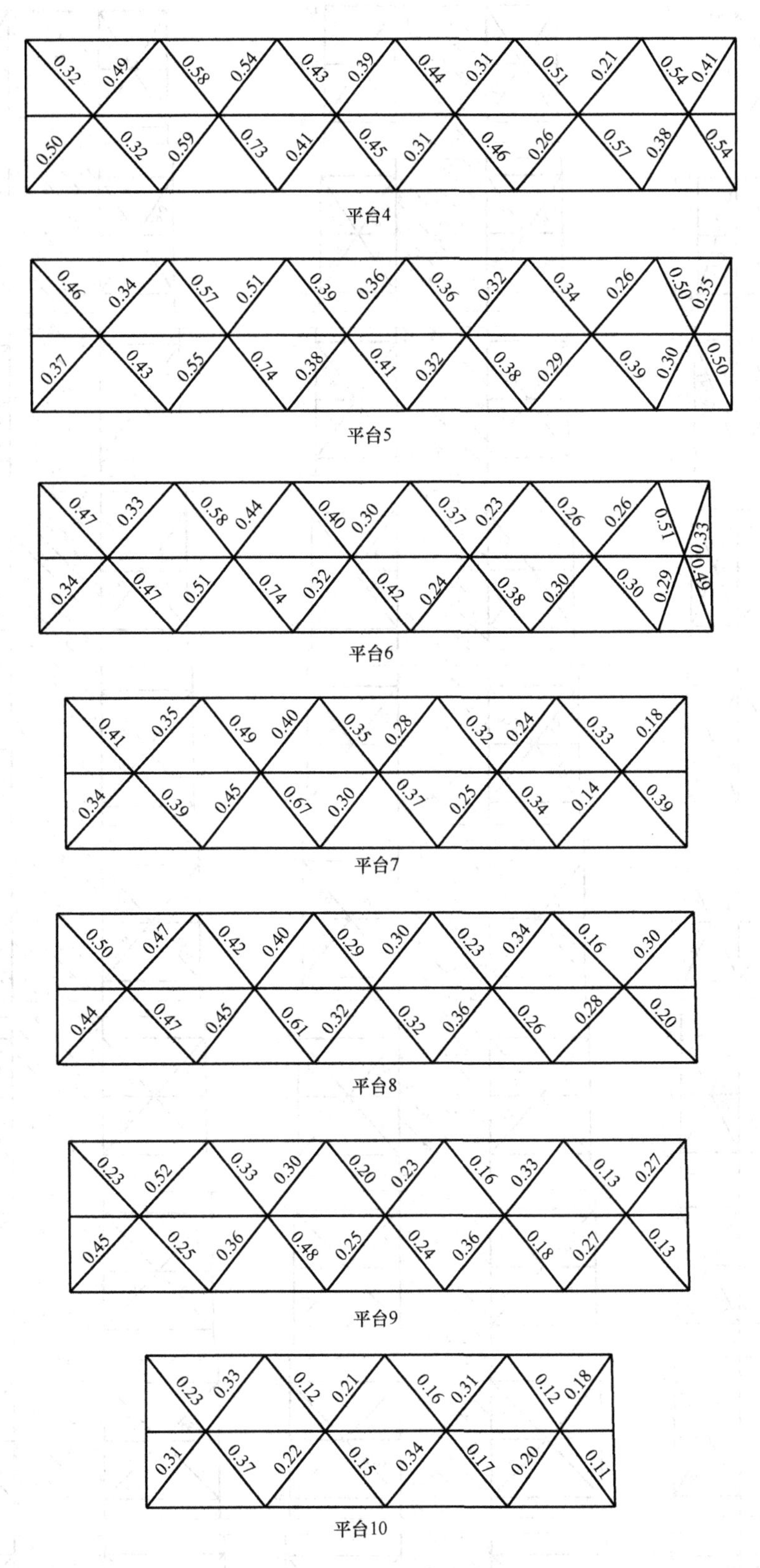

图 3-57　腰桁架支撑应力比（二）

3.9.3.4　伸臂桁架支撑

图 3-58 给出了伸臂桁架主要支撑在风荷载作用下的应力比。

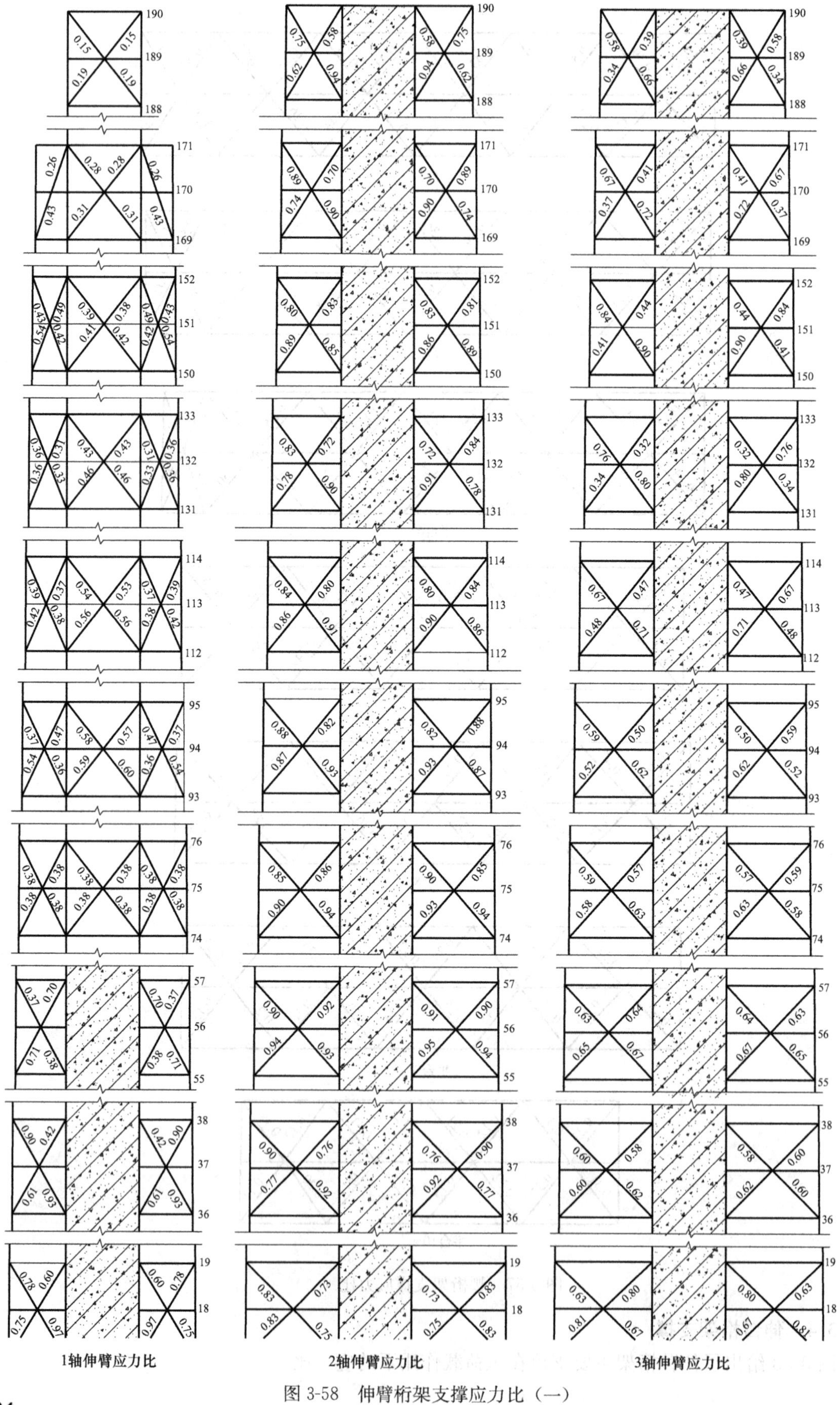

图 3-58　伸臂桁架支撑应力比（一）

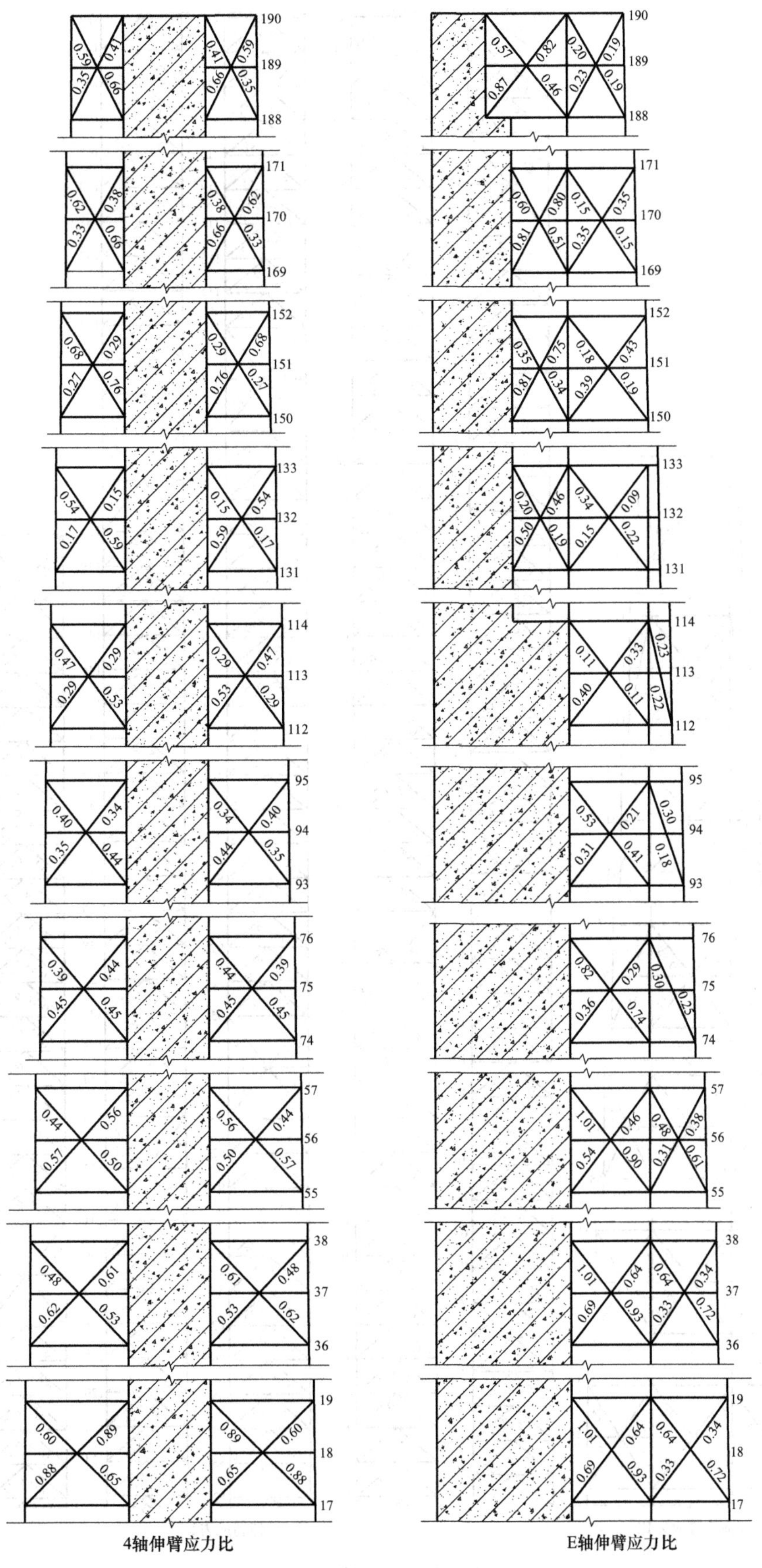

图 3-58 伸臂桁架支撑应力比（二）

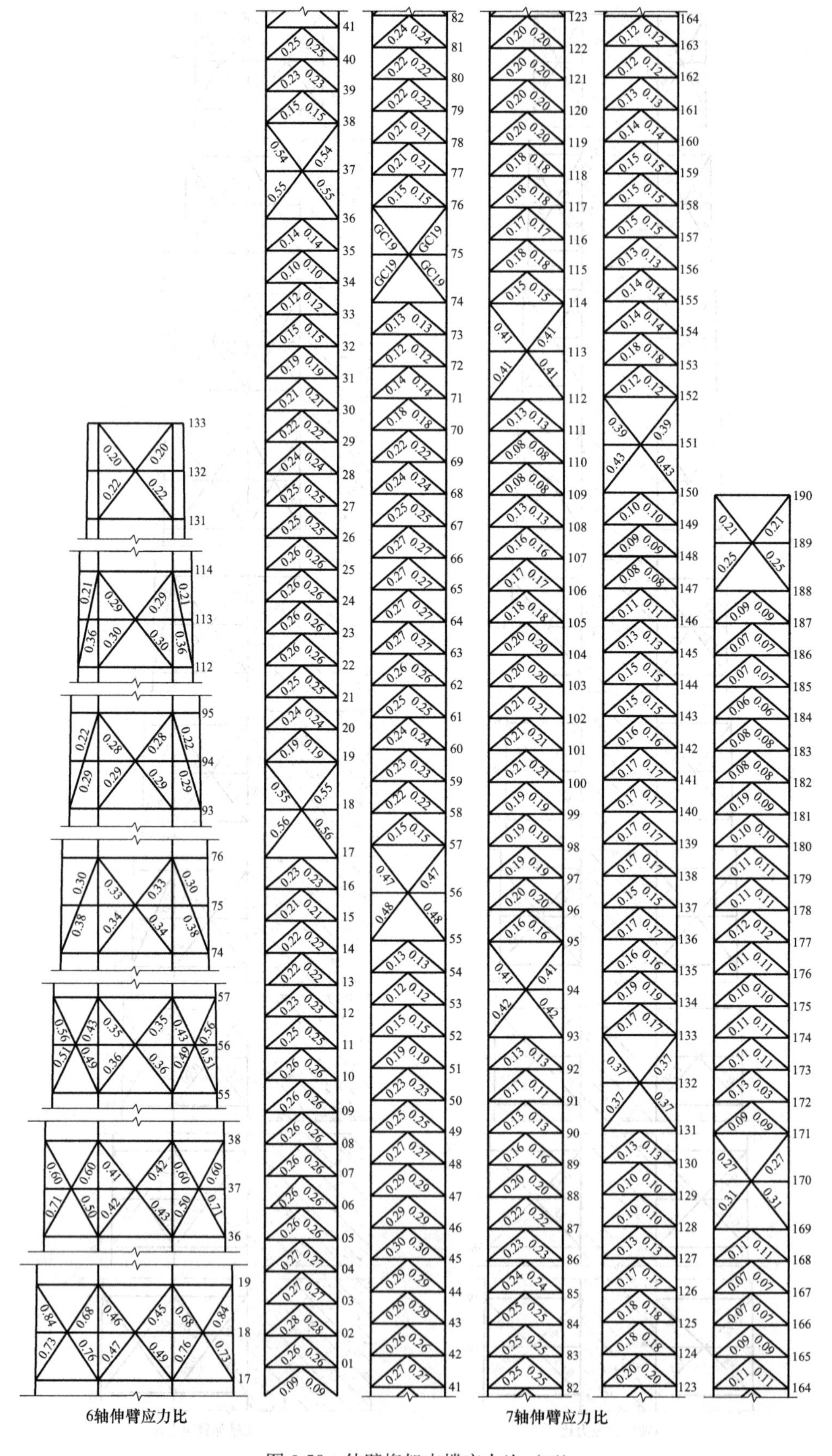

图 3-58　伸臂桁架支撑应力比（三）

3.10 千米级摩天大楼耗能减震分析

3.10.1 千米级摩天大楼减震方法

千米级摩天大楼采用组合体结构，周期长，质量大，在不设置消能减振装置的情况下已经能够满足位移、舒适度要求，不用再设置黏滞阻尼器或黏弹性阻尼器控制结构振动。若设置黏滞阻尼器或者黏弹性阻尼器，由于地震作用下结构由剪重比控制，黏滞阻尼器和黏弹性阻尼器无法充分发挥其对结构地震响应的控制作用，并会占用建筑空间，增加结构成本。

附加质量装置由于主结构质量大，达到 390 万 t，采用被动控制系统时，按照 1%采用质量块，质量块将达到 3.9 万 t。如此大的质量块对结构将是极大的负担，对结构的水平、竖向构件都带来巨大的设计难题。因此，被动控制系统难以在主结构上应用。采用主动控制系统时，施加的质量块质量将大幅度减少，安装 0.1%主结构质量大致估算质量块的质量也将达到 0.39 万 t。虽然，与被动控制相比质量块质量大幅度降低，但是仍然存在质量块质量过大的问题，且驱动系统对于 0.39 万 t 质量块的驱动也存在巨大挑战。

防屈曲支撑在现有条件下可以用在主结构连接平台内部桁架的斜撑上，当结构遭受罕遇地震或者强风影响时，防屈曲支撑首先屈服进入耗能阶段，耗散地震、强风对结构的影响。少量的防屈曲支撑对于千米级主体结构的阻尼比增加极小，可不考虑其对于阻尼的增加作用，但可以作为“保险丝”保护结构的主要构件。

3.10.2 千米级摩天大楼防屈曲支撑设计

千米级摩天大楼防屈曲支撑的主要设置位置为三个塔楼之间的连接平台，主要作用为：减小支撑的截面面积、调整结构抗侧刚度和结构层间位移角、减小结构扭转位移比、调整加强层刚度、作为伸臂桁架的保险丝。设置位置如图 3-59 所示。

普通支撑框架的支撑虽然在设计时满足规范要求，但在罕遇地震下相当一部分支撑在屈服前发生了屈曲，地震力转移给框架部分，主体梁柱构件或多或少进入塑性。加强型普通支撑框架的抗震原理是通过减小支撑构件的长细比尽可能保证支撑在地震中不发生屈曲，同时支撑由于截面积较大基本保持弹性，依靠支撑的较大刚度吸收较多的地震力，以降低主体结构承担的地震力水平。

防屈曲支撑按照等强度原则进行选型，选取的防屈曲支撑如表 3-33 所示。设计目标为：防屈曲支撑在小震和风作用时保持弹性，在中震时首先屈服，在大震时不发生破坏。

防屈曲支撑设置位置及所用参数　　表 3-33

支撑所在层号	屈服荷载(kN)	极限承载力(kN)	屈服位移(mm)	等效截面积(mm²)
37/38/56/57	11000	19282	12.7	63220
75/76/94/95	13200	23140	14.6	75860
113/114/132/133	14000	24540	15.1	80460
151/152/170 /171	22600	40316	13.2	132180
189/190	17530	30728	10.2	100750

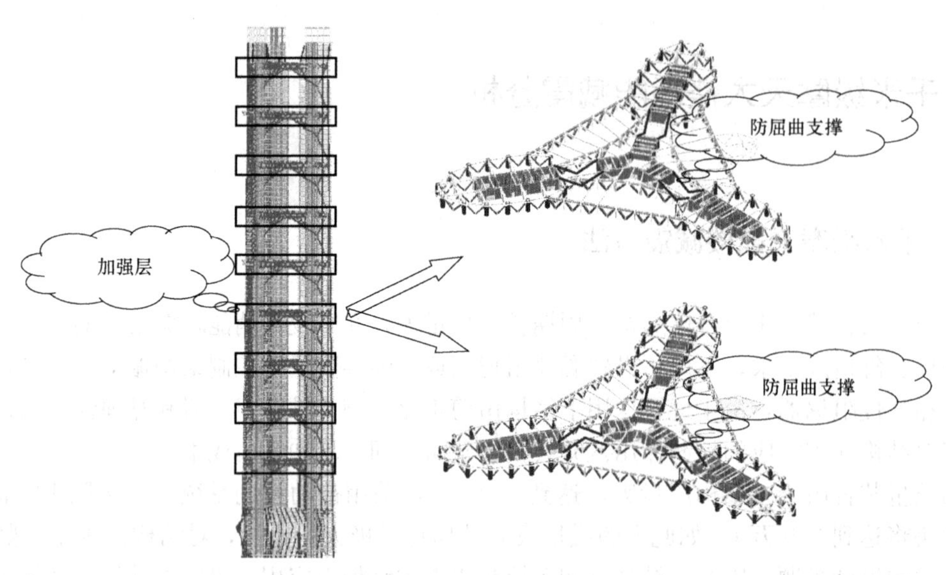

图 3-59　防屈曲支撑布置图

在千米级摩天大楼中，以防屈曲支撑替代传统支撑设置于跨层大支撑上，在理论上是完全可行的。然而在实际中，防屈曲支撑屈服承载力小，无法满足千米级摩天大楼层间斜撑的承载力要求。

4 动力弹塑性时程分析

4.1 计算分析方法

千米级摩天大楼动力弹塑性时程分析采用大型通用有限元分析程序—ABAQUS，其被工业界和学术研究界广泛应用，是非线性分析领域的尖端软件。其中，钢筋混凝土梁柱单元的材料用户子程序、单元网格划分前处理程序和提取数据的后处理程序均由中国建筑东北设计研究院有限公司自主开发完成。

结构的弹塑性分析过程中，以下非线性因素得到了考虑：

1）几何非线性：结构的平衡方程建立在结构变形后的几何状态上，“P-Δ”效应、非线性屈曲效应、大变形效应等都应得到全面考虑；

2）材料非线性：直接采用材料非线性应力-应变本构关系模拟钢筋、钢材及混凝土的弹塑性特性，可以有效观察构件的弹塑性发生、发展以及破坏的全过程；

3）施工过程非线性：由于工程项目为超高层建筑结构，分析中按照整个工程的建造过程，总共分为 11 个工况阶段，采用“单元生死”技术进行模拟。

① 激活结构第 001 层～第 019 层结构，加载并计算；

② 激活结构第 020 层～第 038 层结构，加载并计算；

③ 激活结构第 039 层～第 057 层结构，加载并计算；

④ 激活结构第 058 层～第 076 层结构，加载并计算；

⑤ 激活结构第 077 层～第 095 层结构，加载并计算；

⑥ 激活结构第 096 层～第 114 层结构，加载并计算；

⑦ 激活结构第 115 层～第 133 层结构，加载并计算；

⑧ 激活结构第 134 层～第 152 层结构，加载并计算；

⑨ 激活结构第 153 层～第 171 层结构，加载并计算；

⑩ 激活结构第 172 层～第 190 层结构，加载并计算。

⑪ 激活结构第 191 层～第 218 层结构，加载并计算（顶部塔尖部分）。

需要指出的是，上述所有非线性因素在计算分析开始时即被引入，且贯穿整个分析的全过程。

4.2 计算分析模型的构建

在构建弹塑性分析模型的过程中，为了简化计算，将下部裙房部分省略，采用的方法及假定如下：

（1）模型的几何信息：基于 YJK 模型，考虑到较为准确的弹塑性分析需要模型具有足够的有限元网格密度，针对结构模型中的剪力墙、楼板、梁柱等进行不同细度的网格剖分。网格剖分完成后，ABAQUS模型单元共计487843个。

（2）模型的材料参数：材料强度及应力应变关系等首先参照我国规范规定采用，对于规范无具体定义的参数则根据公开发表的文献和我们的研究成果及工程应用经验确定。

（3）楼板模拟：对于所有楼层采用弹性楼板（壳单元模拟）假定，并按照实际设计情况输入楼板厚度。

（4）结构质量分布模拟：与弹性设计模型一致，直接将质量及荷载计入相应构件中。

结构弹塑性分析整体结构三维模型如图4-1所示。

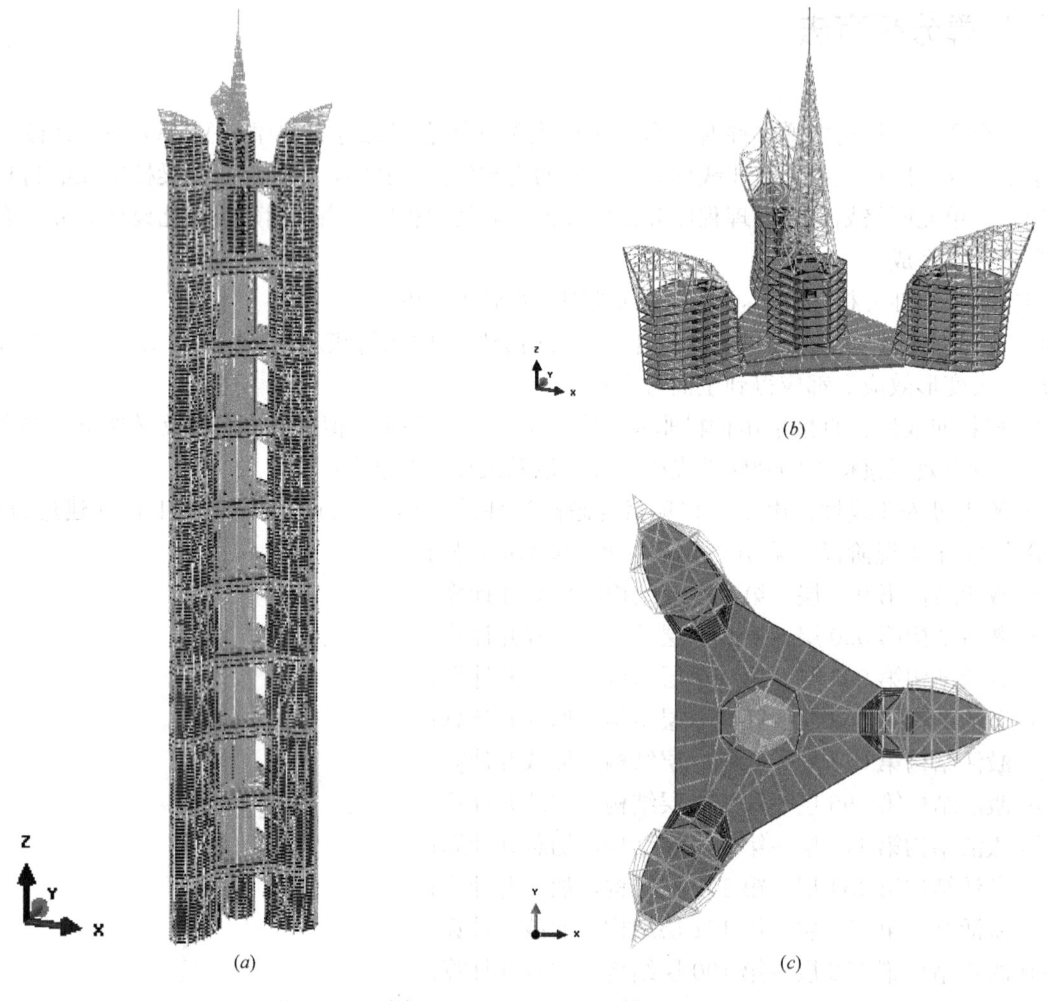

图4-1 ABAQUS分析模型

（a）整体模型；（b）塔尖放大模型；（c）模型俯视图

4.3 构件模型及材料本构关系

4.3.1 构件单元选择

根据结构构件的受力及弹塑性行为，主要选用的单元形式有：

1. 四边形或三角形缩减积分壳单元

用于模拟剪力墙、连梁及楼板等。剪力墙及楼板内的钢筋采用嵌入单向作用的钢筋膜进行模拟，见图 4-2。

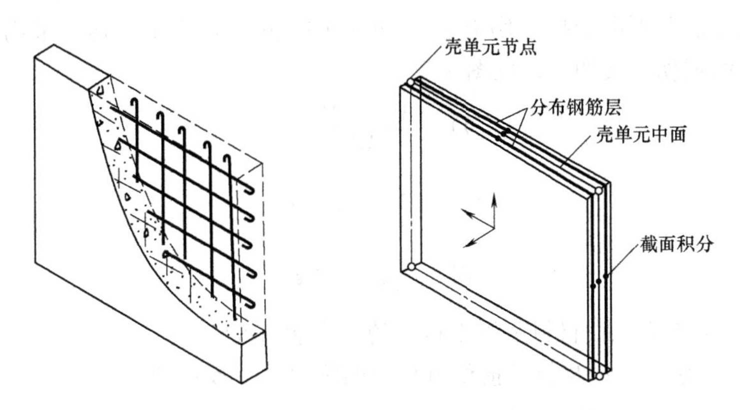

图 4-2 剪力墙及内部钢筋单元示意图

2. 梁单元

用于模拟结构楼面梁、柱等。在 ABAQUS 软件中，该单元基于 Timoshenko 梁理论，可以考虑剪切变形刚度，而且计算过程中单元刚度在截面内和长度方向两次动态积分得到。对于钢筋混凝土钢筋/型钢混凝土梁、柱单元，其配筋及内置型钢采用在相应位置嵌入钢筋或型钢纤维进行模拟，见图 4-3。

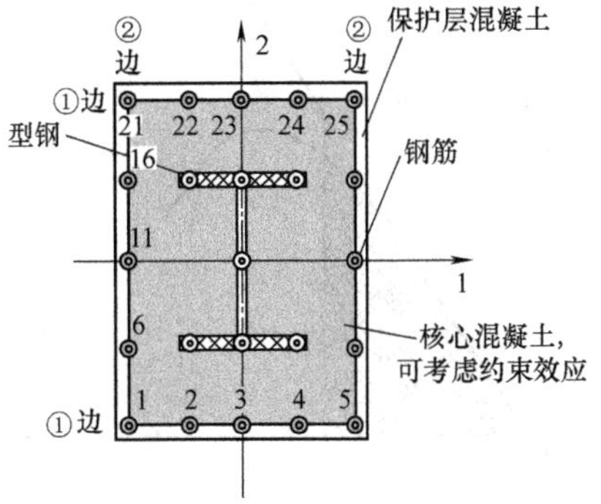

图 4-3 钢筋/型钢混凝土内部钢筋/型钢单元示意图

4.3.2 材料本构关系选择

计算中主要有两类基本材料，即混凝土和钢材（钢筋），采用的本构模型依次为：

1. 混凝土

采用弹塑性损伤模型，该模型能够考虑混凝土材料拉压强度差异、刚度和强度退化及拉压循环裂缝闭合呈现的刚度恢复等性质，混凝土材料轴心抗压和抗拉强度标准值按《混凝土结构设计规范》GB 50010—2010 中表 4.1.3 取值。

需要指出的是，偏保守考虑，计算中混凝土均不考虑截面内横向箍筋和钢管（钢板）的约束增强效应，仅采用规范中建议的素混凝土参数，见图 4-4。

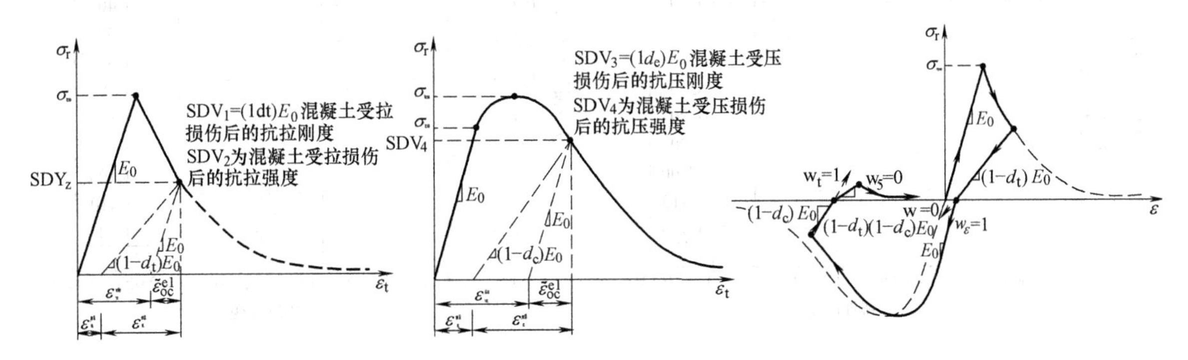

图 4-4 混凝土受拉及受压应力—应变曲线及损伤示意图

图 4-4 中显示，当荷载从受拉变为受压时，混凝土材料的裂缝闭合，抗压刚度恢复至原有的抗压刚度；当荷载从受压变为受拉时，混凝土材料的抗拉刚度不恢复。

可以看到，伴随着混凝土材料进入塑性状态程度大小，其刚度逐渐降低，在弹塑性损伤本构模型中上述刚度的降低分别由受拉损伤因子 d_t 和受压损伤因子 d_c 来表达。采用 Najar 的损伤理论，脆性固体材料的损伤定义如下，见图 4-5。

$$D=\frac{W_0-W_\varepsilon}{W_0}$$

$$W_0=\frac{1}{2}\varepsilon : E_0 : \varepsilon$$

$$W_\varepsilon=\frac{1}{2}\varepsilon : E : \varepsilon$$

式中 W_0，W_ε——依次为无损材料及损伤材料的应变能密度；

E_0、E——分别为无损材料及损伤材料的四阶弹性系数张量；

ε——相应的二阶应变张量。

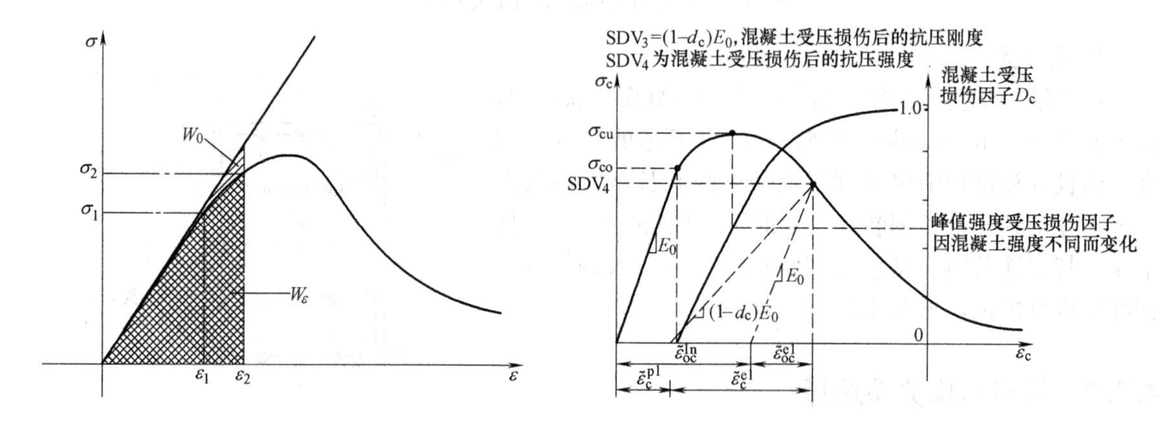

图 4-5 混凝土单轴应力状态损伤定义示意图

结合《混凝土结构设计规范》GB 50010—2010 附录 C 及超高强度混凝土的力学性能指标，给出千米级摩天大楼计算中采用的高强度混凝土单轴应力状态的损伤因子与应变关系图，见图 4-6。

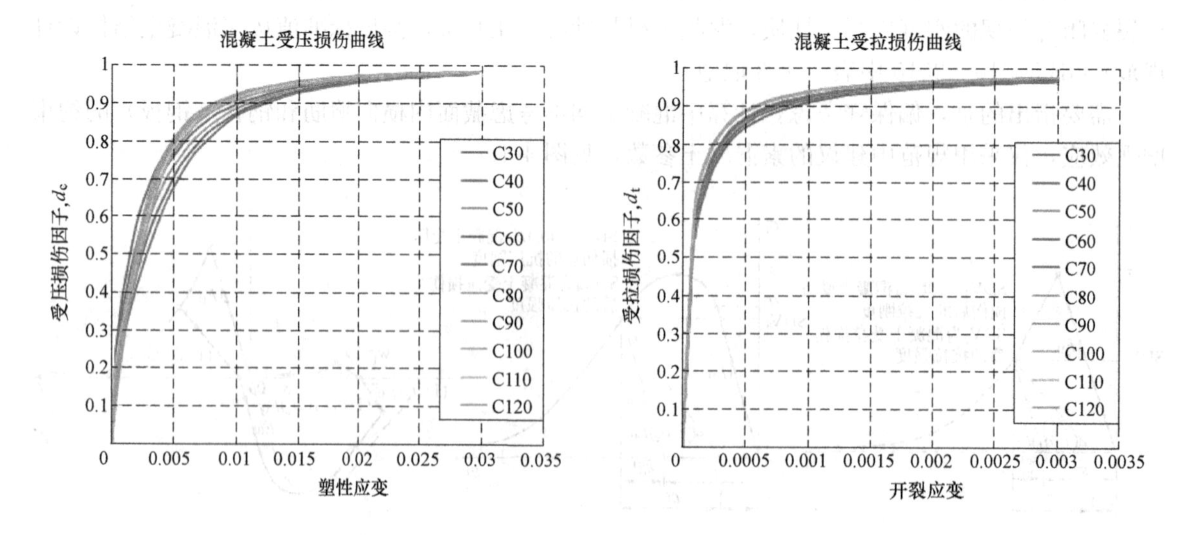

图 4-6 混凝土材料受压/受拉损伤因子—应变关系曲线

可以看出，材料拉/压弹性阶段相应的损伤因子为0，材料进入弹塑性阶段后损伤因子增长较快。研究表明，混凝土材料的非线性行为主要是由损伤演化（微孔洞和微裂缝的发展、融合和贯通等）来控制，混凝土材料与结构的失效破坏是以裂纹生成、扩展及沿裂纹面的摩擦滑动为特征。

2. 钢材（钢筋）

采用双线性随动硬化模型，见图4-7，考虑了包辛格效应，在拉/压循环过程中，无刚度退化。计算分析中，设定钢材的强屈比为1.2，极限应变为0.025。

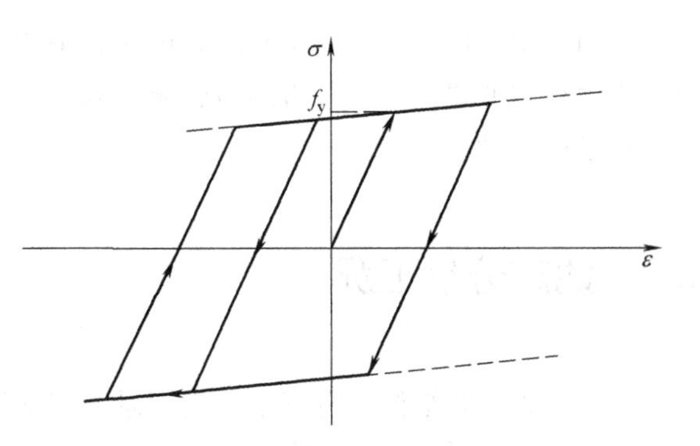

图4-7 钢材双线性随动硬化模型示意图

4.4 地震波输入

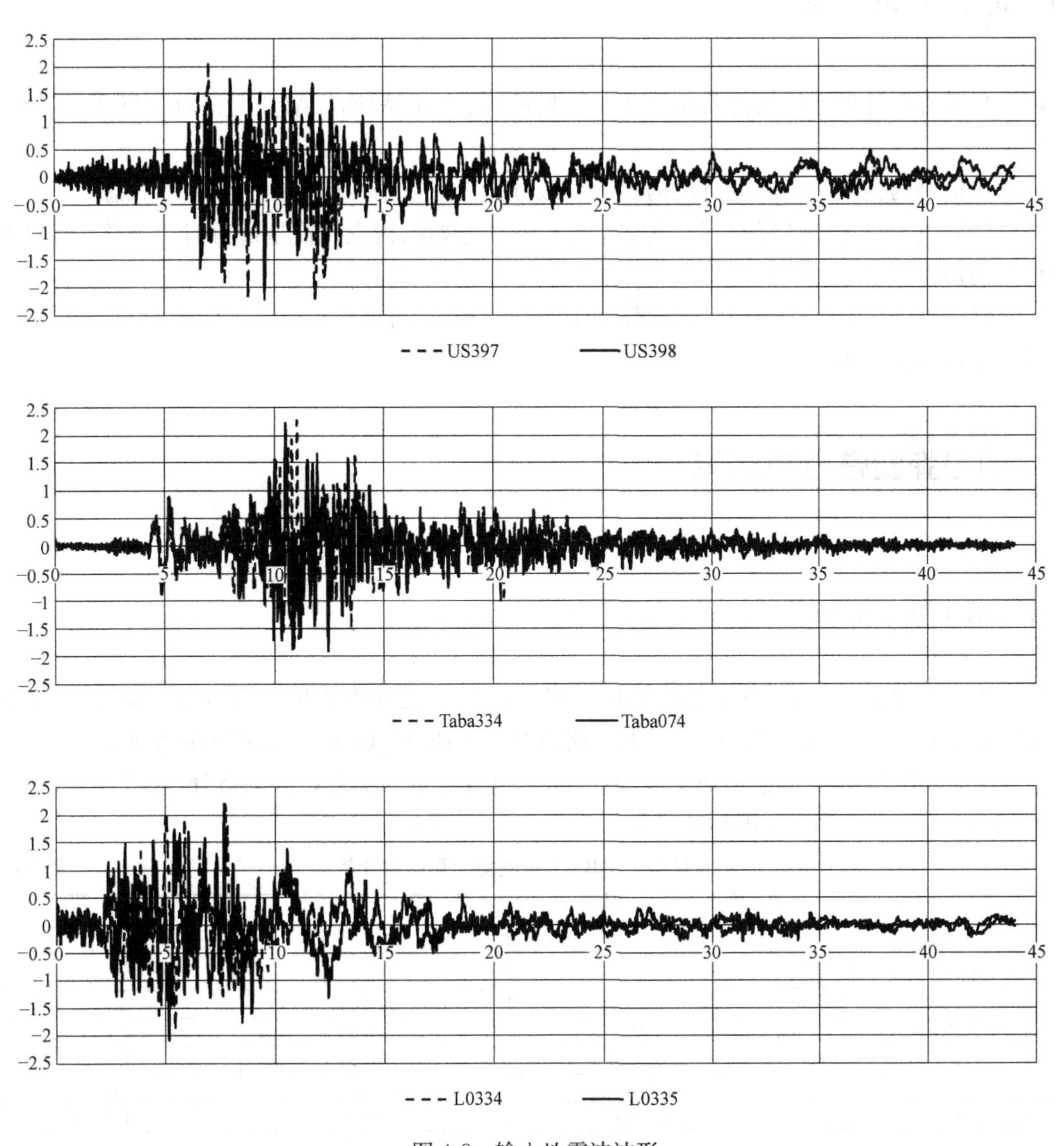

图4-8 输入地震波波形

选用三组（包含双向分量）地震记录、采用主次方向输入法（即 X、Y 方向依次作为主次方向）作为动力弹塑性时程分析的地震波输入，其中双向输入峰值比依次为 1∶0.85（主方向：次方向），见图 4-8。

4.5　地震分析工况

（1）首先，对结构进行三组地震记录、双向输入并轮换输入主、次方向，共计 6 个工况的大震动力弹塑性分析，重点考察弹性设计中对结构采取的性能设计部位的构件响应，给出其大震作用下的量化表达，并评估其进入弹塑性的程度，进而给出设计改进建议；

（2）考察结构的整体响应及变形情况，验证结构抗震设计“大震不倒”的设防水准指标，进一步观察结构的薄弱部位，并给出设计改进建议。

4.6　地震分析过程

（1）将弹性设计模型的构件几何尺寸、材料属性、实际配筋经细分网格直接导入 ABAQUS 程序；

（2）考虑结构施工过程，进行结构重力加载分析，形成结构初始内力和变形状态；

（3）计算结构自振特性以及其他基本信息，并与原始结构设计模型进行对比校核，保证弹塑性分析结构模型的性态与原模型一致；

（4）输入地震记录，进行结构大震作用下的动力响应分析；

（5）分析计算结果。

4.7　动力弹塑性分析结果

4.7.1　基本频率分析

计算模型是进行大震时程反应的基础，因此，在大震弹塑性时程分析之前，首先进行了 YJK 和 ABAQUS 模型的模态分析，用来校核模型从 YJK 转换到 ABAQUS 的准确程度。

表 4-1 为经过细分网格后 ABAQUS 模型计算的结构主要信息，并与 YJK 计算结果的对比。YJK 模型质量为 3908957t，ABAQUS 的模型质量为 4006681t。

YJK 模型与 ABAQUS 模型计算结果比较　　表 4-1

	YJK 模型	ABAQUS 模型	误差
结构总质量 （重力荷载代表值：t）	3908957	4006681	2.5%
T_1(s)	13.3207	13.7203	3.0%
T_2(s)	13.3167	13.6962	2.85%
T_3(s)	11.2994	11.4169	1.04%
T_4(s)	4.5019	4.5694	1.5%
T_5(s)	4.4667	4.6466	4.03%
T_6(s)	4.4643	4.6153	3.38%

图 4-9 给出了结构的前 6 阶振型图，ABAQUS 模型中第一阶扭转振型的周期与第一阶水平振动周期之比为 $T_t/T_1=11.4169/13.7203=0.832<0.85$，满足《高层建筑混凝土结构技术规程》JGJ 3—2010 要求。

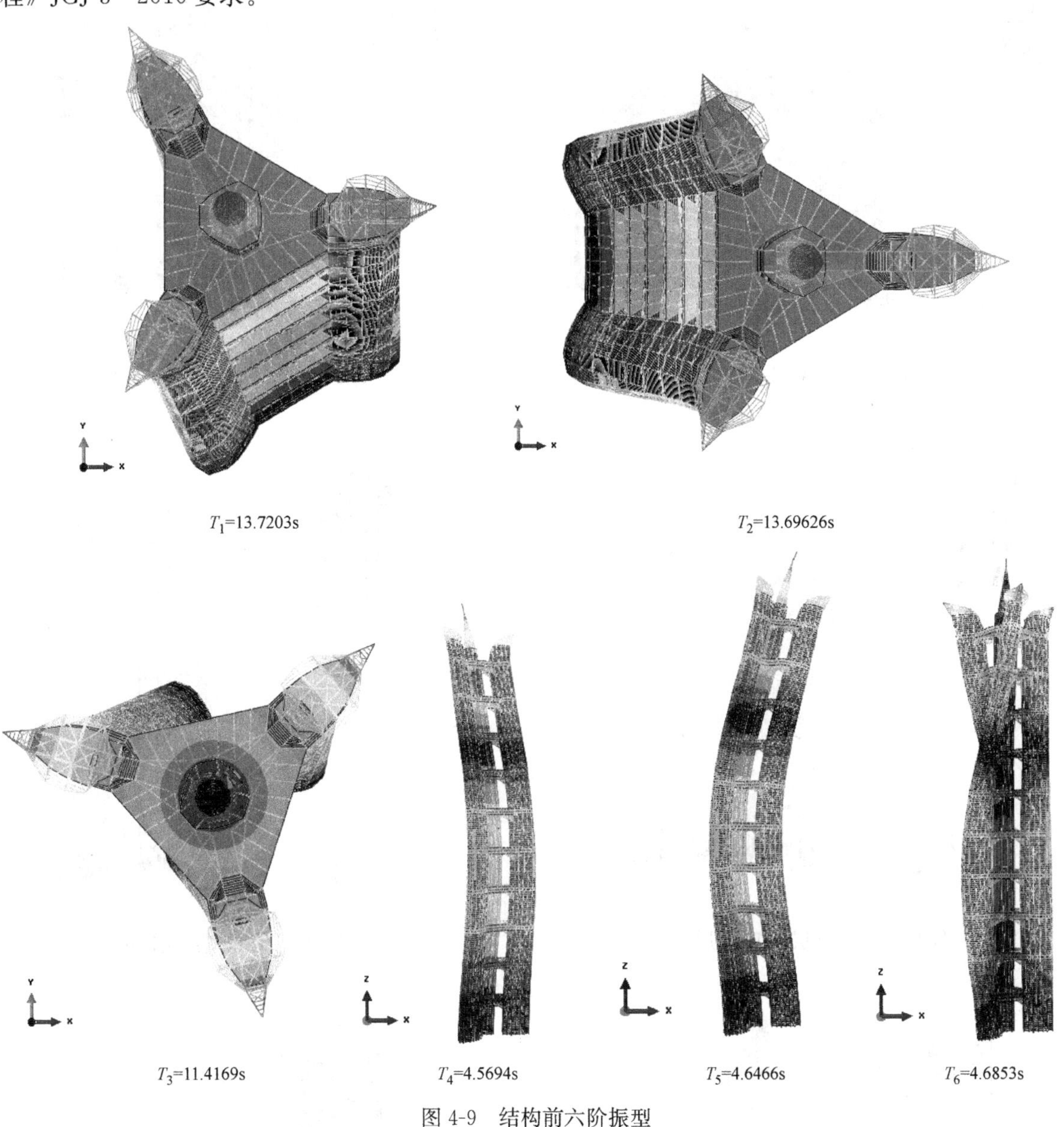

T_1=13.7203s　T_2=13.69626s

T_3=11.4169s　T_4=4.5694s　T_5=4.6466s　T_6=4.6853s

图 4-9　结构前六阶振型

4.7.2　重力加载分析

在进行罕遇地震下的弹塑性反应分析之前，进行了结构在重力荷载代表值下的重力加载分析，分析结果如下：

（1）施工模拟

见图 4-10～图 4-20。

（2）剪力墙

由图 4-21～图 4-23 可知，剪力墙最大变形为 154.4mm，出现在结构中部；混凝土墙最大 Mises 应力为 23.7MPa；钢板最大 Mises 应力为 113.4MPa；均处于弹性工作状态。

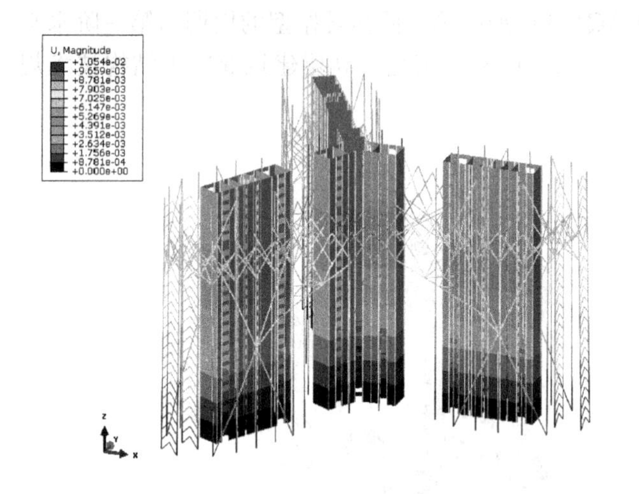

图 4-10　第 1 层～第 19 层

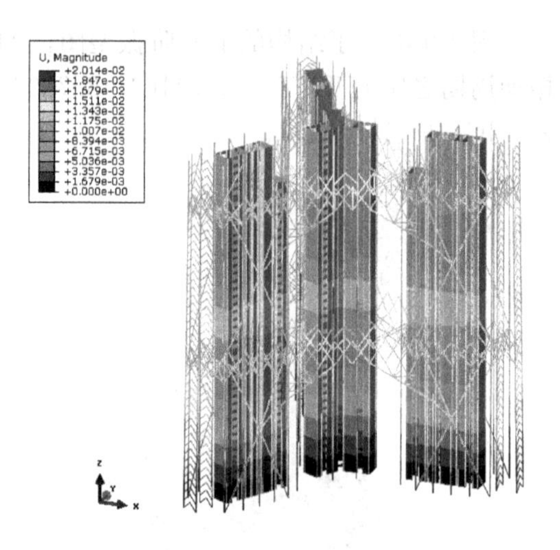

图 4-11　第 20 层～第 38 层

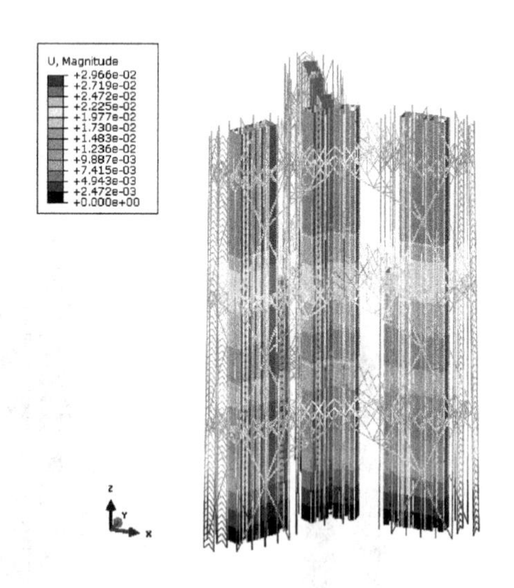

图 4-12　第 39 层～第 57 层

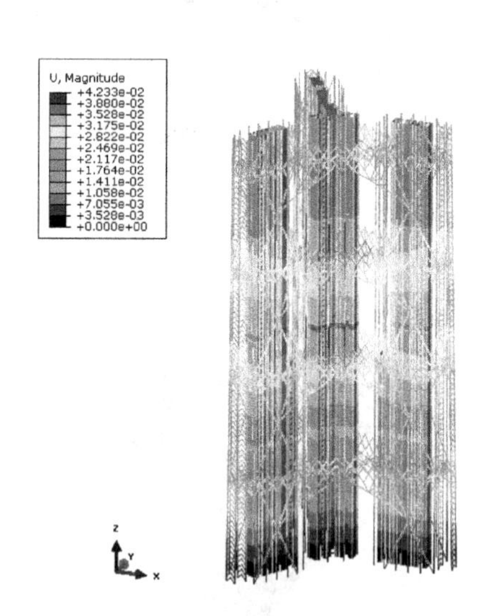

图 4-13　第 58 层～第 76 层

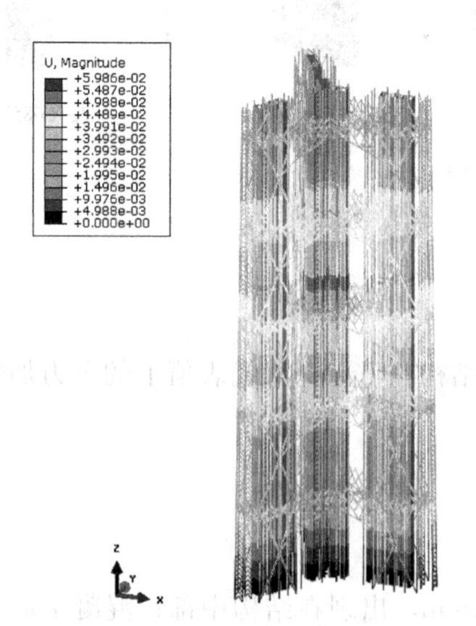

图 4-14　第 77 层～第 95 层

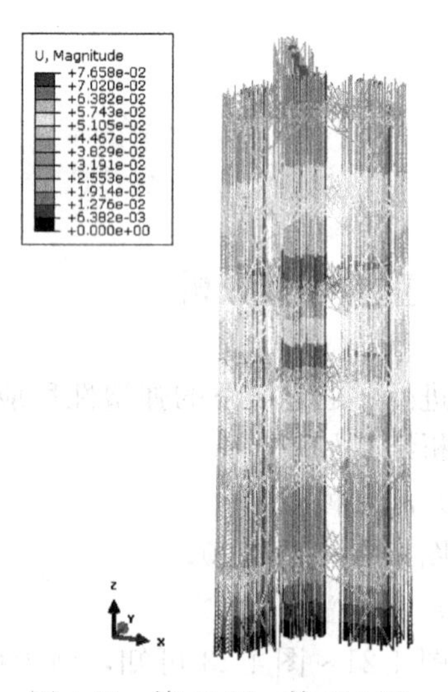

图 4-15　第 96 层～第 114 层

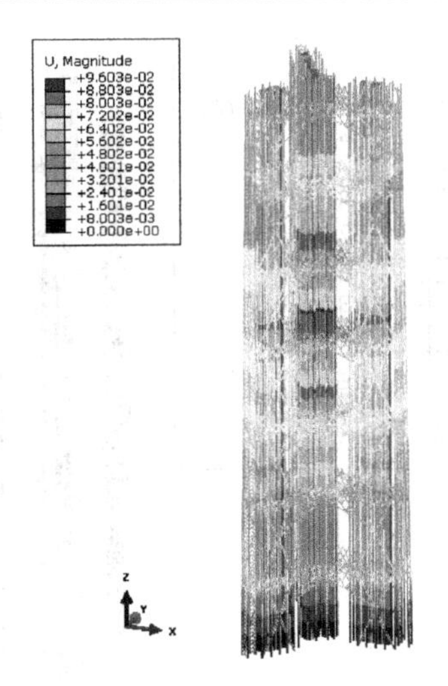

图 4-16　第 115 层～第 133 层

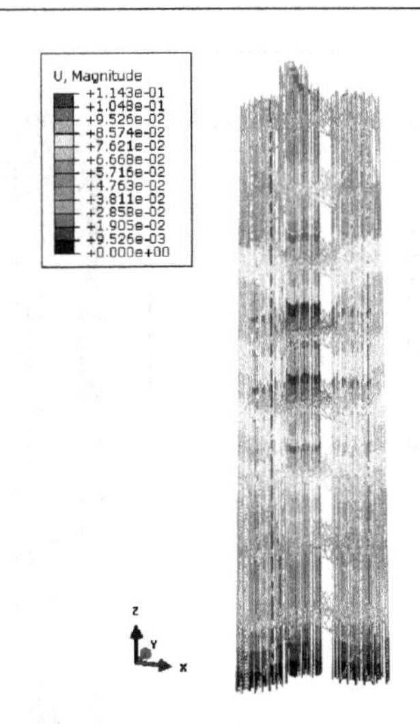

图 4-17　第 134 层～第 152 层

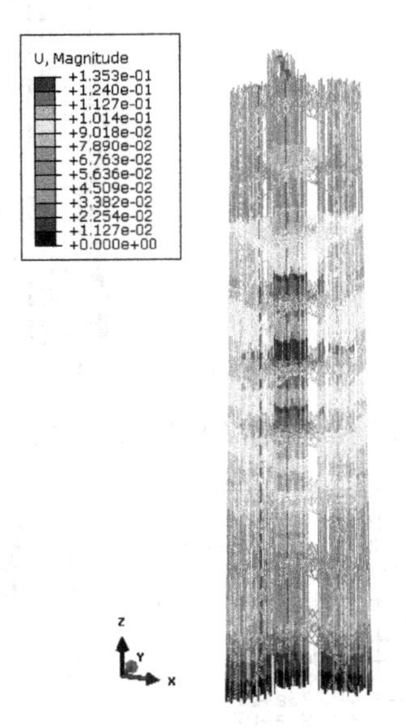

图 4-18　第 153 层～第 171 层

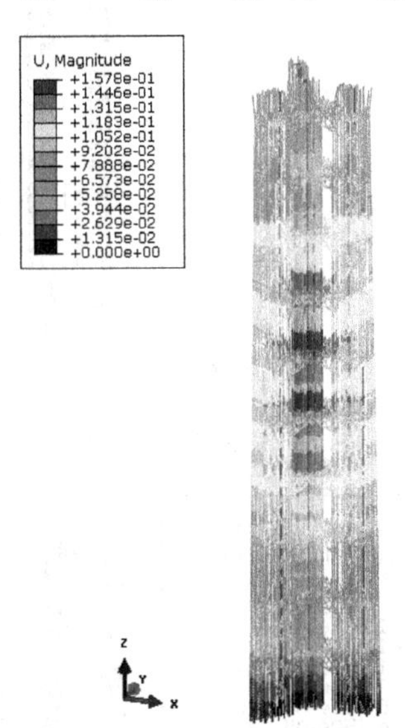

图 4-19　第 172 层～第 190 层

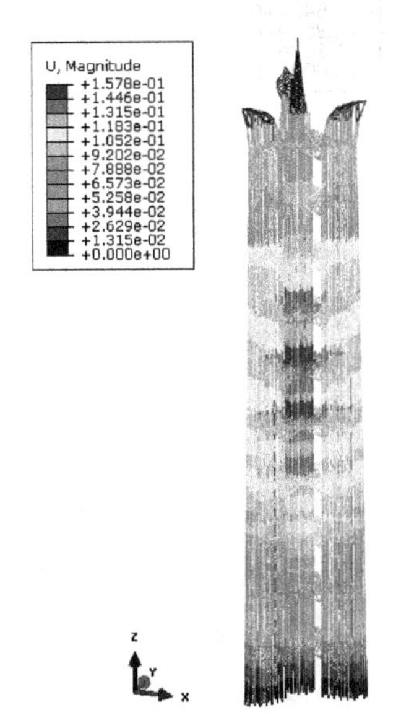

图 4-20　第 190 层～第 218 层

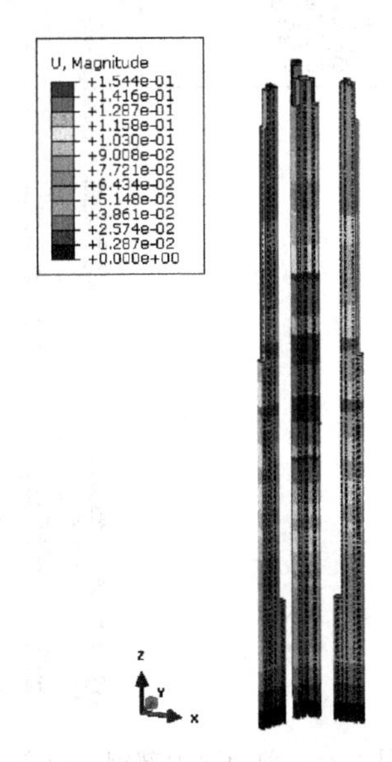

图 4-21　剪力墙竖向变形云图

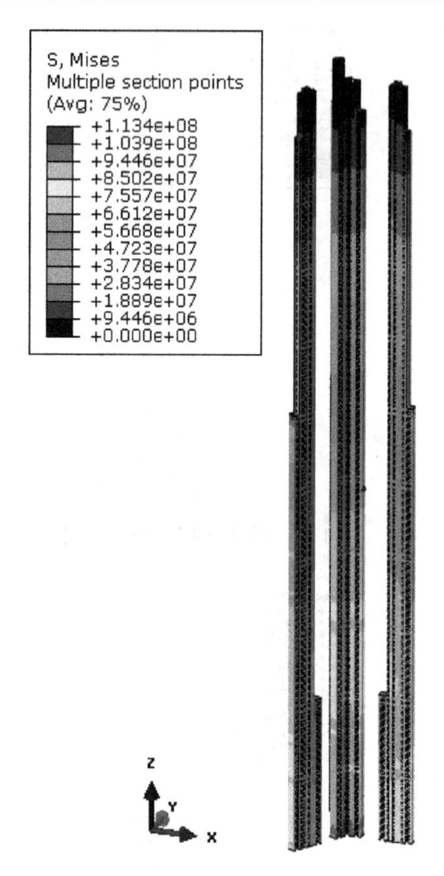

图 4-22 钢板 Mises 应力

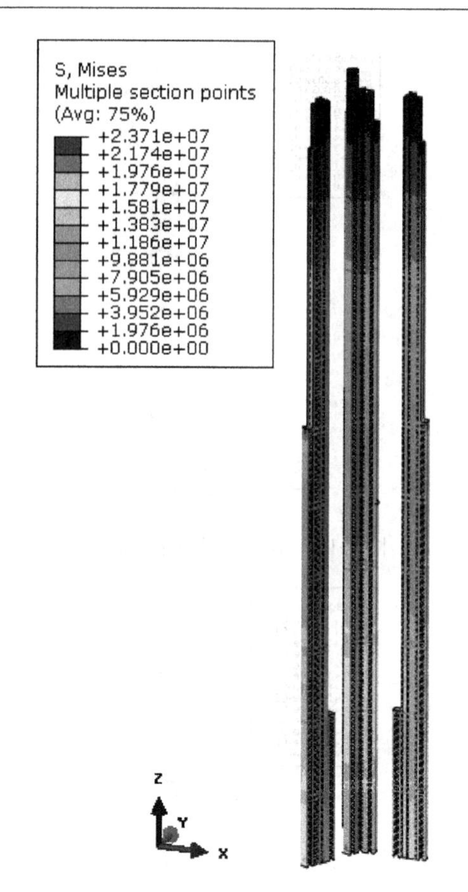

图 4-23 混凝土墙 Mises 应力

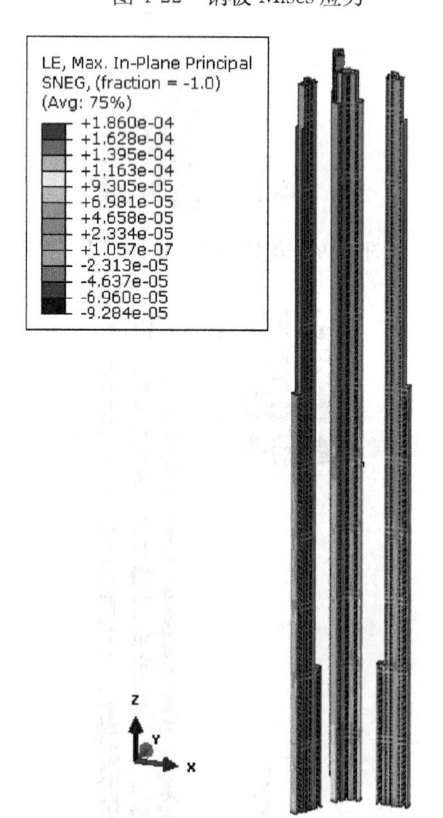

图 4-24 剪力墙内部钢筋应变

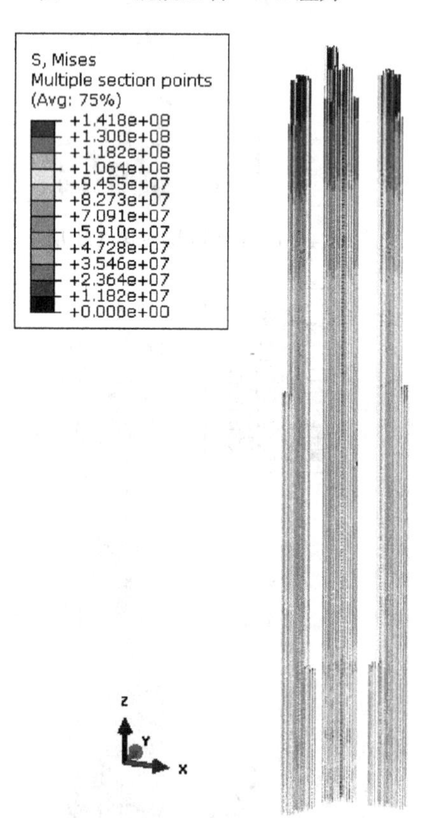

图 4-25 暗柱内钢筋 Mises 应力

（3）钢筋、钢管及支撑

由图 4-24～图 4-27 可知，剪力墙内部钢筋最大应变为 186με，换算为最大 Mises 应力为 37.2MPa；墙端暗柱钢筋最大应力为 141.8MPa，出现在墙约束边缘构件底部；钢管混凝土柱构件的外包钢管最大应力为 117.1MPa，出现在钢管混凝土柱构件底部；支撑构件（包含伸臂桁架、腰桁架、巨型支撑等支撑构件）最大 Mises 应力为 148.3MPa，出现在每百米的连接平台处。综上所述，钢筋、钢管及支撑等重要构件在重力加载工况下保持弹性工作状态。

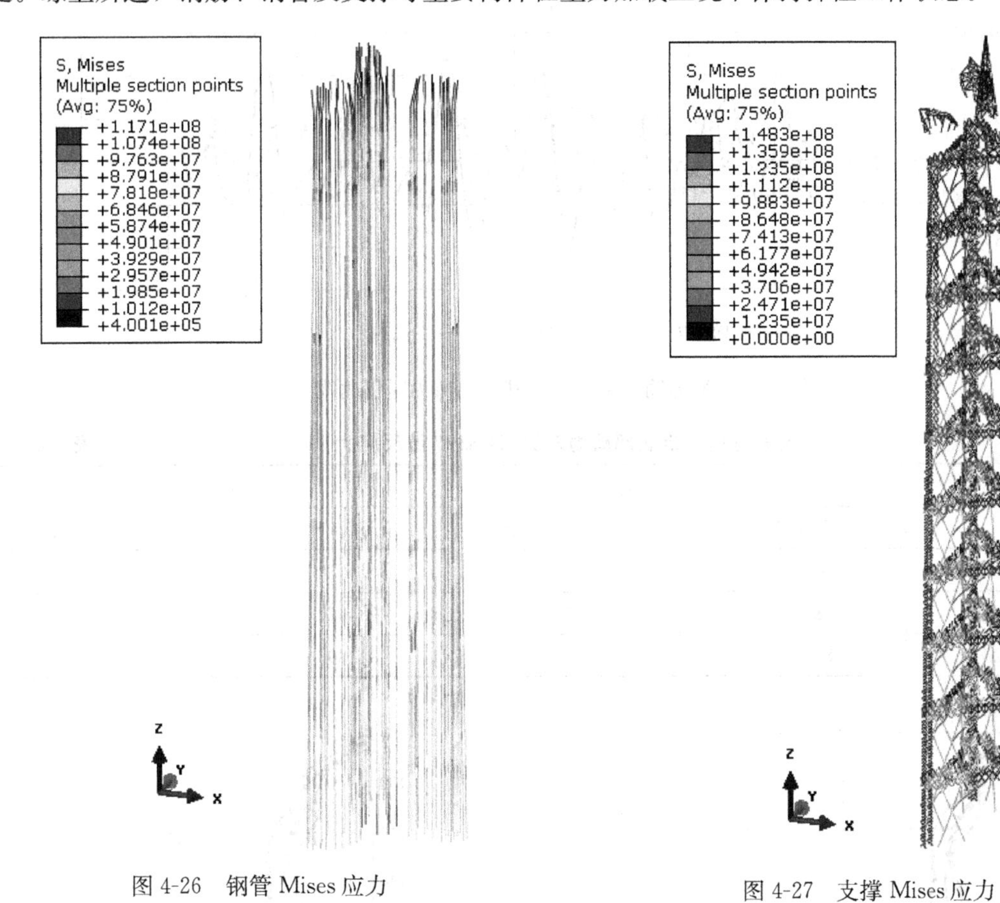

图 4-26　钢管 Mises 应力　　　　图 4-27　支撑 Mises 应力

4.7.3　罕遇地震弹塑性分析

按照前面确定的参数，进行了三组地震波，双向输入并调换主方向总计 6 个工况的罕遇地震

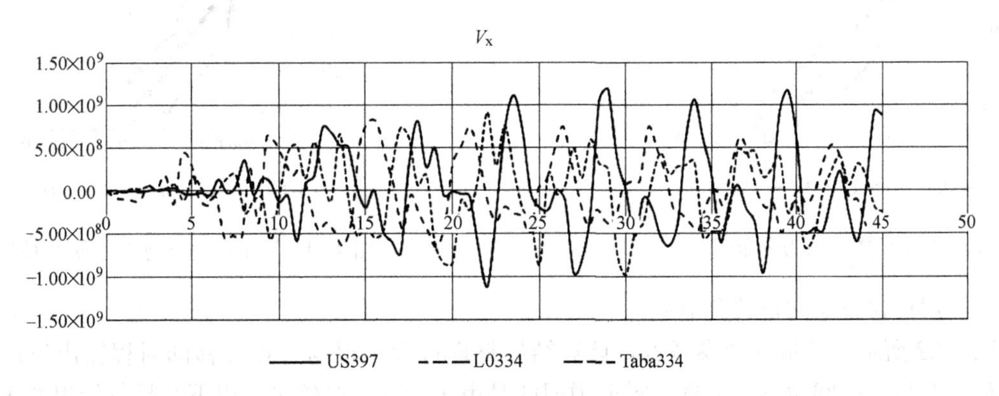

图 4-28　X 为输入主方向下基底总剪力时程曲线

弹塑性分析，分析的宏观结果指标（基底剪力和层间位移角）如下：

（1）基底剪力响应

图 4-28 和图 4-29 给出了模型在大震分析下的基底总剪力时程曲线，表 4-2 给出了基底剪力峰值及其剪重比统计结果。三组地震波（6 个工况）输入下，罕遇地震下的基底剪力约为小震 *CQC* 基底剪力的 3～4.23 倍，见图 4-30、图 4-31。

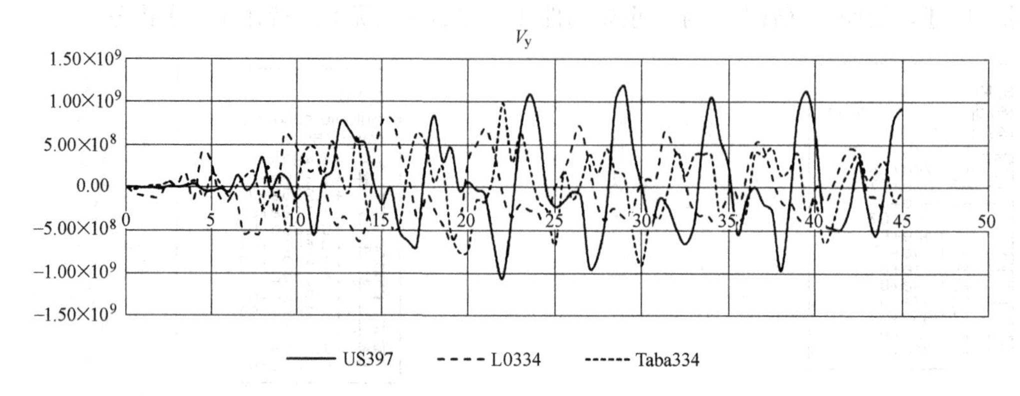

图 4-29 Y 为输入主方向下基底总剪力时程曲线

大震时程分析底部剪力对比（US397 波反应大） **表 4-2**

	X 为输入主向		Y 为输入主向	
	V_x(kN)	大震/小震 *CQC*	V_y(kN)	大震/小震 *CQC*
US397 波	1187339	4.233	1185287	4.230
Taba334 波	985037.4	3.512	984070.5	3.512
L0334 波	812742.6	2.900	812398.4	2.900

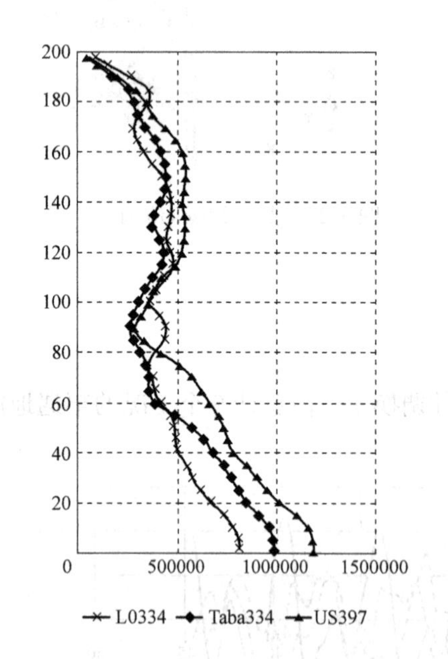

图 4-30 *X* 主向楼层剪力分布图（kN）

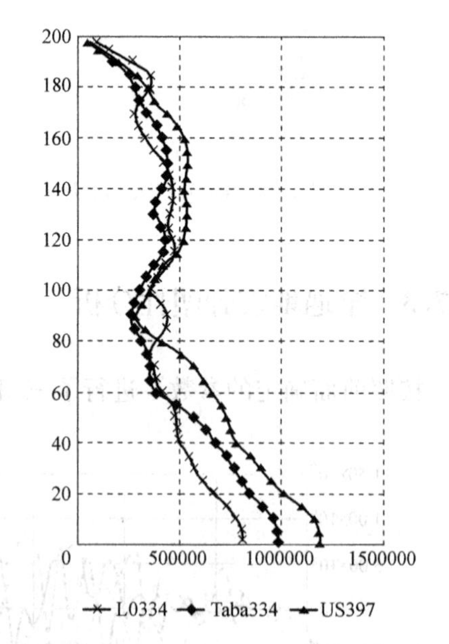

图 4-31 *Y* 主向楼层剪力分布图（kN）

（2）楼层位移及层间位移角响应

如图 4-32 所示，选取 9 个参考点，计算结果整理过程中根据各点位移的时程输出进而求得层间位移以及最大层间位移等数据。需要说明的是由于计算工况较多，以下结果仅给出 9 个参考点的最大值。表 4-3 汇总了取 9 个参考点的最大值时，三组波分别取 X、Y 方向为主方向时的结构位移结果。其中三组地震输入：X 为输入主方向时，楼顶最大位移为 865.29mm，楼层最大层间位移角为 1/281，在第 160 层；Y 为主输入方向时，楼顶最大位移为 865.267mm，楼层最大层间位移角为 1/275，在第 195 层。

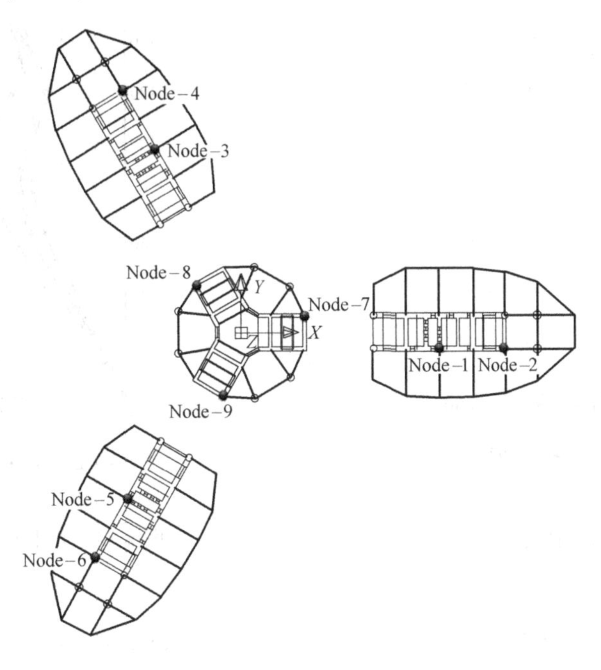

图 4-32 结构位移考察点示意图

大震弹塑性分析结构顶点最大位移及最大层间位移角统计 表 4-3

		US397	Taba334	L0334	包络值
X	顶点最大位移(mm)	865.290	857.517	829.006	865.290
	最大层间位移角	1/281 (160 层)	1/355 (160 层)	1/300 (195 层)	1/281 (160 层)
Y	顶点最大位移(mm)	865.267	857.351	829.182	865.267
	最大层间位移角	1/280 (160 层)	1/343 (195 层)	1/275 (195 层)	1/275 (195 层)

图 4-33～图 4-36 给出了各组波作用下楼层最大位移和层间位移角 9 个参考点的包络值结果。依图可知，楼层的最大位移角趋于结构顶部，说明结构的鞭梢效应明显。

4.7.4 罕遇地震下主要结构构件的受力分析

下面给出结构主要构件的破坏损伤状态，分析破坏原因，找出结构的薄弱环节。

(1) 钢板剪力墙罕遇地震下受力分析

图 4-37 给出了剪力墙混凝土的压应力-应变关系和受压损伤因子-应变关系曲线，对照该曲线，利用受压损伤因子的概念，给出剪力墙在大震情况下的损伤破坏情况。

图 4-37 中，横坐标为混凝土的压应变，对于混凝土压应力-应变关系曲线，纵坐标为混凝土的压应力与峰值的比值，即按照混凝土峰值压力归一化的压应力-应变关系曲线；对于混凝土受压损伤因子-压应变关系曲线，纵坐标为混凝土的受压损伤因子，从图中可以看出，当混凝土达到

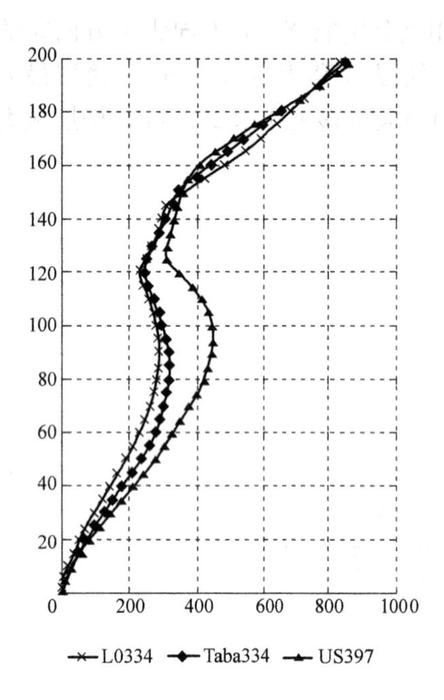

图 4-33　*X* 主向楼层最大位移（mm）

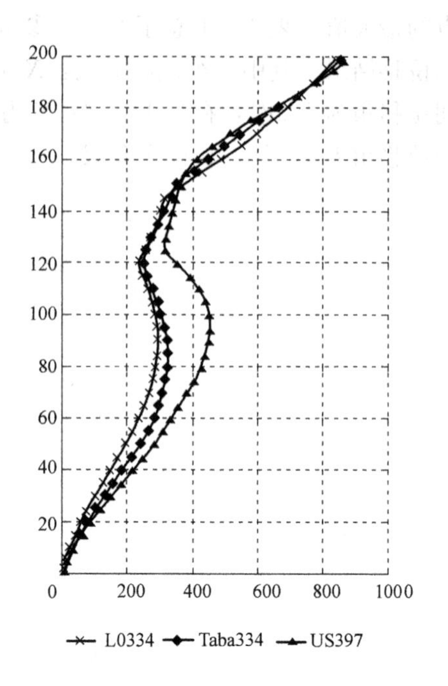

图 4-34　*Y* 主向楼层最大位移（mm）

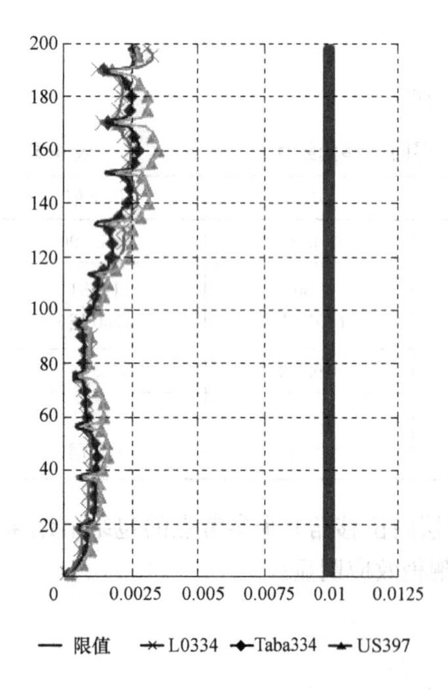

图 4-35　*X* 主向最大层间位移角

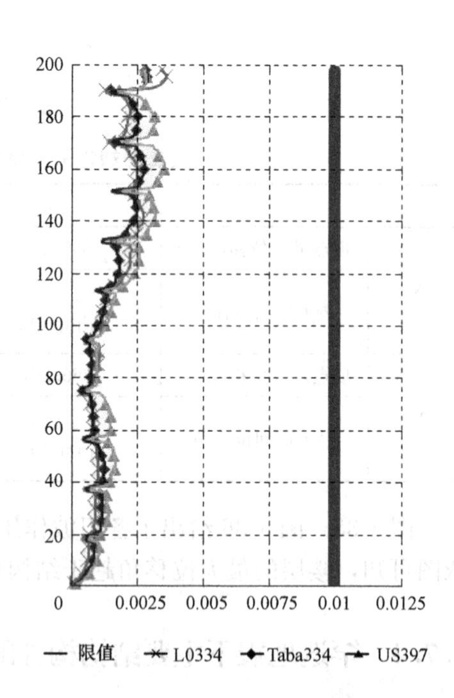

图 4-36　*Y* 主向最大层间位移角

压应力峰值时，受压损伤因子基本上位于 0.2～0.3 之间，因此，当混凝土的受压损伤因子在 0.3 以下，混凝土未达到承载力峰值，基本可以判断剪力墙混凝土尚未压碎。

依图 4-38～图 4-43，三组地震波作用下钢板 Mises 应力最大为 247.3MPa，均处于弹性工作状态，混凝土的损伤集中于结构顶部。由于计算结果数据量大，为突出重点，仅详细给出 *X* 为输入主方向和 *Y* 为输入主方向结构反应最大、主要构件破坏最显著的 US397 波计算结果。

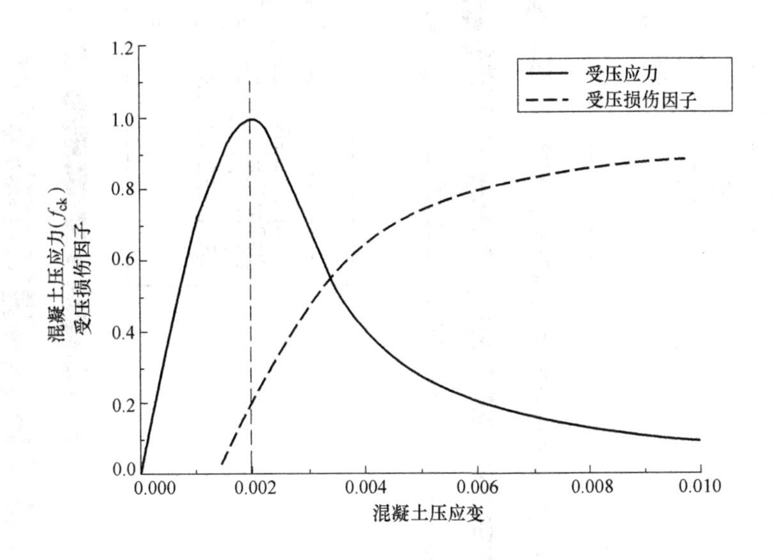

图 4-37 剪力墙混凝土压应力—应变关系和受压损伤因子—应变关系曲线

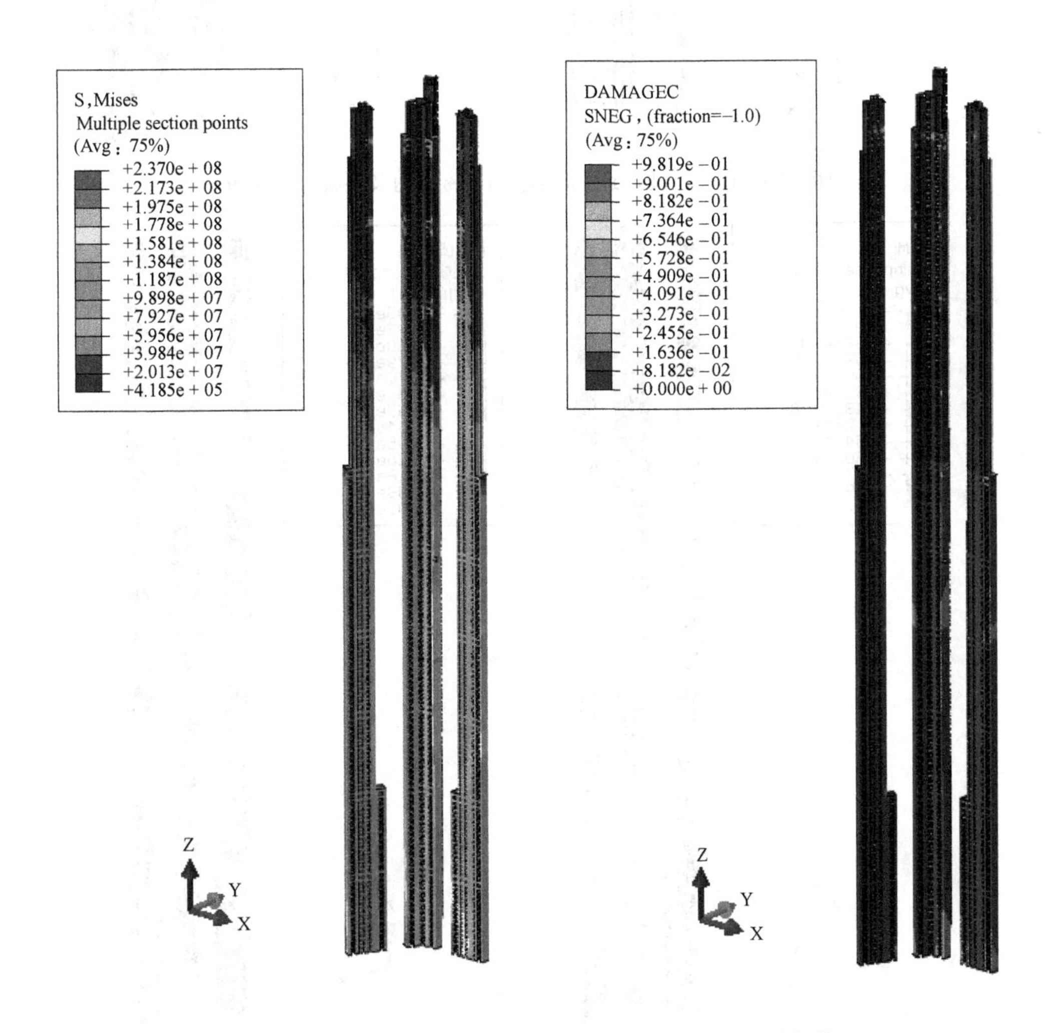

图 4-38 US397 波，X 主向钢板 Mises 应力及混凝土墙损伤

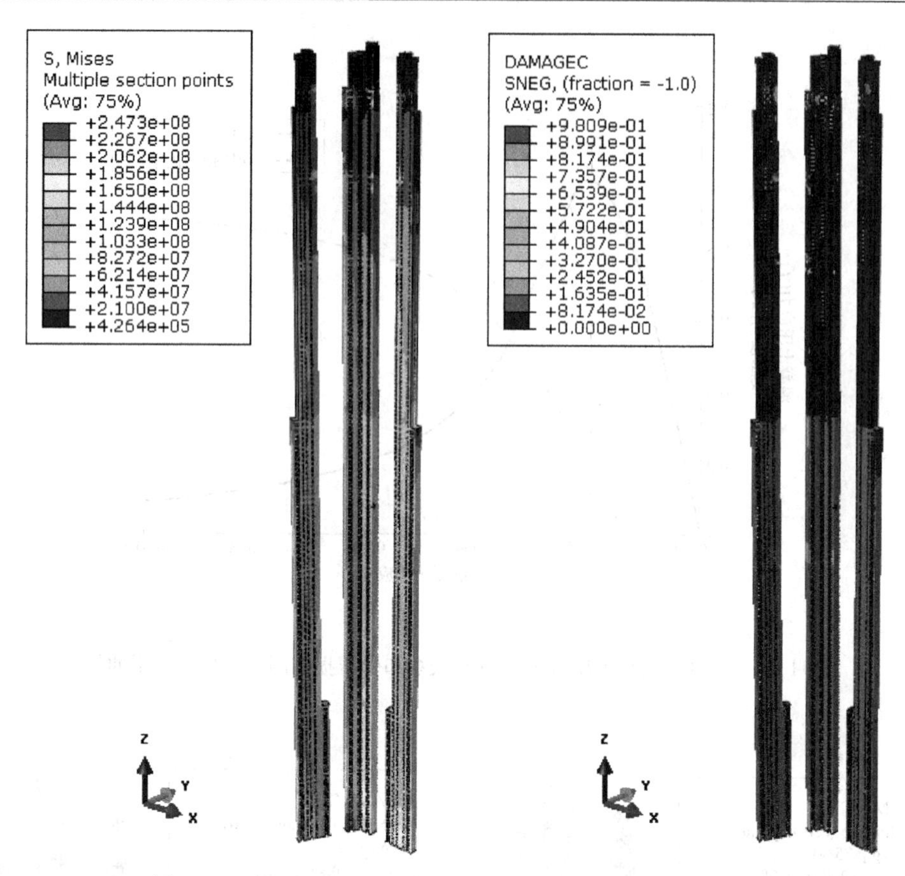

图 4-39　US397 波，Y 主向钢板 Mises 应力及混凝土墙损伤

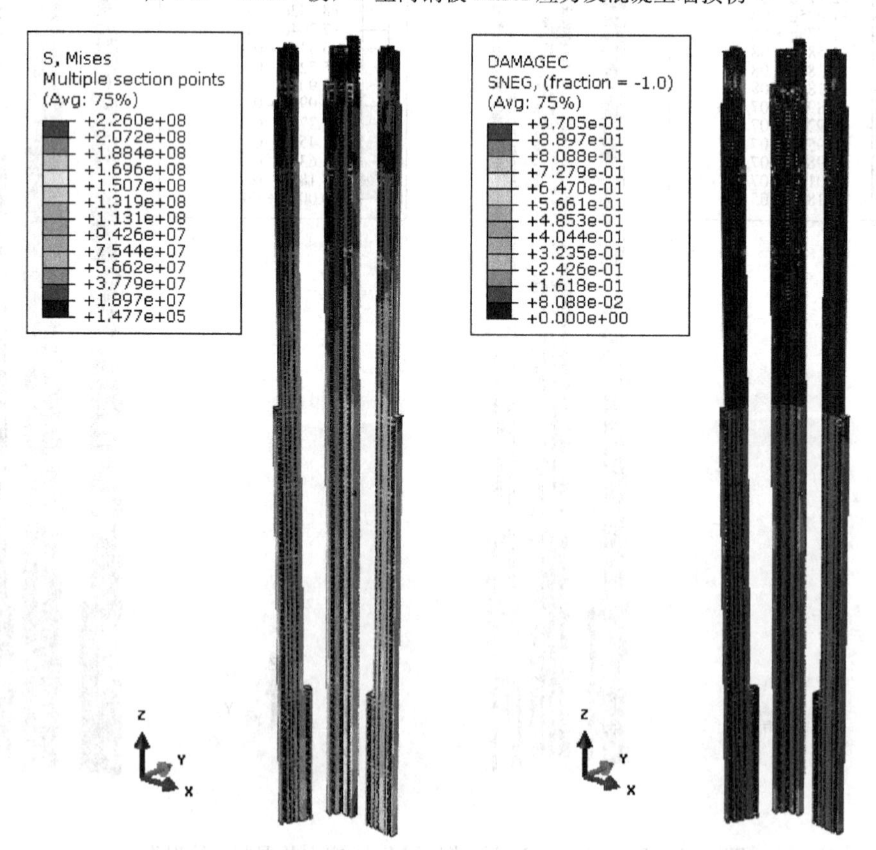

图 4-40　L0334 波，X 主向钢板 Mises 应力及混凝土墙损伤

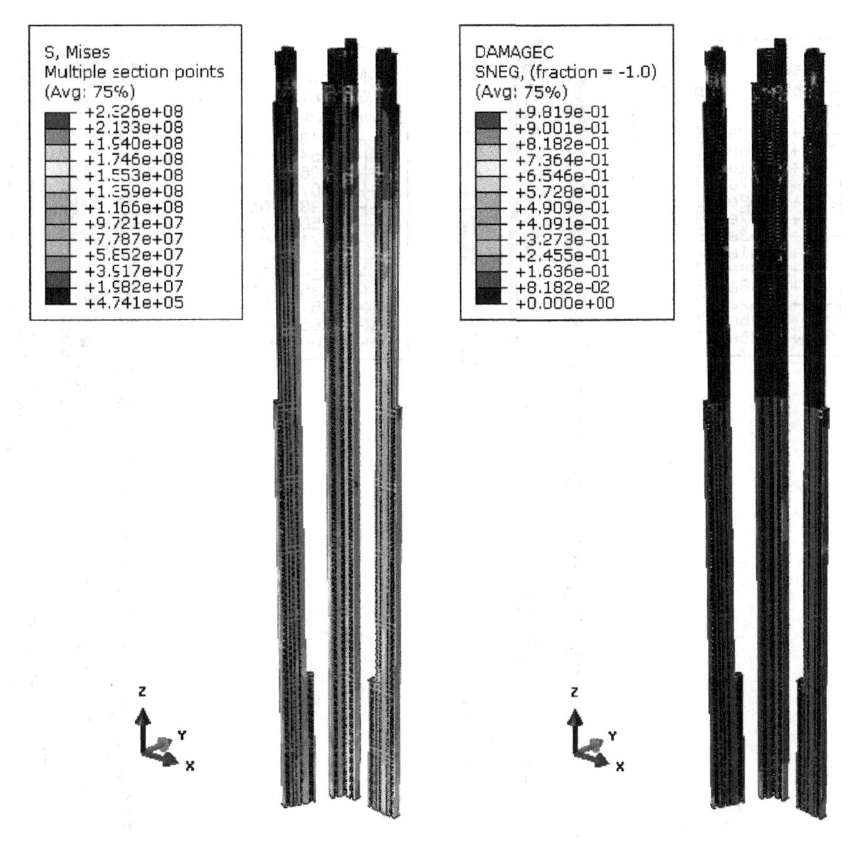

图 4-41 L0334 波，*Y* 主向钢板 Mises 应力及混凝土墙损伤

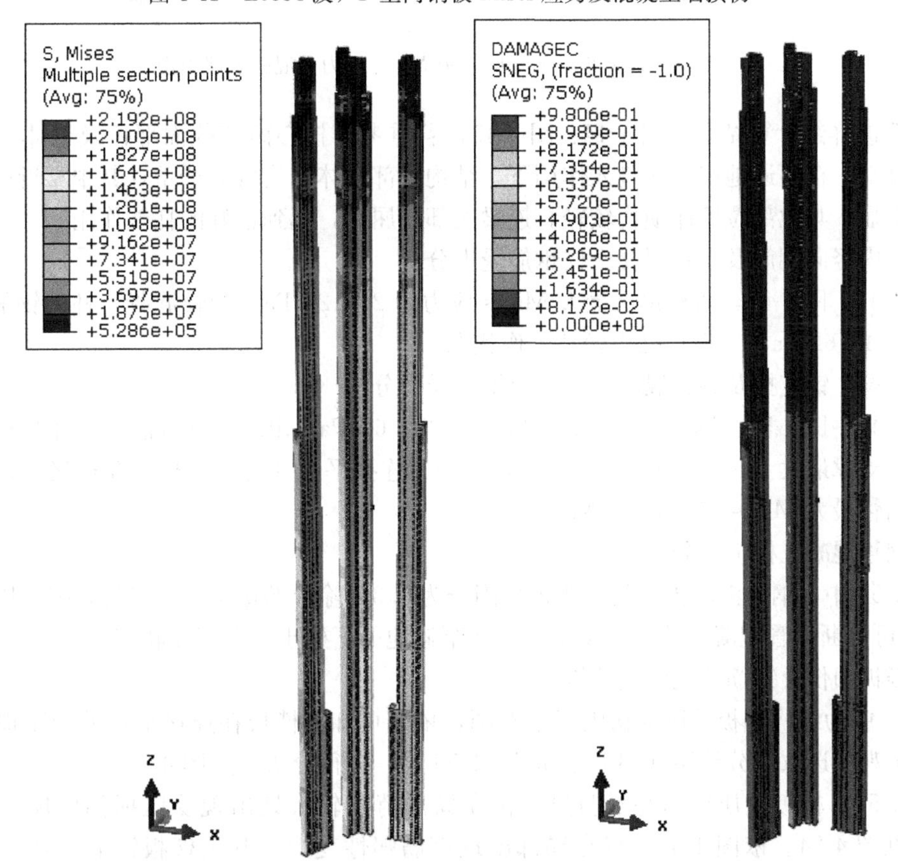

图 4-42 Taba334 波，*X* 主向钢板 Mises 应力及混凝土墙损伤

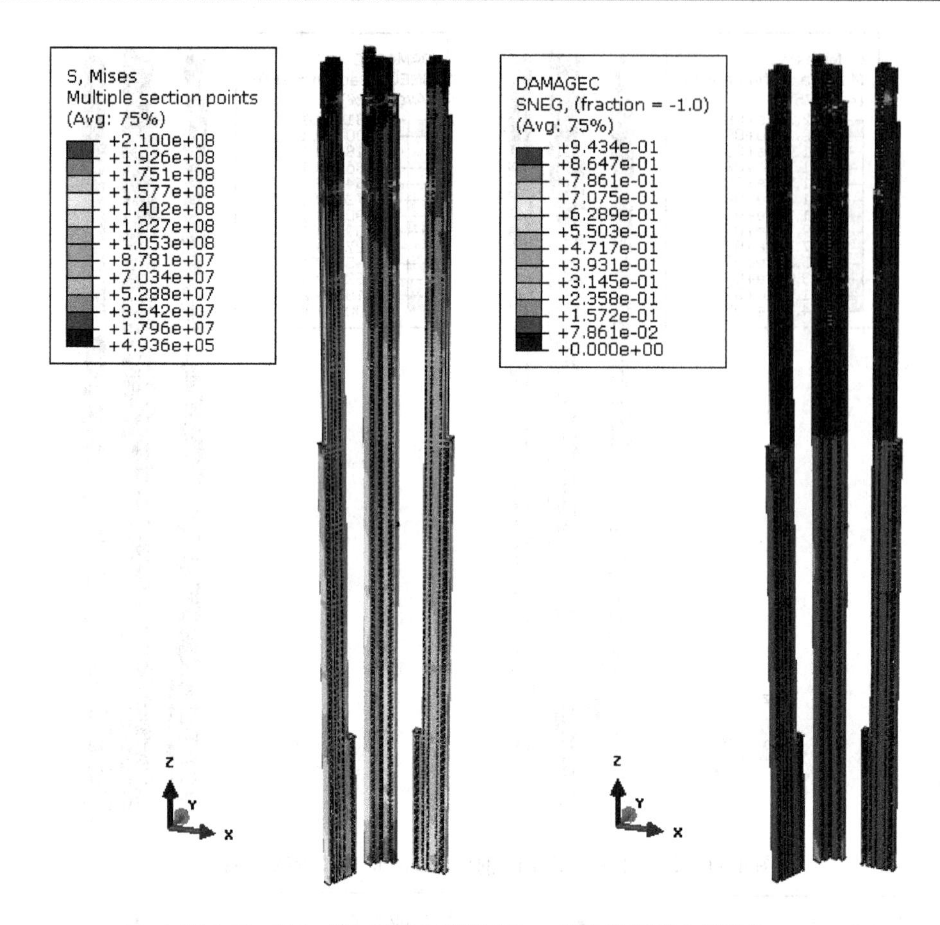

图 4-43　Taba 波，*Y* 主向钢板 Mises 应力及混凝土墙损伤

US397 波详细计算结果见图 4-44、图 4-45，着重考察核心筒变截面部位及连体部位损伤情况。由图可知，在罕遇地震双向输入作用下，结构顶部墙体损伤较为严重，其中靠近中心的墙体损伤尤为明显。其他部位墙体损伤较轻。连梁大部分屈服，起到很好的耗能作用。

（2）墙内竖向钢筋及钢管混凝土柱钢筋受力分析

依图 4-46、图 4-47，暗柱钢筋最大 Mises 应力为 268.2MPa，钢管混凝土柱内钢筋最大 Mises 应力为 244.6MPa，二者均处于弹性工作状态。

（3）钢梁、钢支撑及钢管混凝土柱外包钢管受力分析

依图 4-48～图 4-50，钢梁最大 Mises 应力为 312.6MPa，出现在钢管混凝土柱与核心筒墙连接部位；钢支撑最大 Mises 应力为 292MPa，集中在连接平台处与内部核心筒连接处；钢管混凝土柱外包钢管最大 Mises 应力为 246MPa。

（4）钢管混凝土柱损伤分析

依图 4-51 中，钢管混凝土柱的受压损伤因子为 0.3，除顶部楼层柱根以外，损伤因子均小于 0.2，由此可判断钢管混凝土柱的混凝土部分在罕遇地震下处于弹性工作状态。

（5）楼板损伤及钢筋塑性应变分析

图 4-52 中为结构楼板受压损伤因子示意图，依图可知，楼板在连接平台处受压损伤因子较大。为便于观察选取部分楼层（53 层、55 层及 56 层）进行分析。见图 4-53。

依图 4-53，楼板受压损伤并不明显，仅在局部荷载较大处出现受压损伤破坏。楼板钢筋塑性应变见图 4-54。依图 4-53，仅在局部出现钢筋塑性变形，其余楼板钢筋均处于弹性工作状态。

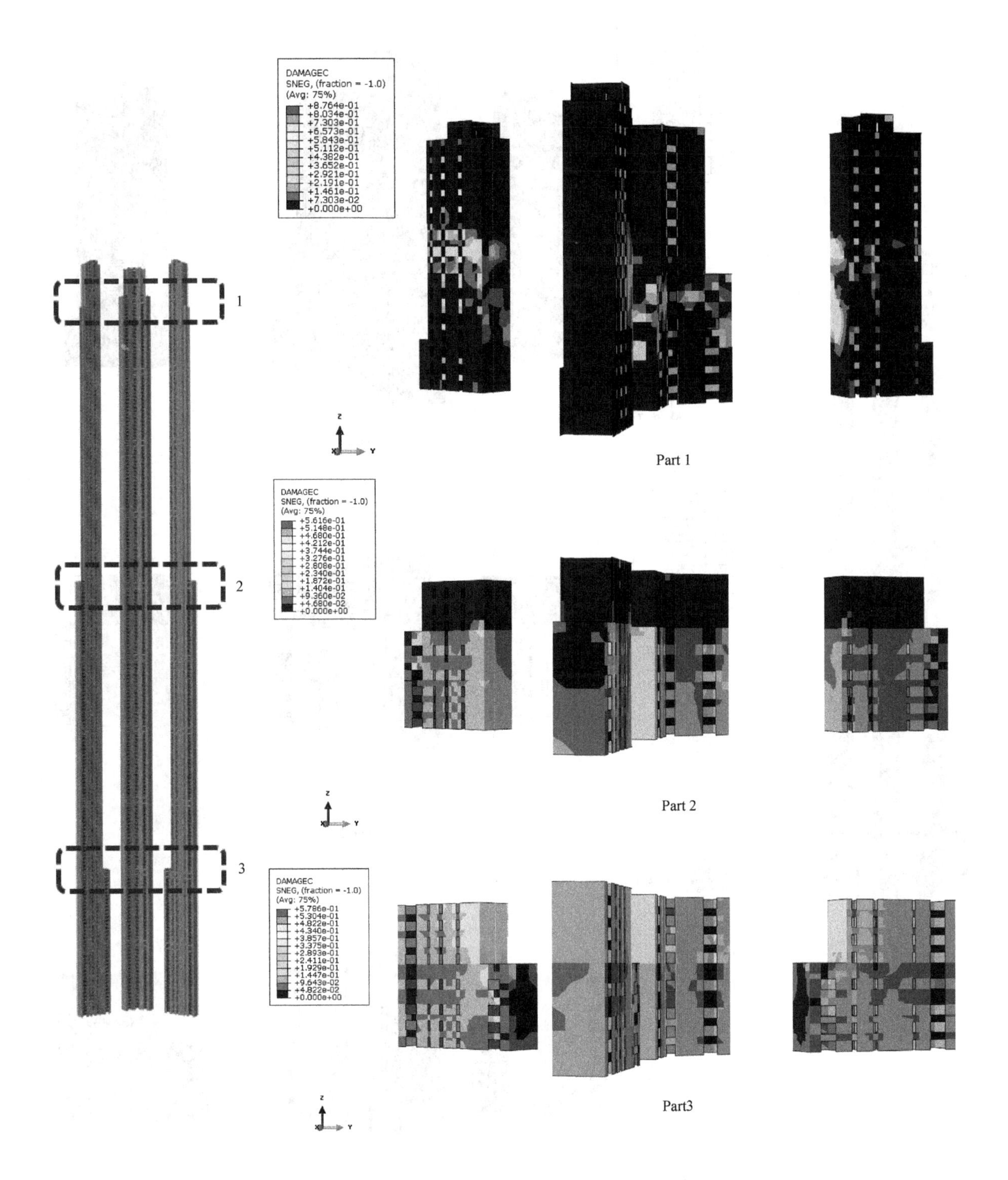

图 4-44 US397 波，*X* 主向变截面部位墙体受压损伤示意图

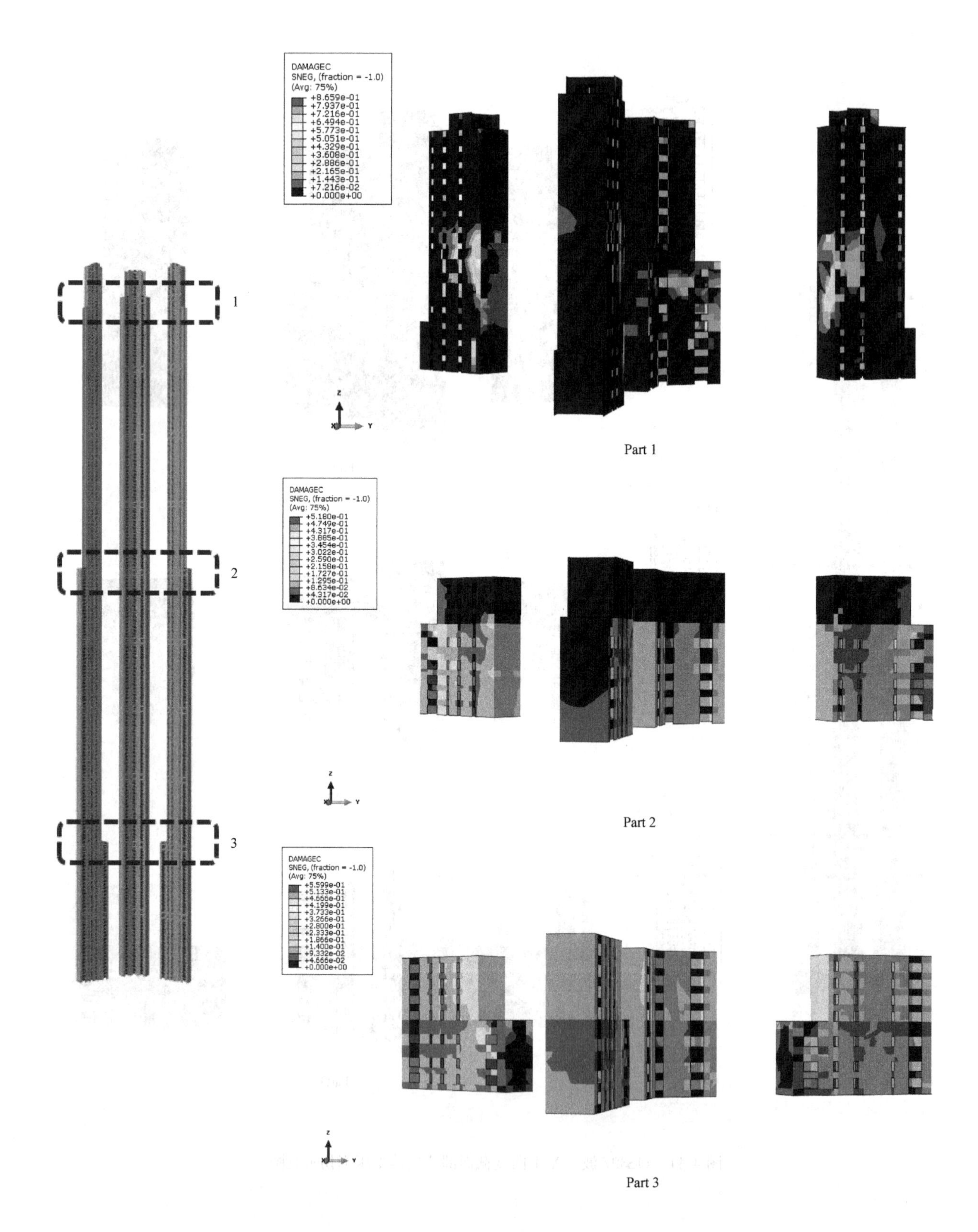

图 4-45 US397 波，Y 主向变截面部位墙体受压损伤示意图

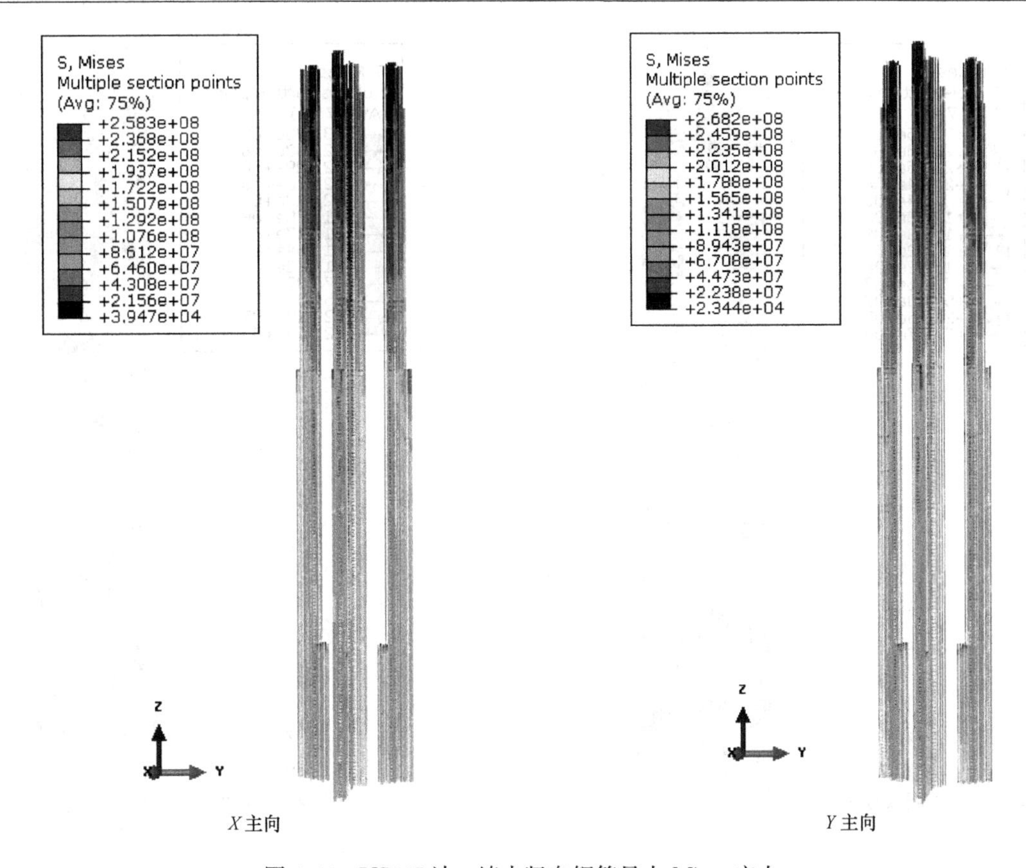

图 4-46 US397 波，墙内竖向钢筋最大 Mises 应力

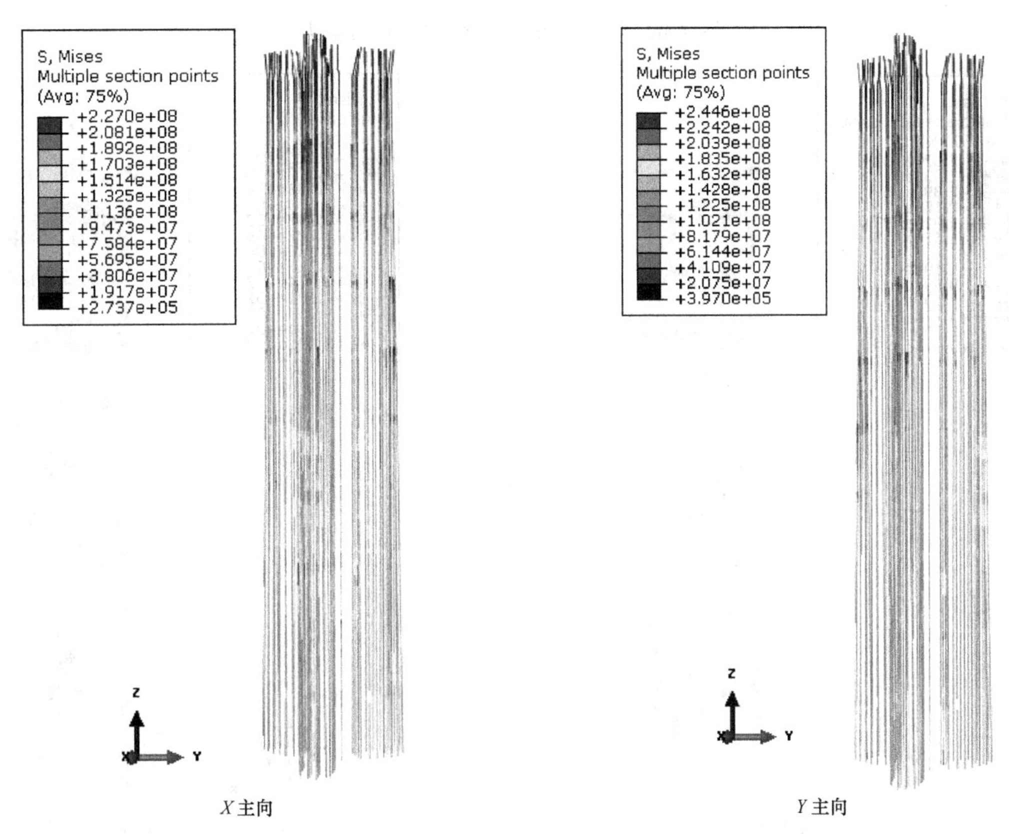

图 4-47 US397 波，钢管混凝土柱内钢筋最大 Mises 应力

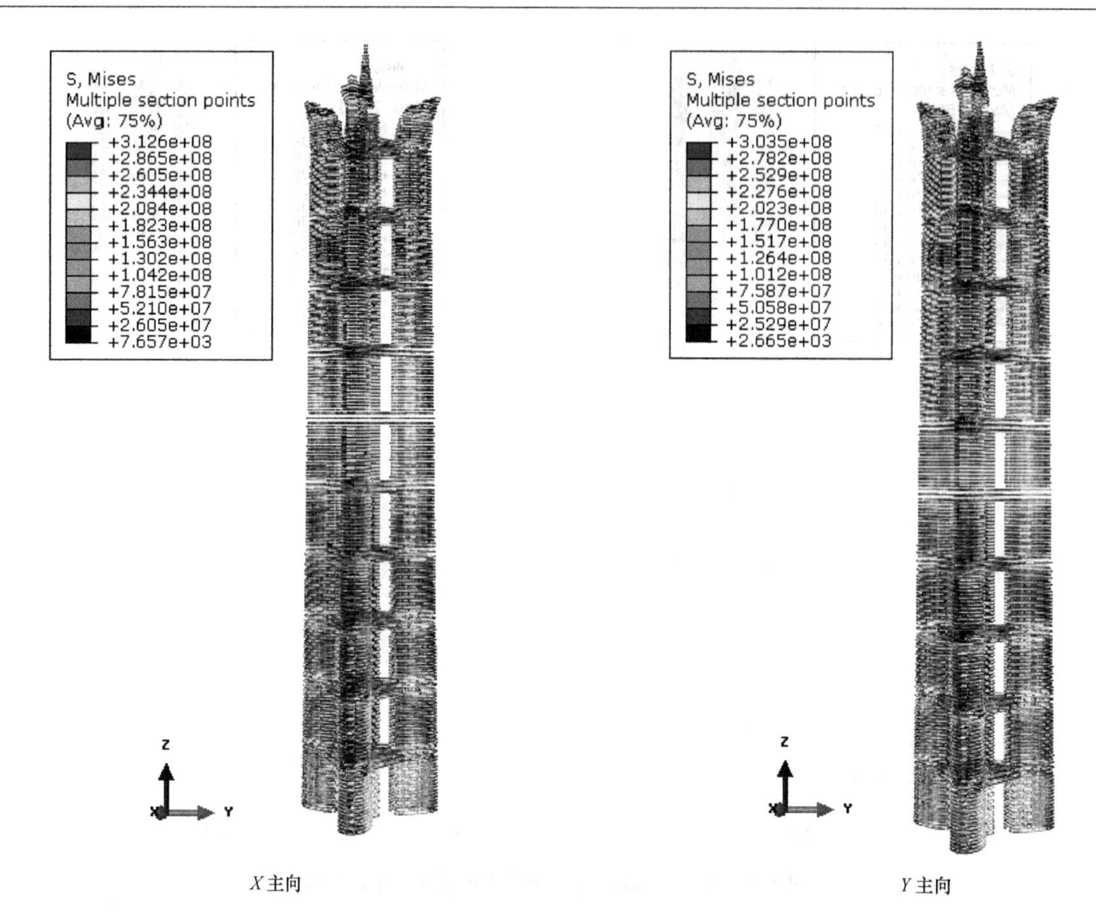

图 4-48　US397 波，钢梁最大 Mises 应力

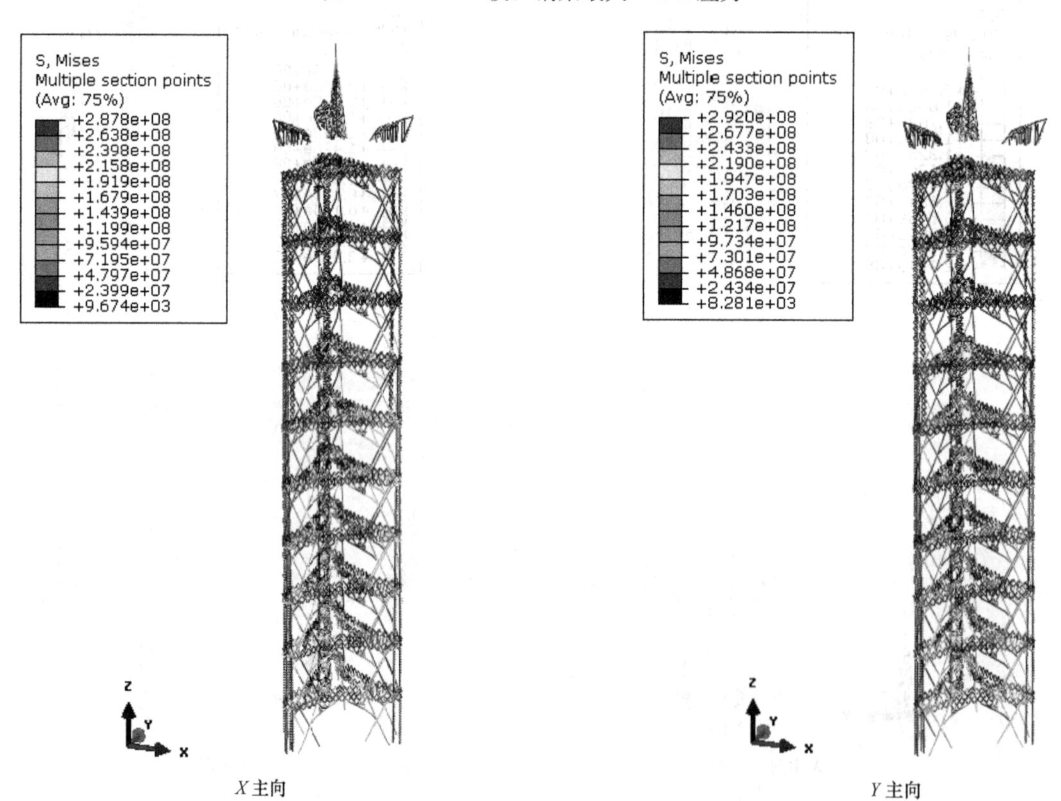

图 4-49　US397 波，钢支撑最大 Mises 应力

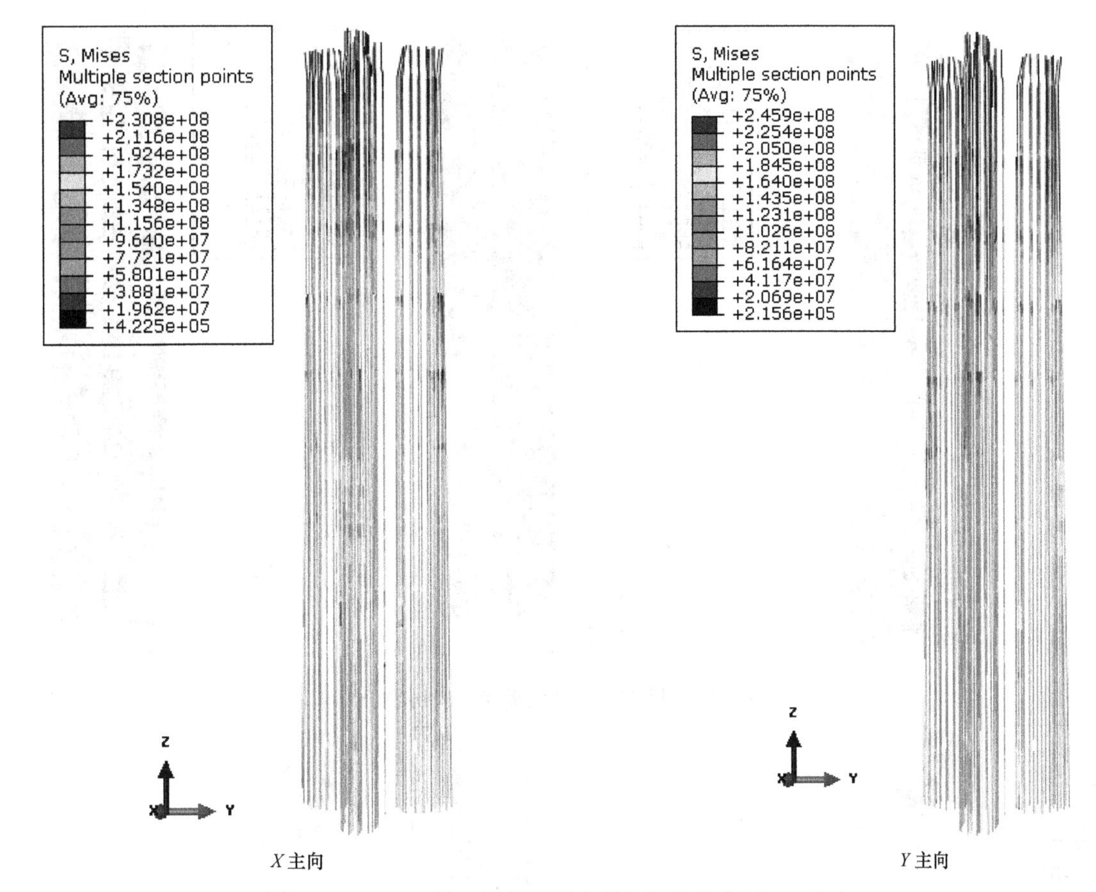

图 4-50 US397 波，钢管混凝土外包钢管最大 Mises 应力

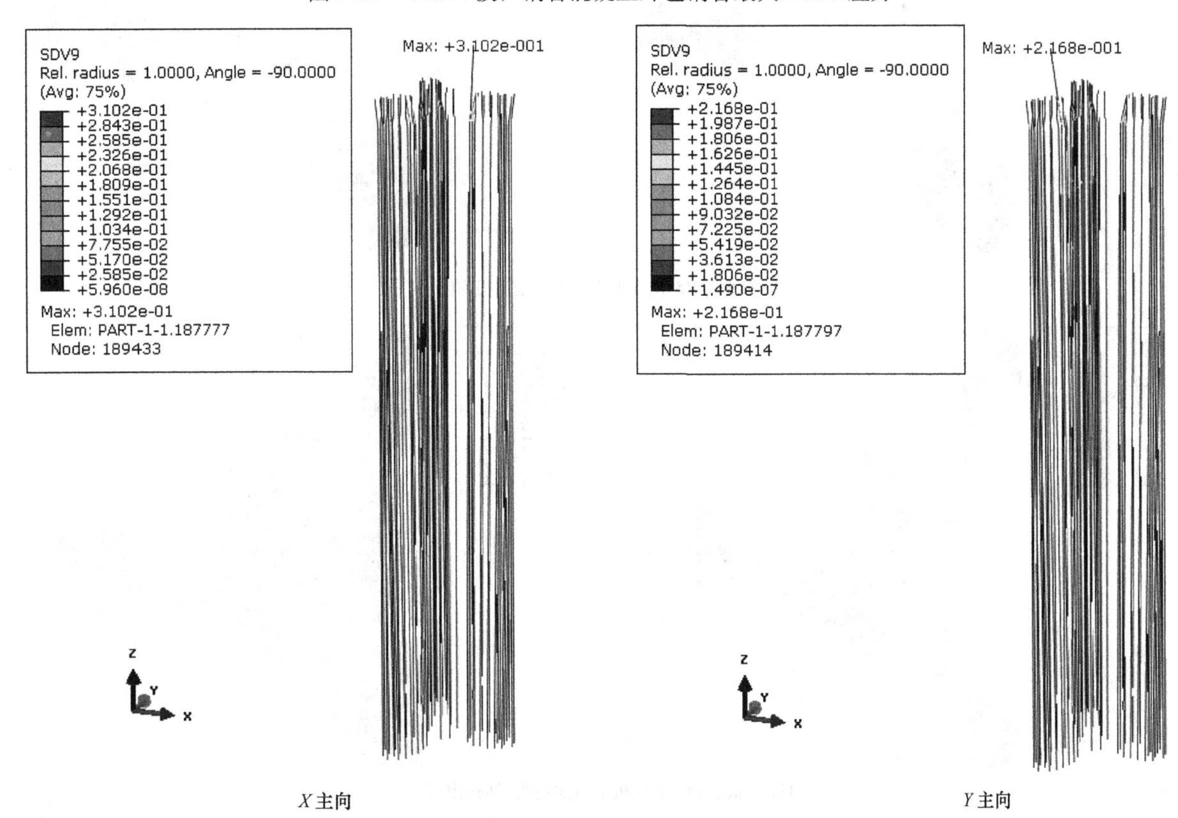

图 4-51 US397 波，钢管混凝土柱受压损伤因子

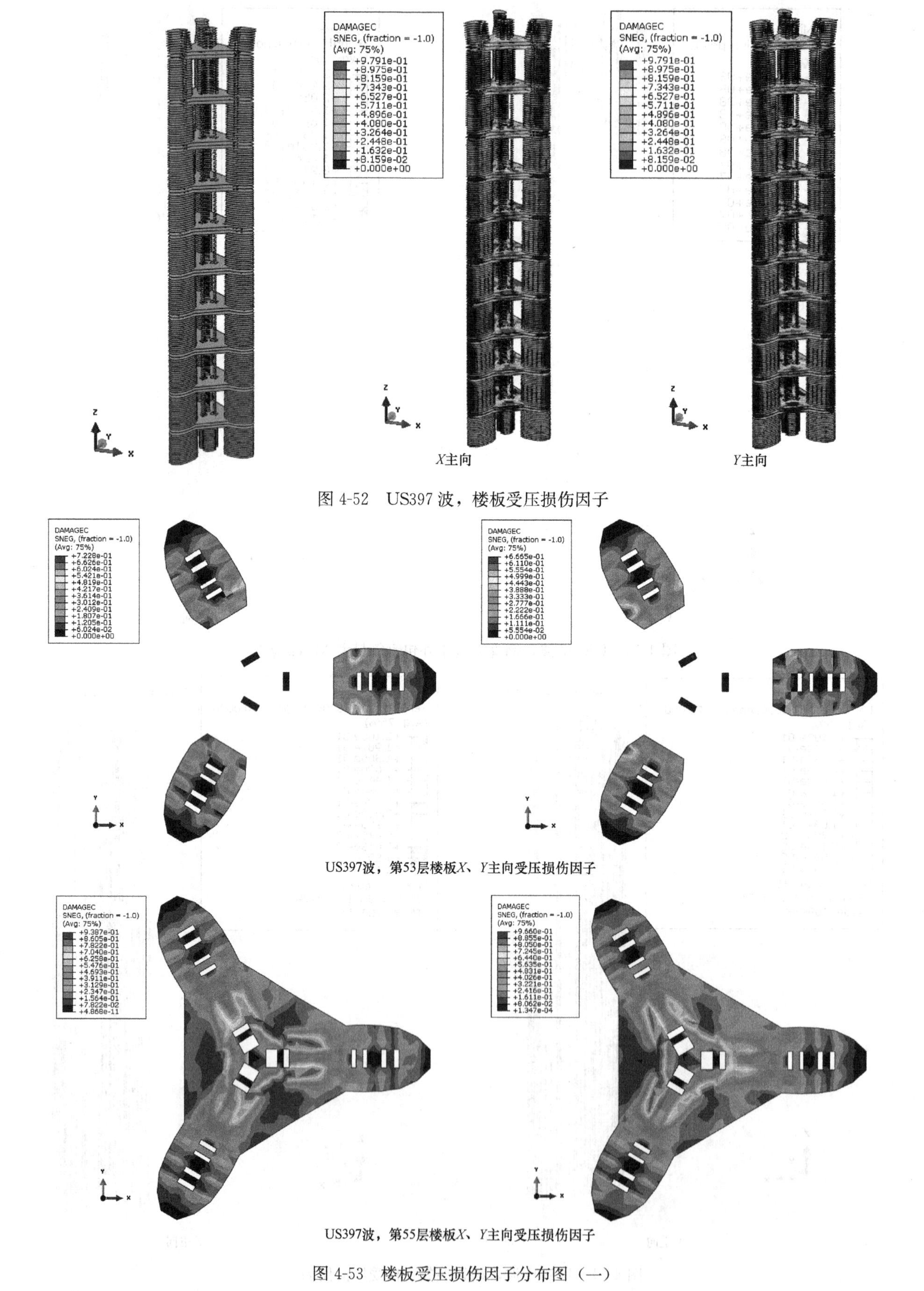

图 4-52　US397 波，楼板受压损伤因子

US397波，第53层楼板X、Y主向受压损伤因子

US397波，第55层楼板X、Y主向受压损伤因子

图 4-53　楼板受压损伤因子分布图（一）

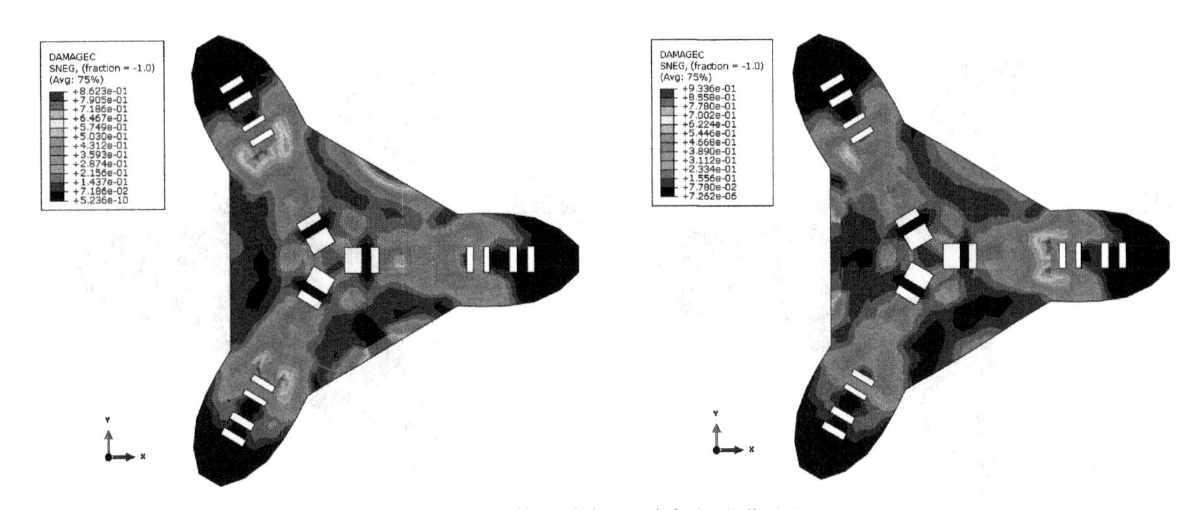

US397波，第56层楼板X、Y主向受压损伤因子

图 4-53 楼板受压损伤因子分布图（二）

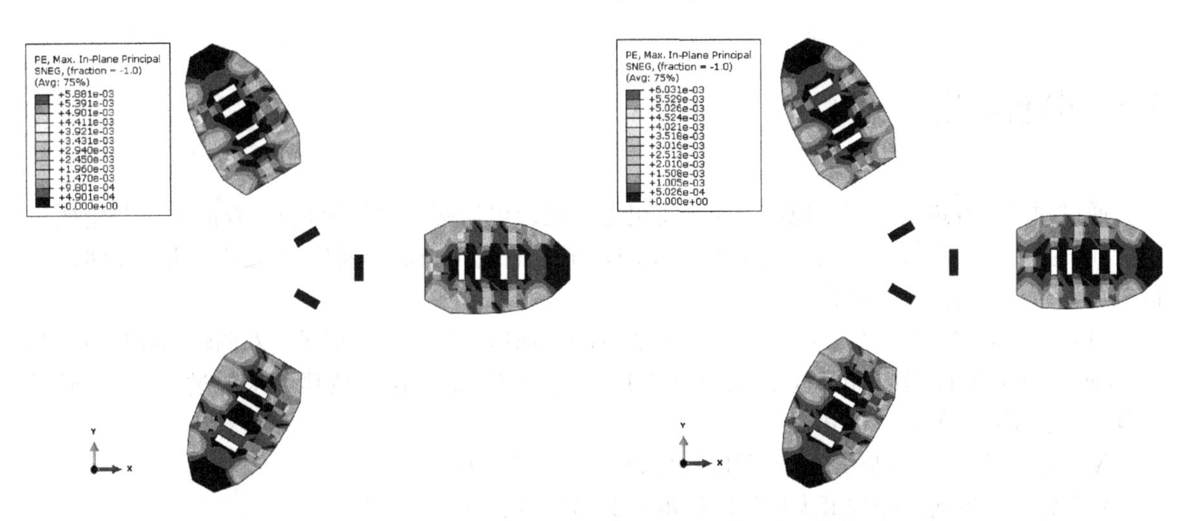

US397波，第53层楼板X、Y主向钢筋塑性应变

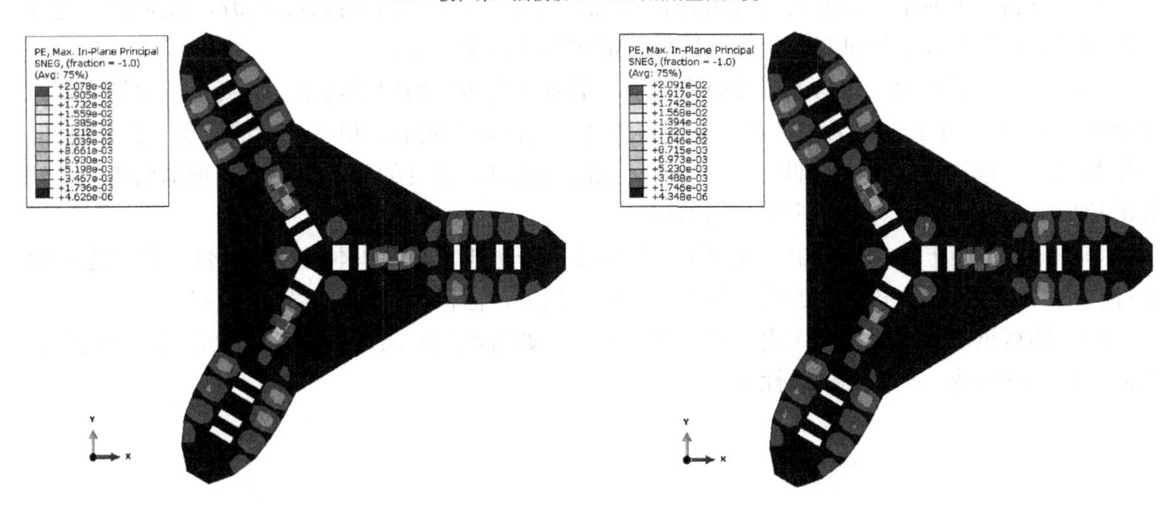

US397波，第55层楼板X、Y主向钢筋塑性应变

图 4-54 楼板钢筋塑性应变分布图（一）

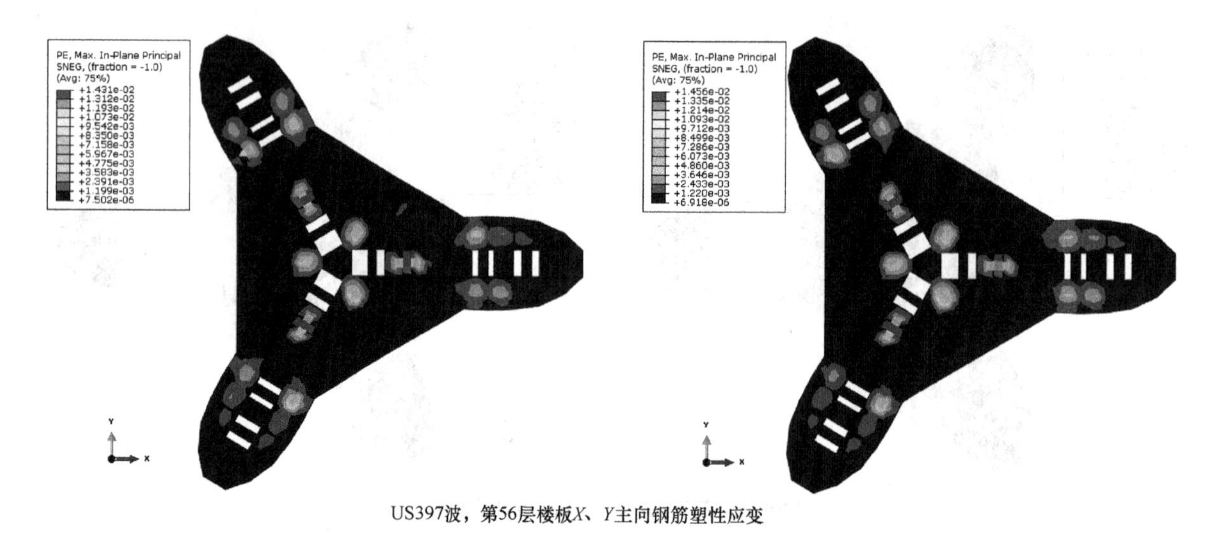

US397波，第56层楼板*X*、*Y*主向钢筋塑性应变

图 4-54　楼板钢筋塑性应变分布图（二）

4.8　分析结论

通过对本工程进行的三组地震记录（每组地震记录包括两个水平分量）、双向输入并轮换主次方向，共计 6 个计算分析工况的 7 度（0.1*g*）罕遇地震（峰值加速度 220gal）动力弹塑性分析，对该结构的抗震性能评价如下：

（1）在选取的三组 7 度（0.1*g*）罕遇地震（峰值加速度 220gal）记录、双向输入作用（0°和 90°方向）的弹塑性时程分析下，结构始终保持直立，结构最大层间位移角未超过 1/100，满足规范“大震不倒”的要求。其中：

X 为输入主方向，结构最大层间位移角为 1/281（第 160 层）。

Y 为输入主方向，结构最大层间位移角为 1/275（第 195 层）。

（2）分析结果显示，部分连梁进入塑性状态，其受压损伤因子均超过 0.97，说明在罕遇地震作用下，连梁形成了铰机制，符合屈服耗能的抗震工程学概念。

（3）分析结果显示，结构大部分剪力墙墙肢混凝土受压损伤因子较小（混凝土应力均未超过峰值强度），基本处于弹性工作状态。顶部墙肢受压损伤较为明显，但未见沿墙肢通长损伤破坏。分析其原因，该建筑属于长周期结构，当受到地震激励时，往复的荷载作用下使顶部墙体产生较大的速度及位移，从而导致结构的损伤破坏。

（4）钢管混凝土柱构件在罕遇地震下受压损伤因子小于 0.3，基本上处于弹性工作状态；钢支撑在连接平台处与内核心筒连接部位 Mises 应力较大，但仍然处于弹性工作状态。

（5）楼板钢筋在罕遇地震作用下仅荷载较大处（如避难层）出现了较大塑性应变，因此应加强此处的钢筋构造，提高其抗震性能。

5 风洞数值模拟分析

5.1 计算风工程

计算风工程（Computing Wind Engineering 简称 CWE），是结构风工程中极具前景的一个方向，也是当前国际风工程研究的一个热点。计算风工程的核心内容是计算流体动力学（Computational Fluid Dynamics 简称 CFD）。流体力学的基本控制方程组一般是非线性的，加之计算域的几何形状和边界条件复杂，所以基本不可能得到准确的解析解，只能通过数值计算方法求得具有足够精度的近似解。CFD 是流体力学的一个分支，它通过计算机对复杂的流体力学方程进行数值求解，并可通过计算机图形技术对结果进行直观的显示。CFD 的基本思想为：将本来在时空中连续的场量，用有限个离散空间点与离散时间点上的场量值代替，再通过一定的离散方法将流体力学基本控制方程组（Navier-Stokes 方程）离散成基于上述离散点的代数方程组，进而通过迭代的方法求解方程组的近似解。

CFD 数值模拟技术具有很好的潜力可以替代风洞试验成为结构风工程领域新的研究方法，因此被称为"数值风洞"技术。与风洞试验相比，数值风洞技术具有以下一些优势。

经济上：由于不存在模型制作、高耗电量、昂贵的设备等费用，采用数值风洞方法可以有效地降低成本。建筑的设计过程需要进行很多方案的比选与局部细节的调整，因此会进行多次风洞试验与制作大量的模型，此时数值风洞的成本优势就要明显得多。

时间上：随着 CFD 相关软件的不断发展与计算机处理速度的飞速提高，使用数值风洞的工作周期有望快速的下降。近十年间的台式机 CPU 处理速度发展迅速，从 2004 年的 Intel P4 2.4GHz 到目前高端工作站 Intel E5 2699 18 核 2.3GHz，提高了近 18 倍，内存与硬盘容量也大幅的提升。此外，异构计算方式（CPU+GPU）的出现为台式机进行高性能计算提供一种新的方法，其可以调用 GPU 中数以千计的计算单元并行处理计算任务。由此可见，数值风洞分析速度与分析规模（网格数）将不停地得到快速提升。

结果上：与风洞试验只能获得建筑表面及周围有限个稀疏测点的数据不同，数值风洞可以得到分析空间内所有的数据，可以更准确地反映细节特征，帮助设计人员进行更好的分析。

精度上：由于没有空间上的限制，数值风洞理论上可以进行全尺寸建筑的分析，避免由于使用缩尺模型而带来的缩尺效应（如雷诺数问题）。真实的建筑绕流问题的雷诺数大约为 10^8，而风洞试验室中仅能达到 10^5，由于差别较大，有些对雷诺数较敏感的建筑，风洞试验结果可靠度较低。因此随着数值风洞技术的不断发展，其结果的可靠性有望达到甚至超过风洞试验。

5.2 稳态数值风洞分析

5.2.1 千米级摩天大楼稳态数值风洞模拟基本参数

湍流模型：

目前常用的计算湍流模型有四种：标准的 k-ε 模型、Realizable k-ε 模型、剪切应力输运 k-ω 模型和雷诺应力方程模型 RSM。相对于标准 k-ε 模型，Realizable k-ε 模型模拟精度好，特别是对尖锐棱角的顶部复杂区域，湍流能的模拟与试验更接近。RSM 雷诺应力模型放弃了涡粘性系数假定，直接采用微分形式的输运方程计算雷诺应力，收敛较难，计算量大，但计算精度最好。千米级摩天大楼采用雷诺应力方程模型 RSM 进行数值模拟。

来流条件：

以 B 类地面粗糙度类别对应的大气边界层为来流条件进行计算。模型化后风剖面（模型比 1∶1）的表达式为 $V(z)=V_{10}=(z/10)^{\alpha}$。其中 V_{10} 为 10m 高度处的远处来流风速，α 为粗糙度指数，z 为风剖面内某点高度，自模型底部（或计算域底部）计算，风速剖面详见图 5-1。来流湍流特征通过直接给定湍流动能 k 和湍流耗散率 ε 来给定。

$$k=\frac{3}{2}(V_z I)^2 \tag{5-1}$$

$$\varepsilon=0.09^{3/4}k^{3/2}/l \tag{5-2}$$

来流边界处的风剖面 $V(z)$、k 和 ε 均采用用户自定义函数（UDF）编程与 Fluent 实现接口。

日本规范定义的湍流强度为：

$$I=0.1\times\left(\frac{Z_b}{Z_G}\right)^{-\alpha-0.05}\quad (Z\leqslant Z_b) \tag{5-3}$$

$$I=0.1\times\left(\frac{Z}{Z_G}\right)^{-\alpha-0.05}\quad (Z_b<Z\leqslant Z_G) \tag{5-4}$$

$$Z_b=10\text{m}$$

式中　Z——计算高度；

Z_G——梯度风高度，为 350m；

α——0.15。

中国规范建议的湍流强度为：

$$\begin{gathered}I=I_{10}\bar{I}_z(Z)\\ \bar{I}_z(z)=\left(\frac{z}{10}\right)^{-\alpha}\end{gathered} \tag{5-5}$$

式中　Z——计算高度；

I_{10}——10m 高名义湍流度，对应 A、B、C、D 类地面粗糙度，可分别取 0.12、0.14、0.23 和 0.39，在风荷载数值模拟时取日本规范规定的湍流强度，详见图 5-2。

湍流尺度取日本规范：

$$L_z=\begin{cases}100\left(\dfrac{Z}{30}\right)^{0.5}\longrightarrow(30\text{m}<Z<Z_G)\\ 100\longrightarrow(Z<30\text{m})\end{cases} \tag{5-6}$$

计算域出口条件：湍流充分发展，流场任意物理量沿出口法向的梯度为零。

计算域壁面及研究对象表面：无滑移。

5.2.2　千米级摩天大楼稳态数值风洞模拟工况

共进行了三个不同工况的模拟，见表 5-1。计算域取 6000m×3000m×1500m，模型缩尺比例 1∶1，风洞模拟模型详见图 5-3。建筑物网格划分，见图 5-4，在建筑物表面网格划分较密，远离建筑物网格划分较稀疏。

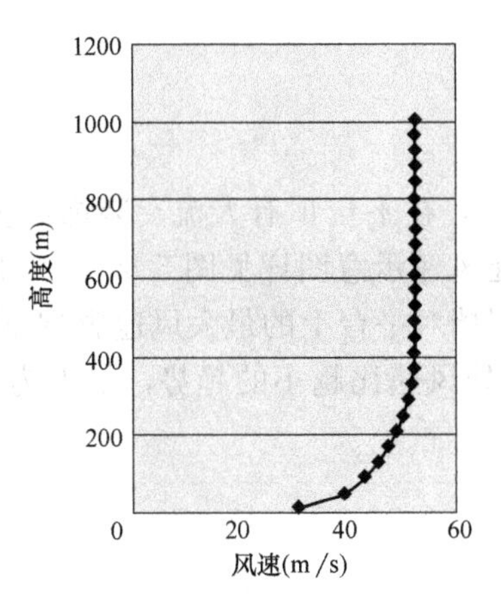

图 5-1 风速剖面图

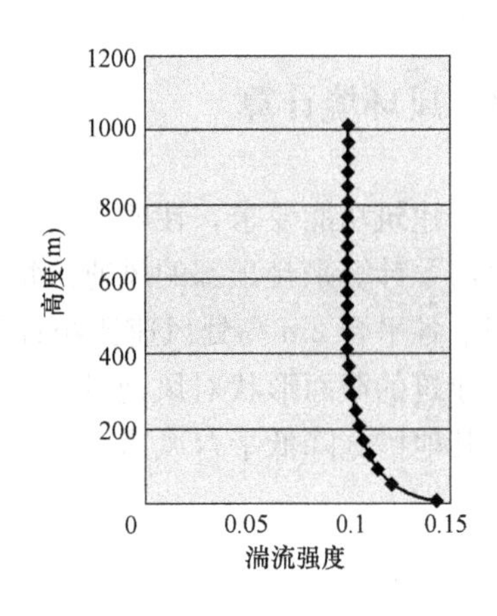

图 5-2 湍流强度

稳态数值风洞模拟工况 **表 5-1**

工况	说明	目的	网格数
无围挡	各平台可上人部分边缘不设置防风围挡		300 万
3m 围挡	各平台可上人部分边缘设置防 3m 高防风围挡。	考察一般围挡对平台上风速的影响	440 万
无开洞	各平台间无开洞	考察有无开洞对风荷载的影响	240 万

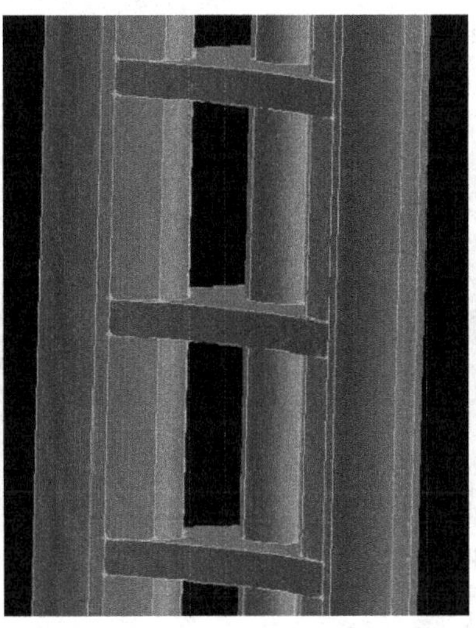
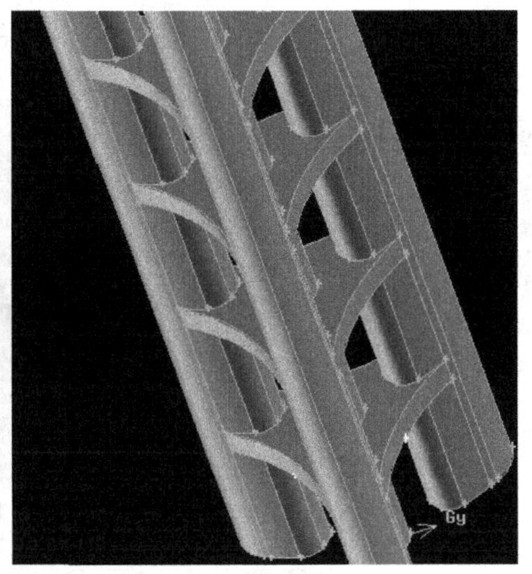

图 5-3 风洞模拟模型（整体及细部模型）

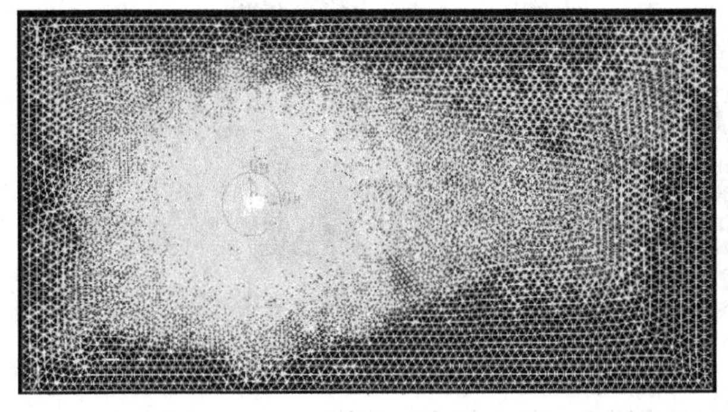
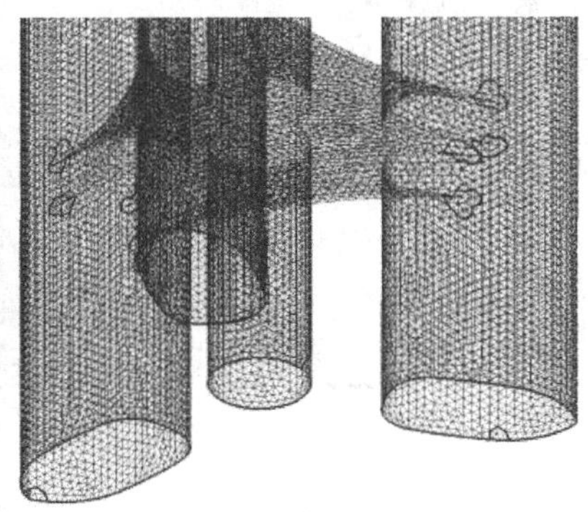

图 5-4 网格划分

5.2.3 风环境计算

由于建筑功能要求，在四栋塔楼每 100m 处有连接平台，在平台顶有人流、装饰或公共设施，故需要计算平台顶部的风速。每个平台顶部 2m 高度处风速示意图详见图 5-5。表 5-2 为有无围挡下各平台 2m 高处风速比统计值。可以看出，有无围挡对平台上的最大风速影响不明显，总体上建筑的截面形状对风速的放大作用不大而且呈越高处风速比越小的趋势，最大为 1.42，应考虑其他措施降低平台风速。

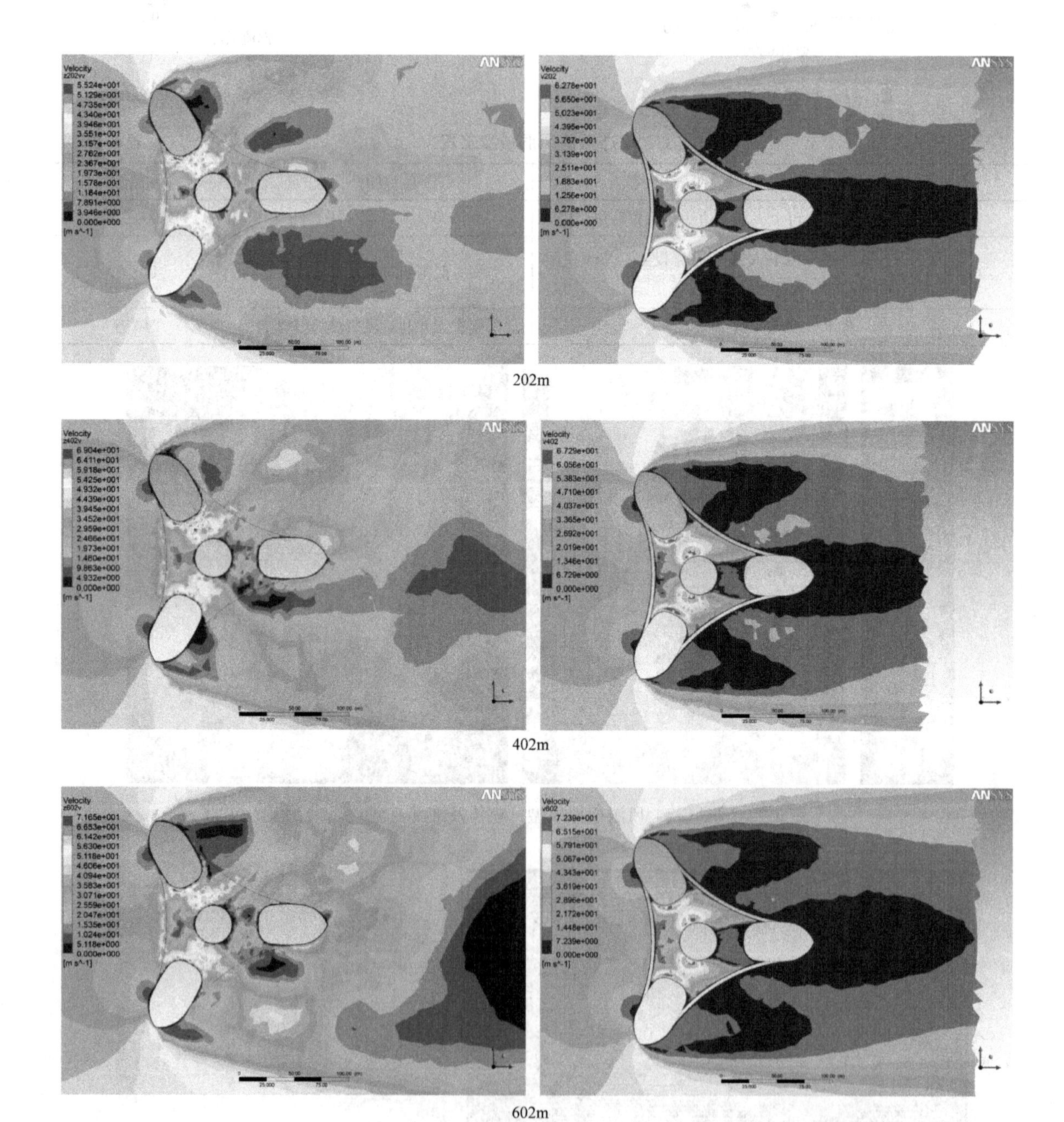

图 5-5 各平面上风速图（左图为无围挡，右图为有围挡）（一）

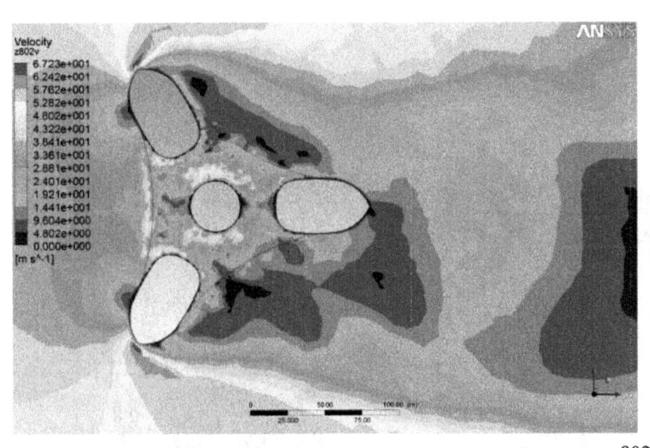

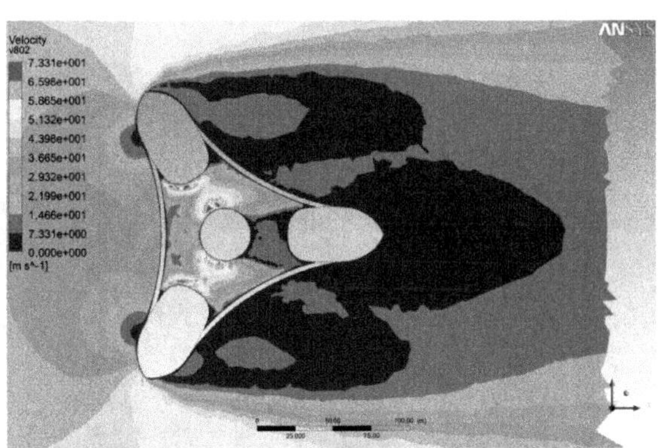

802m

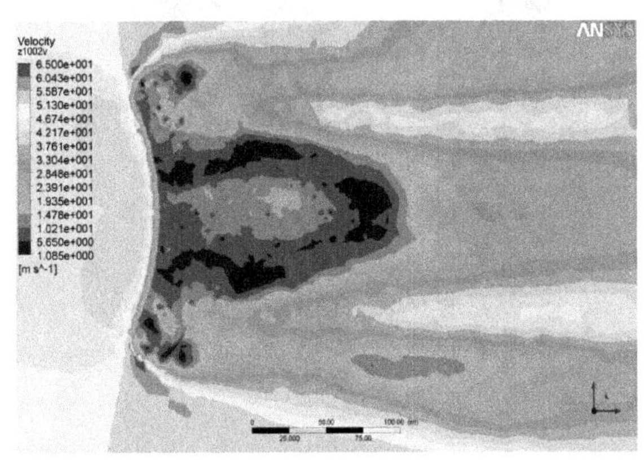

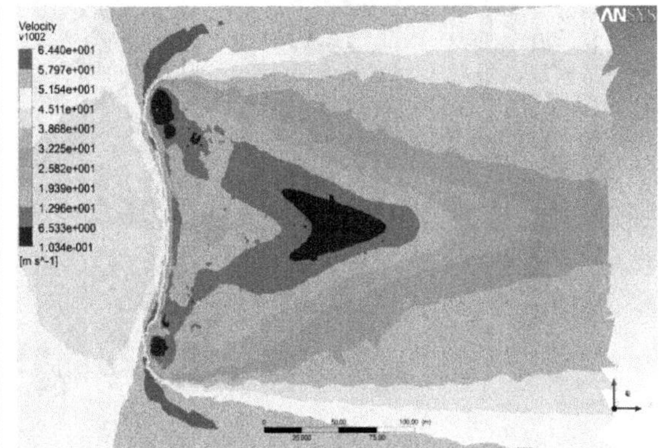

1002m

图 5-5 各平面上风速图（左图为无围挡，右图为有围挡）（二）

有无围挡下各平面上风速比 **表 5-2**

高度	无围挡	有围挡
	风速比	
102m	1.38	1.39
202m	1.25	1.42
302m	1.33	1.36
402m	1.34	1.31
502m	1.33	1.33
602m	1.27	1.29
702m	1.25	1.26
802m	1.12	1.22
902m	1.10	1.15
1002m	1.03	1.02

图 5-6、图 5-7 与图 5-8 分别为有、无围挡与无开洞的风压系数分布图，表 5-3 为整体等效系数，结果可看出，有围挡时的体型系数略小，这可能是有围挡算例的网格尺寸较小所引起的。综合考虑后，建议实际结构分析时体形系数取 1.3。另外，无开洞的建筑体形系数为 1.45，可见在不考虑结构动力特性的情况下有开洞的建筑的顺风向风荷载比不开洞减小 16%。

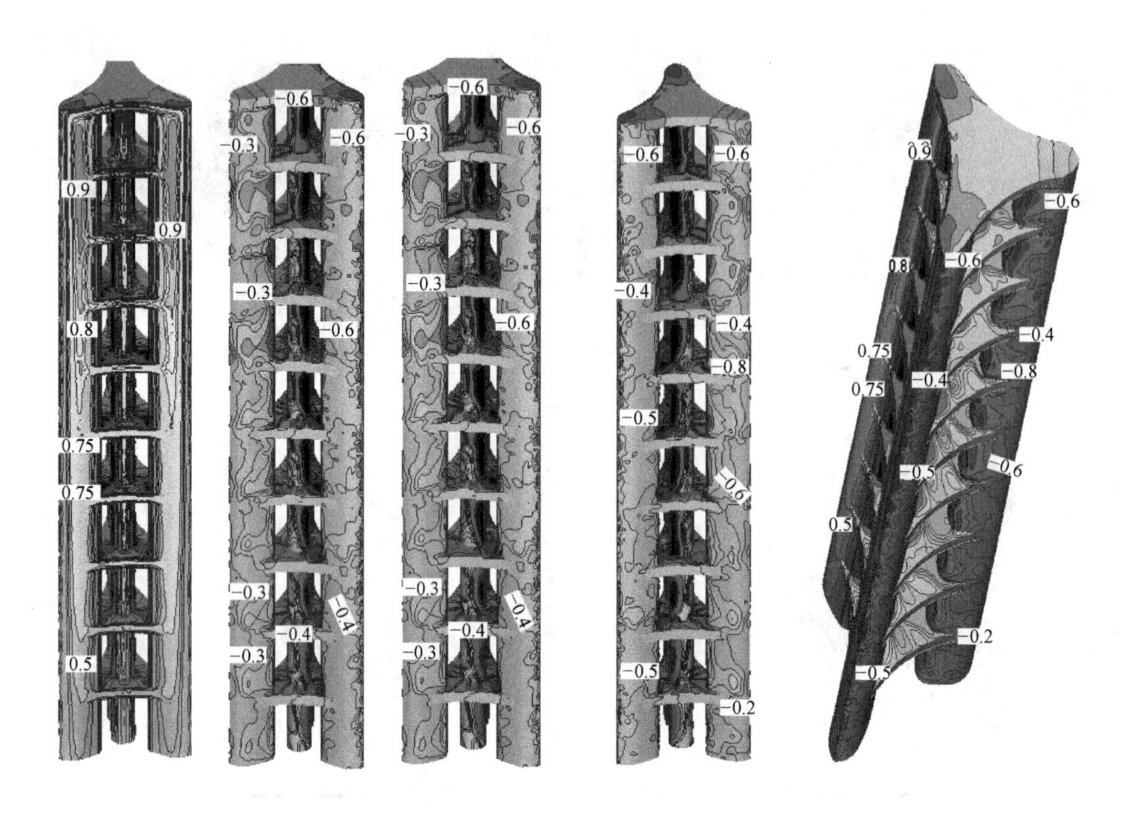

图 5-6　无围挡风压系数

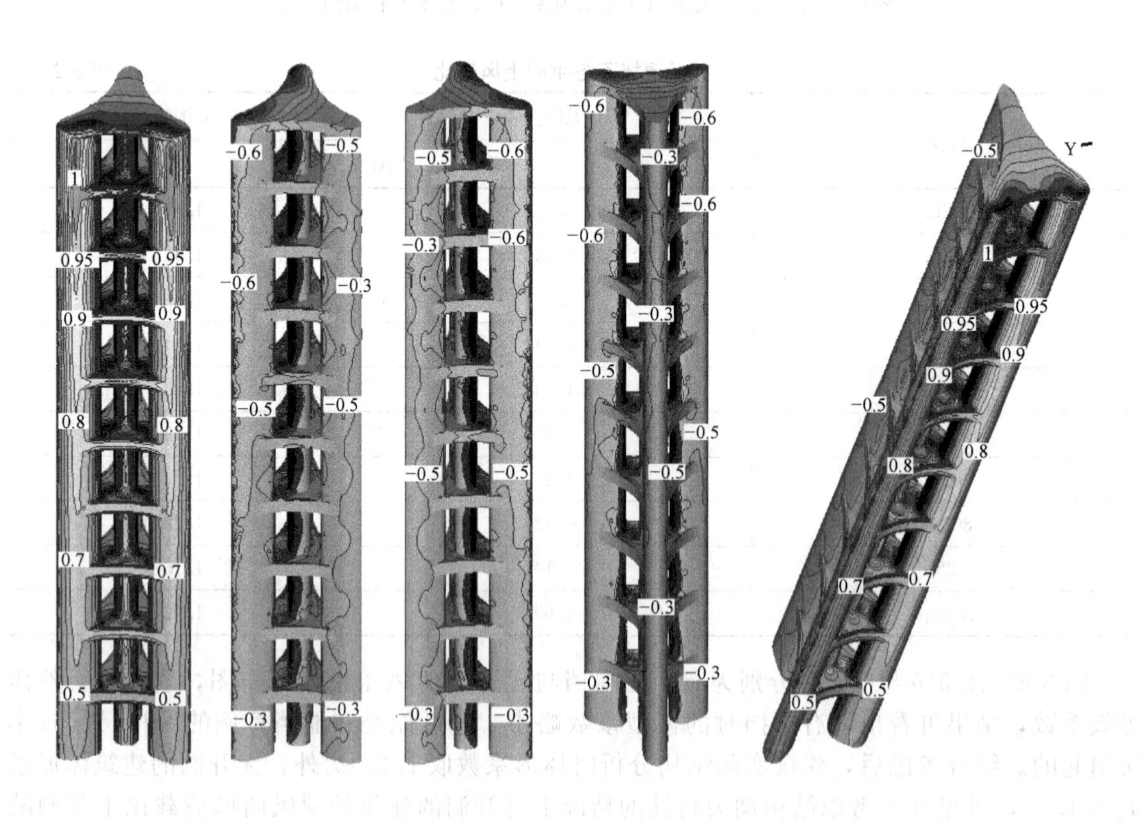

图 5-7　有围挡风压系数

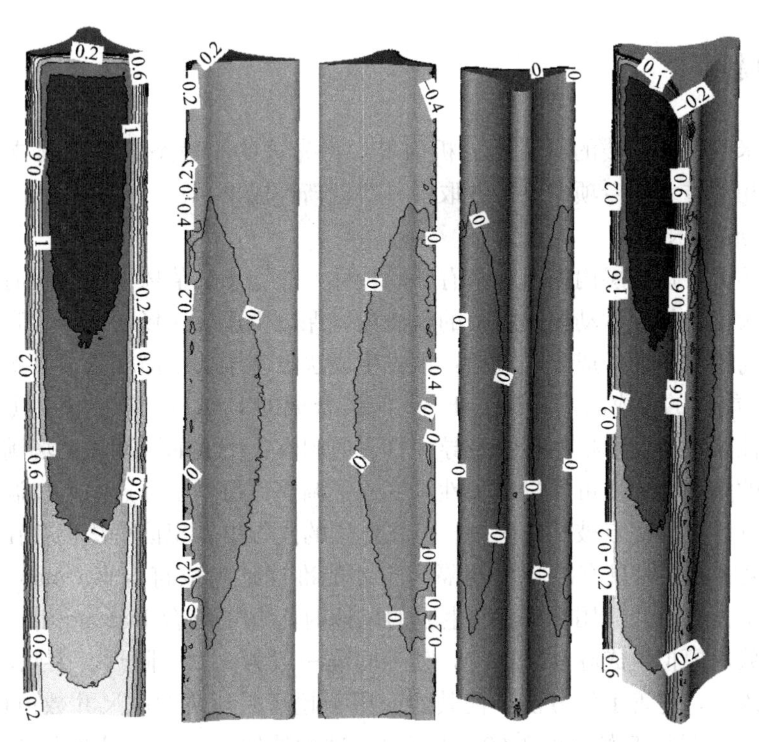

图 5-8 无开洞风压系数

整体等效体型系数 **表 5-3**

	无围挡	有围挡	无洞口
等效体型系数	1.21	1.15	1.45

5.3 非稳态数值风洞技术

5.3.1 技术简介

稳态数值风洞可以得到整个流场与建筑表面压力的定常解——即不随时间变化的结果，该结果可用来分析建筑的体型系数、平均风压系数以及行人高处风速。该技术最大的局限为无法获得与时间相关的结果，如风荷载时程、风荷载的功率密度谱等，因此仅用该技术无法得到设计需要的风振系数或等效静力风荷载以及极值风压等重要的参数。

与稳态分析最终会得到一个收敛的定常解不同的是，非稳态数值风洞技术是在全时域内对风场进行分析，在每个具有一定微小时间间隔的时间点上计算瞬时风场。这种特性使得非稳态数值风洞技术的分析过程更符合真实的物理过程，而其能得到的结果也更加全面，从而使其可以用来分析建筑的风振特性，得到直接用于设计的风振系数、等效静力风荷载等。由于可以获得风洞试验能得到的所有结果而且还具有数值风洞先天的优势，因此非稳态数值风洞技术有能力替代风洞试验成为分析建筑抗风特性的主要方法。

非稳态数值风洞技术目前是建筑风工程研究领域中的热点，同时也是一个难点，其主要困难包括：湍流风生成技术、计算效率问题、流固耦合技术等。

5.3.2 技术创新

为了丰富千米级摩天大楼的风工程分析内容，将先进的非稳态数值风洞技术应用在本项目中。我们开展了相关技术的专项研究，并取得一些创新性成果。

1）湍流风生成技术

建筑物所处的大气边界层内的风速具有脉动特性，非稳态数值风洞在分析时需要在远处来流边界上生成符合大气边界层脉动风速特征的风速场，保证生成风速场的真实性是分析结果准确性的充分条件。目前较常用的生成方法包括：预先生成法、基于功率谱函数与互谱密度函数的谐波合成法、基于 3D 能谱的合成法。其中基于 3D 能谱合成的 DSRFG 方法由于其具有严格保证入口湍流满足连续性条件以及严格的理论推导，具有通用性。生成的脉动速度场满足指定的谱密度函数；入口湍流的空间相关性可通过相关性尺度因子调整；每个坐标点的入口湍流生成过程相互独立，适用于并行计算等优点被广泛应用。但在应用的过程中发现该算法仍存在一些不足，①应用原始 DSRFG 生成算法，只有当频率间隔为 1 才能准确地生成符合 Karman 谱的风速时程数据。当频率间隔不为 1 时，应用 DSRFG 生成的风速时程并不符合 Karman 谱（图 5-9*a*）。原尺寸超高层建筑的数值模拟生成脉动风速时，频率间隔一般为 0.001 附近。因此，我们对 DSRFG 方法进行了适当改进，完善了该方法，使其能应用于超高层建筑的原尺寸数值模拟；②DSRFG 方法中，元频率 $\omega_{m,n}$ 服从正态分布 $N(0, 2\pi f_m)$。这种选取 $\omega_{m,n}$ 的方式使最终生成的风速时程中，低频部分占的比重较大，当生成的风速时程序列较多时，风速谱会变形（图 5-9*b*）。进行超高层原尺寸非稳态数值模拟时，需要生成的时间序列通常在 10000 步以上，所以正态分布的元频率无法满足要求。为此，我们对元频率 $\omega_{m,n}$ 的分布方式进行调整，保证随着时间步的增加，生成谱与目标谱更加吻合（图 5-9*c*）。

2）计算效率的问题

Fluent 自身的并行方法效率很高，在共享内存工作站上可达到 90%以上的并行效率。但是在加入 DSRFG 算法后，并行效率就大幅下降，DSRFG 是多种方法中效率最高的。它仍占用整体分析时间的 50%左右，即 60 小时的计算约有 30 小时被 DSRFG 占用。原因有两点：①DSRFG 本身计算量就比较大。针对这一点，目前尚无很好的解决办法。②使用 Fluent 自身的并行方式无法有效地给 DSRFG 加速。为解决这一点，我们将 DSRFG 的计算从 Fluent 剥离，这样可以将 DSRFG 计算充分加速，显著降低计算时间。新方法的总用时约为原方法的 1/2，而相对湍流风生成速度约为原方法的 12 倍，见表 5-4。

计算效率优化对比表 **表 5-4**

（计算方法：19.96/(15.52−13.91)≈12.3975）

	Fluent 用时(s)	DSRFG 用时(s)	总用时(s)
原方法	13.91	19.96	33.87
新方法	15.52	9.17	15.52

3）流固耦合

实际情况中，风与建筑物是耦合作用的。研究表明由于结构的运动而产生的气动力有时不可忽略，甚至会产生负气动阻尼而放大结构振动的现象。因此，国际上很多超高层建筑在设计阶段都会进行气动弹性模型风洞试验（如迪拜塔、上海中心大厦等）来考察结构的气动特性。

针对流固耦合问题，我们采用目前风工程中较为常用的 Fluent＋Ansys 的软件组合计算。通

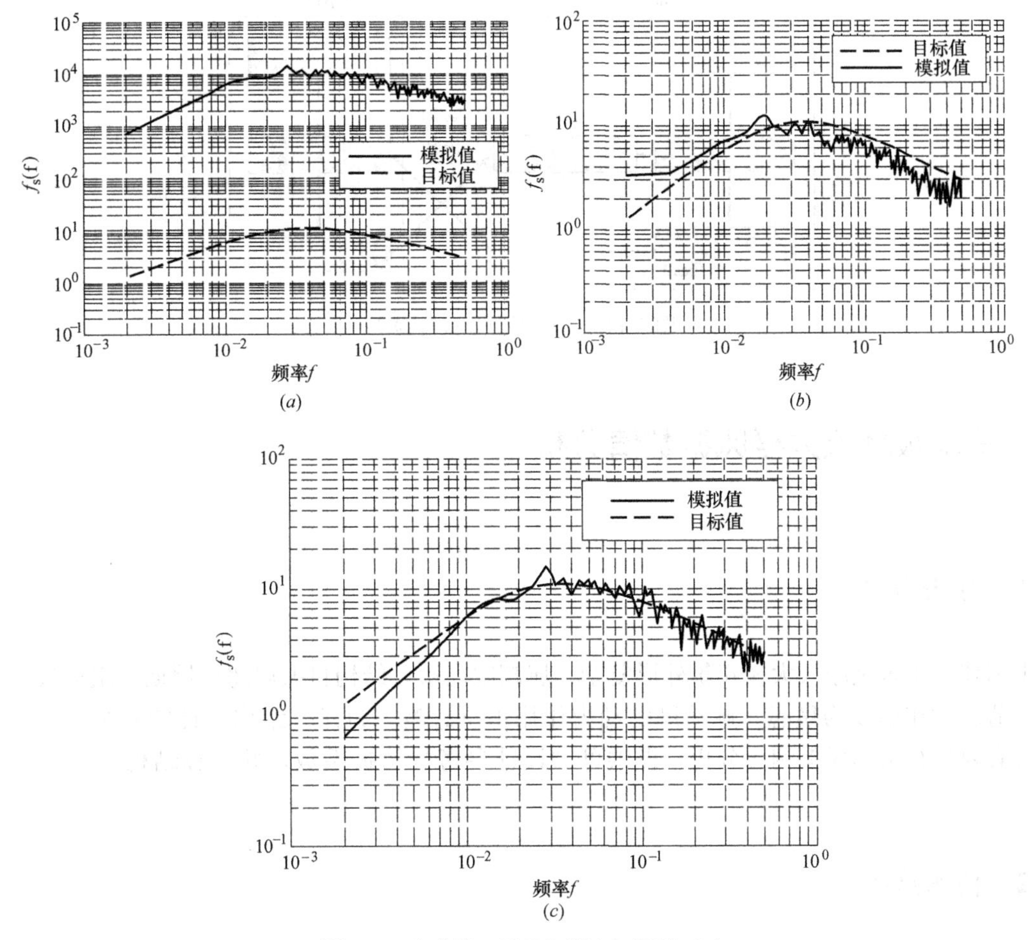

图 5-9 改进的 DSRFG 算法与原始对比

(a) DSRFG 应用在频率间隔为 0.001；(b) 采样过多（8000 以上）时谱变形

(c) 改进的 DSRFG 方法

过共享数据文件的方式来实现两者调用彼此的数据。结构简化为质量串模型。根据各楼层的位移数据通过 FFD（图 5-10）算法实现楼层间流体计算网格的光滑变形。流固耦合数值风洞模拟流程见图 5-11。

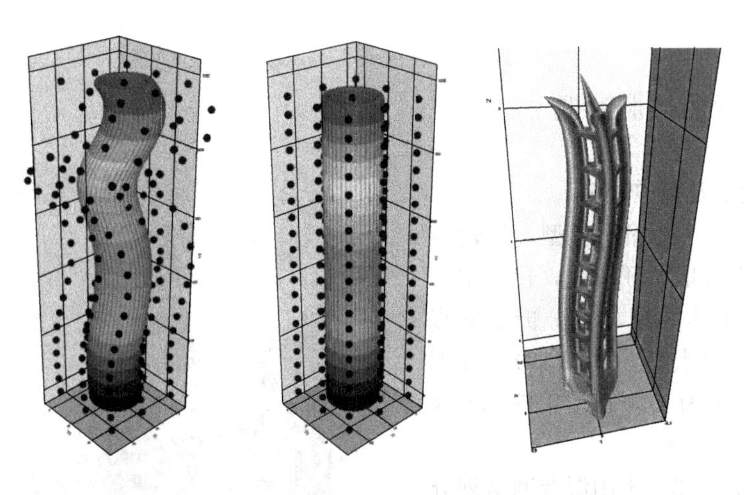

图 5-10 自由变形技术（FFD）

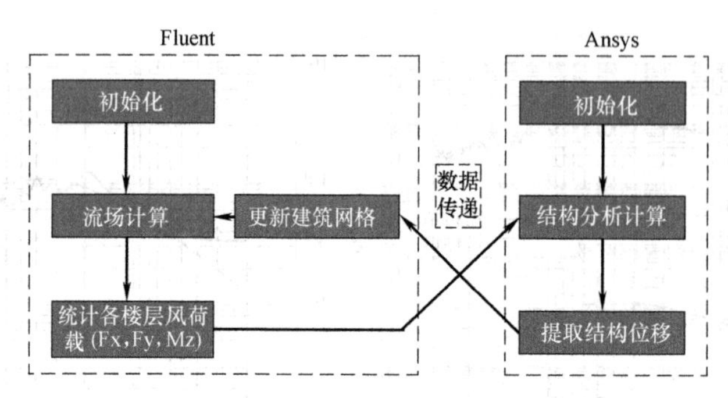

图 5-11　流固耦合分析流程图

5.4　千米级摩天大楼风振数值分析

5.4.1　分析内容

中国建筑千米级摩天大楼建筑外形复杂，属超限高层，结构自振属超长周期，阻尼较小，因而对风荷载的作用较为敏感，脉动风的动力作用不可忽略。为保证结构设计的安全、经济、合理，有必要进行结构风振响应分析，提供可供设计参考的风振系数，并验算结构的安全及舒适性能。

5.4.2　技术路线

1）采用前面提出的非稳态数值风洞技术对千米级摩天大楼刚性建筑模型进行 CFD 数值模拟，获得建筑表面的风压时程数据，并应用中国建筑东北设计研究院有限公司自主开发的后处理程序对风压时程数据进行整理，得到设计需要的平均风压系数、脉动风压系数、极值风压系数与进一步进行风振分析需要的层间风荷载时程。

2）建立简化的结构有限元分析模型，将风荷载时程加载到各层上进行时程分析。分析时保存各层的位移、转角、加速度以及基底反力等时程数据。最后按照顶点位移等效目标计算风振系数。

5.4.3　非稳态数值风洞模拟

5.4.3.1　实体建模及网格划分

分析采用 1∶500 的缩尺模型，从建筑提供的三维模型上提取特征曲线，建立用于 CFD 分析的三维实体模型，该分析模型真实再现了建筑的主要特征（图 5-12）。外围风洞的计算区域为 6500m × 3500m × 2000m，阻塞率小于 3%。

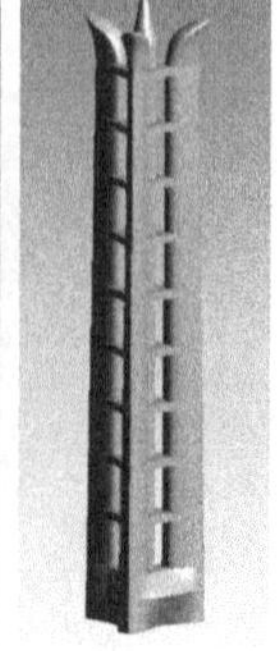

图 5-12　三维建筑建模

网格划分见图 5-13。采用混合网格划分方式，这种划分方法是将整个建筑嵌套在一个比其大一些的长方体中，这个区域内用四面体网格加密，而在其他区域则采用结构化网格方式。总网格数量为550万左右，建筑表面的最小网格尺寸为3mm。

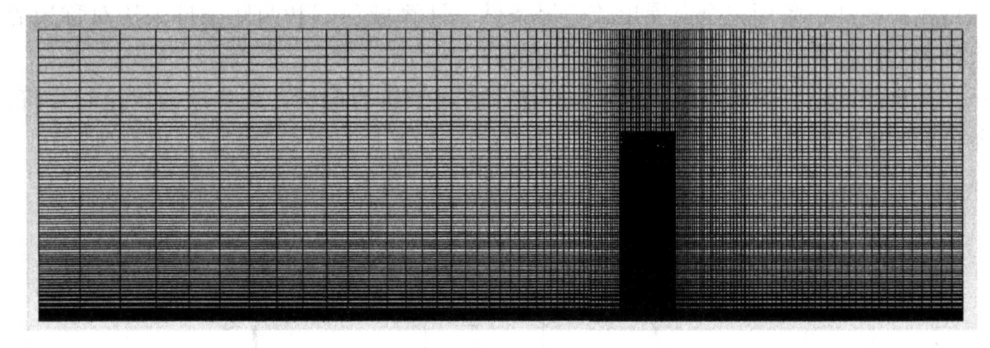

图5-13 网格划分示意

5.4.3.2 边界条件

本建筑拟建地区环境为B类地貌，地面粗糙指数$\alpha=0.15$。由于采用1∶500的缩尺模型，所以风场入口处0.02m高度处（相当于原型的10m处）的风速拟定为10m/s。速度入口处平均风速以及湍流度沿高度的变化均按中国建筑结构荷载规范中的相关公式，风速的功率谱密度符合Von Karman谱。

平均风速剖面公式：

$$z \leqslant Z_G, U(z)=U(10)(z/10)^{\alpha} \tag{5-7}$$

$$z > Z_G, U(z)=U(Z_G)=U(10)(Z_G/10)^{\alpha} \tag{5-8}$$

式中 $U(z)$——离地高度z处的平均风速；

$U(10)$——10m高度处的平均风速；

α——地面粗糙度指数，按规范B类地貌取0.15；

$U(Z_G)$——梯度风高度Z_G处的平均风速，即梯度风速；

Z_G——梯度风高度，B类地貌取350m。

湍流度剖面公式：

$$z \leqslant Z_G, I(z)=I_{10}(z/10)^{-\alpha} \tag{5-9}$$

$$z > Z_G, I(z)=I(Z_G)=I_{10}(Z_G/10)^{-\alpha} \tag{5-10}$$

式中 $I(z)$——离地高度z处的湍流度；

I_{10}——10m高名义湍流度，按规范B类地貌取0.14；

α——地面粗糙度指数，按规范B类地貌取0.15；

$I(Z_G)$——梯度风高度Z_G处的湍流度；

Z_G——梯度风高度，B类地貌取350m。

Von Karman谱：

$$S(z,n)=4\sigma_z^2 \frac{f}{n(1+70.8f^2)^{\frac{5}{6}}} \tag{5-11}$$

$$f=\frac{nL(z)}{U(z)} \tag{5-12}$$

$$L(z)=100\left(\frac{z}{30}\right)^{0.5} \tag{5-13}$$

$$\sigma_z=U(z)I(z) \tag{5-14}$$

式中 $L(z)$——湍流积分尺度；

σ_z——脉动速度根方差；

n——频率。

计算域出口条件：采用完全发展出流边界条件。计算域顶部和两侧条件采用对称边界条件。建筑物表面和地面边界条件采用无滑移的壁面条件。

在正式分析前，对我们改进的DSRFG算法中各参数进行调试，使生成的风速时程符合入口处边界条件的特征。见图5-14。

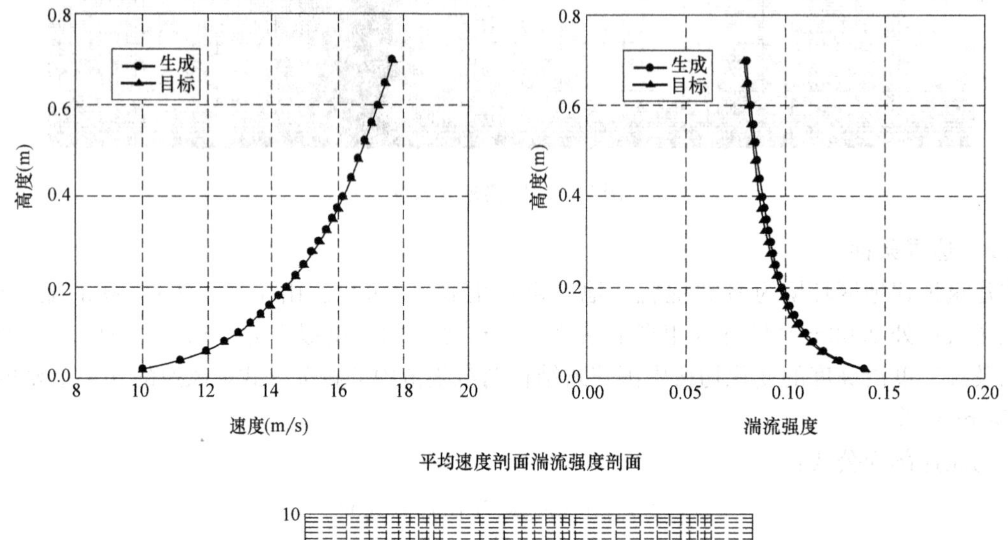

图5-14 生成的风速时程各统计值与目标值比较

5.4.3.3 流场分析

图5-15为0°风向角下540m处风速比分布图。风速比表示由于建筑的存在，使周围风速放大的倍数，其计算公式为：

$$C_v = v/v_R \tag{5-15}$$

式中 v——模拟风速值；

v_R——远处来流风速值；

从图5-15中可以看出，0°风向角下的平均风速较大位置发生在外围塔楼与中央交通核心的间隙处。此处由于狭管效应，风速被放大，最大风速比约为1.9。方差风速较大位置发生在背风区的C塔楼两侧，最大风速比为0.36，相当于湍流强度为36%。风速最大值的分布规律与平均值基本相同，最大值仍发生在塔楼间的空隙处，风速比由1.9上升至2.2，提高了15%。在背风区，由于经过建筑后脉动性的增强，导致风速比最大值比平局值上升较大，由

0.8 上升至 1.4 左右，提高了 75%。最小值分布图显示，空隙处的风速比可达 1.6，与平均值的 1.9 相比仅下降了 15%。背风区的最小值为 0.2 左右，下降了约 75%。可见，空隙处风速的绝对值较大而且平稳，背风区的风速受建筑的干扰呈现较大的脉动特性。图 5-16 为 540m 处瞬时流场流线图。

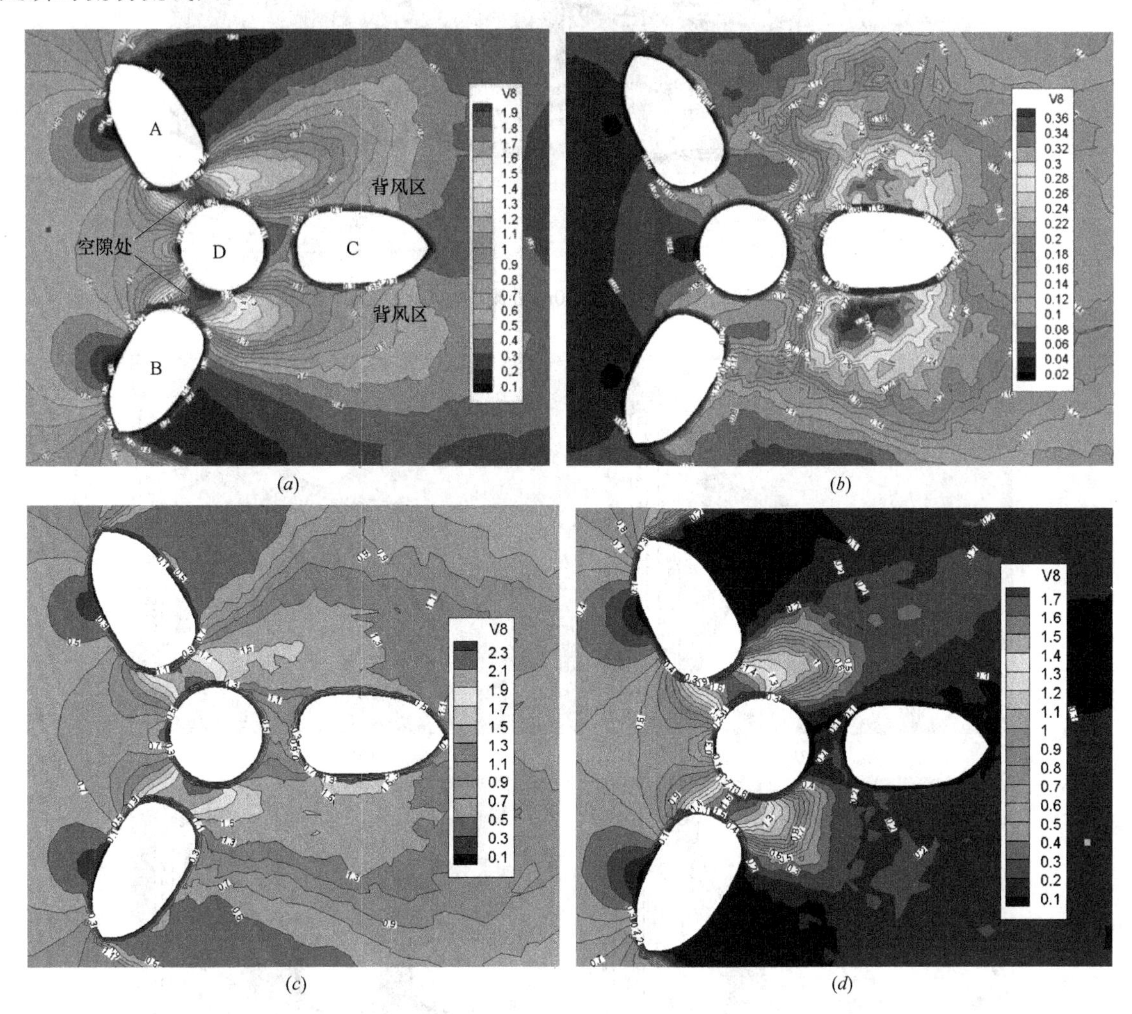

图 5-15 0°风向角下 540m 处风速比布图

(a) 平均值；(b) 方差值；(c) 最大值；(d) 最小值

如图 5-17 所示，60°风向角下的风速分布规律与 0°类似。平均风速较大位置发生在外围塔楼与中央交通核心的间隙处。此处由于狭管效应，风速被放大，最大风速比约为 2.1。方差风速较大位置发生在背风区 B 塔楼与 C 塔楼中间偏后方，最大风速比为 0.3，相当于湍流强度为 30%。风速最大值的分布规律与平均值基本相同，最大值仍发生在塔楼间的空隙处，风速比由 2.1 上升至 2.4，提高了 14%。背风区可分为三部分，D 塔楼后的区域处于两空隙的下游，风速较为平稳，脉动性不强风速比由 1.1 上升至 1.4，提高了 27%。B、C 塔楼后受扰流影响较大，脉动性增强，风速比由 0.8 上升至 1.4 左右，提高了 75%。最小值分布图显示，空隙处的风速比可达 1.8，与平均值的 2.1 相比仅下降了 14%。D 塔楼后的背风区风速最小值约为 0.7，下降约 36%。B、C 塔楼后的背风区的最小值为 0.2 左右，下降了约 75%。可见，空隙处风速的绝对值较大而且平稳，D 塔楼后的背风区风速处于空隙处的下游，受其影响风速较稳定，B、C 塔楼后的风速受建筑的干扰呈现较大的脉动特性。

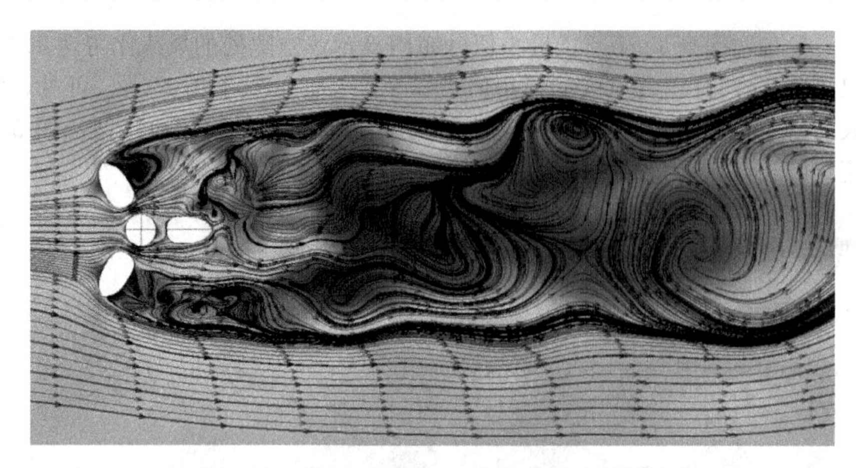

图 5-16　0°风向角下 540m 处瞬时风场流线图

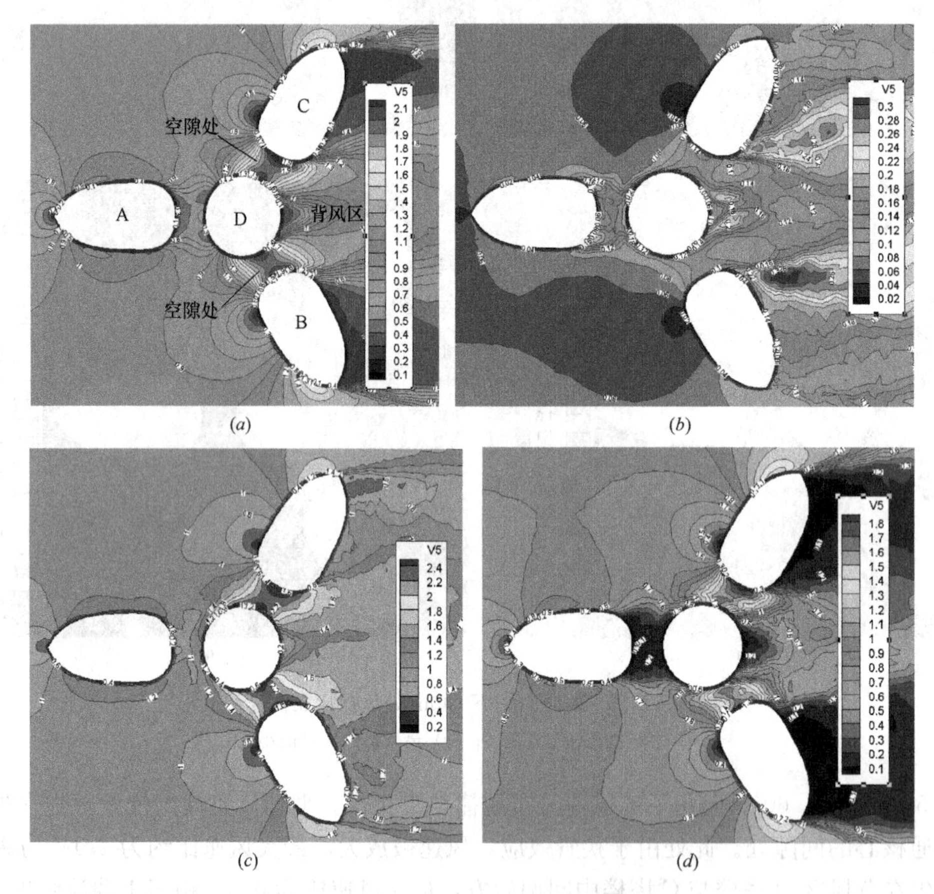

图 5-17　60°风向角下 540m 处风速比布图

(*a*) 平均值；(*b*) 方差值；(*c*) 最大值；(*d*) 最小值

5.4.4　风振分析

5.4.4.1　风振分析方法

风振分析采用简化有限元模型时程分析方法。

1) 首先，建立简化的集中质量有限元分析模型，各层简化为具有一定质量及转动惯量的集中质点，各层质点间通过矩阵单元连接。这种简化模型的好处为可以直接指定各层质量、转动惯量、层间刚度与层间扭转刚度的数值，在最大程度还原结构振动特性的同时减小了时程分析的时间。简化的模型见图5-18。简化模型的自振频率与原结构的对比见表5-5。可以看出该简化模型可用于进一步的风振分析。

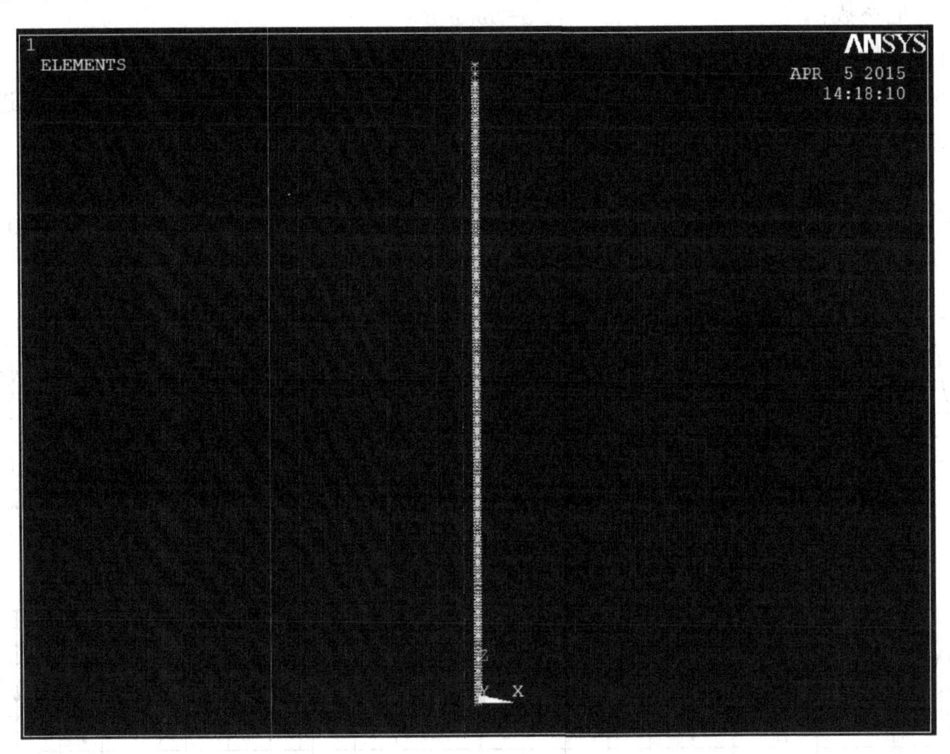

图5-18 结构简化分析有限元模型

简化模型与原模型自振频率 表5-5

阶次	1	2	3	4	5
ANSYS频率(Hz)	0.0745	0.0746	0.0920	0.200	0.21
YJK频率(Hz)	0.0750	0.0750	0.0892	0.223	0.224
阶次	6	7	8	9	10
ANSYS频率(Hz)	0.220	0.360	0.405	0.397	0.533
YJK频率(Hz)	0.225	0.386	0.430	0.430	0.563

2）将非稳态数值风洞模拟得到的分层风荷载时程加载到简化的有限元模型上进行时程分析，得到每个时步的位移、速度和加速度值。分析时采用瑞利结构阻尼，公式如下：

$$C=\alpha M+\beta K \tag{5-16}$$

式中 C——体系的总阻尼矩阵；

M——结构的质量矩阵；

K——结构的刚度矩阵；

α和β——瑞利阻尼中的常量。

α和β不能从实际结构中直接得到，但可以由结构的阻尼比计算得到。ζ_i为相对于结构第i阶振型的阻尼比。如果ω_i为结构第i阶振型的圆频率，ζ_i和α及β的关系可表示为：

$$\zeta_i=\frac{\alpha}{2\omega_i}+\frac{\beta\omega_i}{2} \tag{5-17}$$

通常认为在一定结构自振频率范围内结构阻尼比ξ取定值，因而给定结构阻尼比和一个频率范围内的两频率就可由以下两个方程求出 α 和 β，其表达式如下：

刚度阻尼系数：
$$\beta=\frac{2\zeta}{\omega_1+\omega_2} \tag{5-18}$$

质量阻尼系数：
$$\alpha=\omega_1\omega_2\beta \tag{5-19}$$

本项目分析时阻尼比取 0.02。

3）对时程分析结果进行统计分析，求得结构风振响应的均值、方差和频谱特性，进而分析风振系数与舒适度等。

5.4.4.2 结果分析

时程分析可直接得到各层的位移与加速度时程结果，图 5-19 给出了建筑顶部（1000m 处）的风致位移响应时程与风致加速度时程（包括顺风向与横风向）。

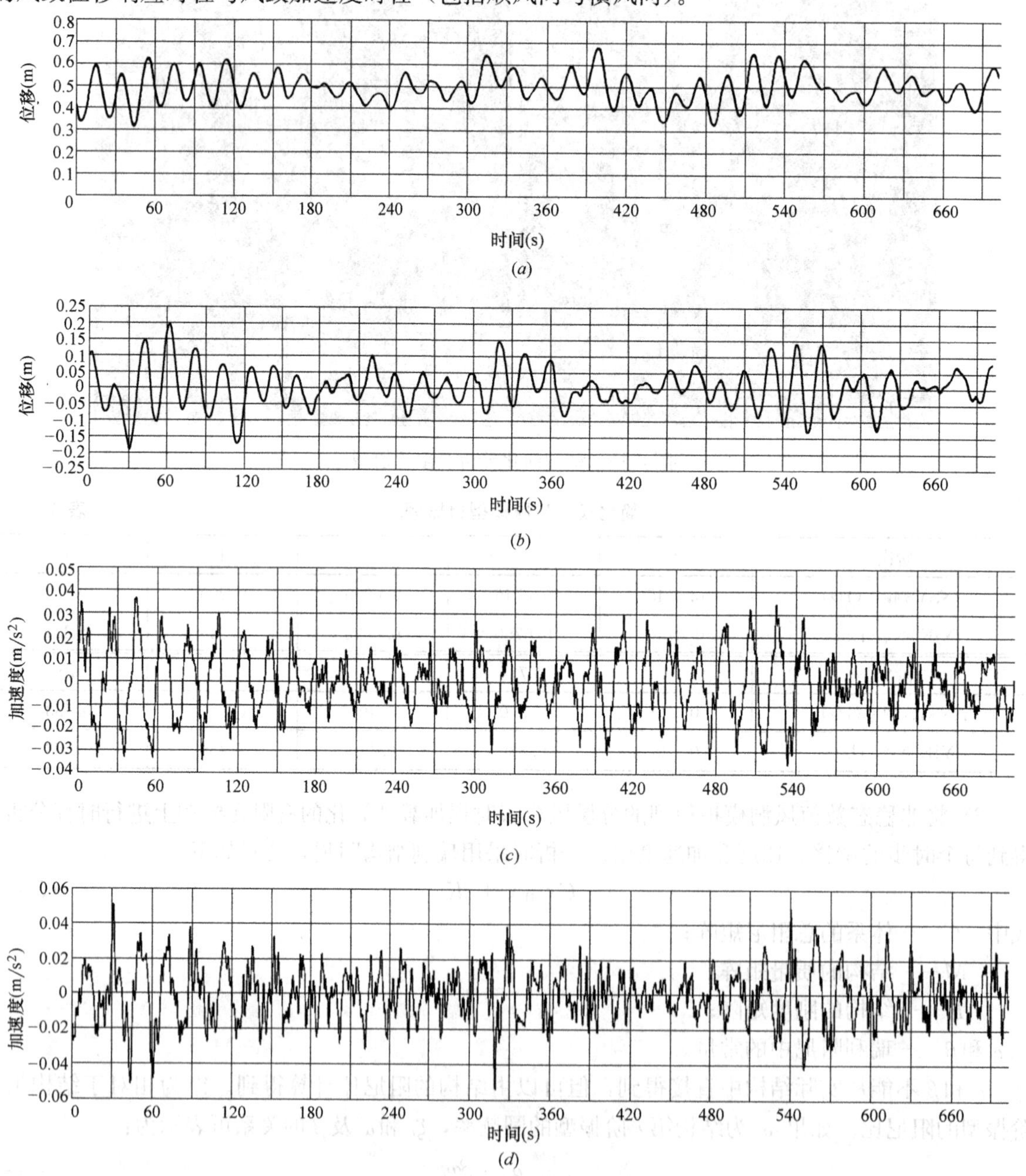

图 5-19 风致响应时程

（a）x 向位移时程；（b）y 向位移时程；（c）x 向加速度时程；（d）y 向加速度时程

基于风致响应时程的统计结果，同时考虑我国规范的峰值因子，计算得到各层风致响应极值见图 5-20。

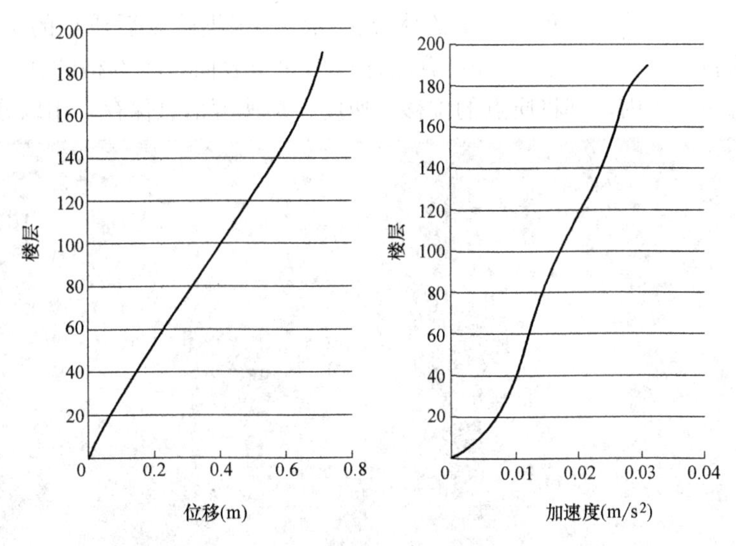

图 5-20 各层风致响应极值

根据风振系数的计算方法，计算按位移等效的风振系数见表 5-6。

风振系数 表 5-6

层号	风振系数	层号	风振系数
1	1.41319293	100	1.46990212
20	1.4297406	120	1.47896
40	1.43665264	140	1.486781
60	1.44822006	160	1.491946
80	1.45952164	180	1.494705

5.4.5 千米级摩天大楼气动弹性数值分析

5.4.5.1 分析内容

建筑的风致响应与风场的变化实际上是相互影响的，是一个双向流固耦合问题。当建筑结构发生较大变形时，会改变其周围流场，进而改变结构表面的压力分布特征；而改变后的压力分布又将对结构振动产生影响，形成流体-固体耦合系统。在某些特定情况下，流固耦合可能会造成气动负阻尼，导致气动失稳，直至结构破坏。对于柔度较大、自振周期较长的超高层建筑，这种影响往往不可忽略。为了更好地考察千米级摩天大楼的抗风特性，应用流固耦合方法进行了气动弹性数值模拟。

5.4.5.2 分析方法

1）建立几何缩尺为 1∶500 的结构简化有限元分析模型见，图 5-21。模型采用与前文风振分析类似的质量串模型，质量的缩尺比为 1∶500^3，转动惯量的缩尺比为 1∶500^5。按照无量纲频率一致原则确定缩尺模型的自振频率，阻尼比与原型一致，取 0.02。时程分析时采用瑞利结构阻尼。为了节省分析时间，分析时将全楼简化为 10 集中质点，位置分别位于整百米处，质量为与其临近的上下 50m 范围内的质量和，各质点间由矩阵单元连接（MATRIX27）。表 5-7 给出了简化模型与原模型自振频率的对比。

2）进行非稳态数值风洞模拟，模拟时建筑外轮廓模型与风振分析使用模型相同（图 5-12）。开始模拟时将建筑锁定为刚性，待风场充分发展稳定后将建筑“解锁”，开始流固耦合分析。在分析的每一个时步内将每个质点影响范围内的风压进行积分，求得作用在质点上的风荷载，再将风荷载传递给结构分析软件。结构软件将传进的风荷载加载到相应的质点上进行当前时步内的时域分析，然后将质点的位移与转角反馈给流体分析软件。根据改变后质点的位置，计算出 FFD 算法中控制框架的新位置，然后根据 FFD 算法计算出建筑表面每个网格的新位置，开始下一时步的风场模拟。每一时步内，都将质点的位移、速度、加速度信息保存，用以分析。

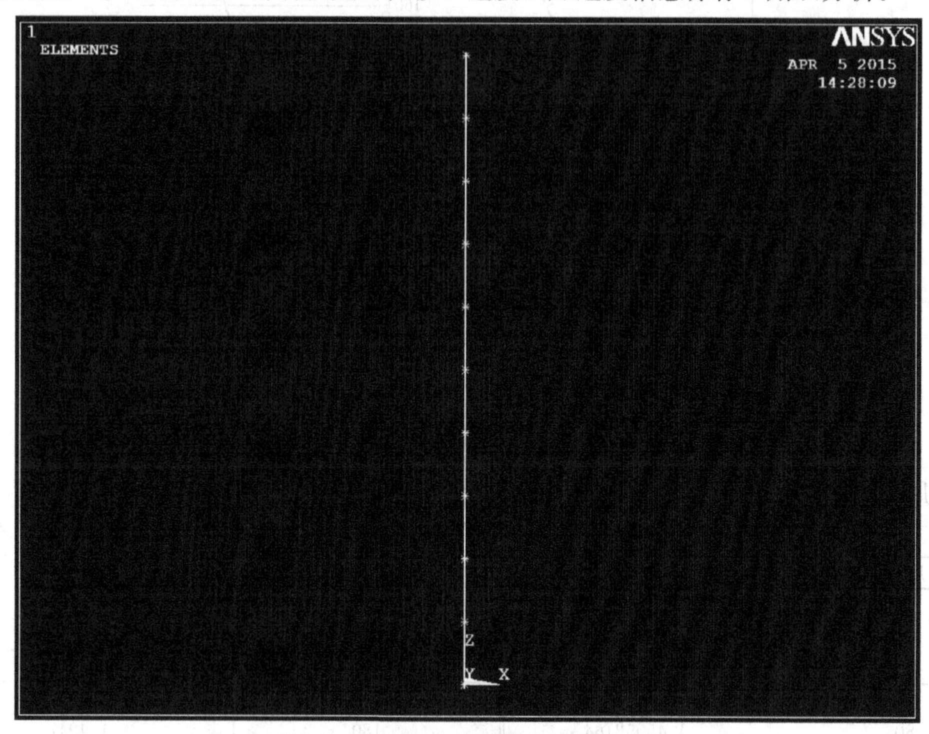

图 5-21　气动弹性分析简化有限元模型

简化模型与原模型自振频率对比　　表 5-7

阶　次	1	2	3
ANSYS 频率(Hz)	6.2288	6.2408	7.4076
YJK 频率(Hz)	6.2409	6.2428	7.427

5.4.5.3　气弹模拟分析结果

流固耦合模拟分析可直接获得结构各个质量段的位移与加速度时程结果，图 5-22 给出了建筑顶部（1000m 处）的风致位移响应时程与风致加速度时程（包括顺风向与横风向）。从图 5-23 与上节的刚性模型数值风洞模拟的结构响应时程结果对比可以看出，各响应的峰值相近，所以建筑并没有发生气动失稳现象。图 5-23 为不同时刻的建筑变形与流场图。

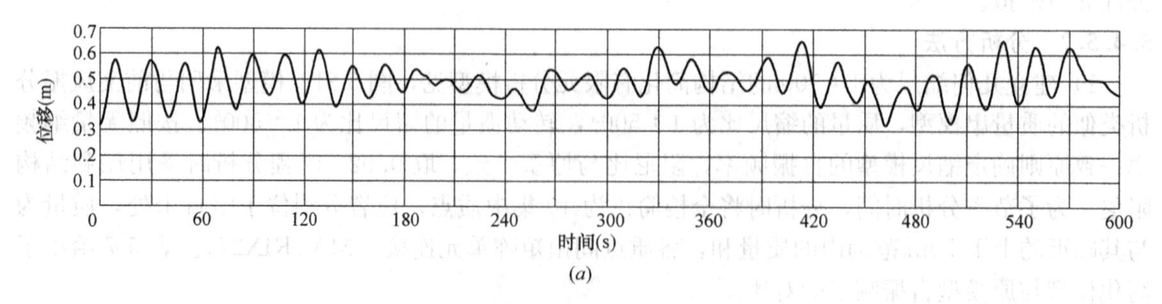

图 5-22　流固耦合模拟建筑响应时程（一）

(a) x 向位移（顺风向）

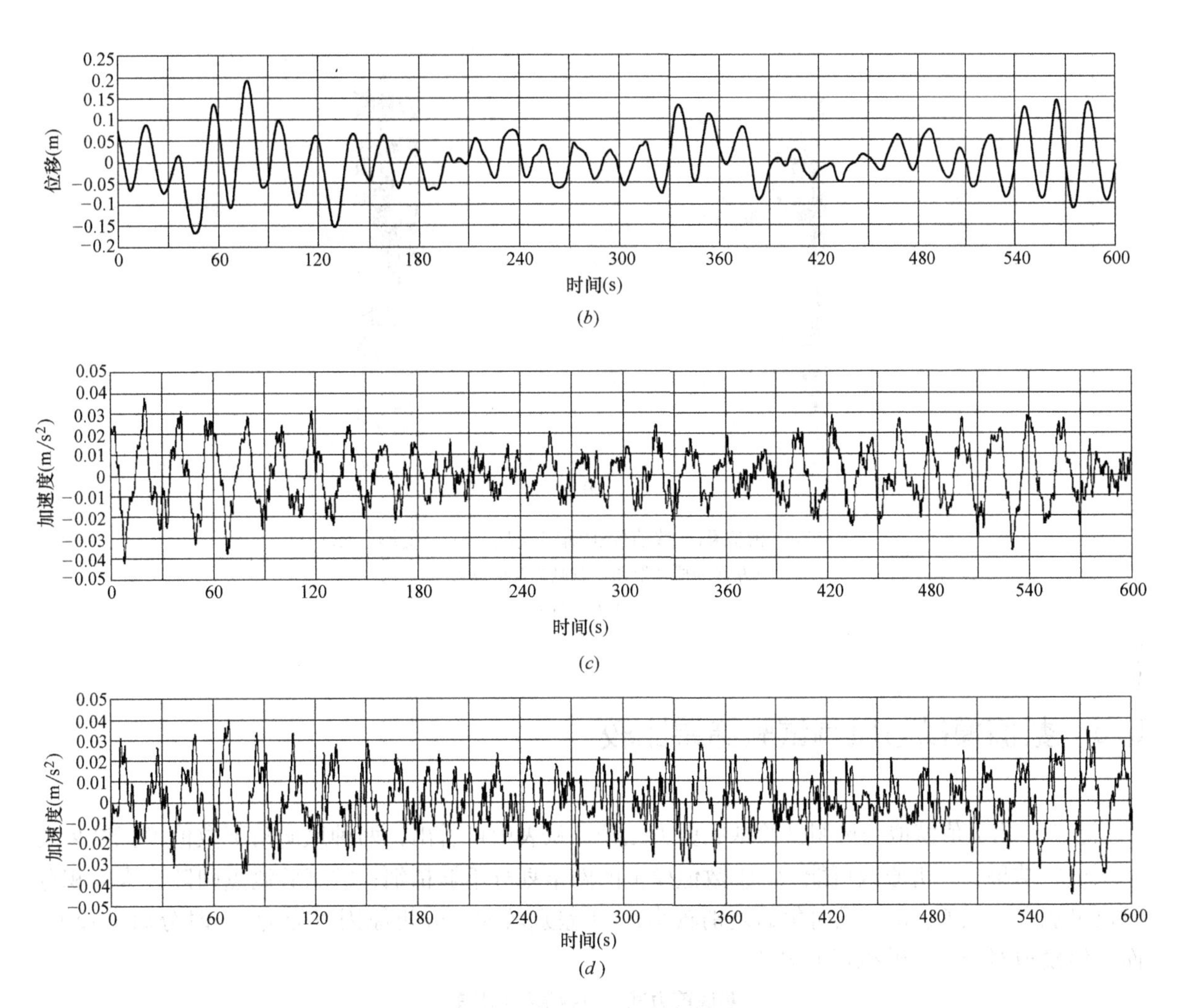

(*b*)

(*c*)

(*d*)

图 5-22 流固耦合模拟建筑响应时程（二）

(*b*) *y* 向位移（横风向）；(*c*) *x* 向加速度（顺风向）；(*d*) *y* 向加速度（横风向）

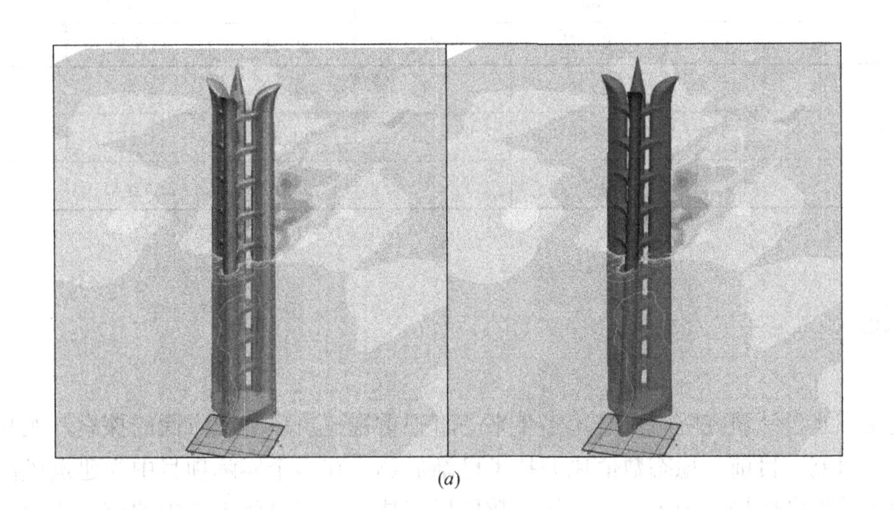

(*a*)

图 5-23 流固耦合数值模拟瞬时流场与建筑变形（一）

(*a*) t=200s

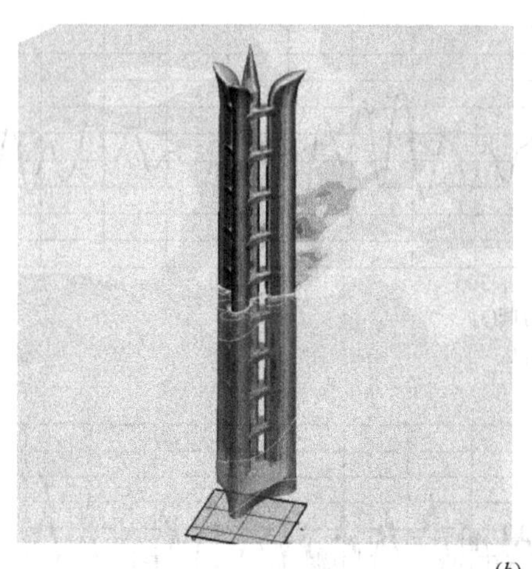
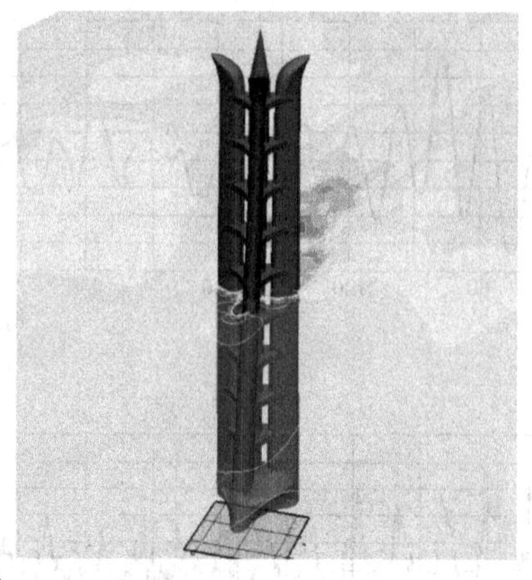

(*b*)

图 5-23 流固耦合数值模拟瞬时流场与建筑变形（二）
（左侧为原变形图，右侧为变形放大图）
（*b*）t=200s

5.5 数值模拟与风洞试验结果比较

表 5-8 为数值模拟与风洞试验基底剪力比较。从表中可看出，两种风向角下数值模拟结果均小于试验结果。分析原因可能为：①数值模拟的网格划分不够精细；②试验测点间隙较大，积分时也可能产生误差。330°风向角的差别较小，30°差别较大。分析原因可能为 30°时分离区较大，而数值模拟对分离区模拟精度欠佳。

基底剪力试验与数值模拟比较
（单位：10^8N，风向角定义与风洞试验相同） **表 5-8**

风向角	30°			330°		
	极大值	极小值	平均值	极大值	极小值	平均值
风洞试验	2.65	3.29	3.83	4.02	4.82	5.71
数值模拟	2.28	2.86	3.56	3.66	4.56	5.48
差值比	14%	13%	7%	9%	5%	4%

5.6 结论

中国建筑东北设计研究院有限公司多年来一直很重视建筑风工程方面的探索，尤其是数值风洞技术领域的研究。目前，稳态数值风洞技术已渐成熟，在多个实际项目中为建筑风荷载的确定与风环境的评估提供依据。为了进一步扩大数值风洞技术在建筑风工程中的应用范围、更好地完成千米级课题的相关研究工作，在千米级摩天大楼研究期间开展了非稳态数值风洞技术的专项研究工作，取得了初步进展。其主要研究成果湍流风生成技术与流固耦合技术均已达到国内先进水平。

本研究通过稳态数值风洞技术的分析初步确定了用于结构分析的风载体型系数，建议取值1.3，为设计前期缺少风洞试验数据和相关规范的指导提供设计依据；考察了是否开洞对风荷载的影响。与不开洞方案相比，开洞方案的风载体型系数可降低16%，说明开洞方案可有效降低风荷载；分析了有无围挡工况下连接平台上人行高度处的风环境。结果显示，两种工况下平台上的风速比相近，为1.3左右，3m高围挡并没有起到有效的降低风速的作用，建议通过风洞试验考察其他降风速方案。

此外将自主研发的非稳态、流固耦合数值风洞技术应用于超高层建筑的抗风研究工作，分析了风振系数与舒适度。结果表明该项技术可以获得用于风振分析的风荷载时程数据，进而得到计算等效静力风荷载所必需的风振系数和用于舒适度分析的风致加速度信息，解决了稳态数值风洞技术只能用来分析体型系数的短板。为未来完全使用数值模拟的方式确定建筑物的风作用奠定了基础。但同时也看到，非稳态分析结果与风洞试验相比存在一定误差，基底剪力差别在10%左右。引起误差的原因以及解决办法还需要进一步的深入研究。

由于时间的限制，该项技术仍有很多细节上的难点需要研究与逐个攻克，如LES的滤波影响、计算精度的控制、不同来流风统计参数对结果的影响以及大量的试验验证等。因此计划在本课题完成后，继续集中力量开展非稳态数值风洞技术的深入研究，将该技术做成一套成熟的风工程解决方案，推广至实际项目中。

6 风洞试验

风洞试验是开展风工程研究和抗风设计的基础要件，由于千米级摩天大楼为高度1180m、采用三个边塔和一个芯塔在每隔100m高相连成的组合体系，不论是平面还是立面都比较复杂，因此非常有必要进行风洞试验，其结果将作为摩天大楼结构的抗风设计依据，同时也是验证我们风洞数值模拟研究水平的重要步骤。

在充分考察了国内外600m以上超高层建筑的风洞试验资料以及听取了国内行业专家提出建议的基础上，确定千米级摩天大楼风洞试验的主要内容有：风气候分析、刚性模型测压试验、风振分析、围护结构风压分析、雷诺数效应研究、气动弹性模型试验。

6.1 风气候分析

6.1.1 设计平均风速

中国建筑千米级摩天大楼项目紧邻大连北站，位于大连市市区北部，周围是一片低矮的房屋和乡村建筑。可根据其周围地形地貌情况粗略地认为拟建建筑所在区域的地面粗糙度类别为《建筑结构荷载规范》GB 50009—2012中的B类地貌。

风气候分析的目的是研究大连市不同重现期的10m高度处的设计平均风速、梯度风高度平均风速和10m高度处的湍流度等，用于确定风洞试验和CFD数值模拟的来流风场。

6.1.1.1 实测风速资料分析

实测风速资料来源于大连市气象中心，采用极值Ⅰ型概率分布函数（Gumbel概率模型）计算不同重现期的10m高度处的设计平均风速。表6-1给出了利用极值Ⅰ型概率分布函数计算得到的不同重现期下10m高度处的设计平均风速。由表可知，重现期越大，平均风速越大。

基于实测风速资料的不同重现期平均风速　　表6-1

重现期(年)	1	2	3	5	10	20	30	50	100
平均风速(m/s)	20.6	24.9	26.1	27.4	29.1	30.8	31.7	32.9	34.4

6.1.1.2 考虑地形地貌影响的设计平均风速

设计平均风速分析所需的50年以上的风速实测资料来源于大连市气象总站。考虑到大连市气象总站距离千米级摩天大楼拟建场地的距离较远（直线距离大约12km），且拟建场地西北方向3km处有一座海拔高度约200m的骆山，因此采用CFD数值模拟方法研究周围局部地形地貌对拟建建筑物区域风场的影响，以30°为间隔，考察0°～360°风向角下场地的平均风速剖面的变化，以B类地貌作为入流条件。

图6-1给出了不同风向角下拟建建筑场地的平均风速剖面与《建筑结构荷载规范》GB 50009—2012的B类地貌平均风剖面的比较。由图可知，各风向角下的平均风速均随离地高度的增加逐渐增大，直到达到梯度风高度为止，梯度风高度以上，各风向角下的平均风速不再变化，

基本上为 59.05m/s 左右。各风向角下的梯度风高度一般集中在 400～600m，大于 B 类地貌的梯度风高度 350m，说明各风向角下的平均风速均小于 B 类地貌平均风速。此外，150°和 300°风向角下，拟建场地 50～200m 高度范围内的平均风速略大于 B 类地貌的平均风速；而其余风向角下的风剖面在同一高度处的平均风速均比 B 类地貌小，其中 0°、180°和 270°风向角时最小。

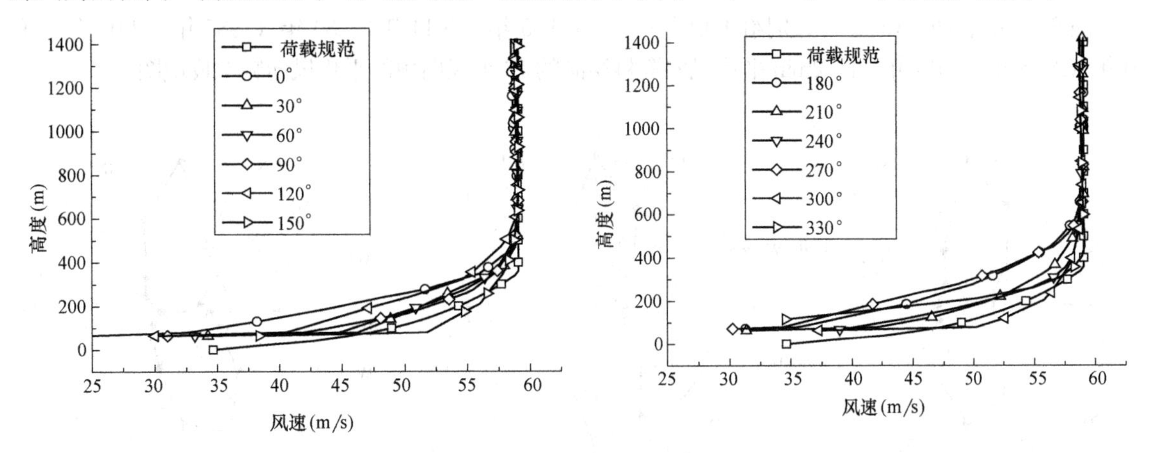

图 6-1 拟建建筑处不同风向角下的平均风剖面与荷载规范的比较

图 6-2 以极坐标图的形式给出了各风向角下建筑所在位置的不同高度处（200m、350m、400m、600m、800m 和 1000m）的平均风速分布，可直观地对不同风向角下和不同高度处的平均风速进行比较。由图可知，200m、350m 和 400m 高度处 150°和 300°风向角下的平均风速略大，而 0°、180°和 270°风向角下较小。

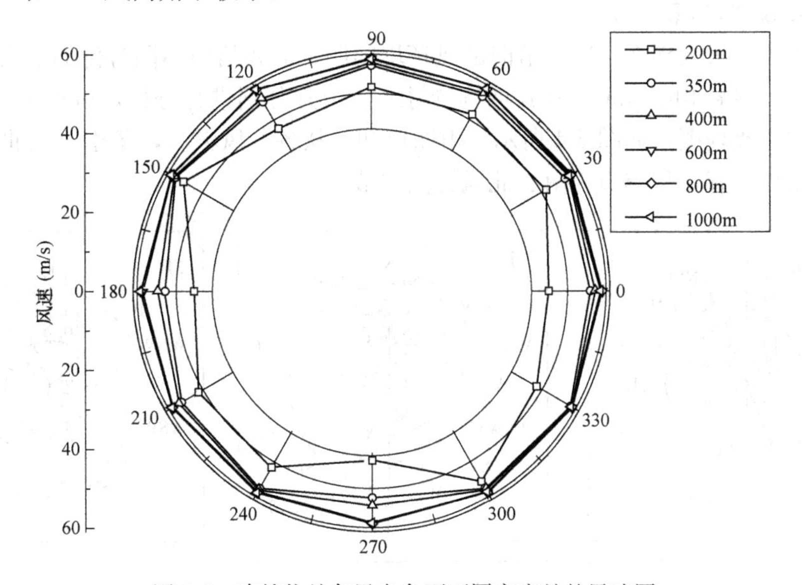

图 6-2 建筑物处各风向角下不同高度处的风速图

由以上分析可知，考虑局部地形地貌的影响后，拟建场地在不同风向角下的平均风速剖面均比入流速度有所减小，即基本小于 B 类地貌风场，因此我们可以偏安全地将来流风场取为 B 类地貌风场。

6.1.2 设计平均风向

在风气候分析中，除确定建筑所在场地的设计平均风速外，还需对设计平均风向进行研究，确定拟建场地的风向分布和主导风向，用于优化建筑朝向，并对主导风向下的风环境进行评估。利用大连市气象中心提供的2min平均风速和风向资料，统计出气象站10m高度处16个风向角的出现频次和概率，将出现频次和概率最多的风向角作为主导风向。

6.1.2.1 年平均风向频率分析

图6-3（*a*）、（*b*）和（*c*）分别给出根据60年（1955年～2014年）、30年（1985年～2014年）和10年（2005年～2014年）的2min平均风向资料绘制的16个风向角的平均风向频率玫瑰图。

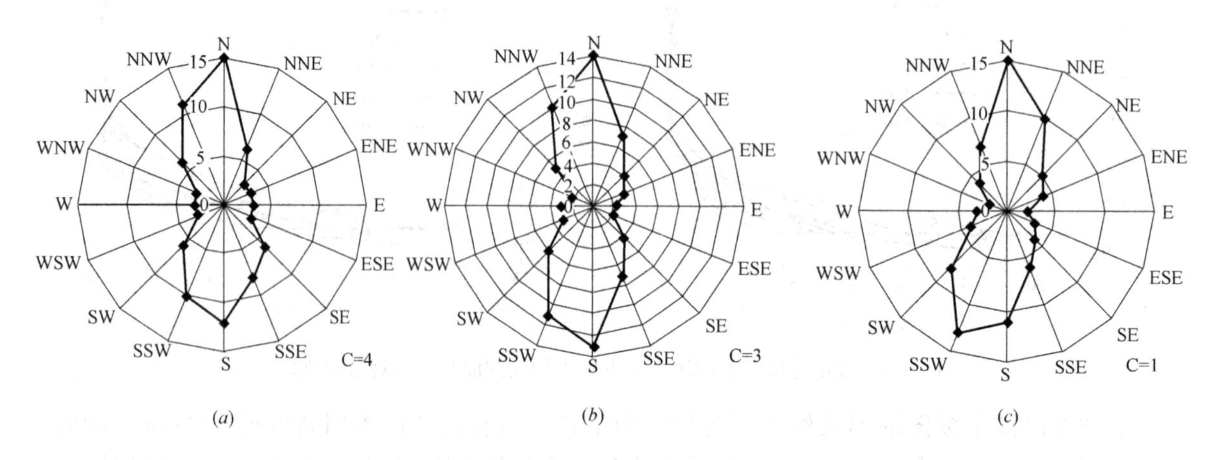

图6-3 平均风向频率玫瑰图

（*a*）1955年～2014年；（*b*）1985年～2014年；（*c*）2005年～2014年

6.1.2.2 月平均风向频率分析

为研究千米级摩天大楼在不同季节时的风环境问题，需要给出不同月份的平均风向频率玫瑰图。将2005年～2014年的2min平均风向资料按12个月分别进行分析，可得大连市近10年各月的平均风向频率玫瑰图，如图6-4所示。由图可知，从各月风频看，冬季以偏北风为主导，夏季以偏南风向主导，春、秋季节为南、北风转换季节。

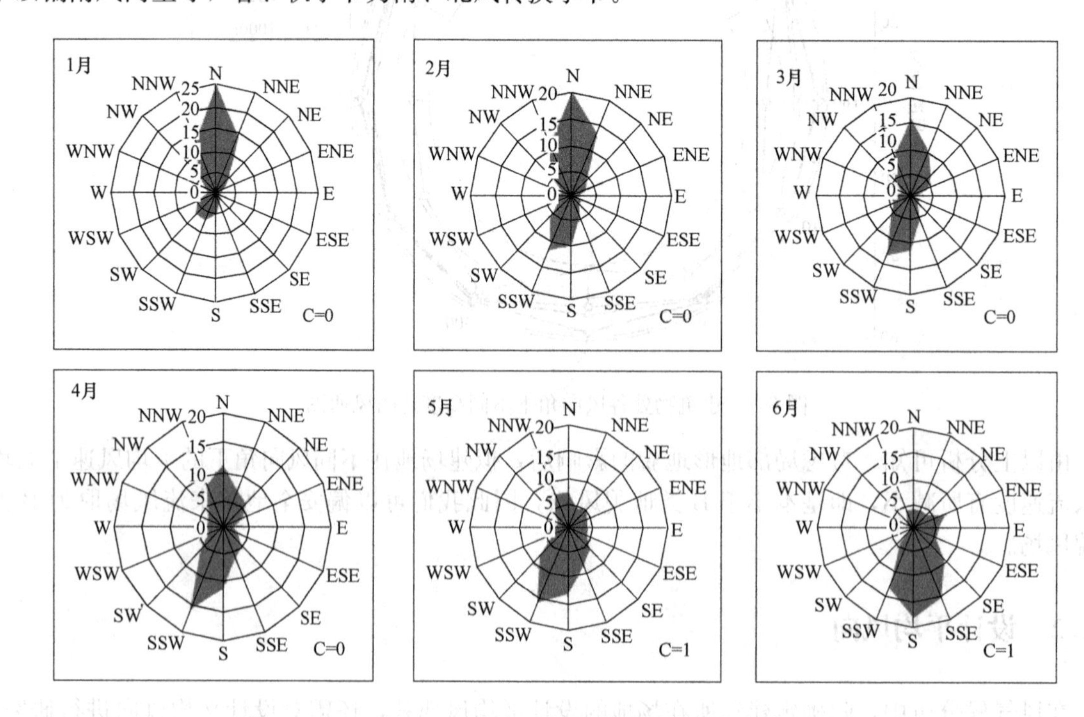

图6-4 2005年～2014年间不同月份的平均风向玫瑰图（一）

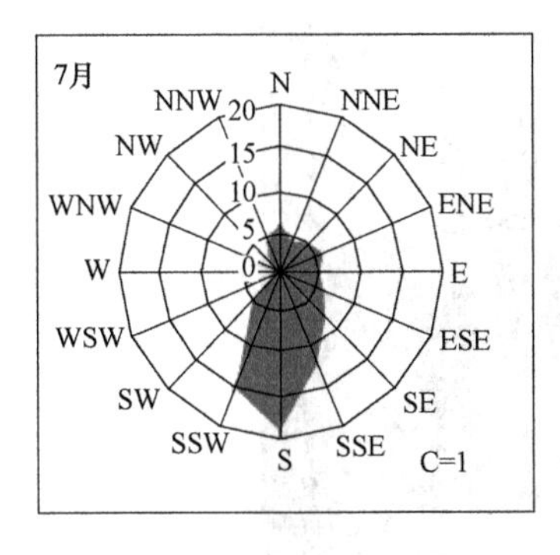

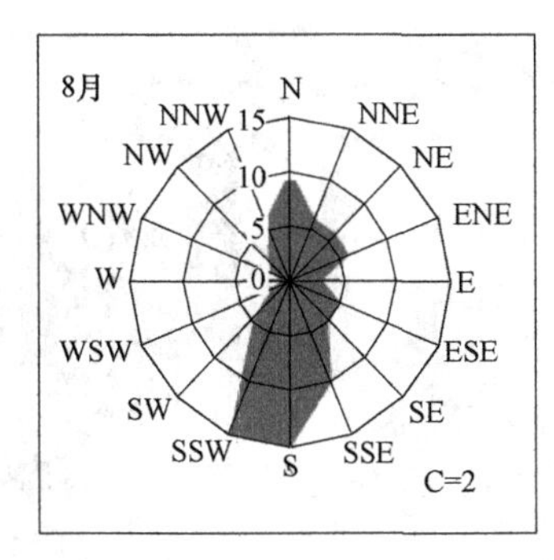

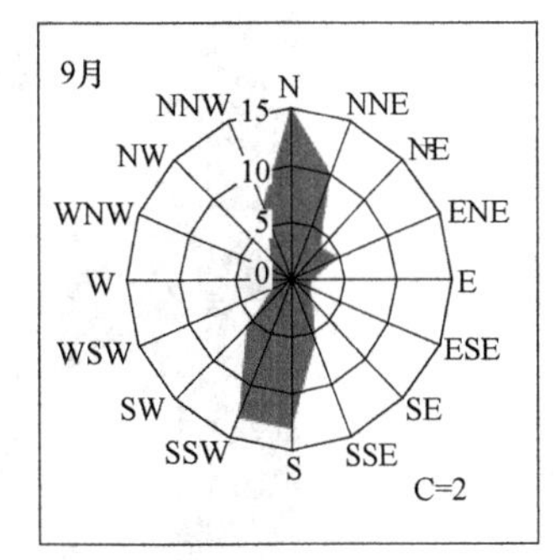

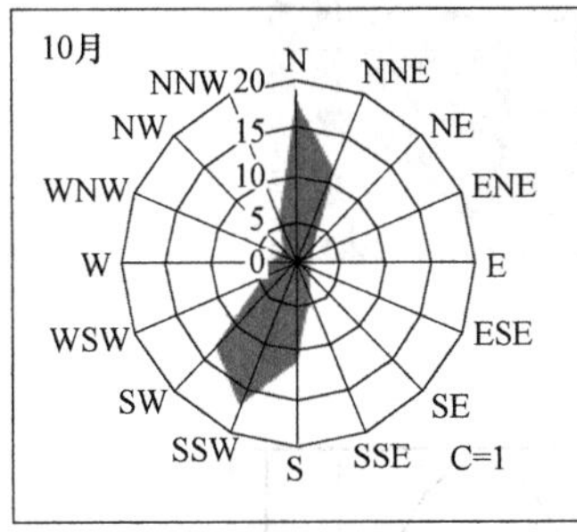

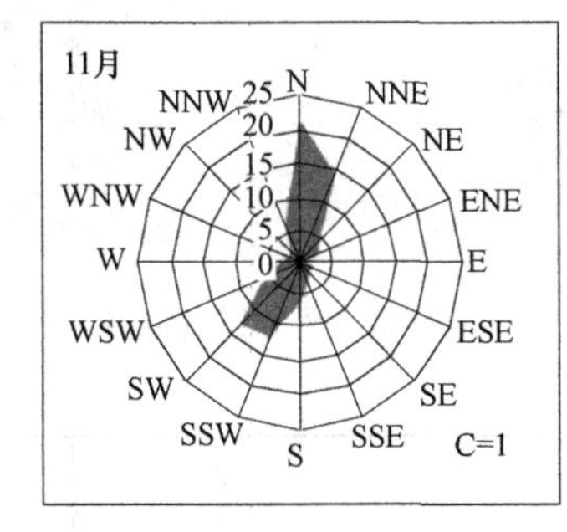

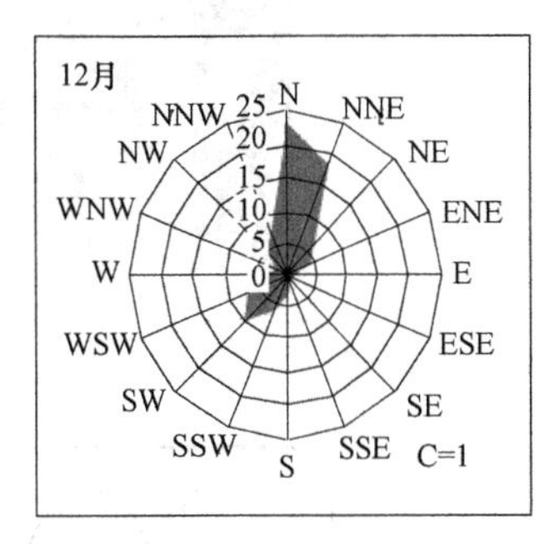

图 6-4 2005 年～2014 年间不同月份的平均风向玫瑰图（二）

通过上述基于实测风速风向资料对拟建场地的风气候的分析，得到考虑了周围地形地貌影响的 CFD 数值模拟平均风速剖面，与《建筑结构荷载规范》GB 5009—2012 进行比较，确定了合理的来流风条件，包括来流风速剖面和湍流度剖面等；还基于大连市的平均风向频率玫瑰图确定了其主导风向，为后续的行人平台风环境研究和评估以及优化建筑朝向提供了依据，也为后续的一系列风洞试验研究奠定了基础。

6.2 刚性模型测压试验

6.2.1 试验模型

为了保证在试验风速下不发生振动现象，确保压力测量的精度，刚性模型需具有足够的强度和刚度，考虑风洞阻塞率的要求（≤5%），模型几何缩尺比选为 1∶600。试验装置见图 6-5。

为全面考察建筑物的风荷载特性，在 A、B、C、D 塔楼的各受风面均匀布置了 1620 测压点，测点采用长度为 12mm，外径为 1.2mm，内径 1.0mm 的不锈钢管，测压管垂直于建筑物表面，且与模型外表面齐平无凹凸，试验前对测压孔进行了严格的气密性检查。

6.2.2 来流风条件

风洞试验一般采用在流场中设置障碍物减小风速分离来流增大湍流度的方法，模拟不同地貌的平均风速剖面和湍流度。图 6-6 为试验的 B 类地貌粗糙装置布置图，图 6-7 为试验中建筑所在位置模拟的风速平均值、湍流强度以及功率谱与目标值的比较。

图 6-5　风洞试验照片

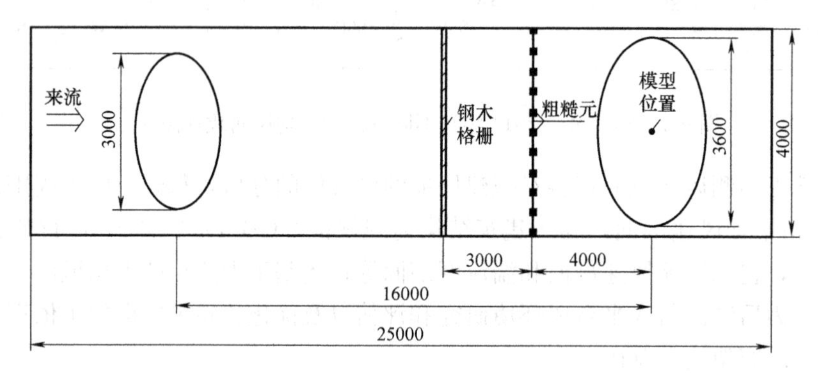

图 6-6　粗糙元布置

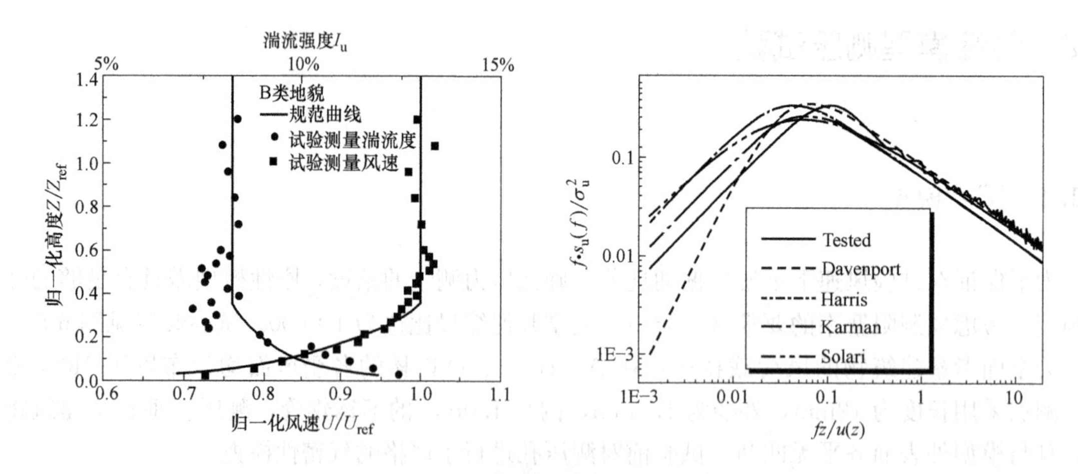

图 6-7　平均风速剖面、湍流度剖面与风速功率谱

6.2.3　试验方案

选取 1000m 高度作为试验的参考高度，对应缩尺模型 1.667m 高度。定义 0°风向角是从建筑正北方向吹来的风，试验风速为 10m/s，测压信号采样频率为 625Hz，采样时间 20s，每个工

况采集 5 个样本。试验时，模型固定在试验段底壁转盘上，由 0°开始逆时针旋转到 360°，每隔 10°测量一次，共进行 36 个风向的测量，通过比较 360°与 0°风向角结果来确定试验的稳定性，图 6-8 给出了各风向角示意图。

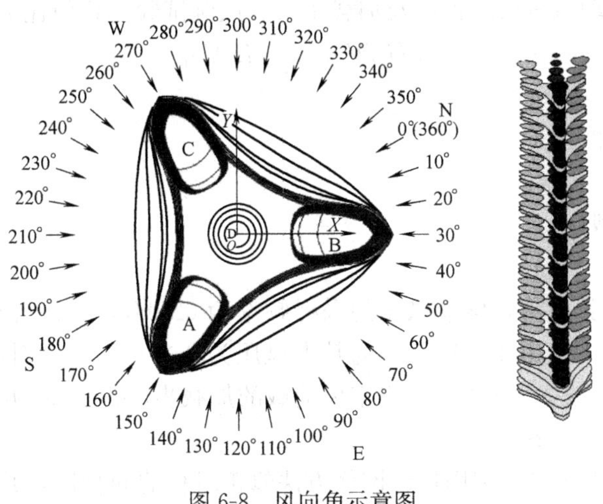

图 6-8 风向角示意图

6.3 风振分析

由于中国建筑千米级摩天大楼建筑外形复杂，结构自振周期长，阻尼较小，因而对风荷载的作用较为敏感，脉动风的动力作用不可忽略。为保证结构设计的安全、经济、合理，有必要根据风洞试验结果进行结构风振响应分析，为设计提供风振系数，并验算结构的安全及舒适性能。

6.3.1 计算模型

风振分析采用通用有限元计算软件 ANSYS14.0，整体计算模型由 YJK 模型转换得到。表 6-2分别给出了结构前 10 阶自振频率分布情况，从频率比较来看，两种模型的误差在 10%以内，说明转换模型可以用于进一步的风振分析。

模型前 10 阶频率 **表 6-2**

阶次	1	2	3	4	5
ANSYS 频率(Hz)	0.0756	0.0760	0.0872	0.203	0.204
YJK 频率(Hz)	0.0750	0.0750	0.0892	0.223	0.224
阶次	6	7	8	9	10
ANSYS 频率(Hz)	0.212	0.389	0.390	0.392	0.585
YJK 频率(Hz)	0.225	0.386	0.430	0.430	0.563

6.3.2 风振响应分析方法

顺风向风振响应分析采用时程分析方法，此方法适用于任意系统和任意激励，并且可以得到较完整的结构动力响应全过程信息，是分析结构风振响应的有效方法。

在进行动力风荷载分析之前，需要确定两个关键参数：风荷载和阻尼。

1. 风荷载的确定

采用的结构表面脉动风荷载时程源自风洞试验，根据风洞模型与实际结构的相似比换算，得到作用于实际结构的脉动风荷载时程以及加载步长。风洞试验的相似比关系为：

$$(fL/V)_{\mathrm{m}}=(fL/V)_{\mathrm{p}} \tag{6-1}$$

式中　f——频率；

L——几何尺寸；

V——风速；

下标 m——表示模型；

p——表示原型。

风洞试验中模拟 B 类地貌，脉动风压的采样频率为 625Hz，几何缩尺比为 1∶600，梯度风高度处风速为 7.5m/s，大连市 100 年一遇的基本风压为 0.75kN/m²，对应梯度风速为 59.1m/s。根据上式可导得实际加载频率为 8.2Hz。设定风荷载的加载步数为 6000 步，相当于实际结构风致动力分析的总加载时间为 732s。

根据风洞试验的测点布置，利用神经网络方法修正时程的同步性，并采用空间插值方法确定结构的风荷载作用位置及脉动风压系数时程，然后利用脉动风压系数乘以参考高度处的风压值便可以得到实际结构在对应位置处的脉动风压时程。以层荷载（水平力、扭矩）的形式加载到各塔楼的参考点处。模型加载图见图 6-9。

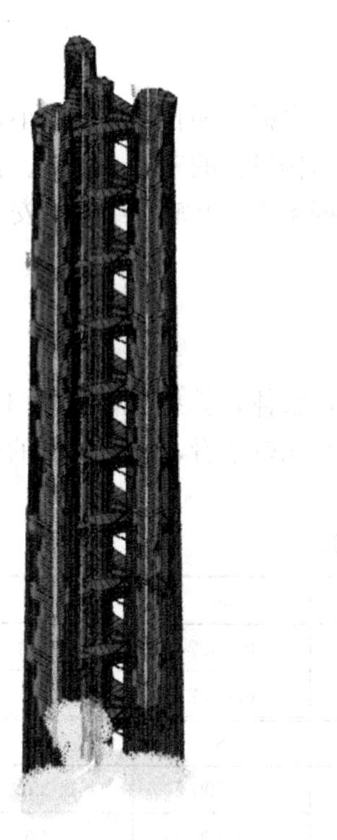

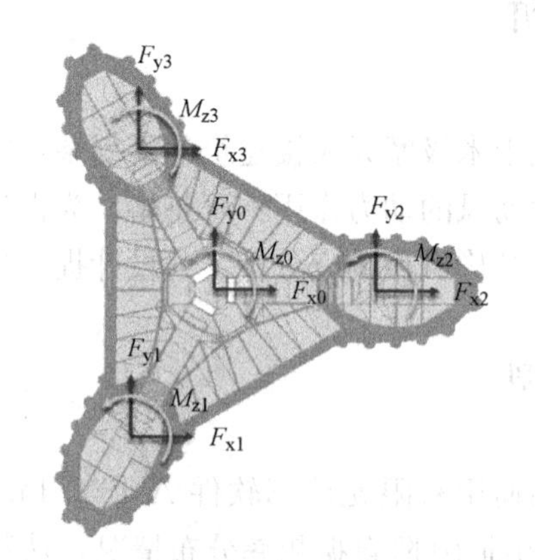

图 6-9　风荷载加载示意图

2. 阻尼的确定

采用瑞利结构阻尼，其式如下：

$$C=\alpha M+\beta K \tag{6-2}$$

式中　C——体系的总阻尼矩阵；

M——结构的质量矩阵；

K——结构的刚度矩阵；

α 和 β——瑞利阻尼中的常量。

根据设计的要求：进行舒适度验算，结构的阻尼比取为 0.01，其他情况下阻尼比取为 0.02、0.04。

用于计算的频率为前两阶的结构圆频率，再根据瑞利结构阻尼公式计算得出 α 及 β 的值。结构前两阶频率和阻尼参数如表 6-3 所示。

阻尼参数表　　**表 6-3**

1 阶频率(Hz)	2 阶频率(Hz)	阻尼比	α	β
0.0756	0.0760	0.01	8.640e-4	3.809e-3
		0.02	1.728e-3	7.618e-3
		0.04	3.456e-3	15.23e-3

6.3.3　顺风向风振分析

6.3.3.1　分析方案

根据风洞试验分析结果，结构表面的平均风压分布大体上对于风向角、建筑体轴具有一定对称性，建筑所受整体风力大约每 60°间隔为一对称区间。

为较全面的分析各风向角下的结构风振响应，并考虑到周围有干扰物的风洞试验更符合实际情况，同时也为节省计算成本，根据对称性，对有干扰情况同一个对称区间的 5 个不利风向进行了分析，具体分析方案如下：

风向角：330°、350°、0°、10°、30°。

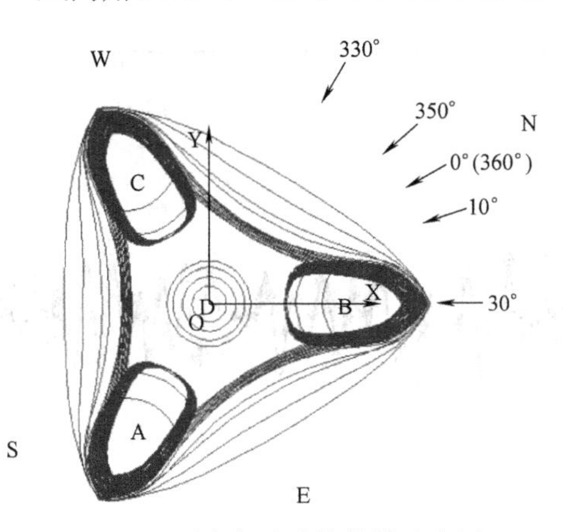

图 6-10　风向角及建筑体轴示意图

图 6-10 给出了风向角及建筑体轴的定义，扭转方向符合右手原则（逆时针为正）。对应阻尼比 0.02，给出了上述 5 个风向的所有计算结果；对于阻尼比 0.01 和 0.04 仅给出根据阻尼比 0.02 得出的最不利两个风向的计算结果；仅以 330°和 0°有干扰风向角为例，对各响应指标进行具体介绍。

6.3.3.2　风振响应结果分析

1. 位移响应

位移响应分析给出了 50 年和 100 年一遇风荷载各风向、各阻尼比下的各层侧移、层间位移角及位移比，为设计提供依据。

图 6-11 给出了典型风向下建筑顶层的线位移和角位移，由图可知，不同风向下建筑的扭转效应不同，总体来看，330°风向下的线位移较为不利，0°风向为典型的斜风向，扭转效应较大。

（1）各层质心侧移响应

图 6-12（*a*）给出了各风向在 100 年一遇、阻尼比 0.02 情况下的侧移响应，由图可见对于各层侧移，330°风向为最不利风向。由图 6-12（*b*）可知，在阻尼比 0.02、0.04 时，各风向各层侧移均不超出规范限值。

（2）层间侧移

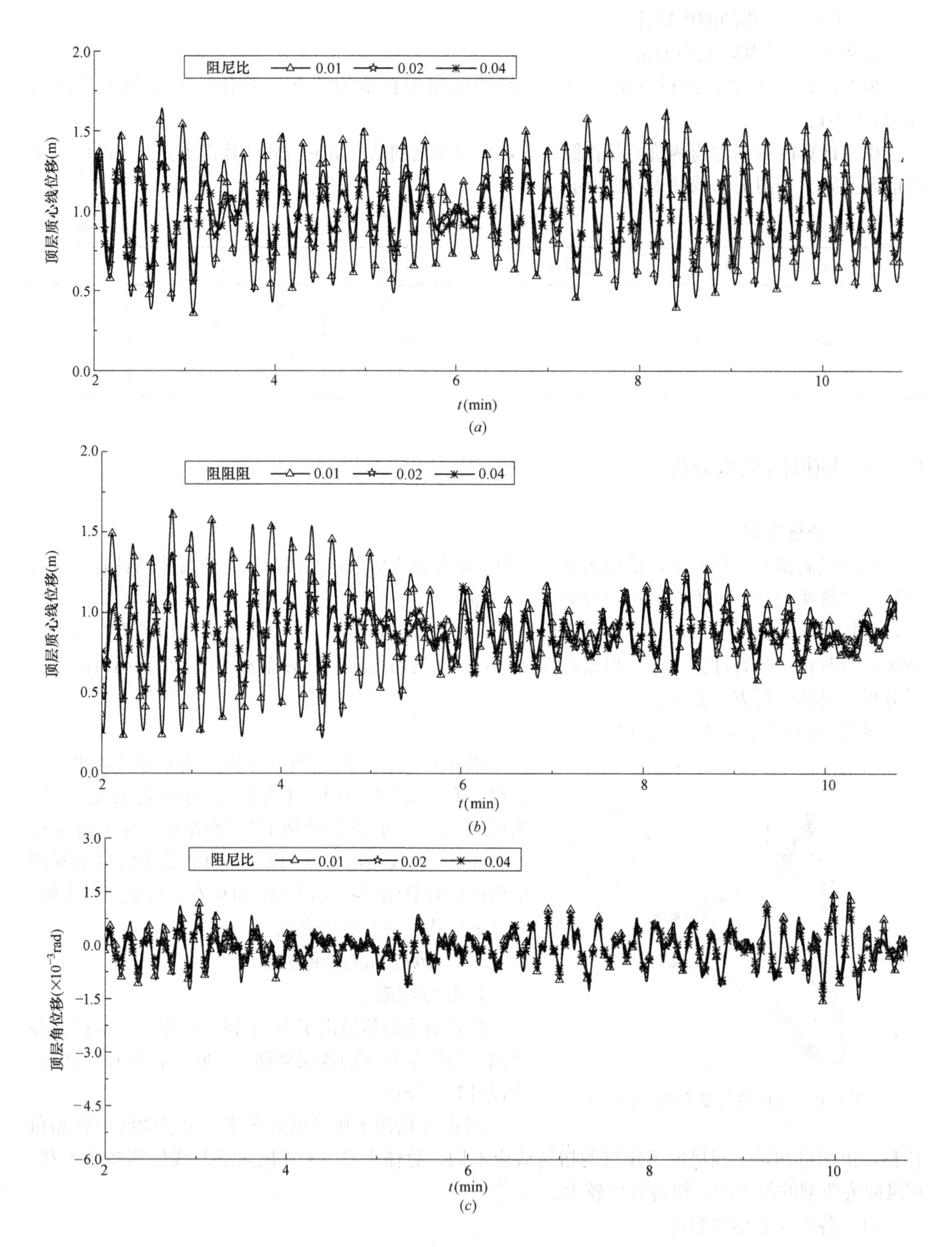

图 6-11 结构顶层位移时程（一）

(a) 330°线位移；(b) 0°线位移；(c) 330°角位移

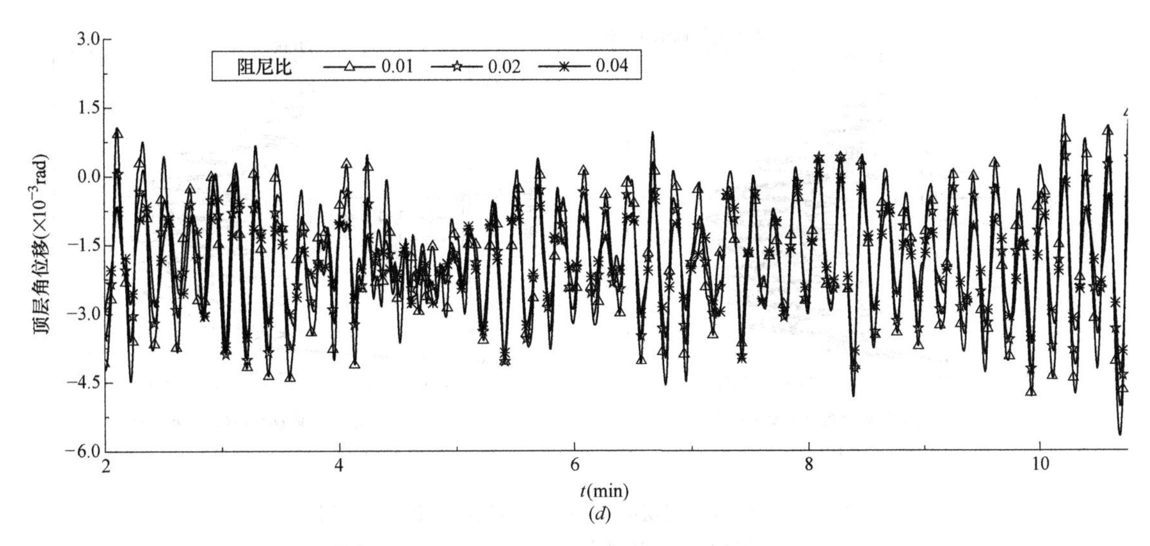

(d)

图 6-11 结构顶层位移时程（二）

（d）0°角位移

图 6-13 给出了 100 年一遇风荷载，不同阻尼比下各风向结构层间质心位移角极值。由图可知，层间位移角在中部明显大于两端，由于层高的不同，非连接平台处的层间位移角大于相邻平台层。总体来看，330°为层间位移的最不利风向，其最大层间位移角出现在 85 层（标高 445m）附近，阻尼比为 0.02 时，最大层间位移角为 $2.21\times10^{-3}>1/500$，未超出《高层民用建筑钢结构技术规程》JGJ 99—2015 限值，略超出《高层建筑混凝土结构技术规程》JGJ 3—2010 限值；阻尼比 0.04 时，最大层间位移角未超出《高层建筑混凝土结构技术规程》JGJ 3—2010 限值。

（3）位移比

图 6-14 给出了 100 年一遇风荷载，各阻尼比下各风向结构位移比均值与极值。由图可知，除底端质心位移本身较小，数值不具有参考意义外，100m 标高以上各层位移比变化较小。位移比均值均不超过《高层民用建筑钢结构技术规程》JGJ 99—2015 的限值 1.2，且随阻尼比变化很小；位移比极值随阻尼比增大而减小。总体来看，0°为位移比的最不利风向（即扭转最不利风向），阻尼比为 0.02 时，位移比不超过《建筑抗震设计规范》GB 50011—2010 的限值 1.5。

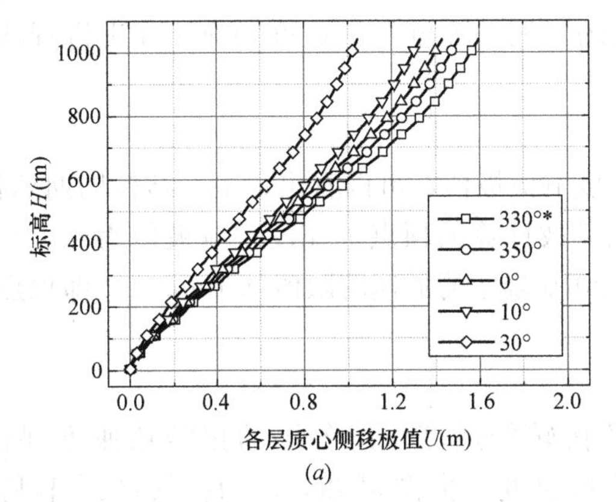

(a)

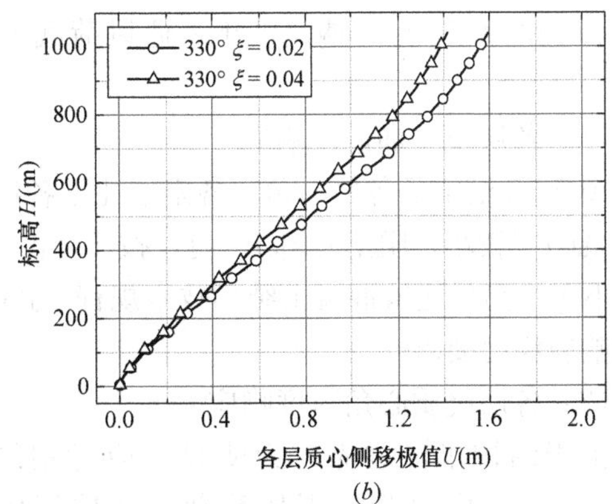

(b)

图 6-12 结构各层质心位移极值（100 年一遇）

（a）阻尼比 0.02 各风向；（b）330°风向各阻尼比

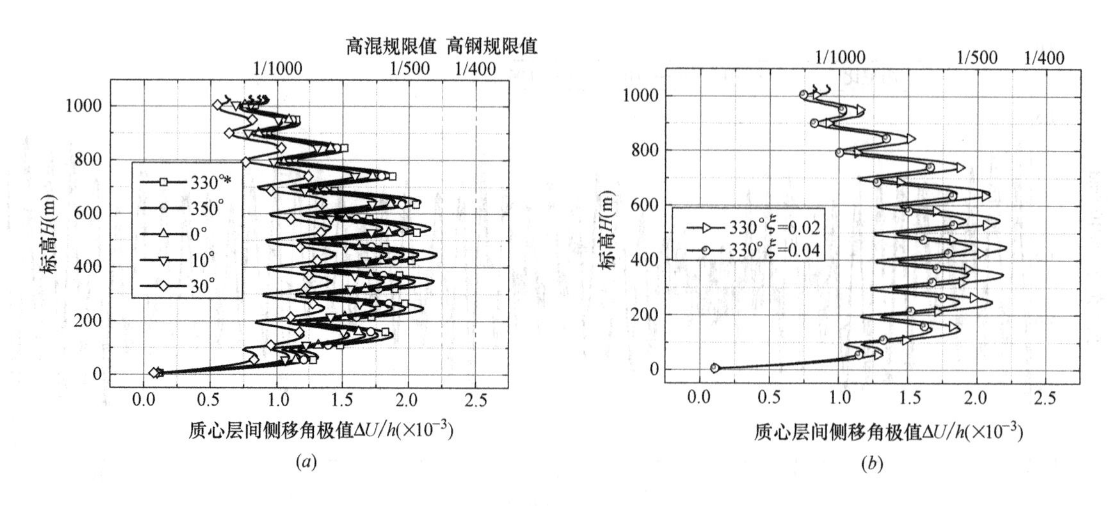

图 6-13 结构各层层间质心位移角极值（100 年一遇）

（a）阻尼比 0.02 各风向；（b）330°风向各阻尼比

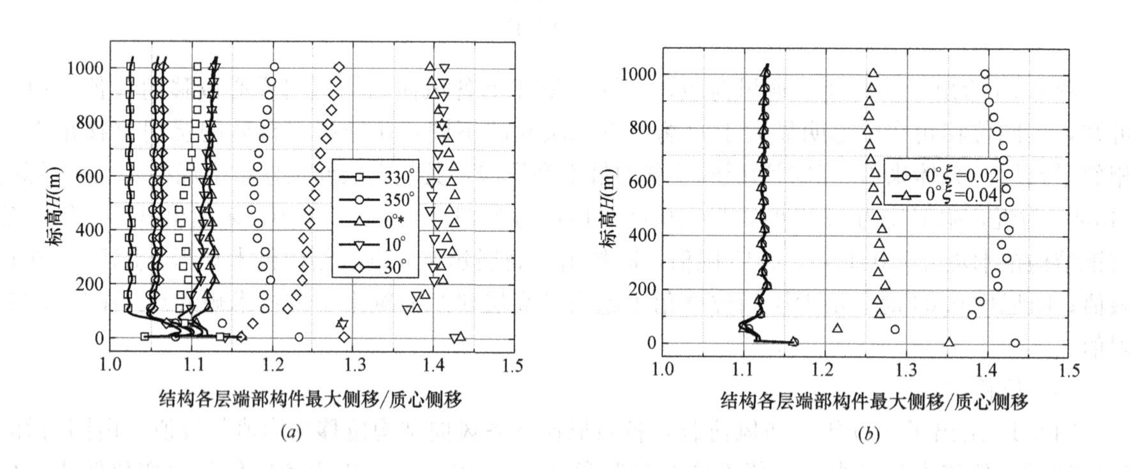

图 6-14 结构各层位移比均值与最大值

（a）阻尼比 0.02 各风向；（b）0°风向各阻尼比

2. 风振舒适度

风荷载作用下，高层建筑中人体的舒适度是一个非常重要的控制指标。给出各楼层阻尼比为 0.01、0.02 下 10 年一遇及 1 年一遇风荷载下各层的风振加速度及角速度响应，并进行舒适度评价。

（1）各层质心加速度响应

图 6-15 给出了各风向角、各阻尼比下各层加速度响应极值，可以看出，由于结构周期超长，加速度响应较小，阻尼比 0.01 时，按 10 年一遇风荷载计算的顶点加速度响应极值为 0.116m/s^2，小于《高层建筑混凝土结构技术规程》JGJ 3—2010 规定的加速度限值 0.15m/s^2，即顶点加速度响应满足要求。

（2）各层绕质心角速度响应

由于结构扭转效应较为明显，应考察结构的扭转舒适度，以各层的扭转角速度评价。图 6-16 给出了 10 年一遇风荷载下各层绕质心的角速度，由图可知，0°为扭转的最不利风向，阻尼比为 0.01 时，该风向下顶点绕质心角速度达 1.11×10^{-3} rad/s，应采取适当措施予以控制。

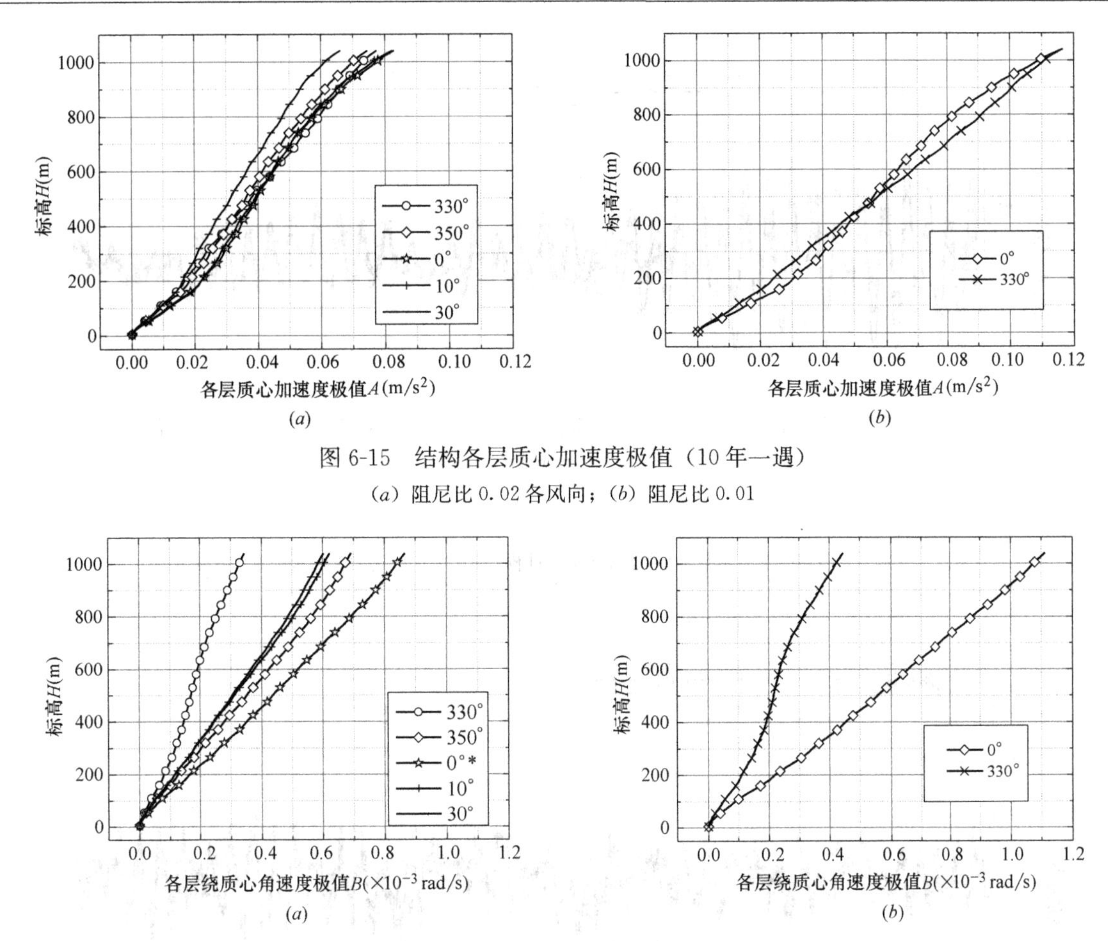

图 6-15 结构各层质心加速度极值（10 年一遇）

（a）阻尼比 0.02 各风向；（b）阻尼比 0.01

图 6-16 结构各层扭转角速度极值（10 年一遇）

（a）阻尼比 0.02 各风向；（b）阻尼比 0.01

3. 基底反力

给出的基底倾覆力矩、基底剪力和扭转包括结构底层全部框架柱和剪力墙的作用效应，力系的简化中心为基底平面的几何中心。100 年一遇风荷载下主楼的基底倾覆力矩、扭矩和剪力，如图 6-17～图 6-19。

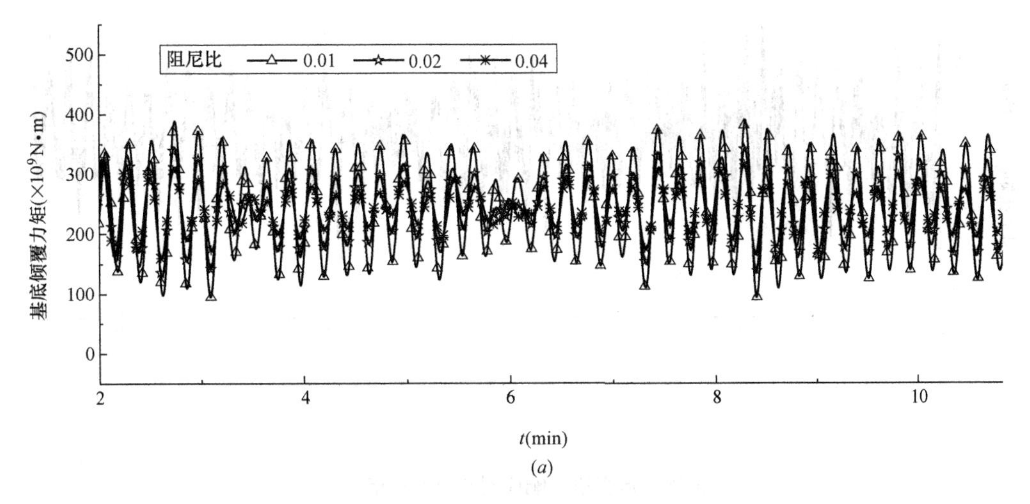

图 6-17 基底倾覆力矩响应时程（100 年一遇）（一）

（a）330°

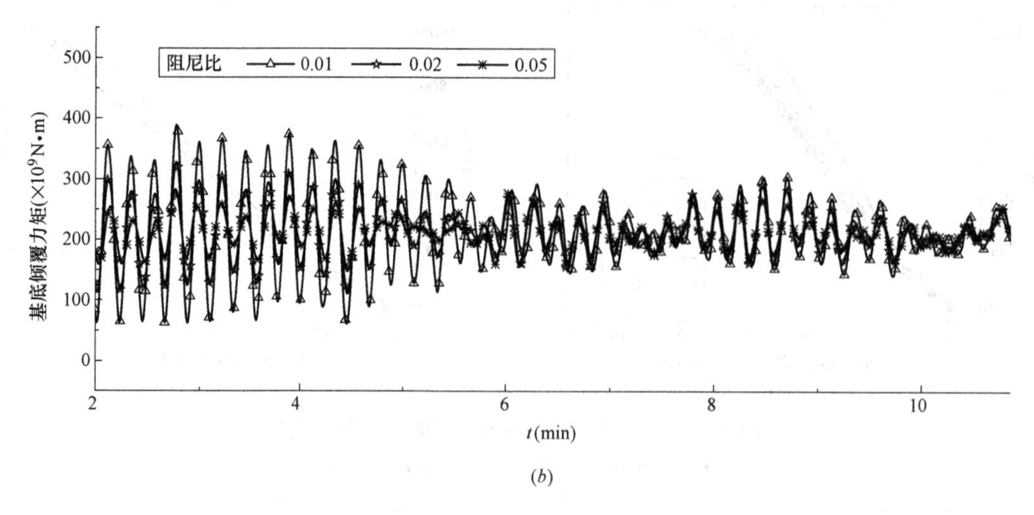

图 6-17 基底倾覆力矩响应时程（100 年一遇）（二）

(b) 0°

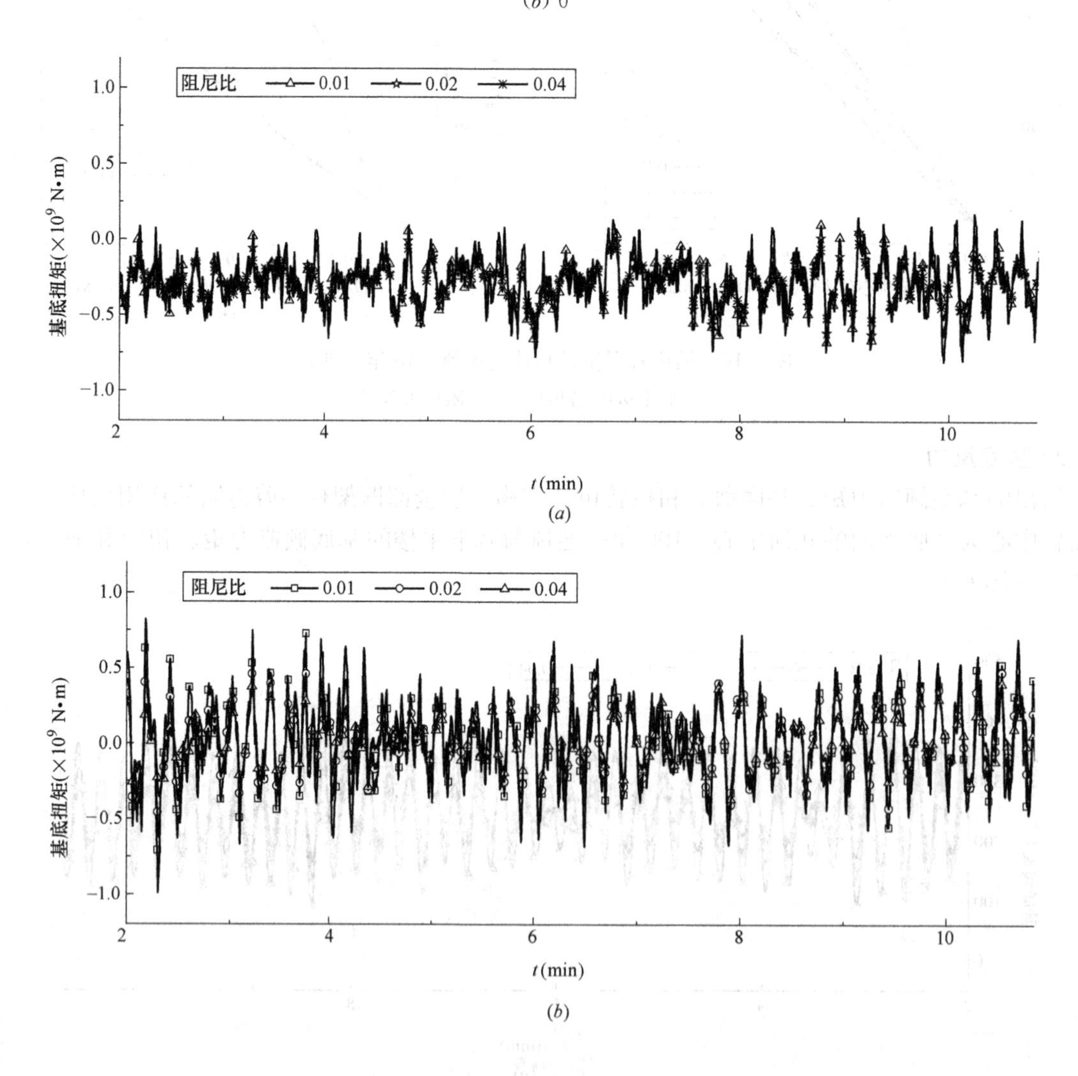

图 6-18 基底扭矩响应时程（100 年一遇）

(a) 330°；(b) 0°

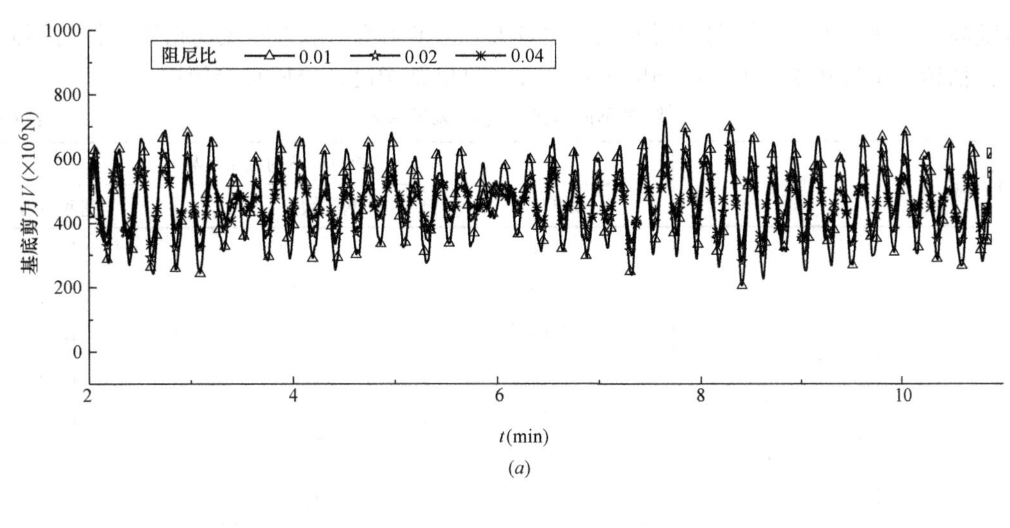

(a)

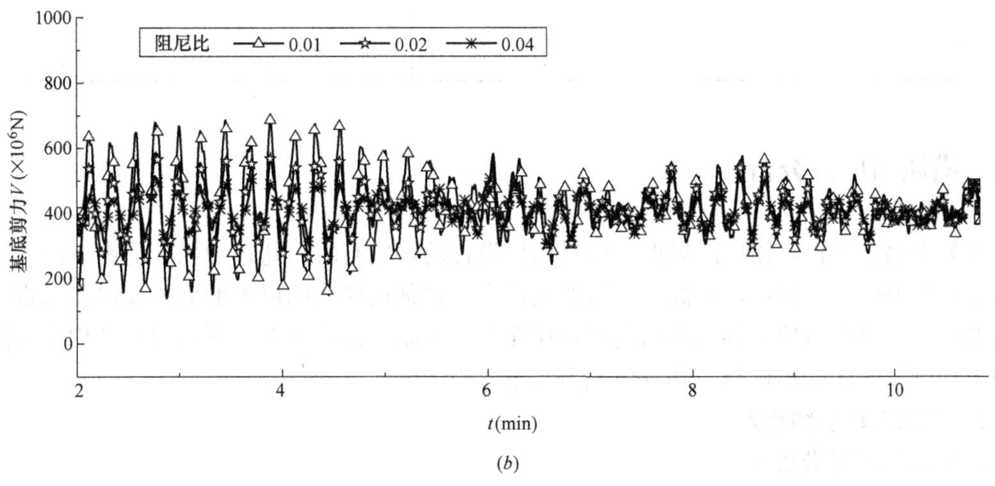

(b)

图 6-19 基底剪力响应时程（100 年一遇）

（a）330°；（b）0°

6.3.3.3 风振系数分析

采用直接基于结构响应的风振系数，等效目标包括顶点位移、基底剪力和基底弯矩三个响应指标。图 6-20 给出了各种工况下，以各层侧移为等效目标的风振系数，由图可知，位移等效的风

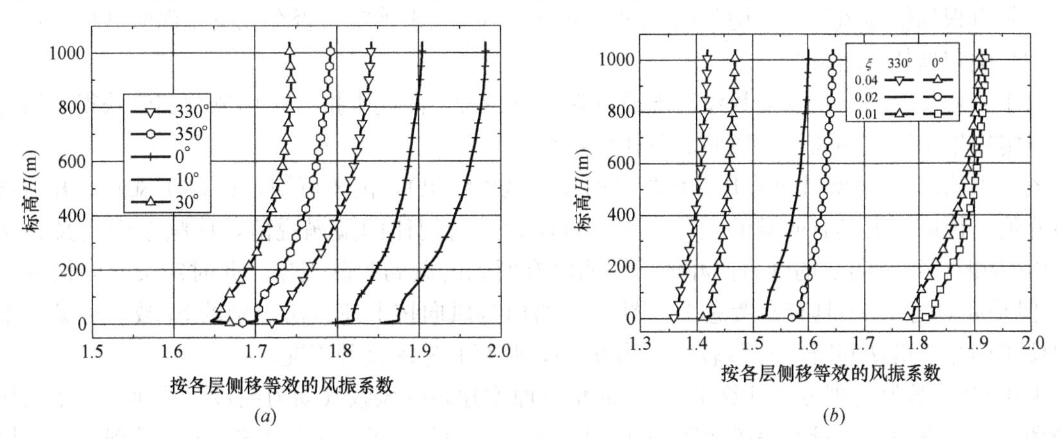

图 6-20 按各层侧移等效的风振系数

（a）阻尼比 0.02 各风向；（b）330°、0°各阻尼比

振系数随高度变化不大，随风向和阻尼比变化较大。表 6-4 给出了不同风向角下，针对不同等效目标（包括顶点位移和支反力）的响应风振系数，可供结构设计分析直接使用。

针对不同等效目标的风振系数　　表 6-4

阻尼比	风向(°)	不同等效目标下的风振系数		
		顶点位移	基底倾覆力矩	基底剪力
0.02	330	1.60	1.50	1.42
	350	1.57	1.42	1.36
	0	1.65	1.49	1.42
	10	1.70	1.57	1.49
	30	1.51	1.42	1.36
0.01	330	1.91	1.77	1.65
	0	1.91	1.76	1.65
0.04	330	1.42	1.34	1.29
	0	1.47	1.33	1.29

6.3.4 横风向风振分析

对于复杂高层结构，横风向风振响应对结构设计的影响有时会超过顺风向的影响而成为结构设计的主要控制因素，因此，在高层建筑的设计中，评估横风向的风振响应就显得尤为重要。对于结构的横风向风振响应，首先要确定是否存在发生涡激共振的可能。下面根据结构横风向涡激振动的工程计算方法给出评判，并对横风向共振力进行分析。

6.3.4.1 涡激振动参数确定

（1）确定流场雷诺数 R_e

$$R_{emin}=69000\overline{V}_H D_{min}=69000\times59.05\times150=6.11\times10^8 \tag{6-3}$$

$$\overline{V}_H=\sqrt{1600\times\mu_{H}\omega_0}=\sqrt{1600\times1.0\times\left(\frac{350}{10}\right)^{0.3}\times0.75}=59.05\text{m/s}$$

式中　D_{min}——结构的特征尺度，取 150m 来进行校核。

可见，流场最小雷诺数 $Re_{min}=6.11\times10^8>3.5\times10^6$，由此判断建筑高度范围内存在跨临界范围，须再根据临界风速与结构顶点平均风速的大小关系来确定是否存在发生涡激共振的可能。

（2）确定斯托罗哈数 St

由于结构截面的斯托罗哈数没有现成资料可供参考，因此本报告采用风洞实验获得的风力谱曲线确定短轴来风向和长轴来风向的斯托罗哈数 S_t。

图 6-21 给出了典型风向的升力系数谱曲线（试验结果），由图可知，在 330°风向，升力谱有明显峰值，说明升力具有明显的主导频率，可能存在有规律的漩涡脱落，该频率则定义为 f_{St}。而 30°风向时，没有明显的升力谱峰值，说明没有明确的漩涡脱落现象，此时定义谱峰值频率为 f_{St}，但是此时的 f_{St} 不具有参考意义。图 6-22 给出各风向按上述方法识别的 St 数，可见在来流风向位于两相邻塔楼间时，St 数较大，为 0.15，验算时考虑该种工况。

采用 CFD 数值模拟方法计算了 30°风向角下原型建筑的风致气动力系数，从而确定了结构平台处和非平台截面的无量纲涡脱频率即斯托罗哈数 St。CFD 模拟采用 SST 湍流模型，对结构相应的二维断面进行足尺模拟，得到的风力系数时程如图 6-23 所示，截面的升力谱见图 6-24，确定出的 S_t 值为 0.109（平台截面）和 0.153（非平台截面）。

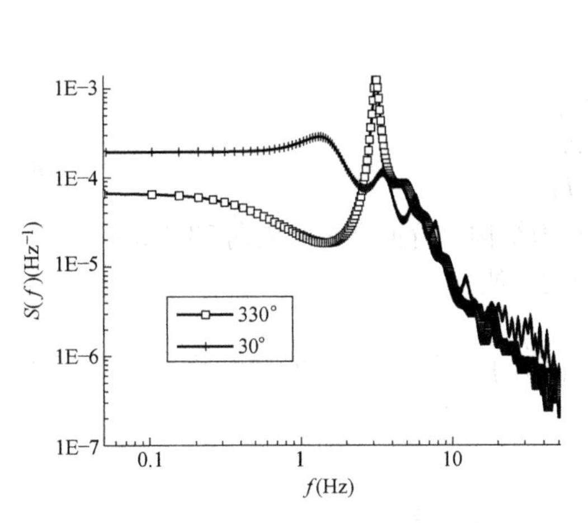

图 6-21 典型来流方向的升力系数谱曲线

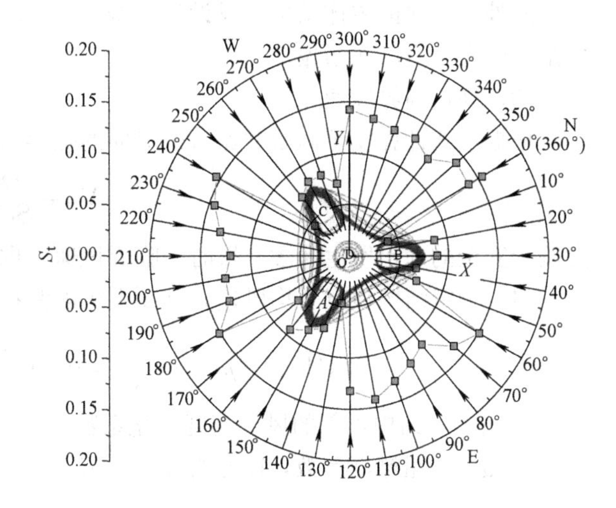

图 6-22 各风向根据升力系数谱识别的 St

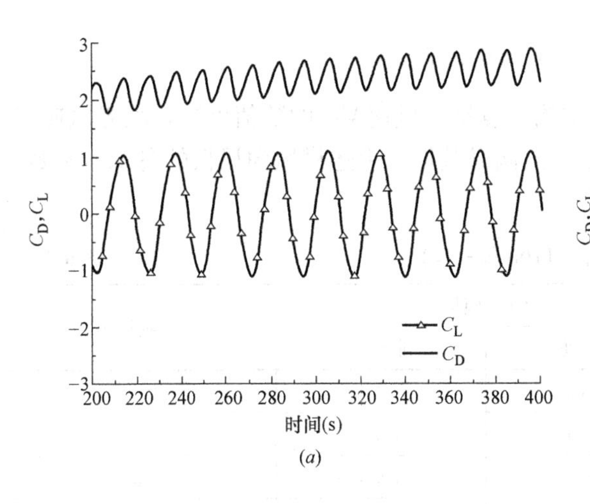

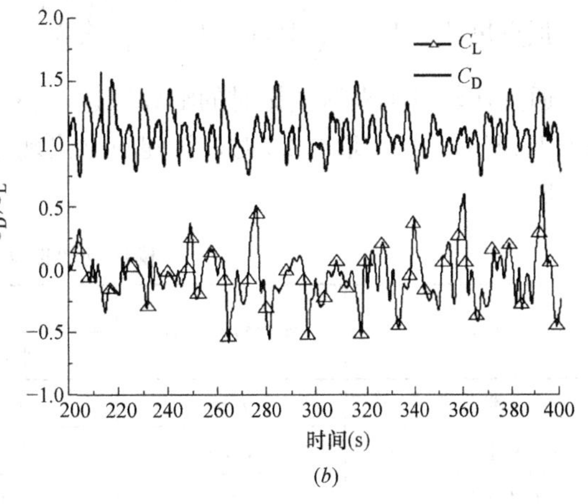

图 6-23 典型风向角下的升力系数时程（CFD）

（*a*）平台处；（*b*）非平台处

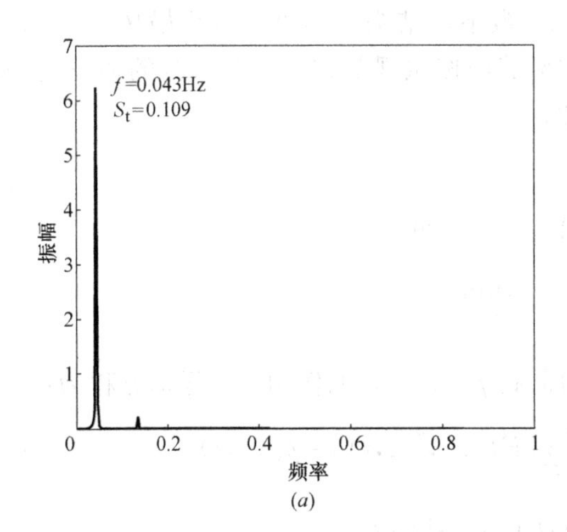

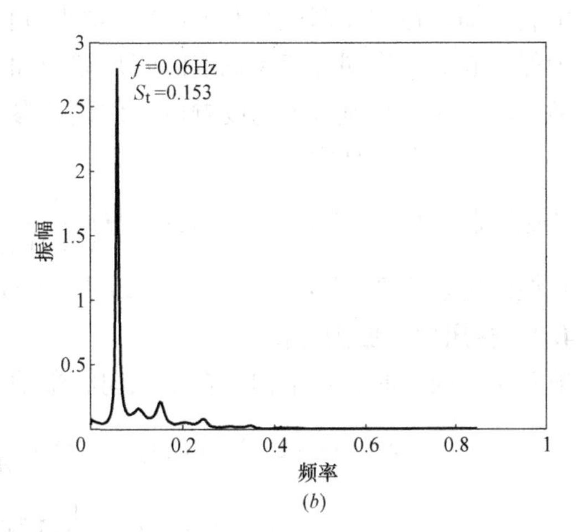

图 6-24 典型风向角下的升力系数谱曲线（CFD）

（*a*）平台处；（*b*）非平台处

此外，为保证主体结构抗风设计安全，还需验算斯托拉哈数 S_t 取 0.23（圆柱体）时主体结构是否会发生横风涡激振动。

（3）确定临界风速

根据下式计算发生涡激共振时所对应的临界风速：

$$V_{cr}=\frac{D(z)}{S_t\times T_i} \tag{6-4}$$

为偏于安全的确定发生涡激共振时的临界风速，取 T_i 为结构一阶振型对应周期 13.343s。

（4）确定结构顶点平均风速，判断发生涡激振动的可能性

$$V_H=\sqrt{1600\times\mu_H\omega_0}=\sqrt{1600\times1.0\times\left(\frac{350}{10}\right)^{0.3}\times0.75}=59.05\text{m/s} \tag{6-5}$$

式中，μ_H——结构顶部的风压高度变化系数；

α——粗糙度系数，B 类地貌取 0.15。

则 100 年重现期的顶点风速为 $V_H=\sqrt{1600\times1.0\times\left(\frac{350}{10}\right)^{0.3}\times0.75}=59.05\text{m/s}$，50 年重现期的顶点风速为 $V_H=\sqrt{1600\times1.0\times\left(\frac{350}{10}\right)^{0.3}\times0.65}=54.97\text{m/s}$

通过比较发生涡激共振时的临界风速 V_{cr} 和结构顶点平均风速 V_H 的数值可知，临界风速 V_{cr} 小于 $1.2V_H$，即 S_t 取 0.23 时，该建筑会出现横风向涡激共振，上述横风向风振的各基本参数见表 6-5。

横风向风振信息（100 年一遇） **表 6-5**

项目	实验数据取值	CFD 模拟		按圆柱体
		平台处	非平台	
斯托罗哈数 S_t	0.15	0.109	0.153	0.23
临界风速 V_{cr}(m/s)	74.9	103.1	73.4	48.9
$1.2V_H$(m/s)	70.8	70.8	70.8	70.8
是否发生横风向涡激振动	否	否	否	是

由表可知，在按风洞试验和 CFD 模拟得到的 S_t 数下，结构均不可能发生横风向的涡激共振，为保守起见，将同等迎风宽度的圆形截面和方形截面按照规范方法验算结构的横风向响应，给出横风向共振力和风振加速度响应，供设计参考。

（5）确定共振区高度

共振区起点高度 H_1： $H_1=H\left(\frac{V_{cr}}{1.2V_H}\right)^{1/\alpha}=84.69\text{m}$

共振区终点高度 H_2： 取 $H_2=H=1070\text{m}$

6.3.4.2 横风向风振力计算

根对于竖向弯曲悬臂结构，在横风向涡激动力荷载 $p_L(z, t)$ 的作用下，运动方程为：

$$m(z)y''(z,t)+c(z)y'(z,t)+\frac{\partial^2}{\partial z^2}[EI(z)y''(z,t)]=p_L(z,t) \tag{6-6}$$

$$p_L(z,t)=\frac{1}{2}\rho V^2(z)D(z)\mu_L\sin\omega_s t \tag{6-7}$$

式中 $p_L(z, t)$——简谐升力，是确定性的动力荷载，按旋涡脱落频率 ω_s 进行正弦作用；

μ_L——升力系数，可由风洞试验确定。

采用振型分解法，并假定阻尼项亦满足正交条件，则第 j 振型对应的运动方程为：

$$q''_j(t)+2\xi_j\omega_j q'_j(t)+\omega_j^2 q_j(t)=\frac{1}{M_j^*}\int_0^H p_{\mathrm{L}}(z,t)\varphi_j(z)\mathrm{d}z \tag{6-8}$$

发生共振时，第 j 阶振型的位移最大值为：

$$y_j(z)=\varphi_j(z)\frac{1}{2\xi_j}\frac{1}{M_j^*\omega_j^2}\int_{H_1}^{H}\frac{1}{2}\rho\left(\frac{z}{H_1}\right)^{2\alpha}V_{\mathrm{cr}}^2\mu_{\mathrm{L}}D(z)\varphi_j(z)\mathrm{d}z \tag{6-9}$$

那么第 j 阶横风向共振时的风振力为：

$$\begin{aligned}p_{\mathrm{d}j}(z)&=m(z)\omega_j^2 y_j(z)\\&=\frac{m(z)\varphi_j(z)\mu_{\mathrm{L}}V_{\mathrm{cr}}^2}{3200\xi_j}\frac{\int_{H_1}^{H}\left(\frac{z}{H_1}\right)^{2\alpha}\varphi_j(z)D(z)\mathrm{d}z}{M_j^*}\end{aligned} \tag{6-10}$$

$0\sim H_1$ 区段由于是非共振区，其值远比共振风振力小，且位于结构下部，可忽略；对于本工程，结构横截面随高度很小，取 $D(z)=D$（常数），$m(z)=m$（常数）：

$$\begin{aligned}p_{\mathrm{d}j}(z)&=\frac{m_0\varphi_j(z)\mu_{\mathrm{L}}V_{\mathrm{cr}}^2 D_0}{3200\xi_j}\frac{\int_{H_1}^{H}\left(\frac{z}{H_1}\right)^{2\alpha}\varphi_j(z)\mathrm{d}z}{m_0\int_0^H\varphi_j^2(z)\mathrm{d}z}\\&=\frac{\varphi_j(z)\mu_{\mathrm{L}}V_{\mathrm{cr}}^2 D_0}{3200\xi_j}\frac{\int_{H_1}^{H}\left(\frac{z}{H_1}\right)^{2\alpha}\varphi_j(z)\mathrm{d}z}{\int_0^H\varphi_j^2(z)\mathrm{d}z}\end{aligned} \tag{6-11}$$

当取横风向第一振型时，上式可化为：

$$p_{\mathrm{d}1}(z)=\lambda_1\frac{\varphi_1(z)\mu_{\mathrm{L}}V_{\mathrm{cr}}^2 D_0}{3200\xi_1} \tag{6-12}$$

$$\lambda_1=\frac{\int_{H_1}^{H}\left(\frac{z}{H_1}\right)^{2\alpha}\varphi_1(z)\mathrm{d}z}{\int_0^H\varphi_1^2(z)\mathrm{d}z}=1.389 \tag{6-13}$$

则第 i 结点处的集中风荷载为：

$$p_{\mathrm{d}ji}=p_{\mathrm{d}ji}(z_i)h_i=\lambda_1\frac{\varphi_{1i}V_{\mathrm{cr}}^2 u_{\mathrm{L}}D_0 h_i}{3200\xi_1} \tag{6-14}$$

根据《建筑结构荷载规范》GB 50009—2012 附录 H.1 计算横风向等效风荷载，计算过程如下：

$$w_{\mathrm{Lk},j}=|\lambda_j|\frac{v_{\mathrm{cr}}^2\phi_j(z)}{12800\xi_j} \tag{6-15}$$

式中 $w_{\mathrm{Lk},j}$——横风向风振等效风荷载标准值（kN/m²）；

λ_j——计算系数，根据《建筑结构荷载规范》GB 50009—2012 附表 H.1.1，取 1.51；

v_{cr}——临界风速，$S_t=0.23$ 时，$v_{\mathrm{cr}}=48.89\mathrm{m/s}$；

ξ_j——结构阻尼比，取 0.01。

图 6-25 给出了各阻尼比的顺风向横风向风振力计算结果。需要说明的是，该情况下计算的横风向风振力是按照圆形截面计算的，是偏于保守的。

6.3.4.3 横风向风振加速度

根据《建筑结构荷载规范》GB 50009—2012 附录 J.2 计算横风向风振加速度。

图 6-26 给出了 6.3.3 节和本节顺风向、横风向加速度的计算结果。可以发现，规范的计算结果小于风振分析结果，这说明，规范所适用的范围未涵盖类似于千米级摩天大楼结构的复杂高层结构，结果应以风振响应分析为准。

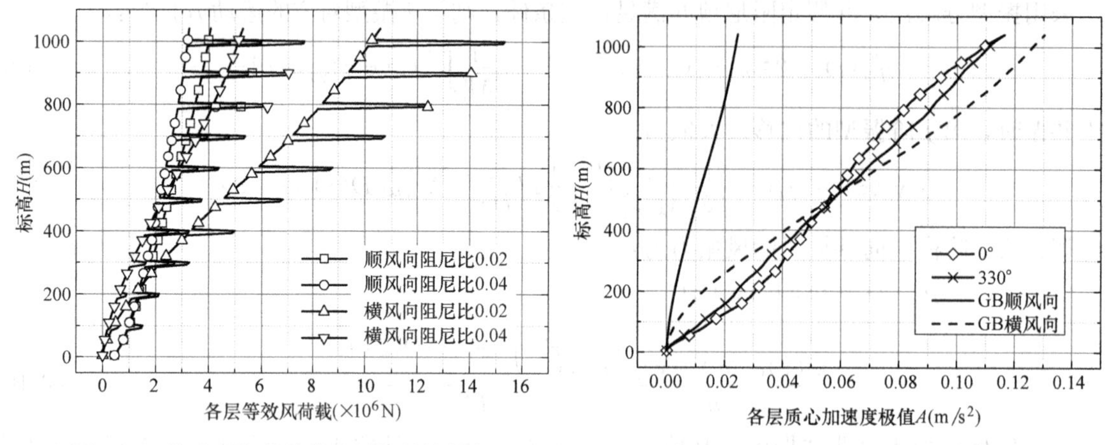

图 6-25　按我国规范计算的风振等效荷载　　图 6-26　按我国规范计算风振加速度

综上所述，在顺风与横向风振分析中我们得到：

1）结构在设计风荷载作用下，阻尼为 0.02 时，各层质心侧移、位移比和风振加速度均满足规范要求，层间位移角极值略超过高混规限值，但并未超过高钢规限值。相关规范未给出扭转角速度具体限值，但转化为加速度后远小于高混规限值。

2）330°为结构的线位移（侧移）最不利风向、0°为结构的扭转最不利风向和加速度（舒适度）最不利风向；

3）表 6-4 给出了针对顶点位移、基底剪力和基底弯矩的风振系数，用于主体结构的设计。

4）根据风洞试验数据与 CFD 分析结果，主体结构不会发生来风方向的横风向涡激共振，因此该结构的收截面与开洞的气动优化措施成效明显。此外，给出了圆形截面按规范计算的顺、横向风荷载作为参考，均大于本结构风洞试验的分析结果。

5）按我国规范中方形截面建筑的顶点加速度计算方法校核了结构的顶点加速度，计算结果小于风振响应分析结果，应以风振响应分析结果为准。

6.4　围护结构分析

根据风洞实验数据，得到了极值风压系数、分区局部体型系数及围护结构极值风压结果。需要说明的是，所有风压数据都是经过管道频响修正之后的结果，以消除测压管路对信号的影响。

千米级摩天大楼围护结构表面不同区域下的设计风荷载见图 6-27。表 6-6 给出了全风向角下 100 年一遇的围护结构设计风荷载的极大值和极小值，表 6-7 给出了全风向角下 50 年一遇的围护结构设计风荷载的极大值和极小值，按照结构表面分区给出。

围护结构设计风荷载（100 年一遇，单位：kPa）　　表 6-6

分区号	1	2	3	4	5	6	7	8	9	10
max	1.44	2.10	2.03	1.39	2.41	2.22	1.41	2.12	2.02	1.67
min	−4.33	−2.92	−3.01	−3.85	−2.87	−3.09	−3.77	−2.98	−2.70	−5.16
分区号	11	12	13	14	15	16	17	18	19	20
max	2.39	2.28	1.62	2.78	2.44	1.60	2.30	2.37	1.95	2.49
min	−3.71	−3.43	−3.60	−3.21	−3.03	−5.30	−3.34	−3.31	−5.55	−5.11

续表

分区号	21	22	23	24	25	26	27	28	29	30
max	2.63	2.32	3.37	2.57	1.85	2.57	2.67	2.89	3.09	2.70
min	-5.41	-5.19	-5.22	-5.28	-6.03	-4.86	-5.28	-5.94	-6.18	-6.84
分区号	31	32	33	34	35	36	37	38	39	40
max	1.92	2.62	2.66	2.11	3.66	2.63	2.09	2.74	2.94	2.74
min	-5.69	-4.89	-5.15	-5.35	-5.34	-5.59	-6.21	-5.14	-5.68	-5.99
分区号	41	42	43	44	45	46	47	48	49	50
max	2.95	3.05	1.99	2.74	3.03	2.03	2.95	2.86	2.03	2.93
min	-5.61	-5.69	-6.31	-4.93	-4.45	-4.55	-5.45	-5.12	-5.87	-5.18
分区号	51	52	53	54	55	56	57	58	59	60
max	2.87	3.00	3.18	3.17	2.10	3.06	3.25	2.31	3.19	3.08
min	-5.41	-5.79	-6.07	-5.96	-5.40	-5.35	-5.01	-5.63	-5.49	-5.18
分区号	61	62	63	64	65	66	67	68	69	70
max	2.15	3.08	3.20	3.53	3.24	3.42	2.24	3.12	3.22	2.31
min	-5.87	-5.74	-5.19	-6.30	-6.25	-6.18	-5.94	-5.35	-5.47	-5.62
分区号	71	72	73	74	75	76	77	78	79	80
max	3.18	3.52	2.20	3.21	3.31	3.74	3.58	3.64	2.24	3.35
min	-5.39	-5.76	-6.09	-7.01	-5.57	-7.14	-6.24	-6.01	-6.64	-5.73
分区号	81	82	83	84	85	86	87	88	89	90
max	3.36	2.26	3.43	3.18	2.49	3.64	3.43	2.54	3.34	4.06
min	-5.31	-5.32	-6.07	-5.82	-6.99	-6.12	-5.83	-5.67	-6.32	-6.02
分区号	91	92	93	94	95	96	97	98	99	100
max	2.46	3.32	4.00	2.31	3.60	3.54	2.52	3.89	4.07	3.88
min	-7.05	-5.90	-5.78	-6.38	-6.19	-5.84	-7.51	-6.21	-5.10	-7.32
分区号	101	102	103	104	105	106	107	108	109	110
max	4.07	3.92	2.37	3.51	3.69	2.64	3.60	3.45	2.77	3.82
min	-7.04	-6.19	-6.77	-6.24	-5.99	-6.08	-6.36	-6.15	-7.42	-6.50
分区号	111	112	113	114	115	116	117	118	119	120
max	3.68	4.58	4.18	4.38	2.49	3.78	3.61	2.49	5.43	3.73
min	-6.35	-7.24	-6.66	-7.75	-7.22	-6.25	-6.31	-6.53	-6.73	-6.17
分区号	121	122	123	124	125	126	127	128	129	130
max	2.68	5.46	3.85	5.41	4.18	4.56	3.94	3.58	4.19	3.81
min	-7.16	-6.10	-7.24	-8.84	-8.51	-8.75	-8.15	-7.78	-7.93	-8.01
分区号	131	132	133	134	135	136	137	138		
max	3.94	3.82	3.95	3.76	3.88	5.44	4.76	5.00		
min	-8.85	-8.02	-8.00	-8.37	-8.36	-8.52	-8.41	-8.58		

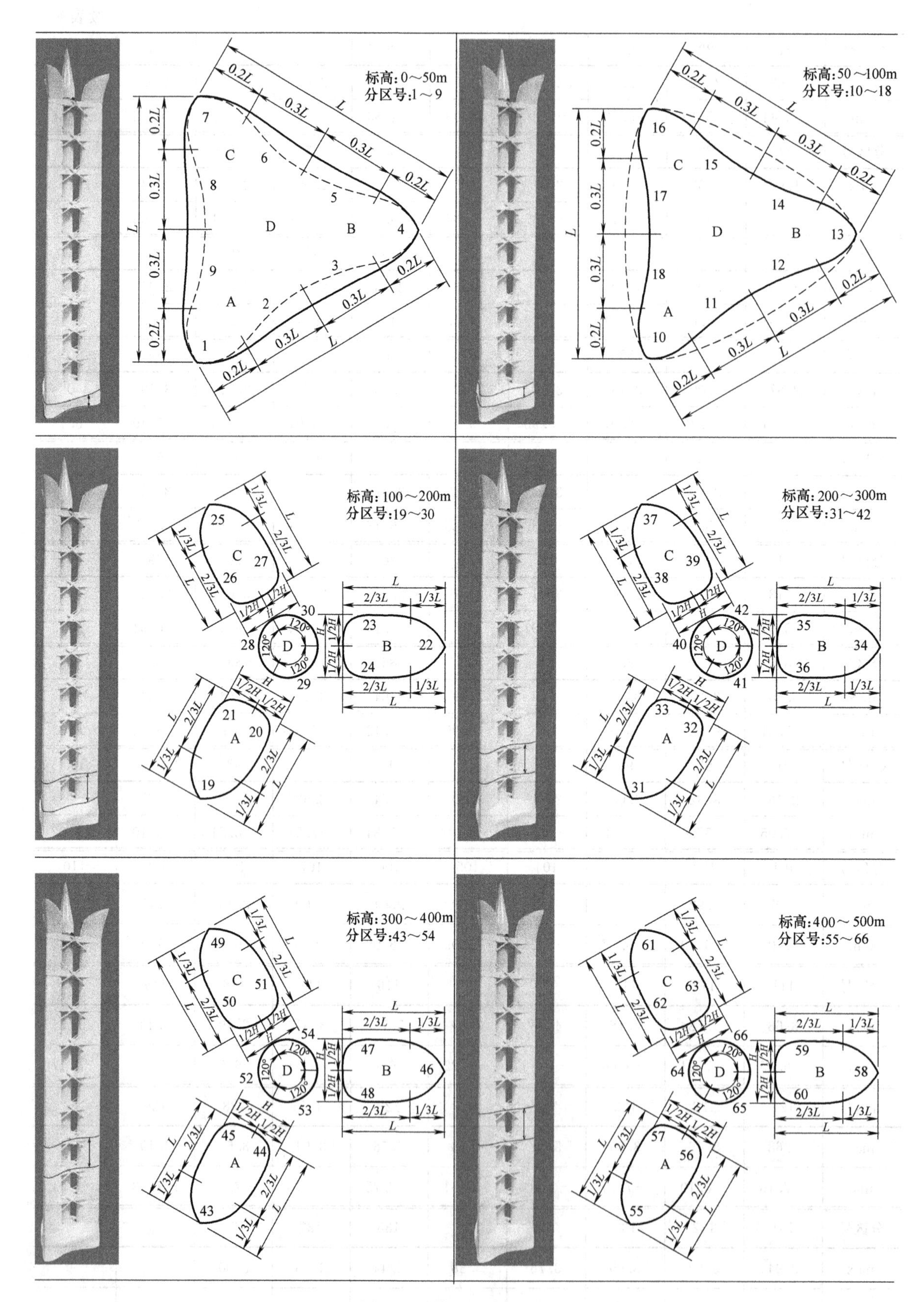
标高:0～50m
分区号:1～9
标高:50～100m
分区号:10～18
标高:100～200m
分区号:19～30
标高:200～300m
分区号:31～42
标高:300～400m
分区号:43～54
标高:400～500m
分区号:55～66

图 6-27　分区示意图（一）

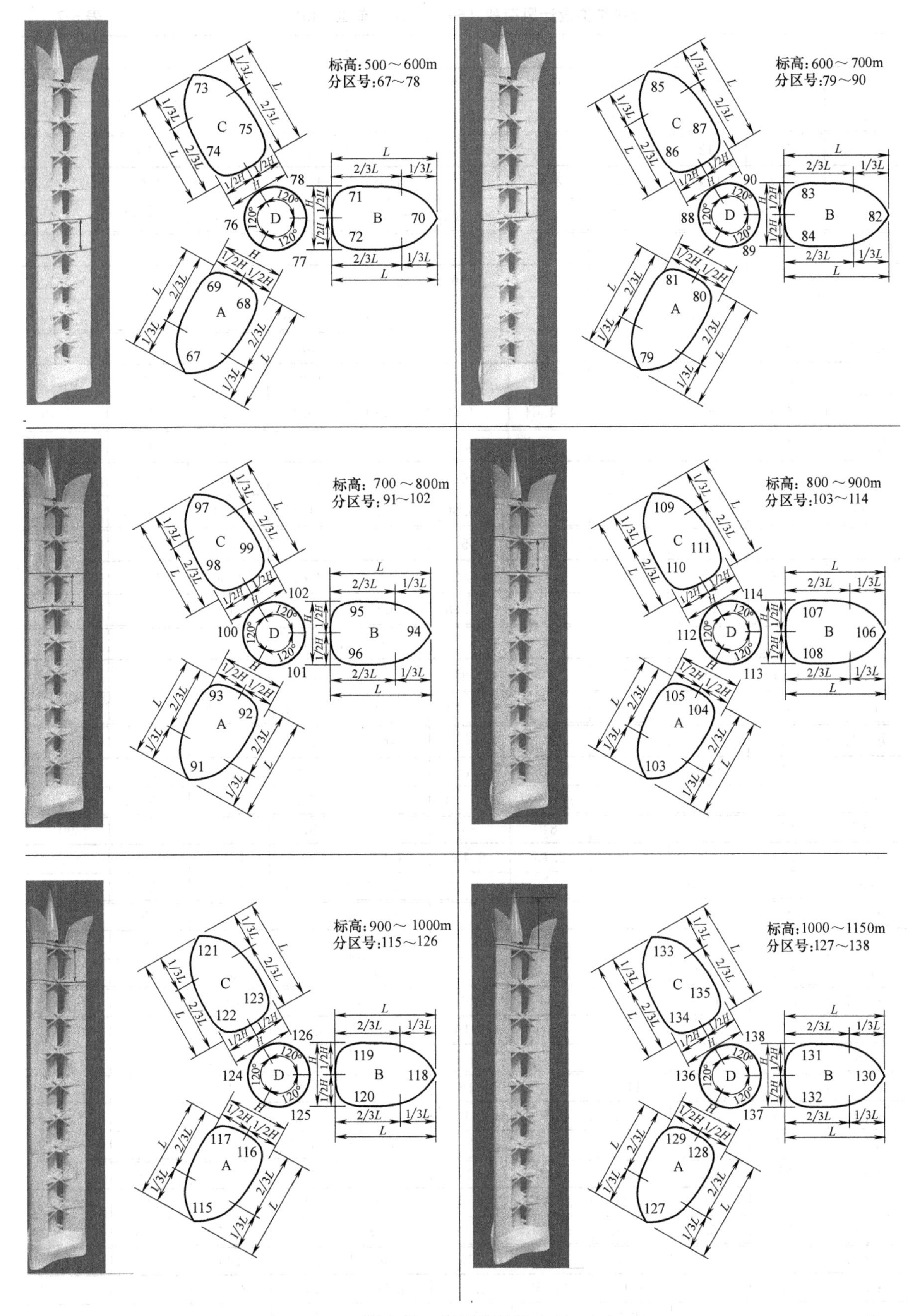
标高:500～600m
分区号:67～78
标高:600～700m
分区号:79～90
标高: 700～800m
分区号: 91～102
标高: 800～900m
分区号:103～114
标高:900～1000m
分区号:115～126
标高:1000～1150m
分区号:127～138

图 6-27 分区示意图（二）

围护结构设计风荷载（50年一遇，单位：kPa） 表 6-7

分区号	1	2	3	4	5	6	7	8	9	10
max	1.25	1.82	1.76	1.20	2.09	1.93	1.22	1.84	1.75	1.45
min	−3.75	−2.53	−2.60	−3.34	−2.49	−2.68	−3.27	−2.58	−2.34	−4.47
分区号	11	12	13	14	15	16	17	18	19	20
max	2.07	1.98	1.41	2.41	2.11	1.38	1.99	2.06	1.69	2.16
min	−3.22	−2.98	−3.12	−2.78	−2.62	−4.60	−2.89	−2.87	−4.81	−4.43
分区号	21	22	23	24	25	26	27	28	29	30
max	2.28	2.01	2.92	2.22	1.60	2.23	2.31	2.51	2.68	2.34
min	−4.69	−4.49	−4.52	−4.58	−5.23	−4.21	−4.58	−5.15	−5.35	−5.93
分区号	31	32	33	34	35	36	37	38	39	40
max	1.67	2.27	2.30	1.83	3.18	2.28	1.82	2.37	2.55	2.38
min	−4.93	−4.24	−4.46	−4.64	−4.63	−4.84	−5.47	−4.46	−4.92	−5.19
分区号	41	42	43	44	45	46	47	48	49	50
max	2.56	2.65	1.73	2.37	2.63	1.76	2.56	2.48	1.76	2.54
min	−4.86	−4.94	−5.55	−4.28	−3.86	−3.95	−4.72	−4.44	−5.08	−4.49
分区号	51	52	53	54	55	56	57	58	59	60
max	2.48	2.60	2.75	2.75	1.82	2.65	2.82	2.00	2.77	2.67
min	−4.69	−5.02	−5.26	−5.16	−4.68	−4.64	−4.34	−4.88	−4.75	−4.49
分区号	61	62	63	64	65	66	67	68	69	70
max	1.87	2.67	2.77	3.06	2.81	2.96	1.94	2.71	2.79	2.01
min	−5.09	−4.97	−4.49	−5.55	−5.51	−5.45	−5.14	−4.63	−4.74	−4.87
分区号	71	72	73	74	75	76	77	78	79	80
max	2.75	3.05	1.91	2.78	2.87	3.24	3.10	3.15	1.94	2.90
min	−4.67	−4.99	−5.28	−6.08	−4.83	−6.19	−5.50	−5.21	−5.75	−4.97
分区号	81	82	83	84	85	86	87	88	89	90
max	2.92	1.96	2.98	2.76	2.16	3.15	2.97	2.20	2.89	3.52
min	−4.60	−4.61	−5.26	−5.04	−6.06	−5.31	−5.05	−4.91	−5.56	−5.22
分区号	91	92	93	94	95	96	97	98	99	100
max	2.13	2.88	3.47	2.00	3.12	3.07	2.18	3.37	3.52	3.37
min	−6.11	−5.11	−5.01	−5.61	−5.37	−5.06	−6.51	−5.47	−4.42	−6.25
分区号	101	102	103	104	105	106	107	108	109	110
max	3.53	3.40	2.06	3.04	3.19	2.29	3.12	2.99	2.40	3.31
min	−6.10	−5.45	−5.87	−5.49	−5.19	−5.27	−5.60	−5.42	−6.33	−5.63
分区号	111	112	113	114	115	116	117	118	119	120
max	3.19	3.97	3.62	3.80	2.16	3.28	3.13	2.16	4.71	3.23
min	−5.59	−6.17	−5.77	−6.71	−6.16	−5.50	−5.55	−5.66	−5.84	−5.43
分区号	121	122	123	124	125	126	127	128	129	130
max	2.33	4.73	3.34	4.69	3.62	3.95	3.42	3.10	3.63	3.30
min	−6.11	−5.29	−6.18	−7.66	−7.37	−7.58	−7.06	−6.74	−6.87	−6.94
分区号	131	132	133	134	135	136	137	138		
max	3.41	3.31	3.42	3.26	3.37	4.71	4.12	4.33		
min	−7.67	−6.95	−6.93	−7.25	−7.25	−7.39	−7.29	−7.43		

6.5 雷诺数效应

中国建筑千米级摩天大楼建筑外形为复杂曲面，其气流分离、再附点位置及旋涡脱落特性易受雷诺数效应影响，从而影响压力分布、尾迹宽度等气动特性。对中国建筑千米级摩天大楼开展雷诺数效应研究，分析不同雷诺数下二维节段模型的气动参数及预测高雷诺数下的风荷载，为结构抗风设计和刚性模型风洞同步测压实验结果提供参考与验证。

6.5.1 雷诺数效应试验

6.5.1.1 试验方案

根据雷诺数的定义 $R_e=\frac{UD}{v}=6.9\times10^4UD$，可通过增大模型尺寸和来流风速来进行较高雷诺数试验。为方便研究并采用更大尺寸模型，增大模型缩尺比，实验中选取关键典型截面作为节段模型进行低湍流度均匀流场的刚性模型测压试验，通过变化来流风速研究不同雷诺数下高层建筑节段模型的风荷载，并采用调整湍流度和表面粗糙度来探讨来流湍流度和表面粗糙度对雷诺数效应的影响，以期获得高雷诺数下的高层建筑风荷载分布特性。

6.5.1.2 试验模型设计

选取能代表大楼截面特点的中间区段 500～600m 部分作为节段刚性模型的测压段，并忽略高度方向上的截面变化，简化为二维模型。为保证二维流场的形成，在测压段两侧设计了足够长的补偿段，保证模型长宽比大于 4.5（图 6-28）。受风洞阻塞比限制（阻塞比不宜大于 5%，阻塞比 $\eta=\frac{A_m}{A_c}$，其中 A_c为风洞试验段的横截面面积，A_m为试验模型在试验段横截面的最大投影面积），节段模型的缩尺比选为 1∶450 和 1∶600。

6.5.1.3 试验工况

雷诺数效应研究的试验分为三部分：①低湍流均匀流变雷诺数风洞测压试验，研究在风洞测试雷诺数范围内气动特性的变化；②进行三种湍流度下的变雷诺数风洞测压试验，研究湍流度对雷诺数效应的影响；③进行三种表面粗糙度下的变雷诺数风洞测压试验，研究表面粗糙度对雷诺数效应的影响。

试验①主要针对 1∶450 模型和 1∶600 模型，通过改变来流风速研究不同风向角下节段模型风荷载随雷诺数的变化规律；试验②、③是在试验①基础上，重点针对 1∶450 模型，通过改变湍流强度和表面粗糙度，探讨湍流强度和表面粗糙度对不同雷诺数下风荷载的影响，并预测高雷诺数下的风荷载特性。

试验③通过在模型表面粘贴不同粒度砂纸的方法模拟粗糙度，为保证测压孔信号，在测压孔处砂纸上开有直径 5mm 的圆孔，见图 6-29。砂纸规格分别为 240 目、150 目、100 目，目表示单位面积砂纸上颗粒个数，目数越小，颗粒越大。粒度表示砂纸上平均颗粒直径大小，则上述三种粗糙度对应粒度分别 61um、106um、150um。表面粗糙度采用颗粒粒度与模型特征尺寸（$D=0.359$m）之比来定义，因此三种砂纸表面粗糙度分别为：1.70×10^{-4}、2.94×10^{-4}、4.18×10^{-4}。

鉴于试验安全及模型的稳定性考虑，试验①和试验③的测试风速取 4.22m/s，试验②的测试风速取为 6—15m/s。测压信号采样频率为 625Hz，采样时间 20s；每个测点在每个风向角下各测

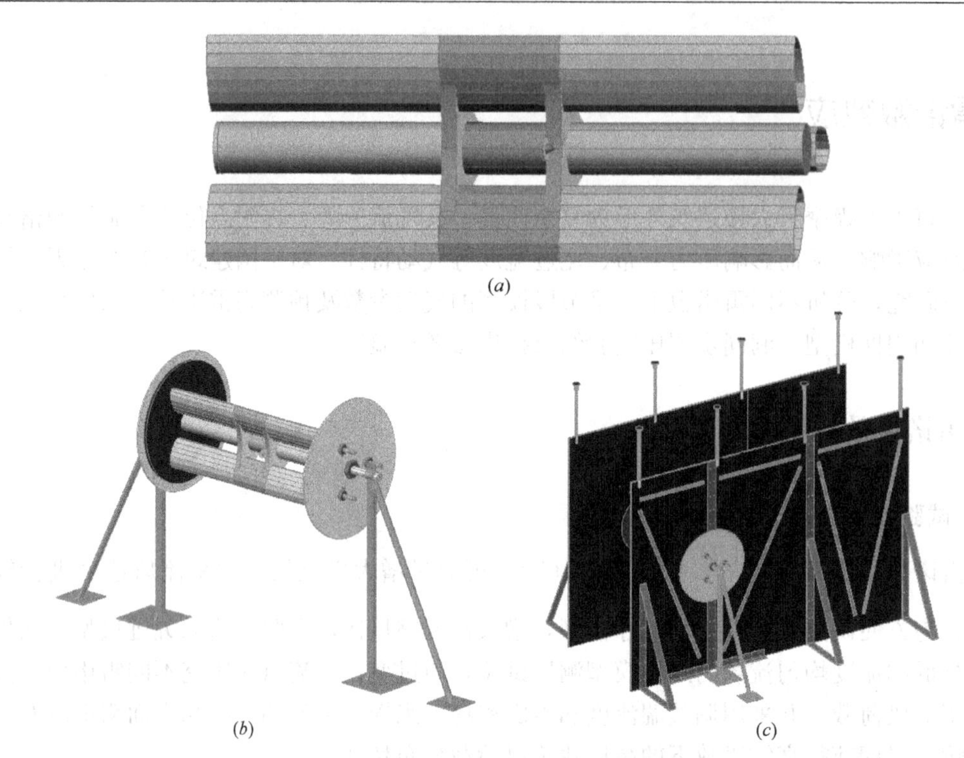

图 6-28 模型与试验装置照片

(*a*) 节段模型效果图（中间区域为测压段，两侧为补偿段）；(*b*) 节段模型支承装置效果图；(*c*) 整体装置效果图

得 12500 个数据。每个工况采集 3 个样本。根据模型对称性，实验测试风向角范围为 270°～330°，每隔 15°测量一次。试验工况见表 6-8。

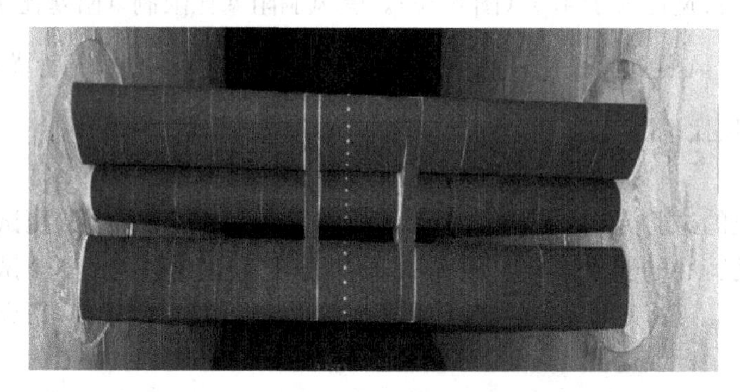

图 6-29 粗糙度为 4.18×10^{-4} 的模型照片

风洞试验工况表 表 6-8

试验工况	缩尺比	风向角(°)	风速(m/s)	湍流度(%)	表面粗糙度($\times10^{-4}$)
低湍流均匀流雷诺数试验	1∶450 1∶600	270～330 间隔 15	4～22 间隔 2	<1	光滑
湍流度对雷诺数效应影响	1∶450	270,330	6～15 间隔 1	6,7,11	光滑
表面粗糙度对雷诺数效应影响	1∶450	270,330	4～22 间隔 2	<1	1.70，2.95,4.18

6.5.2 雷诺数效应试验结论

对中国建筑千米级摩天大楼雷诺数效应的研究，通过变化模型缩尺比和来流风速，完成了雷

诺数范围 $6.1\times10^4\sim5.7\times10^5$ 的二维节段模型风洞同步测压试验，探讨了不同风向角、来流湍流度和表面粗糙度下的风力系数和斯托拉哈数随雷诺数的变化规律供参考，得到如下结论：

（1）在光滑表面、均匀来流情况下，在试验雷诺数范围内模型气动特性未出现明显变化；但在增大表面粗糙度和来流湍流度的情况下，可以观测到模型气动特性随雷诺数的明显变化；由钝体空气动力学的基本原理可知，增大表面粗糙度和来流湍流度会促使转捩现象提前发生，据此推测中国建筑千米级摩天大楼在强风作用下存在雷诺数效应；

（2）由于实际建筑处于湍流场中，且其表面会有一定的粗糙度，故综合试验结果可认为，实际结构的临界雷诺数约为 3.0×10^5，当超过临界雷诺数后，气动力呈下降趋势，且在数值上小于光滑表面、均匀来流的情况；

（3）综上，中国建筑千米级摩天大楼在强风下存在雷诺数效应，但该效应并非对试验分析结果不利。建筑实际结构的雷诺数大于 1.0×10^8，远大于分析的临界雷诺数 3.0×10^5。因此实际建筑的风荷载与风致响应小于风振分析的结果。

6.6 气动弹性模型试验

由于千米级摩天大楼建筑外形复杂，属超限高层，结构自振属超长周期，阻尼较小，因而对风荷载的作用较为敏感，脉动风的动力作用不可忽略。为保证结构设计的安全、经济、合理，有必要按照相似准则设计千米级摩天大楼的弹性模型，进行气弹模型风洞试验，从而确定其风致响应，为其结构抗风设计提供依据。

6.6.1 气弹模型设计与制作

6.6.1.1 相似准则

试验采用粗糙元和格栅等组成的混合被动装置来模拟荷载规范中的B类地貌，风洞试验时考虑摩天大楼周围900m半径范围内的建筑群和地形轮廓的影响。表6-9给出了按照无量纲参数的相似性条件推导出的结构气动弹性模型与原型之间各种相关物理量的相似关系。

气动弹性模型模拟的相似性条件　　表6-9

相似参量	相似参数	相似关系
长度	λ_L	1/600
空气密度	λ_ρ	1
质量	$\lambda_m=\lambda_L{}^3$	$(1/600)^3$
弯曲刚度	$\lambda_{EI}=\lambda_L{}^6\lambda_f{}^2$	$(72.88)^2/(600)^6$
自由扭转刚度	$\lambda_{GJd}=\lambda_L{}^6\lambda_f{}^2$	$(72.88)^2/(600)^6$
频率	λ_f	72.88/1
时间	λ_t	1/72.88
加速度	$\lambda_a=\lambda_L\lambda_f{}^2$	$(72.88)^2/600$
风速	$\lambda_V=\lambda_L\lambda_f$	1/8.23
线位移	$\lambda_d=\lambda_L$	1/600
阻尼比	λ_ξ	1

6.6.1.2 基于等效结构方法设计气弹模型

采用等效结构方法来设计气弹模型，即采用骨架＋外衣板＋基座板的组合结构来模拟原建筑结构。为实现气弹模型与实际千米级摩天大楼的刚度等效，即保证二者具有相同的前三阶结构动力特性，我们需要采用 ANSYS 软件建立气弹模型的有限元分析模型。通过模态分析获得其结构动力特性，并与实际千米级摩天大楼的动力特性进行比较。不断调整有限元模型的参数，以实现试验模型与原型的等效。

6.6.1.3 气弹模型制作和安装

ANSYS 有限元分析最终确定的等效结构的模型参数可作为制作气弹模型的依据。试验模型骨架柱采用七根弹性模量 $E=2\times10^{11}$ Pa 的 Φ6 钢筋，中间塔楼一根，边上三个塔楼各用两根，模拟柱子作为竖向传力构件。试验模型结构平台十层，采用弹性模量为 $E=2.3\times10^{9}$ Pa 的 25mm 厚的中密度板，作为刚性连接平台，将水平风荷载传递给骨架柱。外衣板采用 6mm 厚的中密度板制作，模拟结构的外形，外衣板用螺钉固定在连接平台上。由于模型质量与要求的总质量 18.52kg 接近，故不采用配重质量来调整模型质量和质量惯性矩的分布。另外，在模型内部填塞海绵来满足阻尼比相似。图 6-30 给出了气弹模型的安装过程和安装完毕的照片。

图 6-30 整体气弹模型的安装

6.6.1.4 位移和加速度测点布置

首先分别在气弹模型第 7、10 层沿 x 轴方向各布置一个激光位移计。为使测点位置在振动过程中始终在同一平面，以保证位移测量精度，需要在测点位置附近添加小木片来形成平面，布置方式如图 6-31 所示。第 7 层 x 向测点对应的实际建筑高度为 710m，第 10 层 x 向测点对应的实际建筑高度为 975m。使用激光位移计记录测点的位移响应时程，对时程信号进行 FFT 变换，可得其功率谱，根据谱峰值出现的位置、幅值大小和各测点间互谱可得结构在 x 向的自振频率和振型系数。

然后，分别在气弹模型第 7、10 层沿 y 轴方向各布置两个激光位移计，布置方式如图 6-31 所示。第 7 层 y 向测点对应的实际建筑高度为 692.5m，第 10 层 y 向测点对应的实际建筑高度为 992.5m。2 个位移计的测量值之和除以 2 便是 y 向的线位移；y 轴方向的 2 个位移计测量值之差除以两测点的距离即为绕竖轴的扭转角位移。基于上述时程信号，可得结构在 y 向和扭转方向的自振频率、振型系数和阻尼比。气弹模型与激光位移计的现场布置如图 6-32 所示。

最后，分别在第 7、10 层平台上布置三个加速度传感器，布置方式如图 6-31 的实心方块所示，测量两正交水平方向以及扭转向的加速度时程。将上述时程进行坐标转换，可得到 x 向和 y 向的加速度时程以及扭转角加速度时程，根据所记录的加速度时程同样可计算出结构在 x 向、y

向和扭转方向的自振频率和阻尼比等，可与激光位移计所测结果进行对比。模型与加速度传感器的现场布置如图 6-33 所示。

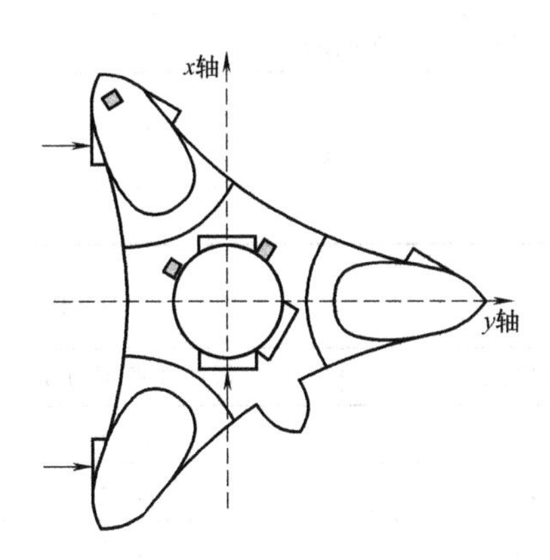

图 6-31 激光位移计、加速度传感器平面布置图

图 6-32 激光位移计布置图

6.6.2 气弹模型风洞试验

6.6.2.1 试验工况

试验前，先定义风向角，风向角的定义如图 6-34 所示。试验工况的安排如表 6-10 所示。表 6-11 给出的试验风速均为功率风速，由于风洞洞体表面不光滑，故到达模型处的试验风速有一定的减小。皮托管测量出的试验风速与功率风速的对应关系如表 6-11 所示。频率比为：72.88∶1，时间比为：1∶72.88，风速缩尺比为：1∶8.23。根据风速缩尺比，可以计算得到实际风速，如表 6-11 所示。

图 6-33 加速度传感器布置图

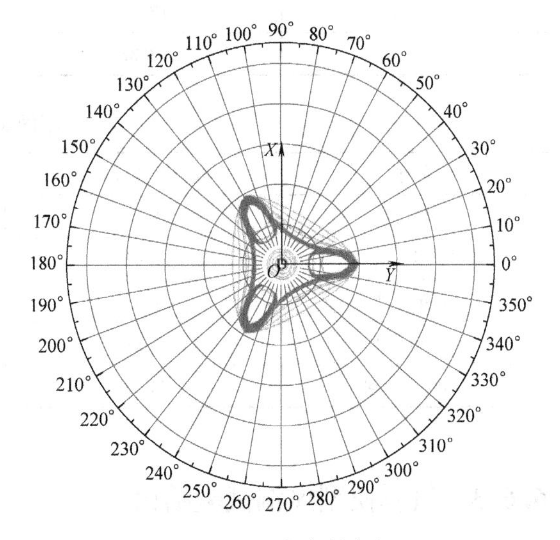

图 6-34 风向角的定义

不同重现期的试验风速、实际风速和折算风速的对应关系，如表 6-12 所示。其中位移响应按照 50 年一遇和 100 年一遇进行分析，加速度响应按照 1 年一遇和 10 年一遇进行分析。由表可知，不同重现期的试验风速均处于表 6-11 的风洞试验风速范围内。

风洞试验工况　　表 6-10

风向角	功率风速
0°	4.0m/s～14.0m/s 以 1.0m/s 为间隔，14.5m/s～16.0m/s 以 0.5m/s 为间隔
10°～20°	6.0m/s～12.0m/s 以 1.0m/s 为间隔
30°	4.0m/s～14.0m/s 以 1.0m/s 为间隔，14.5m/s～16.0m/s 以 0.5m/s 为间隔
40°～50°	6.0m/s～12.0m/s 以 1.0m/s 为间隔
60°	4.0m/s～14.0m/s 以 1.0m/s 为间隔，14.5m/s～16.0m/s 以 0.5m/s 为间隔
70°～360°	6.0m/s、8.0m/s、11.0m/s

风速对应关系　　表 6-11

功率风速(m/s)	试验风速(m/s)	实际风速(m/s)	折算风速(V/f_sD)
4.0	3.13	25.77	2.29
5.0	3.99	32.85	2.92
6.0	4.83	39.76	3.54
7.0	5.73	47.17	4.20
8.0	6.55	53.92	4.80
9.0	7.35	60.51	5.38
10.0	8.19	67.42	6.00
11.0	9.11	74.99	6.67
12.0	9.96	81.99	7.30
13.0	10.86	89.40	7.96
14.0	11.66	95.99	8.54
14.5	12.09	99.52	8.86
15.0	12.47	102.65	9.14
15.5	12.95	106.60	9.49
16.0	13.38	110.14	9.80

不同重现期风速　　表 6-12

名称	试验风速(m/s)	实际风速(m/s)	折算风速(V/f_sD)
1 年一遇	3.30	27.19	2.42
10 年一遇	5.24	43.12	3.84
50 年一遇	6.68	54.97	4.89
100 年一遇	7.17	59.05	5.26
1000 年一遇	9.11	74.98	6.67

6.6.3 气弹模型风洞试验结论

（1）100 年一遇风速下，结构顶点最大位移响应为 1.627m，小于规范限值 $H/500=2$m，与基于刚性模型测压试验数据的风振响应分析结果 1.598m 吻合很好。

（2）当风向角位于 30°、90°、150°、210°、270°和 330°时，100 年一遇风速下的扭转角位移极值出现最大值，约为 0.00538，比基于刚性模型测压试验数据的风振响应分析结果 0.00473 大

13.7%，验证了本文气弹模型试验的准确性。

(3) 10年一遇风速下，最大加速度响应为0.0561m/s^2，小于高混规0.15m/s^2，稍小于基于刚性模型测压试验数据的风振响应分析结果0.083m/s^2。

(4) 研究了0°、30°和60°风向角下，不同来流风速（折算风速2.29～9.80）对顶点位移响应的影响。结果表明：0°和30°风向角下，气弹模型不会出现横风向涡激共振；60°风向角下，折算风速为7.30～8.54时（对应的实际风速为82.0～96.0m/s），横风向位移极值急剧增大，出现涡激共振。

(5) 在60°风向角下，当折算风速为6.67～8.54（对应于实际风速75.0～96.0m/s）时，气动阻尼急剧降低，并出现气动负阻尼，折算风速为8.54时，达到最小值−0.01014。当折算风速为7.63时，结构发生明显的横风向涡激共振现象，且位移响应最大值出现在折算风速为8.54时，气动负阻尼正好解释了该折算风速下发生大幅振动的原因。

6.7 结论

为考察中国建筑千米级摩天大楼的抗风特性，进行了一系列风洞试验与相关分析，结论如下：

(1) 根据刚性模型测压试验与风振分析，各层质心侧移、位移比和风振加速度均满足规范要求，层间位移角极值略超过高混规限值，但并未超过高钢规限值。

(2) 建筑收截面与开洞的气动优化措施有效的降低了横风向风荷载，并未发生横风向涡激共振。

(3) 该建筑虽存在雷诺数效应，但临界雷诺数约为3.0×10^5。实际建筑雷诺数大于1.0×10^8因此实际建筑的风荷载与风致响应小于风振分析的结果。

(4) 气动弹性试验结果表明，结构的位移、加速度响应均小于规范限值且与刚性模型试验风振分析结果接近。此外该结构在低于千年一遇风速（74.98m/s）以下各风速段均未发生气动失稳现象。

(5) 综上，中国建筑千米级摩天大楼的结构设计满足抗风设计要求。

7 加强层及巨型支撑研究

7.1 加强层概述

7.1.1 加强层的定义与类型

1. 加强层的定义

框架-核心筒、筒中筒结构的侧向刚度不能满足要求时，可利用建筑设备层、避难层空间，设置适宜刚度的水平伸臂构件，形成带加强层的高层建筑结构。必要时，加强层也可同时设置周边水平环带构件。如图 7-1 所示，上述中的“侧向刚度不能满足要求时”，一般是指建筑的高宽比较大时（>6）或核心筒体高宽比较大时（>12）。

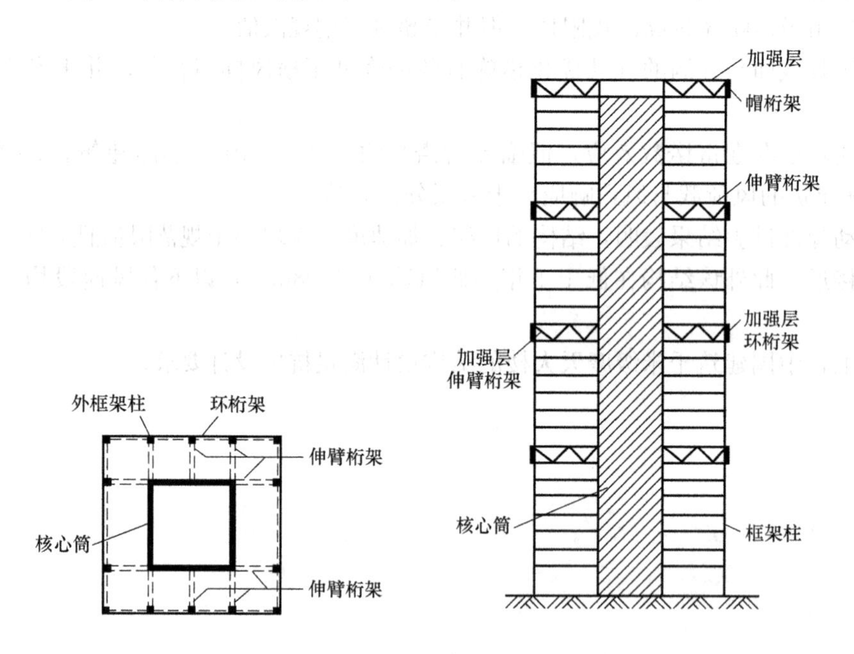

图 7-1 加强层结构示意图

2. 加强层类型

加强层结构的形式、种类、材料的选择主要取决于主体结构的材料、形式、建筑要求、设备的功能需要，同时也取决于结构的受力、延性、刚度要求等。

（1）加强层水平伸臂构件一般可归纳为：实体梁（或整层箱形梁）、斜腹杆桁架和空腹桁架。按其材料划分，可分为钢、钢-混凝土组合、钢筋混凝土三类。钢结构的水平伸臂构件一般由钢桁架构成，宜与钢结构的核心筒钢支撑或钢框架以及周边钢框架柱铰接连接。钢-混凝土组合的水平伸臂构件，型钢混凝土组合时，宜与型钢混凝土核心筒、型钢混凝土框架柱刚接；钢管混凝土组合时，宜与钢管混凝土框架柱铰接，与核心筒可铰接也可刚接。钢筋混凝土的水平伸臂构件一般宜与钢筋混凝土的核心筒、周边框架柱刚性连接，其虽然构造较简单，但施工复杂，且会使自重增加。

(2) 加强层周边水平环带构件一般可归纳为开孔梁、斜腹杆桁架和空腹桁架三种基本形式。

3. 加强层的形式与组成

(1) 由水平伸臂构件与水平环带构件联合组成的刚性加强层结构，其结构刚度很大，对减小位移效果显著，但是会导致楼层刚度突变，可能在加强层附近产生薄弱层和软弱层，此类结构通常采用钢结构。

(2) 单独设置水平环带构件（环形桁架）的加强层结构，它对主结构刚度突变影响较小，也能使侧向位移减小。水平环带构件的作用与水平伸臂构件（伸臂桁架）不完全相同，它使外部框架柱间侧向刚度增大，并能够有效传递水平力，使得框架与核心筒实际形成一个局部楼层的筒中筒结构，因此有效增加了高层结构的侧向刚度。这种环带构件也可连层设置，即在一定高度位置在连续几层都采用环带构件（环形桁架）做加强层，可以根据环带构件（环形桁架）自身刚度的逐渐变化，使其对主结构刚度、受力突变的影响减小到最低。这种结构还有一个很大的优点，就是不影响室内空间的使用。

(3) 帽桁架结构，它可在采用伸臂桁架与环形桁架做加强层时应用，但是对于不高的弯曲型高层结构，也可以单独应用，因为设在顶层，所以对建筑使用功能影响不大。

7.1.2 加强层的一般设计问题

在高层结构的某个楼层或数个楼层设置加强层，它们的作用是在伸臂桁架端部产生一对与倾覆力矩方向相反的力偶，有效减小顶点侧向位移和最大层间位移，以满足规范的要求。加强层的设置可加强核心筒体和周边框架柱的连接，加强周边框架角柱翼缘柱之间的连接，克服剪力滞后效应，有效地发挥周边框架柱的轴向刚度作用，使之吸收更多水平荷载所产生的倾覆弯矩，从而有效地提高整个结构的抗侧刚度。在风荷载作用下，设置加强层是一种减小结构水平位移的有效方法。设计经验表明，设置加强层的方法比增加主结构侧向刚度更经济，但也带来一些设计问题。

(1) 造成核心筒的地震剪力和弯矩突变。分析研究表明，在加强层附近地震剪力造成集中分布，有时要超过一倍，同样弯矩存在突变。核心筒是高层结构抗震的第一道防线，为保证整个结构的安全度，必须对核心筒采取更多的抗震加强措施。

(2) 使加强层与其上下层之间产生刚度突变。因加强层本身刚度很大，通常比相关的柱刚度大很多，其构件又存在较大剪力，很难满足“强柱弱梁”、“强剪弱弯”的要求，所以在加强层上下层容易形成薄弱层，使有关框架柱与剪力墙在地震时率先破坏，从而引起整个建筑的破坏。

(3) 加强层的设置使加强层与其上下层之间产生楼层抗剪承载力突变。因加强层的伸臂桁架或环形桁架大部分采用斜腹杆桁架，同时加强层的框架柱和核心筒采取了相应的抗震措施，配筋或配钢率增大，导致加强层的楼层抗剪承载力增大，从而使得下层与加强层的楼层抗剪承载力比减小，形成薄弱层。

(4) 加强层的设置使相关框架柱内力变化加剧。在伸臂桁架端部产生竖向力，使与其连接的外柱内力增加或者减小，从而使柱内力变化加剧且外柱受力不均，按最不利条件设计时会影响经济性。

(5) 加强层的设置增加了设计与施工的工作量与难度。一般伸臂桁架与环形桁架都是钢结构，且轴力较大，与之相连的上下柱和核心筒一般都为钢筋混凝土结构。为了使二者间有效连接传递内力，通常需要在相关的混凝土结构中设置型钢构架，这样会增加设计与施工的工作量和难度、造价增加、工期延长。

（6）加强层的设置会增加地震响应。由于刚度增加会使第一、二周期缩短，因而使地震响应增加，虽然在长周期段影响不显著，但有时也会达到2%左右。

7.1.3 加强层抗震设计概念和原则

1. 加强层设置的宏观考虑因素

在地震作用下，当框筒结构整体刚度不满足设计要求时，有两种途径可提高结构整体刚度：其一，采用刚度很大的所谓“刚性”加强层；其二，在调整增强原结构刚度的基础上，设置“有限刚度”加强层。这两者在概念上有很大的差异，前者从概念上强调用“刚性”加强层增强整体结构刚度，往往还希望使整体刚度越大越感觉安全，其结果反而会使结构刚度突变，内力剧增，在罕遇地震作用下结构在加强层附近容易形成薄弱层而破坏。后者从概念上强调“在一定程度上”增强原结构的刚度，采用“有限刚度”加强层只是弥补整体刚度之不足，而且只希望结构整体刚度满足规范的最低要求，以减少非结构构件的破损。“有限刚度”加强层其目的是尽量减少结构刚度突变和内力的剧增，仍希望结构在罕遇地震作用下还能显现“强柱弱梁”、“强剪弱弯”的延性屈服机制，避免结构在加强层附近形成薄弱层。

在实际设计中情况千变万化，常常无法按照某种规定的要求来设置加强层。加强层的合理设置，应该以对主结构刚度突变影响最小、减少位移最有效、增加造价最少为前提，即设置“有限刚度”加强层。加强层对主结构刚度变化的影响与很多因素有关，如：伸臂桁架的刚度及位置、框架柱的刚度、环形桁架的刚度、上下楼板的刚度、水平荷载的性能（主要承受风荷载还是地震作用）等，其实还应该考虑主结构的刚度及主结构与伸臂桁架的刚度比等。通常对这些因素无法预先判别，但是可以通过对侧向变形性能与大小来做宏观判别。

例如，在实际设计项目当中，只有当位移通过其他结构调整无法满足要求时，才最后考虑设置加强层。一般比较低的框架结构呈现剪切型曲线，即下部变化大，上部慢慢减小，曲线呈正高斯曲率；一般比较高的剪力墙结构呈现弯曲型曲线，及下部侧向变形小，上部慢慢增大，曲线呈负高斯曲率；对框筒结构一般都会出现一个反弯点，下部呈弯曲型上部呈剪切型。对于这三种情况，加强层应该有不同考虑：对弯曲型为主的结构，加强层宜布置在偏上部，帽桁架应该更有效；对剪切型为主的结构，加强层宜布置在偏下部，帽桁架可能作用不大；对弯剪型的结构宜布置在反弯点的下方，如果刚度偏弱，反弯点较高时，可设置帽桁架，或者布置多个加强层。以上从宏观来判别，由于具体设计有多种变化，因此必须具体情况具体分析。

2. 抗震设计概念

（1）在地震作用下，框架-核心筒结构设置刚度很大的“刚性”加强层宜慎重。这种加强层虽可减小整体结构位移，但将会引起结构刚度突变，“刚性”加强层本层及上下楼层框架柱的层间水平剪力及其弯矩急剧增大，应力集中，并易形成结构薄弱层。

（2）框架-核心筒结构宜采用“有限刚度”加强层，从抗震设计概念上强调尽可能调整增加原结构的刚度，对结构整体刚度只要求其满足规范的最低值，“有限刚度”加强层只是弥补整体刚度之不足，以减少非结构构件的破损。尽量减小加强层的刚度，减少结构刚度突变和内力的剧增，避免结构在加强层附近形成薄弱层，使结构在罕遇地震作用下能呈现“强柱弱梁”、“强剪弱弯”的延性屈服机制。

（3）加强层的水平伸臂构件宜布置在核心筒与外围框架柱之间，平面布置应注意使伸臂构件直接与核心筒的转角或十字节点相连并有可靠锚固。加强层处沿外围框架布置周边环带对减小结构位移的效果较差，布置水平伸臂构件的效果较好，加强层内设置水平伸臂构件的同时再加周边环带，对减少结构位移的作用不明显，但可减少水平构件的内力及楼板的翘曲影响。在地震作用下，沿整个结构高度加强层的设置不需强调最有效部位。如建筑允许，沿高度可多设几道加强层，而减少每道加强层的刚度。

(4) 设置加强层后，应注意加强层上、下外围框架柱的强度和延性设计，可采用劲性钢筋混凝土并加复合螺旋箍筋的方法增加框架柱的延性；加强层附近的核心筒墙肢应按底部加强部位的要求设计；“有限刚度”加强层的水平伸臂构件及周边环带宜采用桁架形式，如采用梁式，则要保证梁抗剪承载能力大于抗弯承载能力，梁可加交叉斜筋加强；加强层上、下的楼板宜加厚一些，配筋设计中要考虑楼板的翘曲影响，宜在板的上、下配置双层、双向构造筋。

(5) 采用“有限刚度”加强层时，为了提供“有限刚度”，水平伸臂桁架和环带桁架可采用防屈曲支撑，从而减小桁架的轴向刚度，达到为结构提供“有限刚度”的目的。

3. 设计原则

带加强层的高层建筑，其结构刚度沿竖向有突变，在重力、水平荷载作用下加强层及其相邻层内力变化较大，应力集中，地震响应复杂。

(1) 位置和数量合理。为了有效发挥加强层抗侧作用，适应建筑消防设备层布置的需要，《高规》10.3 节建议：当布置 1 个加强层时，可设置在 0.6 倍房屋高度附近；当布置 2 个加强层时，可分别设置在顶层和 0.5 倍房屋高度附近；当布置多个加强层时，宜沿竖向从顶层向下均匀布置。框架—核心筒结构两个主轴方向比较均匀时宜在两个主轴方向都设置刚度较大的水平伸臂构件。

(2) 传力直接，锚固可靠。为充分发挥作用，加强层水平伸臂构件应贯通核心筒与核心筒的转角节点、T 字节点，并采取可靠刚接相连，要避免伸臂构件与核心筒的非转角、T 字节点的墙体垂直相交连接，以避免伸臂构件支座节点处筒体局部墙身应力过于集中，伸臂构件作用受到削弱。水平伸臂构件与周边框架的连接宜采用铰接或半刚接。结构内力和位移计算中，设置水平伸臂桁架的楼层宜考虑楼板平面内的变形，中震验算时宜考虑楼板的开裂对其刚度的影响。

(3) 局部加强。加强层及其相邻层的框架柱、核心筒应加强配筋构造，加强层及其相邻层楼盖的刚度和配筋应加强。

(4) 结构优化。为减小和避免水平荷载作用下加强层及相邻层周边框架柱和核心筒处剪力集中、剪力突变、弯矩增大，避免罕遇地震作用下加强层及其相邻层周边框架柱、核心筒先行破坏，加强层水平伸臂构件宜优先选用斜腹杆桁架、空腹桁架，当选用实体梁时，宜在腹板中部开孔，水平伸臂构件与周边框架柱连接宜采用铰接或半刚性连接。尤其应注意内筒外柱在长期重力荷载作用下产生的差异徐变变形对加强层水平伸臂构件的影响，水平伸臂构件宜采用钢结构。

(5) 计算分析。带加强层高层建筑结构应按实际结构的构成采用空间协同的方法分析计算。尤其应注意对重力荷载作用进行符合实际情况的施工模拟计算。竖向构件在竖向荷载下压应力水平的差异，不可避免地要引起竖向构件在竖向荷载下的弹性压缩变形、徐变压缩变形的差异，相连的楼屋盖水平构件必定要参与协调，减少此差异变形，同时承受附加的内力。竖向构件的压应力水平调整协调的过程就是二次应力产生转移的过程。对于带加强层的高层结构，由于伸臂构件的刚度远大于楼面梁刚度，其调整协调竖向构件竖向变形差异的能力更强，贡献更大；相应承受的内力也最大。施工模拟的计算准确更显尖锐和重要。实际工作中建议为减缓伸臂构件因竖向荷载下竖向构件变形协调而产生过大的应力集中，利于结构更好地抗侧工作，可采取伸臂构件设后浇带的方法来基本消除部分附加二次应力；因为竖向构件差异压缩变形中的弹性变形部分，前期徐变部分在刚臂后浇带合拢前已经发生，从而可大大减轻伸臂构件的负担，有利于整体结构更经济合理有效的工作。抗震设计时，需进行弹性时程分析补充计算和弹塑性时程分析的计算校核，同时还应注意温差、混凝土徐变、收缩等非荷载效应影响。在结构内力和位移计算中，加强层楼层宜考虑楼板平面内变形影响。

7.1.4 加强层结构构件设计要求与构造措施

1. 加强层的设计总体要求

（1）宜对带加强层的高层结构进行抗震性能分析，并且宜将加强层上下层的抗侧结构抗震性能提高到第二性能水平，若为甲类建筑宜再相应提高。

（2）对加强层的伸臂桁架建议采用交叉腹杆的超静定结构，以满足多道设防的要求。

（3）对伸臂桁架与相应节点进行剪力验算时应乘以相应的剪力墙增大系数，以满足强剪弱弯的要求。

（4）宜进行施工模拟验算，以确定最不利的受力工况。

（5）当框架柱和核心筒采用不同建筑材料时，宜考虑温度、徐变、收缩对内力重分配产生的影响。

（6）加强层上下楼板，应采用弹性楼板假定，以计算梁板中的轴力，及其对整体内力分配的影响；或者不计楼板刚度，只考虑其荷载，这样对梁与桁架计算结果偏安全。

2. 加强层区间核心筒

加强层区间的核心筒是带加强层高层建筑结构的关键构件，其在水平荷载作用下将承受较大剪力、弯矩。为确保加强层区间核心筒安全，加强层区间核心筒应提高一级抗震设防。带加强层高层建筑结构抗震设计，应根据设防烈度、构件种类和房屋高度按表 7-1 采用相应抗震等级，进行相应的计算并采取相应的构造措施。加强层区间核心筒的轴压比不宜超过表 7-2 中的数值。

3. 加强层区间框架柱

加强层区间的框架柱是带加强层高层建筑结构的又一关键构件，其在水平荷载作用下将承受较大剪力、弯矩。为确保加强层区间框架柱的安全，抗震设计时，加强层区间框架柱应提高一级抗震设防，见表 7-1。加强层区间框架柱轴压比应从严掌握，见表 7-3。

带加强层高层建筑结构抗震等级　　表 7-1

结构类型　抗震设防烈度		6			7			8		
	高度(m)	≤80	80～150	>150	≤80	80～130	>130	≤80	80～100	>100
非加强区间	核心筒	二	二	二	二	二	一	一	一	特一
	框架	三	三	二	二	二	一	一	一	一
加强区间	核心筒	一	一	一	一	一	特一	特一	特一	特一
	框架	二	二	一	一	一	特一	特一	特一	特一
	水平外伸构件	二	二	一	一	一	特一	特一	特一	特一
	水平环带构件	二	二	一	一	一	特一	特一	特一	特一

注：加强层区间指加强层及其相邻一层的竖向范围。

加强层区间核心筒轴压比限值　　表 7-2

轴压比	抗震设计		
	特一级	一级	二级
N/f_cA_c	0.4	0.5	0.6

注：N 为加强层区间核心筒体重力荷载代表值作用轴力设计值，f_c为加强层区间核心筒混凝土抗压设计强度，A_c为加强层区间核心筒水平截面净面积。

加强层区间框架柱轴压比限值 表 7-3

轴压比	抗震设计		
	特一级	一级	二级
N/f_cA_c	0.6	0.7	0.8

注：N 为加强层区间框架柱地震荷载作用组合轴力设计值，f_c为加强层区间框架柱混凝土抗压设计强度，A_c为加强层区间框架柱截面面积。

4. 加强层的有关构造措施

（1）伸臂桁架与核心筒应有可靠的连接，以保证轴力、剪力和弯矩的传递。《高规》规定水平伸臂构件宜贯穿核心筒，其平面布置宜位于核心筒的转角、T 形节点处。

（2）水平伸臂构件与周边框架的连接宜采用铰接或半刚接，以减少次弯矩对伸臂桁架构件的不利影响。

（3）加强层及其相邻层的框架柱、核心筒内应设置型钢构架，以方便加强连接，以及应对内力与刚度突变。型钢构架宜延伸到加强层上下二层。

（4）加强层核心筒、框架柱在水平荷载作用下的水平剪力将发生突变，为保证结构正常工作，必须保证加强层所在层上下相连楼盖刚度，其厚度不宜小于 150mm，其核心筒与框架柱间楼板不宜开大洞。并应采用双层双向配筋，每层每方向贯通钢筋配筋率不宜小于 0.25%，且在楼板边缘、孔洞边缘应结合边梁设置予以加强。

（5）应采取有效施工措施，以减小结构竖向温度、徐变与收缩变形对内力重分配的影响。

7.1.5 千米级摩天大楼加强层的研究工作

国内外学者对带加强层的框架-核心筒结构的力学特性进行了广泛的研究，其研究方法归纳起来大致可以分为两类：①利用通用有限元分析软件对一个特定的结构进行分析，通过改变结构构件的特性分析结构力学特性的变化规律。②将带加强层的框架-核心筒结构假定为竖向平面结构，推导出相应的结构计算公式，然后进行分析说明其结构特性。

目前对于带加强层的框架-核心筒结构的研究工作主要集中在初步设计阶段确定伸臂桁架或者环带桁架的数量及位置，其是基于结构处于线弹性阶段、伸臂构件和核心筒以及框架柱刚度沿结构刚度不变的假定。但对超高层结构在罕遇地震、超罕遇地震作用下发生较大塑性变形，伸臂桁架进入塑性后的性能研究甚少。我国结构相关设计规范尚无专门针对伸臂桁架与型钢混凝土柱连接及伸臂桁架与核心筒连接的计算方法。

千米级摩天大楼在总结了国内外相关理论文献以及近年超高层建筑设计资料的基础上，展开了带加强层超高层建筑结构的研究现状不足和实际工程应用中存在问题的讨论。

（1）总结目前世界上在建及完工的超高层建筑资料，研究这些建筑的结构抗侧力体系、加强层设置情况、伸臂桁架及环带桁架所采用的结构形式及截面、伸臂桁架与巨型柱和核心筒的节点连接形式等。

（2）以千米级摩天大楼的建筑方案为基础，通过 ETABS、Midas Gen 及 YJK 等有限元软件对三维模型进行分析，比较在不设加强层和设置不同加强层及刚接、半刚接或铰接时结构的动力特性，分析节点的受力情况；寻找应力和变形集中的部位以及其他薄弱部位，为摩天大楼的加强层位置、数量、刚度的选取提供设计依据。

（3）研究防屈曲支撑在加强层伸臂桁架中的应用，通过动力弹塑性时程分析研究以防屈曲支撑或普通钢支撑作为伸臂桁架斜腹杆时的结构整体抗震性能，比较防屈曲支撑和普通钢支撑的滞回性能、楼层位移、层间位移角等变形指标以及核心筒剪力墙的损伤分布情况等。

7.2 国内部分超高层建筑结构体系及支撑体系概述

我国目前超高层建筑结构多采用带加强层的巨型框架-核心筒结构体系，同时，为了提高外框架的刚度，增大框架承担的地震剪力百分比，在外框架柱上设置了巨型支撑，如上海环球金融中心、天津高银 117 大厦、深圳平安金融中心大厦、中国尊等项目，在外框架上设置了巨型支撑。

7.2.1 上海中心

1. 工程概况

上海中心大厦塔楼地上 124 层，地下室 5 层，建筑高度 632m，沿竖向分为 8 个区段和 1 个观光层，在每个区段的顶部均布置有设备层和避难层，结构的高宽比为 7，建筑效果如图 7-2 所示，其竖向建筑功能布置如图 7-3 所示。

2. 结构体系

上海中心大厦采用了巨型框架-核心筒-伸臂桁架-环桁架抗侧力结构体系，见图 7-4、表 7-4。结构设计抗震设防烈度为 7 度，抗震设防类别为乙类，结构重要构件，如其核心筒、巨型柱、伸臂桁架、环带桁架以及径向桁架，该类构件安全等级为一级，重要性系数为 1.1。

图 7-2 上海中心效果图

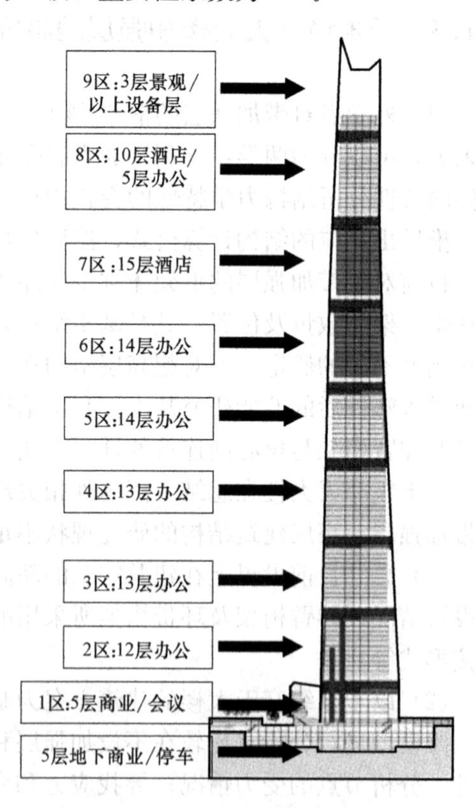

图 7-3 建筑功能分区

(1) 巨型框架结构由 8 根巨型柱、4 根角柱以及 8 道位于设备层两个楼层高的箱形空间环带桁架组成，巨型柱和角柱均采用型钢混凝土柱。

(2) 核心筒为钢筋混凝土结构，截面平面形式根据建筑功能布局由低区的方形逐渐过渡到高区的十字形，为减小底部墙体的轴压比，增加墙体的受剪承载力和延性，在地下室以及1～2区核心筒翼墙和腹墙中设置钢板，形成了钢板组合剪力墙结构，墙体中含钢率为15%～40%。

(3) 在初步设计阶段，从结构整体受力、变形、用钢量以及施工过程等因素综合考虑，研究设置5道、6道和8道伸臂桁架等不同方案对结构的影响，最终确定了沿结构竖向共布置6道伸臂桁架，分别位于2区、4区、5～8区的加强层。伸臂桁架在加强层处贯穿核心筒的腹墙，并与两侧的巨型柱相连接增加了巨型框架在总体抗倾覆力矩中所占的比例。其中伸臂桁架采用宽翼缘H形截面，详见图7-3。

(4) 竖向荷载的传递，通过每道加强层处的环带桁架将周边次框架柱的重力荷载传至巨型柱和角柱，从而减小了巨型柱由于水平荷载产生的上拉力。另外，在每个加强层的上部设备层内，设置了多道沿辐射状布置的径向桁架，径向桁架不仅承担了设备层内机电设备以及每区休闲层的竖向荷载，而且承担了外部悬挑端通过拉索悬挂起下部每个区的外部玻璃幕墙的荷载。

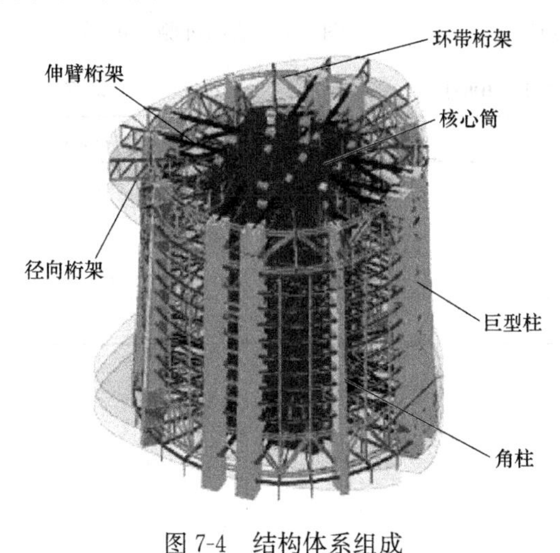

图7-4 结构体系组成

伸臂桁架构件截面 表7-4

区段	构件规格(mm)
OT8	H1000×1000×90×90
OT7	H1000×1000×80×80
OT6	H1000×1000×60×60
OT5	H1000×1000×100×100
OT4	H1000×1000×80×80
OT2	H1000×1000×90×90

7.2.2 广州东塔

1. 工程概况

广州东塔包括塔楼、裙楼及地下室三部分，建筑高度530m，主体结构高度518m，如图7-5所示，地上共112层，地下5层，结构高宽比为8.35，典型楼层平面尺寸约为58.1m×58.1m，核心筒平面尺寸为32.7m×32.7m，如图7-6所示。

2. 结构体系

工程结构抗震设防烈度为7度(0.1g)，抗震设防类别为乙类，设计地震分组为第一组，场地类别为II类，场地特征周期为0.35s。结构类型为型钢混凝土巨型框架-核心筒-伸臂桁架抗侧力结构体系。楼面体系为钢梁-压型钢板组合楼盖（核心筒外）及钢筋混凝土楼板（核心筒内），结构42层和56层开洞面积超过30%。上部结构嵌固部位取首层楼面。设置6道环向桁架，其中第1、2、4、6道为两层高，第3、5道为1层高。为协调核心筒与外框筒的变形，在两者之间布置4道伸臂桁架，在第1、2、4、6道环向桁架处，伸臂桁架杆件截面尺寸如表7-5所示，结构三维有限元模型如图7-7所示。

图 7-5　广州东塔效果图

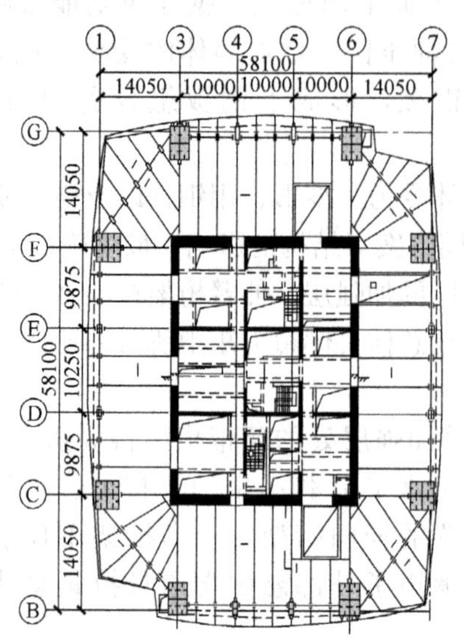

图 7-6　典型楼层平面示意

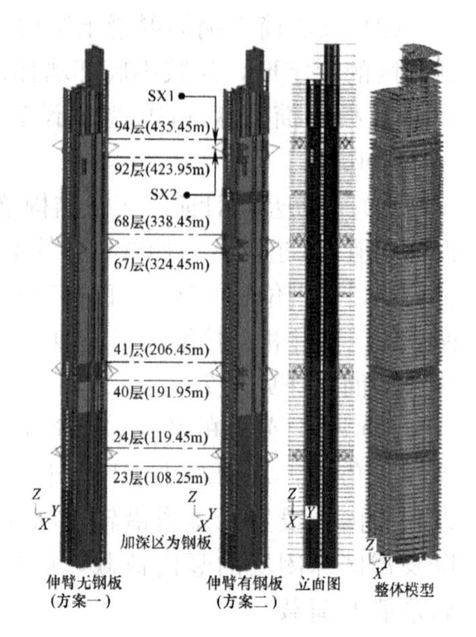

图 7-7　结构抗侧力体系

伸臂桁架杆件截面尺寸（mm）　　表 7-5

名称	宽	高	上、下边缘	左、右边缘
第 1 道	800	1950	130	40
第 2 道	800	1950	130	40
第 3 道	425	1950	110	40
第 4 道	285	1200	80	40

注：构件均为箱形截面。

7.2.3　上海环球金融中心

1. 工程概况

上海环球金融中心主楼地下 3 层，地上 101 层，地面以上高度 492m。建筑物的主楼建筑面积为 25.3 万 m^2，群房建筑面积为 3.3 万 m^2，地下室为 6.4 万 m^2，总建筑面积为 35.0 万 m^2。

2. 结构体系

工程采用由巨型柱＋巨型斜撑＋带状桁架构成的三维巨型框架结构以及钢筋混凝土核心筒＋伸臂钢桁架结构所组成的混合结构体系，如图 7-8 和图 7-9 所示。

（1）结构类型为混合结构。核心筒在 79 层以下采用钢筋混凝土剪力墙，79 层以上则采用钢支撑体系；巨型斜撑、伸臂采用钢管混凝土；带状桁架采用钢桁架；巨型柱采用型钢混凝土柱。

（2）沿结构高度方向设置了三道伸臂。伸臂桁架采用三层高的钢桁架，并且伸臂桁架均未在核心筒内贯通。

（3）沿结构高度方向每 12 层设置一个带状桁架把外围柱子的荷载传递给巨型柱。

（4）采用三重结构体系抵抗水平荷载。它们分别是由巨型柱-巨型斜撑以及带状桁架构成的三维巨型框架结构、钢筋混凝土核心筒结构以及构成核心筒和巨型结构柱之间相互作用的伸臂钢桁架。

（5）三维巨型框架采用了单向斜撑巨型柱在 42 层以上分叉后形成的倾斜面上未设置斜撑，周边巨型框架未形成闭合体系。

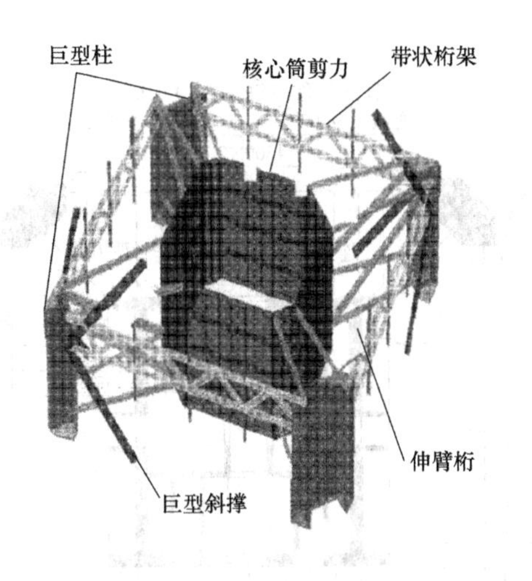

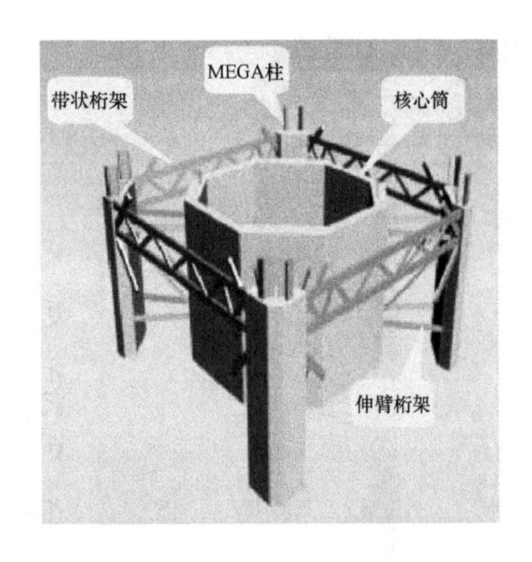

图 7-8　三重结构体系示意图

图 7-9　三重结构体系位置关系示意图

7.2.4　天津高银 117 大厦

1. 工程概况

高银 117 大厦总建筑面积约 37 万 m^2，建筑高度约为 597m（至顶部停机坪），地上 117 层。塔楼平面为正方形，外形随高度变化，各层周边建筑轮廓随着斜外立面逐渐变小，塔楼首层建筑平面尺寸约 65m×65m（幕墙边），渐变至顶层时平面尺寸约 45m×45m。中央混凝土核心筒为矩形，平面尺寸约 37m×37m，大厦效果图及建筑标准层布置图见图 7-10、图 7-11。

图 7-10　117 大厦建筑效果图

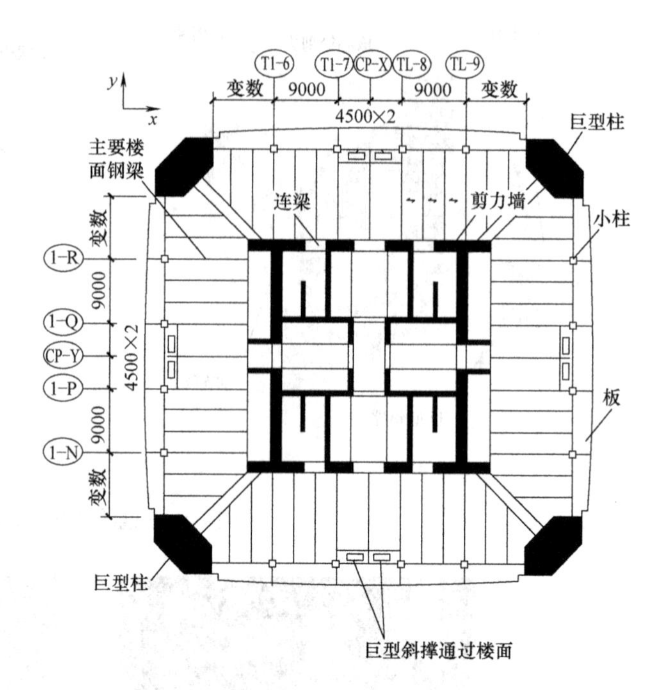

图 7-11　建筑标准层平面布置图

2. 结构体系

天津 117 大厦采用矩形框架＋核心筒的结构体系。

(1) 结构平面布局呈正方形，其尺寸由 65m 沿竖向逐渐内收至约 45m，结构平面长宽比为1∶1。

(2) 结构采用多重结构抗侧力体系，如图 7-12 所示，分别由钢筋混凝土核心筒，带有巨型支撑筒、巨型框架构成的周边结构构成了多道设防的结构体系，提供了强大的侧向刚度，共同抵抗水平地震及风荷载。设计中采取了将斜撑与周边次框架在平面上错开的方案，两者相对独立，见图 7-13。次框架各节间约为 15 层，其梁柱结构只承担重力作用，与支撑脱开并只与巨型柱铰接，因而截面大幅减小。

巨型斜撑设置于大厦四边的垂直立面上，采用焊接箱形钢截面并与巨型柱连接。通过楼面体系设置水平支撑，对其面内外进行约束，降低计算长度，确保其与结构整体协调变形。配合建筑及机电专业避难及设备层，设置 6 道单层桁架和 3 道双层桁架交替布置的转换桁架（巨型腰桁架），沿塔楼每 12～15 层均匀分布，承担其间隔楼层竖向荷载并将其转换至角柱，并与四角的巨型柱共同作用，提供部分抗侧刚度，增加大厦的抗扭性能，转换桁架的上下弦杆和腹杆均采用 Q345GJ 的箱形截面，没有设置伸臂桁架。

7.2.5　深圳平安金融中心大厦

1. 工程概况

深圳平安金融大厦总建筑面积 46.1 万 m^2，建筑基底面积为 1.2 万 m^2。塔楼地上 118 层，其中塔尖高度为 660m，结构高度 597m，裙房区域包括 5 层地下室以及 11 层裙房。在裙房区域顶部以上，塔楼部分包括 8 个由设备层及避难层分隔开的分区，共 104 层。在每个分区有最少 8 层、最多 14 层、层高为 4.5m 的办公层。在顶部 118 层以上设置 110.9m 高的塔尖。塔楼每区有

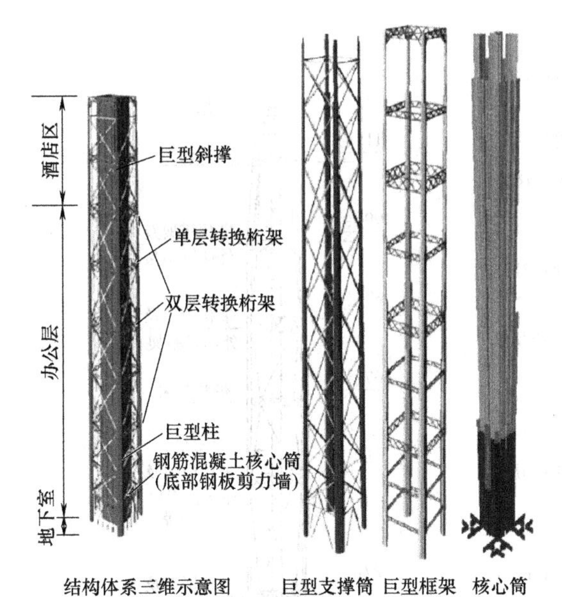

图 7-12 多重抗侧力体系示意图

图 7-13 巨型框架与巨型支撑连接空间示意图（双层桁架）

1 层（全楼共 8 层）用作设备层和避难层综合功能，而每隔一个区在其之上设置 1 层（全楼共 4 层）设备层，其中有 3 层设备层的层高为 8m。其效果图、剖面图、带状桁架沿竖向的分布、部分楼层的结构平面图如图 7-14 所示。

2. 结构体系

结构体系采用了型钢混凝土核心筒—钢斜撑—钢带状桁架—型钢混凝土巨柱—钢伸臂—钢 V 撑巨型结构。为了控制结构层间位移，沿塔楼全高设置了 4 道外伸臂桁架。外伸臂桁架将核心筒与巨柱有效地连接在一起，改善结构的性能和冗余度，增加结构抗侧刚度。设置 4 个设备/避难层设置两层高的外伸臂桁架，外伸臂桁架与内埋于核心筒角部的钢管柱相连。为保证外伸臂桁架传力的连续性，外伸臂桁架的弦杆贯穿核心筒，同时在墙体两侧设置 X 斜撑。

在避难层或设备层，共设置了 7 道空间双桁架及单角桁架。布置 3 道两层高的空间双桁架，其他避难设备层布置一层高的空间双桁架。空间双桁架及单角桁架连接巨柱，与巨型斜撑一起构成巨型框架，承担部分由侧向力引起的倾覆力矩。

7.2.6 中国尊

1. 工程概况

北京 CBD 核心区 Z15 地块中国尊大楼总建筑面积约 35 万 m^2，建筑高度约为 528m，共 108 层。中国尊是目前世界上位于 8 度抗震设防烈度区的最高建筑，建筑平面基本为方形，底部平面尺寸约为 78m×78m，中上部平面尺寸略收进，“腰线”（平面最窄部位）约位于结构标高 385m 处，平面尺寸为 54m×54m，向上到顶部平面尺寸又略放大，但顶部平面尺寸小于底部平面尺寸，约为 69m×69m。

2. 结构体系

中国尊是由含有组合钢板剪力墙的钢筋混凝土核心筒和含有巨型柱、巨型斜撑及转换桁架的外框筒组成的双重抗侧力体系。

（1）结构平面呈正方形，结构平面长宽比为 1∶1，基本对称。钢筋混凝土核心筒位于结构正中，整体结构布置规则、对称，以利于结构整体抗震及抗风。

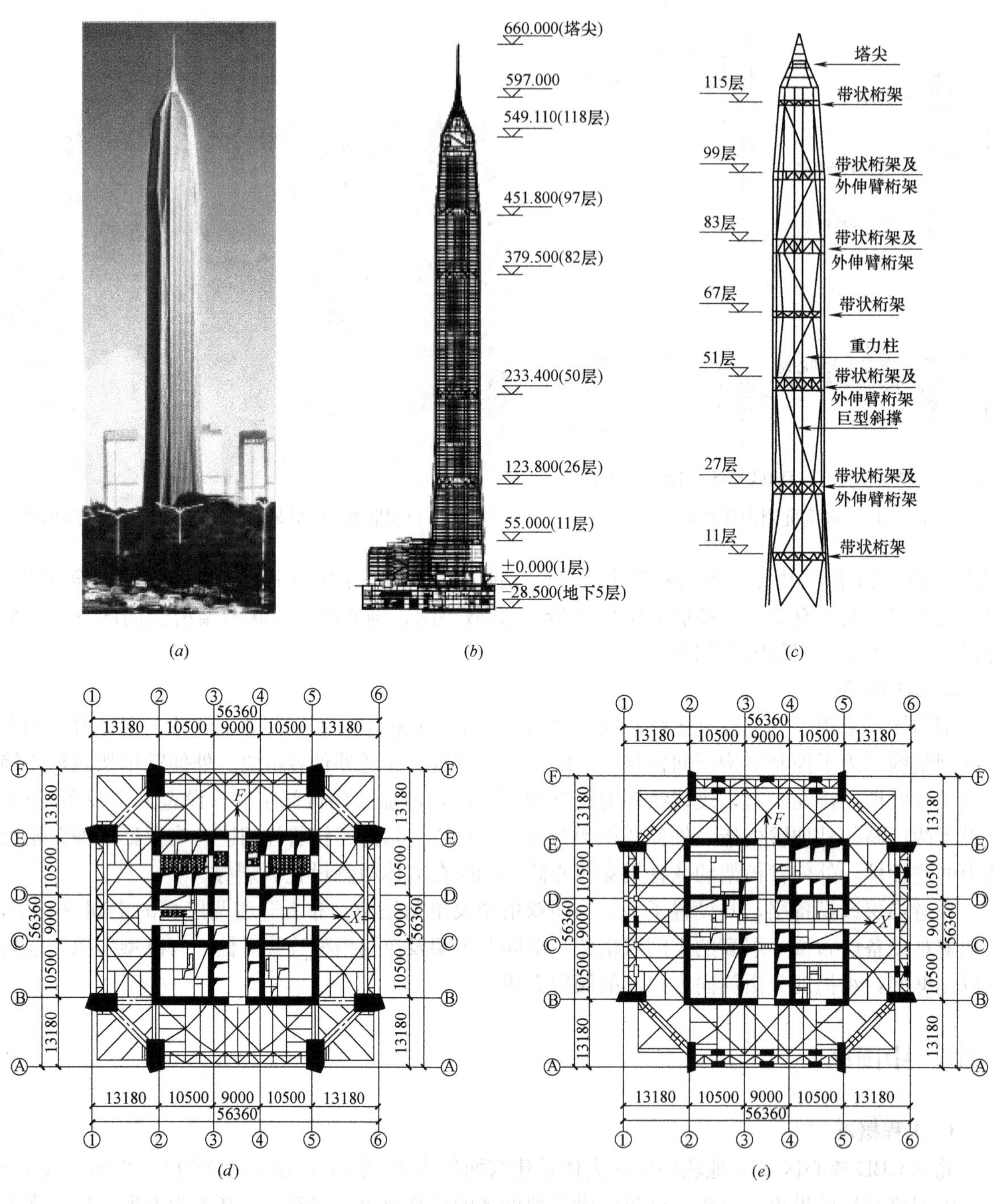

图 7-14 平安金融中心效果图、剖面图、带状桁架分布图及结构平面图

(*a*) 建筑效果图；(*b*) 剖面图；(*c*) 带状桁架分布；

(*d*) 27 层办公层结构平面图；(*e*) 65 层设备层结构平面图

(2) 外框筒的抗侧力结构采用全高巨型斜撑框筒，如图 7-15 所示。从下到上由避难层、机电层分隔为八个功能分区，自然形成外框筒的分节。由巨型柱、巨型斜撑和转换桁架组成的巨型斜撑框筒主要为轴向受力，可以高效地为结构提供抗侧刚度。在每个分节内由边梁和小柱组成的次框架负责将竖向荷载通过转换桁架传递至四角的巨型柱。

(3) 核心筒从承台面向上伸延至塔楼顶层，位置居中，底部尺寸约为 39m×39m。核心筒墙肢间典型部位还特别设置了钢筋混凝土或型钢混凝土双连梁，以提高连梁的延性和结构的整体耗能能力，同时有利于提高机电风管出筒标高，增加筒外走道及办公区的建筑净高。核心筒采用内含钢骨的型钢混凝土剪力墙，剪力墙全高采用C60混凝土，并在下部采用内嵌钢板的组合钢板剪力墙。

（4）巨型斜撑设置于结构四边的垂直立面上，采用焊接箱形钢截面。次框架梁柱与巨型斜撑置于同一倾斜平面内，次框架柱与巨型斜撑刚接，次框架梁与巨型斜撑铰接。楼面梁与巨型斜撑拉接，对其面内外进行约束，降低其计算长度，确保其与结构整体的协调变形。

（5）利用避难层及设备层，沿塔楼竖向建筑功能节间分布，连同顶部的帽桁架共设置8道转换桁架（腰桁架），在转换桁架所在楼层四角设置角部桁架，没有设置伸臂桁架。转换桁架承担其间隔楼层竖向荷载并将其传递至巨型柱，同时与巨型柱和角部桁架共同提供部分抗侧刚度，增加塔楼的抗扭性能。转换桁架（腰桁架）的上下弦杆和腹杆均采用箱形截面。

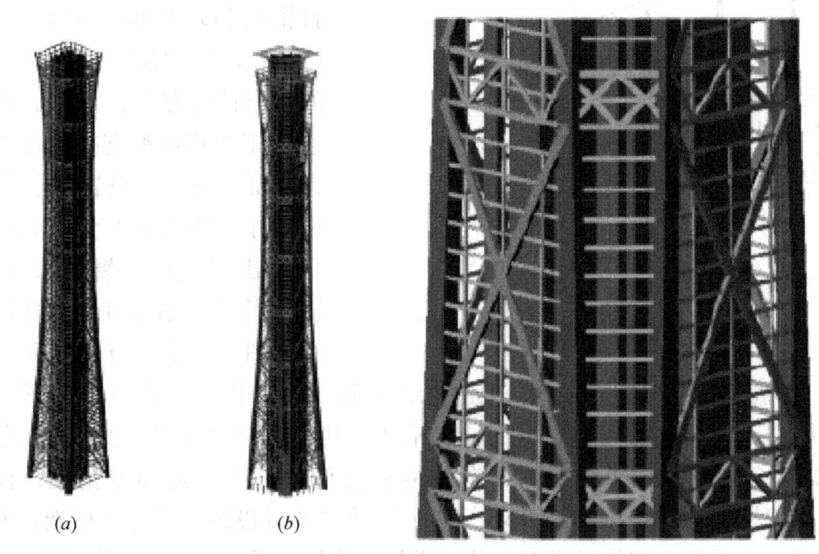

图7-15 外框筒结构体系及矩形斜撑框筒与次框架空间关系

（*a*）上部密柱下部巨型斜撑框筒；（*b*）全高巨型斜撑框筒

7.2.7 小结

通过对国内部分已建成超过500m的超高层建筑结构研究发现：

（1）目前超高层建筑结构多趋向于采用带加强层的巨型框架-核心筒结构体系，为了提高外框架的刚度，在上海环球金融中心、天津高银117大厦、深圳平安金融中心大厦、中国尊等项目的外框架上还设置了巨型支撑。

（2）加强层中的环形桁架（腰桁架、带状桁架）设置的道数明显多于伸臂桁架的道数。上海中心设置8道环形桁架、6道伸臂桁架；广州东塔设置6道腰桁架、4道伸臂桁架；上海环球金融中心设置7道腰桁架、3道伸臂桁架；天津高银117大厦设置9道腰桁架，没有设置伸臂桁架；深圳平安金融中心大厦设置7道腰桁架、4道伸臂桁架；中国尊设置8道腰桁架，没有设置伸臂桁架。

（3）加强层的桁架承受巨大的轴力，桁架截面除了上海中心采用高宽相同的H形外，其余6栋超高层建筑的腰桁架和伸臂桁架均采用了箱形截面。

7.3 千米级摩天大楼加强层方案比选

7.3.1 加强层伸臂桁架布置方案

为了研究伸臂桁架对千米级摩天大楼的影响，在裙房顶、连接平台楼层周边单塔设置不同道数的伸臂桁架，来研究伸臂桁架对结构周期、位移、剪力、框架承担的剪力、刚重比等结构指标的影响，进行方案比选，进而确定最佳伸臂桁架布置方案。

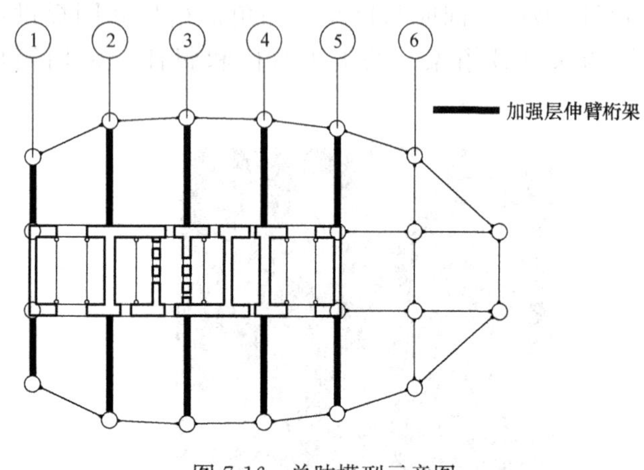

图 7-16 单肢模型示意图

在方案比选时，不管设置几道伸臂桁架，在每个连接平台位置处；均设置环形桁架，共设置 10 道环形桁架，伸臂桁架和环形桁架的高度均为两层高（15m），呈“X”布置；同时，沿边塔的弧形长度方向、相邻加强层间设置两道 X 形单塔巨型支撑，在边塔间连接平台外部大桁架下设置四层高的人字形巨型支撑，即 7.4.1 节中的模型 1。图 7-16 给出了边塔伸臂桁架平面布置示意图，当墙体收掉时，伸臂桁架随之取消。图 7-17 给出了 7 种不同伸臂桁架竖向布置示意图。模型 1：每 100m（每个连接平台）都设置伸臂桁架，共 10 道；模型 2：在模型一的基础上，减去标高 100m 连接平台处的伸臂桁架，共 9 道伸臂桁架；模型 3：在模型一的基础上，减去标高 100m、200m 两个连接平台处的伸臂桁架，共 8 道伸臂桁架；模型 4：每隔 200m 设置一道伸臂桁架，共 5 道伸臂桁架；模型 5：每 300m 设置一道伸臂桁架，共 3 道伸臂桁架；模型 6：每 500m 设置一道伸臂桁架，共 2 道伸臂桁架；模型 7：不设伸臂桁架。

7.3.2 周期比较

表 7-6 为 7 种设置伸臂桁架方案周期结果对比。由表可知，模型 1 的平动、扭转刚度最大，随着伸臂桁架的数量减少，结构的侧向刚度及扭转刚度逐渐减小；伸臂桁架对结构的扭转刚度影响较小，对平动刚度影响较为明显。

7.3.3 侧向刚度（地震剪力与地震层间位移的比）比较

图 7-18 给出了各伸臂桁架布置模型楼层刚度分布情况，为了便于查看，只给出 25 层以上的曲线分布。由图可知，各布置方案的结构刚度分布规律相同，均在连接平台楼层有突变；伸臂桁架对结构的刚度影响相对较大，伸臂桁架道数设置越多，结构刚度越大，伸臂桁架方案有利于楼层侧向刚度的提高；模型 1 在每个连接平台楼层均设置伸臂桁架，结构刚度最大，模型 7 不设置伸臂桁架，刚度最小；模型 1～3 仅 300m 以下结构刚度有所差别，300m 以上结构刚度基本相同。

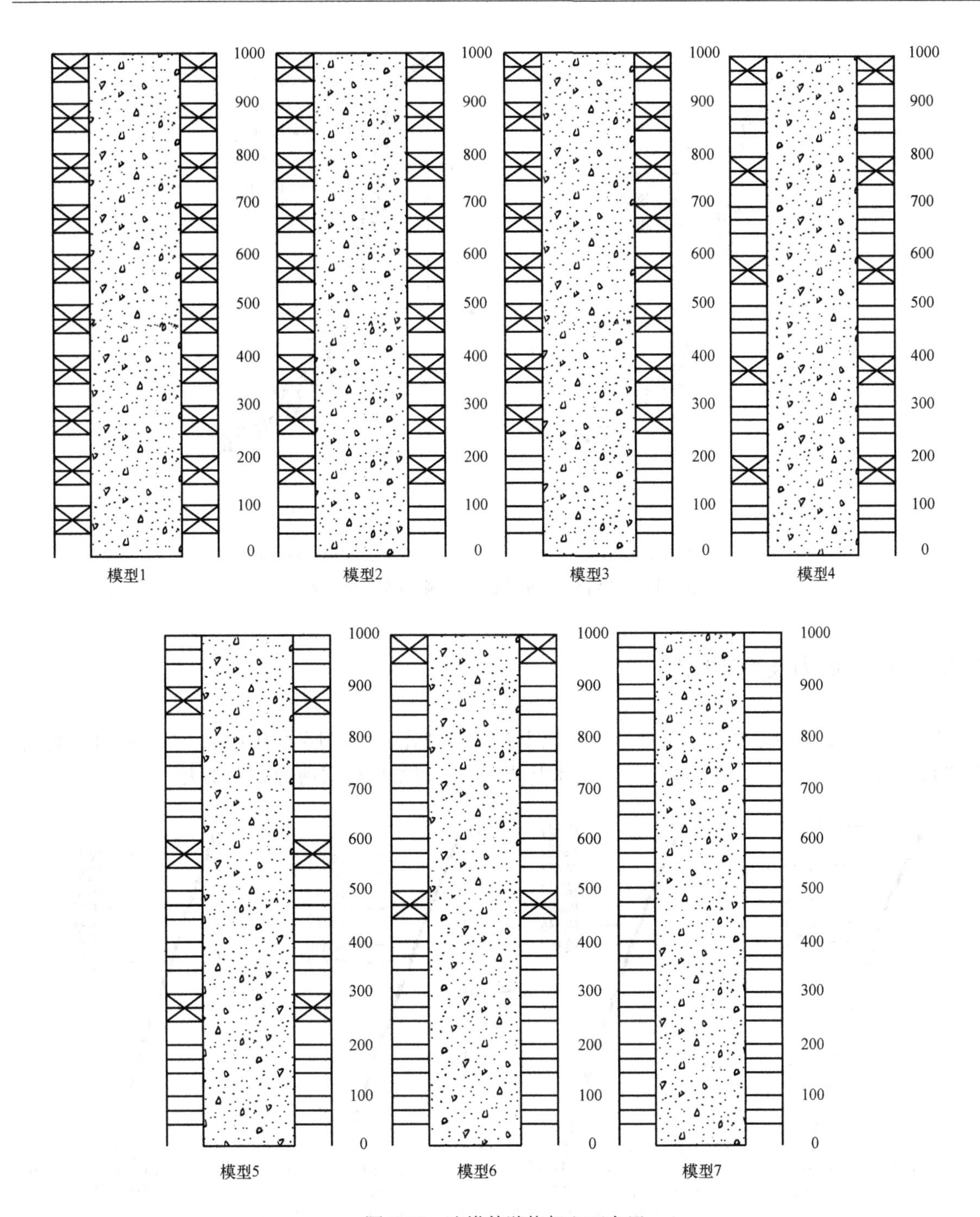

图 7-17　边塔伸臂桁架立面布置

7 种伸臂桁架布置方案周期对比　(s)　　表 7-6

	模型 1	模型 2	模型 3	模型 4	模型 5	模型 6	模型 7
T_1	13.3207	13.3822	13.4542	13.7408	13.9102	14.1752	14.6996
T_2	13.3167	13.378	13.4501	13.7367	13.9063	14.1684	14.6959
T_3	11.2994	11.4349	11.5271	11.5172	11.4793	11.6811	11.5457
T_4	4.5019	4.568	4.6053	4.6255	4.6624	4.8246	4.8798
T_5	4.4667	4.5086	4.5476	4.624	4.6609	4.8216	4.8782
T_6	4.4643	4.5065	4.5455	4.6001	4.5896	4.686	4.6161
周期比	0.8483	0.8545	0.8568	0.8382	0.8252	0.8241	0.7854

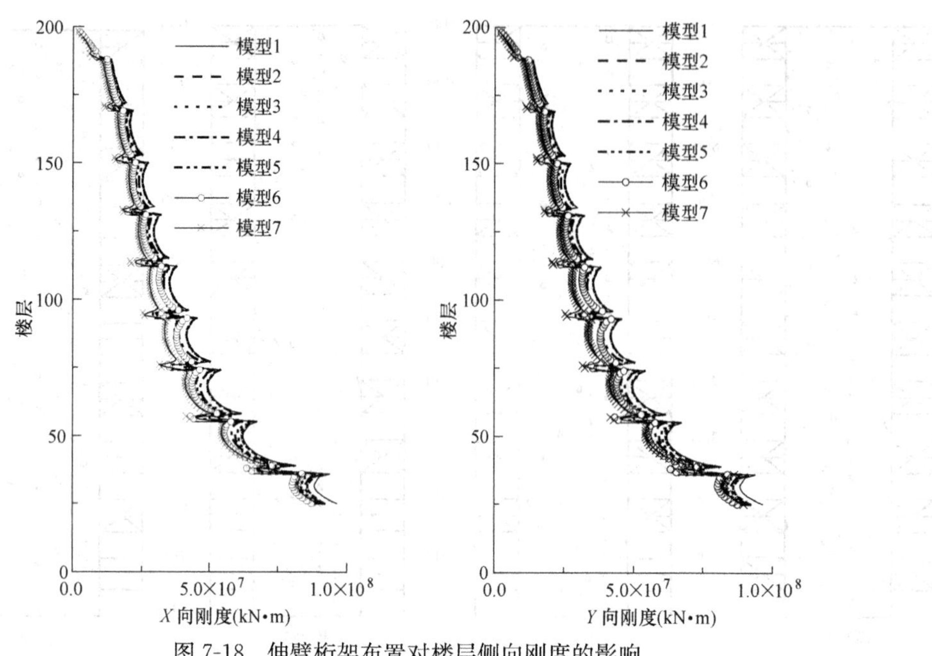

图 7-18　伸臂桁架布置对楼层侧向刚度的影响

7.3.4　楼层剪力及弯矩比较

图 7-19 给出了各伸臂桁架布置模型在地震和风荷载作用下楼层剪力情况，由图可知，伸臂桁架布置的道数越多楼层剪力越大，但总体上伸臂桁架对结构楼层剪力影响不大。

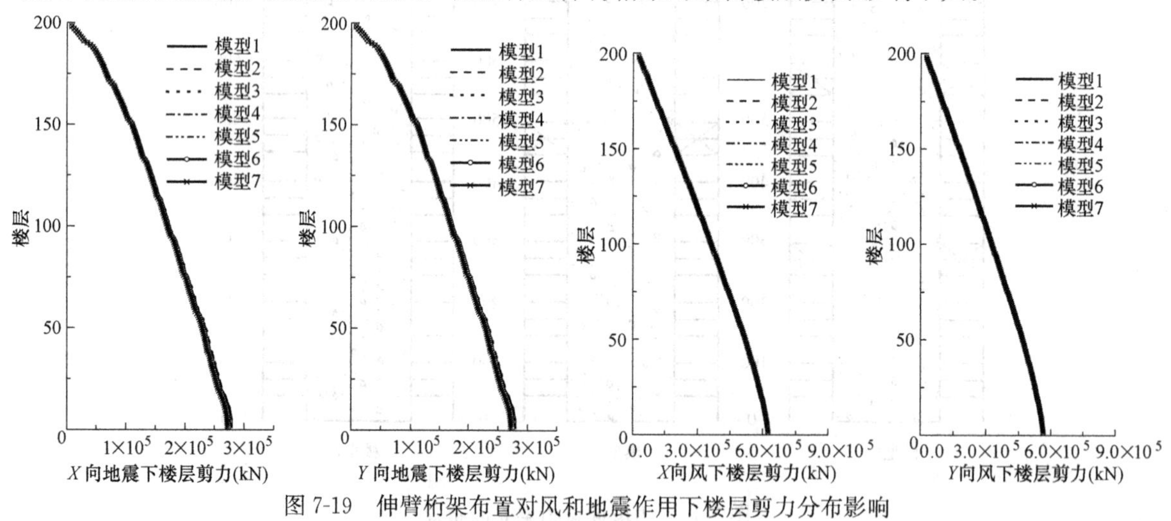

图 7-19　伸臂桁架布置对风和地震作用下楼层剪力分布影响

图 7-20 各伸臂桁架布置模型在地震和风荷载作用下楼层弯矩分布情况，由图可知，伸臂桁架对楼层弯矩基本没有影响。

7.3.5　楼层位移及位移角比较

伸臂桁架布置对楼层位移和楼层位移角的影响，见图 7-21 和图 7-22。由图可知，不论伸臂桁架如何设置，风荷载对结构的楼层位移角起控制作用；在地震和风荷载作用下，各伸臂桁架布置的楼层位移角分布规律相同，各段都在连接平台处位移角最小；伸臂桁架布置的道数越多结构

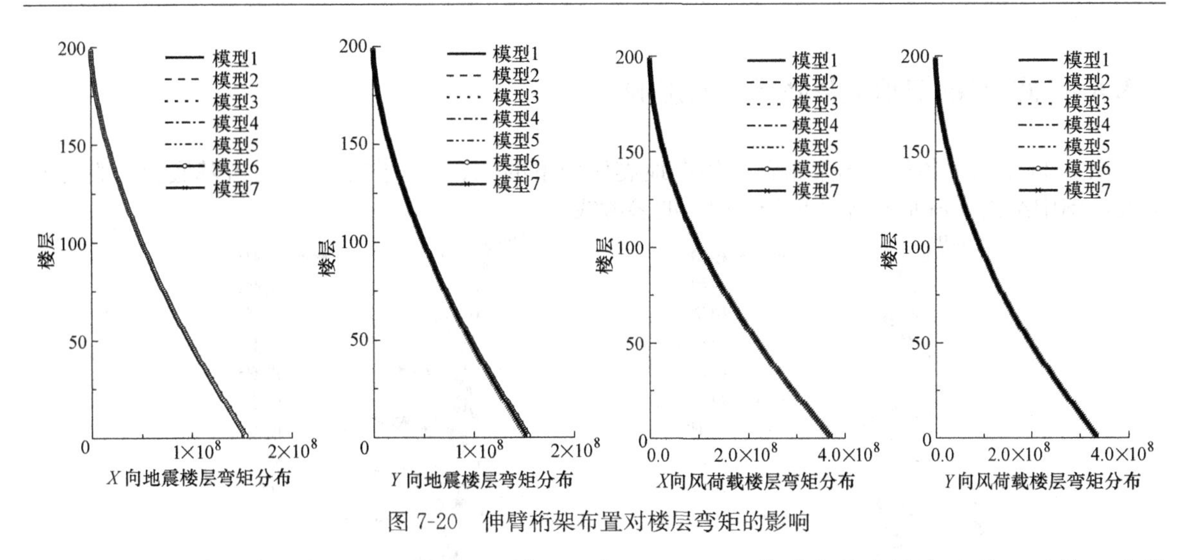

图 7-20 伸臂桁架布置对楼层弯矩的影响

的刚度越大，楼层位移角越小；模型 1～模型 3 在 300m 以上位移角基本没有变化，且前三个伸臂布置方案位移角都满足限值要求；设置道数较少或不设（模型 4～模型 7）模型的位移角比较大，难以满足规范限值和平时使用要求。

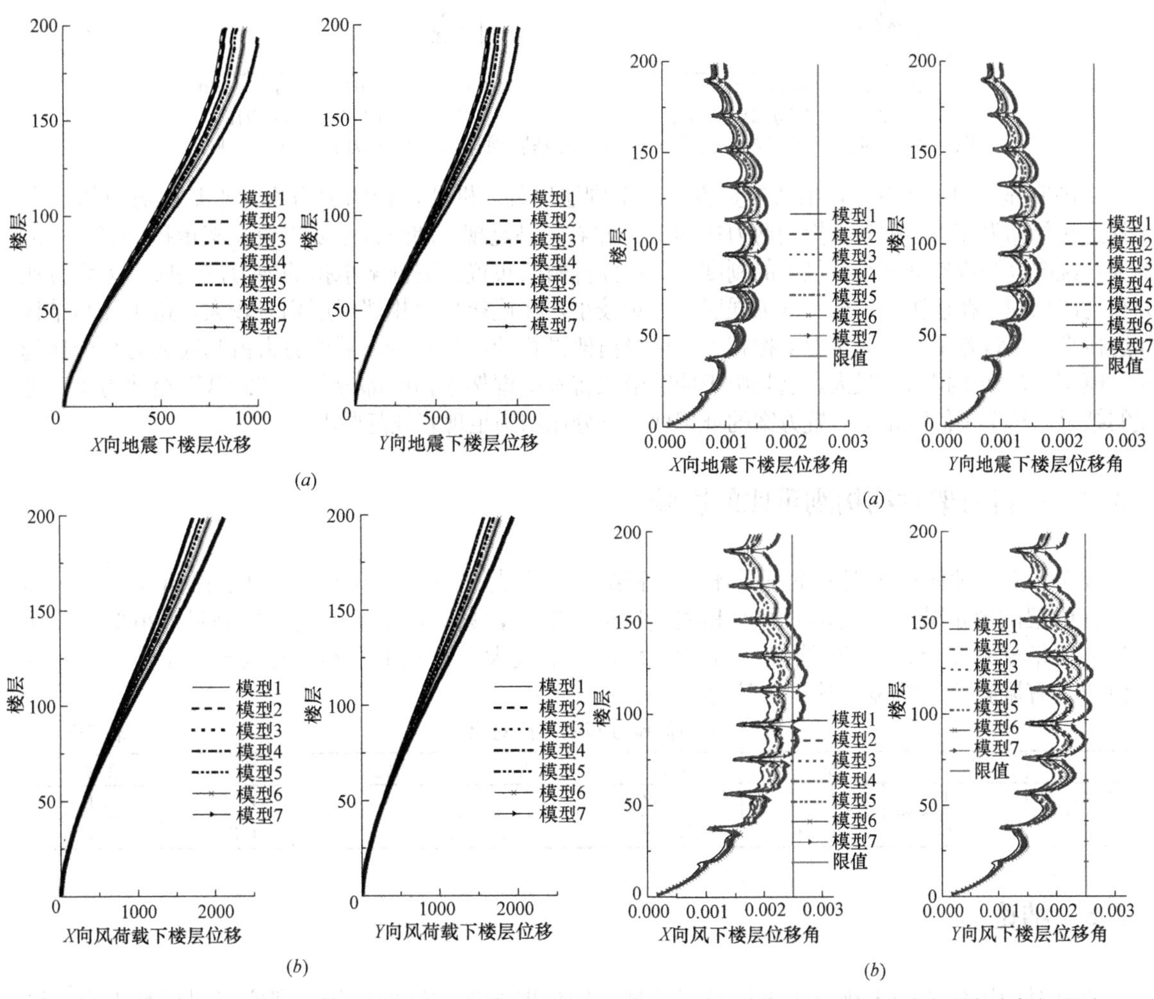

图 7-21 各工况下楼层位移随楼层分布示意图

(a) 地震作用下楼层位移随楼层分布示意图；

(b) 风荷载作用下楼层位移随楼层分布示意图

图 7-22 伸臂桁架布置对楼层位移角的影响

(a) 地震作用下楼层位移角随楼层分布示意图；

(b) 风荷载作用下楼层位移角随楼层分布示意图

7.3.6 伸臂对框架承担基底剪力的影响

图 7-23 给出了各伸臂桁架布置模型在地震作用下的 X、Y 方向框架剪力占基底剪力百分比情况，图中给出了占基底剪力 5%和 10%的参考线。

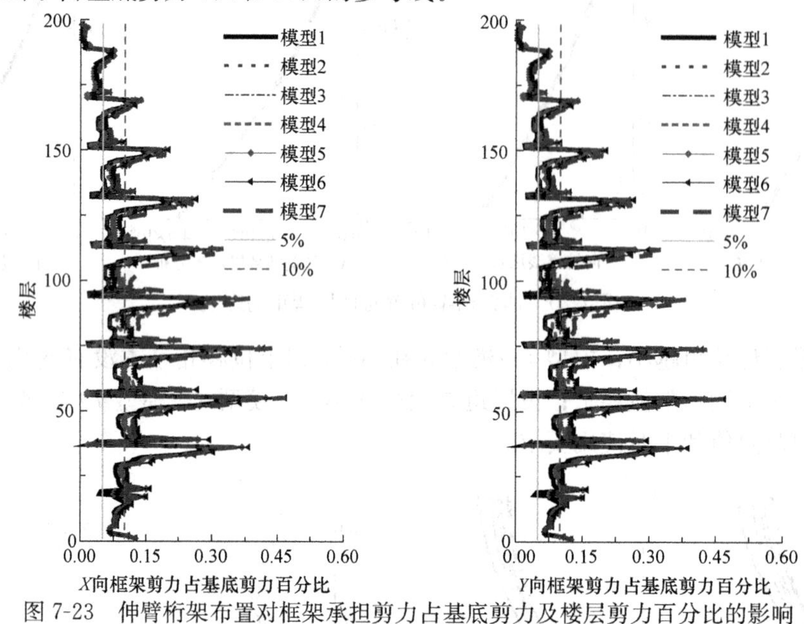

图 7-23 伸臂桁架布置对框架承担剪力占基底剪力及楼层剪力百分比的影响

由图明显可知：所有伸臂桁架布置方案除个别层以外，框架承担的剪力均大于基底剪力的 5%，尤其是底部加强部位，框架承担的剪力达到 10%左右，满足现有超限技术要点对框架承担基底剪力的要求，说明该结构外框架具有足够的刚度；各种伸臂桁架布置方案框架承担的剪力占基底剪力百分比分布规律相同，在连接平台楼层（加强层）相对较小，在连接平台相邻楼层相对较大，这主要与结构在连接平台下设置了巨型人字形支撑相关；伸臂桁架设置的道数越少，框架剪力占基底剪力百分比越大，模型 7 框架承担剪力最大，这是由于伸臂桁架将本应框架承担的部分剪力“卸载”至剪力墙后造成的结果；这 7 种伸臂桁架布置方案的框架剪力百分比均满足现有规范要求。

7.3.7 伸臂桁架对结构刚重比的影响

表 7-7 为 7 种伸臂桁架方案刚重比的比较结果。由表可知，模型 1 的刚度、刚重比最大，随着伸臂桁架的数量减少，结构的刚度和刚重比逐渐减小，只有模型 1 的刚重比满足规范要求。从优化伸臂桁架角度分析，伸臂桁架对结构的刚度影响较大，当刚重比不满足规范要求时，设置伸臂桁架是有限提高结构刚重比的方法之一。

7 种伸臂方案刚重比对比 **表 7-7**

	模型 1	模型 2	模型 3	模型 4	模型 5	模型 6	模型 7
X 向	1.411	1.393	1.382	1.310	1.280	1.224	1.120
Y 向	1.409	1.391	1.379	1.307	1.279	1.223	1.119

7.3.8 结论

通过对中国建筑千米级摩天大楼设置 7 种不同伸臂桁架方案的比较，研究了对巨型组合结构体系的影响，得出以下结论：

（1）伸臂桁架对结构的平动刚度影响较大，对结构的扭转刚度影响较小，伸臂桁架设置的道数越多，结构的刚度越大，周期越小，刚重比越能满足规范限制要求。

(2) 伸臂桁架对楼层剪力及弯矩基本没有影响。

(3) 伸臂桁架对结构的侧向刚度影响较大，可显著减小结构的楼层位移和位移角，当楼层位移角难以满足规范限值要求时，在避难层位置设置伸臂桁架是最有效、最直接减小楼层位移角的方法之一。

(4) 对这种巨型组合结构体系，设置伸臂桁架对提高框架承担剪力占基底剪力百分比影响不大，对底部加强位置的框架剪力百分比几乎没有影响。

(5) 综合上述分析，最终千米级摩天大楼最终采用了设置10道伸臂桁架的计算模型。

7.4 巨型支撑布置方案分析对比

千米级摩天大楼的巨型支撑分为两种情况，①为了加强外框架的刚度，提高框架承担的剪力，增加边塔结构的刚度和稳定性，沿边塔的两侧弧形长度方向（2轴～6轴）设置两道纯钢箱形截面X形巨型支撑。②在连接平台处的外部大桁架下设置的X形和人字形巨型支撑。

7.4.1 方案介绍

为了比较巨型支撑对该结构的影响，在3个边塔上布置了6种巨型支撑方案，见图7-24～图7-29。6种巨型支撑方案均在周边单塔连接平台位置设置伸臂桁架和腰桁架，共设10道。

1. 模型1

沿边塔的弧形长度方向（2轴～6轴），相邻加强层之间（即每100m）设置两道纯钢箱型截面X形单塔巨型支撑，即采用两根连续斜撑交叉布置；同时在边塔间连接平台外部大桁架下设置四层高的人字形巨型斜撑，为了传力直接，将其延伸至边塔巨型支撑上，如图7-24所示。

2. 模型2

边塔上同样设置两道X形巨型支撑，只是将模型1连接平台下的人字形支撑改为与框架柱和平台桁架上下都连接的X形支撑；连接平台的X形加强支撑高度取加强层及其上下各四层，如图7-25所示。

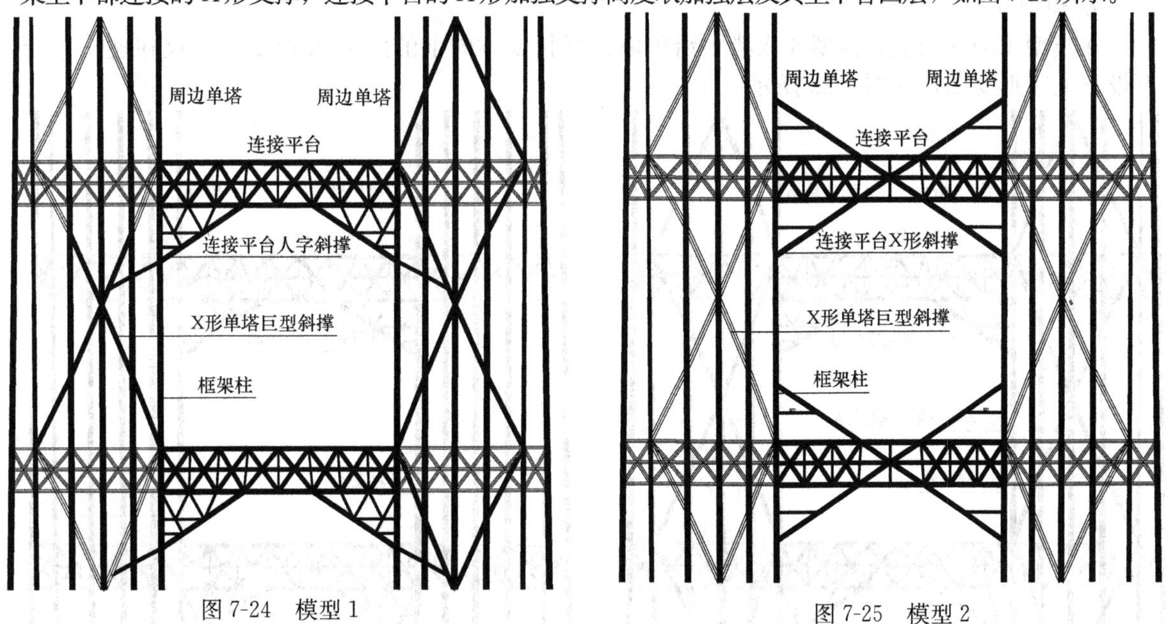

图7-24 模型1

图7-25 模型2

3. 模型3

为了使连接平台上的X形支撑传力更为直接，在模型2的基础上，修改了边塔上的X形巨型支撑，让边塔上的X巨型支撑与连接平台上的X形支撑相连，相当于每100m高度设置了两个X形巨型支撑，从而缩短了每节边塔支撑的长度，连接平台的X形加强支撑高度仍然取加强层及其上下各四层。如图7-26所示。

4. 模型4

为了研究连接平台X加强支撑对整个结构的影响，在模型3的基础上，模型4将连接平台的X形加强支撑高度由加强层及其上下各四层改为加强层及其上下各三层，如图7-27所示。

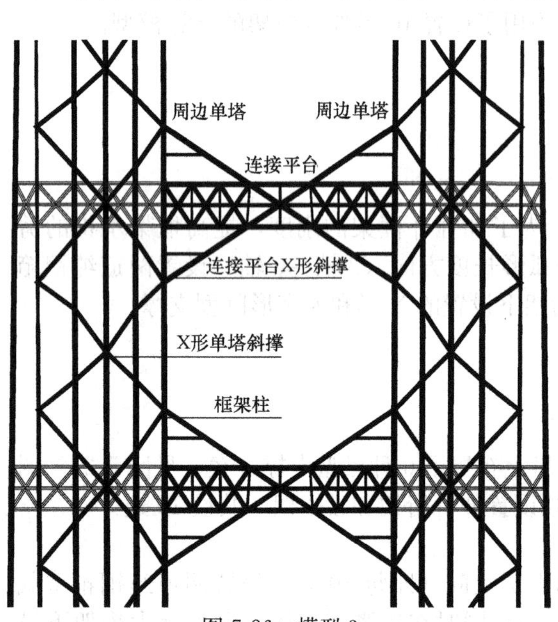

图7-26　模型3

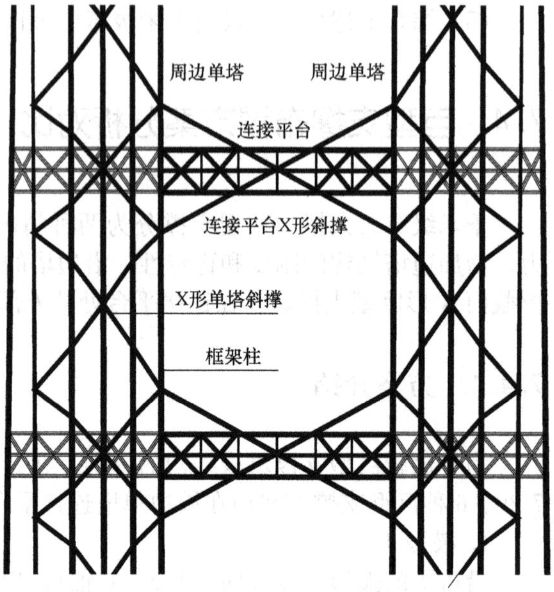

图7-27　模型4

5. 模型5

为了节约结构构件占用的建筑使用面积，便于建筑房间的利用，在模型1的基础上，模型5将人字形支撑连接到外框柱上，不再延伸至边塔X形巨型支撑上，如图7-28所示。

6. 模型6

在模型1的基础上，模型6取消了沿单塔弧形长度方向上的两道X形支撑，仅在连接平台下设置人字形支撑，如图7-29所示。

图7-28　模型5

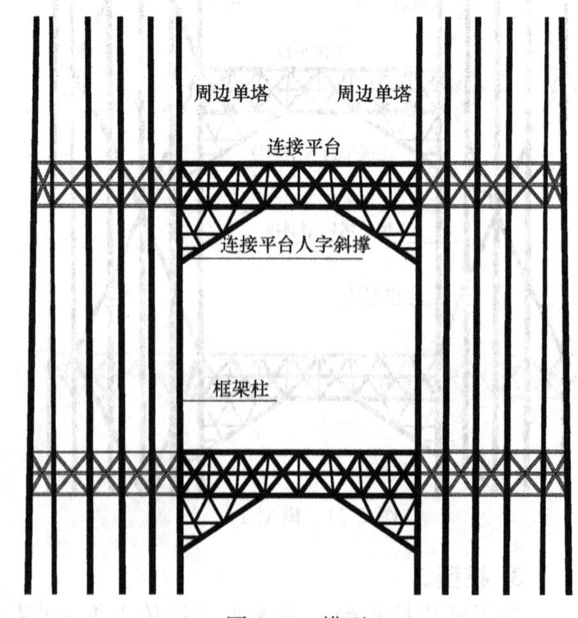

图7-29　模型6

7. 立面整体布置

图 7-30 给出了 6 种不同沿边塔两侧弧形长度方向、轴 2～轴 6 之间设置的外围框架柱间的巨型支撑方案以及边塔间在每 100m 处连接平台的桁架布置整体立面示意图。

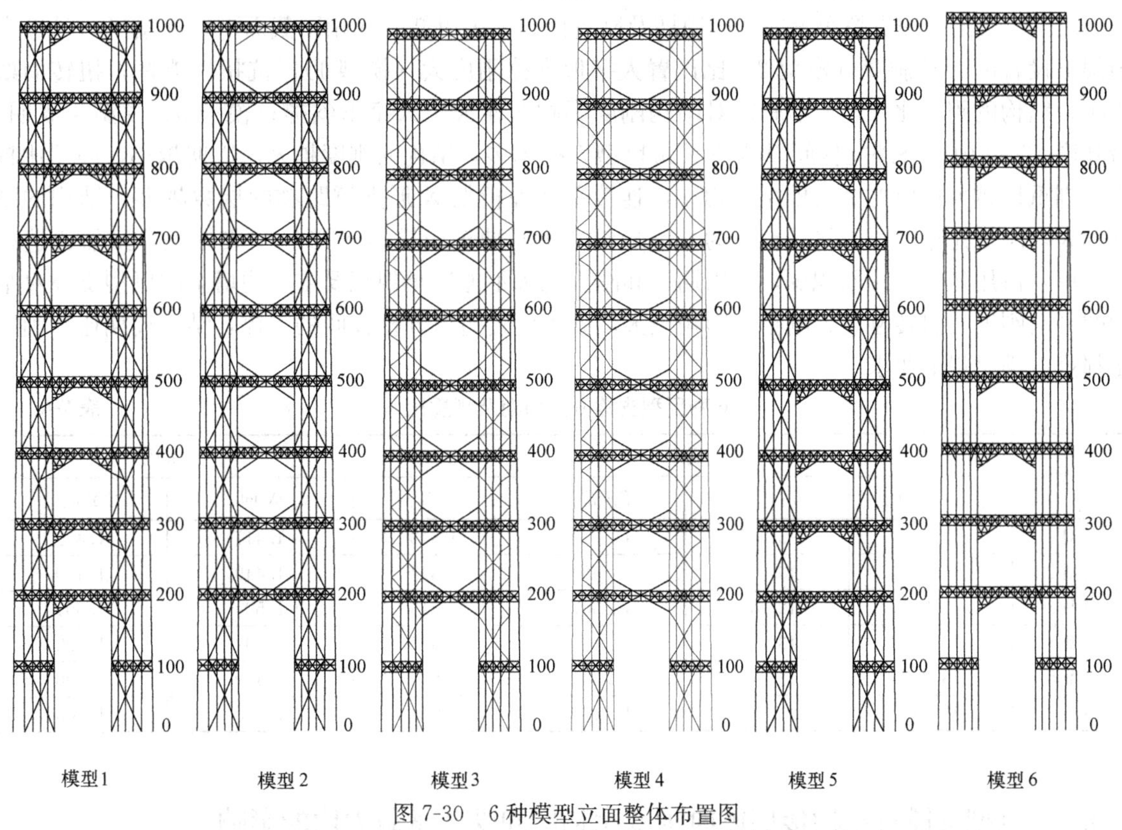

图 7-30　6 种模型立面整体布置图

为了更加直观地显示边塔外框架间的支撑、连接平台桁架和连接平台桁架上的支撑，给出了模型 1 中一个加强区间（100m）的 YJK 计算模型，详见图 7-31。连接平台桁架上、下弦采用 H 型钢，腹杆和 X 形支撑和连接平台桁架下的人字形支撑均采用箱形截面。

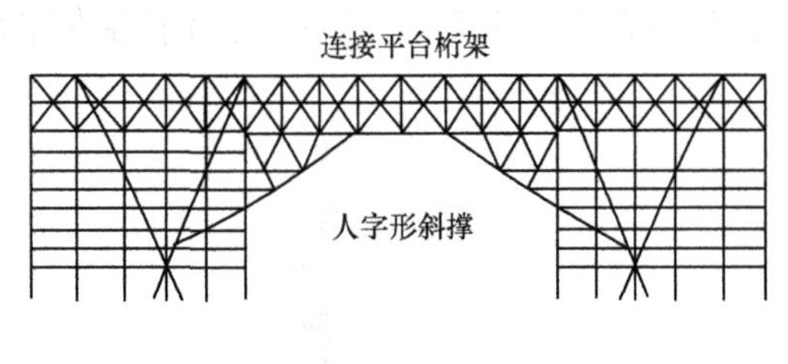

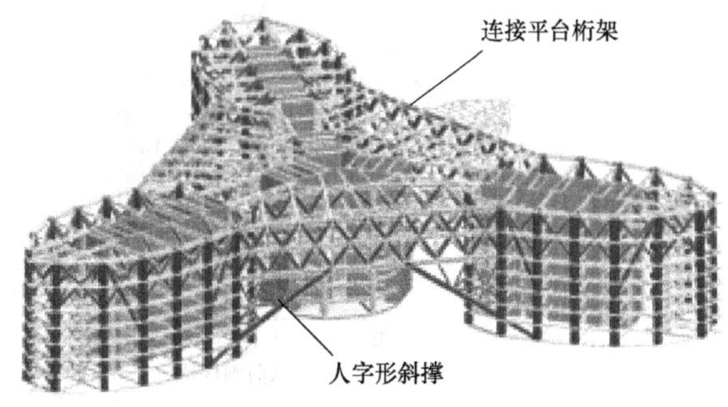

图 7-31　模型 1 边塔 X 形支撑、平台桁架及人字形斜撑 YJK 计算模型

7.4.2 巨型支撑对结构周期及刚重比的影响

表 7-8 给出 6 种支撑布置方案的周期及刚重比。由表可知：在相同截面下，连接平台外部大桁架下设置的 X 形斜撑（模型 2）比设置人字形支撑刚度大（模型 1），抗扭性能好，扭转周期比小，结构的刚重比大，X 形斜撑对结构刚度影响明显大于人字形斜撑；模型 3、模型 4 表明，沿高度 100m 内边塔外框柱间设置的 X 形巨型支撑越多，结构的刚度越大，周期越小，周期比越小，刚重比越大；模型 2 与模型 3 相比，连接平台外桁架 X 形支撑跨越的层数越多，结构的刚度越大，刚重比越大；连接平台下的人字形斜撑不延伸至边塔的 X 形巨型支撑上，虽然构造相对简单，占用建筑使用面积少，但周期比和刚重比都不能满足规范要求；边塔上的巨型支撑对结构的平动刚度、扭转刚度、刚重比影响极大，如不设置边塔外框柱间的支撑，结构周期比和刚重比都难以满足规范要求。

6 种巨型支撑方案周期及刚重比 **表 7-8**

模型	周期				刚重比	
	$T_1(T_x)$	$T_2(T_y)$	$T_3(T_z)$	T_3/T_1	X 向	Y 向
模型 1	13.321	13.317	11.299	0.848	1.411	1.409
模型 2	13.094	13.092	10.957	0.837	1.449	1.440
模型 3	12.880	12.878	10.507	0.816	1.501	1.501
模型 4	13.362	13.360	11.184	0.837	1.392	1.392
模型 5	13.366	13.362	11.381	0.852	1.400	1.398
模型 6	13.765	13.761	12.434	0.903	1.308	1.306

7.4.3 巨型支撑对结构楼层侧向刚度比和层间受剪承载力比的影响

1. 巨型支撑对结构楼层侧向刚度比的影响

我国《高层建筑混凝土结构技术规程》JGJ 3—2010 规定该结构楼层与其相邻上层的侧向刚度比不宜小于 0.9；当本层层高大于相邻上层层高的 1.5 倍时，该比值不宜小于 1.1；对结构底部嵌固层比值不宜小于 1.5。图 7-32 给出了各支撑布置模型楼层刚度比分布图，该楼层刚度比

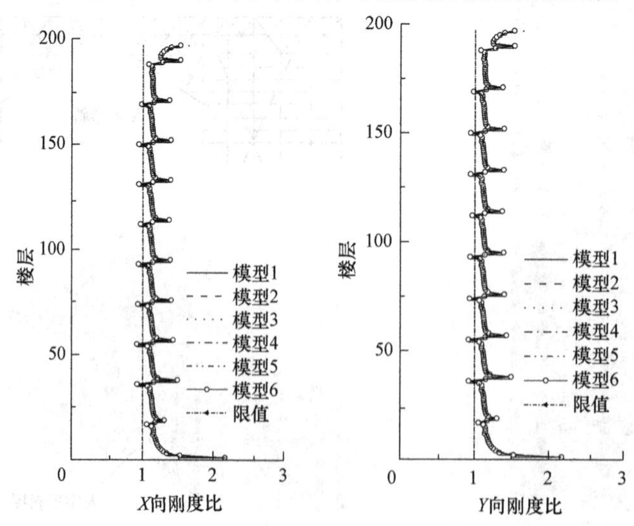

图 7-32 楼层侧向刚度比

为本层刚度与相邻上层刚度 0.9 倍的比值；当本层层高大于相邻上层层高的 1.5 倍时，该比值为本层刚度与相邻上层刚度 1.1 倍的比值；对结构底部嵌固层，该比值为本层刚度与相邻上层刚度 1.5 倍的比值。由图可知：各种巨型支撑布置模型的楼层刚度比基本相同，均在加强层位置处有突变，且在加强层的下一层刚度比稍稍小于 1.0。

2. 巨型支撑对结构楼层抗侧力承载力比的影响

地震作用下楼层抗侧力结构的层间受剪承载力与相邻上层受剪承载力的比值曲线图见图 7-33。

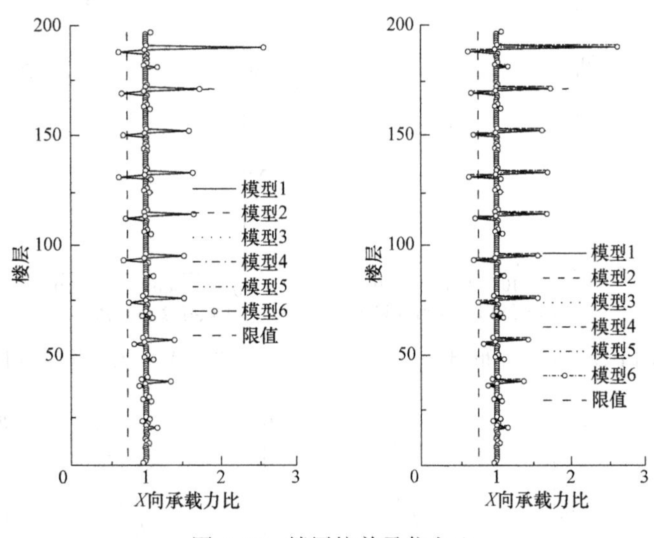

图 7-33　楼层抗剪承载力比

《高层建筑混凝土结构技术规程》JGJ 3—2010 规定楼层侧向受剪承载力之比限值为 0.75，由图可知，各种巨型支撑布置方案的楼层抗侧力承载力比基本相同，从第 6 个连接平台开始，由于设置了巨型支撑和加强层，连接平台的下层楼层抗侧力承载力比不满足规范要求，最小值为 0.65。

7.4.4　巨型支撑对结构楼层剪力的影响

图 7-34、图 7-35 给出了各支撑布置模型在地震和风荷载作用下楼层剪力分布情况，由图可知，地震荷载作用下，整体上各支撑布置方案对结构的楼层剪力影响不大；地震荷载作用下，楼层剪力与结构侧向刚度相关，刚度越大，基本周期越小，楼层剪力越大；几种支撑布置方案中，模型 3 楼层剪力最大，模型 6 最小，模型 5 介于模型 3 与模型 6 之间；风荷载作用下，模型 3 楼层剪力最小，其余几种布置方案，楼层剪力相差甚小。

7.4.5　巨型支撑对结构位移的影响

图 7-36、图 7-37 给出了各支撑布置模型在地震和风荷载作用下楼层位移及位移角分布情况，由图可知：不论支撑如何设置，风荷载对结构的楼层位移及位移角起控制作用；在地震和风荷载作用下，楼层位移及位移角分布规律相同，各段都在加强层处位移角最小；6 种支撑布置方案的位移角都满足规范要求；连接平台外部大桁架下设置 X 形斜撑（模型 2）比设置人字形斜撑（模型 1）的刚度大，位移及位移角小；每 100m 高边塔外围框架柱间支撑数量越多，结构刚度越大，楼层位移及位移角越小，模型 3 楼层位移及位移角最小，模型 6 最大；模型 1 和模型 5 仅连接平

台下的人字形支撑延伸长度不同，二者的楼层位移角基本相同；模型 3 与模型 4 仅连接平台处 X 形支撑高度不同，二者的位移及位移角在 80 层以上相差比较明显，连接平台处的 X 形支撑高度对结构的位移及位移角影响较大。

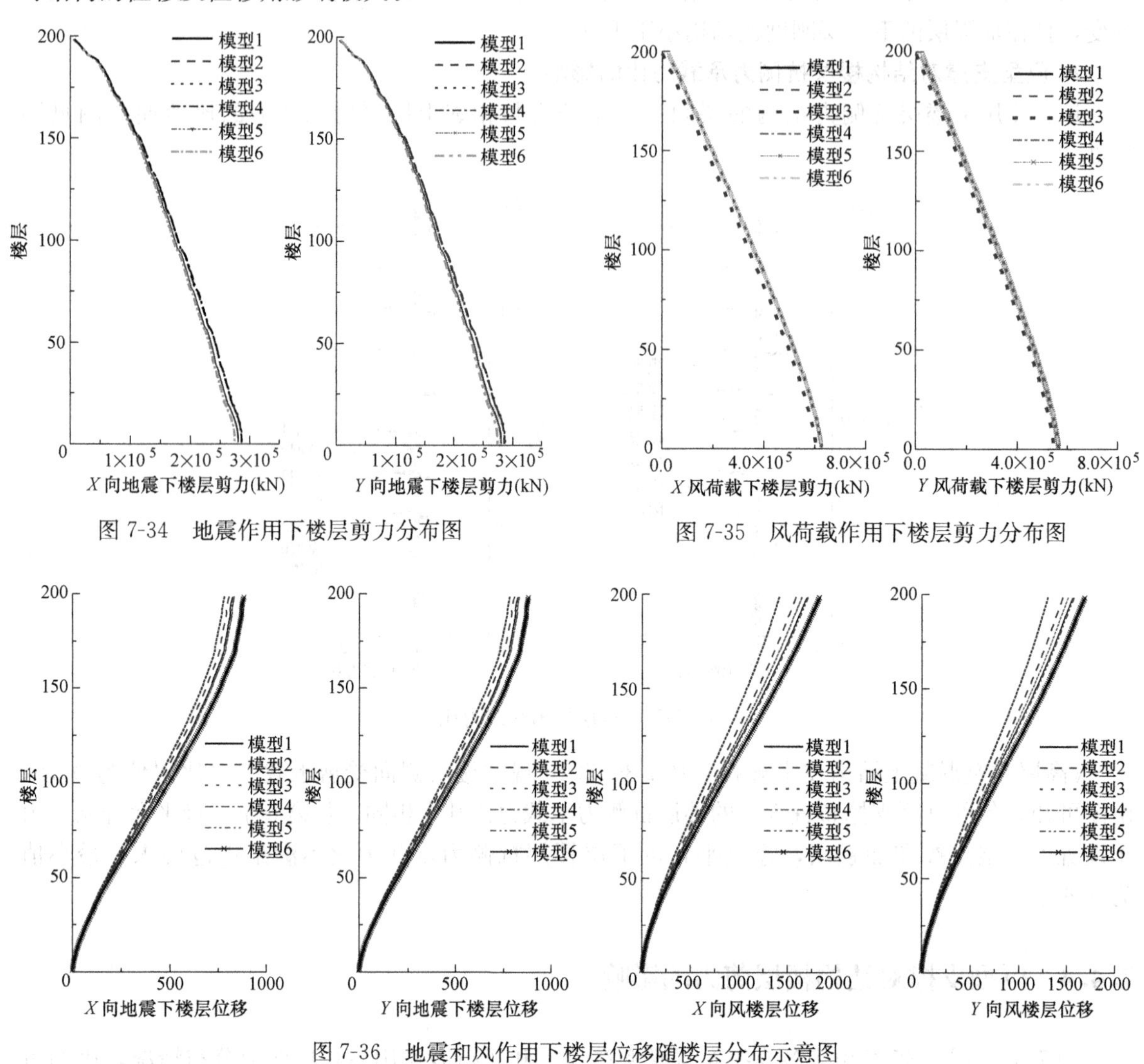

图 7-34 地震作用下楼层剪力分布图

图 7-35 风荷载作用下楼层剪力分布图

图 7-36 地震和风作用下楼层位移随楼层分布示意图

7.4.6 巨型支撑对结构框架承担基底剪力的影响

图 7-38 给出了各巨型支撑布置方案在地震荷载作用下 X、Y 方向框架剪力占基底剪力百分比，图中给出了基底剪力 5%和 10%的参考线。

由图明显可知：除模型 6 外，所有方案框架承担的剪力绝大部分都超过基底剪力的 5%，尤其是底部加强部位，框架承担的剪力达到 8%左右，满足现有超限技术要点对框架承担基底剪力的要求，说明该结构外框架具有足够的刚度；各种支撑布置方案的框架承担的剪力占基底剪力百分比分布规律相同，在连接平台楼（加强层）处相对较小，在连接平台相邻楼层相对较大，这主要在连接平台下设置了人字形或 X 形支撑有关；从模型 1 和模型 2 的比较中可见，连接平台处设置 X 形支撑比设置人字形支撑的外框架承担的剪力大；由于模型 3 在 100m 高度内边塔设置了两个 X 形支撑，其外框承担的基底剪力百分比在所有模型中最大；模型 1 和模型 5 仅连接平台桁架下的人字形斜撑延伸长度不同，二者的框架剪力百分比基本相同；由于在边塔没有设置 X

形巨型支撑，模型 5 框架承担的剪力占基底剪力百分比最小，大部分楼层都小于 5%；通过 6 种巨型支撑布置方案的框架剪力占基底剪力百分比分析发现，边塔的 X 形巨型支撑可显著提高外框架的刚度，从而提高框架承载的地震剪力。

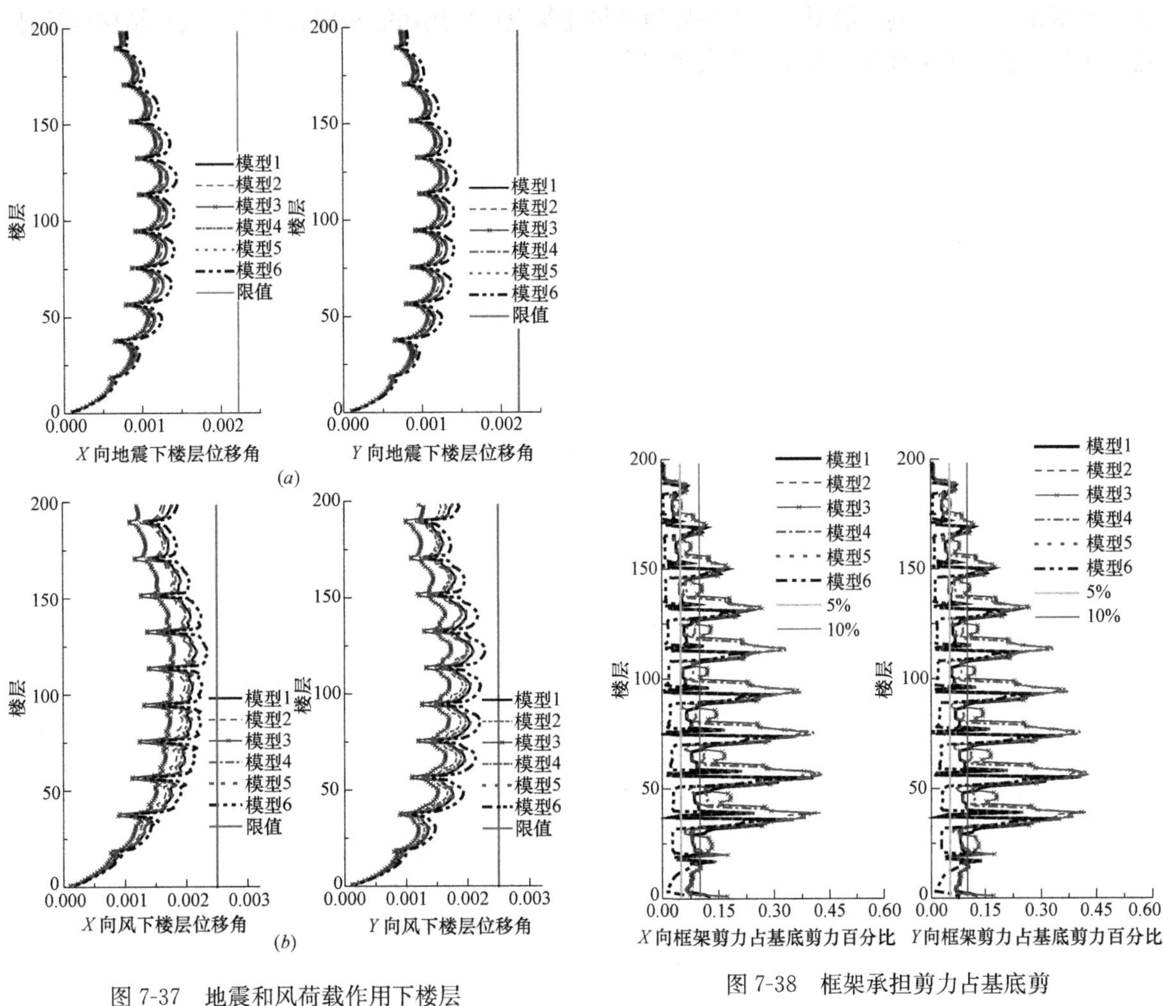

图 7-37　地震和风荷载作用下楼层位移随楼层分布示意图

(a) 地震作用下楼层位移角随楼层分布示意图；
(b) 风荷载作用下楼层位移角随楼层分布示意图

图 7-38　框架承担剪力占基底剪力及楼层剪力百分比示意图

7.4.7　结论

对 6 种巨型支撑设置方案的分析表明：

(1) 连接平台上下设置 X 形支撑对结构提供的刚度明显大于人字形支撑。

(2) 巨型支撑对结构的平动刚度、扭转刚度影响较大，边塔设置巨型支撑的个数越多，结构的刚度越大，周期越小，刚重比越能满足规范限制要求。

(3) 巨型支撑对楼层刚度比、楼层剪力及弯矩影响较小。

(4) 巨型支撑对结构的侧向刚度影响较大，可显著减小结构的楼层位移和位移角。

(5) 巨型支撑可显著增强外框架的刚度，增大其承担的剪力，提高承担基底剪力的百分比；

当框架承担的基底剪力百分比很难满足规范要求时，沿结构高度设置框架柱间支撑是最有效的方法。

综合考虑，模型 1 在边塔 100m 高内，外框架柱间设置两道 X 形巨型支撑并在连接平台桁架下设置人字形斜撑，结构的周期、刚重比、刚度、位移角及框架承担的剪力占基底剪力百分比均能满足规范要求，且施工简便，最大限度地满足建筑设计使用功能和理念要求，故在结构设计时选择模型 1 作为千米级摩天大楼巨型支撑方案。

8　结构主要节点与外包钢板剪力墙研究

8.1　钢管混凝土柱与钢梁、桁架以及支撑连接节点

在整体模型计算中，虽然可以计算出各构件的配筋及应力比，但对于构件之间连接节点的具体受力形式及应力状态均未考虑到，抗震概念设计要求结构“强节点、弱构件”，超高层建筑结构中的柱与桁架、支撑连接节点甚为复杂，节点设计的冗余度直接影响结构的整体安全。千米级摩天大楼框架柱采用圆钢管混凝土柱，楼面梁采用H型钢梁，伸臂桁架和环形（腰）桁架、外框架柱之间的巨型支撑及连接平台下的人字形支撑采用箱形截面，本节主要通过ABAQUS有限元软件分析此类节点的受力情况。

8.1.1　节点设计原则、要求及目标

1. 节点设计原则及要求

框架柱与桁架、支撑连接节点设计力争构造简单、传力直接，施工方便。在节点部位设置加劲肋、连接板或节点区域局部加厚，降低节点区域应力水平，提高节点承载力。节点设计与构件空间布置密切相关，为了减少边塔框架柱之间的支撑占用建筑使用面积，在满足承载力的前提下，将所有外框架支撑与框架柱外侧相连接，楼层梁与框架柱内侧相连，楼层梁与框架支撑不连接，使建筑与结构完美结合，同时也方便了施工，典型框架柱与柱间支撑、楼层梁的布置详见图8-1。

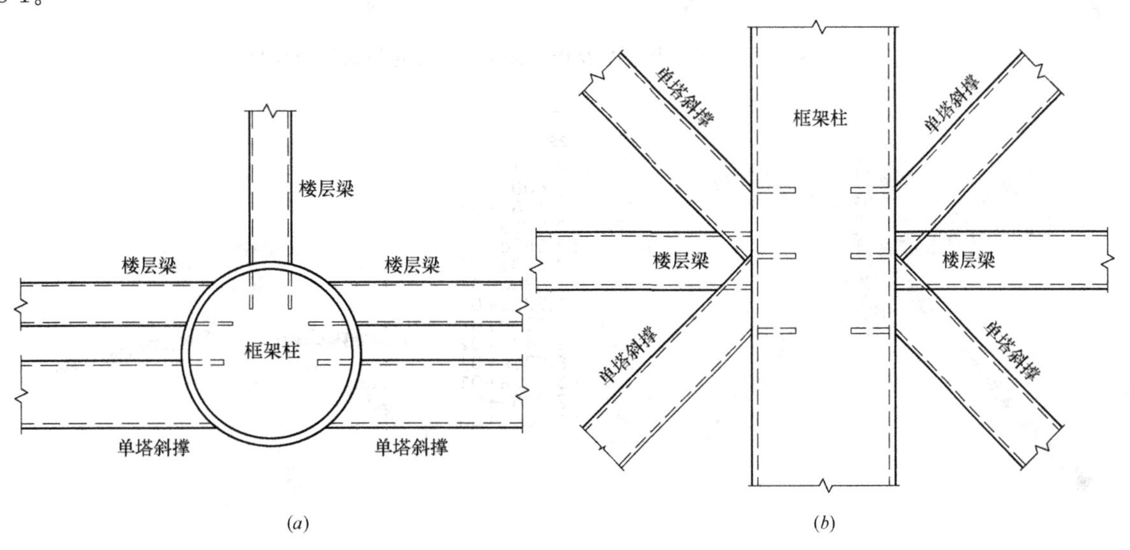

图8-1　典型框架柱与柱间支撑、楼层梁连接节点图
（a）平面图；（b）剖面图

2. 节点设计目标

根据结构抗震性能化设计要求，框架柱、柱间支撑、伸臂桁架与腰桁架均为罕遇地震不屈服，强节点弱构件的抗震概念设计要求，框架柱与支撑、伸臂桁架、腰桁架连接节点同样须达到罕遇地震组合工况下不屈服要求，因此，在进行 ABAQUS 分析节点受力时，采用罕遇地震组合值。

3. 材料属性

钢材弹性模型 2.06×10^5MPa，泊松比 0.3，采用理想弹塑性模型；混凝土材料属性按混凝土规范执行。

钢管、箱形支撑及型钢梁采用壳单元（S4R），混凝土采用实体单元（C3D8R）。钢管与混凝土法向方向采用硬接触，切线方向考虑摩擦力，摩擦系数取 0.25。

8.1.2 钢管混凝土柱与连接平台下人字形支撑连接节点

图 8-2 给出了钢管混凝土柱与连接平台下人字形支撑及楼层梁连接节点的位置及 ABAQUS 三维模型，箱形支撑的腹板深入钢管混凝土柱内侧，箱形支撑的翼缘焊接在钢管外侧，对应的位置处在钢管内侧焊接内加强环。图 8-3 给出了 ABAQUS 网格划分及 Mises 应力云图，分析结果可知最大应力 311MPa，满足不屈服要求。

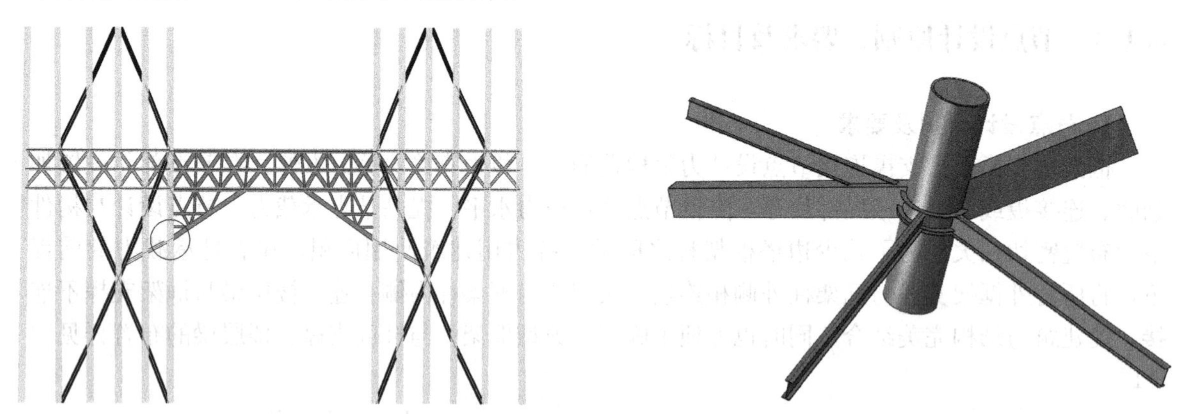

图 8-2 钢管混凝土柱与支撑及楼层梁连接节点选取位置及模型

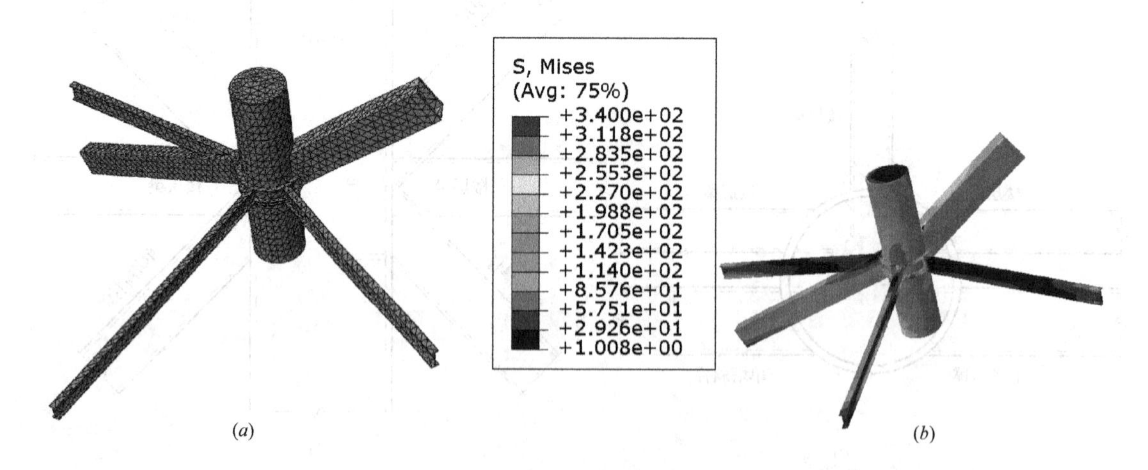

图 8-3 节点分析结果

(*a*) 连接节点 ABAQUS 的网格划分；(*b*) 连接节点的 Mises 应力云图

8.1.3　钢管混凝土柱与柱间支撑、连接平台桁架连接节点

图 8-4 给出了钢管混凝土柱与柱间支撑、连接平台桁架及楼层梁连接节点的选取位置及 ABAQUS 三维模型，箱形支撑的腹板深入钢管混凝土柱内侧，箱形支撑的翼缘焊接在钢管外侧，对应的位置处在钢管内侧焊接内加强环。图 8-5 给出了 ABAQUS 网格划分及 Mises 应力云图，分析结果可知单元最大应力 340MPa，满足不屈服要求。

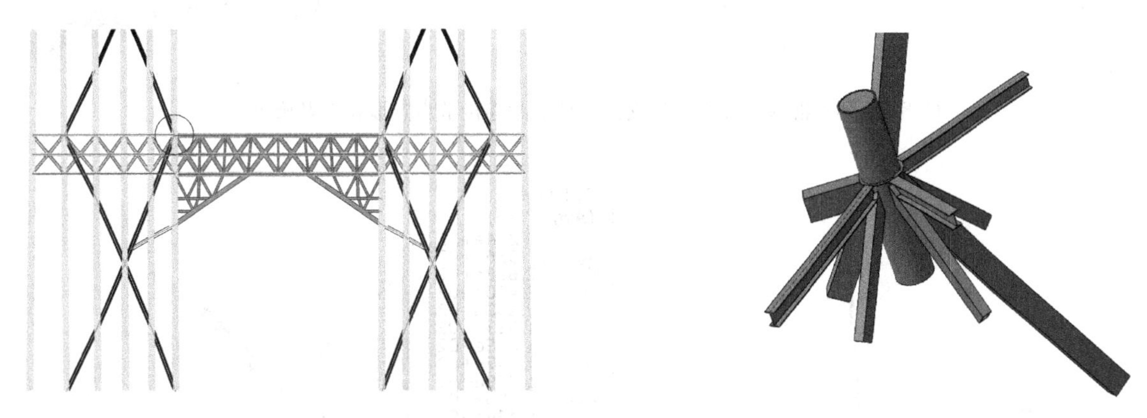

图 8-4　钢管混凝土柱与柱间支撑、连接平台桁架及楼层梁连接节点选取位置及模型

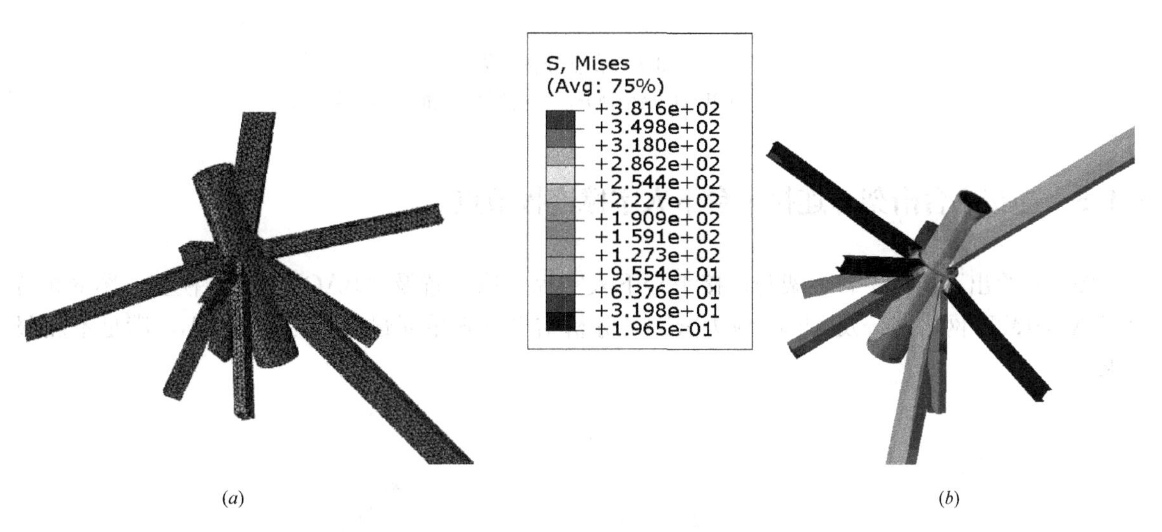

图 8-5　节点分析结果

(*a*) 连接节点 ABAQUS 的网格划分；(*b*) 连接节点的 Mises 应力云图

8.1.4　钢管混凝土柱与两柱间支撑交汇处连接节点

图 8-6 给出了钢管混凝土柱与两柱间支撑交汇处及楼层梁连接节点的选取位置及 ABAQUS 三维模型，箱形支撑的腹板深入钢管混凝土柱内侧，箱形支撑的翼缘焊接在钢管外侧，对应的位置处在钢管内侧焊接内加强环。图 8-7 给出了 ABAQUS 网格划分及 Mises 应力云图，分析结果可知单元最大应力 242MPa，满足不屈服要求。

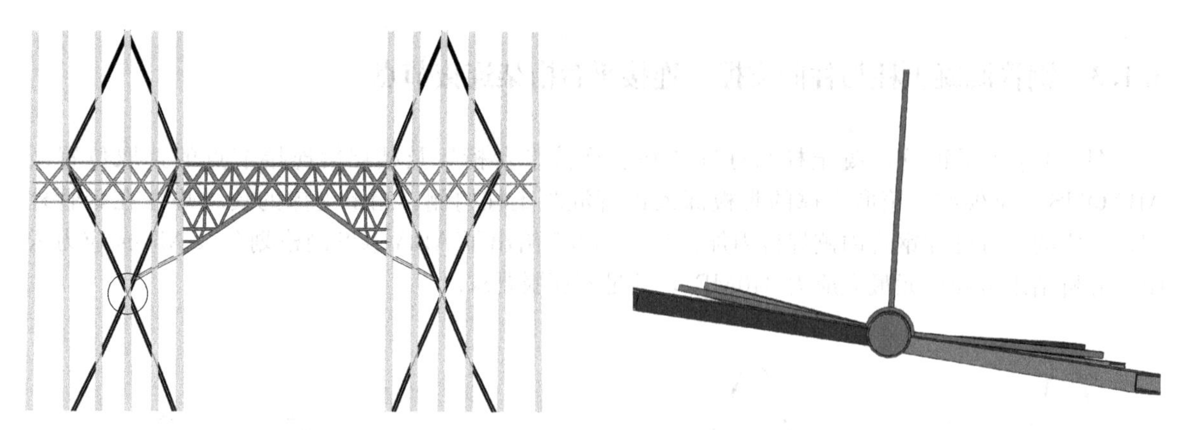

图 8-6　钢管混凝土柱与巨型支撑及楼层梁连接节点选取位置及模型

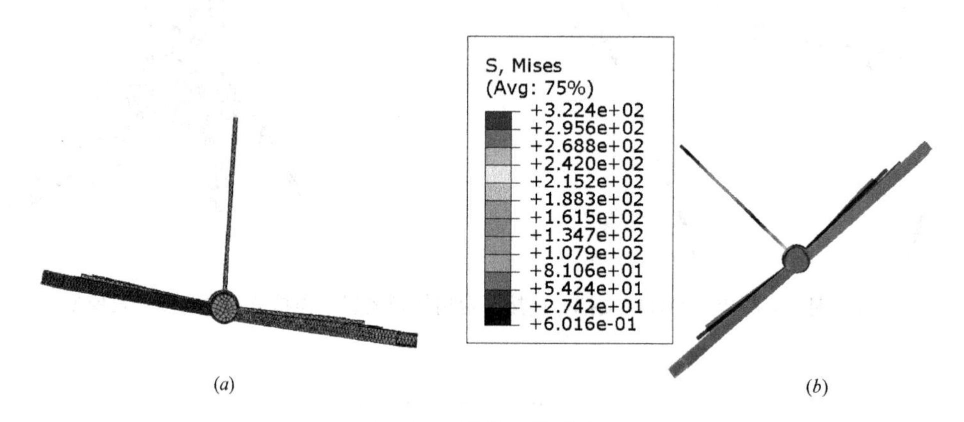

图 8-7　节点分析结果

(a) 连接节点 ABAQUS 的网格划分；(b) 连接节点的 Mises 应力云图

8.1.5　连接平台桁架与连接平台下人字撑连接节点

图 8-8 给出了连接平台桁架与连接平台下人字撑选取位置及 ABAQUS 三维模型，图 8-9 给出了 ABAQUS 网格划分及 Mises 应力云图，分析结果可知单元最大应力 150MPa，满足不屈服要求。

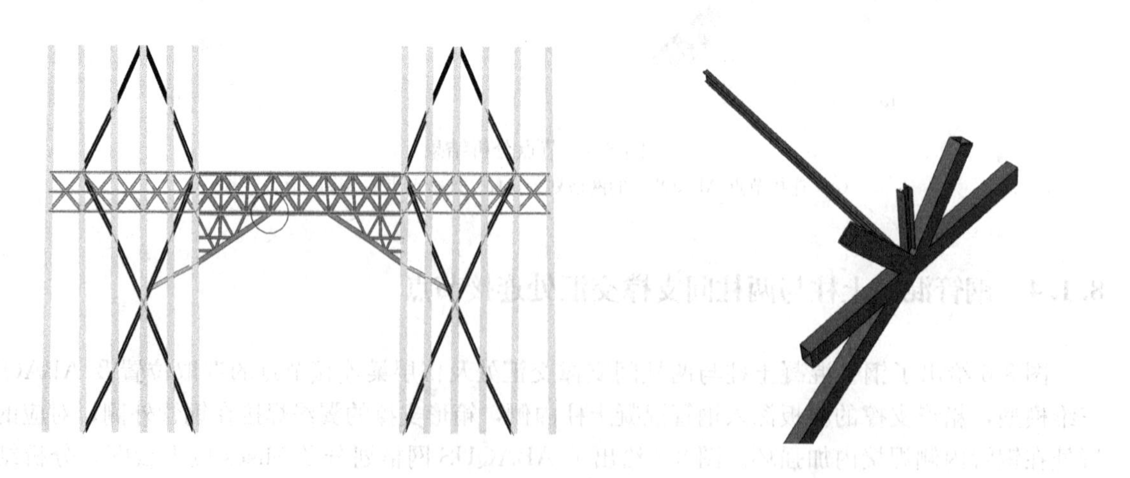

图 8-8　支撑与伸臂桁架及楼层梁连接节点选取位置及模型

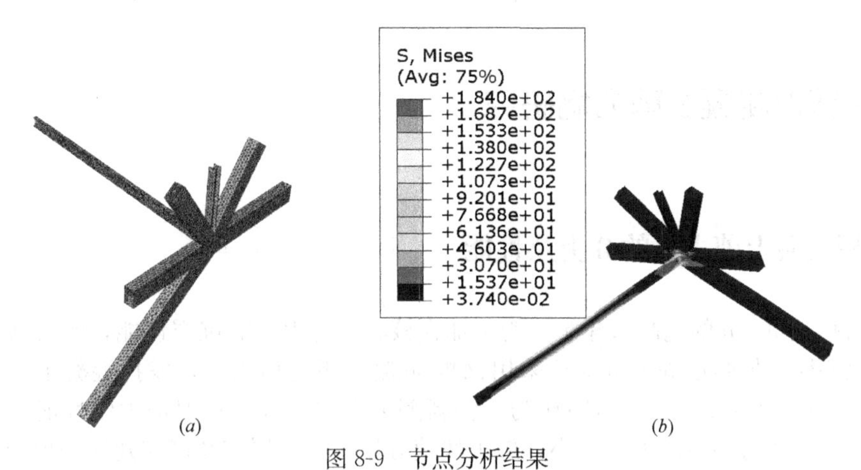

(*a*)　(*b*)

图 8-9　节点分析结果

（*a*）连接节点 ABAQUS 的网格划分；（*b*）连接节点的 Mises 应力云图

8.1.6　巨型钢管混凝土柱与伸臂桁架连接节点

节点的模型见图 8-10，模拟得出节点的 Mises 云图，见图 8-11。结果显示，钢管、H 钢梁及箱形支撑各点应力均明显低于设计强度。混凝土部分的最大主应力也低于混凝土强度的设计值。

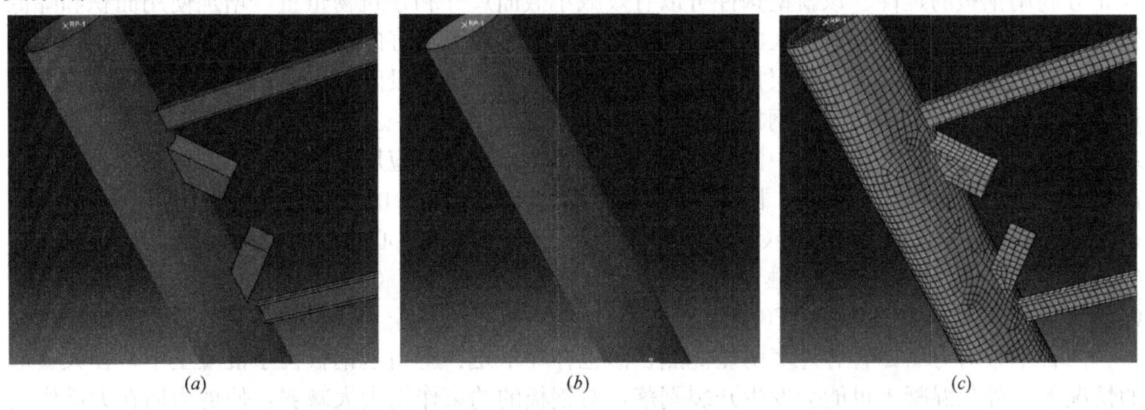

(*a*)　(*b*)　(*c*)

图 8-10　巨型钢管混凝土柱与伸臂桁架连接节点 ABAQUS 模型图

（*a*）钢管、箱形支撑及 H 钢梁；（*b*）混凝土柱；（*c*）网格划分

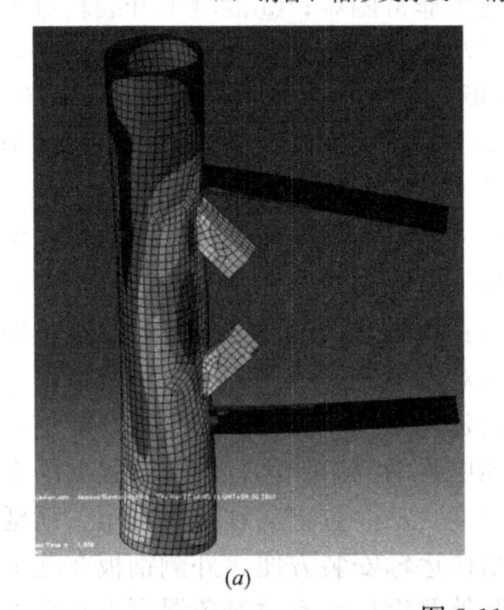

(*a*)　(*b*)

图 8-11　Mises 云图

（*a*）钢管、箱形支撑及 H 钢梁 Mises 云图；（*b*）混凝土柱 Mises 云图

8.2 外包钢板混凝土剪力墙研究

8.2.1 钢板混凝土剪力墙的分类及性能

目前国内超过 400m 的超高层建筑，为了加强核心筒剪力墙的抗震性能，改善剪力墙抗震性能，在底部核心筒、加强层等关键部位采用钢板-混凝土组合剪力墙，发挥混凝土与钢两种材料各自的优势。钢板-混凝土组合剪力墙作为一种新型剪力墙构件，在保证力学性能的基础上，比传统的钢筋混凝土剪力墙厚度大大减小，施工快速方便，是高层和超高层建筑中剪力墙构造的优化结果。钢板-混凝土组合剪力墙具有用钢量小，承载力大，延性与稳定性好，对结构抗火性能和耐久性能要求较低等特点；国内外的试验结果和数值分析表明，钢板-混凝土组合剪力墙抗侧力构件具有较大的理论研究价值和广阔的实际应用前景，已在日本和北美等高烈度地震设防区得到较多的应用。钢板-混凝土组合剪力墙根据钢板摆放的位置分为内置钢板-混凝土组合剪力墙（简称“内值钢板剪力墙”）和外包钢板-混凝土组合剪力墙（简称“外包钢板剪力墙”）两种。

内嵌钢板剪力墙是将钢板内置于高强混凝土剪力墙中，既可以利用高强混凝土的优点，又可以充分利用钢板的延性。该新型构件可以有效减小截面尺寸和建筑物重量，增加使用面积和降低建筑物的地震反应；且具有较大的抗侧刚度、大变形能力、良好的塑性和稳定的滞回特性，已成为一种具有较好发展前景的高层抗侧力构件，尤其适用于抗震设防烈度较高地区的建筑。中国建筑科学研究院进行了一批内嵌钢板-剪力墙的抗震性能及高强混凝土钢板-组合剪力墙的受剪性能理论与试验研究，研究成果在中国国家博物馆工程中首次得到应用，并在北京国贸三期、北京财富中心项目中进行推广。目前，国内已建或在建高度超过 500m 的超高层建筑的底部核心筒大多都采用了该技术，如上海中心（632m）、深圳平安国际金融中心（660m）、天津 117（597m）、中国尊（536m）、沈阳宝能金融中心（518m）、武汉绿地中心（606m）、天津周大福滨海中心（539m）、苏州中心广场南塔（780m）等。

内置钢板剪力墙尽管有许多明显优点，但也存在不足：①由于钢板位于混凝土中，在大变形的情况下，外包混凝土可能会发生开裂剥落，对钢板的约束作用大大减弱，使剪力墙在大震作用下的延性耗能能力存在隐患；②内置钢板剪力墙构造复杂，钢板运输安装难度高，现场浇筑混凝土需要进行大量模板安装、钢筋绑扎和焊接工作，施工非常困难；③混凝土开裂较难控制，裂缝外露难以避免，从而影响正常使用和耐久性；④钢板与混凝土由于膨胀系数相差极大，为了减少温度效应影响，施工时需对钢板-混凝土组合墙中钢板进行预热以减小混凝土收缩裂缝，而且需要对钢筋、混凝土、钢板、栓钉等位置进行全方位检测。在天津 117 和深圳平安保险项目中，进行了大量的内嵌钢板-混凝土组合墙现场试验工作，花费了大量的人力、物力和财力。

外包钢板剪力墙是在最外侧钢板形成的空腔内浇筑混凝土而形成的墙体，为了确保钢板和混凝土协同工作，采用栓钉、加劲肋、型钢等次要构件加强了钢板与混凝土的连接，来防止钢板平面外屈曲。外包钢板剪力墙弥补了纯钢板剪力墙和内置钢板剪力墙的不足：①混凝土填充于外侧钢板之内，能始终对钢板起到约束作用，而外侧钢板对内填混凝土同样具有约束作用，从而提高内填混凝土的变形能力，使得剪力墙在大震作用下的延性及耗能能力大幅提高。此外，对于有横向拉结措施的外包钢板剪力墙，钢板可对混凝土起到更强的约束作用，使得高强混凝土在超高层抗震剪力墙中应用成为可能，显著减小了墙体截面厚度，从而真正实现“高轴压、高延性、薄墙体”的优化目标；②外包钢板剪力墙构造简单，钢结构运输安装方便，外侧钢板在施工阶段兼做混凝土模板，简化现场施工工序，加快施工速度；③外侧钢板可有效避免混凝土裂缝外露；④用两块钢板替代一块钢板，可有效避免超高层建筑中厚钢板的使用及其带来的一系列不利影响；⑤

外包钢板剪力墙可少配或不配置钢筋，外包钢板、加劲肋、栓钉在工厂事先加工完成，在施工现场进行竖向焊接，可采用工业化生产，提高整个结构工业化、预制化、装配化水平，实现节能环保，绿色施工理念。

千米级摩天大楼研究成果表明，采用包钢板剪力墙后，首层钢筋混凝土墙体的厚度由 2800 mm 减少为 1700mm，极大地减小了结构自重，通过 ABAQUS 弹塑性时程分析证明，外包钢板剪力墙在罕遇地震时程荷载作用下，钢板应力和混凝土的受压损伤不大，基本上保持为弹性，充分展示出其优越的抗震性能。

8.2.2 外包钢板混凝土剪力墙在分析设计软件中实现

目前，通用的设计软件如 PKPM、YJK、ETABS、MIDAS 还不能直接在模型中输入外包钢板剪力墙，但部分软件可以直接输入内置钢板混凝土剪力墙，如 YJK、MIDAS，还有的软件通过修改剪力墙的剪切刚度来考虑钢板的影响，如 ETABS。在千米级摩天大楼设计过程中，在 YJK 软件按内置钢板剪力墙输入形式考虑外包钢板混凝土剪力墙；在 ETABS 软件中通过修改剪力墙混凝土弹性模量，改变墙的剪切刚度来考虑外包钢板的影响，也可以直接修改剪力墙的刚度系数来考虑外包钢板的影响；在 MIDAS-GEN 软件中，选用墙单元，按内置钢板剪力墙的方式考虑外包钢板剪力墙，也可以修改剪力墙的刚度系数来考虑外包钢板的影响。

8.2.3 外包钢板混凝土剪力墙 YJK 初步计算结果

千米级摩天大楼结构计算采用 YJK 程序，按内置钢板剪力墙的方式近似模拟外包钢板剪力墙，即将钢板放置在混凝土剪力墙的中间，钢板厚度取外包钢板两层厚度之和，没有考虑外包钢板间肋板的影响。外包钢板混凝土剪力墙的刚度计算时，将钢板折算为等效混凝土面积计算其轴向、抗弯、抗剪刚度。

计算分析时，假设钢板与混凝土变形协调无分离，没有考虑外包钢板剪力墙内混凝土配置的竖向钢筋。实际设计中，在整体大楼的底部加强区、各加强层上下部位以及顶部钢塔下部等区域的外包钢板剪力墙中配置一定数量的构造竖向钢筋。

图 8-12 给出按内置钢板剪力墙方式输入 YJK 软件边塔核心筒首层布置及轴压比。由图明显可知，钢板在剪力墙的中部，在 YJK 软件以内置钢板剪力墙的方式简化模拟外包钢板混凝土剪力墙，不管是内置钢板还是外包钢板，都是将钢板折算为等效混凝土面积计算其轴向、抗弯、抗剪刚度，钢板对整个结构的刚度贡献相同，剪力墙的内力分配相等，即无论是内置钢板还是外包钢板，剪力墙墙肢受到内力相同，只是内置钢板混凝土剪力墙与外包钢板混凝土剪力墙墙肢承载力计算公式及方法不同。

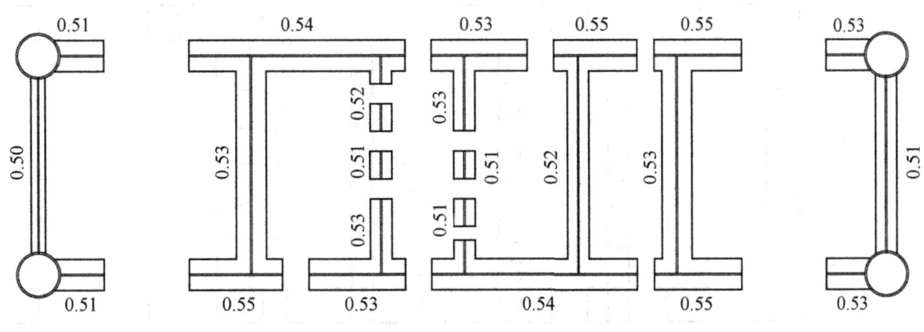

图 8-12 YJK 软件首层剪力墙钢板布置及轴压比

8.2.4 千米级摩天大楼外包钢板剪力墙钢板布置研究

目前的设计软件考虑钢板剪力墙时，只能考虑钢板对剪力墙刚度的贡献，在算承载力时，还不能考虑钢板的贡献，尤其是外包钢板剪力墙，现在研究及工程运用均少见，国家规范和国外规范或设计指南，甚至是研究论文都没有给出外包钢板剪力墙的计算公式。设计软件在钢板输入时，将钢板放置在剪力墙中部，不同钢板布置位置对钢板剪力墙的承载力影响很大，墙体长度较长时，为了防止外包钢板产生局部屈曲，需要在适当位置设置加劲肋。我国规范对外包钢板剪力墙构件还没有规定，但《高层建筑混凝土结构技术规程》JGJ 3—2010 第 11.4.10 对矩形钢管混凝土柱的构造进行规定：①钢管截面短边尺寸不宜小于 400mm；②钢管壁厚不宜小于 8mm；③钢管截面的高宽比不宜大于 2，当矩形钢管混凝土柱截面最大边尺寸不小于 800mm 时，宜采取在柱子内壁上焊接栓钉、纵向加劲肋等构造措施；④钢管管壁板件的边长与其厚度的比值不应大于 $60\sqrt{235/f_y}$。参考我国高规对矩形钢管混凝土柱构造的规定，为了保证外包钢板与内部混凝土同时工作，防止外部钢板在性能目标荷载下发生屈曲，在两层外包钢板之间设置连接外包钢板的隔板，使得外包钢板间形成多个腔体，在腔体内浇筑混凝土，每个腔体高宽比不宜大于 3，同时在腔体高宽比较大的部位沿腔体长度方向设置 T 形或一字形加劲肋，使得每个腔体内无约束钢板高宽比接近 1.0（将加劲肋看作为隔板，即设置加劲肋的腔体近似以加劲肋或隔板为边界分割为多个腔体），同时在外包钢板的内部和隔板上设置直径 20mm 间距 200mm 的栓钉，隔板或加劲肋既加强了钢板与混凝土之间的粘结性，又可以防止钢板提前发生屈曲，为了减小外包钢板剪力墙中隔板或加劲肋板的厚度，隔板或加劲肋板采用 Q235 钢。对千米级摩天大楼外包钢板剪力墙的外包钢板、隔板及加劲肋进行布置，图 8-13 给出千米级摩天大楼周边单塔核心筒 0～1000m 的外包钢板剪力墙布置图。

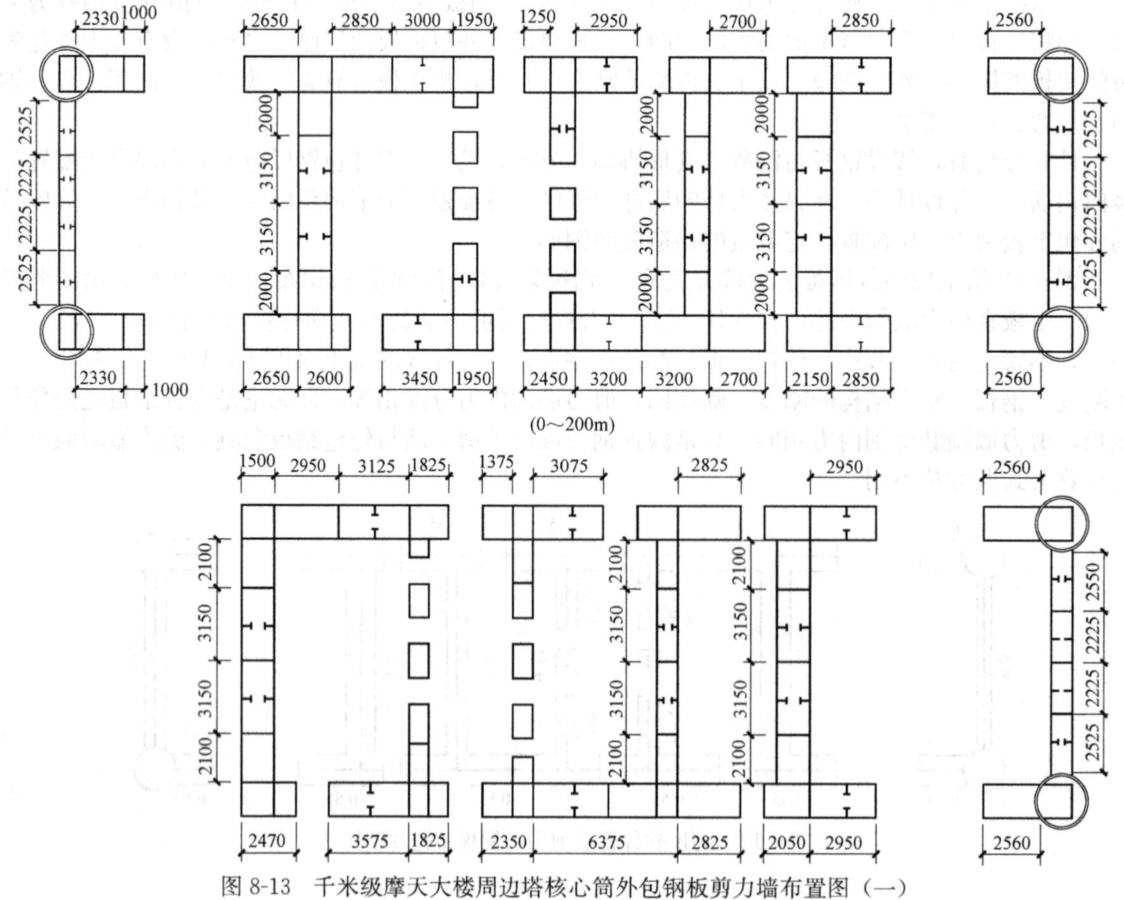

图 8-13 千米级摩天大楼周边塔核心筒外包钢板剪力墙布置图（一）

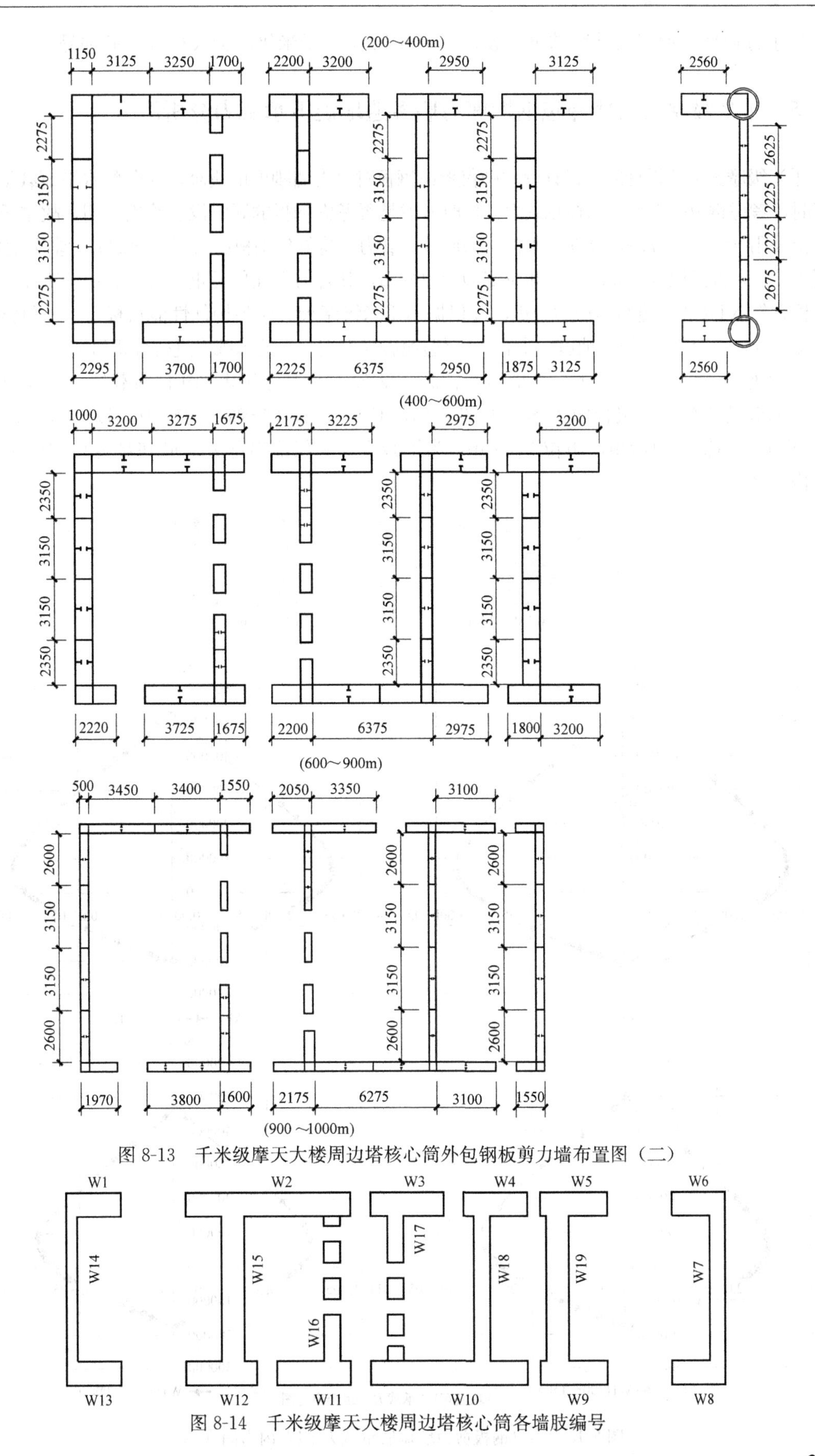

图 8-13 千米级摩天大楼周边塔核心筒外包钢板剪力墙布置图（二）

图 8-14 千米级摩天大楼周边塔核心筒各墙肢编号

为了方便墙肢承载力计算结果的表达，图 8-14 给出千米级摩天大楼各墙肢编号。

8.2.5 千米级摩天大楼外包钢板剪力墙多遇地震下承载力分析研究

千米级摩天大楼设计时，设计软件中仅考虑钢板对剪力墙刚度的贡献，在分配水平荷载下的力和弯矩时，考虑钢板的影响，而在承载力分析时考虑是否考虑钢板的影响没有给出说明，故本千米级摩天大楼采用纤维元的方法计算外包钢板剪力墙的承载力，将外包钢板剪力墙截面划分为多个钢板单元、混凝土单元，并近似取单元内应力和应变为均匀分布，其合力点在单元重心处。利用纤维元构件承载力分析软件 XTRACT 进行承载力分析，并根据本千米级摩天大楼各构件性能目标，对外包钢板剪力墙在多遇地震（小震）、设防地震（中震）、罕遇地震（大震）下的承载力进行分析研究。

多遇地震（小震）弹性下，考虑风、恒载、活载、地震荷载共 219 种荷载组合，外包钢板剪力墙各墙肢的承载力及组合内力图详见图 8-15，其中 Y 轴（竖轴）为轴力，以压力为正，单位 kN，X 轴（横轴）为弯矩，单位 kN·m，为了减少篇幅仅给出部分墙肢在部分楼层的承载力及组合内力图。

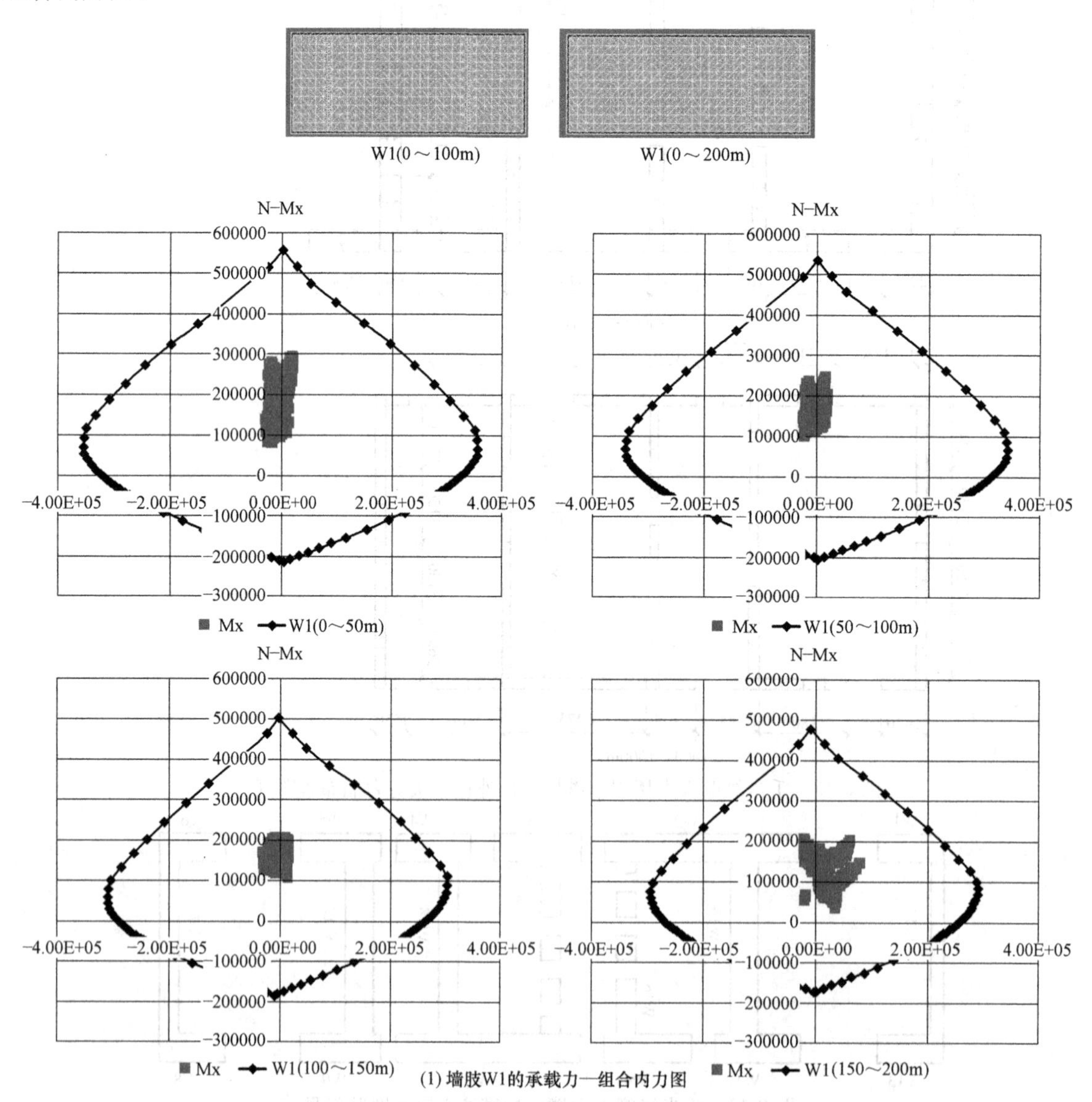

(1) 墙肢W1的承载力—组合内力图

图 8-15 外包钢板剪力墙墙肢承载力-组合内力图（一）

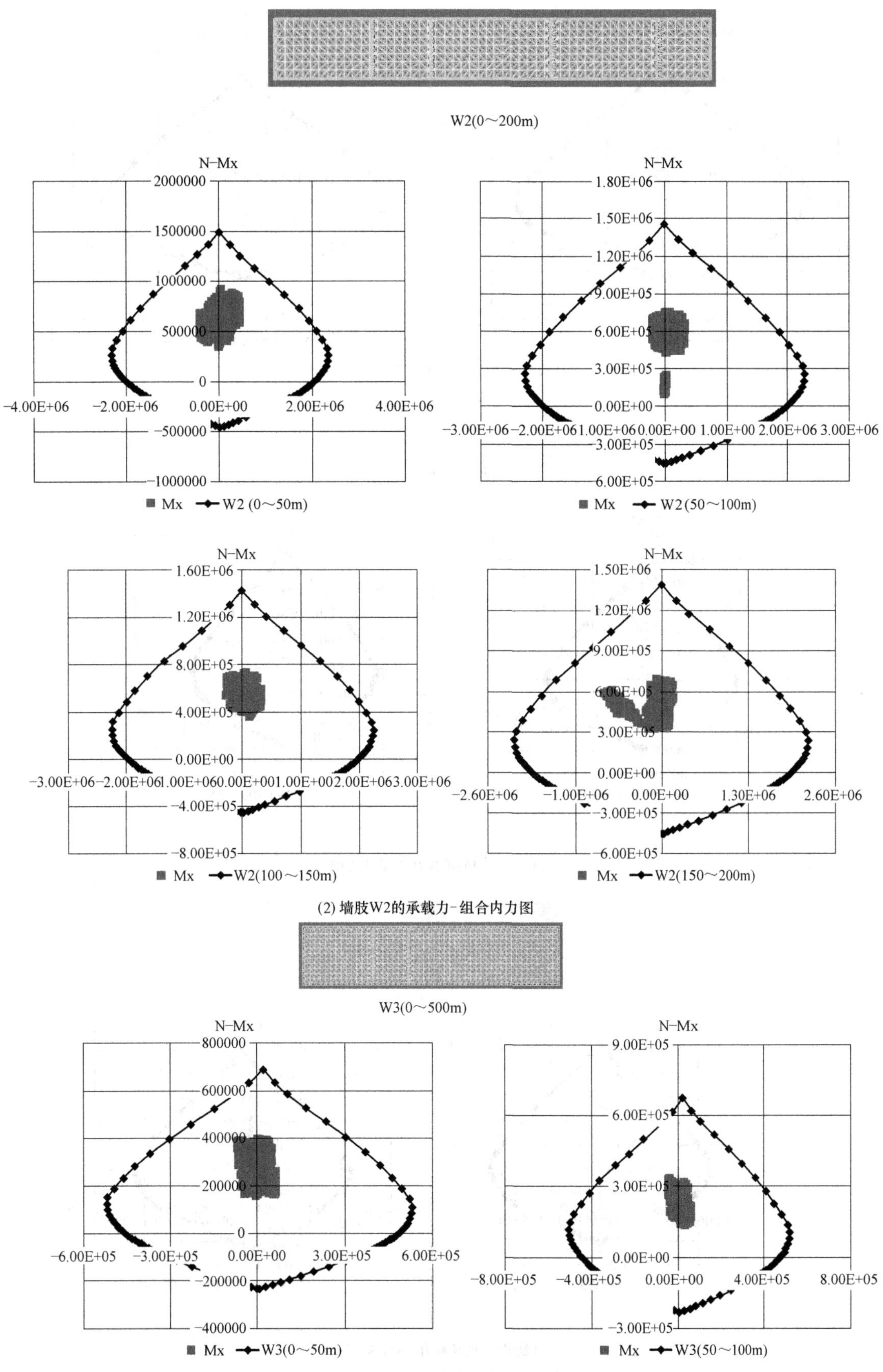

图 8-15 外包钢板剪力墙墙肢承载力-组合内力图（二）

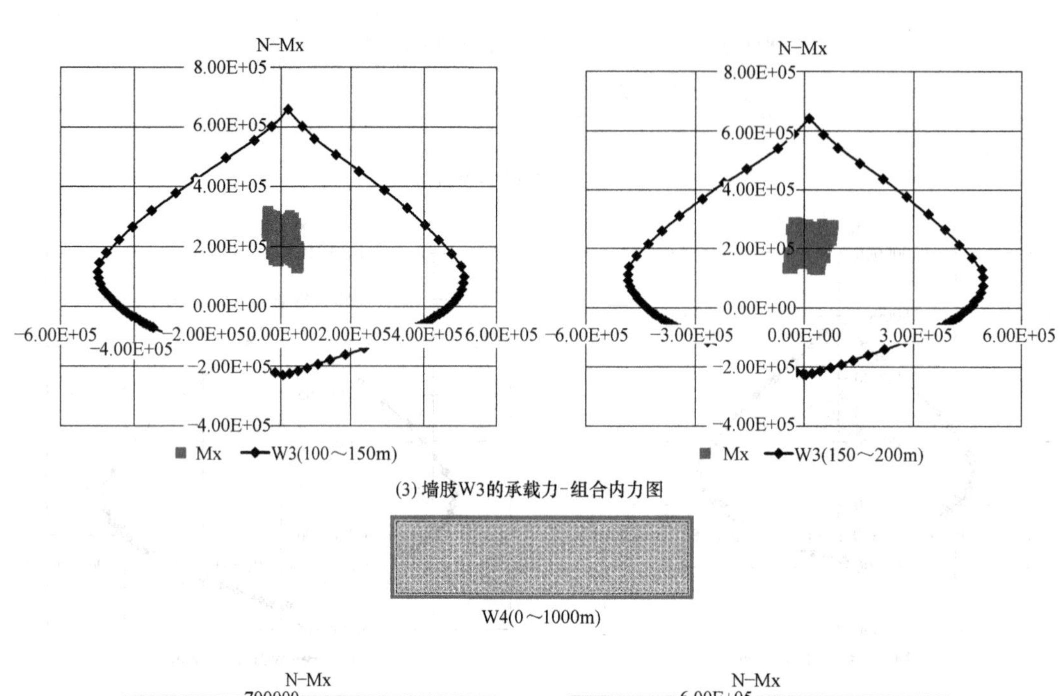

(3) 墙肢W3的承载力-组合内力图

W4(0～1000m)

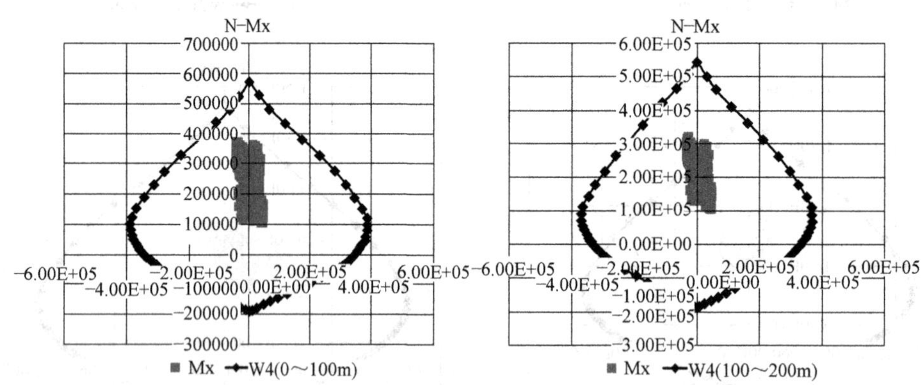

(4) 墙肢W4的承载力-组合内力图

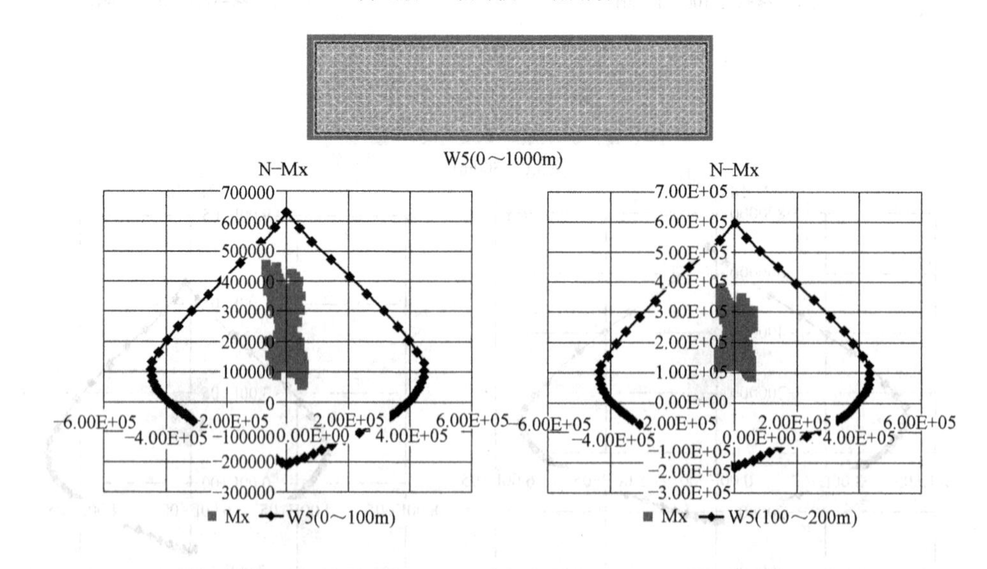

(5) 墙肢W5的承载力-组合内力图

图 8-15　外包钢板剪力墙墙肢承载力-组合内力图（三）

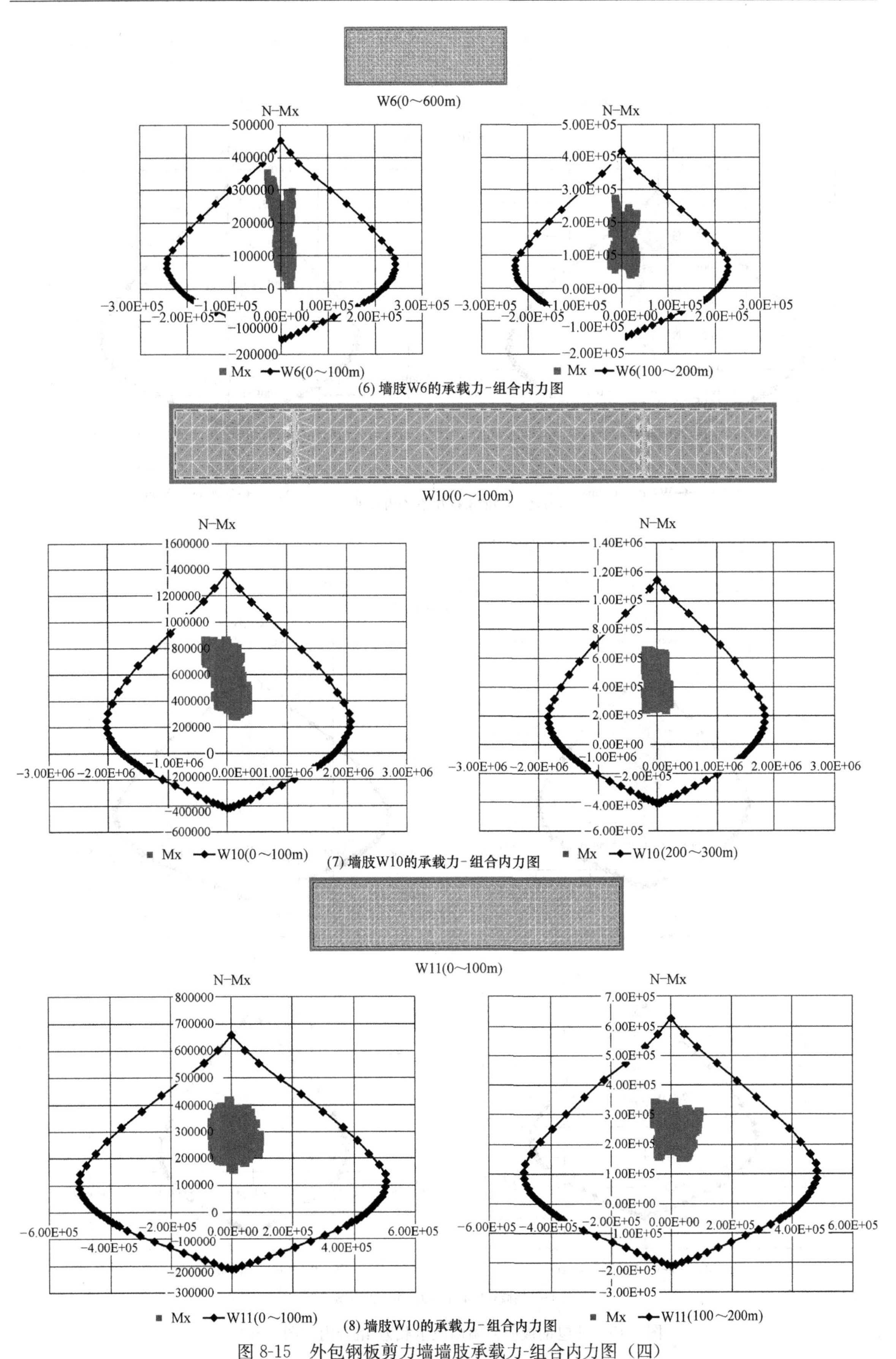

(6) 墙肢W6的承载力-组合内力图

(7) 墙肢W10的承载力-组合内力图

(8) 墙肢W10的承载力-组合内力图

图 8-15 外包钢板剪力墙墙肢承载力-组合内力图（四）

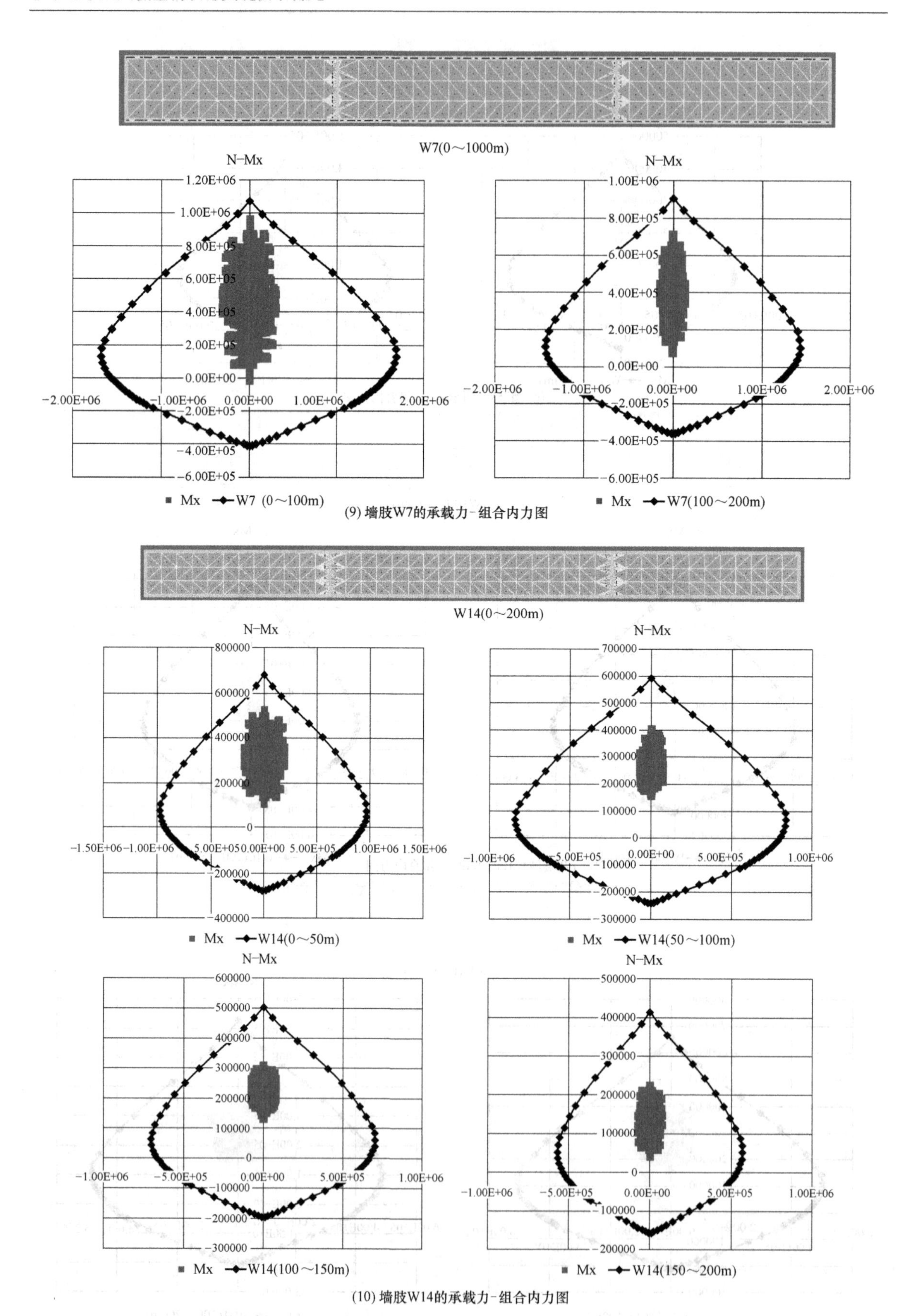

(9) 墙肢W7的承载力-组合内力图

(10) 墙肢W14的承载力-组合内力图

图 8-15　外包钢板剪力墙墙肢承载力-组合内力图（五）

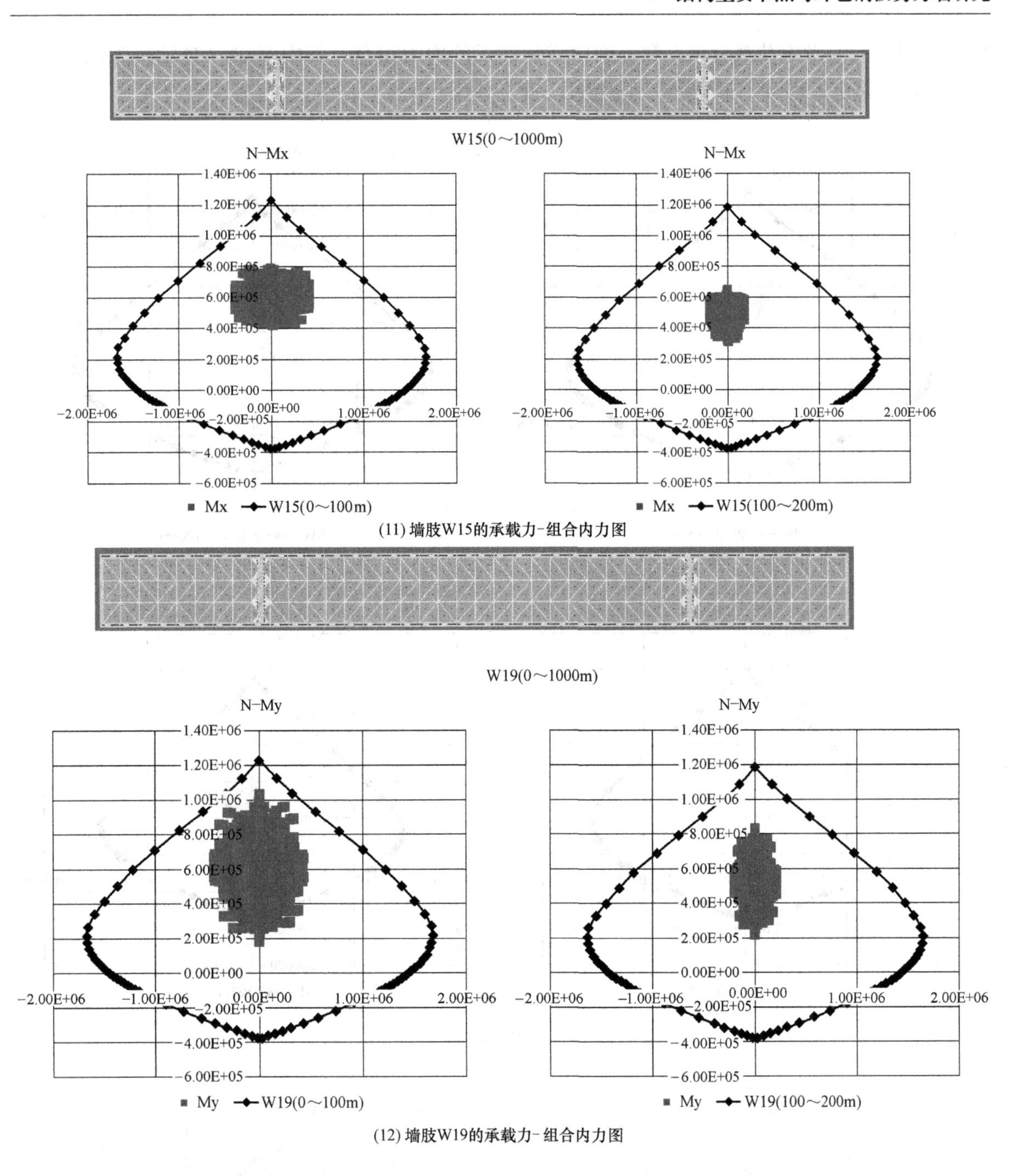

(11) 墙肢W15的承载力-组合内力图

(12) 墙肢W19的承载力-组合内力图

图 8-15 外包钢板剪力墙墙肢承载力-组合内力图（六）

由图 8-15 明显可知：在小震弹性和风荷载、恒载、活载共 219 种组合作用下下，各墙肢均能满足承载力要求。

8.2.6 千米级摩天大楼外包钢板剪力墙设防地震下承载力分析研究

根据千米级摩天大楼的性能目标，外包钢板剪力墙在底部加强部位及加强层上下层需要设防地震（中震）下保持弹性、其余部位墙肢为不屈服，通过在设防地震（中震）下墙肢承载力一组合内力图可知，随高度的增高，承载力的冗余增多。为了减小篇幅，本次仅给出 0～200m 各墙肢在中震弹性下内力组合的承载力-组合内力图，详见图 8-16。组合考虑了中震、恒载、活载共

13 种工况，同时考虑荷载分项系数，为中震弹性下的内力组合，其中 Y 轴（竖轴）为轴力，以压力为正，单位 kN，X 轴（横轴）为弯矩，单位 kN・m。

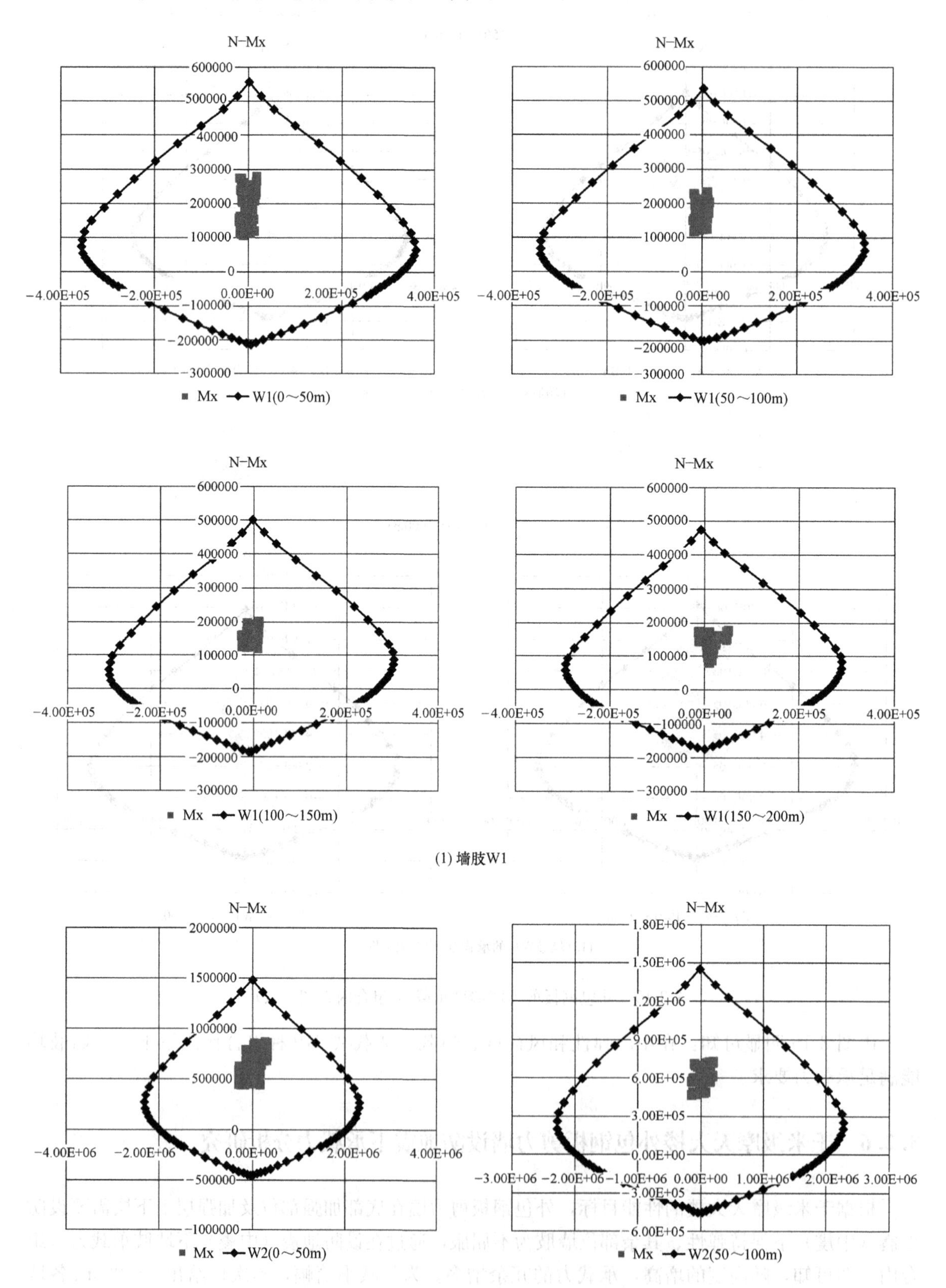

图 8-16 外包钢板剪力墙各墙肢在中震弹性下的承载力-组合内力图（一）

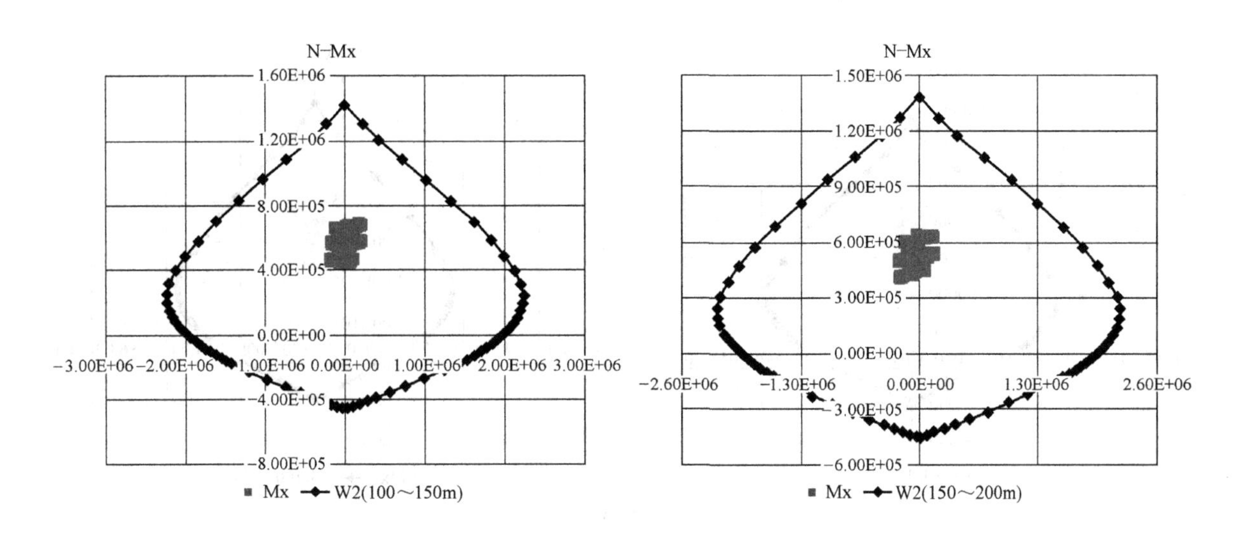

(2) 墙肢W2

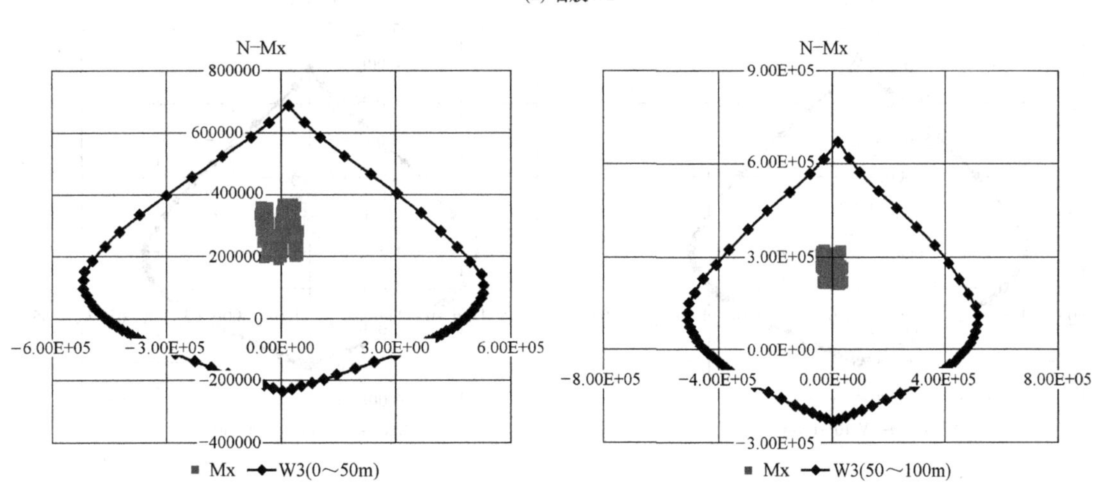

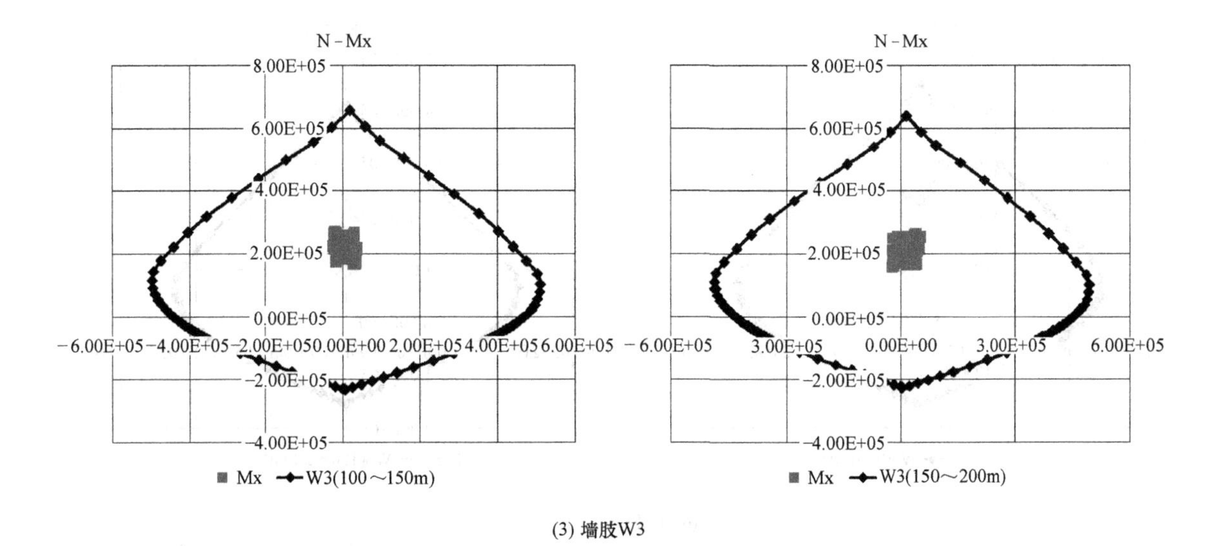

(3) 墙肢W3

图 8-16　外包钢板剪力墙各墙肢在中震弹性下的承载力-组合内力图（二）

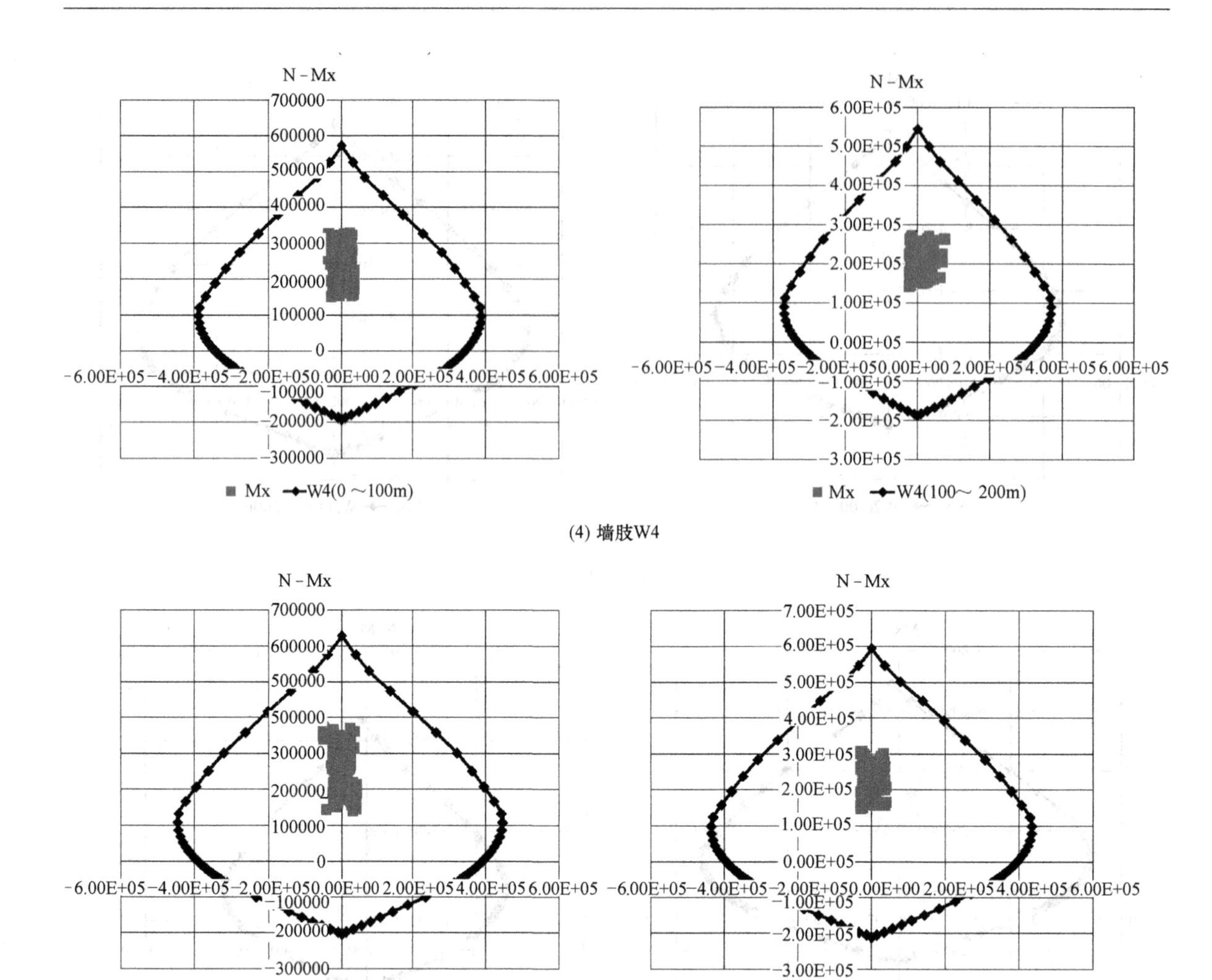

(5) 墙肢W5

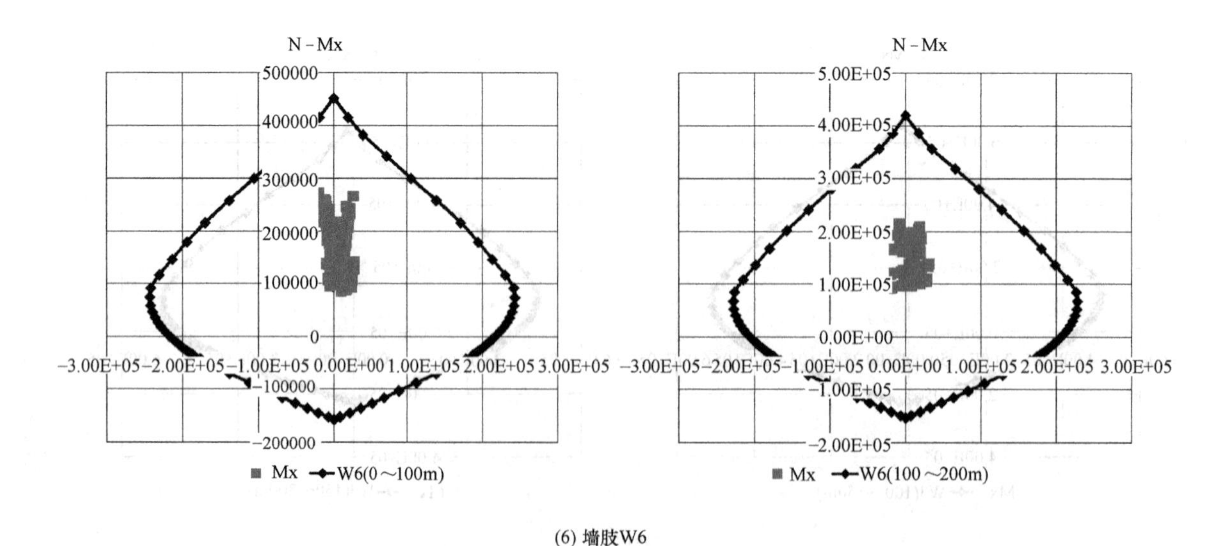

(6) 墙肢W6

图 8-16 外包钢板剪力墙各墙肢在中震弹性下的承载力-组合内力图（三）

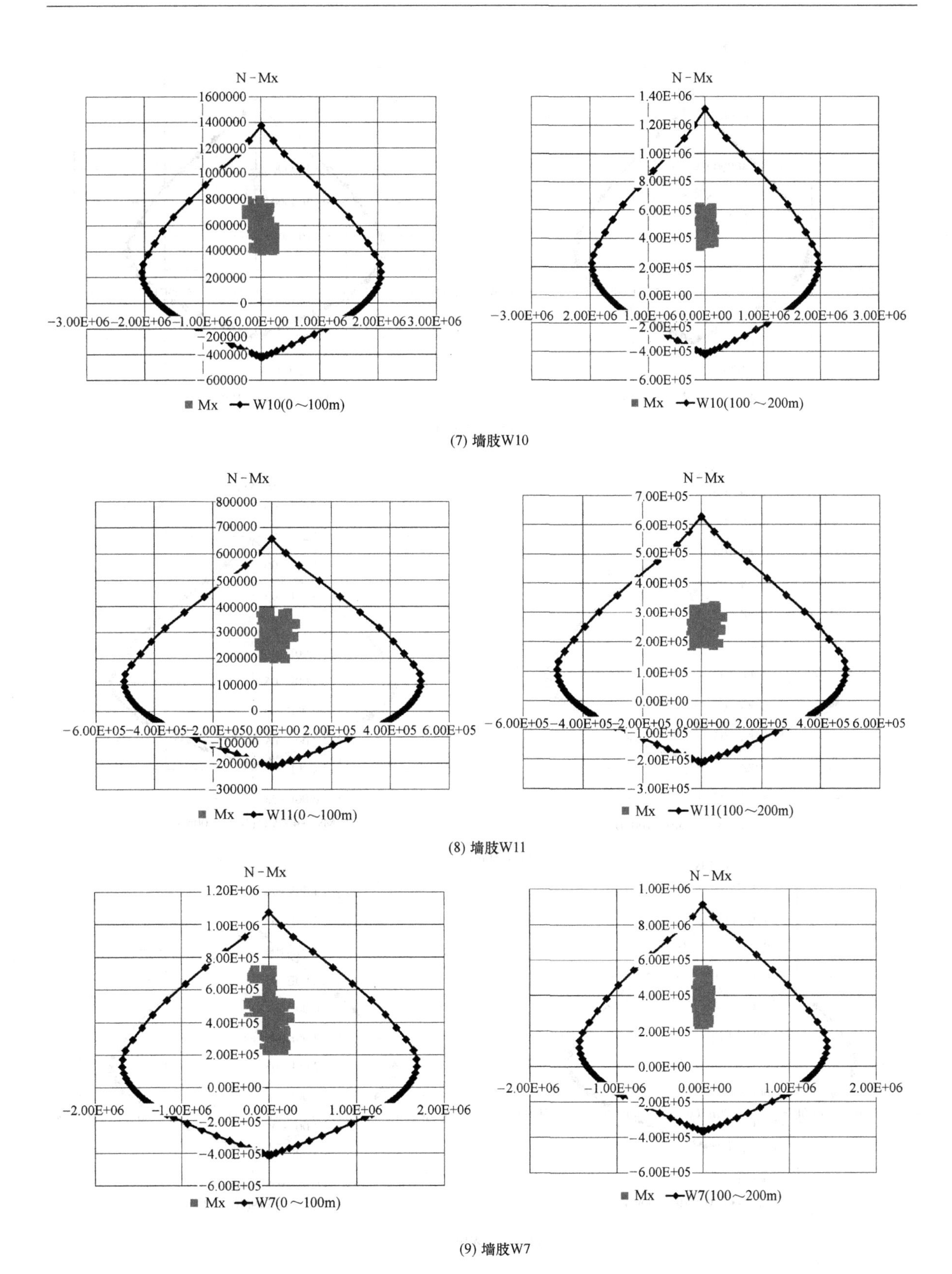

(7) 墙肢W10

(8) 墙肢W11

(9) 墙肢W7

图 8-16 外包钢板剪力墙各墙肢在中震弹性下的承载力-组合内力图（四）

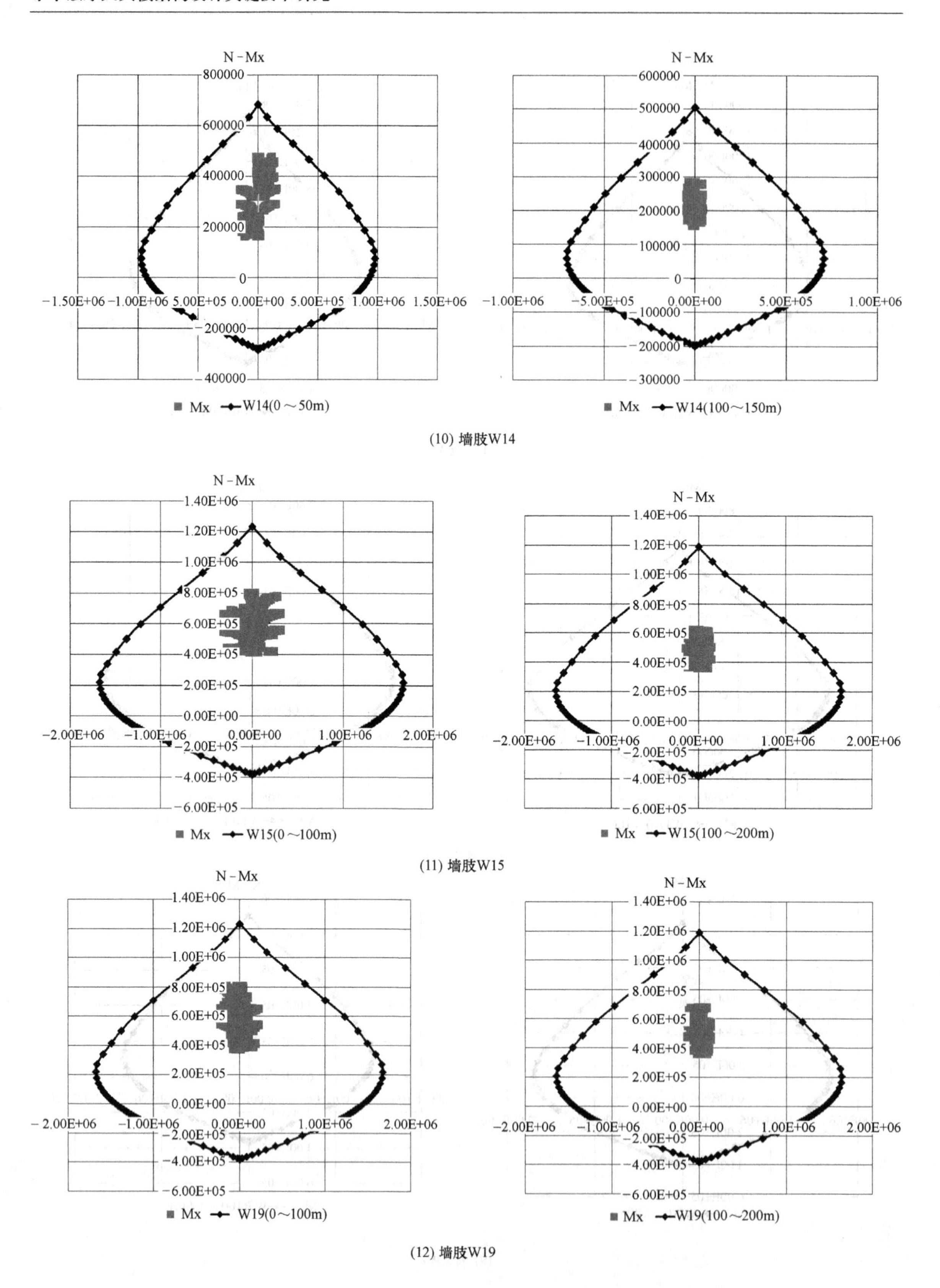

图 8-16 外包钢板剪力墙各墙肢在中震弹性下的承载力-组合内力图（五）

由图 8-16 明显可知：在中震弹性和恒载、活载共 13 种组合下，各墙肢均能满足承载力要求。

8.2.7 千米级摩天大楼外包钢板剪力墙罕遇地震下承载力分析研究

根据千米级摩天大楼的性能目标，外包钢板剪力墙在底部加强部位及加强层上下层需要在罕遇地震（大震）下保持不屈服，通过罕遇地震下墙肢承载力-组合内力图可知：随高度的增高，承载力的冗余度增加。为了减小篇幅，本次仅给出 0～200m 各墙肢在大震不屈服下内力组合的承载力-组合内力图，详见图 8-17。组合考虑了大震、恒载、活载共 10 种工况，荷载分项系数

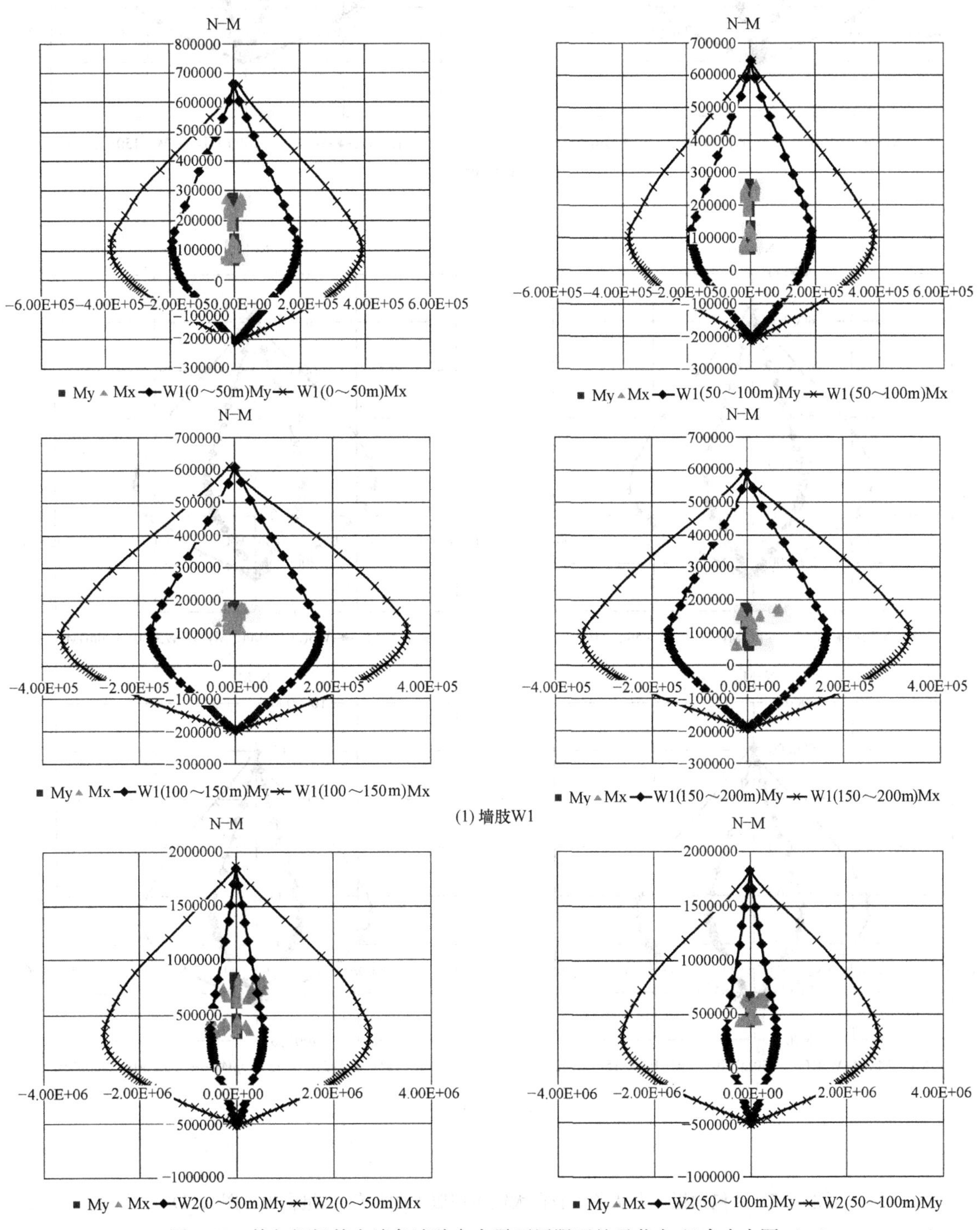

图 8-17 外包钢板剪力墙各墙肢在大震不屈服下的承载力-组合内力图（一）

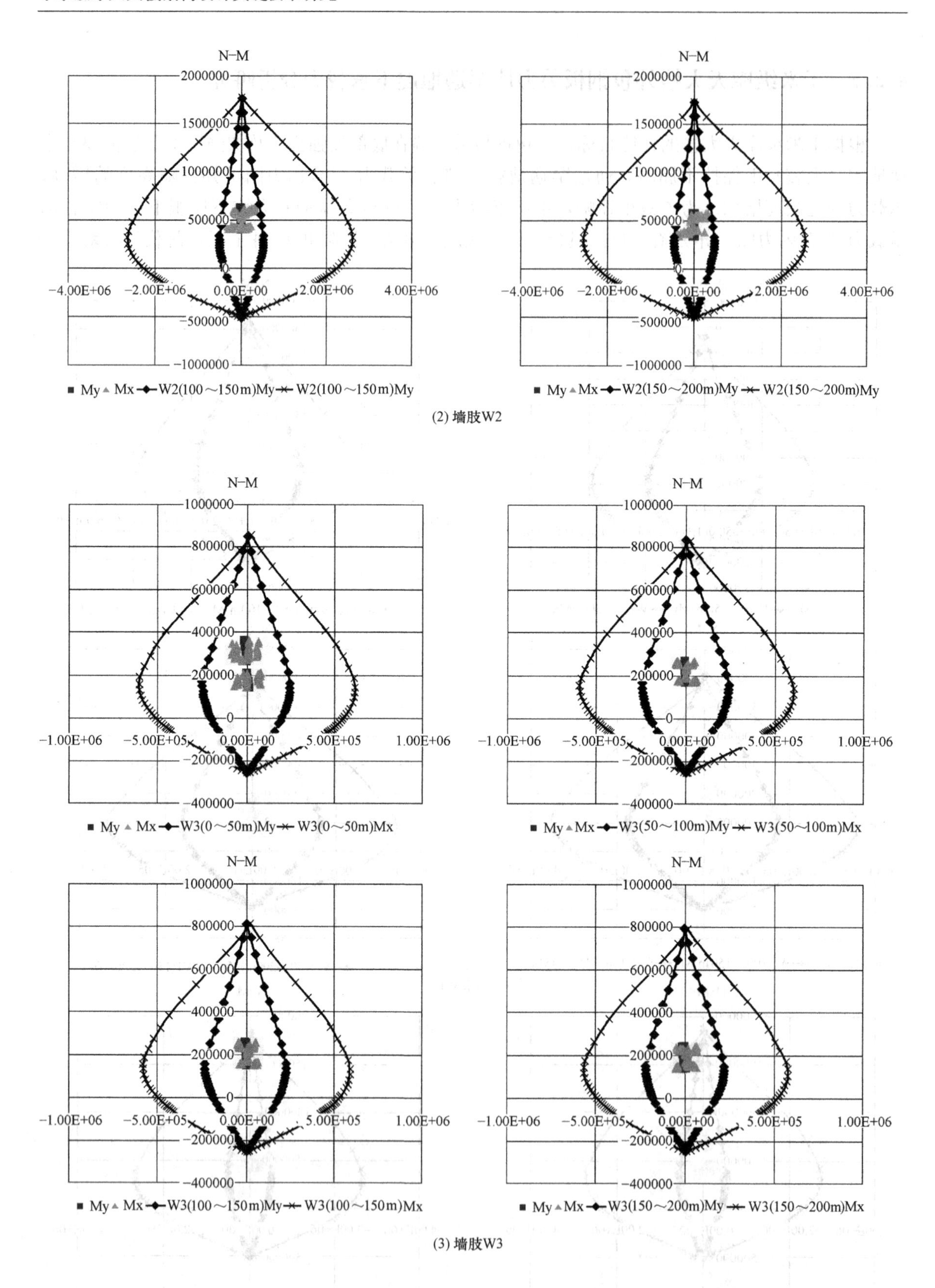

图 8-17 外包钢板剪力墙各墙肢在大震不屈服下的承载力-组合内力图（二）

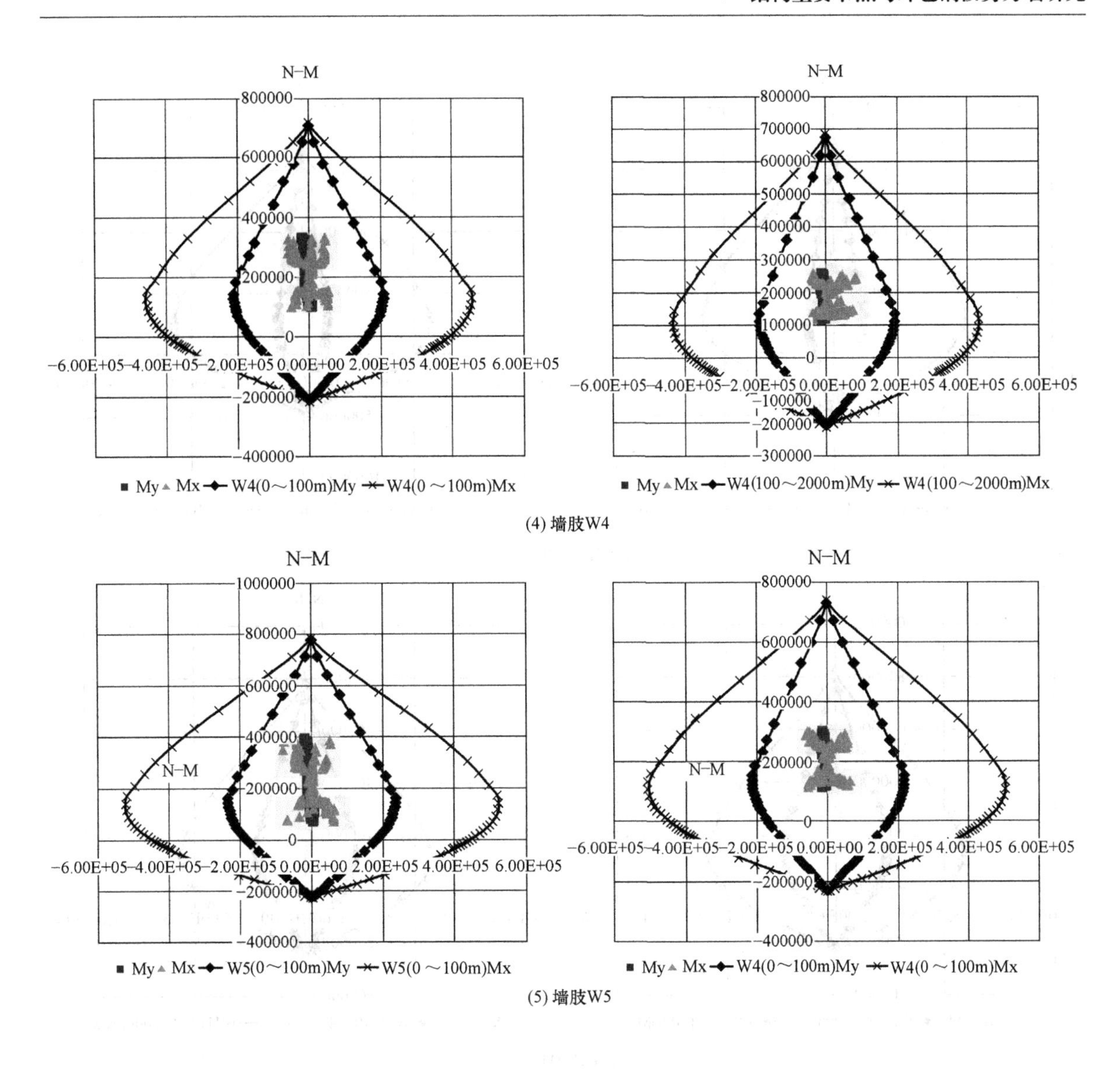

(4) 墙肢W4

(5) 墙肢W5

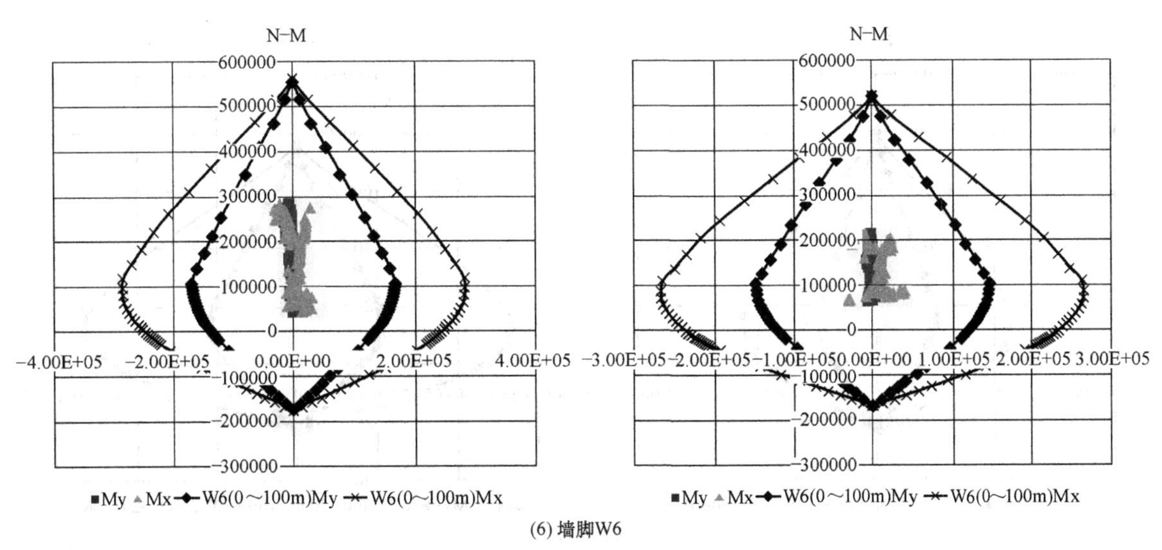

(6) 墙脚W6

图 8-17 外包钢板剪力墙各墙肢在大震不屈服下的承载力-组合内力图（三）

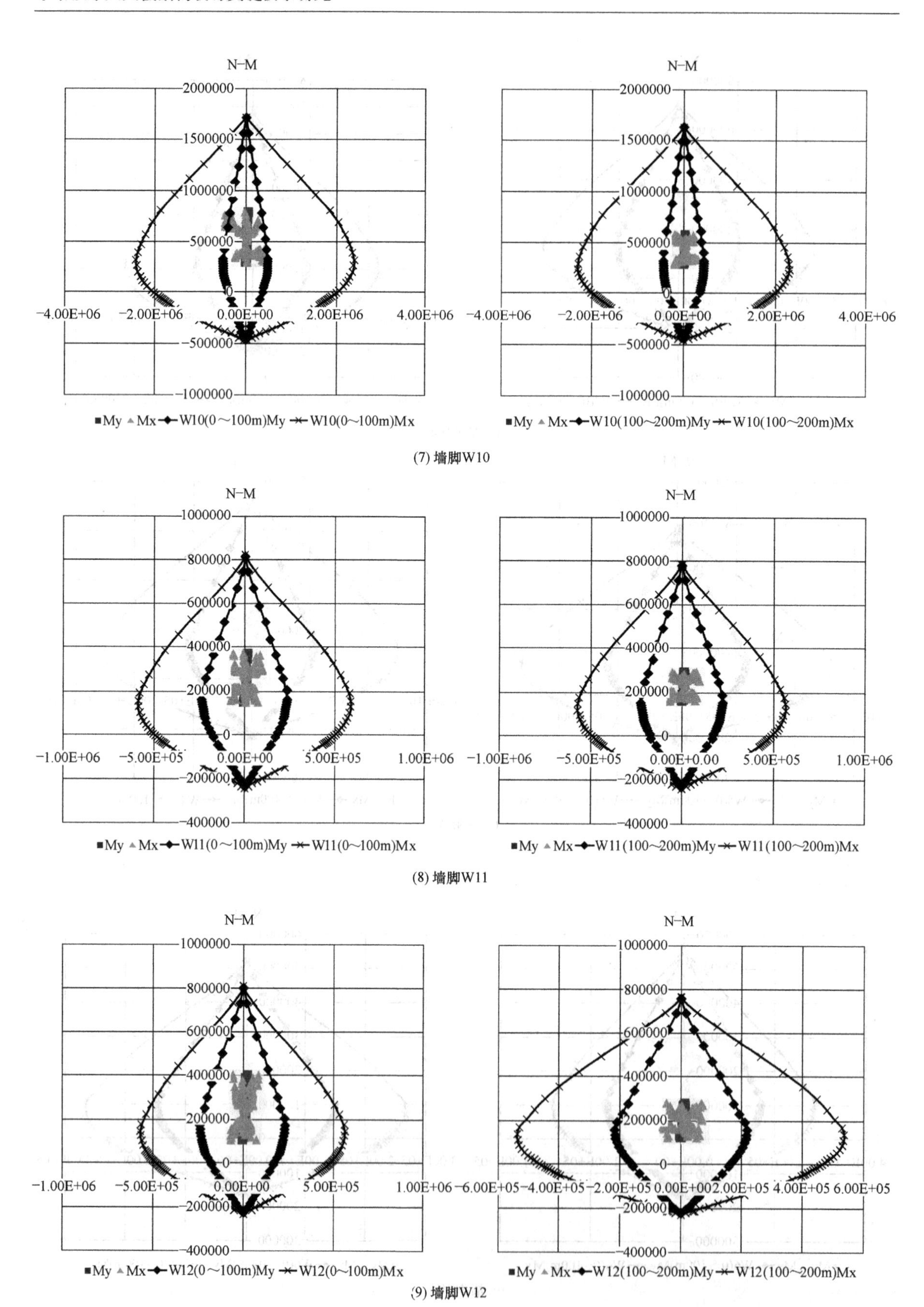

(7) 墙脚W10

(8) 墙脚W11

(9) 墙脚W12

图 8-17　外包钢板剪力墙各墙肢在大震不屈服下的承载力-组合内力图（四）

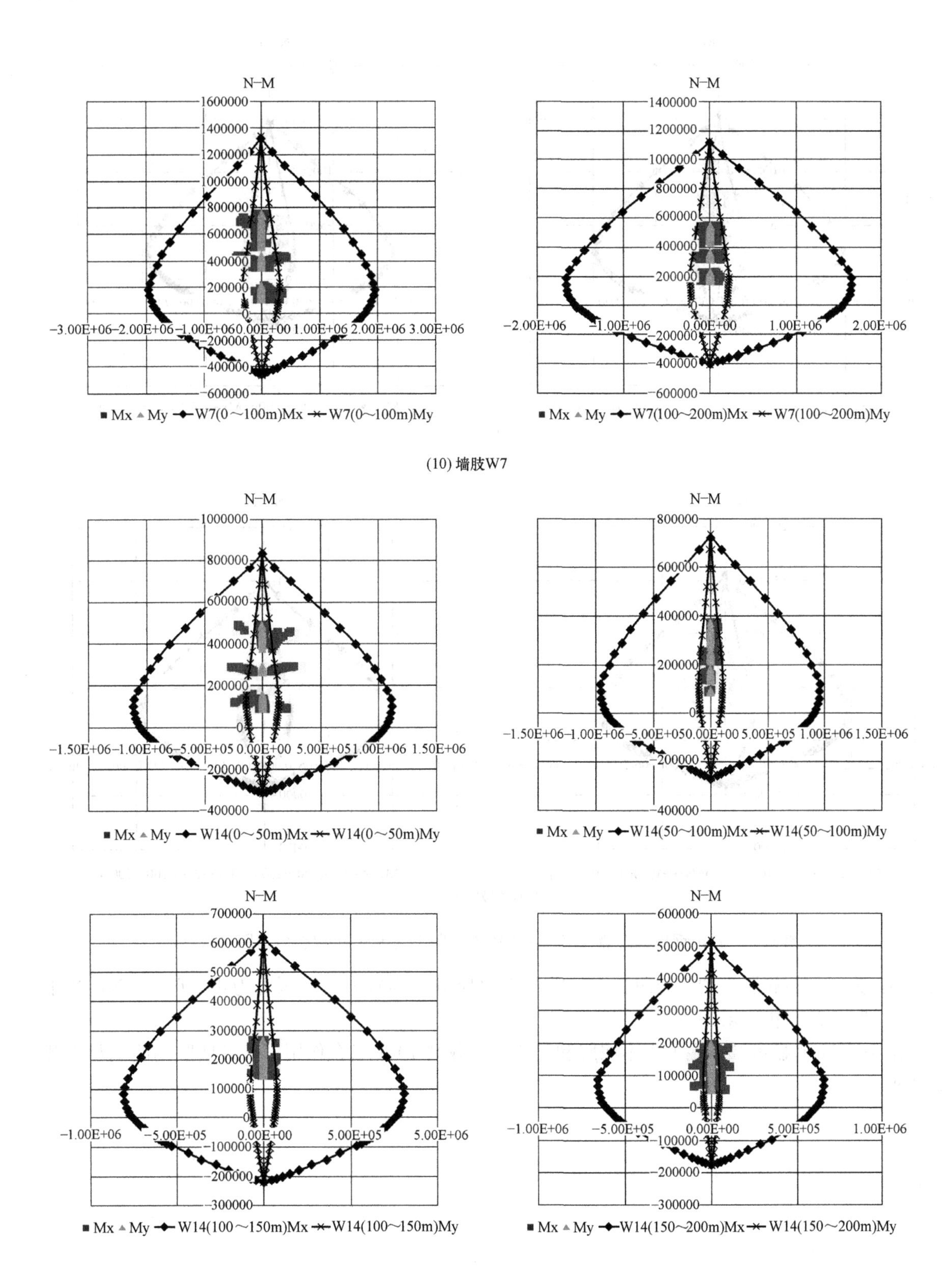

图 8-17 外包钢板剪力墙各墙肢在大震不屈服下的承载力-组合内力图（五）

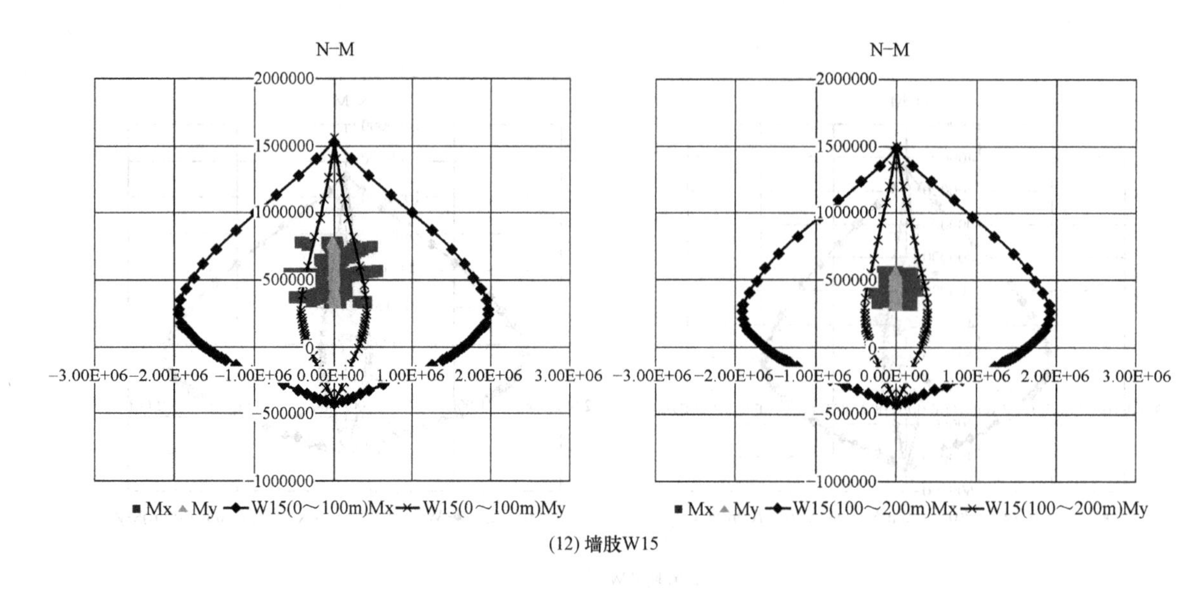

(12) 墙肢W15

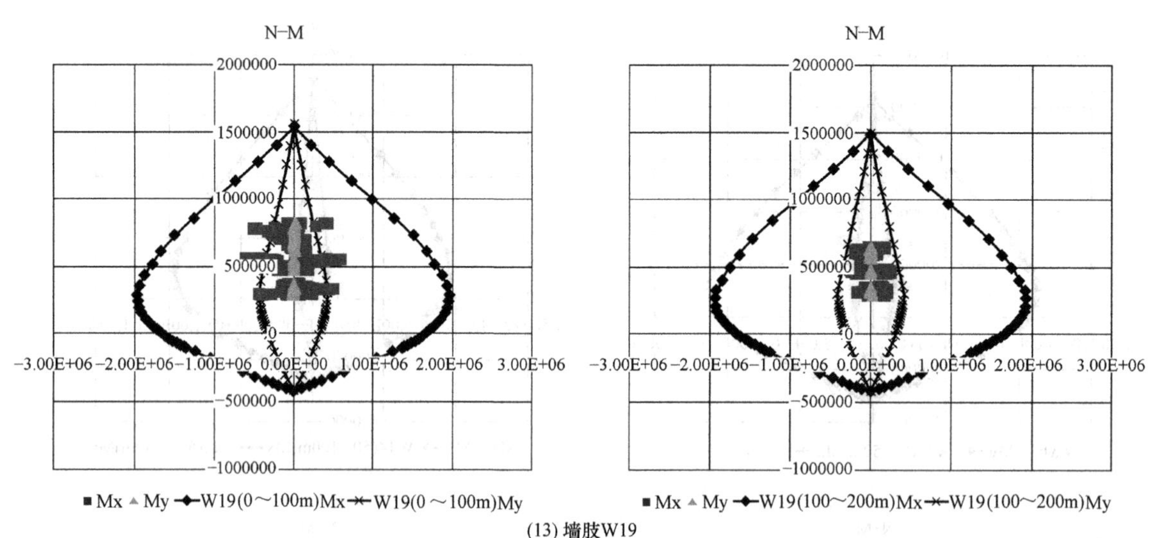

(13) 墙肢W19

图 8-17 外包钢板剪力墙各墙肢在大震不屈服下的承载力-组合内力图（六）

为 1.0，为大震不屈服下的内力组合，其中 Y 轴（竖轴）为轴力，以压力为正，单位 kN，X 轴（横轴）为弯矩，单位 kN・m。

由图 8-17 明显可知：在大震不屈服和恒载、活载共 10 种组合作用下，各墙肢均能满足承载力要求。

9　施工过程力学及混凝土收缩徐变模拟计算分析

9.1　施工过程力学的概念

通常结构设计是以整体结构在设计荷载作用下的计算模型为依据，再根据内力计算结果确定各个结构构件的截面大小是否满足设计规范的要求，这种设计方法对于绝大部分结构设计项目是安全、可靠的，但近几年随着我国经济实力的不断增强，人们对于建筑的外形提出了更高的要求，一大批超高层、超大跨度的建筑纷纷开工建设，这种以追求新奇外形和视觉冲击力的建筑发展趋势给从事结构设计的工作者提出了新的课题——施工过程的力学研究分析。

这些超级工程的建设过程复杂，在施工期间“不完整结构”承受不断变化的施工荷载和边界条件；随着工程进度的推进，新装配或新浇筑的部分支撑在下面，材料的刚度和强度还在变化，大量的施工设备和负荷还在施工作业面上，这样一种由未完成整体承载系统的结构部分及支撑系统组成的暂态结构，常常是具有一定危险性的。因此，不考虑施工过程的常规结构设计是一种近似的计算方法，计算虽然方便快捷，但计算结果均存在误差。在此必须指出，结构分析数字模拟的过程中经常使用到的模拟施工加载在针对超高层的情况下其实并不完全适用。因为施工加载选项采用施工次序的分层集成刚度、分层加载进行恒载下的内力计算，用分层刚度取代整体刚度，并考虑刚度的逐层形成及荷载的逐层累加，其中计算单元依然是以层为基本单位，这在超高层建筑结构中局限性很大，因为外围框架及核心筒由于应力分布及混凝土长期应变效应的作用下，同层之内在施工及使用的过程中均存在着轴压比的不同变化。因此，将一层简单地以一个计算单元来统计是与实际情况不符的。鉴于此，对于超高层建筑结构的施工及使用的模拟不可简单地套用结构分析软件的施工模拟功能，而应进行更为细化的数字分析。

图 9-1（*a*）为一个框架-剪力墙结构的局部示意图，其水平梁刚性连接在柱子与剪力墙上。在进行一次性加载计算时，由于柱子与剪力墙的轴压比不一致，轴向变形的大小不同，使梁的两端产生竖向变位差。随着楼层层数的增加，此变位差将不断累积，从而使结构顶部各层的梁因竖向变位差引起的弯矩远大于分布荷载引起的弯矩，致使在梁的一端出现正弯矩，另一端出现较大的负弯矩[如图 9-1（*b*）]，这对于结构来说是不合理的。事实上，在结构建造过程中，楼层标高逐层找平，抵销了已经发生的压缩变形差，因而柱子与剪力墙的轴向变形差对梁上弯矩不可能产生如此大的影响。此外，许多工程计算实例表明，一次性加载计算时墙和柱子轴向变形

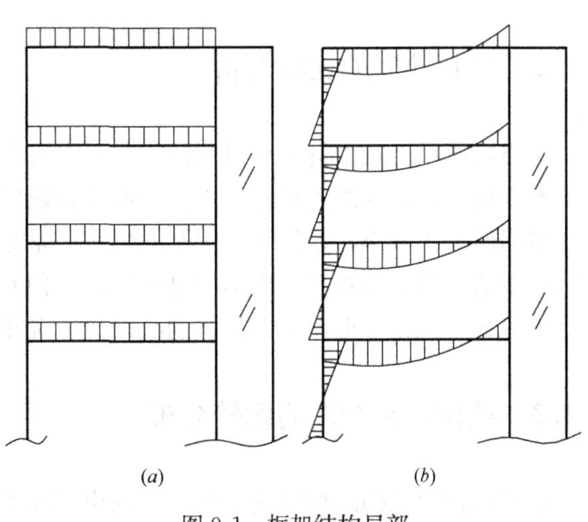

图 9-1　框架结构局部

差累积的结果，使顶部楼层的一些框架柱在较刚性的水平梁“牵制”下出现轴向拉力。这显然是由于一次性加载计算不符合实际建造过程而出现的假象。实际的高层建筑结构远较上述示例复杂，若采用一次性加载计算的结果作为结构设计的依据，无疑会造成很大差错。为此，在高层建筑结构的计算分析时，应将建造过程种种因素考虑进去后再作出准确的施工模拟分析。施工方法不同，计算误差的大小也不同，根据结构材料的不同力学性质，施工过程的力学分析计算可分为两大类：

(1) 考虑混凝土材料时效性的施工过程力学分析，主要用于采用混凝土结构或钢-混凝土组合结构（SRC）形式的超高层施工过程力学分析。

(2) 考虑大跨度钢结构空间几何形态的施工过程力学分析，主要用于对空间刚度敏感性较强的大跨度复杂空间钢结构工程施工项目。

9.2 施工过程力学计算与常规结构设计计算的比较

下面从几何形态、材料性质、结构体系刚度和稳定性方面，对施工过程力学计算与常规设计计算之间的差别进行比较。

9.2.1 几何形态的比较分析

对于常规结构设计的完整结构模型，一般均为有多个多余约束的几何不变体系，这使得结构整体具有足够的抗连续倒塌安全储备，但是对于施工期间的“不完整结构”部分往往没有很多的多余约束，甚至是无多余约束的几何不变体系，更有甚者是可变体系。

在施工过程中，结构体系从开始为无多余约束的几何不变体系，一直到几何不变体系，最后变为有多个多余约束的几何不变体系，当处于多余约束较少的施工过程中，施工人员就应该适当增加支撑，保证施工的安全性。由此可见，施工力学中结构的几何组成随时间而不断发生变化，而一般力学中结构的几何组成却与时间几乎没有关系。特别是在大跨度空间钢结构的施工中常采用单元拼装法、支架滑移法、悬臂安装法等施工方法，而这些施工方法对施工过程中结构几何形态的计算和控制提出了更高要求。

9.2.2 材料性质的比较分析

材质性质主要是指混凝土材料的时效性，即在施工过程中混凝土浇筑后其早期物理性质会发生较大变化，并且混凝土结构的徐变与收缩将随时间长期变化，混凝土材料性质的变化幅度随时间的增加而大大减小，最终可认为基本恒定。常规结构设计方法中，采用固定的物理参数替代实际材料中的变化参数对于常规结构是可靠的。但对于超限的超高层结构而言，混凝土材料早期性质变化引起的积累变形误差却是我们必须研究和重视的问题。

9.2.3 结构体系刚度的比较分析

施工过程中结构的构件受力状态和约束不断发生变化，由静定的结构变为超静定结构，由平面传力结构转变为空间传力体系，结构系统的刚度将随之变化，并由此产生内力重分配，常规设计分析中的力学分析则是根据结构建成后的完整体系刚度进行计算的。

9.2.4 结构稳定性的比较分析

结构的稳定性分析是在构件层次上进行的，主要是根据构件的约束条件和构件所承受的内力进行验算复核，构件在施工过程中的最大内力和约束情况同整体结构完成后的差别较大，对重要承重构件需要对其施工过程的稳定性进行单独验算复核。

9.2.5 施工方法对结构内力重分布的影响

不同的施工方法对结构建造完成时的最终内力分布有不同的影响，如在超高层结构建造过程中常采用核心筒超前施工的方法，施工的超前层数对施工期间核心筒与外框柱的荷载分担比例有一定影响，此外在大跨空间结构施工过程中是采用高空散装，还是采用地面拼装再整体提升的施工方法，其内力分析均有很大差异，而常规的结构设计方法则没有包括这些与施工方法相关的内容。施工过程力学计算与常规结构设计分析的比较见表 9-1。

施工过程力学计算与常规结构设计分析的比较　　表 9-1

比较内容	详细内容	异同	建筑结构力学计算	
			施工过程力学分析	常规结构设计分析
几何构造	几何形态的影响	异	施工过程中有几何可变的情况出现	几何不变
		同	采用额外支撑保证结构的几何不变	
	边界条件的影响	异	随施工建造过程不断变化	固定不变
		同	设置足够的约束保证结构体系的几何不变性	
材料性质	材料强度	异	考虑施工期间早期混凝土强度变化	采用规范规定的强度设计值
		同	强度分析保证结构的安全性	
	弹性模量	异	考虑施工期间早期混凝土弹性模量变化	采用规范规定的弹性模设计值
		同	提供结构计算的参数	
	徐变收缩	异	考虑徐变收缩对建造过程中对结构的影响	仅在预应力结构计算中考虑
		同	提供更接近于真实情况结构内力和变形结果	
刚度	刚度变化	异	考虑不完整结构的变化刚度	考虑完整结构的固定刚度
		同	提供结构计算条件	
稳定性	稳定性验算	异	随内力和约束条件的变化需多阶段验算复核	可根据完整结构的内力和约束条件进行分析
		同	验算重要结构的稳定性	
施工方法	施工方法的影响因素	异	考虑不同的施工方法对结构建造过程中内力和变形的影响	不考虑

9.3 高强高泵程混凝土徐变与收缩

9.3.1 混凝土收缩徐变效应简述

在混凝土的长期形变中，有两个效应一直被广大设计研究人员所关注。其一是水化反应以及空气湿度变化所造成的混凝土自收缩效应；其二则是在持续荷载作用下混凝土受压或受拉所造成的徐变效应。混凝土收缩徐变的影响因素很多，涉及水泥品种，水灰比，骨料，养护条件，环境湿度，构件尺寸，工作环境，初始加载时间，加载特点等。收缩与徐变是混凝土的固有性质，虽然这两个性质在混凝土的浇筑和使用期间一直存在，但是由于混凝土构成的复杂性，其配比及材料分布的不确定性，以及形变的长期性，世界各国对于其应变的发展至今依然没有形成一个统一的、准确的预测模型。在此，从国内外规范对比着手，旨在通过混凝土收缩徐变模型的对比简略介绍该现象当前的研究进展以及将来的发展方向。同时针对高强高泵程以及钢管混凝土的收缩徐变效应进行了一定的梳理。通过对千米级摩天大楼结构的收缩徐变所进行的分析，初步达成针对超高层混凝土结构收缩徐变的时程模拟。

水泥品种对收缩的影响不大，水灰比越大水泥用量越大则收缩越大；而骨料含量的增加能减小收缩，骨料本身的性能也影响收缩，在同样用量下，轻骨料或本身吸水的骨料收缩大；收缩是一个长期的过程，养护对收缩的影响较为复杂，加强养护延长养护时间，一般认为能延缓收缩的进程，蒸汽养护能减小收缩；环境湿度对收缩影响显著，在100%的湿度环境中不但不收缩反而会有膨胀，试验表明，28d养护后的混凝土，在50%湿度环境中的收缩比70%湿度环境中的收缩大30%。

徐变是在持续应力下的非线型变形，徐变大小受作用应力的大小和施加应力的龄期直接相关。除应力外，徐变的影响因素与收缩相同，但很多因素最终归结为对应力水平和加载龄期的影响。徐变受水泥品种的影响主要由于水泥的硬化速度不同，因而在加载时混凝土的强度不同，当作用应力绝对值和加载龄期相同时，早强混凝土由于早期强度大，相应的应力强度比小，因而徐变比普通混凝土小，若采用相同的应力强度比加载，由于普通混凝土的后期有较大的强度增加，其徐变比早强混凝土小。此外，水灰比小的混凝土中胶凝体密实，因此强度高，徐变小，但同时水灰比小的混凝土早期强度高，而后期发展相对缓慢，因此在相同的应力强度比值下，水灰比小的反而徐变大，骨料的含量大，骨料本身的弹性模量大，能显著减小徐变。

养护与工作环境的温度、湿度对徐变的影响较大，混凝土养护的时间与养护温度乘积称为水化程度，也称成熟度，水化程度越高，水泥胶凝体的密度高，强度和弹性模量大，则徐变小，一般认为水化程度的倒数与徐变成正比，养护时的相对湿度越大，混凝土强度增长快，强度高，则产生的徐变小，工作环境的相对湿度由于是长期的持续影响，因此对徐变产生显著影响，试验表明，70%相对湿度环境下的30年徐变为100%湿度下的2倍，混凝土内部的相对湿度在90%以上，在环境湿度小于90%时会存在湿度交换，环境温度越高，混凝土硬化阶段的水分散失越快，因此徐变也会增加。构件尺寸对徐变的影响取决于环境湿度，当环境湿度与混凝土内部湿度达到平衡后，尺寸便不再产生影响，当构件的最小尺寸超过0.9m时，尺寸的影响便可以忽略不计。

大量试验研究表明，混凝土收缩徐变速度在加载初期的2～3年内发展较快，之后会逐渐放缓，一般10～20年之后会变得相对较小，徐变基本可以达到稳定。影响混凝土徐变的因素很多，主要包括内部因素和外部因素，内部因素主要有混凝土的材料组分、骨料级配、几何大小与形状等，外部因素主要有加载的环境以及荷载的特点。目前对徐变效应的计算方法绝大多数属于线性假定与叠加原理的范畴。大量试验研究表明，混凝土结构在正常使用情况下［应力水平在$\sigma_c<(0.4\sim0.5)f_c$］徐变量随着应力的增加而线性增大，当应力水平在$\sigma_c>(0.4\sim0.5)f_c$时，徐变量表现为明显的非线性变化特征。

德国的RILEM科研协会（RILEM Technical Committee）在20世纪70年代开始系统地对世界各地研究机构的混凝土收缩徐变数据进行统合，并建立了针对混凝土收缩徐变研究的数据库，该数据库至今依然是世界上对混凝土徐变资料收纳最完全的数据库。但是由于世界各地的混凝土配比、强度以及加载条件均不相同，该数据库中包含的试验数据非常分散。尽管该数据库目前已经包含了相当数量的试验数据，其可靠性依然处于疑问之中。不仅如此，就全球来说，对于徐变恢复的数据非常有限，而对于徐变松弛和拉伸徐变的试验数据则几乎没有。尽管对混凝土徐变的分析发展了几十年，对徐变的影响分析、计算理论以及计算方法在不断发展进步，但当今对混凝土徐变的预测仍然难以和实际完全吻合。

目前对于徐变的预测模型通常采用关于时间（加载时间、持续时间）的徐变系数或徐变度函数来进行描述，应用比较广泛的预测模型大多数为经验公式或者半经验公式。国际上根据对徐变过程的描述形式可以将上述模型分为三大类。第一类是以 GL2000 和 ACI209-82/92 模型为代表，对徐变进行整体描述；第二类是以 CEB-FIP（MC90）模型为代表，将徐变区分为可恢复徐变和不可恢复徐变求和表示，我国公路、铁路桥涵设计规范以此模型为研究基础；第三类是以 B-P（78）模型、B3 模型为代表，将徐变区分为基本徐变和干燥徐变来求和表示。

混凝土的收缩徐变效应在近年也引起了国内各个研究机构和组织的密切关注，但是由于各种原因目前尚无建立大量的以及长期的混凝土应变数据库，目前这方面研究进展还仅仅处于学术研究阶段。国内对混凝土收缩徐变的计算方法主要包括中值系数法、分时步徐变叠加法、增量形式递推法以及全量形式递推法。在规范制订方面，我国的公路桥梁规范中引用了欧洲规范所使用的 CEB-FIP MC90 模型并给出了收缩徐变计算方法，但是并未将该方法纳入设计体系中。与此同时，我国建筑结构规范标准中则尚未包含任何针对收缩徐变的条文。

9.3.2　混凝土收缩效应模型间横向比对

在根据不同预测模型针对相同性质的混凝土构件的收缩预测进行横向对比后（图 9-2），可见即使使用的预测手段均为世界所适用的预测模型，其实际计算结果却差距甚远。

通过此对数图观察可知，美国混凝土规范模型 ACI209 R92 的收缩曲线由于使用了一个收缩绝对值，因此虽然其早期预测与欧洲曲线预测相似，但在 1000d 后差距却逐渐加大，在 50000d 时仅仅等于 CEB-FIP 及 B-3 预测值的一半。而 GL2000 模型由于其使用的简易性，很多收缩的成因均未恰当考虑进该模型之中。尤其对于高强度混凝土而言，其在收缩预测上存在明显的低估。而 CEB-FIP 与 B-3 模型所得出的预测相对较为接近，但是由于 B-3 预测模型的复杂性，在进行大规模运算的时候难免会出现运算量大，周期长，调整不易等缺陷。综上所述，对收缩徐变预测模型的选用上，欧洲规范所使用的 CEB-FIP MC90 模型应是较为妥善且便于运算的预测模型。

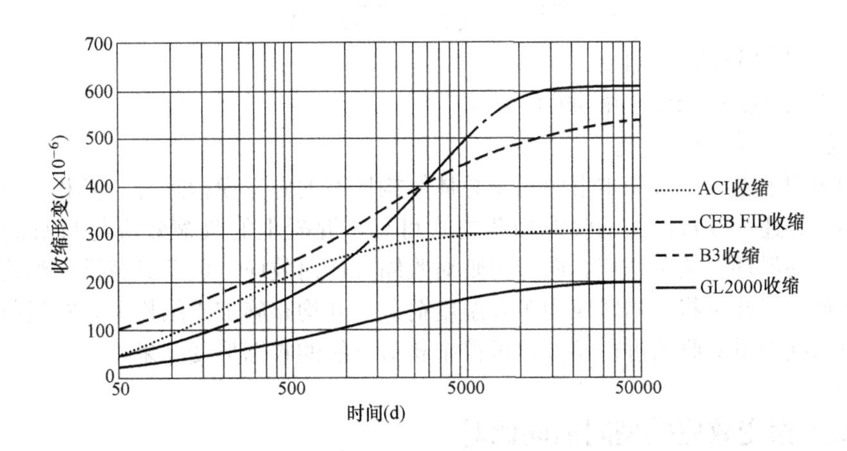

图 9-2　不同预测模型对收缩的预测结果对数曲线

结合 CEB-FIP MC90 模型，混凝土收缩应变可以表达为收缩应变终值与实践函数的乘积：

$$\varepsilon_s(t,\tau)=\varepsilon_s(\infty,0)\varphi_s(t-\tau) \tag{9-1}$$

式中 ε_s（∞，0）为收缩应变终值，可由式（9-2）确定：

$$\varepsilon_s(\infty,0)=\varepsilon_s(f_{cm})\times\beta_{SRH} \tag{9-2}$$

$$\varepsilon_s(f_{cm})=[160+10\beta_s(9-f_{cm}/10)]\times10^{-6} \tag{9-3}$$

$$\beta_{SRH}=\begin{cases}1.55(1-RH)^3 & 40\%\leqslant RH\leqslant99\%\\ 0.25 & RH\geqslant99\%\end{cases} \tag{9-4}$$

式中 f_{cm}——龄期 28d 时混凝土立方体抗压强度；

RH——混凝土周边环境的平均相对湿度；

β_s——水泥品种常数，按照水泥品种决定；

φ_s（$t-\tau$）——收缩应变时间函数，取决于环境相对湿度，混凝土成分和构件理论厚度等因素，可由式（9-5）确定：

$$\varphi_s(t-\tau)=\left[\frac{t-\tau}{0.35D^2+(t-\tau)}\right]^{0.5} \tag{9-5}$$

式中 t——混凝土计算龄期（d）；

τ——混凝土收缩开始时的龄期（d）；

D——混凝土构件的体表比。

结合 CEB-FIP MC90 模型，混凝土收缩应变可以表达为收缩应变终值与实践函数的乘积：

$$\varepsilon_s(t,\tau)=\varepsilon_s(\infty,0)\varphi_s(t-\tau) \tag{9-6}$$

其中 $\varepsilon_s(\infty$，0）为收缩应变终值，可由式（9-7）确定：

$$\varepsilon_s(\infty,0)=\varepsilon_s(f_{cm})\times\beta_{SRH} \tag{9-7}$$

其中：

$$\varepsilon_s(f_{cm})=[160+10\beta_s(9-f_{cm}/10)]\times10^{-6} \tag{9-8}$$

$$\beta_{SRH}=\left\{\begin{matrix}1.55(1-RH)^3 & 44\%\leqslant RH\leqslant99\%\\ 0.25 & RH\geqslant99\%\end{matrix}\right\} \tag{9-9}$$

式中 f_{cm}——龄期 28d 时混凝土立方体抗压强度；

RH——混凝土周边环境的平均相对湿度；

β_s——以水泥品种决定，鉴于课题假设使用普通水泥，因此本常数可取 5。

$\varphi_s(t-\tau)$——收缩应变时间函数，取决于环境相对湿度，混凝土成分和构件理论厚度等因素，可由式（9-10）确定：

$$\varphi_s(t-\tau)=\left[\frac{t-\tau}{0.35D^2+(t-\tau)}\right]^{0.5} \tag{9-10}$$

式中 t——混凝土计算龄期（d）；

τ——混凝土收缩开始时的龄期（d）；

D——混凝土构件的体表比。

由于其他预测模型并未参与本书中对于总体结构模型的施工模拟运算，其相应基础理论及计算方法在此不再详述。通过以上的收缩预测公式可见，混凝土的收缩效应与自身的材料、配比率、构件尺寸及外界环境关系密切。而应力则对收缩无任何效应。鉴于其特性与温度收缩对结构的影响原理相似，因此可将收缩转换为等效温度荷载，并均布施加于结构上，在进行结构分析的时候通过调整温度当量对收缩进行模拟，可得出相对可靠的收缩形变结果。

9.3.3 混凝土徐变效应模型间横向比对

为了对各徐变模型进行横向对比，通过数据模拟进行了计算并获得了相应的徐变形变数据。

鉴于 ACI209 R92 收缩徐变模型在未经过特殊调整下所使用的混凝土最大材料强度为 C60，因此使用 800mm×800mm 截面的 C60 混凝土方形柱为标准预测模型以进行横向比对。在模拟工程建设处各项环境数据的基础上对其施加了最大轴应力强度的 40%，以此条件为基础得出各预测模型在 50000d 内的实际模拟数据（图 9-3）。

从分析结果看，可以发现 B-3 模型相对于其他模型的收缩有明显的差异。因其考虑的徐变因素最为多样，该模型与欧洲 RILEM 数据库中的试验数据最为契合。但是由于我国对于混凝土材料徐变的研究尚不充分，很多混凝土相应的系数并未出现相应的规范和指引，因此千米级摩天大楼研究中，针对混凝土材料所决定的系数是否可适用于此模型在此尚未有决定的答案，只有通过具体的长期试验方可对相应系数进行恰当的取值。其余预测模型中，CEB-FIP MC90 的预测值最高，而 ACI 及 GL2000 由于其自身的“顶板”效应，徐变值被限定于某个固定值之下。

通过观察可以发现，混凝土收缩在总体长期形变中占据次要地位，而徐变则是形成形变的主要因素。而在各模型中，B-3 模型的预测值与其他模型有着明显的差距。该差距很可能是由于与混凝土材料相关性质的参数不恰当设置而导致的，因此在国内针对材料及试验数据上有突破前使用该模型尚不理智。总体而论，CEB-FIP MC90 是最适合当前条件的预测模型，且该模型为国内路桥规范所使用，也从侧面证明了其本土化的相应价值。

对于 CEB-FIP MC90 模型来说，混凝土徐变一般采用徐变度、徐变系数或徐变函数来表示。徐变度是指在时刻 τ 加载的单位应力作用下到时刻 t 所发生的徐变变形，用符号 $C(t,\tau_0)$ 表示，见式（9-11）：

$$C(t,\tau_0)=(\varepsilon_T-\varepsilon_0)/\sigma \tag{9-11}$$

式中　$C(t,\tau_0)$——徐变度（10^{-6}/MPa）；

ε_T——徐变应变与补偿应变之和（10^{-6}）；

ε_0——补偿应变（10^{-6}）；

σ——加荷应力（MPa）。

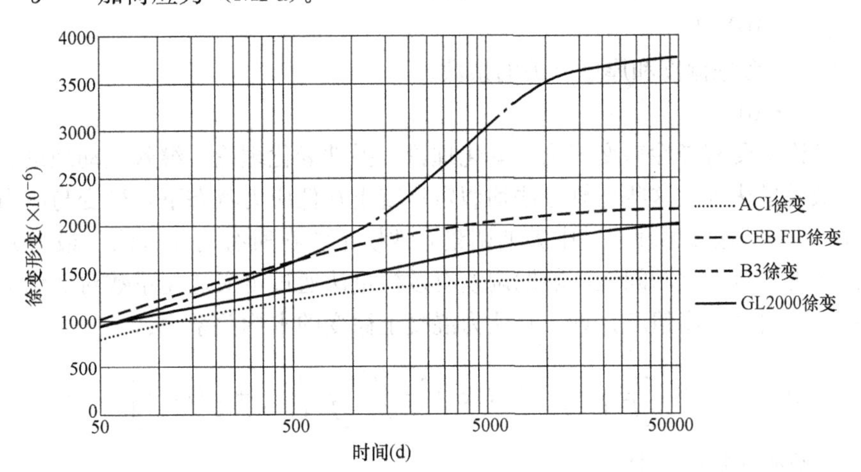

图 9-3　不同预测模型对徐变的预测结果对数曲线

徐变系数是指混凝土从加载时刻 τ_0 到计算时刻 t 时所发生的徐变变形与弹性变形的比值：

$$\varphi(t,\tau_0)=\frac{\varepsilon_c(t,\tau_0)}{\sigma_c(\tau_0)/E_c(\tau_0)} \tag{9-12}$$

式中　$\varepsilon_c(t,\tau_0)$——τ_0 时刻加载，t 时刻徐变应变（10^{-6}/MPa）；

$\sigma_c(\tau_0)$——τ_0 时刻加载应力（MPa）；

$E_c(\tau_0)$——混凝土 τ_0 时刻弹性模量（MPa）。

由式（9-12）可得：

$$\varphi(t,\tau_0)=C(t,\tau_0)\cdot E(\tau_0) \tag{9-13}$$

结合 CEB-FIP MC90 模型，混凝土的徐变系数可以根据规范采用式（9-14）～式（9-21）计算：

$$\phi(t,\tau_0)=\phi_0\cdot\beta_c(t-\tau_0) \tag{9-14}$$

$$\phi_0=\phi_{RH}\cdot\beta(f_{cm})\cdot\beta(\tau_0) \tag{9-15}$$

$$\phi_{RH}=1+\frac{1-RH/RH_0}{0.46(h/h_0)^{1/3}} \tag{9-16}$$

$$\beta(f_{cm})=\frac{5.3}{(f_{cm}/f_{cm0})^{0.5}} \tag{9-17}$$

$$\beta(\tau_0)=\frac{1}{0.1+(\tau_0/t)^{0.2}} \tag{9-18}$$

$$\beta_c(t-\tau_0)=\left[\frac{t-\tau_0}{\beta_H+t-\tau_0}\right]^{0.3} \tag{9-19}$$

$$\beta_H=150\left[1+\left(1.2\frac{RH}{RH_0}\right)^{18}\right]\frac{h}{h_0}+250\leqslant 1500 \tag{9-20}$$

$$f_{cm}=0.8f_{cu,k}+8\text{MPa} \tag{9-21}$$

式中 $\phi(t,\tau_0)$——为加载龄期为 τ_0，龄期为 t 时的混凝土徐变系数；

ϕ_0——名义徐变系数；

β_c——荷载作用时间影响系数；

ϕ_{RH}——环境湿度影响系数；

$\beta(f_{cm})$——混凝土强度影响系数；

$\beta(\tau_0)$——加载龄期影响系数；

h——构件理论厚度（mm）；

h_0——100mm；

f_{cm}——龄期 28d 时的混凝土立方体抗压强度；

f_{cm0}——10MPa；

β_H——考虑湿度和厚度有关的系数。

t——1d。

徐变计算理论主要有弹性徐变理论、老化理论、弹性老化理论、继效流动理论、有效模量法和龄期调整有效模量法等。这些计算方法均假定混凝土在低应力状态下，徐变与应力存在线性关系，服从 L. Boltzman 迭加原理。其中龄期调整有效模量法在所有简化方法中最为完善，针对传统有效模量法忽视材料老化的问题，龄期调整有效模量法通过定义老化系数对老化引起的徐变变化进行了考虑，更适合于高精度计算，其认为混凝土徐变的本构关系为：

$$\varepsilon(t)=\sigma(t_0)\left[\frac{1}{E_c(\tau_0)}+C(t,\tau_0)\right]+\int_{\tau_0}^{t}\left[\frac{1}{E_c(\tau_0)}+C(t,\tau)\right]d\sigma(\tau) \tag{9-22}$$

式中 τ_0——初始加载龄期（d）；

$E_c(\tau_0)$——混凝土的弹性模量；

$C(t,\tau)$——混凝土的徐变度。

用徐变系数改写式（9-22）可得：

$$\varepsilon(t)=\frac{\sigma(t_0)}{E_c(\tau_0)}[1+\varphi(t,\tau_0)]+\frac{1}{E_c(\tau)}\int_{\tau_0}^{t}[1+\varphi(t,\tau)]d\sigma(\tau) \tag{9-23}$$

利用中值定理，可将式（9-23）改写为：

$$\varepsilon(t)=\frac{\sigma(t_0)}{E_c(\tau_0)}[1+\varphi(t,\tau_0)]+\frac{\sigma(t)-\sigma(t_0)}{E_c(\tau)} \tag{9-24}$$

$$E_c(t,\tau)=\frac{E_c(\tau_0)}{1+x(t,\tau_0)\varphi(t,\tau_0)} \tag{9-25}$$

式中 $E_c(t,\tau)$——龄期调整的有效模量；

$x(t,\tau_0)$——老化系数。

通过整理，并将积分采用数值计算，可得出式（9-26）：

$$x(t,\tau_0)=\frac{E_c(\tau_0)}{\varphi(t,\tau_0)[\sigma(t)-\sigma(\tau_0)]}\int_{\tau_0}^{t}\frac{1+\varphi(t,\tau)}{E_c(\tau)}\mathrm{d}\tau-\frac{1}{\varphi(t,\tau_0)} \tag{9-26}$$

式（9-26）的积分采用数值计算则可表达为：

$$x(t,\tau_0)=\frac{E_c(\tau_0)}{\varphi(t,\tau_0)[\sigma(t)-\sigma(\tau_0)]}\sum_{\tau_i=\tau_0}^{i}\frac{\Delta\sigma(\tau_i)}{E_c(\tau_i)}[1+\varphi(t,\tau_0)]-\frac{1}{\varphi(t,\tau_0)} \tag{9-27}$$

对式（9-27），当时间 t 的变形为定值时，则相当于 t 的应力为已知的松弛情况，则可得出：

$$x(t,\tau_0)=\frac{\sigma(\tau_0)}{\sigma(\tau_0)-\sigma(\tau)}-\frac{1}{\varphi(t,\tau_0)}=\frac{1}{1-R(t,\tau_0)}-\frac{1}{\varphi(t,\tau_0)} \tag{9-28}$$

式中 R 为松弛系数。

由上式可知，通过松弛系数和徐变系数即可获得老化系数，而松弛系数又可以根据徐变系数求得。因此当采用不同徐变分析理论时将会得到不同的松弛系数和老化系数。通过国外针对松弛系数 R 的试验，得出了松弛系数的计算公式：

$$R(t,\tau_0)=\alpha e^{-\beta\varphi(t,\tau_0)} \tag{9-29}$$

将 $\alpha=0.91$，$\beta=0.686$，代入式（9-29）可得老化系数的计算公式：

$$x(t,\tau_0)=\frac{1}{1-\alpha e^{-\beta\varphi(t,\tau_0)}}-\frac{1}{\varphi(t,\tau_0)} \tag{9-30}$$

再将此公式带入式（9-27），即可求出根据龄期调整的有效模量。在此基础上，通过中国建筑东北设计研究院有限公司自行研发的徐变模拟程序，则可对模量进行调整并以数据接口方式加入相应的结构数据模拟，获得相对可靠的模拟结果。

9.3.4 混凝土收缩徐变效应的模型间总体比对

将各预测模型所求得的收缩与徐变相加，可得以下对数曲线图（图 9-4）。

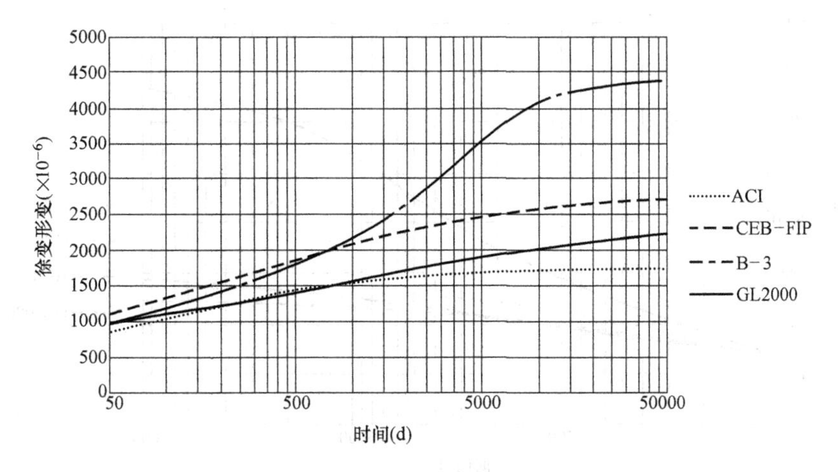

图 9-4 不同预测模型对收缩徐变的总体预测结果对数曲线

通过对比可见，在轴应力维持不变的基础上，B-3 模型相对于其他预测模型有着明显的差异。该差异固然有着该模型对收缩徐变形成因素包含较为完整的因素存在，但针对国内混凝土材料所缺乏研究而导致的参数设置的不准确亦是出现此差异的主要因素，因此，该模型在得到更多相应基础研究支持之前并不支持进行广泛应用。尽管CEB-FIP MC90模型在对收缩的预测上与其他二者相距甚远，但是三者在总体模型的表现上却达到了相似的结果。在总体预测上，CEB-FIP MC90的形变预测最高，其最大形变维持于2，500×10^{-6}左右。ACI209R92的形变预测则最为保守，其最大形变约为1，700×10^{-6}。而GL2000则处于二者之间，其最大形变约为2，200×10^{-6}。

当混凝土抗压强度发生变化时，各收缩徐变预测模型所作出的计算也各不相同。为了分析预测模型对于混凝土强度的敏感度，在此以C30及C120混凝土为例，使用了与C60混凝土相同的截面及周边环境，各施加相对于其总抗压强度40％的轴应力。可得出下列两组总变形曲线的对比，见图9-5、图9-6。

通过图9-5、图9-6可见，在混凝土抗压强度较低的水平下，各模型的变形曲线趋向分散，而CEB-FIP MC90模型的预测值相较其他两组预测模型有着较为显著的差异。其收缩徐变预测值几乎为ACI模型的两倍，由此可发现该预测模型对于混凝土强度的敏感性相较其他三组预测模型均大。

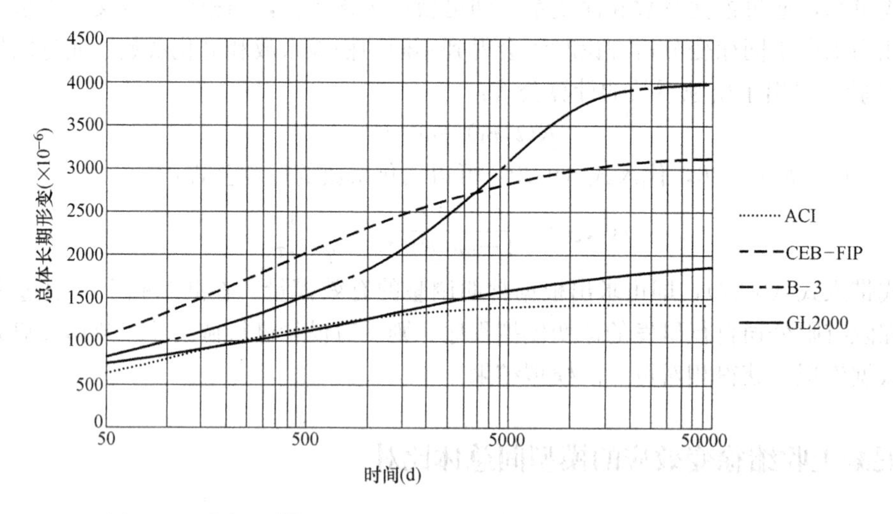

图9-5 不同预测模型对收缩徐变的总体预测结果对数曲线（C30）

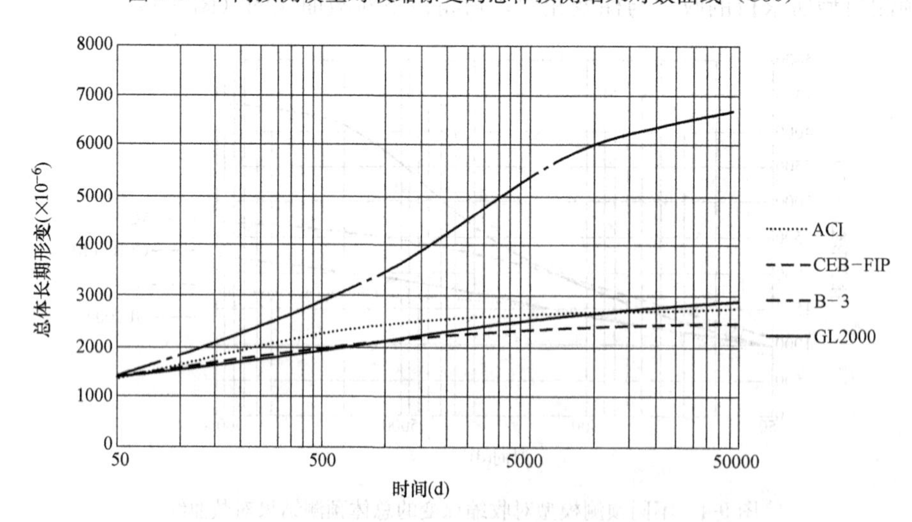

图9-6 不同预测模型对收缩徐变的总体预测结果对数曲线（C120）

通过图9-5、图9-6可见，在混凝土抗压强度较高的水平下，各模型的变形曲线趋向集中，在总体形变上除了 B-3 模型外的其他三组预测模型均做出了相似的形变预测。B-3 模型由于基础材料研究的缺陷，其表现依然不尽人意。

通过以上研究，可以基本确立 CEB-FIP MC90 较适宜作为千米级摩天大楼结构的施工模拟及长期形变模拟所使用的收缩徐变预测方法。

9.3.5 高强高泵程混凝土收缩徐变特点

目前超高层建筑中采用的混凝土都以泵送的方式进行浇筑施工，这种高泵程混凝土有两个显著特点：（1）混凝土强度高；（2）混凝土的流动性强，坍落度控制在 180～220mm 范围。根据我国土木工程学会高强与高性能混凝土委员会对混凝土强度等级的划分，大于等于 C50 的混凝土为高强度混凝土，而 C80 以上的混凝土称为超高强混凝土。与普通混凝土相比，高强高泵程混凝土这种高性能混凝土在配合比上的特点主要是采用双掺工艺、低用水量、较低的水泥用量，并以化学外加剂和矿物掺合料作为水泥、水和沙石之外的组分。超高层结构采用的高强高泵程混凝土在原材料和配合比方面与普通混凝土有所不同，因此以下着重就高强高泵程混凝土的收缩徐变特性进行分析。

混凝土的收缩变形主要有浇筑初期的塑性变形、自生收缩变形、硬化混凝土的干燥收缩等。高强高泵程混凝土水胶比低，浇筑后泌水量小，使收缩加剧。高强高泵程混凝土的自生收缩大主要发生在早期。高强高泵程混凝土水泥用量大，水灰比低，水化热释放集中，使早期温度升高，这样温度下降带来的冷缩较大。

高强高泵程混凝土的初期收缩量大，但最终收缩量和普通混凝土大致相当。在相同的 σ/f_c 比值下，高强高泵程混凝土的徐变比普通混凝土小，而两者的总变形接近，这是由于高强混凝土承受较大应力值，因而有较大的初始变形所致。根据国内外大量研究表明，同样水灰比下，掺高效减水剂的混凝土徐变系数与基准混凝土相同，对徐变无不利影响。总体上讲高强高泵程混凝土的徐变和普通混凝土大体相当，而且徐变的基本因素也相同，所以可以利用已有的徐变预测公式对高强高泵程混凝土的徐变进行预测。

9.3.6 钢管混凝土的收缩徐变效应探讨

由于钢管混凝土的施工特性，在加入膨胀剂后的混凝土处于密闭状态且与钢管的接合面吻合良好，因此水分消失所造成的混凝土收缩效应基本可忽略不计。同时，因其自身所带有的膨胀效应，因此可假定混凝土的收缩效应能有效得到弥补。因此，在进行结构分析时可忽略混凝土收缩所带来的应变，且徐变也将以基本徐变为主导。

钢管混凝土为组合结构，在轴向压力作用下，钢管核心混凝土的变形受钢管约束，处于三轴受压状态，其徐变机理不同于一般的单轴受压混凝土。从变形机理角度出发，假定钢管混凝土的徐变将对可恢复滞后弹性变形、不可恢复的初始急变塑性变形和不可恢复的黏性流变部分构成一定的影响。

首先是可恢复的滞后弹性变形。主要是骨架（混凝土胶体和骨料结合物）弹性变形受到混凝土水泥胶体的约束作用引起。当混凝土受到轴向压力作用时，横向徐变变形并未受限制，主要由纵向徐变变形主导。对钢管混凝土，由于钢管的约束作用，混凝土骨架变形受到的横向阻力很大，其有效徐变泊松比小于混凝土有效徐变泊松比，滞后弹性变形在初期徐变变形大，随时间增加逐渐趋于稳定。

然后是不可恢复的初始急变塑性变形。根据继效流动理论，低应力作用下的初始急变主要为弹性变形，但针对径向受压、横向受钢管约束的核心混凝土而言，初始流变中的塑性变形不能忽略。在荷载作用初期，初始流变引起的横向徐变较小，因为孔隙压缩破坏为流变横向变形提供了空间。在荷载长期作用下，横向流变变形与孔隙破坏造成的缩小径向空间相互磨合，直至水泥砂浆骨架的约束作用与所受外力达到一定的平衡（轴力平衡）后，流变效应才得以凸显。综上所述，在荷载作用初期，核心混凝土发生流变变形，同时，塑性变形也开始发展，且这两部分变形难以剥离。直至混凝土中的气孔和缝隙不稳定破坏趋于稳定后，钢管与混凝土结合为一个整体共同受力，流变引起的横向徐变变形才体现出来。

最后是不可恢复的黏性流变。主要体现为水泥凝胶体受压引起的黏性流变和水泥胶体之间孔隙水流动导致的横向流变。伴随着混凝土持荷时间及流变变形增大，钢管与混凝土之间的相互作用力随之增大，核心混凝土将荷载传递给钢管。因此，该徐变变形过程处于多向受压状态下，内力变化不大，徐变变形相对较小。其中，黏性流变变形的主要影响因素有加载龄期、持荷时间及有效泊松比。

根据最新的研究可以发现，钢管混凝土的徐变稳定时间会比普通混凝土提前，后期徐变也会明显偏小。而掺和膨胀剂的钢管混凝土徐变变形在前期普遍偏小，后期则与普通混凝土相等。收缩徐变对于钢管混凝土的作用与普通混凝土相似。因此，在经过相应的理论分析和试验验证后可得出，等效温度荷载法可以用于普通钢管混凝土和钢管膨胀混凝土长期荷载下的徐变计算和分析。

9.4 高层结构施工过程的模拟计算

目前高层结构施工过程的模拟计算方法主要有两种，荷载分层叠加法和施工阶段叠加法。

9.4.1 荷载分层叠加法的分析原理及其优缺点

荷载分层叠加法对结构进行分析的原理：一次形成整体结构，然后分层施加荷载，将各层施加荷载对结构的变形（结点位移）进行线性叠加得到整体结构的变形（整体结构的结点位移），根据构件（单元）结点的局部编号与整体编号的一一对应关系确定每一构件（单元）的结点位移，利用各个单元刚度矩阵左乘该单元结点位移得到每个单元的内力。从平衡方程 $[K][\Delta]_i=[F]_i$ 分析，$[K]$ 保持不变，逐层改变右端荷载向 $[F]_i$，并计算得到正在施工层（i 层）时的结点位移 $[\Delta]_i$。将 $[\Delta]_i i(i=1,2\cdots n)$ 相加得到 $[\Delta]$，从而确定单元节点位移 $[\Delta]e$，进而根据 $[K]e[\Delta]e+[\overline{F}]e=[f]$ 计算得到 $[f]$。

$$[K][\Delta]_i=[F]_i \tag{9-31}$$

$$[K]e[\Delta]e+[\overline{F}]e=[f] \tag{9-32}$$

式中 $[K]$——结构总体刚度矩阵；

$[\Delta]_i$——施工到 i 层时结构整体结点位移向量；

$[F]_i$——施工到 i 层时结构结点荷载向量；

$[K]e$——单元刚度矩阵；

$[\Delta]$——$[\Delta]_i$ 线性相加后得到的结点位移向量，$[\Delta]=\sum_{i=1}^{n}\Delta_i(i=1,2,\cdots,n)$；

$[\Delta]e$——单元结点位移向量；

$[f]$——单元杆端内力；

$[\overline{F}]\ e$——等效结点荷载或固端力引起的杆端力。

荷载分层叠加法对结构进行分析的优点：结构整体刚度矩阵 $[K]$ 一次形成后，不作任何改变，只需改变平衡方程 $[K][\Delta]_i=[F]_i$ 右端的结点荷载向量，明显可见，利用该种施工模拟计算方法计算效率高，并且考虑了每层施工完毕后的施工找平。

荷载分层叠加法对结构进行分析的缺点：一次形成整体刚度矩阵没有反映出建筑施工过程，即：施工到第 i 层时，第 $i+1$ 至第 n 层过早参与第 i 层及其以下各层工作（过早参与第 i 层及其以下各层内力分配），这与实际施工过程不相符合。

9.4.2 施工阶段叠加法的分析原理及其优缺点

施工阶段叠加法对结构进行分析的原理是：取每个施工阶段为一个计算组，每一施工阶段完毕后形成一次刚度矩阵，如果对某一建筑分为 m 个施工阶段来考虑，就需要形成刚度矩阵 m 次，一般来讲，对于一幢 n 层建筑要考虑每施工一层后施工找平这一因素，则需要形成 n 次刚度矩阵。每一次形成刚度矩阵时，刚度矩阵维数需要增加，刚度矩阵元素需要重组，而且结点位移向量与右端结点荷载分量个数也需要增多。从公式$[K]_i[\Delta]_i=[F]_i$ 分析，$[K]_{i+1}$维数大于 $[K]_i$ 维数，$[\Delta]_{i+1}$向量中的结点位移分量大于 $[\Delta]_i$中结点位移向量的个数，$[F]_{i+1}$向量中的结点位移分量大于 $[F]_i$中结点位移向量的个数，相应具体维数与向量增加的个数与每次增加的单元结点及其自由度个数有关，每一施工阶段计算得到的结点位移向量 $[\Delta]_i$要与下一施工阶 $[\Delta]_{i+1}$相加，相加必须具有同样的位移分量个数，所以相加之前 $[\Delta]_i$必须扩大到与 $[\Delta]_{i+1}$位移向量个数相同的向量 $[\Delta]_i$最后得到整体结构结点位移 $[\Delta]$。根据单元结点局部坐标编号与其整体坐标编号的一一对应关系即可最终（整个结构施工完毕）确定单元结点位移向量 $[\Delta]e$，$[K]e[\Delta]e+[\overline{F}]e=[f]$进而根据计算得 $[f]$。

施工第 1 阶段：$[K]_1[\Delta]_1=[F]_1$

施工第 2 阶段：$[K]_2[\Delta]_2=[F]_2$

施工第 i 阶段：$[K]_i[\Delta]_i=[F]_i$

式中 $[K]_i$——施工到 i 层完毕结构总体刚度矩阵；

$[\Delta]_i$——施工到 i 层完毕结构整体结点位移；

$[F]_i$——施工到 i 层时结构结点荷载向量；

$[K]\ e$——单元刚度矩阵；

$[\Delta]$—— $[\Delta]_i i$ 扩大到与 $[\Delta]_{i+1}$分量个数相同后线性相加后得到的结点位移；

$[\Delta]e$——单元结点位移向量；

$[f]$——单元杆端内力；

$[\overline{F}]e$——等效结点荷载或固端力引起的杆端力。

施工阶段叠加法的优点是以每一层为一施工段反映了建筑整个施工过程，并且考虑了每施工层施工完毕后的施工找平工作，与建筑实际形成过程比较相符。施工阶段叠加法的缺点是每施工一层，计算就需要重新形成一次刚度矩阵，刚度矩阵维数与矩阵元素，这样结点位移向量个数与结点荷载向量都需要进行调整。因此采用该种方法进行施工模拟分析花费时间较长，计算效率低。

9.4.3 施工过程中找平因素的考虑

在高层建筑结构施工过程中，在建造新的楼层时其混凝土浇筑高度通常都是按照设计标高来控制的，也就是用多浇筑混凝土的方法来补偿下部已建楼层所产生的弹性，徐变和收缩变形，这种方法就是施工方法中常用的标高控制法，标高控制法对施工过程中发生的竖向变形进行了部分调整，因此在进行超高层施工过程中竖向变形差异的数值模拟分析时，应当考虑标高控制法的调整作用，即施工中找平因素的考虑。

实际建造过程如图 9-7 所示，其中阴影部分表示在修建新楼层的过程中，为补偿下层已建结构的竖向变形，满足达到设计标高的要求而多浇筑的混凝土，如图 9-7 当建造第一层时，在竖向荷载作用下，结构将会产生竖向位移 dz_{11}，且有式（9-33）成立：

$$dz_{11}=zf_{11}-z_{11} \tag{9-33}$$

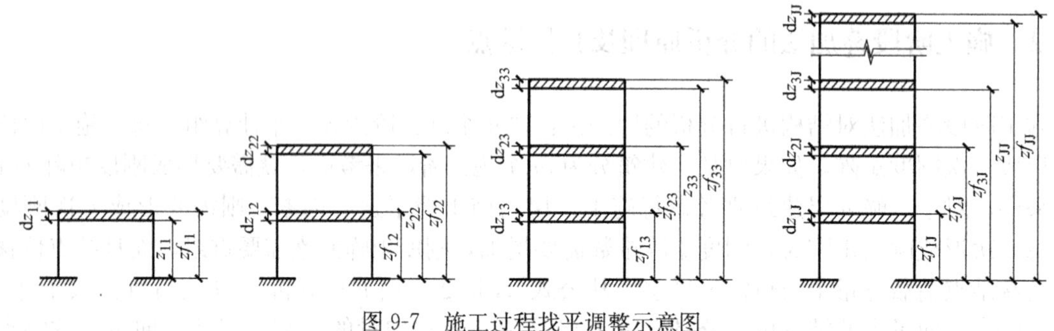

图 9-7　施工过程找平调整示意图

其中，zf_{11}表示楼层 1 在进行第 1 层施工调整后的标高；z_{11} 表示在竖向荷载作用下施工调整前楼层 1 的标高；dz_{11}则为楼层 1 在竖向荷载作用下施工的具体调整量。建造第 2 层时：

$$dz_{22}=zf_{22}-z_{22}+dz_{11} \tag{9-34}$$

$$zf_{12}=z_{12}+dz \tag{9-35}$$

其中：dz_{22}为第 2 层的施工调整量；zf_{22}为第 2 层施工调整后的标高位置；z_{22}为第 2 层竖向荷载作用下未考虑调整作用的标高位置；zf_{12}为第 1 层楼面在完成第 2 层结构时施工调整后的标高；z_{12}为第 1 层楼面在第 2 层结构完成后，竖向荷载作用下未考虑调整作用时的标高。同样，在建造第 3 层时：

$$dz_{33}=zf_{33}-z_{33}+(dz_{11}+dz_{22}) \tag{9-36}$$

$$zf_{23}=z_{23}+dz_{22} \tag{9-37}$$

$$zf_{13}=z_{13}+dz_{11} \tag{9-38}$$

式中各符号意义同前。如此类推，在模拟计算过程中，在加载计算第 j 层时有下式成立：

$$dz_{jj} = zf_{jj} - z_{jj} + \sum_{i=1}^{j-1} dz_{jj}\,(j = 2\cdots n) \tag{9-39}$$

$$zf_{jj}=z_{jj}+dz_{jj}\,(i=j-1\cdots n, j=2\cdots n) \tag{9-40}$$

9.4.4 收缩徐变

在 GEN800 版本中，可以根据 CEB-FIP MC90 规范，直接在材料属性中考虑混凝土的依时变化特性，包括弹性模量和强度的硬化效应、徐变和收缩。当考虑硬化效应后，会减小混凝土构件在荷载下的变形，因此出于保守设计考虑，在分析中忽略混凝土硬化的影响。根据 CEB-FIP MC90 规范，计算混凝土的收缩和徐变需要的基本参数有环境相对湿度、构件名义尺寸、水泥类型系数、构件养护时间。根据千米级摩天大楼所在地的具体情况，假设环境相对湿度为 63%恒定，采用普通快硬高强水泥（水泥类型系数取 5），假定混凝土从浇筑后即开始收缩（即养护时间为 5d），分别对不同构件进行单独计算确定其构件名义尺寸。对于竖向构件而言，配筋和内置型钢可以对混凝土的变形起到约束作用，从而减小混凝土部分的收缩徐变。资料表明，钢筋对混凝土收缩徐变的影响仅为5%左右。因此在进行结构整体分析时，为简化计算而忽略了钢筋的影响，而对于内置型钢与混凝土通过分别建模并进行单元节点束缚，从而模拟了型钢对混凝土收缩徐变的约束。

一般而言，构件尺寸决定了介质湿度和温度影响混凝土内部水分溢出的程度，随构件体表比的增大，混凝土的收缩和徐变减小。有相关研究表明，构件尺寸对其极限收缩和徐变影响不大，而主要对混凝土收缩徐变的发展过程产生一定影响，该影响程度与加载龄期有关。在千米级摩天大楼研究中，结构封顶一年后龄期最短的主要竖向构件为巨柱。CEB-FIP MC90基于小尺寸构件试验回归分析得出的相关规定数值可知，其用于计算徐变系数的公式对体表比小于0.85m的构件较为准确。而有关试验表明，当构件体表比超过0.90m时，尺寸因素可以忽略不计，而千米塔底部截面最大的巨柱体表比为1.09。因此可以认为，尺度效应的影响可以忽略。

9.4.5　施工过程中的动态跟踪模拟

通过迭代计算获得超高层结构的预调值后，为优选施工方案，确保施工过程各阶段的安全和测量校核，通常还要进一步进行施工过程的动态跟踪模拟分析，图9-8展示了施工过程的动态跟踪模拟流程。

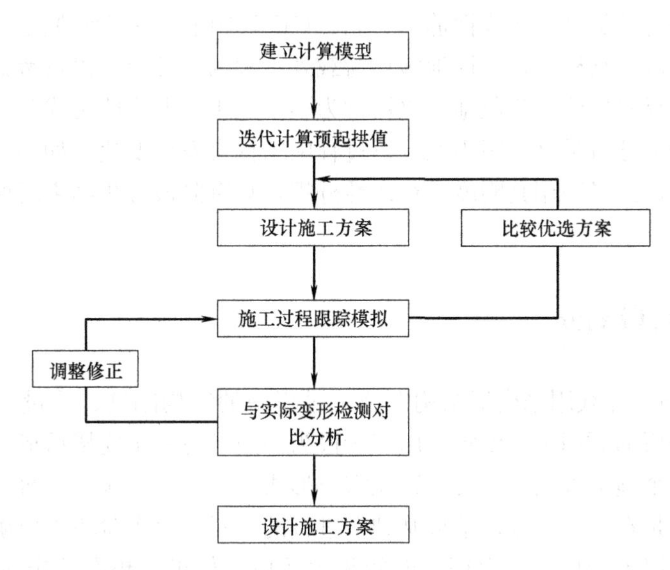

图9-8　施工动态模拟分析流程

9.4.6　塔楼施工的核心筒超前施工法

超高层混合结构体系常采用混凝土核心筒先行施工，在核心筒内安装自爬式塔式起重机，吊装外围钢结构框架的施工方法，这样就造成施工阶段工况与设计阶段工况不同。混凝土筒体的超前层数主要考虑由所采用混凝土的龄期和材性等因素，钢框架安装与浇筑混凝土楼层的间隔层数主要考虑钢构件的承载能力和稳定性。千米级摩天大楼的施工过程参照国内外其他超高层实例，具体步骤如下。

(1) 钢筋混凝土核心筒施工至设计标高；

(2) 巨型柱钢骨和楼板组成的钢框架支撑在先前完工钢筋混凝土核心筒上安装到设计标高；

（3）楼板钢结构安装压型钢板，焊接剪力钉和绑扎楼板钢筋；

（4）浇筑巨型柱和楼板，此时楼面标高比设计标高低；

（5）为了减小核心筒与外框架的变形差异，伸臂桁架的安装分为初拧和终拧。

9.4.7 分析软件

模拟施工顺序加载的分析方法目前主要有两种，一种是国内软件普遍采用的简化模拟方法（如PMSAP、SATWE、TAT中的模拟施工加载1或模拟施工加载2），即假定结构总刚是一次形成的，竖向恒载是逐层施加的；另一种是静力非线性分析方法（如GEN、ETABS、MIDAS、ANSYS、ABAQUS等采用的方法），即假定结构构件和竖向荷载都是逐层添加的，结构总刚也是逐层形成的，因而可真实模拟结构逐层施工、逐层找平、逐层加载的全过程，计算的内力和变形比较接近于结构的实际状态。

简化模拟方法没有考虑结构总刚在施工过程中的改变，只是近似地假定某一楼层的竖向变形不受以下各层荷载的影响，因而对结构底部楼层来说，内力和变形计算值仍然趋近于一次加载的计算结果。例如：多个算例表明，对底部转换构件而言，采用简化模拟方法得到的内力、变形与采用逐层建立总刚的静力非线性方法结果相差可达30%左右。综合各因素采用静力非线性分析方法（MIDAS/GEN程序）进行施工阶段数值模拟。

阶段施工是一个特殊类型的非线性静力分析。GEN中阶段施工允许定义一个阶段序列，在里面能够增加和去除部分结构、选择性地施加荷载到结构的一部分，以及考虑诸如龄期、徐变和收缩等与时间相关的材料性能。阶段施工也被称为逐步施工、顺序施工或分段施工。阶段施工被认为是一种非线性静力分析类型，因为在分析过程中结构会发生变化。如果从一个阶段施工分析继续进行非线性分析，或者利用其刚度进行线性分析，只有阶段分析结束时所建立的结构会被使用（图9-8）。

9.4.8 施工模拟阶段划分

GEN中的阶段施工加载用来模拟结构在施工过程中的结构刚度、质量、荷载等的不断变化过程。对结构进行分析的原理是：以每一施工阶段为一组，每一组完毕后形成一次刚度矩阵，如果对某一建筑分为n个施工阶段来考虑，则就需要形成刚度矩阵n次。对每个定义的施工阶段分析一次，每次分析都是在上一次分析结果基础上进行的。对于每个阶段需要确定的内容：

（1）持续时间，以天为单位。它用于时间相关效应。如果不想在给定阶段考虑时间相关效应，设置持续时间为零；

（2）任意数量的、需要在结构上添加的对象组，或者没有。如果考虑时间相关效应的话，可以指定对象在添加时的龄期等；

（3）任意数量的、需要在结构上删除的对象组，或者没有；

（4）任意数量的、被指定荷载工况加载的对象组，或者没有。

9.4.9 施工阶段模拟过程

根据千米级摩天大楼实际工程施工进度计划的安排，将施工过程划分为若干施工阶段，每一阶段的计算都以上一阶段的平衡状态为计算初始状态，通过组的定义实现对各施工阶段的模拟。将采取的数值分析步骤如下：

(1) 基于设计资料，一次性建立整体结构有限元模型；

(2) 依据塔楼的整体施工计划选择相应的构件作为每一施工阶段，以每一施工阶段为一组，依次序按照从下到上使结构处于施工前的初始零状态；

(3) 根据实际工程进度，依次激活相应阶段单元，定义相关材料参数、荷载及边界条件，从而得到阶段施工模型并进行求解，实现了施工全过程跟踪模拟。

在线性理论的基础上，考虑施工因素对超高层竖向变形差异影响的全过程值跟踪分析可以按照图 9-9 所示的流程进行。

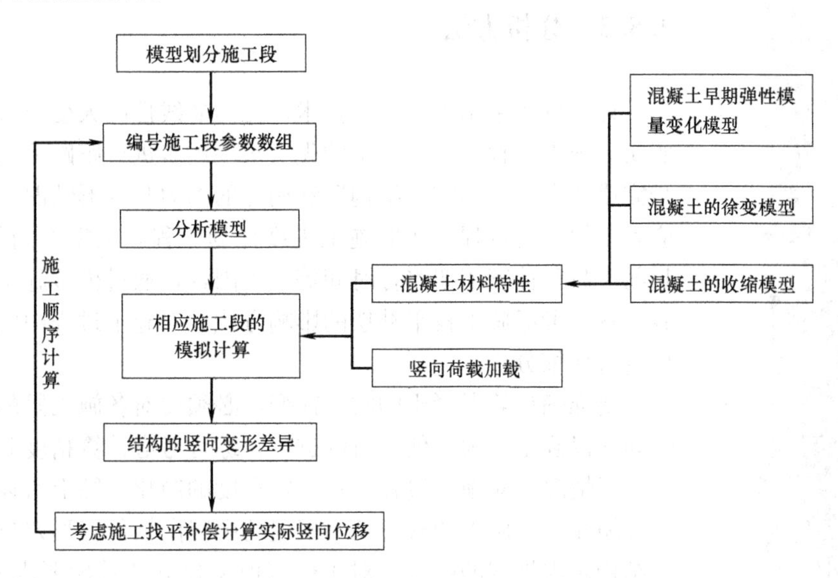

图 9-9 施工过程竖向变形数值模拟分析流程

9.5 千米塔施工过程数值分析

9.5.1 计算模型

千米级摩天大楼的三维有限元模型由梁单元用于模拟钢结构梁和柱，板单元用于模拟楼板，墙单元模拟剪力墙，构成见图 9-10。计算模型中包含了核心筒和巨型柱的全部钢骨系统，如核心筒加强层的钢桁架系统，连接核心筒和巨型结构的伸臂桁架系统和外部巨型结构的带状桁架和巨型斜撑系统，计算分析假定钢骨与其外包的混凝土紧密连接没有相对位移，在模型中表现为核心筒模型和巨型柱模型中的梁单元分别与壳体单元的单元节点位移耦合产生位移协调。

9.5.2 计算假定

结合实际情况，施工全过程分析中做如下假定：

(1) 钢管混凝土柱符合平截面假定，组合构件定义采用管面积等效和抗弯刚度等效双重等效原则。

(2) 徐变与应力满足线性关系，服从叠加定理。

(3) 施工活荷载 2.5kN/m^2，幕墙荷载为 1.0kN/m^2。

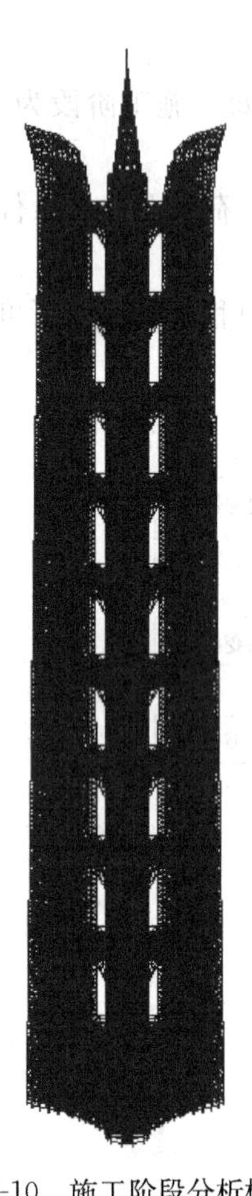

图 9-10 施工阶段分析模型

(4) 核心筒和外框架施工速度为 7d/层。

(5) 混凝土结构的受荷龄期为该层使用结束到下一楼层施工开始中间时刻。

(6) 收缩徐变：收缩徐变参数采用我国现行公路铁路桥涵设计规范公式计算，其中温度取 25℃，湿度取为 63%，并假定混凝土龄期为 3d。

9.5.3 分析方法

计算分析采用单元生死技术，几何非线性的大变形分析技术，按照实际施工过程，考虑施工的先后顺序逐步进行跟踪分析，得到每一步完成状态下“不完整结构”和构件的内力与变形情况，以求真实反应施工的动态过程。按照施工进度计划流程，根据不同的施工周期、超前层数和伸臂桁架终拧时间等施工因素，通过模拟施工计划逐层加载计算并考虑施工找平补偿的影响方式，对施工过程中的竖向变形差异进行详细分析。

要准确计算混凝土的收缩徐变，必须要对各施工段的构建和加载时间加以确定。为方便分析的进行，综合考虑计算精度和效率，应根据实际情况针对施工过程进行一定程度的简化。综上所述，考虑混凝土收缩徐变和施工调整对超高层建筑中竖向构件变形差异的影响，属于结构宏观把握的范畴，对于微观模型建立的精度要求并不非常高。忽略配筋率和巨型构件尺寸对最终结构竖向变形及差异的影响是可取的。

为了研究各种因素对施工过程中结构竖向变形及构件内力的影响，建立了多个结构模型配合不同的分析工况：

(1) 仅考虑重力荷载下的弹性变形，不考虑收缩徐变；

(2) 考虑重力荷载和收缩徐变，但不考虑标高补偿；

(3) 考虑重力荷载和收缩徐变，并按施工段实施标高补偿；

(4) 伸臂桁架先临时固定，待施工到下三个加强层再终固。

9.5.4 分析内容

变形和应力是考察结构响应的主要指标，尤其是竖向变形，由于超高层结构的特点，施工过程中竖向变形累计问题不容忽视，且随着结构高度的增加，这种变形累积显影更加突出。因此超高层施工过程时变特性的研究主要是对结构竖向变形和应力响应规律的分析，主要内容为：各计算方案下的结构竖向变形，框筒内外相对竖向变形、层间压缩量和极值应力响应分析。考察内容具体物理意义如下。

(1) 竖向变形：为结构施工过程中各层实际标高与设计标高的差值。

(2) 框筒内外相对竖向变形：为外框架的竖向变形与核心筒的竖向变形差值，正值表示核心筒的竖向变形大于外框架的竖向变形，负值为外框架竖向变形大于核心筒竖向变形。

(3) 层间压缩量：为各层实际层高与设计层高的差值，可通过结构各层上部竖向变形与下部竖向变形的差值求得。

（4）极值应力：包括外框架和核心筒各自在施工各阶段的最大、最小应力。

9.5.5　楼层竖向位移的比较和分析

一次加载解则远大于精确解，特别是在顶层附近，误差最大。精确解和近似解都是在结构中间层偏上处的楼层达到最大值，而在顶层和底层的竖向位移很小。为了用理论方法确定高层建筑结构竖向荷载下竖向位移的最大值和最大值出现的位置，可采取下述简化分析方法。竖向构件（柱子和剪力墙）主要承受轴力，其竖向位移主要是由其轴力引起的，故只计算轴力引起的竖向位移。取柱子在各楼层处的计算简图如图 9-11 所示。其中，N_0 和 N_H 分别是底层柱和顶层柱的轴力；N_Z 是欲求楼层的柱轴力，其高度为 Z；N_h 是对高度 Z 处的竖向位移有贡献的轴力。对于一次加载法，有：

$$N_h=gh+N_H \tag{9-41}$$

其中：

$$g=\frac{N_0-N_H}{H} \tag{9-42}$$

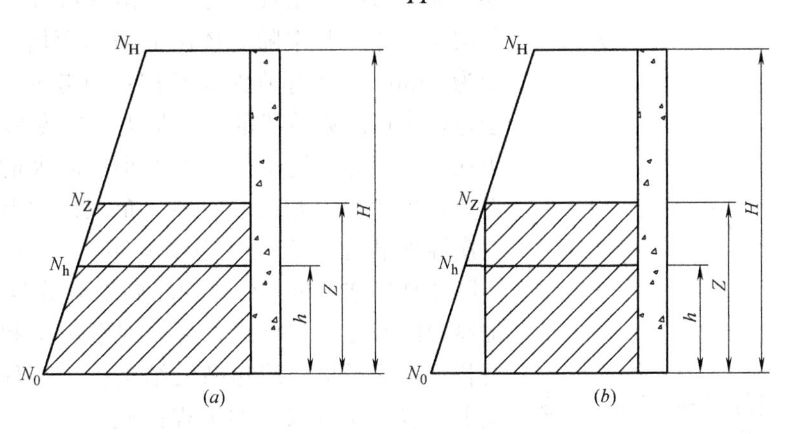

图 9-11　竖向位移计算简图
(a) 一次加载法；(b) 精确模拟施工过程

对于精确模拟施工法，由于施工找平，只有高度 Z 以上的荷载对楼层 Z 处的竖向位移有影响，所以计算时高度 h 处的轴力全部取为定值 N_Z，有：

$$N_h=g(H-Z)+N_H \tag{9-43}$$

高度 Z 处竖向位移的计算公式为：

$$d_Z=\int_0^Z \varepsilon_h \mathrm{d}h=\int_0^Z \frac{N_h}{EA}\mathrm{d}h \tag{9-44}$$

把式（9-41）和式（9-42）分别代入式（9-43），可以求得楼层 Z 处竖向位移的一次加载解和精确解。注意到在高层建筑结构中，N_0 远大于 N_H，所以有以下近似关系：

$$g=\frac{N_0}{H}\text{或者 } N_0=gH$$

则楼层 Z 处竖向位移的一次加载解和精确解分别是：

$$d_Z\approx-\frac{N_0}{2EAH}(Z-H)^2+\frac{N_0 H}{2EA} \tag{9-45}$$

$$d_Z\approx-\frac{N_0}{EAH}\left(Z-\frac{H}{2}\right)^2+\frac{N_0 H}{4EA} \tag{9-46}$$

由式（9-45）可以看出，一次加载解的楼层最大竖向位移在 $Z=H$ 处，即顶层。其最大竖向位移约为：

$$d_{\max}\approx\frac{N_0H}{2EA} \tag{9-47}$$

同样的，由式（9-46）可以看出，精确解的楼层最大竖向位移在 $Z\approx H/2$ 处，即中间层附近，其最大竖向位移约为：

$$d_{\max}\approx\frac{N_0H}{4EA} \tag{9-48}$$

比较式（9-47）和式（9-48）可以发现，一次加载解的楼层最大竖向位移约为精确解楼层最大竖向位移的两倍。

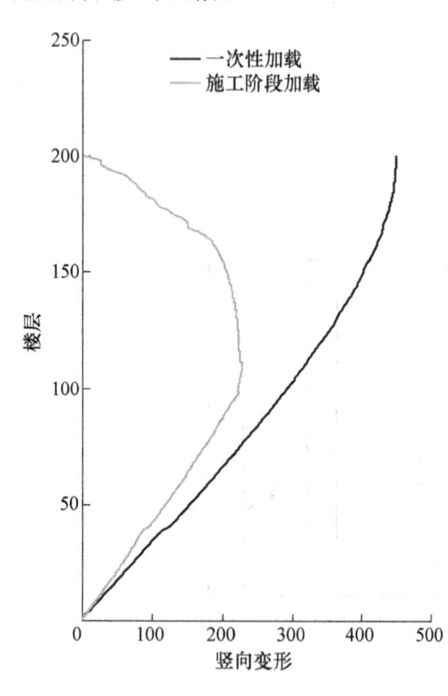

图 9-12　结构竖向变形比较

9.5.6　竖向变形

图 9-12 为结构一次加载计算和施工模拟结束阶段各层竖向变形结果比较。可以看出一次性加载计算，结构各层竖向变形基本随着楼层的增加而增大，最大竖向变形为 448mm，发生在结构顶层；而考虑各种因素的施工全过程模拟结束阶段的结构最大竖向变形为 254mm，发生在楼层中部，整体呈现上下小中间大的分布规律。二者分布规律相差较大，这种分布规律的差别主要是由于一次性加载计算无法考虑结构施工过程中的找平效应，实际超高层施工过程中，现场施工人员会采用加大浇筑、加厚焊缝等方式根据设计标高对混凝土和钢结构施工进行找平，找平是传统超高层结构施工过程中为缓解竖向变形发展而经常采用的工程措施，以下通过对考虑找平与未考虑找平的施工竖向变形和框筒相对变形进行分析，来考察找平效应对超高层施工过程中的竖向变形累积效应的影响。

9.5.7　框筒内外相对竖向变形

图 9-13 为一次加载计算和施工模拟结束阶段各层框筒相对竖向变形结果比较，可以看出，一次加载计算最大相对变形仅为 9.72mm，而考虑各种因素的施工全过程模拟结束阶段的结构最大相对竖向变形为 20.57mm；由于一次性加载计算没有考虑施工找平、混凝土收缩徐变等因素影响，外框架和核心筒的竖向变形基本都是属于弹性变形，内外变形发展相对同步，因此其相对变形值较小。

9.5.8　层间压缩量

图 9-14 为结构一次加载计算和施工模拟结束阶段各层层间压缩比较，可以看出一次性加载计算，结构各层层间压缩量基本随着楼层的增加而减小，底层压缩量最大，为 3.81mm，各层压缩量在自重及竖向荷载作用下，结果均为正值，而考虑各种影响因素的施工结束阶段各层层间压

缩量随着楼层的增高也是逐渐减小，底层压缩量最大，为 7.53mm，所不同的是到了 100 多层以后压缩量变为负值，这是由于施工找平量大于本层压缩量所致。

总体而言传统结构施工过程中，结构的最大竖向变形都出现在结构中部，竖向变形量约为 226.58mm，相对变形约为 20.57mm，最大层间压缩量约为 7.53mm。

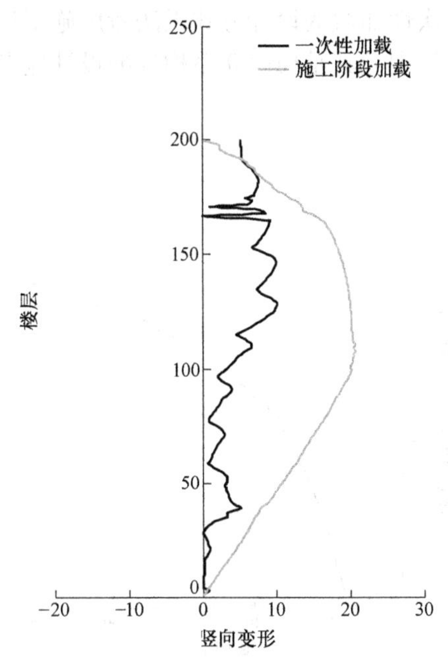

图 9-13 结构框筒内外相对变形比较

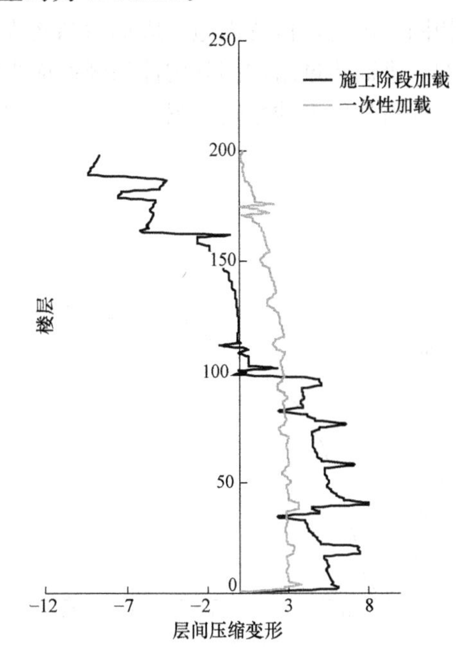

图 9-14 结构层间压缩量比较

9.5.9 内力响应规律分析

施工过程中，由于各阶段结构受力状态发生变化，每一阶段结构的力学响应也不相同，图 9-15～图 9-17 分别为结构施工全过程中各阶段对应的外框架梁外框架柱和核心筒的极值应力。可以看出，核心筒最大等效应力为 20.42MPa，外框架柱最大应力为 71.7MPa，均发生在施工结束阶段；而外框架梁的最大拉应力和最大压应力分别为 213.73MPa 和 209.79MPa，发生在施工的 48 和 38 阶段，而非施工结束阶段，这是由于在施工过程中结构未形成一个完整体系，不断有

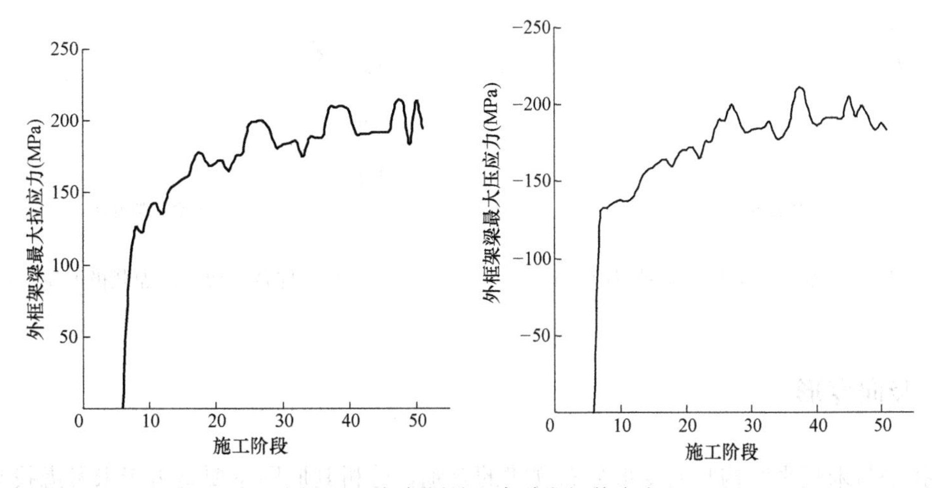

图 9-15 框架梁施工各阶段极值应力

新的构件变化和变形发生，对于核心筒和主要受力柱而言，主要承受竖向荷载，随着施工的进展竖向荷载在稳定增加，整体上应力发展趋势稳定，极值应力主要发生在施工结束阶段，而横向联系构件则容易受到附加变形及内力重分配等因素的影响，发生应力波动，极值应力往往出现在施工过程当中，而非施工结束时刻。伸臂桁架在一次性加载和施工阶段加载后的极值拉/压应力也不尽相同。因此，传统以施工成形后结构为分析对象，一次性加载的设计方式无法考虑施工过程的影响，进而错过结构部分构件的极值应力状态，结构设计中尤其是横向联系构件的设计应考虑施工过程附加内力的影响（图 9-18、图 9-19）。

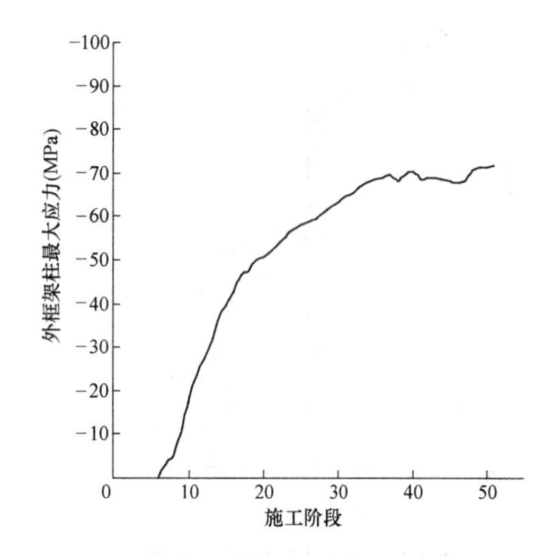

图 9-16　外框架柱施工各阶段极值压应力

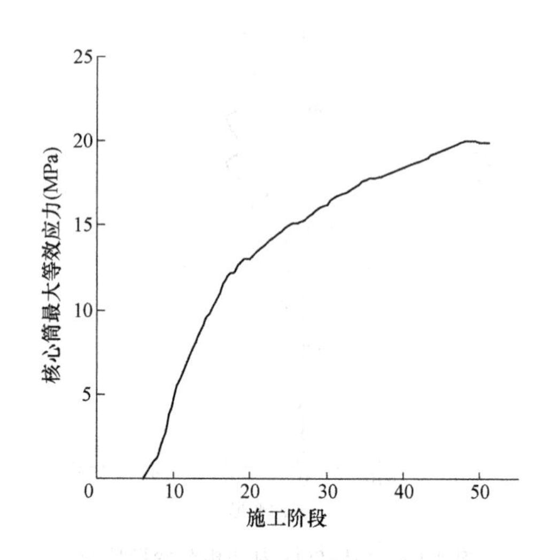

图 9-17　核心筒施工各阶段极值等效应力

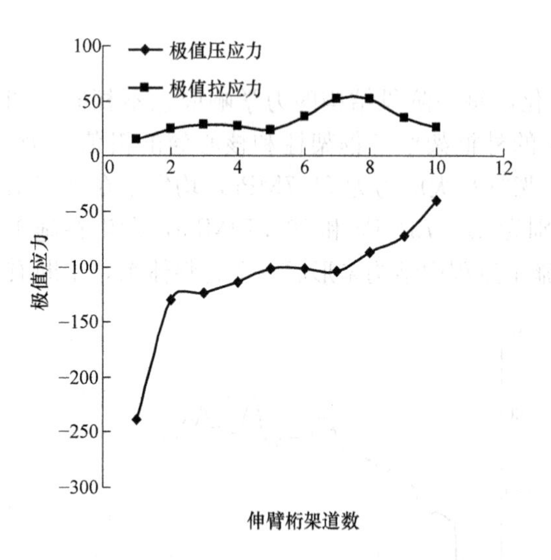

图 9-18　伸臂桁架施工各阶段极值拉/压应力

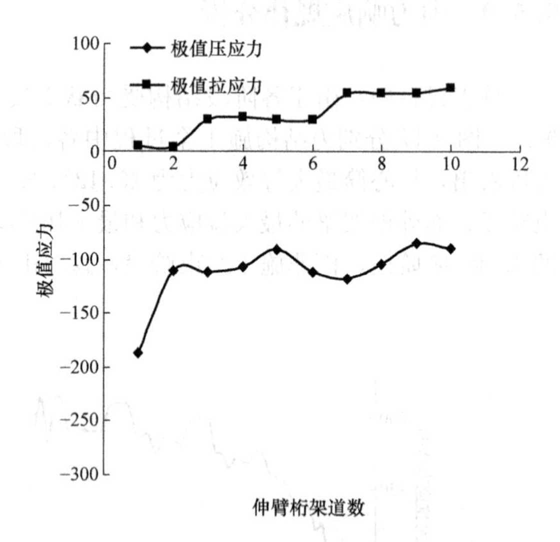

图 9-19　伸臂桁架一次加载极值拉/压应力

9.5.10　竖向变形

施工找平与未找平结构竖向变形分布规律的差别，分析其原因主要是由于未考虑找平的任意层竖向变形均由本层自身压缩量与下部楼层竖向变形叠加而成，可由式（9-49）表示：

$$\Delta n=\sum_{i=1}^{n}\left(\frac{\sum_{j=i}^{N}P_j}{K_i}\right) \tag{9-49}$$

式中 n 为任意楼层，N 为总层数；K_i 为 i 层的竖向刚度，只为 j 层的竖向总荷载。从式中可以看出，Δn 主要跟 n 有关，楼层越高，即 n 越大，则竖向总位移越大，因此未考虑找平的施工全过程模拟竖向变形随着楼层的增加而增大，最大竖向变形发生在结构顶层。而实际施工过程中，当施工第 n 层前，为了施工控制的方便，一般先将下部的 n-1 层已经发生的累积竖向变形进行找平补偿，以使楼层实际标高达到设计标高，然后继续本层的施工，考虑施工找平的任意层竖向变形 Δn 可用式（9-50）表示：

$$\Delta n=\sum_{i=1}^{n}\frac{H_i}{K_i}\sum_{j=n+1}^{N}P_j \tag{9-50}$$

式中各参数含义与式（9-49）相同。从公式中可以看出，处在底部的楼层，尽管上部荷载 $\sum_{j=n}^{N}P_j$ 较大，但由于 n 较小，楼层较少，累积作用不明显，故竖向变形较小；而处在顶部的楼层，尽管 n 较大，下部楼层较多，但由于上部荷载 $\sum_{j=n}^{N}P_j$ 较小，故竖向总位移也较小；而中部楼层对应的上部荷载及下部楼层数量均比较大，故竖向总位移也比较大。因此超高层结构的竖向变形会呈现两端小中间大的规律。

9.6　千米塔混凝土收缩徐变效应影响分析

混凝土是超高层结构采用的主要建筑材料，但是混凝土材料本身存在着收缩徐变效应，其收缩徐变将随着施工进展而不断发展，对结构竖向变形产生影响。以下通过对考虑与未考虑收缩徐变效应的施工模拟结果进行分析，来考察收缩徐变效应对超高层施工过程中的竖向变形累积的影响。

9.6.1　竖向变形

图 9-20（a）和图 9-20（b）分别为不考虑找平和考虑找平时施工结束阶段各层竖向变形曲线，可以看出不考虑找平时，结构最大弹性竖向变形为 447.80mm，而考虑收缩徐变最大竖向变形为 1115.22mm，因此，施工结束时由收缩徐变所引起的竖向变形可达 667.34mm，达总变形的 60%，同样，考虑找平时，结构最大弹性竖向变形为 226.57mm，而考虑收缩徐变最大竖向变形为 555.12mm，施工结束时由收缩徐变所引起的竖向变形可达 333.07mm，达总变形的 60%，因此无论是否进行施工找平，施工结束阶段由收缩徐变所引起的竖向变形可达总变形的 60%，是引起结构竖向变形累积的主要因素，且收缩徐变变形在施工结束后将随着时间继续发展，分析设计中必须予以重视。

9.6.2　核心筒领先施工层数影响分析

实际施工过程中，为了缓解超高层结构竖向变形的发展，施工人员往往采用核心筒先行施工的方式进行结构施工（图 9-21），表 9-1 为已建成的超高层结构核心筒领先施工的情况。

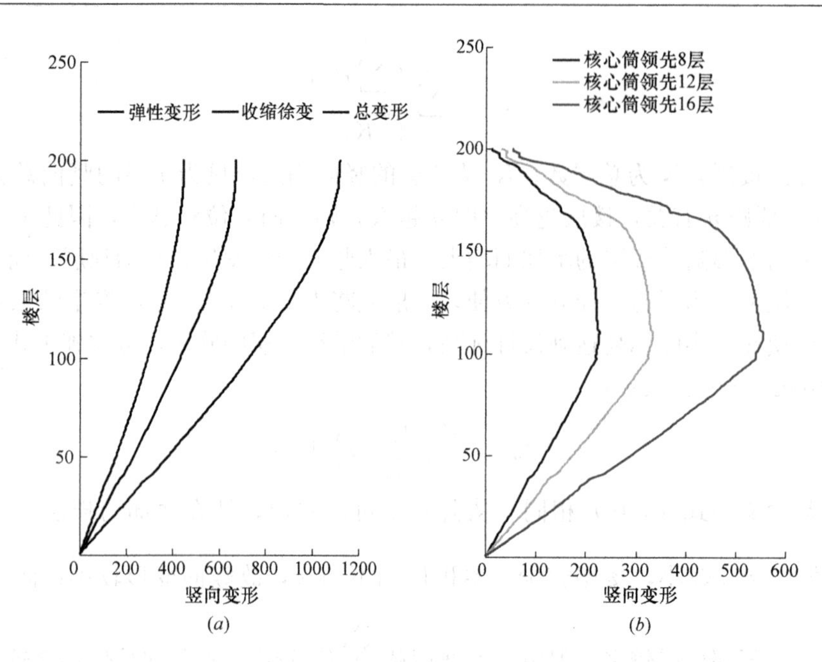

图 9-20 结构竖向变形比较

(*a*) 不考虑找平；(*b*) 考虑找平

典型超高层结构核心筒领先施工层数统计 **表 9-2**

工程名称	层数	高度(m)	核心筒领先外框架施工层数(N)
京基金融中心	101	443	8-12
广州西塔	103	432	8-16
金茂大厦	88	420	15
世贸国际广场	63	333	12-15
香港新世界大厦	60	262	10
上海银行大厦	43	230	6-10
商品交易大厦	41	164	9
震旦大厦	37	158	6-12

图 9-21 超高层结构核心筒领先施工

可以看出目前实际施工中核心筒领先施工层数在 6～16 层不等，基本上结构高度越高，核心筒领先层数越多。为了考察核心筒领先施工层数对结构竖向变形的影响情况，分别对核心筒领先 8 层、12 层和 16 层不同施工方案进行施工模拟分析。

9.6.3 竖向变形

图 9-22 为核心筒领先施工 8 层、12 层、16 层时考虑找平和不考虑找平影响的施工结束阶段结构竖向变形结果。可以看出，核心筒每多领先 4 层，竖向变形最大增加约 6mm，核心筒领先层数对结构竖向变形略有影响，这是由于核心筒领先的越多，施工结束时总工期越长，混凝土收缩徐变发展的越充分，但是总体上核心筒领先施工层数对施工结束时的结构各层竖向变形基本没有影响，不改变结构竖向变形的分布规律。

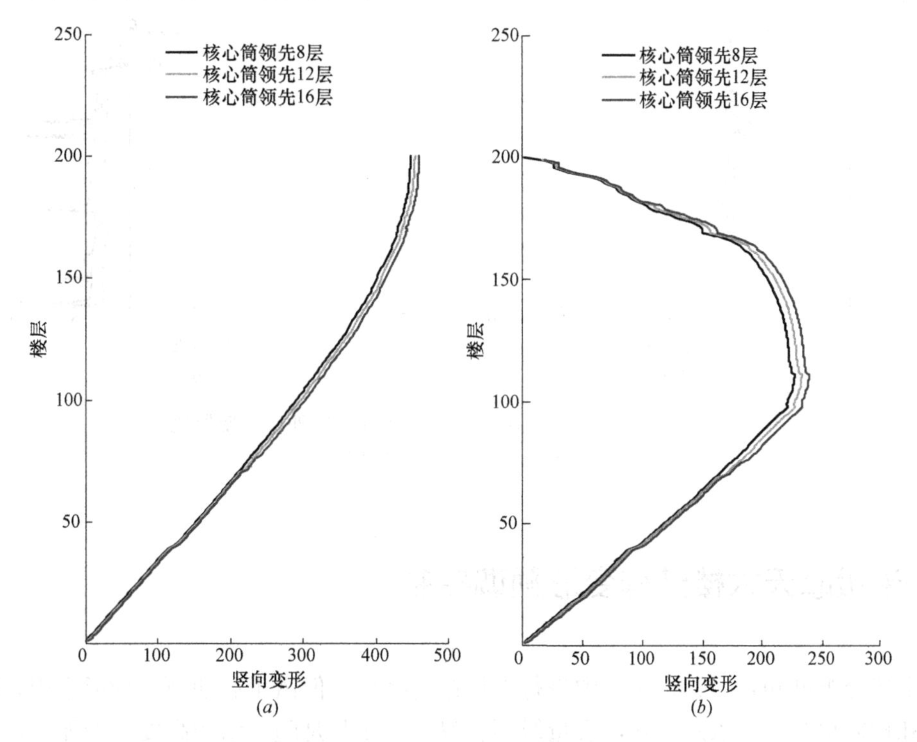

图 9-22 不同核心筒领先施工层数结构竖向变形比较

(*a*) 不考虑找平；(*b*) 考虑找平

9.6.4 框筒内外相对变形

图 9-23 为核心筒领先施工 8 层、12 层、16 层时施工结束阶段结构框筒内外相对变形结果，可以看出，不进行找平施工时，核心筒领先层数越多，施工结束阶段框筒内外相对竖向变形则越大，基本上核心筒每多领先施工四层，最大框筒内外的相对竖向变形就增加约 6mm，这是由于核心筒领先的越多，施工结束时总工期越长，混凝土收缩徐变引起的核心筒变形越大，对应的框筒内外相对变形越大。而考虑施工找平时核心筒领先层数越多，施工结束阶段框筒内外相对竖向变形越小，这是由核心筒领先施工的越多，外框架施工到相应楼层时，其对应的核心筒的收缩徐变变形已经发展的越充分，这时候外框架与核心筒找平施工，核心筒后期变形就相对较小，从而框筒内外的竖向变形差就越小，从图 9-23 中可以看出核心筒每多领先施工四层，最大框筒内外

的相对竖向变形就相应降低约 6mm，约为总相对变形的 18.2%。传统超高层结构施工过程中一般均进行施工找平，因此合理的增加核心筒领先施工层数可以有效的降低施工结束时框筒内外相对变形的发展。

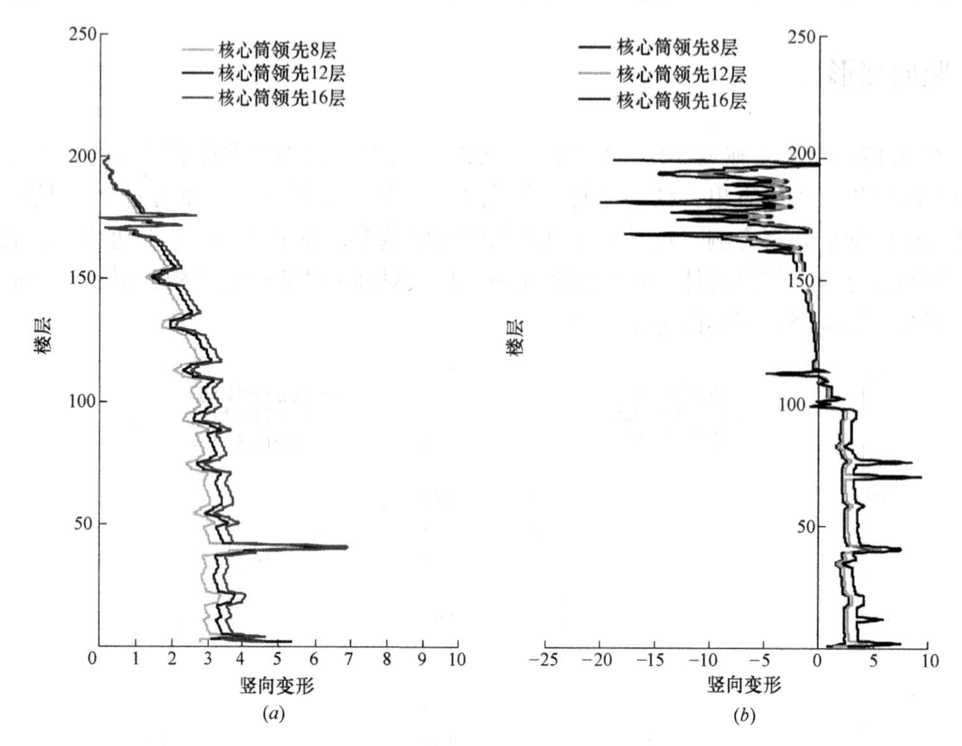

图 9-23 不同核心筒领先施工层数结构框筒内外相对变形比较

（a）不考虑找平；（b）考虑找平

9.7 千米级摩天大楼结构变形预调控制

通过上述分析可知，尽管在施工中进行设计标高找平，但由于后期施工变形累积影响，结构竖向变形和框筒相对变形依然存在，且量级不容忽视，尤其是随着结构高度的增加这种累积现象将更为突出，有必要对超高层结构进行变形预调控制方法研究，以期从根本上解决该类结构的竖向变形累积问题。

9.7.1 变形预调分析方法

1. 单构件模拟收缩徐变

超高层结构施工由于其长期性与复杂性，混凝土材料的收缩徐变效应将随着结构高度的增加产生越来越明显的影响。因此，该效应有必要通过施工模拟进行进一步研究，以避免构件内力重分布所带来的构件承载力损耗。这对于带有伸臂桁架的结构尤其重要。通过数据模拟，将可以有效预测钢板剪力墙与框架之间的收缩徐变差距，从而达到控制伸臂桁架固结的时间节点的目的，使后期的长期应变对结构所产生的负面效果达到最小化，从而避免桁架因变形不均匀而造成的强度损耗，为结构总体稳定提供一定帮助，并能有效提高结构抗风抗震所需要的预留强度。

通过施工模拟，可获得本结构竖向构件在每个施工阶段的时程轴应力。通过使用 Midas

GEN 的施工模拟功能并进行调整，该模拟对于混凝土收缩徐变的考虑可划分为数个时程步骤，具体步骤可见图 9-24。

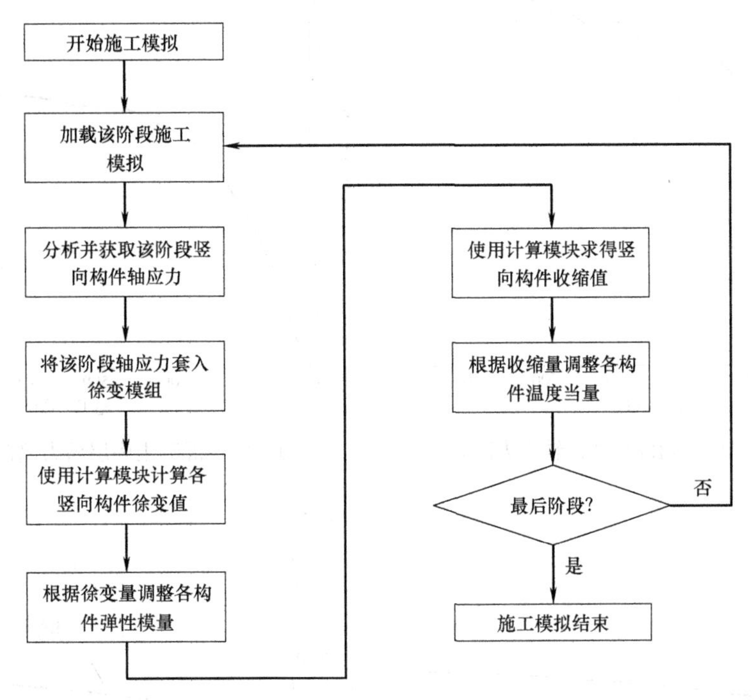

图 9-24 混凝土收缩徐变施工模拟流程示意图

因为目前世界上并未拥有一种可以完整解释混凝土收缩徐变效应的预测模型，因此在缺乏进一步试验及数据的基础上，通过比较，选用了对混凝土抗压强度变化较为敏感，且收缩徐变曲线较为适中的 CEB-FIP MC90 欧洲预测模型作为施工模拟所使用的预测模型。鉴于混凝土收缩徐变的复杂性，施工模拟在保留其预测相对可靠的基础上对该效应进行了如下假设：

（1）全高程使用相对湿度 $RH=63\%$，亦即辽宁大连的年平均相对湿度；

（2）所使用的施工模拟运算将忽略周边环境在施工过程中所发生的温度变化；

（3）对混凝土收缩徐变将以施工阶段为基础采用时程迭代法；

（4）将忽略柱与柱、墙与墙之间因梁板而造成的相对应力调整，假定标准层之内柱、墙各自的总体收缩徐变为其单构件的平均值；

（5）将通过弹性模量的调整来包含外包钢管及钢板所产生的约束效应，并忽略竖向构件节点域刚度变化所具有的相关影响。

以首层墙柱为例，通过以上所述施工模拟，可得出首层边缘墙柱轴应力通过迭代分析后获得的时程变化曲线，见图 9-25、图 9-26。鉴于剪力墙先于框架施工，其轴应力时程曲线略为滞后于剪力墙。而剪力墙的总体轴应力曲线则略低于框架柱。同理，通过自行研发的时程迭代模块，可得出首层边缘墙柱构件的收缩徐变值，参见图 9-27 及图 9-28。

通过以上曲线可知，收缩徐变对结构整体随着时间增加会产生一定的影响，而该影响随着结构高度的增加将越发明显。通过对竖向结构的施工模拟，以整体施工模拟阶段来说，在结构封顶时，框架因收缩徐变而产生的形变普遍大于剪力墙的形变。而施工模拟中未通过使用时程迭代对收缩徐变进行细化处理的形变普遍有着对结构总体形变预测出现偏差的情况。该偏差在结构中部所出现的变化尤其明显。

鉴于以上分析结果，可以推断出核心筒的收缩徐变与外框架将存在一定的差距。因此，混凝土的收缩徐变效应在施工模拟期间，尤其是在设计伸臂桁架的固结时间期间，是一个不可或缺的

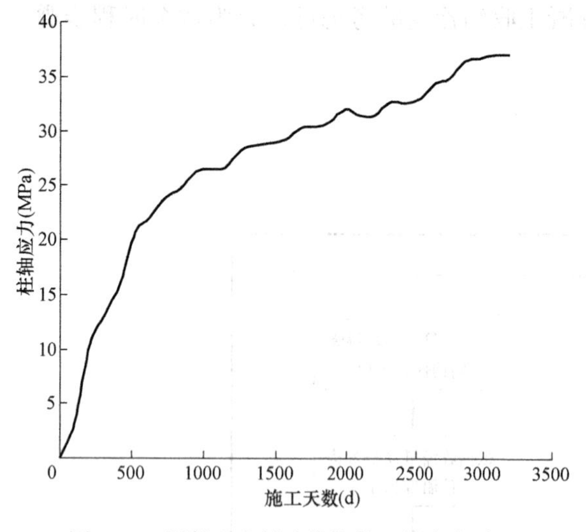

图 9-25　混凝土底层边缘柱截面轴应力时程

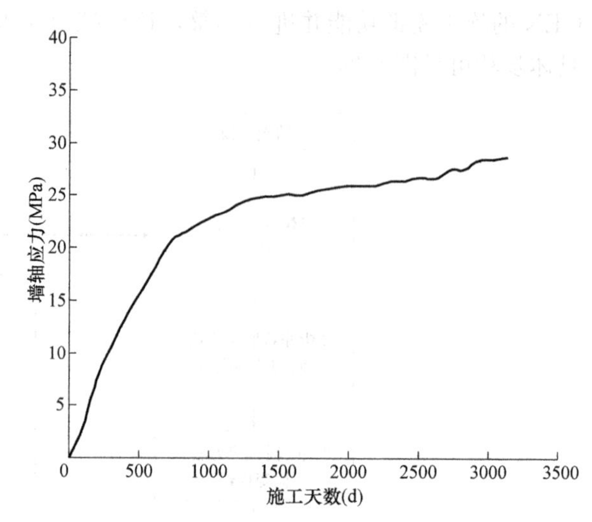

图 9-26　混凝土底层剪力墙截面轴应力时程

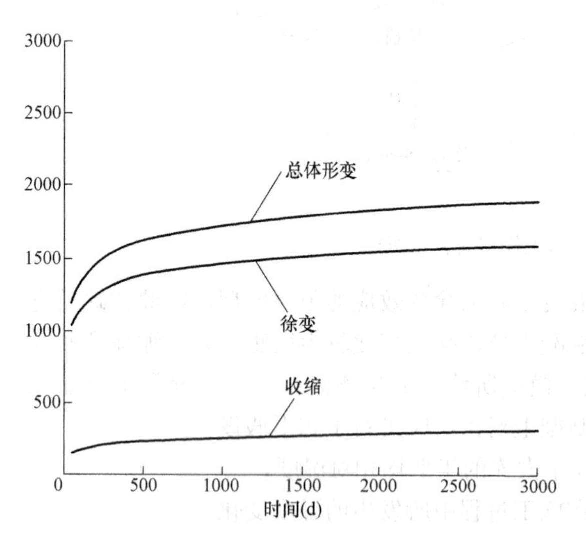

图 9-27　混凝土底层边缘柱形变时程曲线

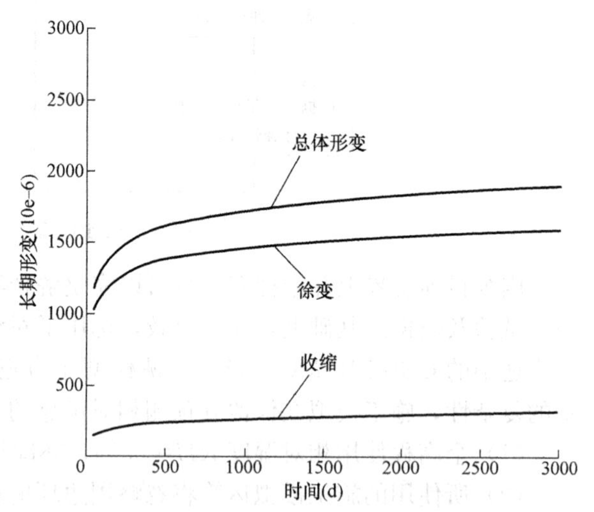

图 9-28　混凝土底层剪力墙形变时程曲线

考虑因素。

2. 最终标高校准

混凝土收缩徐变对于千米级高层的另一个主要影响是其对于建筑使用方面所造成的长期形变。因为收缩徐变是一个极为长期的过程，该效应在建筑使用的所有时间内均在不断产生影响。通过前面所作出的相关研究可见，收缩徐变在混凝土加载龄期达到接近 4000d 后其影响方会逐渐衰减，并达到一个相对恒定的形变值。因此，在此有必要对施工结束后的结构整体收缩徐变进行继续研究与探讨，使其造成的影响能在施工期间即被相对准确地预估，在施工过程中实施校准与预留，使结构的最终高度及标准层的相对层高在施工后达到建筑方案所需要的数值。

因此，千米级摩天大楼在进行了常规的施工模拟操作后对此特性进行了进一步模拟。由于施工模拟总体流程所持续的时间约为 2000d，因此在此之后继续进行 2000d 的计算将可使混凝土因收缩徐变所造成的形变值趋向稳定。通过对整体结构的继续模拟，得出了施工结束后第二道、第五道、第七道及剪力墙顶层总体标高变化时程（图 9-29）及施工结束 2000d 后的结构总体因混凝土收缩徐变效应模拟而得出的楼层最终相对形变曲线（图 9-30）。鉴于施工结束后的梁板刚度已经可以近似认为可作为刚性整体处理，因此该分析将使用各竖向构件收缩徐变的均值作为该楼层收缩徐变的总体形变值考量。

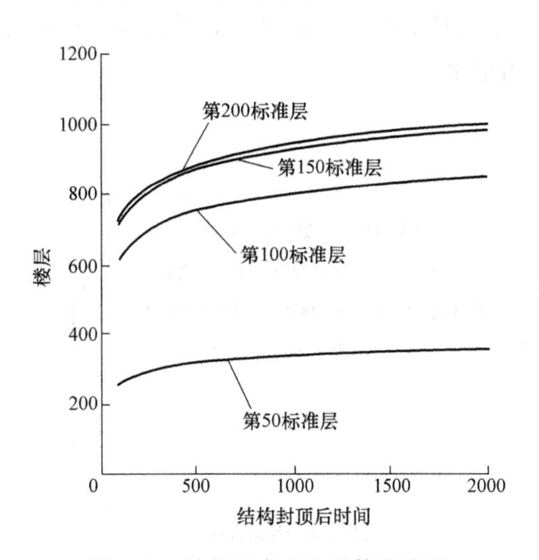

图 9-29　结构层高变化总体曲线图

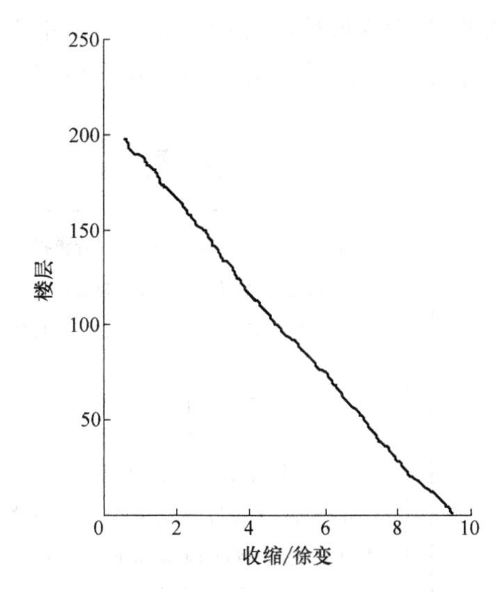

图 9-30　封顶后 2000d 层间收缩徐变总量

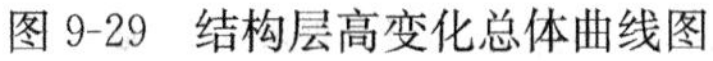

通过以上两图可看出，层间形变的变化于顶层最小，因为顶层轴应力较小，导致徐变所产生的形变相对有限。而底层则因为浇筑完成时间较长，其后期收缩徐变值则相对较小。通过观察，可发现结构中部的收缩徐变最大，因其混凝土材料尚未完成早期的大范围收缩徐变，而其轴应力也处于较高的水平。

通过对楼层最终相对形变值的观察，可发现经过收缩徐变模拟而得出的结构封顶后 2000d 内，最终楼层标高将与目标楼层标高形成几乎 1m 的差距。此结论也证明了该效应对超高层所产生的无法忽视的影响，同时也为结构施工提供了必要的标高预留依据。针对超高层结构竖向变形累积的特点，采用阶段变形补偿法对其进行施工过程中的变形预调分析。具体做法如下：首先对结构进行无变形预调处理的施工全过程模拟，得到施工成形时的各层竖向变形；再次进行施工全过程模拟，并将变形按照施工阶段并剔除前步变形及变形预调影响反号叠加到设计位形上，通过迭代，得到结构各施工楼层在相应施工阶段的变形预调控制值，使结构在施工结束时满足设计位形要求，如图 9-31 为阶段变形补偿法示意图。

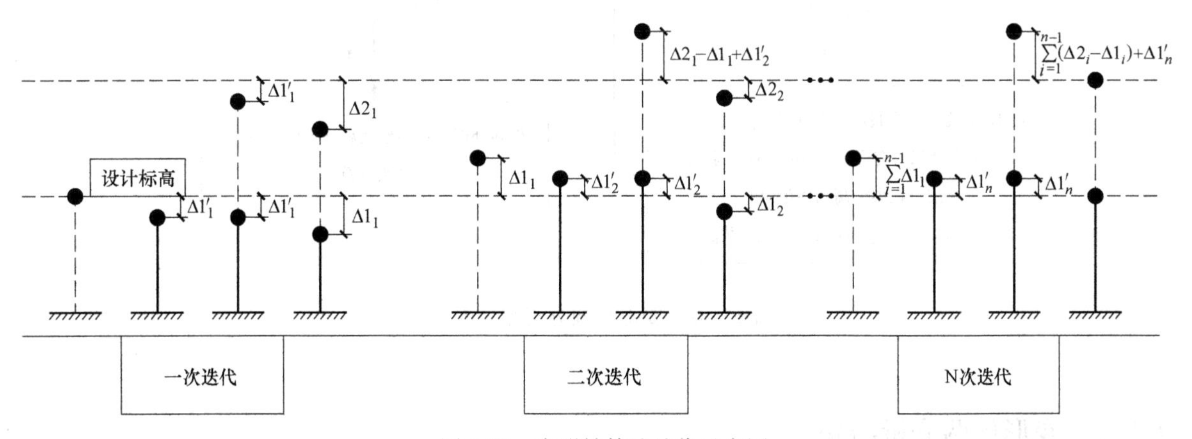

图 9-31　变形补偿法迭代示意图

超高层结构竖向变形累积问题主要体现为结构竖向变形和框筒相对竖向变形，因此将其变形预调分为竖向变形预调和框筒内外相对变形预调两部分，首先以结构核心筒竖向变形为控制目标建立核心筒竖向变形预调分析方法，之后以框筒内外相对竖向变形为控制目标，建立框筒内外相对竖向变形预调分析方法，将二者集成之后形成完整的超高层结构施工竖向变形预调分析方法，如图 9-32 为变形预调分析流程图，其中 h_{T1}、h_{K1} 分别为核心筒和外框架的设计标高，竖向变形 δ_T、δ_K 表示核心筒、外框架实际标高与设计标高的偏离值。

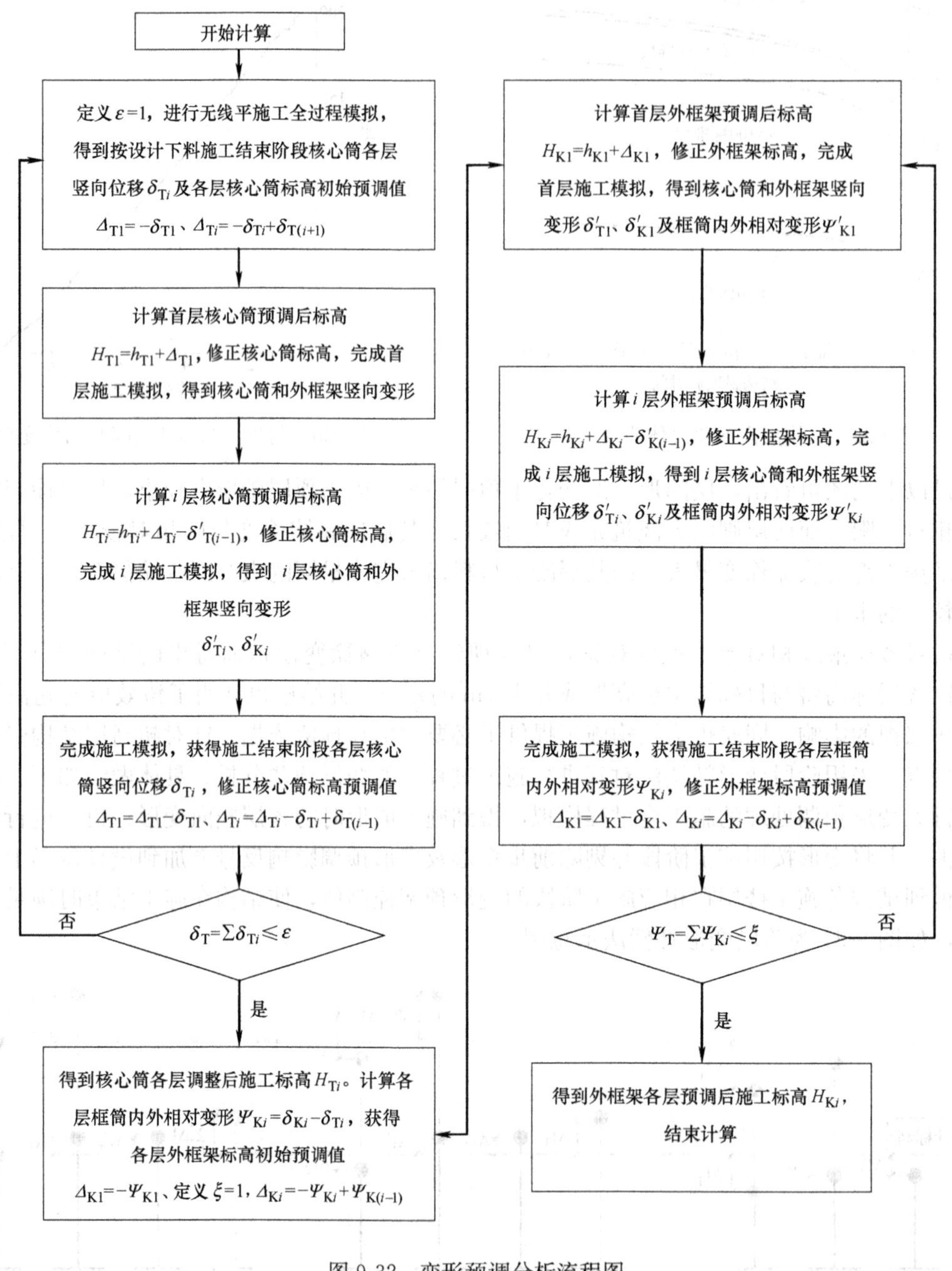

图 9-32　变形预调分析流程图

9.7.2　变形预调分析结果

以上述分析模型为基础，对其进行变形预调分析，通过阶段变形补偿法，基本在 1～2 次迭代之后，施工结束阶段核心筒竖向变形即可满足设计标高要求，一次迭代框筒内外相对竖向变形即可满足要求，变形预调计算效率较高。

通过上述分析可知，基于阶段变形补偿法所建立的超高层结构变形预调分析方法能够高效的解决该类结构中的竖向变形累积问题，可以得到结构施工过程中的各层标高预调值，为结构施工变形控制提供理论支持（图 9-33）。

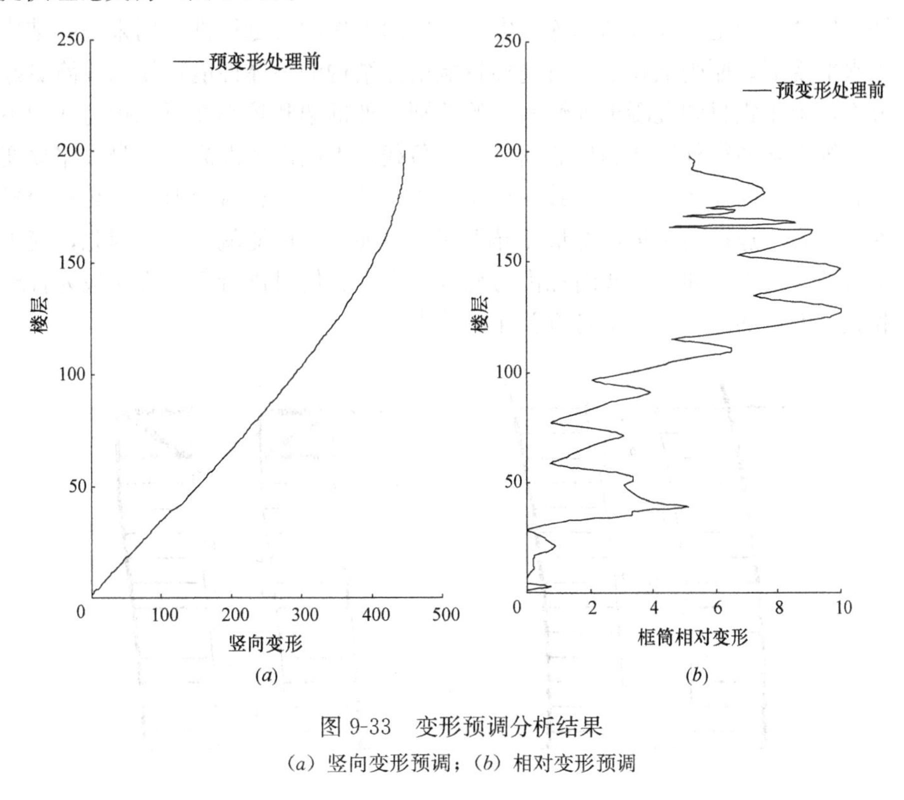

图 9-33 变形预调分析结果

（a）竖向变形预调；（b）相对变形预调

9.8 千米级摩天大楼伸臂桁架安装时序分析与优化

超高层结构多采用框架核心筒体系，这种结构的主要抗侧力结构为核心筒，外框架主要承受竖向荷载，如果不考虑二者协同工作，外框架和核心筒各自承受水平荷载时，外框架主要为整体剪切变形，核心筒为弯曲变形。一般情况下二者通过刚性楼板或者刚性连梁协同工作，框架体系在水平力作用下总体变形为弯剪变形，核心筒依旧为主要抗侧力结构，外框架按刚度分配部分水平荷载。

框筒结构体系的最大问题就是随着高度的增加，存在侧向刚度不足及核心筒内力偏大的缺陷，这是因为尽管核心筒具有较大的侧向刚度，但是对整个结构而言核心筒宽度较窄，高宽比较大，而且外框架和核心筒之间的跨度通常较大，随着结构高度的增加，仅靠楼板和连梁难以保证外框架和核心筒的良好系统工作，对核心筒在水平荷载作用下产生的横截面转动基本上起不到约束作用，外框架仅承担较小的水平剪力，结构水平荷载主要由核心筒承担，受力性能类似于悬臂柱，弯曲变形较大，水平变形增长过快，如图 9-34，因此，为了增大结构的侧向刚度，保证结构的整体性，往往会通过设置刚度较大的伸臂桁架来连接外框架和核心筒协同工作，如在风荷载作用下，使核心筒迎风面的外框柱产生拉力，背风面的外框柱产生压力，组成一个与外水平荷载效果相反的力偶，抵消了部分外倾覆力矩，限制了外框柱和核心筒的转动与弯曲，从而提高结构侧向刚度，减少结构在水平荷载作用下的侧翼和筒体底部弯矩。由于它的这种优势，目前，伸臂桁架在超高层结构中得到了广泛的应用。

9.8.1 伸臂桁架连接工程实例

从上可知，伸臂桁架是超高层结构连接内外筒协同工作的关键构件，用来提高结构体系的侧向刚度，减少水平变形，原则上越早进行连接越能增加结构的整体性能，使内外筒更好的协同工作；而另一方面，由于钢材和混凝土弹性模量的差别，外框架和核心筒所承担荷载的不同，混凝土自身收缩徐变等因素使得外框架和核心筒所承担荷载的不同以及混凝土自身收缩徐变等因素使得外框架和核心筒的竖向变形发展不一致，从而造成内外筒产生相对变形差，相对变形又使得伸臂桁架产生附加内力，连接的越早，变形差异引起的附加内力可能就越大。因此，施工过程中结构侧向刚度是否满足要求、伸臂桁架附加内力究竟有多大、何时进行安装连接最为合理一直是困扰工程设计和施工人员的难题，也是各方关注的重点。

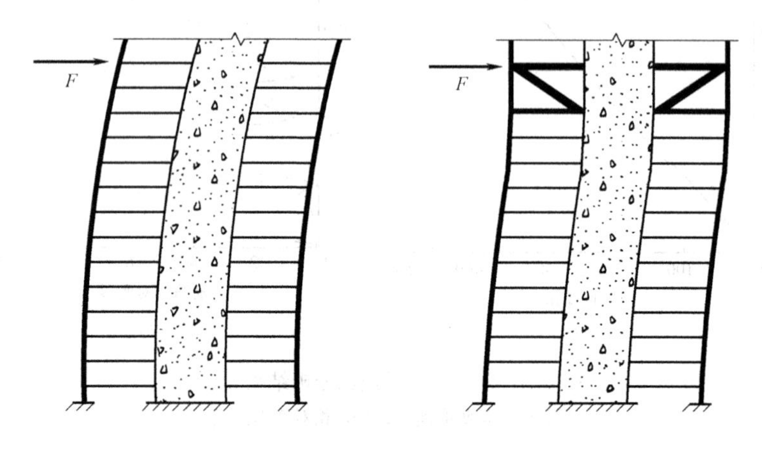

图 9-34 伸臂桁架工作原理

目前，人们往往根据经验和宏观认识对已有超高层结构伸臂桁架进行施工安装，其安装时序不尽相同：如上海金茂大厦和南京新百主楼设有 3 道伸臂桁架，其连接方式为：施工到第 2 道伸臂桁架所在楼层时，连接第一道伸臂桁架，施工到第 3 道伸臂桁架所在楼层时，连接第 2 道伸臂桁架，施工结束阶段进行最后一道伸臂桁架连接（图 9-35）。

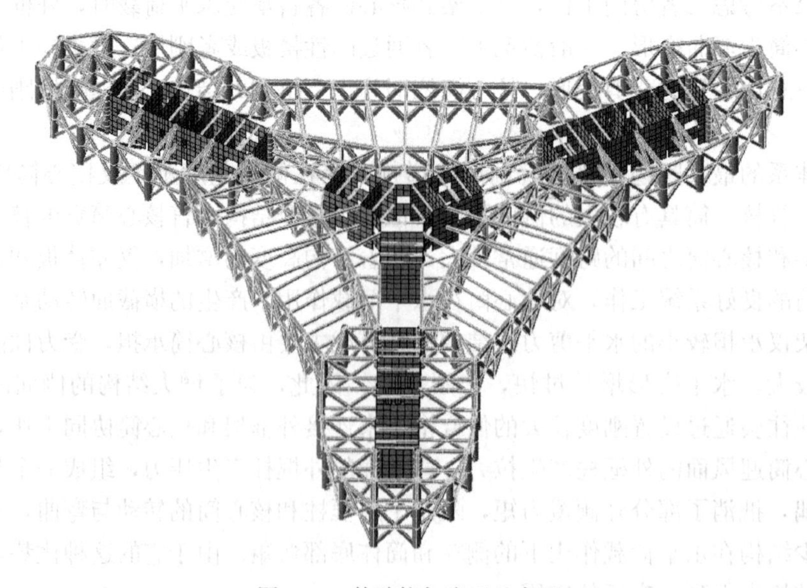

图 9-35 伸臂桁架类型及布置

9.8.2 伸臂桁架对结构侧向刚度影响分析

设置伸臂桁架的主要目的是增加结构的侧向刚度，提升结构抵抗水平荷载的整体性能，因此伸臂桁架合理安装时序的确定首先对结构施工过程中的侧向刚度是否满足规范要求进行考察，如果未连接伸臂桁架时的结构侧向刚度不能满足规范要求，则需要进行伸臂桁架连接以增加结构侧向刚度。因此，未来研究伸臂桁架的合理安装时序，首先对不同伸臂桁架连接情况下的施工过程中结构侧向刚度进行分析。

由于结构施工周期与结构的生命周期相比时间比较短暂，出现地震的概率较小，施工期间所受的水平荷载主要为风荷载，风荷载取值也可以比设计取值适当放宽，可取 10 年一遇的风荷载进行施工阶段的结构计算。而目前衡量超高层结构侧向刚度的指标主要有层间位移角、顶点侧移和 P-Δ 效应影响的大小。因此对结构侧向刚度的考察，主要是对施工过程中结构在风荷载作用下的结构层间位移角、顶点侧移和 P-Δ 效应影响是否满足规范要求的考察。通常结构层间位移角的规范要求为 1/500，顶点侧移与结构高度比值要求为不大于 1/1000，而保证结构的倾覆稳定要求的 P-Δ 效应所引起的水平附加变形则应控制在总水平位移的 20%以内。

9.8.3 伸臂桁架数量对侧向刚度影响

为了考察伸臂桁架连接情况对结构侧向刚度的影响，对结构不同伸臂桁架连接情况下的侧向刚度进行分析评估。

图 9-36 为未连接伸臂桁架、连接一道、两道、三道、四道、五道、六道、七道、八道、九道和十道伸臂桁架时的结构层间位移角曲线，由图可以看出，连接伸臂桁架后，结构各层的层间位移角均有所减小，结构侧向刚度有所提升，伸臂桁架连接的数量越多，结构侧向刚度越大；但是，随着数量的增加，伸臂桁架的连接数量对结构侧向刚度的提升效率有所减缓，其中连接一道和两道伸臂桁架的效果最为明显，连接第二道伸臂桁架时，对结构的侧向刚度提升效果已有所减缓。

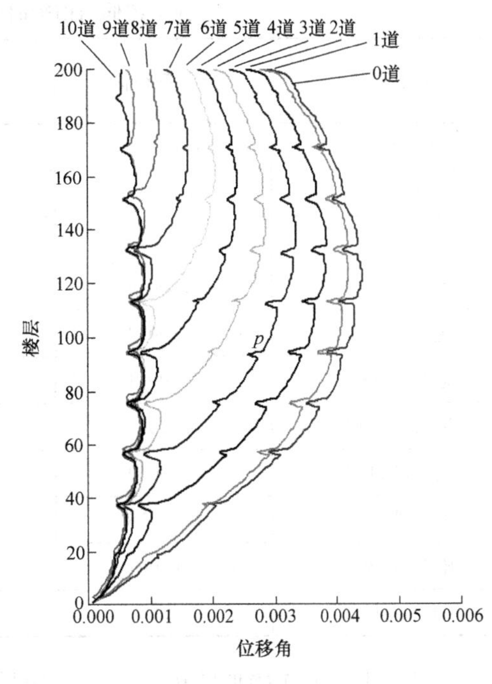

图 9-36 结构层间位移角

表 9-3 给出了伸臂桁架不同连接情况下的结构最大层间位移角、顶点侧移和 P-Δ 效应影响情况，可以看出随着伸臂桁架连接数量的增加，结构的最大层间位移角、顶点侧移和 P-Δ 效应影响均有明显下降。

伸臂桁架对结构侧向刚度影响分析结果 **表 9-3**

伸臂桁架数量	最大层间位移角	顶点侧移(m)	P-Δ 效应(m)	所占百分比
连接一道	0.000738	0.4673	0.017391	3.7%
连接两道	0.000758	0.4671	0.015708	3.4%
连接三道	0.000778	0.4445	0.015147	3.4%
连接四道	0.000798	0.4366	0.013838	3.2%

续表

伸臂桁架数量	最大层间位移角	顶点侧移(m)	P-Δ 效应(m)	所占百分比
连接五道	0.000818	0.4376	0.012716	2.9%
连接六道	0.000838	0.4673	0.011594	2.5%
连接七道	0.000858	0.4223	0.010472	2.5%
连接八道	0.000878	0.4127	0.00935	2.3%
连接九道	0.000898	0.4030	0.008228	2.0%
连接十道	0.000918	0.3934	0.007106	1.8%

9.8.4 未连接伸臂桁架时结构侧向刚度分析

为考察施工过程中未连接伸臂桁架时的结构侧向刚度情况，对结构最大层间位移角、顶点侧移和 P-Δ 效应影响进行了分析，如表 9-4 所示。

未连接伸臂桁架时对结构侧向刚度影响分析结果　　表 9-4

施工阶段	最大层间位移角	顶点侧移(m)	P-Δ 效应	
			附加侧移(m)	占总侧移比例
施工到 15 层	0.00008	0.0214	0.0011556	5.40%
施工到 28 层	0.00012	0.0420	0.0013440	3.20%
施工到 45 层	0.00015	0.0582	0.0018042	3.10%
施工到 62 层	0.00019	0.0745	0.0023840	3.20%
施工到 80 层	0.00023	0.1201	0.0039633	3.30%
施工到 106 层	0.00034	0.1504	0.0055648	3.70%
施工到 124 层	0.00046	0.1758	0.0061530	3.50%
施工到 143 层	0.00050	0.2456	0.0100696	4.10%
施工到 167 层	0.00056	0.2847	0.0108186	3.80%
施工到 185 层	0.00064	0.3421	0.0147103	4.30%
施工到封顶	0.00070	0.4520	0.0239560	5.30%

可以看出，未连接伸臂桁架时，结构最大层间位移角为 0.0007，满足规范的 1/500 要求，顶点侧移与结构高度比值为 1/2212，满足 1/1000 要求，P-Δ 效应引起的位移占总侧移的比例也控制在 20%以内。因此，不考虑地震，在 10 年一遇的水平风荷载作用下，施工过程中未连接伸臂桁架时结构侧向刚度和抗侧倾性能均可满足规范要求。

9.8.5 伸臂桁架附加内力发展规律及安装时序优化

伸臂桁架附加内力发展是控制伸臂桁架安装时序最为关键的依据，只有明确伸臂桁架不同安装时序下的附加内力情况，才能制订出合理的伸臂桁架施工安装方案。

因此为了考察伸臂桁架附加内力随安装时序的变化规律，对伸臂桁架在表 9-5 中 4 种不同施工安装方案下的附加内力进行分析，主要是以伸臂桁架极值应力作为指标对其附加内力进行考察，并对伸臂桁架合理安装时序进行优化。

伸臂桁架施工安装分析方案 表 9-5

方案序号	第一道	第二道	第三道	第四道	第五道	第六道	第七道	第八道	第九道	第十道
1	18层	37层	56层	75层	94层	113层	132层	151层	170层	189层
2	28层	47层	66层	85层	104层	123层	142层	161层	180层	200层
3	37层	56层	75层	94层	113层	132层	151层	170层	189层	封顶
4	封顶	封顶	封顶	封顶	封顶	封顶	封顶	封顶	封顶	封顶

注：表中楼层表示结构施工到此楼层时进行对应伸臂桁架的安装连接。

9.8.6 典型连接方案分析

为了了解依据经验和宏观认识的传统施工安装方案下的伸臂桁架附加内力发展状况，对伸臂桁架在四种典型连接方案下的施工各阶段附加应力进行分析。通过对典型连接方案的研究可以发现，伸臂桁架往往存在较大的附加应力，连接越早，附加应力越大，早期应力发展速度较快，后期逐渐变缓，施工结束后，附加应力将继续发展 5～16MPa，相对变形引起的伸臂桁架附加应力不容忽视。伸臂桁架最大极值应力为 75.0MPa，发生在第一道伸臂桁架上。因此，有必要对不同施工安装方案下的伸臂桁架附加应力发展规律进行研究，以伸臂桁架附加应力为控制目标，给出伸臂桁架合理安装时序确定方法。

9.8.7 单个伸臂桁架附加内力发展规律

首先对单个伸臂桁架不同连接方案下的附加内力发展规律进行研究。以第一道伸臂桁架为例，图 9-37 为第一道伸臂桁架不同连接方案下的附加极值应力发展规律，可以看出，在任意确定的施工段内，不同连接方案下的伸臂桁架附加极值应力发展规律基本不变，与其安装时序无关。

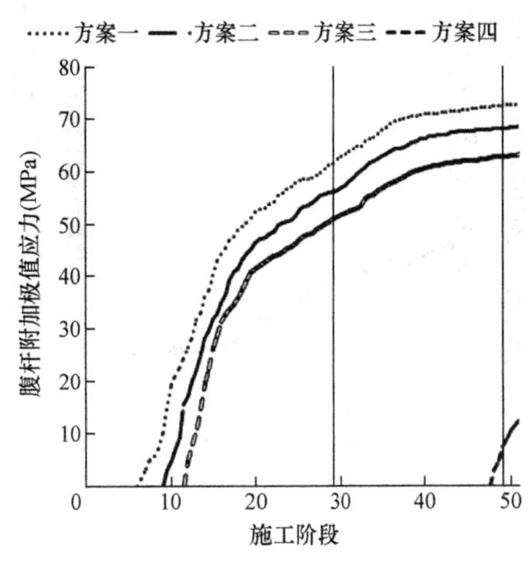

图 9-37 第一道伸臂桁架附加应力曲线

根据这个规律，则第一道伸臂桁架任意连接时刻到施工结束阶段的附加极值应力发展规律，均可从图 9-37 中第一条曲线（施工 18～19 层连接）中对应施工阶段获得，曲线上任意施工楼层到施工结束阶段的伸臂桁架附加应力差值，便是第一道伸臂桁架在施工到此楼层时连接的施工结束时附加应力值，同样对其他九道伸臂桁架分析也存在类似规律，由此便可以得到各个伸臂桁架不同时刻连接的附加极值应力发展规律，进而建立伸臂桁架附加应力与连接时刻的关系曲线，如图 9-38 所示。对于混凝土收缩徐变效应对施工模拟的影响，本计算模型还在传统的施工模拟上添加了一个不考虑混凝土收缩徐变的工况以进行对比，如图 9-39 所示。可以看出，在不考虑混凝土收缩徐变效应的情况下，伸臂桁架在施工模拟阶段的附加应力发展与前图相比存在着一定的折减。

9.8.8 伸臂桁架合理安装时序确定方法

通过上述分析可知，不考虑地震，结构在 10 年一遇的风荷载作用下，其施工阶段的结构侧

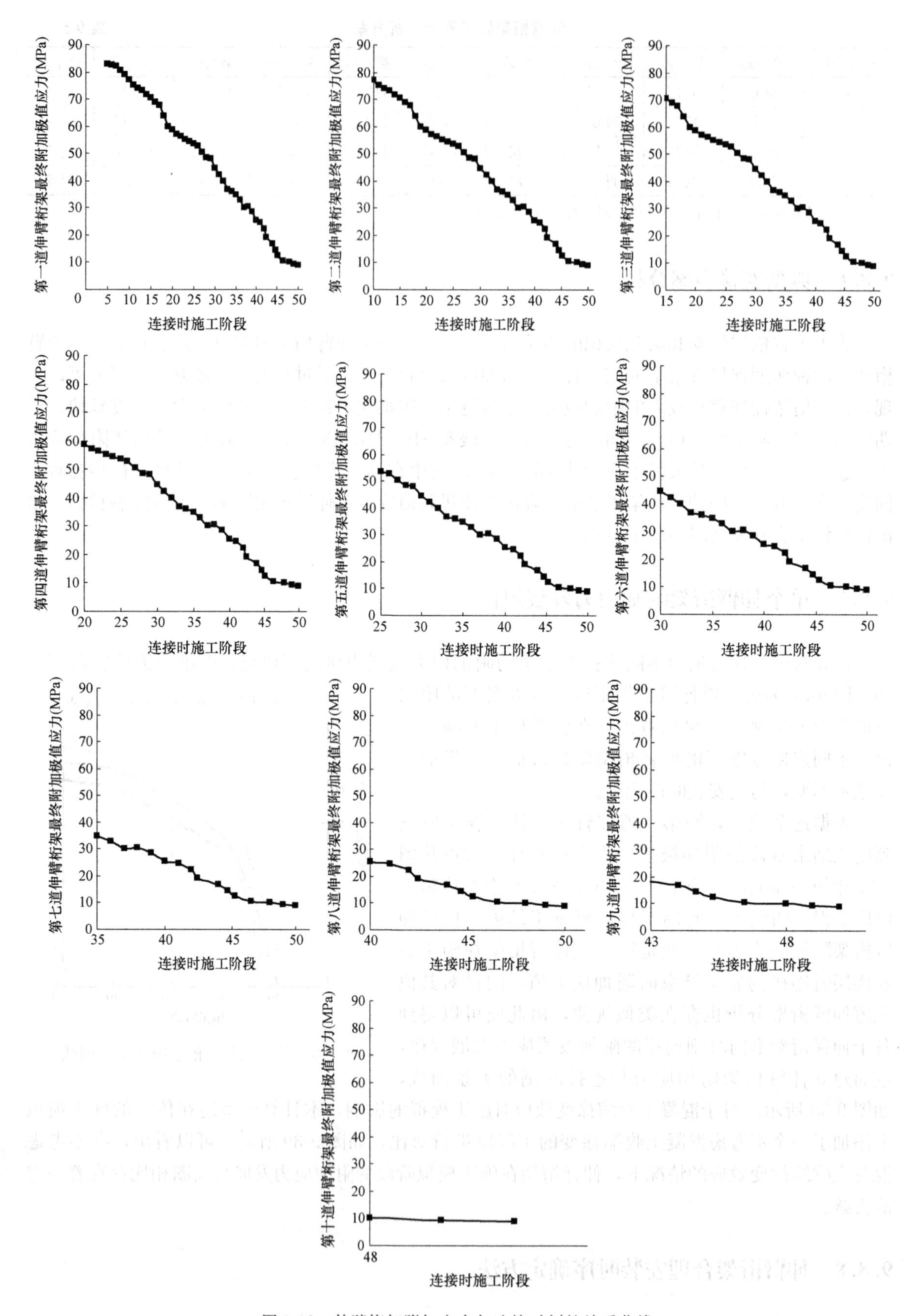

图 9-38 伸臂桁架附加应力与连接时刻的关系曲线

向刚度和抗侧倾性能往往可以满足规范要求。而另一方面，从结构的整体性和施工便捷角度而言，伸臂桁架越早连接越合理。因此在设计初期可适当考虑变形差异引起的附加应力，为变形差异引起的伸臂桁架附加应力预留一定应力冗余空间，在满足应力要求的前提下，可尽早连接伸臂桁架。基于此，可以以伸臂桁架附加应力水平为控制依据给出其合理安装时序的确定方法。

伸臂桁架附加应力发展规律分析表明，伸臂桁架安装时序选取时，可直接以单个伸臂桁架的附加应力发展规律为依据，确定各个伸臂桁架的合理安装时序。具体可以根据所获得的伸臂桁架附加应力与连接时刻关系曲线确定的各个伸臂桁架的合理安装时序。以下以设计预留 30MPa 和 40MPa 时附加应力为例，对其合理安装时序进行确定。

通过伸臂桁架附加极值应力与连接时刻关系曲线，根据设计预留的应力水平查找应力为 30MPa 和 40MPa 时以第一道伸臂桁架对应的施工连接时刻为例（图 9-40），最终确定两种伸臂桁架 30MPa 和 40MPa 应力控制时的合理安装时序见表 9-6。

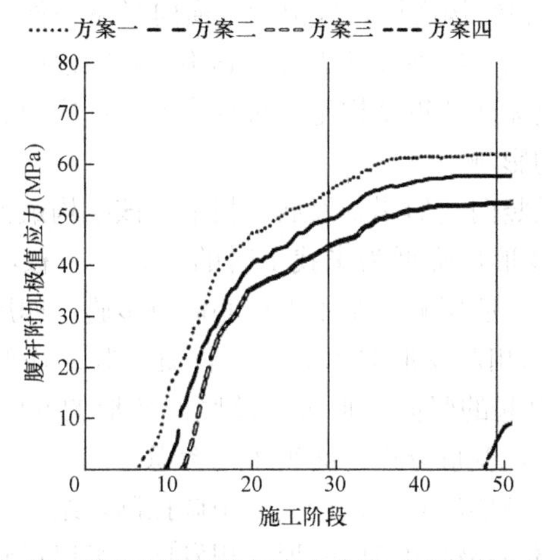

图 9-39　第一道伸臂桁架附加应力曲线（不考虑收缩徐变）

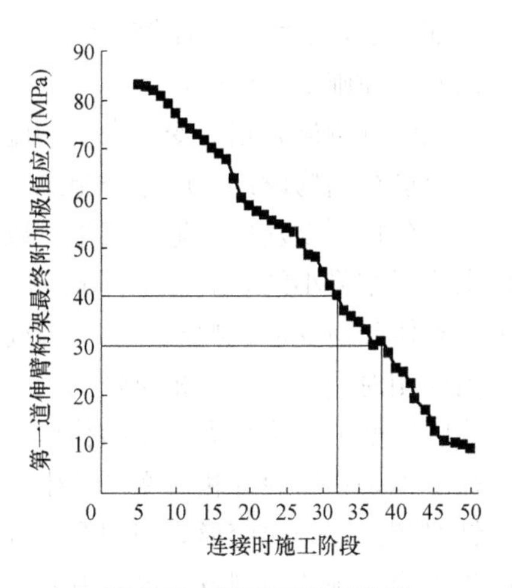

图 9-40　连接时施工阶段

伸臂桁架合理连接方案　　**表 9-6**

伸臂桁架	第一道	第二道	第三道	第四道	第五道	第六道	第七道	第八道	第九道	第十道
连接方案(30MPa)	118 层	125 层	135 层	143 层	189 层	165 层	171 层	180 层	194 层	200 层
连接方案(40MPa)	98 层	111 层	124 层	132 层	174 层	157 层	162 层	171 层	180 层	200 层

采用施工全过程分析技术对所确定的施工安装时序进行施工全过程分析图 9-41 为所确定的合理连接方案伸臂桁架附加极值应力发展曲线，可以看出两种伸臂桁架的附加极值应力在最终时

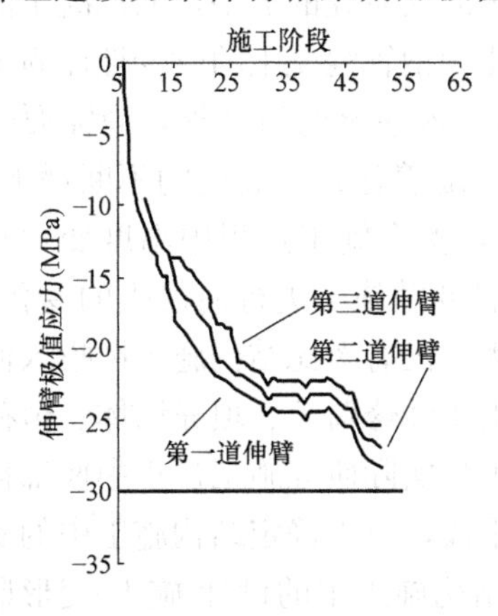

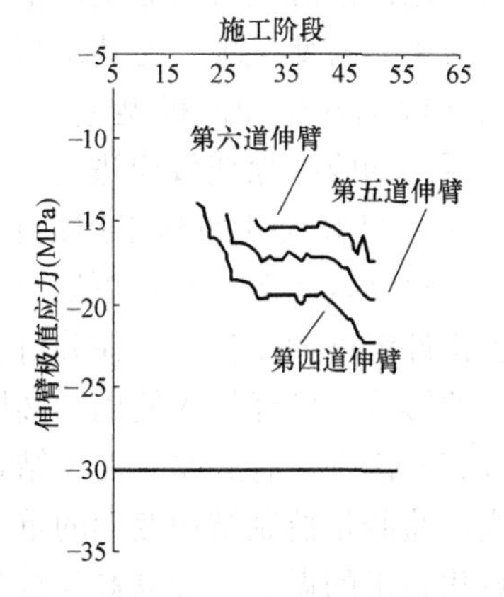

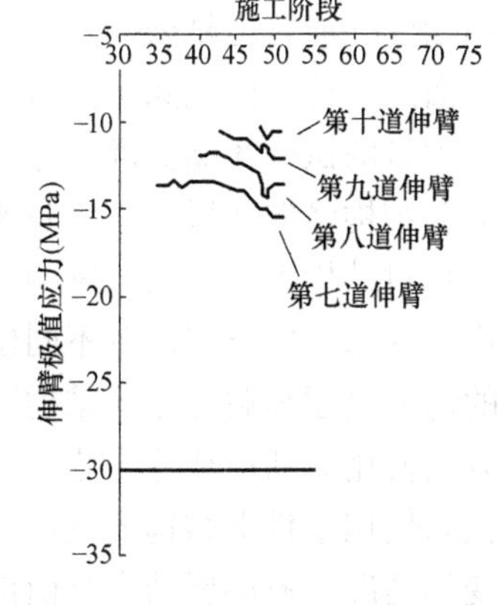

图 9-41　伸臂附加极值应力曲线

刻均很好的控制在 30MPa 和 40MPa 范围内，因此通过伸臂桁架附加极值应力与连接时刻关系曲线，可方便的确定不同附加应力控制标准的伸臂桁架最佳施工阶段，可以解决伸臂桁架合理安装时序问题。

9.9 结论与改进

以千米级摩天大楼结构为研究对象，对超高层结构竖向变形累积规律及变形预调控制进行深入研究，获得以下几点结论。

首先通过针对超高层竖向变形累积分析可表明，传统超高层施工竖向变形累积规律呈现出中间大，两端小的特点，最大竖向变形约 448mm，最大框筒相对竖向变形约 20.57mm，均发生在结构中部楼层，最大层间压缩量约 7.53mm，发生在结构底层，框架梁等横向联系构件的极值应力往往发生在施工过程中，而不是施工结束阶段；而一次性加载无法得到施工各阶段的结构变形情况，无法预测最大相对变形发生的施工阶段，更无法获得结构施工过程中的极值应力。因此针对超高层进行结构设计时应考虑施工过程对结构的影响。

通过分析可以发现，施工找平可以有效的降低竖向变形累积发展。找平后该结构最大竖向变形比未找平结果小约 52.8%，框筒内外最大相对变形可降低为未找平时的 19.4%；核心筒先行施工对整体竖向变形影响不大，对框筒内相对变形有所影响，基本上核心筒每多施工四层，最大框筒内外相对竖向变形就相应降低约 6mm，约为总相对变形的 18.2%。混凝土收缩徐变对超高层结构竖向变形影响很大。在结构中由收缩徐变引起的竖向变形可达总竖向变形的 60%，同时收缩徐变也是框筒内外相对变形产生的最主要因素，变形分析中必须予以考虑。

针对超高层竖向变形累积问题，提出阶段变形补偿法对其进行变形预调控制，结果表明，超高层施工变形预调控制方法可以有效缓解或控制超高层结构竖向变形累积发展，可以得到结构施工过程中的标高预调值，为解决超高层结构竖向变形累积问题提供技术手段。

伸臂桁架对结构侧向刚度影响分析表明，随着伸臂桁架连接数量的增加结构侧向刚度和抗侧倾性能有明显提升，且不考虑地震，结构在 10 年一遇的风荷载作用下，未连接伸臂桁架时的侧向刚度和抗侧倾性能可以满足规范要求。对伸臂桁架的附加内力发展规律分析表明，伸臂桁架连接越早，附加内力越大，通过所得到伸臂桁架连接时刻与最大附加应力关系曲线可方便的确定不同附加应力控制标准的伸臂桁架合理施工阶段，解决了伸臂桁架合理安装时序问题。

研究中未考虑地震、机械作业等动力荷载对结构施工的影响，有必要对施工期结构动力荷载作用下的时变特性进行分析；其所采用的混凝土收缩徐变模型基于前人研究的成果，而混凝土的收缩徐变性能较为复杂，当前世界对于其时变机理，尤其是高性能和钢管混凝土的时变性能尚未有全面的定论。因此除了需对混凝土收缩徐变预测模型进行更加深入系统的研究外，尚需要长期、大量的试验才能更准确地对混凝土的收缩徐变效应进行量化。随着建筑物高度的不断增加，温度对结构竖向变形的影响越来越大，且高层建筑施工周期较长，整个施工过程中温度变化较大，会对结构产生较大的影响。温度对结构变形的影响可以分为温度随施工进行而发生的变化、结构内外温差的影响以及不同位置构件温度的变化等。在分析过程中没有考虑结构施工中投入使用的部分楼层荷载变化对结构变形的影响。已经投入使用的楼层由于装修荷载、填充墙体、恒荷载以及使用时活荷载等与施工阶段有所区别，有必要时需要结合工程实际研究施工过程中底部楼层投入使用条件下结构的变形。变形监测是控制结构变形的重要手段，可以确定结构施工中的实际变形情况。有必要结合当前信息化施工的做法，开展高层建筑结构施工中的设计-施工-变形监测体系的研究。

10 温度效应分析

10.1 竖向超长结构的温度效应

当建筑物某方向尺寸过长或体量过大时，温度作用引起的结构变形和内力明显，需采取设置伸缩缝或后浇带等措施来应对温度效应。水平向超长的建筑结构比较常见，相关的计算分析、工程实例较多；而竖向超长的超高层建筑结构在温度作用下的研究分析相对较少。对于建筑结构竖向温度效应的研究主要集中的 20 世纪 90 年代初，提出了在一些假定条件下的计算理论和方法，后续应用于实际工程较少，仅上海中心大厦工程对施工阶段的日照温差效应进行了计算分析。目前，国内 300m 的超高层已经很普遍，600m 以上的超高层建筑已经开始建设，且现代建筑从功能形式、建筑材料、保温体系等方面都有新的进展，因此有必要结合现代建筑特点对超高层竖向温度效应进行系统的分析。

通常建筑结构的温差包括整体温差和局部温差。局部温差指构件两侧表面之间的温度差值，能引起构件的弯曲变形。整体温差指构件中面的温度变化。结构构件中面温度主要由所在环境平均温度控制。在混凝土构件、钢构件从原材料转化为具有一定设计强度的结构构件之后，环境温度的变化总能引起构件的伸缩变形。

10.1.1 计算温差和温差内力

温差和结构的温差内力不是必然的因果关系，温度变化不一定引起温差内力。一个结构构件在温度变化时可以自由变形，就不会产生温差内力。因此，只有构件的温度变形受到约束才会产生温差内力。可见，计算构件的温差内力时，初始温度并不是构件形成时的环境平均温度，而是有效约束形成时的环境平均温度。对于现浇混凝土结构，约束形成与混凝土终凝是同一过程，初始温度就是混凝土终凝温度；对于钢结构，构件安装完成即形成有效约束，此时的环境平均温度即为初始温度。

对于结构体系而言，某一构件的约束一般来自其他构件，构件与构件之间是相互约束的关系。结构体系的温度效应，是构件与构件之间的相对变形、相互约束，其计算是很复杂的。

竖向超长建筑结构，可看成竖向的悬臂构件，整体升温、降温的情况下不会产生温差内力。其产生温差内力的主要原因是各区域竖向构件的温差不同，具体可以分为以下几种情况：

(1) 室内外环境平均温度不同，使建筑内部竖向构件与外边缘竖向构件的温差不同；

(2) 日照作用使向阳面与背阴面竖向构件的温差不同；

(3) 竖向构件间线膨胀系数不同，使温度变形不同。

对于超高层建筑，(1)、(3) 情况一般导致内筒和外框架间的竖向变形差异，(2) 情况一般导致向阳面和背阴面竖向构件间的变形差异。结构既产生竖向变形差又产生水平位移，从而引起温差内力，温度效应变形状态如图 10-1 所示。

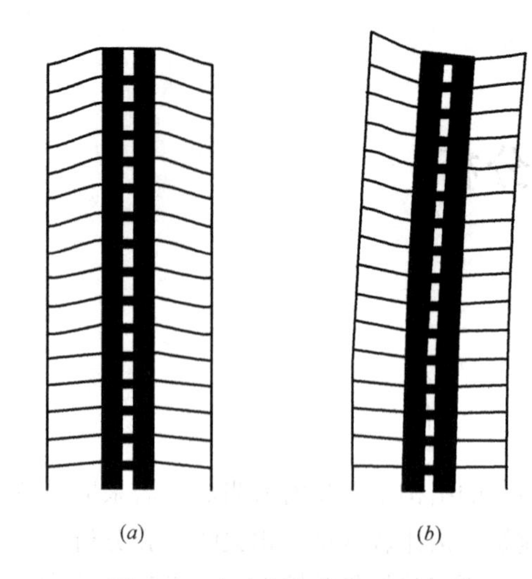

图 10-1　竖向超长结构温度变形
(a) 内筒和外框架的竖向变形差异；
(b) 向阳面和背阴面的变形差异

10.1.2　温度作用类型

置于自然环境中的建筑物，从结构施工到正式投入使用将经受各种自然环境条件变化的影响，这与建筑物所在地的地理位置、地形地貌条件、结构物的方位、朝向以及所处季节、太阳辐射强度、气温变化、云、雾、雨、雪等有关。建筑物的内外表面之间，还不断地以辐射、对流和传导等方式与周围空气介质进行热交换，因此建筑物处于十分复杂的换热过程中，由此形成的结构温度场分布也是很复杂的。

由于自然环境条件变化而产生的温度作用，一般可分为以下三种类型：

(1) 季节温差。指结构闭合阶段的施工期温度与使用阶段温度之差，它是由极缓慢的季节气温变化所致。超高层建筑一般施工周期较长，浇筑每一区混凝土的时间不同，沿结构高度混凝土的终凝温度不同。结构开始施工日期属于随机因素，故对于结构中的某一区，结构的终凝温度也不同。根据以往工程经验，假定混凝土终凝温度为 10℃。计算分析考虑最不利情况，即温差取包络值，夏季最高温和冬季最低温取大连近十年最高、最低温度。

(2) 日照温度：由于太阳照射强度随着建筑物所在地理位置、方位、朝向以及所处地区气候变化而改变，并且建筑的内外表面之间，还不断地以辐射、对流等方式与周围空气介质进行热交换，因此建筑物在日照作用下温度计算十分复杂。综合考虑太阳辐射、工程传热、隔热参数指标等参数，并根据该建筑的实际情况，计算结构正晒面温度。

大连地区地处辽东半岛南端，其经纬度为东经 121°44′～121°49′，北纬 39°01′～39°04′，根据大连当地整点气象预报提供的 8 月初大连一天内温度变化，发现 9：00 开始温度明显上升，于 12：00 左右温度达到峰值，下午 15：00 之后温度明显下降，考虑日照作用从早上 6：00 开始到下午 15：00 结束，共计 9h，取 3h 为一个加载步。夏季极端最高气温 $t_{w,max}=37.8$℃，室外气温昼夜平均值 $t_{w,p}=29.25$℃，太阳辐射强度峰值 $J_{max}=770$，太阳辐射强度昼夜平均值 $J_p=410$，结构外表面对太阳辐射热系数 $\xi=0.56$，结构外表面热转移系数 $a_w=24.4$，结构正晒面温度：$t_1=58$℃。日照温差的具体参数：正晒面结构温度 58℃，背晒面结构温度为季节温度；夏季日照温差引起向阳面构件温度升高为：58℃－40℃＝18℃。

海拔每升高 1000m，气温降低 6℃，这被称为“垂直温度递减率”。建筑表面温度经计算综合考虑每升高 1000m，温度降低 10℃。

(3) 室内外环境平均温度：构件的计算温度依据线性分布法确定，线性分布法假定构件温度呈线性分布，结构的内部构件，由于不受温度的直接影响，构件处于均匀温度变化场中，沿构件截面温度相同，至于外围构件，其计算温度取中面温度，中面温度等于构件内外表面温度的平均值。

大连室外平均气温为 22℃，室内在有空调正常工作情况下保持恒定温度为 28℃。因此结构中各部位构件的中面温度为：外围构件 $T_{中}=(22+28)/2$℃＝25℃；内部构件 $T_{中}=28$℃。其中外围构件是指直接暴露于大气中受日光照射的构件，包括有楼盖、外围筒体、剪力墙等，内部构件是指结构内保持恒温的构件，包括楼板、梁、柱等构件。由此，温度工况外围构件的温度变化为：(25－10－5)℃＝10℃；内部构件温度变化为：(28－10－5)℃＝13℃。

10.1.3 温度分析工况

在具体工程温度效应分析时，温差无非两种情况：一种是“＋”温差；一种是“－”温差，下面从时间的角度分析温度作用存在哪些工况。

温度效应分析时，可分为施工阶段和使用阶段，分别取夏季最高温和冬季最低温进行计算。鉴于各个楼层结构的施工具体时间不同，可以每20层来作为一个层次施加温度作用。具体工况简单表述如下：

(1) 施工阶段：

1) 工况1：夏季最高温：环境平均温度＋日照影响－初始温度；

2) 工况2：冬季最低温：环境平均温度－初始温度；(冬季最低温一般出现在凌晨，因此可不考虑日照影响)。

(2) 使用阶段：

1) 工况3：夏季最高温：室内外环境平均温度＋日照影响－初始温度；

2) 工况4：冬季最低温：室内外环境平均温度－初始温度。

10.2 温度应力分析

10.2.1 计算模型

本工程采用MIDAS GEN软件进行计算，计算模型如图10-2所示。

MIDAS GEN有限元划分及模型梁柱，剪力墙，楼板几何材料特性，见表10-1。

MIDAS GEN有限元划分及几何、材料特性 表10-1

构件名称	节点数	单元数	几何特性组数	材料特性组数
梁,柱	156432	60388	205	15
楼板	78216	168372	5	5
剪力墙	39108	84185	25	10
总数	273756	312945	235	30

10.2.2 计算结果

10.2.2.1 结构楼层水平最大位移

结构在不同温度荷载工况下的最大水平位移见表10-2。

温度变形最大水平位移 表10-2

工况名称	最大水平位移(mm)	工况名称	最大水平位移(mm)
工况1	504.28	工况3	453.61
工况2	302.13	工况4	143.39

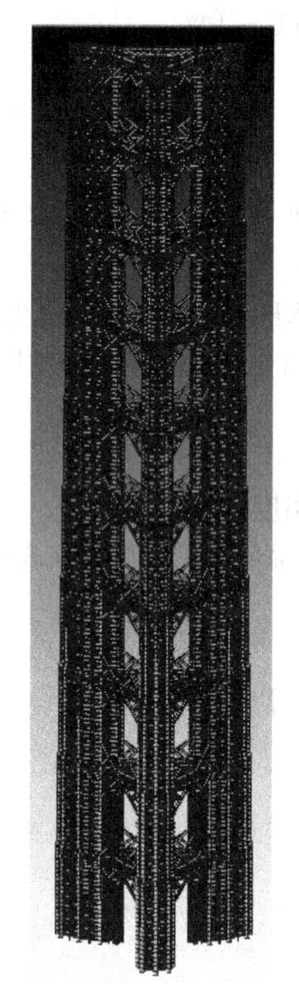
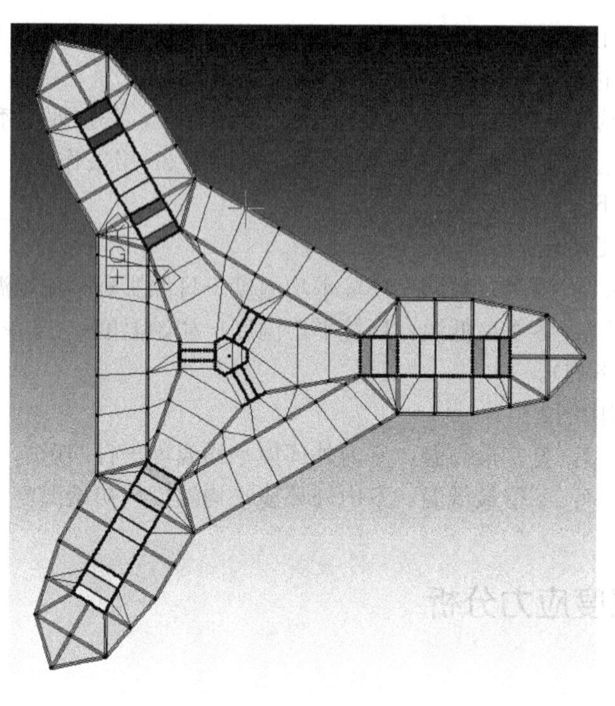

图 10-2　MIDAS GEN 模型

温度引起的侧向变形近似为弯曲性变形。考虑日照影响时，结构顶部最大侧向位移达到 504.28mm，温度引起的变形随着高度的增加而增大，随着温差的增加而增大。结构在不同温度荷载工况下的 midas 水平位移云图（不考虑钢筋松弛系数），如图 10-3～图 10-6 所示。

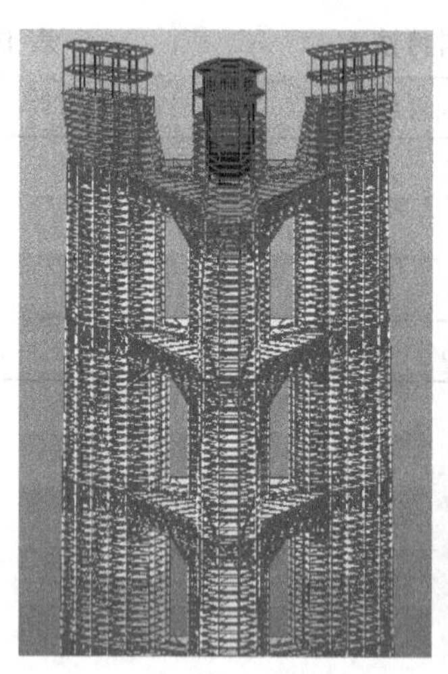
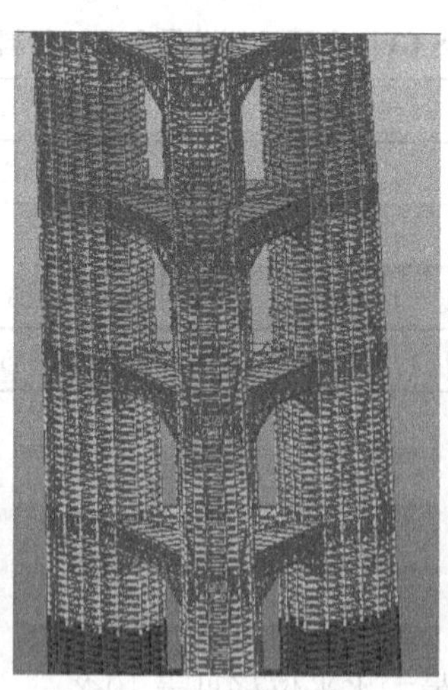

图 10-3　温度工况 1 下结构水平变形云图

在日照温度作用下，结构由向阳面向背阴面水平移动，结构变形引起的节点位移变化范围在最小值 0 与最大值 504.28mm 之间，其中最大的节点位移发生在结构顶部向阳面和背阴面外边缘处。无日照温度作用下，结构发生整体收缩变形，其最大的节点位移发生在结构顶部四周外边缘

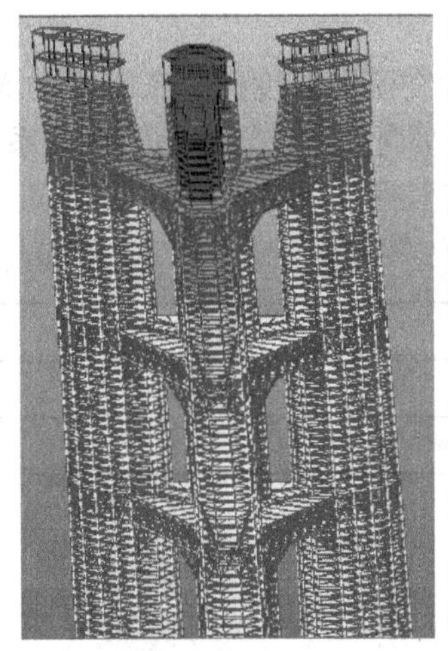 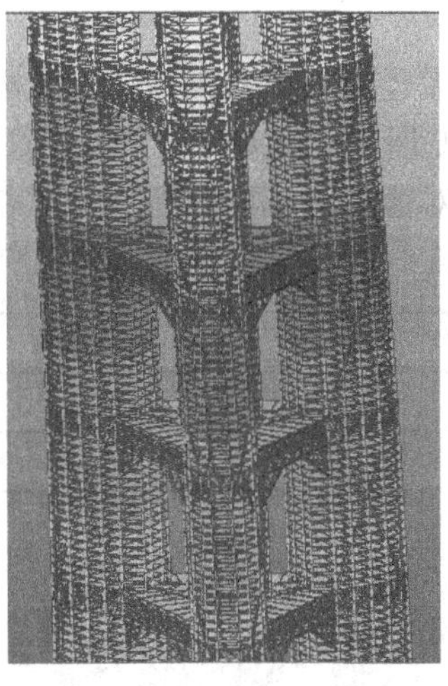 

图 10-4 温度工况 2 下结构水平变形云图

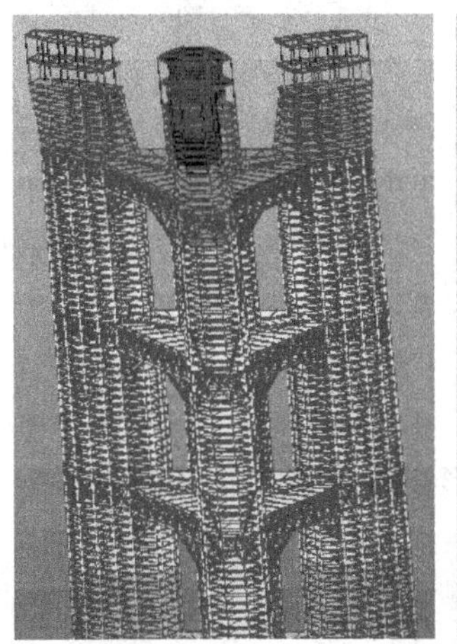  

图 10-5 温度工况 3 下结构水平变形云图

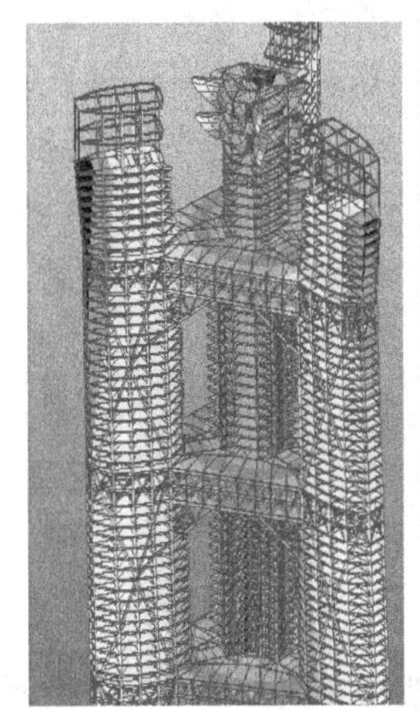 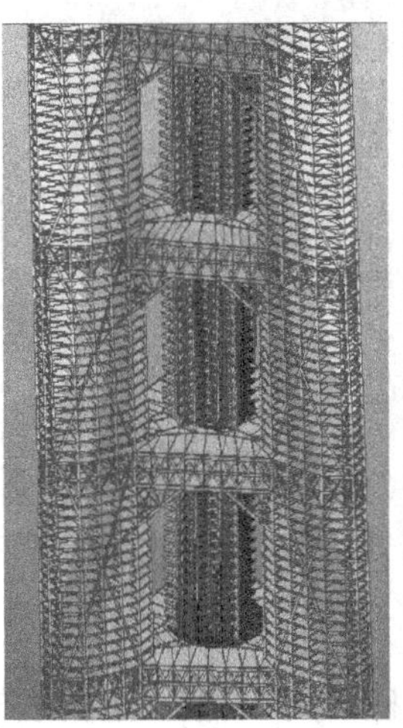  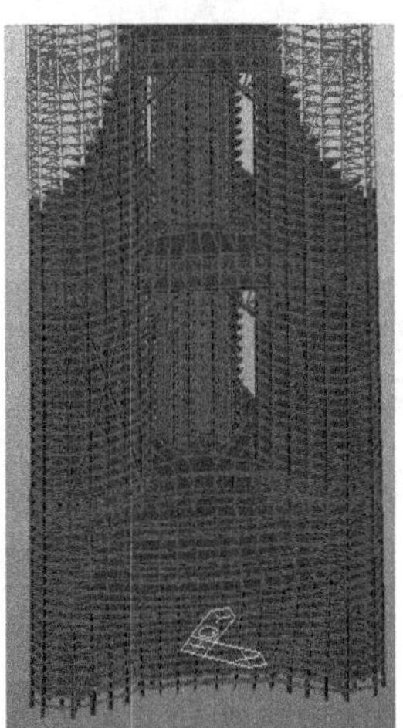

图 10-6 温度工况 4 下结构水平变形云图

处，结构变形引起的节点位移变化范围在最小值 0 与最大值 302.13mm 之间。因此在距离底部基础约束最远的结构顶部外侧边缘出现最大节点位移，符合“约束强则变形小，约束弱则变形大”的力学概念。

10.2.2.2 结构楼层竖向最大位移

结构在不同温度荷载工况下最大竖向位移见表 10-3，结构在不同温度荷载工况下的 MIDAS 竖向位移云图，如图 10-7～图 10-10 所示。温差作用下框架柱竖向变形与楼层呈线性关系，随楼层升高，变形逐渐增大，且温差绝对值越大，竖向变形越大。

温度变形最大竖向位移 **表 10-3**

工况名称	最大竖向位移(mm)	工况名称	最大竖向位移(mm)
工况 1	284.7	工况 3	164.3
工况 2	269.8	工况 4	135.2

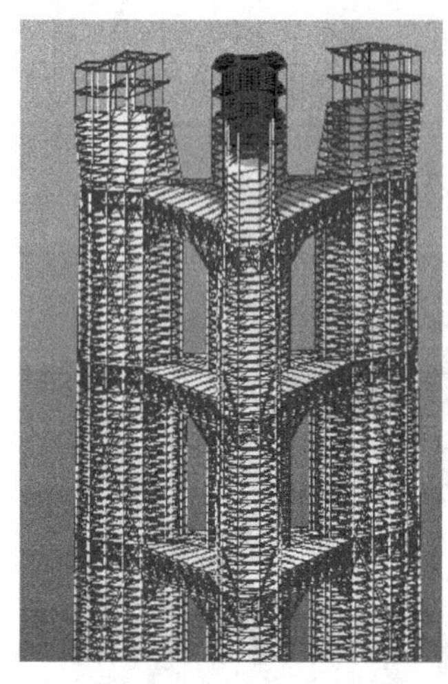
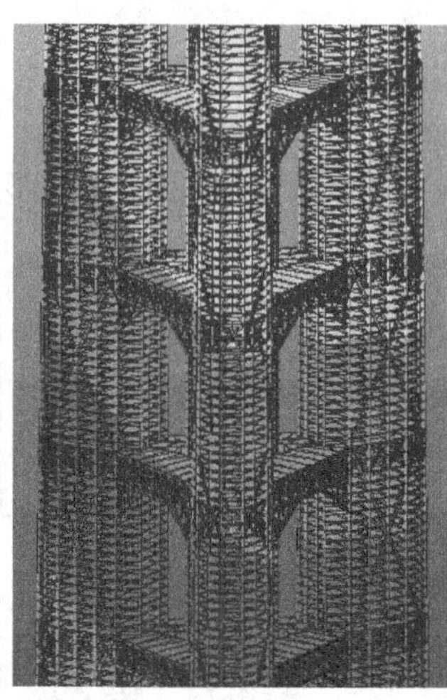

图 10-7 温度工况 1 下结构竖向变形云图

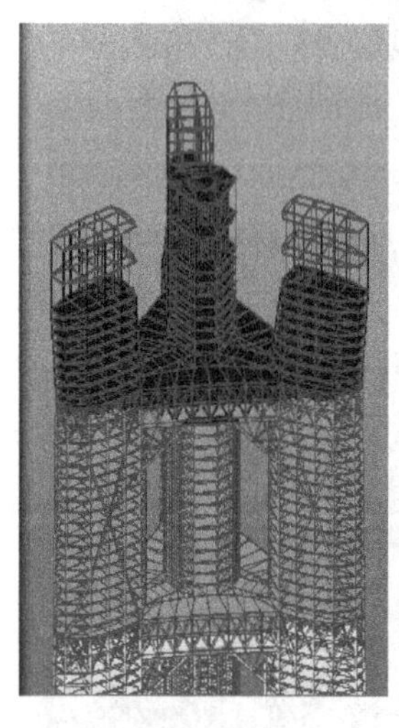

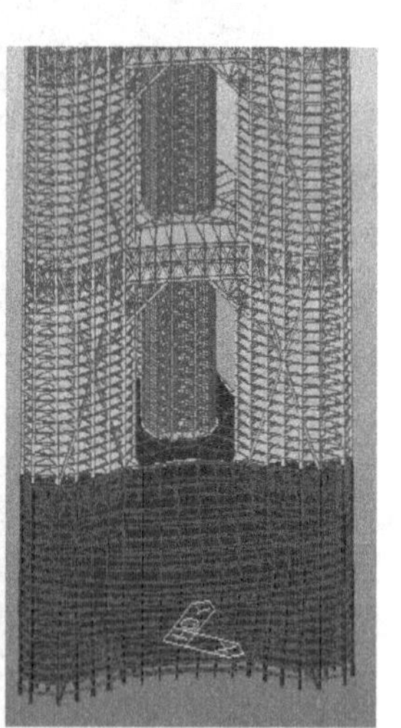

图 10-8 温度工况 2 下结构竖向变形云图

10.2.2.3 框架柱轴力

底层框架柱采用钢管混凝土柱和钢筋混凝土柱，共 66 根，主要框架柱布置如图 10-11 所示。底层斜柱共 84 根，主要斜柱布置如图 10-12 所示。

底部楼层因为约束较大，当同时受到温度作用时，底层框架柱及斜柱产生很大的轴力，框架柱所受应力小于斜柱支撑所受应力，底层框架柱及斜柱的轴力如图 10-13、图 10-14 所示。典型梁柱节点弯矩如表 10-4 所示。

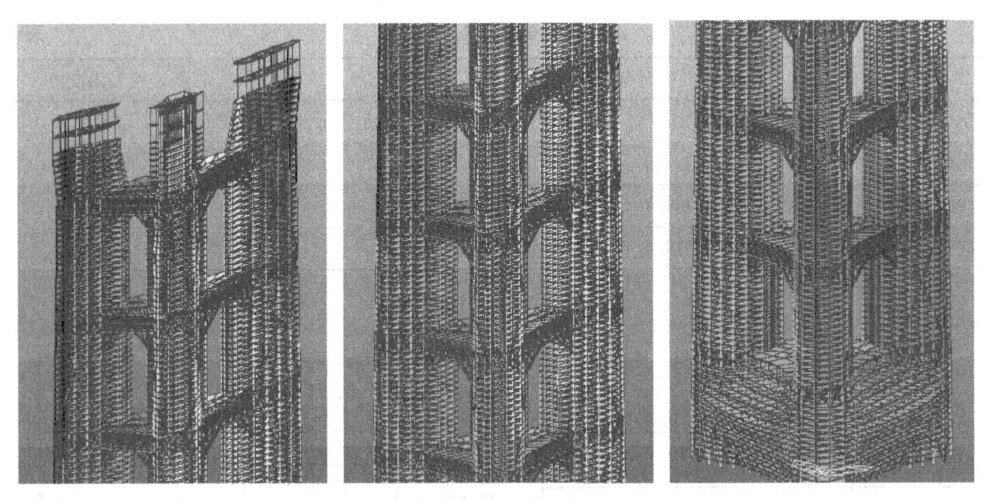

图 10-9 温度工况 3 下结构竖向变形云图

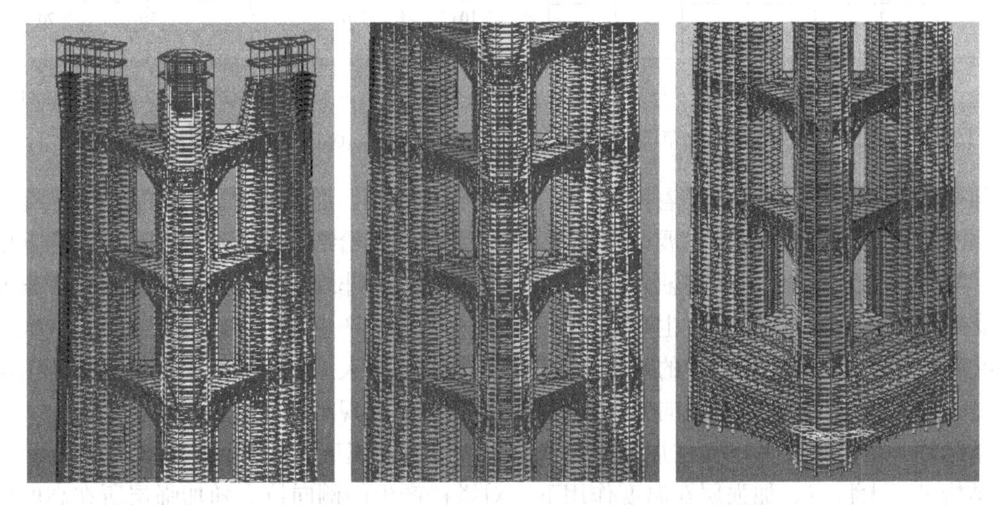

图 10-10 温度工况 4 下结构竖向变形云图

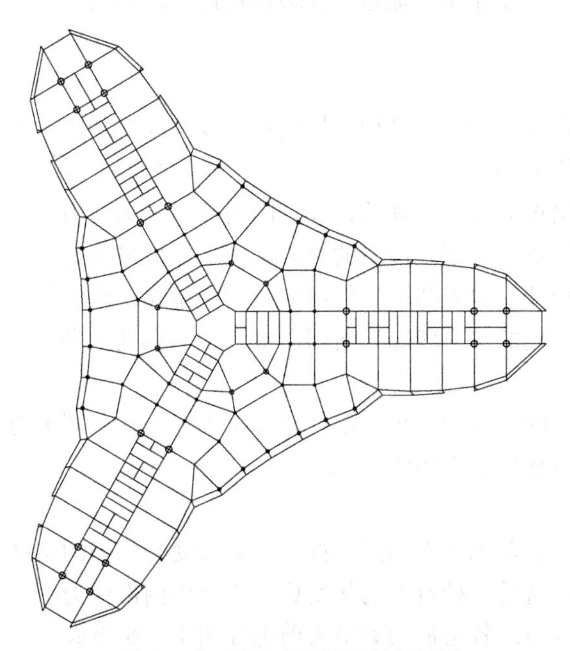

图 10-11 底层主要框架柱布置图

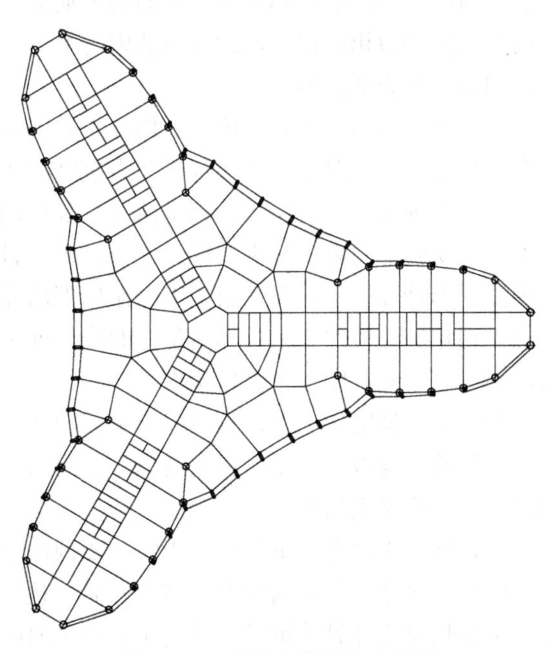

图 10-12 底层主要斜柱布置图

框架梁弯矩（kN·m）　　表 10-4

梁柱节点所在部位	主次梁交点	梁与柱交点	梁与墙交点
低区标准层	97.5	157.5	177.3
高区标准层	95.2	143.4	163.1
加强层	109.7	265.9	291.0
底部一层	115.4	305.3	323.4

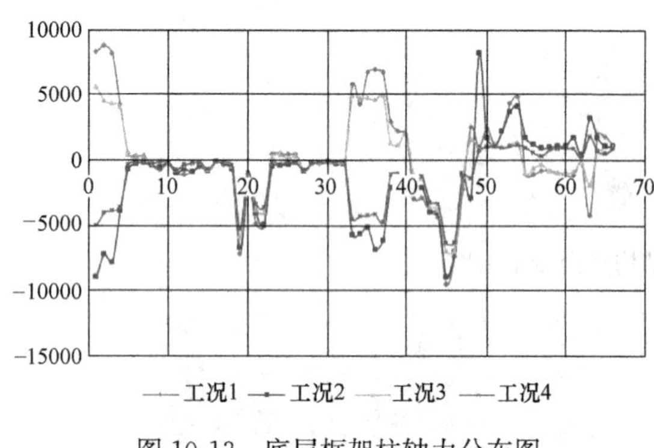

图 10-13　底层框架柱轴力分布图

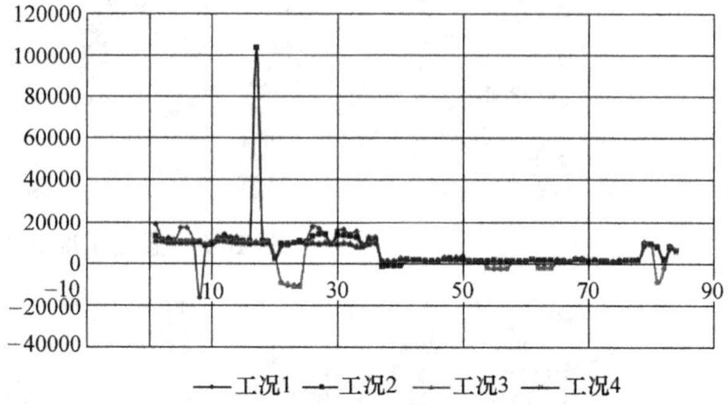

图 10-14　底层斜柱轴力分布图

底部楼层受到很大的轴力，随着楼层升高，轴力作用减小，加强层附近轴力数值突然变大。底部两层柱内力最大，随着向上部发展，温度内力迅速衰减，带给结构的影响较小。柱网内部的柱轴力很小，与剪力墙交叉位置处的柱轴力较大。由于梁柱节点并非理想刚接而是弹性连接，梁发生轴向伸长受到柱约束时，梁、柱均发生弯曲变形并在梁柱节点处产生弯矩，边柱产生轴力较大。施工过程工况下，底层的柱子中所产生的附加剪力以及附加弯矩较大；使用阶段工况下，由于内部与外部的温度不同会给外柱产生附加轴向力，尤其在底层的柱中表现得最为明显，数值也较大。

由于结构是由独立单体塔楼在加强层的联结下组成，在温度作用下加强层对塔楼的作用效应是此种结构的一大特点。加强层在温度作用下，对塔楼产生的侧向拉力随加强层所在高度增大而减小，温度作用产生的轴力随高度的增大而减小。温度作用下加强层在塔楼柱产生的轴力与恒载作用下柱的轴力相比很小，约为恒载内力的 4%。

10.2.2.4　剪力墙内力

剪力墙是结构中重要的抗侧力构件，它的存在显著提高了结构的抗侧移刚度，同时增强了对温度变形的约束。温度工况下各层剪力墙竖向正压力如图 10-15 所示。竖向正应力和水平剪应力的极值均出现在底部两层，特别是筒体角部处均出现应力集中现象；并且随着楼层增加剪力墙的应力会因受底部约束的减小而逐渐变小。由于日照辐射作用，南面的剪力墙温度效应最明显。结构整体变形计算显示，在该温度工况作用下筒体顶部、剪力墙上部将产生较大的位移；由于温度变形受到相邻构件的约束，不同位置的墙体处于不同的受力状态，向阳面部分的墙体处于受压状态，而在另一侧墙体处于受拉状态。

加强层在温度作用下，剪力墙弯矩剪力随高度的增大而减小。温度作用下加强层在塔楼剪力墙产生的剪力与地震作用下相比较小，剪力约为多遇地震作用的 7%。

10.2.2.5　框架梁内力

梁是结构中承受水平温度作用的主要构件之一。在无外界约束条件下，梁若受到均匀的温度变化作用，将处于各方向应变相同的常应变状态，这是一种自由的热变形，不产生内部应力。只有当梁受热又受外界约束时，梁内才会产生温度内力。各层框架梁最大剪力如图 10-16 所示。

梁内力极值的计算结果表明，各层梁弯矩剪力的大小与其所在楼层无明显关系，而只与梁本

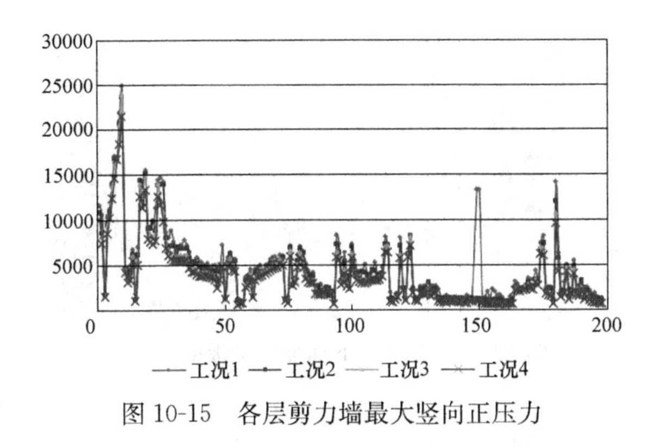

图 10-15 各层剪力墙最大竖向正压力

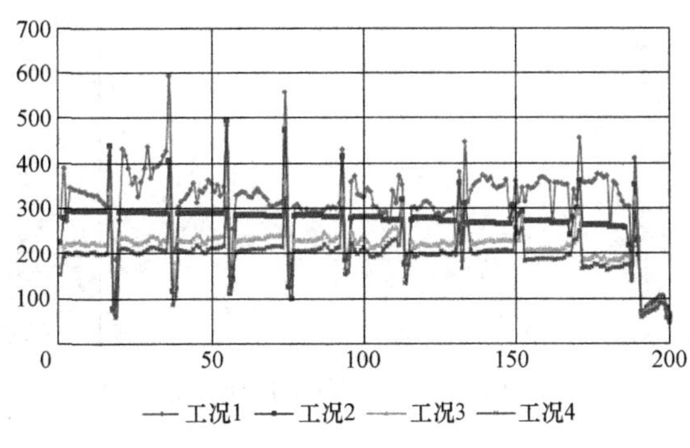

图 10-16 各层框架梁最大剪力分布图

身几何特性、抗弯刚度有关；在梁横截面积、刚度发生改变的位置，弯矩随之变化，在各楼层内，主梁与柱交点、梁与剪力墙交点处的弯矩较大，主梁与次梁交点处的弯矩较小。加强层附近梁内力明显增大。在所有梁构件中，最大梁轴力出现在建筑第一层平面内，三个单体尖端与剪力墙及柱子连接的位置。由于结构底部受基础的约束作用最强，底部梁的伸长变形受与之相连的柱和剪力墙的约束也最大，因此该处产生很大的轴向压力。随着楼层的增高，各楼层内的梁轴力逐渐减小。造成这种递减趋势的原因在于随着楼层增高，梁受到底部的约束作用逐渐减小，因约束而产生的梁温度内力也随之减小。此现象验证了温度效应是温度变化与外界约束共同作用的结果。加强层梁温度应力及底部标准层梁温度应力，如图 10-17、图 10-18 所示。

加强层在温度作用下，梁轴力随高度的增大而减小。温度作用下加强层梁产生的轴力与地震作用下相比较小，约为多遇地震作用的 13%。

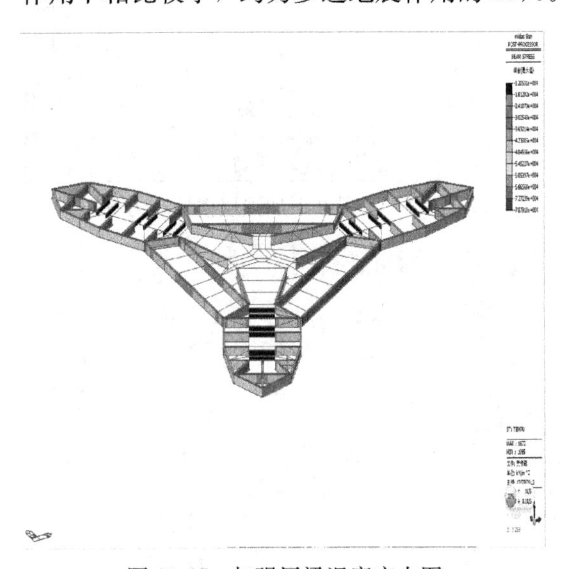

图 10-17 加强层梁温度应力图

图 10-18 标准层梁温度应力图

10.2.2.6 楼板应力分析

楼板（包括屋面板）对温度变化的敏感度较其他构件高，这是因为楼板面大体薄的特点，故楼板和屋面板的温度效应分析一直都是工程技术人员重点关注的问题。由于该建筑立面视觉效果新颖，导致平面不规则引起部分靠近向阳面的板单元上出现应力集中现象，局部出现了拉应力集中。

结构在不同温度荷载工况下的 MIDAS 楼板应力云图，如图 10-19～图 10-30 所示（工况 3 与工况 1 变化趋势类似，未列出）。

结构在日照作用下，靠近向阳面楼板应力较大，南立面不规则，局部楼板出现应力集中现象，且以压应力为主；随着向背阳面过渡，楼板应力迅速衰减变小，结构规则柱网内部楼板几乎

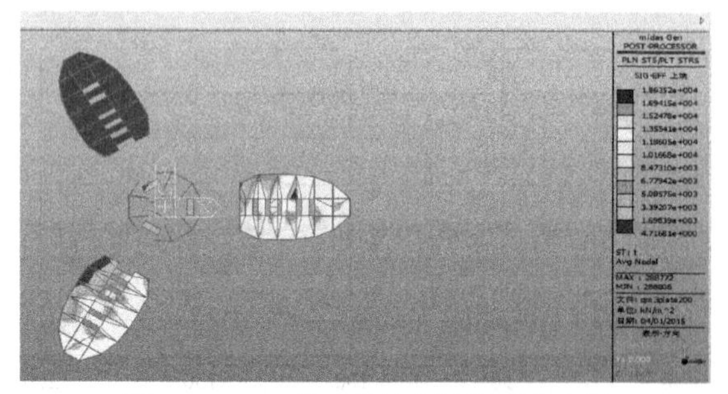

图 10-19　工况 1 下标准层楼板应力图

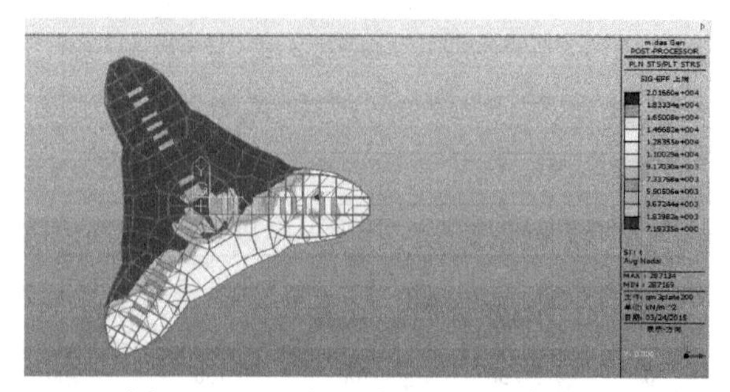

图 10-20　工况 1 下加强层楼板应力图

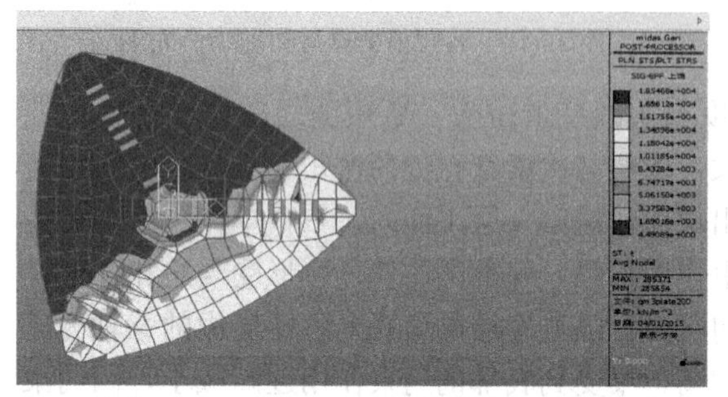

图 10-21　工况 1 下底部裙楼楼板应力图

图 10-22　工况 1 下顶部楼板应力图

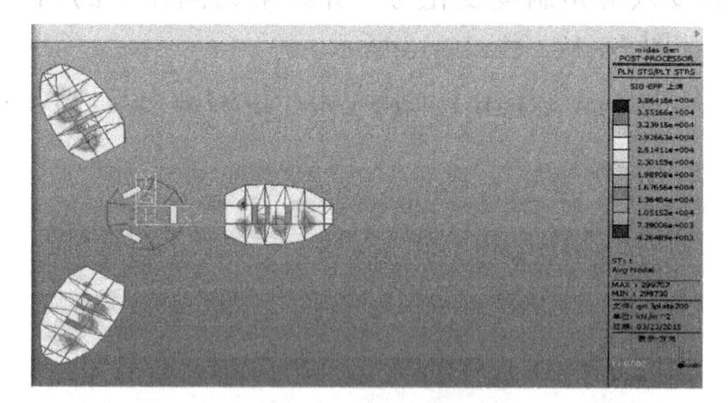

图 10-23　工况 2 下标准层楼板应力图

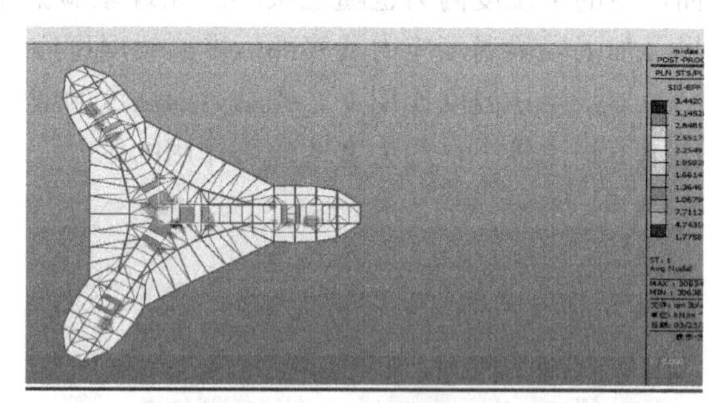

图 10-24　工况 2 下加强层楼板应力图

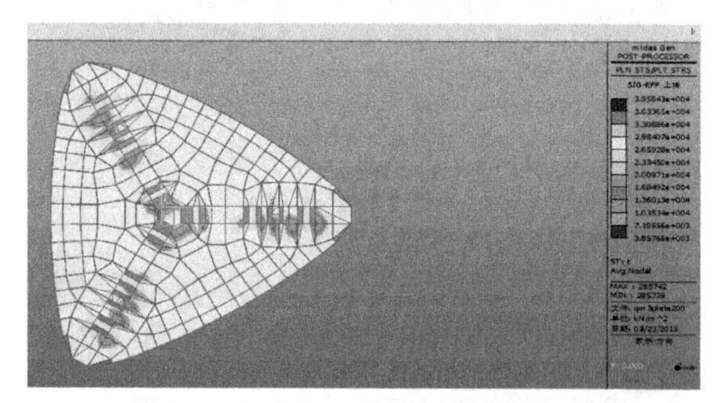

图 10-25　工况 2 下底部裙房楼板应力图

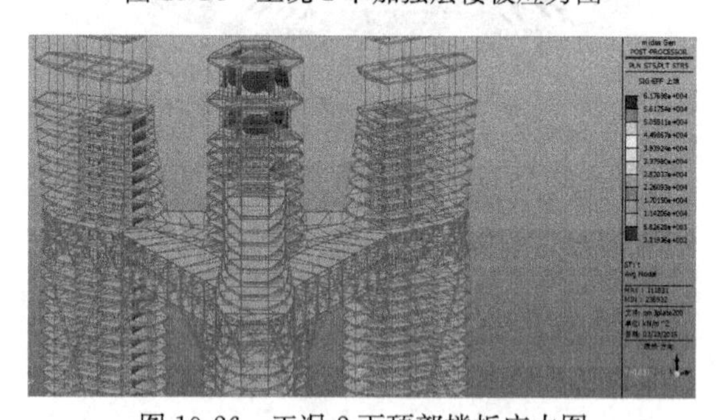

图 10-26　工况 2 下顶部楼板应力图

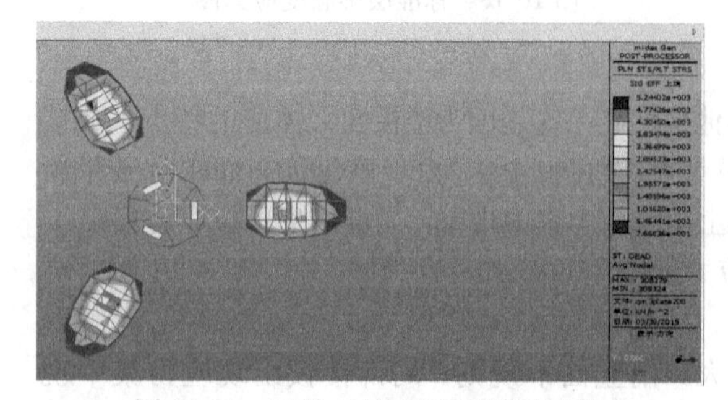

图 10-27　工况 4 下标准层楼板应力图

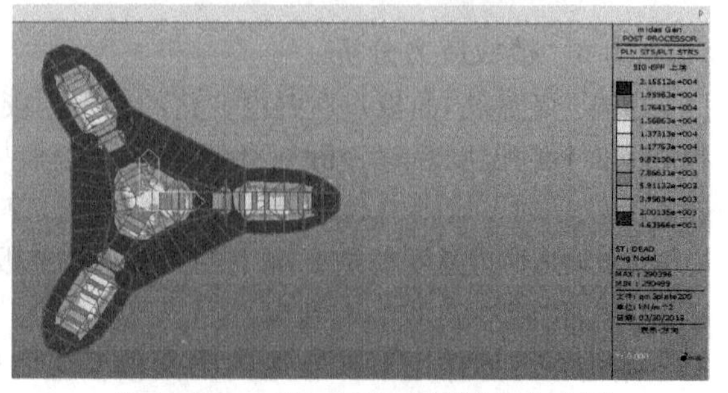

图 10-28　工况 4 下加强层楼板应力图

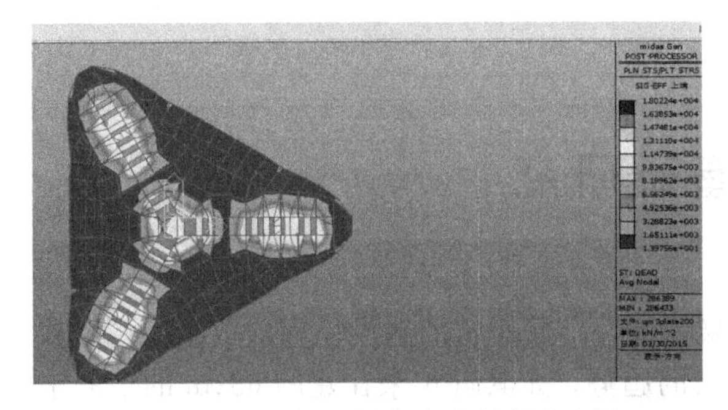

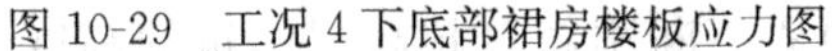

图 10-29 工况 4 下底部裙房楼板应力图

图 10-30 工况 4 下顶部楼板应力图

接近于无应力状态。部分楼层出现了拉应力集中，但是拉应力值较小，采取增加附加钢筋方式均可满足要求。

结构受季节温度变化影响整体收缩，楼板基本以压应力为主，应力变化较均匀。各层楼板中，第一层楼板的温度应力最大。引起底层楼板温度应力最大的原因为：第一层楼板距离底部基础最近，受到的约束作用最大。随着楼层增高，应力表现出逐渐减小的趋势。

结构考虑内部温度效应时（空调影响），在结构外围局部产生应力集中。楼板外围产生应力集中现象的原因是，楼层边缘部位外露构件温度变化与内部构件温度变化不一致，两者间会产生一定的变形差，正是由于变形差的存在，从而这些部位将产生一定的应力，故当结构受热不均时，结构各部分间产生相互制约并趋向变形协调，从而构件之间会产生局部温度应力。

加强层在温度作用下，板中拉应力随高度的增大而减小。温度作用下加强层楼板产生的拉应力与混凝土抗拉强度相当，可以采取加强楼板配筋的方法解决。

10.3 减少或者控制温度效应的具体对策

施工阶段：一般工程设计分析时，只考虑季节温差作用，此时温度作用主要集中在底部几层，但对于超高层结构，由于施工历时较长，一般会经历夏季，而起保温隔热作用的维护结构如幕墙等并没投入使用，日照温差此时每天都会作用在建筑物上，类似于周期反复性荷载，在建筑的向阳面也会产生较大的温度效应。

使用阶段：建筑外围发生温度变化，结构内部温度保持不变，应力主要集中在外围构件上，内部受到影响的单元很小，外围构件与内部构件变形有时难以协调，会使外围结构产生应力甚至开裂影响正常使用。

为减小和控制温度效应对于高层建筑的影响可以采取以下措施：

设计措施：

（1）适当增强水平构件的截面和配筋，增强水平构件抗约束能力；

（2）在高层建筑外部设置刚性的加强层，从而在一定程度上面来不断的调整其竖向构件之间不均匀变形；

（3）适当减少竖向构件的截面和数量，减少竖向构件的约束作用；

（4）对于温度变化比较剧烈的地区采用能够保温与隔热的材料。

（5）合理设置伸缩缝、后浇带、加强带。

施工措施：

（1）合理的安排相应的施工顺序，缩短其施工工期，减少施工阶段温度作用时间。

（2）在混凝土进行搅拌的过程中，使用添加剂，补偿混凝土收缩所带来的温度效应。

11 地基基础研究

近年来，随着我国经济建设形势及科技的迅猛发展，高层建筑的建设呈现出数量大、层数多、结构体系新颖、计算理论和施工方法不断更新的趋势，尤其近年来在建的632m的上海中心、597m的天津117大厦以及597m的深圳平安金融中心不断刷新着超高层建筑的高度记录，结构形式趋向巨型结构形式发展，基础的埋深也在不断加大，甚至超过30m。超高层建筑结构受力复杂，因而对地基的承载力、稳定性和基础刚度自然也有着更加严格的要求。超高层建筑基础工程的费用占建筑投资的20％以上，相应的基础部分施工工期也占总工期的25％以上，基础工程已经成为影响超高层建筑是施工总工期和总造价的重要因素之一。因此地基基础的研究对超高层建筑有着巨大的意义。

由于超高层建筑形高、体重，基础工程不但要承受巨大的竖向荷载，还要承受强大的水平荷载作用下产生的倾覆力矩及剪力，对于千米高度的大楼更是如此。因此超高层建筑对地基及基础的要求比较高：其一，要有承载力大、沉降量小、稳定的地基；其二，要有刚度大而变形小的基础，目的是既要防止倾覆和滑移，也要尽量避免由地基不均匀沉降引起的倾斜。

基础设计的首要任务是确定基础型式。而建筑基础型式的确定必须综合考虑地基条件、结构体系、荷载分布、使用要求、施工技术和经济性。目前超高层建筑中采用的基础型式主要有筏形基础、桩筏基础。筏形基础以其成片覆盖建筑物地基的较大面积和完整的平面连续性为明显特点，它不仅易于满足软弱地基承载力的要求，减少地基的附加应力和不均匀沉降，提供地下比较宽敞的使用空间等。但筏板基础也有其缺点，例如平面面积比较大而厚度有限，造成它具有有限的抗弯刚度，无力调整过大的沉降差异等。桩筏基础主要适用于软土地基上的筒体结构、框架-剪力墙结构和剪力墙结构，以及受地质条件限制，单桩承载力不是很高又不得不满堂布桩或者局部满堂布桩才足以支撑建筑的总荷载的情况的建筑，采用筏底加桩的组合基础使上部结构荷载在平面上扩散和向深层传递，从而有效地提高基础承载力并减少沉降，因而桩筏基础已经发展成为超高层建筑最为常见的一种基础形式，表11-1总结了现今世界上大部分超高层建筑的基础信息，由表中统计的数据可见桩筏基础在超高层建筑中的应用之广。

千米级摩天大楼课题项目由于中建总公司对深基坑基础设计和施工技术的研究需要，以及建筑设计方案功能的需求，千米级摩天大楼设置了9层地下室，基础埋深达到50m以上，是当今埋深最大的建筑方案。结构设计人员在完成此条件下基础方案设计的同时，对基础的埋深等问题进行了深入的研究探讨。

11.1 基础埋深

由于超高层建筑的结构超高，需要承受巨大的侧向荷载作用，因此为了提高建筑的稳定性，与一般高层建筑相比，超高层建筑的基础埋深都比较大。我国《高层建筑混凝土结构技术规程》、《高层建筑箱形与筏形基础技术规程》都对基础埋深做出了明确的规定。

《高层建筑混凝土结构技术规程》中对基础埋深的规定如下：

（1）在重力荷载与水平荷载标准值或重力荷载代表值与多遇水平地震标准值共同作用下，高宽比大于4的高层建筑，基础底面不宜出现零应力区；高宽比不大于4的高层建筑，基础底面与地基之间零应力区面积不应超过基础底面面积的15%。质量偏心较大的裙楼与主楼可分别计算基地应力。

（2）基础埋置深度可从室外地坪算至基础底面，并宜符合下列规定：

1）天然地基或复合地基，可取房屋高度的1/15；

2）桩基础，不计桩长，可取房屋高度的1/18；

当建筑物采用岩石地基或采取有效措施时，在满足地基承载力、稳定性要求及本规程第12.1.7条规定的前提下，基础埋深可比本条1）、2）两款的规定适当放松。当地基可能产生滑移时，应采取有效的抗滑移措施。

《高层建筑箱形与筏形基础技术教程》中第5.2.3条规定：在抗震设防区，除岩石地基外，天然地基上的筏形基础与箱形基础的埋置深度不宜小于建筑物高度的1/15；桩筏与桩箱基础的埋置深度（不计桩长）不宜小于建筑物高度的1/18。

规范中规定的基础埋深的取值是基于工程实践和科学成果，并来自北京市勘察设计研究院张在明教授等对北京8度抗震设防区内高层建筑地基整体稳定性与基础埋深的关系的研究。他指出：一般规定地基基础稳定性可用圆弧滑动面法进行验算；稳定安全系数为最危险的滑动面上诸力对滑动中心所产生的抗滑力矩与滑动力矩的比值，稳定安全系数应大于或等于1.2～1.3。研究结果表明：建筑基础的埋置深度确实对建筑物的抗滑稳定性具有强烈影响，但当地震烈度为8度时，在水平地面和地层水平分布的前提下，对于25层以下的建筑物，只要按规范满足了地基强度和沉降控制要求，即使基础埋置很浅，安全系数也在1.4以上，可满足抗滑稳定要求，从而给出了一个基本的指导性指标。图11-1为张在明教授对基础埋深和稳定安全系数关系的研究结果。

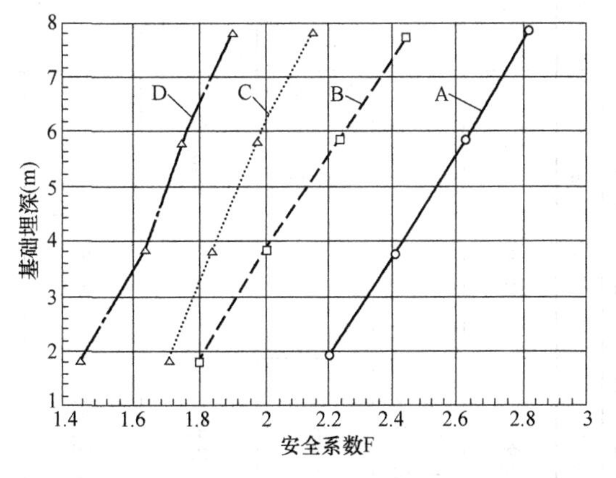

图11-1 基础埋深与稳定安全系数的关系

规范条文对基础埋深的要求，目的在于保证建筑物上部结构的抗倾覆要求和地基的整体稳定性，而不是教条的规定基础埋深与建筑高度的比值。《高层建筑混凝土技术规程》第12.1.8条条文说明：在满足承载力、变形、稳定以及上部结构抗倾覆要求的前提下，埋置深度的限值可适当放松；基础位于岩石地基上，可能产生滑移时，还应验算地基的滑移。《建筑地基基础设计规范》第5.1.3条规定：高层建筑基础的埋置深度应满足地基承载力、变形和稳定性要求；位于岩石地基上的高层建筑，其基础埋深应满足抗滑稳定性要求。由此可见，限定基础埋深只是手段，目的是控制地基的承载力、变形、稳定和滑移，还有上部结构的抗倾覆。因此，对于超高层建筑，基础埋深难以达到规范要求时，只要通过计算分析，结果满足以上要求即可。研究也表明，在一定条件下，即使基础埋深较浅，稳定安全系数也可以达到要求。而且随着全国今后各地摩天大楼的不断涌现，建造地点的场地地质情况也是复杂多变各有特点。如果在岩石地基或者软土地基区域，建筑使用功能没有多层地下室的要求时，但要限制基础的埋深要求按照规范取值1/15或者1/18，则其地下土方工程和基坑围护工程的造价及工期都将大幅上升甚至超过地上结构的造价，而且给施工带来很大困难。现在国内外已经建成的很多超高层建筑的基础埋深也反映

世界各地超高层建筑基础结构信息

表 11-1

序号	建筑名称	高度(m)	结构体系	基础形式	桩型	桩径(m)	桩长(m)	桩数	单桩承载力(kN)	底板厚(m)	底板面积(m²)	埋深(m)
1	迪拜塔	828	下部剪力墙 上部钢结构	桩筏基础	钢管桩	1.5(C60)	43	194	30000	3.7(C50)	3380	15(1/55.2)
2	上海中心大厦	580(632)	巨型框架-核心筒	桩筏基础	钻孔灌注桩(桩端后注浆)	1(C45)	筒内 86(56) 筒外 82(52)	筒内 247 筒外 708	10000 极限 26000	6	8250	30(1/19.33)
3	台北 101 大厦	508	巨型框架-核心筒	桩筏基础	灌注桩	1.5	23.3(入岩深度)最深 80	380	试桩： 压 41000 拉 22000	3.0～4.7(C60)		22.95(1/22)
4	上海环球金融中心	492	巨型框架-核心筒	桩筏基础	钢管桩	0.7×19	40～59	1177	4300	4.5	6200	19.65(1/25)
5	广州新电视塔	454	筒中筒	外框桩＋环梁；内筒箱形基础之间为筏板	人工挖孔桩	3.8(C35)	15～21	24	压 80200～100000 拉 32000～61000	1.5(C40)		箱基 23 筏板 11.5
6	中南中心	598(729)	框筒结构	桩筏基础	钻孔灌注桩(桩侧后注浆)	1.1(C50)	110(75)		10000	7(C50)		
7	天津 117	584(597)	框筒结构	桩筏基础	钻孔灌注桩(桩侧、桩底后注浆)	1(C50)	76.5	941	13000～16500	6.5	7430	25.85(1/22.6)
8	上海金茂大厦	421	巨型框架-核心筒	桩筏基础	钢管桩	0.9144×20	65	429	7500	4	3519	18.45(1/22.8)
9	广州国际金融中心(西塔)	432	筒中筒	桩基＋筏板	人工挖孔桩	3.2～4.8(C50)	8～15.7	47	110000～274000	2.5(C50)		21.6(1/20)
10	深圳平安金融中心	597(660)	巨型框架-核心筒	桩筏	人工挖孔桩	1.4～8	最大 30			4.5(C40)	6800	33.5(1/17.8)
11	武汉绿地中心	545(606)	巨型框架-核心筒	桩筏	钻孔灌注桩(桩端后注浆)	1.2(C50)	22～23	565	15000～17000	5		30.6(1/18.2)

了这一趋势，从表 11-1 也能看出，现有超高层建筑的基础埋深大部分都突破了规范 1/18 的限制，迪拜塔更是达到了 1/55.2，828m 的建筑高度，埋深仅为 15m。同时我们查阅了日本及欧美的规范，了解国外对合理确定基础埋深的研究。

日本由于位于地震带上，其高层建筑的建造和研究起步较西方国家稍晚但在抗震方面却有深入的研究，规范的一些要求在习惯上与欧美国家规范存在差别。日本一些地区规范对 60m 以下的建筑基础埋深要求最小 1/10 地面以上建筑的总高度。对于 60m 以上的高层建筑则没有提埋深的要求。而且日本往往根据坚硬土层深度决定基础或者地下室的埋置深度以减小沉降量。例如在东京地区，地面下 20～30m 处有一层密实的砾石层，其容许承载力达 1000kN/m^2，因此这一地区常常将基础直接做在这个砾石层上。由于基础埋深大，上部采用钢结构自重又轻，因此建筑物的总荷载减去挖去的土重，作用在基底的附加应力很小，建筑物的沉降量和沉降差也因此都很小，也就不用设沉降缝了。

欧洲规范 Eurocodes 和英国的地基基础规范 BS8004 中都没有具体规定最小基础埋深。BS8004 中规定了浅基础（埋深＜3m）的埋深主要决定于以下三个因素：1）深入到适当的持力层；2）在黏土层上的基础，要尽量深入到随季节变化，由树木灌木植被可能引起收缩和膨胀的土层以下；3）深入到冻深线以下。此外还要考虑地层位移、地下水位变化、基础长期稳定性以及建筑物传给地基的热量等因素。无论浅埋基础还是深基坑基础的埋深都要根据结构计算决定。

美国的 IBC2012（International Building Code）和 UBC97（Uniform Building Code）对基础的规定基本相同，这两个规范没有给出深基坑基础的埋深的具体要求，都是根据结构计算确定。但是 IBC2012 和 UBC97 给出了根据水平承载力设计时浅埋基础的埋深计算公式。在地面没有有效侧向约束，如没有刚性楼板或者地面以上没有设置侧向约束措施（如地梁等结构构件）的情况下，基础埋深可以根据式 11-1 计算：

$$d=0.5A\{1+[1+(4.36h/A)]^{1/2}\} \tag{11-1}$$

式中 A——$2.34P/S_1b$；b=圆形基础柱的直径或矩形基础柱的对角线长度（m）；d=基础埋深（m），但作为计算侧向力的埋深高度不可大于 3.658m；

h——地表至侧向力 P 作用点的距离（m）；

P——侧向设计荷载（kN）；

S_1——IBC 规范 1804.2 节中根据埋深高度 1/3 所得出的侧向土壤承载应力容许值（kPa）。

在具有有效侧向约束的情况下，如具有刚性楼板的情况，基础的埋深可以根据式（11-2）或者式（11-3）来计算：

$$d^2=4.25(Ph/S_3b) \tag{11-2}$$

$$d^2=4.25(M_g/S_3b) \tag{11-3}$$

式中 M_g——基础柱在地表的弯矩（kN/m）；

S_3——IBC 规范 1804.2 节中根据整体埋深高度所得出的侧向土壤承载应力容许值（kPa）。

美国的 ACI318 规范也给出了一个基础的最小埋深：对于直接坐在地基上的基础，在底部钢筋以上的深度不能少于 152mm，而下面有桩的基础，其深度不能少于 304mm。基础的埋深确定最终还取决于结构计算。由美国国防部基于 IBC 和 ASCE 7 编制而成的规范 UFC（Unified Facilityes Criteria）3-301-1 给出了具体的基于冻深的最小基础埋置深度的确定方法：UFC 规范附录表 E-2 和表 F-2 分别统计了美国本土和世界上其他国家地区的雪荷载以及冻深的数据，在表 E-2 或者表 F-2 中查得建筑所在地区的冻深作为横坐标，根据基础受地下室或者建筑的采暖影响与否，利用 UFC 规范中给出的建筑基础底部埋深图中的曲线，查看相应曲线与建筑所在地冻深对应的纵坐标即为该建筑的基础底部设计埋深。

通过查阅欧美和日本的规范我们发现，没有规范明确的规定一个基础的埋置深度以保证结构的抗倾覆和整体稳定性，欧美的规范都是根据结构所受的水平力及倾覆弯矩等来计算基础的埋置深度。因此千米级课题地基基础部分除了按已确定的基础埋深完成基础设计方案外也要着重对基础的埋深进行分析探讨，根据计算来确定千米级基础埋深，突破规范的限制。

地基的承载力、变形是建筑结构基础设计的基本要求，这里不再赘述，以下研究主要从上部结构抗倾覆、地基的稳定和滑移几个方面进行。

11.2 上部结构抗倾覆

结构抗倾覆验算计算简图如图 11-2 所示。倾覆力矩计算作用面取基础底面，倾覆力矩表示为：

$$M_{ov}=V(H_v+h) \tag{11-4}$$

抗倾覆力矩计算点取基础外边缘，抗倾覆力矩表示为：

$$M_r=GB/2 \tag{11-5}$$

式中 M_{ov}——倾覆力矩；

M_r——抗倾覆力；

V——水平荷载标准值或多遇水平地震标准值；

G——重力荷载或重力荷载代表值（SATWE 计算：风作用时取 1.0 恒＋0.7 活；地震作用时取 1.0 恒＋0.5 活）；

H_v——水平力合力作用点高度；

h——地下室深度（基础埋置深度）；

B——底盘宽度；

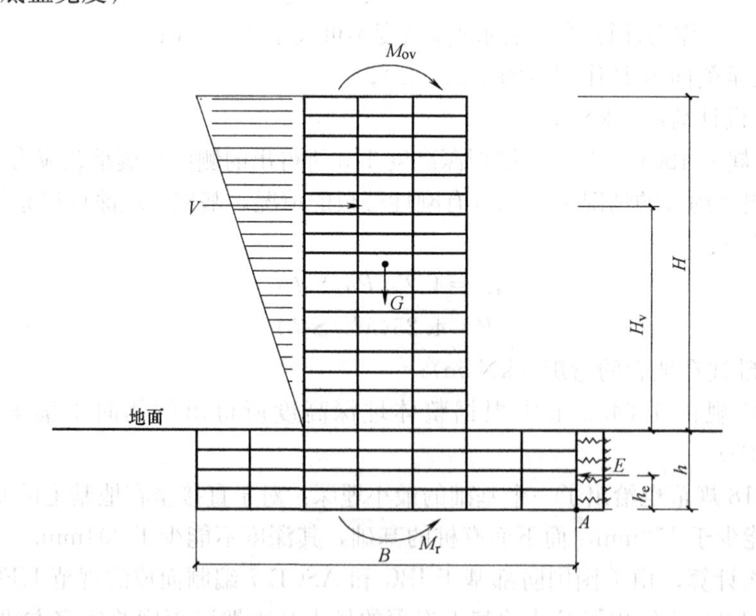

图 11-2 结构抗倾覆验算示意图

H—建筑高度（室外地坪以上）；A—抗倾覆计算点

矩形底面的建筑结构基础，按《高层建筑混凝土技术规程》要求，当基础底面不出现零应力区时，（抗倾覆安全系数）$M_r/M_{ov}=3$；当基础底面零应力区不大于 15%时，$M_r/M_{ov}=2.3$。因此，当基础埋深达不到要求时，通过其他措施和计算，使得抗倾覆安全系数达到要求，应该是可以的。

上述计算公式实际上是一种简化计算，并未考虑地下室周侧土的被动土压力提供的抗倾覆力矩。地下室周侧土可以看做弹簧支座，如图 11-2 所示，当结构在水平力作用下产生侧移时，弹簧支座即产生反力，为结构提供抗倾覆力矩。抗倾覆力矩计算公式可修正为：

$$M_r = (GB/2) + Eh_v \tag{11-6}$$

式中 E——地下室周侧土约束反力合力；

h_v——地下室周侧土约束反力合力作用点距基础底面的距离。

11.3 地基的稳定和滑移

11.3.1 地基的稳定

《建筑地基基础技术规范》第 5.4.1 条规定：地基稳定性可采用圆弧滑动面法进行验算；最危险的滑动面上诸力对滑动中心所产生的抗滑力矩与滑动力矩应符合式（11-7）要求：

$$M_R/M_S \geqslant 1.2 \tag{11-7}$$

式中 M_S——滑动力矩（kN·m）；

M_R——抗滑力矩（kN·m）。

张在明教授的研究结果具有一定的代表性，但基于北京地区的地质条件和工程经验，算例为 15 层和 25 层的普通高层，有他的局限性，不能完全适合现代超高层建筑，对于千米高层，还应在借鉴其成果的基础上，进一步研究。

还有，现行规范标准和研究成果，地基稳定验算主要针对浅基础，尤其是平板类基础，对于桩筏这种深基础的地基稳定性研究并不多，圆弧滑动面法能否适用于桩筏基础，值得研究。

如图 11-3 所示，对于筏形基础，最危险的滑动面经过基础边缘，抗滑力与地基土的抗剪强度（内摩擦角和黏聚力）有关。当采用桩筏基础时，此滑动面在筏板以下区域切过桩基，这部分

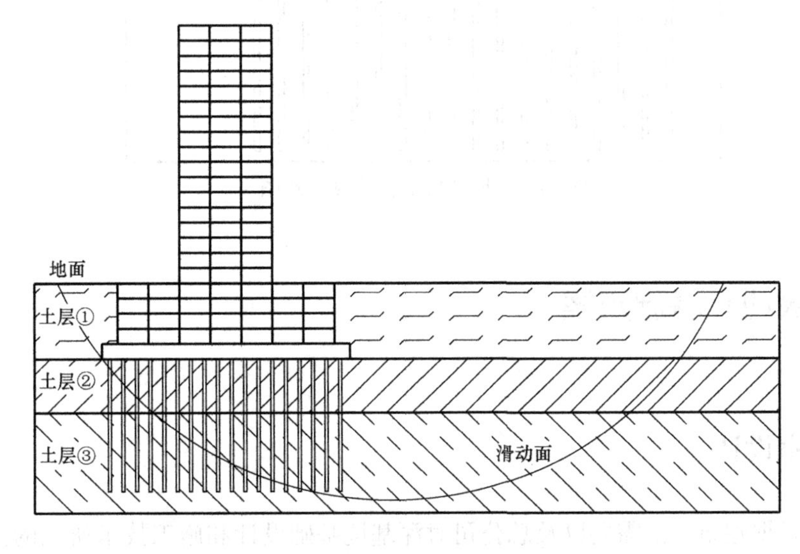

图 11-3 地基整体稳定验算示意图

属于桩土符合地基，抗剪强度应远远高于天然地基土。定性的分析：对筏形基础而言的最危险滑动面，在采用桩筏基础后应该向土层更深处移动，滑动面变大，抗滑力迅速增大，这需要定量计算去验证。

对于超高层建筑而言，一般底板埋置较深，桩长较长，筏板或桩底已经深入坚硬土层，甚至嵌入岩层，本课题拟建的千米塔更是如此，筏板基础完全置于微风化的板岩上，根据《建筑地基基础技术规范》第 6.5.1 条规定，千米级摩天大楼地基受力层内不存在软弱下卧岩层，因此也不必进行地基稳定性的验算。

11.3.2 地基的滑移

建筑基础承受上部结构传来的水平荷载（风、地震或其他荷载），因此还应验算基础底面与地基之间的滑移。如图 11-4 所示，上部结构传来的水平力 V，由地下室垂直于水平力作用方向侧壁的被动土压力 E、基础底面的摩擦力 F_1、地下室平行于水平力作用方向侧壁的摩擦力 F_2三者之和来平衡。抗滑移安全系数：

$$K=(F_1+F_2+E)/V \tag{11-8}$$

其中，基底摩擦力 F_1与土的抗剪强度有关，当采用桩筏基础时，桩基与筏板有可靠连接，应考虑桩基抗剪强度，抗滑力会大大提高。

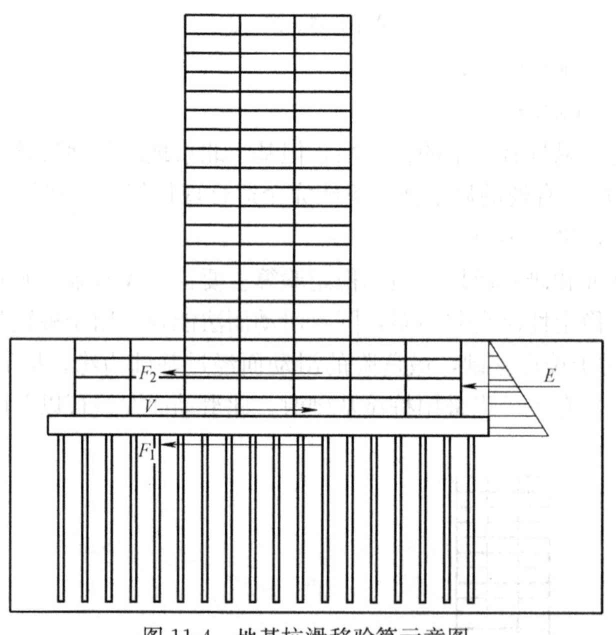

图 11-4 地基抗滑移验算示意图

11.4 千米级地基基础方案

11.4.1 地下室设计

千米级项目根据建筑功能需要以及总公司对深基坑基础设计和施工技术研究的需要，设置 9 层地下室，每层层高为 5.4m，地下室底标高为－48.6m，地下室平面为一个直径约 300m 的圆形，地下主要功能为商场、地下停车库、设备用房及部分人防地下室，地下室平面布置见图11-5。地下室塔楼范围内仍然采用型钢混凝土柱加双钢板剪力墙结构方案，楼盖设计采用现浇混凝土梁板，楼板双层双向配筋；塔楼以外的地下室裙房部分采用钢筋混凝土结构，地下室主楼区域钢管混凝土柱及双钢板剪力墙所用材料与地上结构相同，混凝土楼盖体系采用C30混凝土，主楼范围外地下室裙房部分墙、柱采用C60混凝土，地下室外墙混凝土强度等级为C40，梁、板混凝土强度等级为C30。地下室顶板厚度为250mm，其他层地下室楼板厚度为160mm。地下室主要构件截面尺寸见表11-2。千米级摩天大楼项目选取地下室顶板作为上部结构的嵌固端，为了满足规范关于嵌固部分的刚度比值的要求，地下室裙楼在塔楼的相关范围内结合建筑楼梯间的需要布置了很多剪力墙，相关范围取主楼外扩3跨的范围，地下一层与地上一层的剪切刚度比值符合规范的要求，见表11-3。钢管柱与混凝土梁的交接处可以参考图集《钢管混凝土结构构造》（06SG524）中关于钢筋混凝土梁与圆钢管混凝土柱的连接做法（图11-6），在钢管开孔的区段应设置内衬管，内衬管的壁厚不应小于钢管壁厚，穿筋孔的环向净距 s 应不小于孔的长径 b，衬管的孔边距 w 应不小于 $2.5b$，承重销的截面应置于梁截面的中部偏下位置。钢管混凝土柱的柱脚构造如图11-7所示，具体可参照《钢管混凝土结构构造》的做法。双钢板剪力墙与钢筋混凝土梁连接构造如图11-8所示。

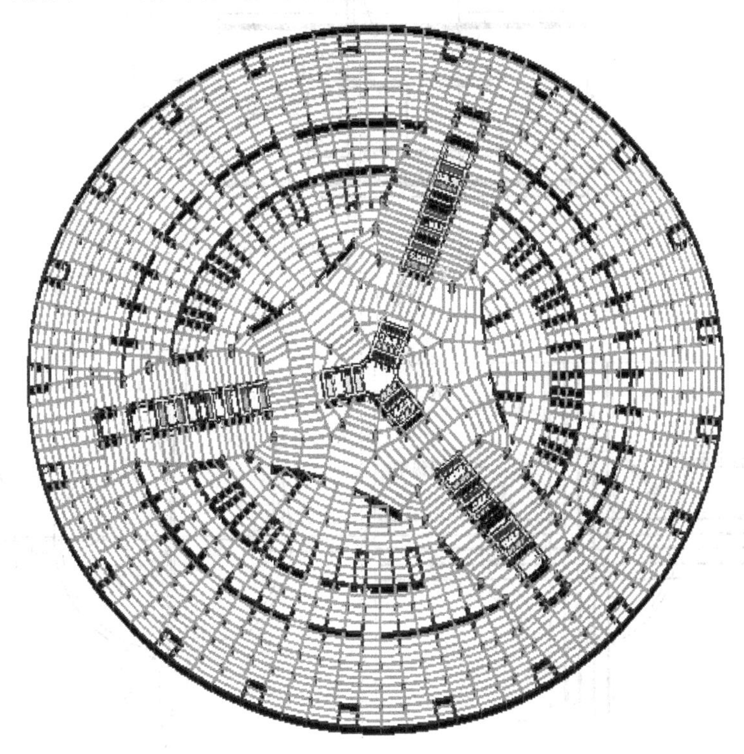

图11-5 地下室平面布置图

地下室主要构件截面尺寸 表11-2

构件类型	构件尺寸(mm)	混凝土强度等级
塔楼钢管混凝土柱 (外径×内径)	3000×2900、2800×2700、2600×2500、 1800×1700、1100×1000	C120
塔楼钢板剪力 (墙厚×外包钢板厚)	1900×50、1850×50、1750×50、 1550×50、1350×50	C120
塔楼梁	500×1200	C30
地下裙房柱	900×900	C60
地下裙房墙	600厚、550厚	C60

续表

构件类型	构件尺寸(mm)	混凝土强度等级
地下外墙	550厚、500厚、450厚、400厚	C40
地下裙房主梁	500×1200、500×1000	C30
地下裙房次梁	300×700	C30

嵌固层剪切刚度比 **表 11-3**

位置	X向刚度(kN/m)	Y向刚度(kN/m)	K_x= B1层/ L1层	K_y= B1层/ L1层
地下一层(B1)	5.6049×10^9	5.6032×10^9	2.03	2.05
地上一层(L1)	2.7547×10^9	2.7393×10^9		

注：采用“剪切刚度”的方法计算，地下室相关范围取地上结构外扩3跨范围。

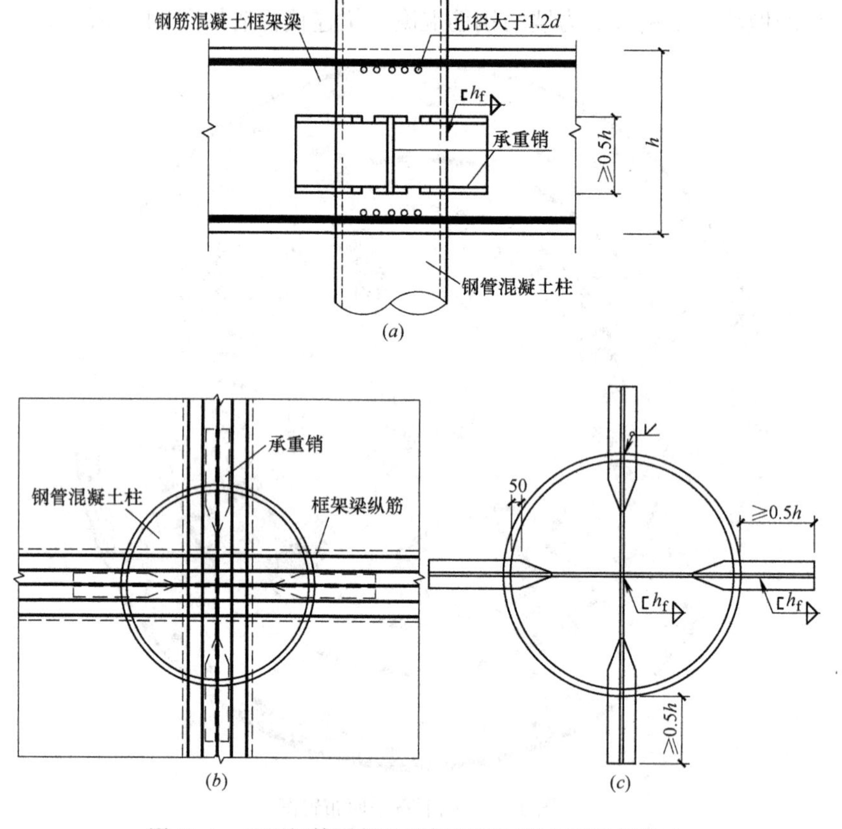

图 11-6 地下钢管混凝土柱与钢筋混凝土梁连接做法

(a) 纵筋贯通-承重销梁柱连接；(b) 1-1剖面图；(c) 承重销

11.4.2 地基基础方案

由于千米级项目设置了9层地下室，地下室埋深为绝对标高−48.6m。根据地质勘查报告资料，选择微风化板岩作为千米高层建筑持力层，其承载力特征值为3200kPa，且微风化板岩的压缩模量很大，变形较小，根据计算软件给出的结构总竖向荷载对地基的承载力进行预估，天然地基承载力足够满足要求，若采用桩筏基础，在微风化板岩打嵌岩桩的成本将比较高，也给施工带

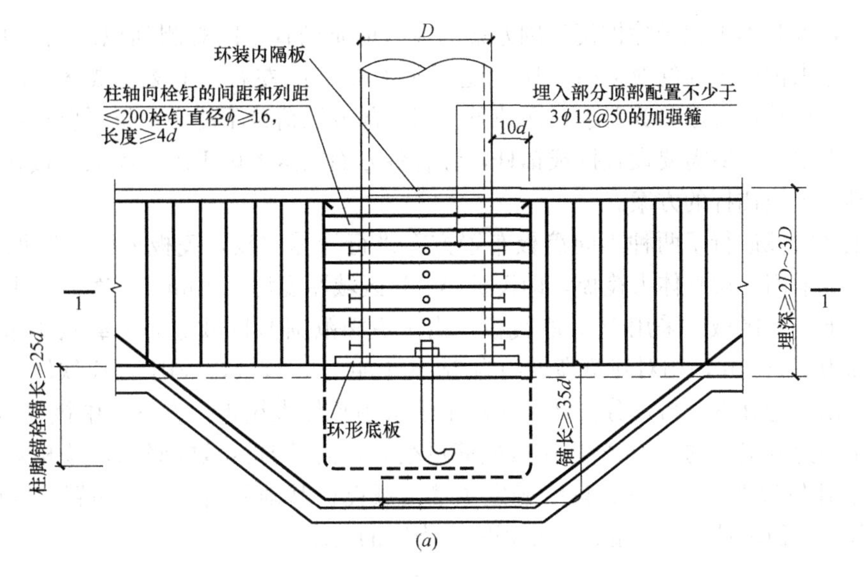

(a)

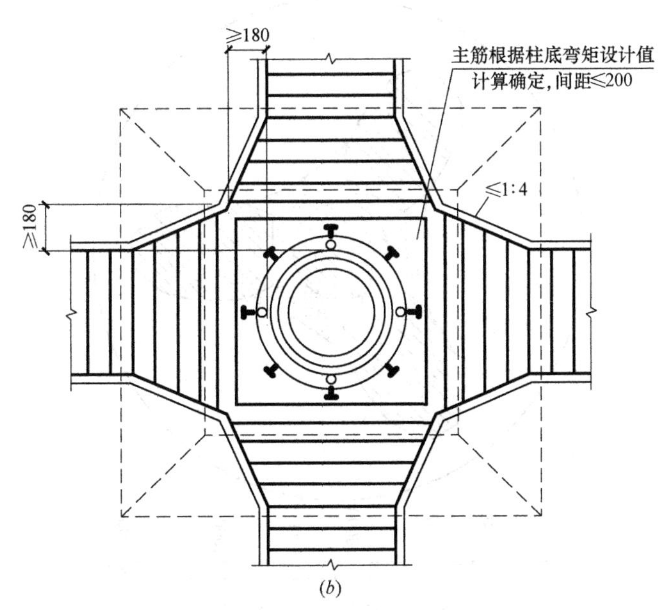

(b)

图 11-7　钢管混凝土柱脚构造图

(a) 埋入式钢管柱柱脚构造；(b) 1-1 剖面图

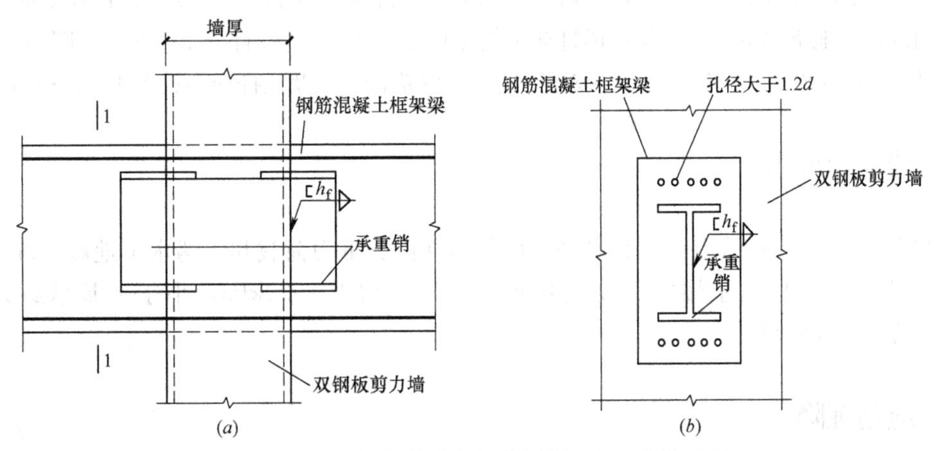

(a)　　(b)

图 11-8　双钢板剪力墙与钢筋混凝土梁连接构造图

(a) 双钢板剪力墙与钢筋混凝土梁承重销连接；(b) 1-1 剖面

来很大的麻烦，因此本工程排除桩筏基础方案。根据地质勘查期间观测到拟建地址的地下水位，千米级高层抗浮水位确定为绝对标高－1m，地下水水头 50m 左右，主楼区域整体计算时筏板在恒荷载作用下满足整体抗浮验算要求，而地下室裙房部分恒荷载不能满足抗浮验算的要求，存在抗浮问题，地下裙房区域需要设置抗拔锚杆，综合各方面因素考虑千米级摩天大楼在天然地基上采用筏板基础＋抗拔锚杆的方案。

我们在主楼区域进行了两种不同筏板布置方案进行计算比较，筏板分区布置见图 11-9。方案一：主楼区域采用一块整体大筏板，即筏板 A、B 区域厚度均为 10m。方案二：主楼区域三个单塔和交通核下（A 区域）采用 10m 厚筏板，由于主楼范围 B 区域竖向荷载较小采用 5m 厚筏板，基础埋深为－58.6m，相对建筑高度约为 58.6/1040＝1/17.7，采用 YJK 软件对千米级摩天大楼厚筏板基础进行计算分析，分析结果显示由于采用整体大筏板，方案一中筏板跨度较大，B 区域筏板弯矩约为方案二的 2～5 倍，筏板配筋量很大，而且 B 区域的竖向荷载相对较小，均采用 10m 厚筏板比较浪费，经过比选最终确定主楼区域筏板基础采用方案二布置，经验算满足规范对地基承载力、稳定性和基础底面不出现零应力区的要求。

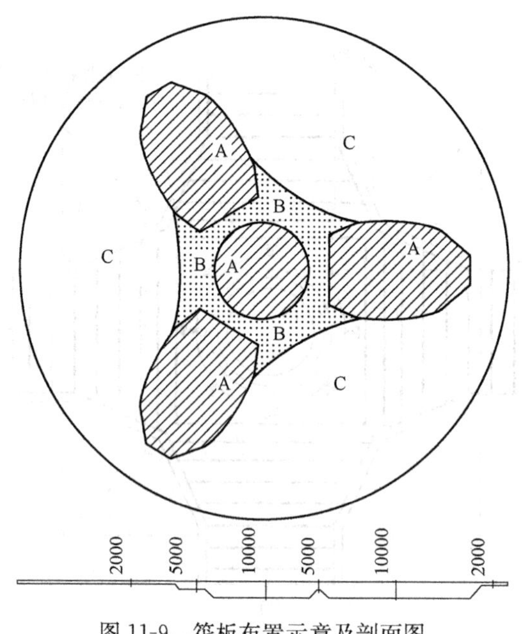

图 11-9　筏板布置示意及剖面图

地下室裙房部分采用筏板基础（C 区域板厚 2m）＋抗浮锚杆的方案，筏板布置及剖面见图11-9。抗浮锚杆用以抵消地下水的浮力，抗拔锚杆初步估算长度为 8m，锚杆直径 150mm，间距 1.2m，抗拔力标准值 T_{uk}＝450kN，现场还需进行抗拔试确定，抗浮锚杆布置及锚杆详图见图 11-10 和图 11-11。

11.4.3　地基承载力

主楼区域基础底板在重力荷载和水平风荷载标准值、重力荷载和多遇水平地震标准值共同作用下并未出现零应力区。主楼区域筏板基底平均反力约为 2920kPa，小于地基承载力特征值 3200kPa，满足设计要求。

11.4.4　地基沉降

地基基础采用 YJK 软件计算，数值分析结果表明：采用天然地基，主楼最大沉降为 11mm

左右，且沉降最大点基本都在 4 个塔楼的筏板形心附近，地下裙房部分基本没有沉降，沉降云图如图 11-12 所示。

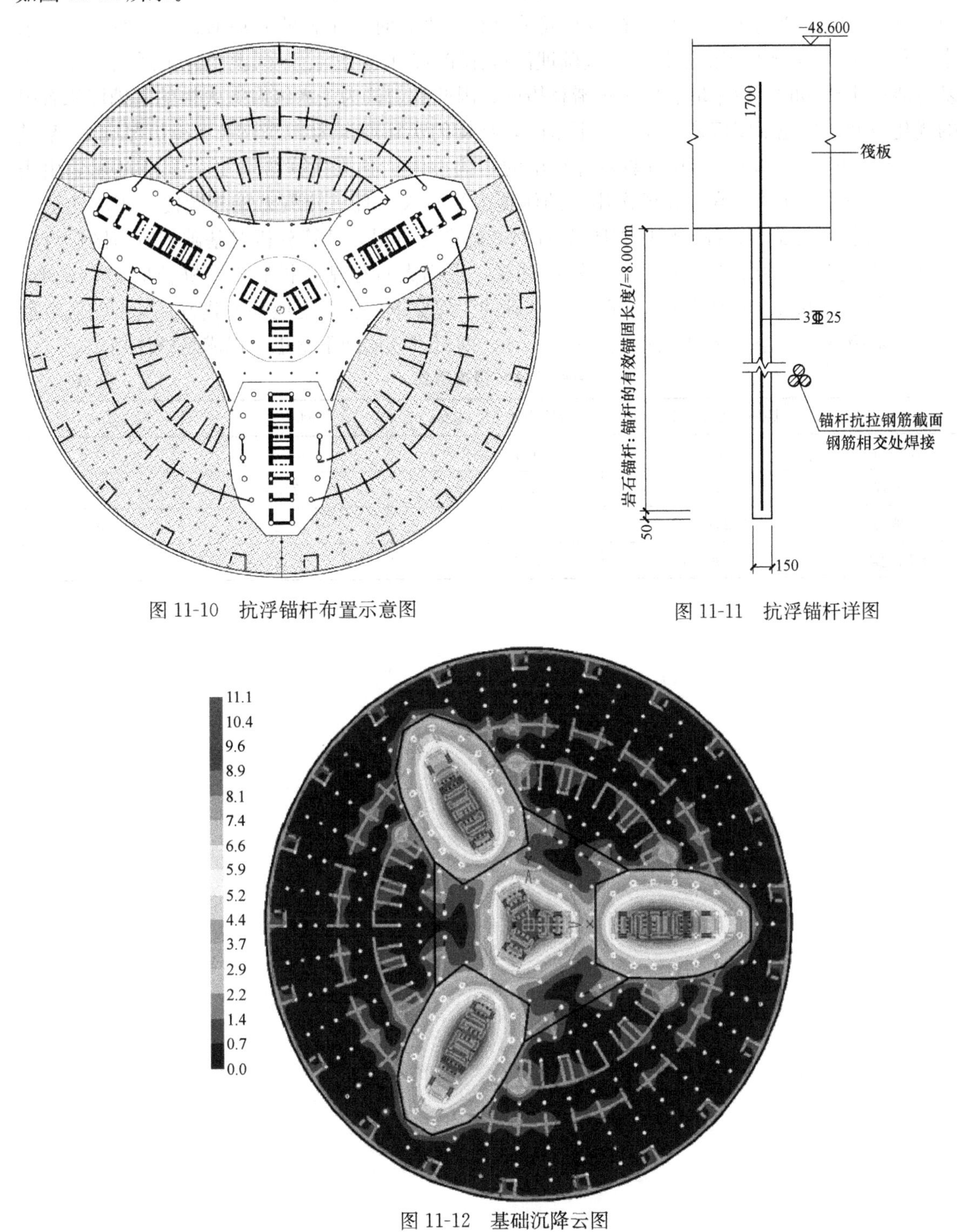

图 11-10 抗浮锚杆布置示意图

图 11-11 抗浮锚杆详图

图 11-12 基础沉降云图

11.5 千米级基础埋深优化探讨

由于地下室为直径约 300m 的圆形，巨大的大底盘对结构的抗倾覆效果也是非常明显的。若将千米级摩天大楼主楼区域平面近似看成一个三角形的话，这个三角形的边长大约 181m，则千米级的高宽比 1040/156.75＝6.63，高宽比相对较小。且《高层建筑混凝土结构技术规程》第 12.1.8 条中规定，当建筑物采用岩石地基或采取有效措施时，在满足地基承载力、稳定性要求及本规程第 12.1.7 条规定的前提下，基础埋深可比第 12.1.8 条 1、2 两款的规定适当放松。当地基可能产生滑移时，应采取有效的抗滑移措施，因此我们认为千米级摩天大楼的基础埋深有很大的优化空间，当地下室仅采用 3 层地下室时，结构的实际埋深为 26.2m（加筏板厚度），基础埋深 26.2/1040＝1/39.7。YJK 计算软件给出的结构整体抗倾覆计算结果如表 11-4 所示。由表 11-4 的结果可见，千米级高层在风作用下的倾覆力矩较大，且抗倾覆力矩与倾覆力矩的比值在 15 以上，有较高的安全储备。根据 YJK 软件对基础进行有限元计算分析对基础零应力区进行验算，验算结果显示基础下无零应力区。经过试算，采用大直径钻孔扩底桩，桩长取 23.6m 时，桩身承载力满足要求，可保证千米级摩天楼基础的浅埋要求。在满足地基承载力、变形的假定前提下，千米级摩天大楼的基础埋深选择在 26.2m，即只带 3 层地下室也可以满足整体稳定要求。

结构整体抗倾覆验算 **表 11-4**

	抗倾覆力矩 M_r(kN·m)	抗倾覆力矩 M_{ov}(kN·m)	M_r/M_{ov}	零应力区(%)
X 向风	6.391×10^9	4.152×10^8	15.39	0
Y 向风	6.390×10^9	3.738×10^8	17.09	0
X 地震	6.391×10^9	3.318×10^8	19.26	0
Y 向地震	6.390×10^9	3.318×10^8	19.26	0

12 外包钢板-混凝土组合剪力墙试验研究

12.1 国内外研究应用现状

12.1.1 外包钢板-混凝土组合剪力墙

1990 年 Stephens 和 Zimmerman 完成了两组双层钢板内填混凝土防护墙的试验，分析总结了在不同荷载组合作用下防护墙的破坏过程。试验结果表明，此类墙体具有较高的承载能力和良好的延性。两组试件均是先发生钢板屈服，之后发生局部屈曲，最后都是由于混凝土被压碎而发生破坏。相比传统的钢筋混凝土剪力墙，此类墙体具有更强的横向抗剪能力。

1995 年，Wright 等对两侧压型钢板内填混凝土剪力墙进行了试验研究，分析发现两侧钢板之间不同的连接构造会对剪力墙的受力性能、耗能能力产生不同的影响，合适的连接构造对剪力墙性能的发挥起着重要作用。

同年，加拿大学者 Link 等对双层钢板内填混凝土剪力墙的受力机理进行了有限元模拟，分析总结了此类墙体的破坏过程和后期承载力的规律。有限元结果表明，此类墙体具有很高的承载能力和较好的延性，当墙体达到极限承载力后仍可以保持较高的承载能力，并且有较大的变形。

2002 年，日本学者 Emori 对箱形双层钢板剪力墙的性能进行了试验研究，其截面形式如图 12-1 所示，分析了每个腔体的宽厚比对剪力墙轴压性能和抗剪性能的影响，试验结果表明，此种剪力墙的轴压性能、抗剪性能以及延性均较好。另外，提出了计算公式并与试验结果进行对比，其计算结果和试验吻合较好。

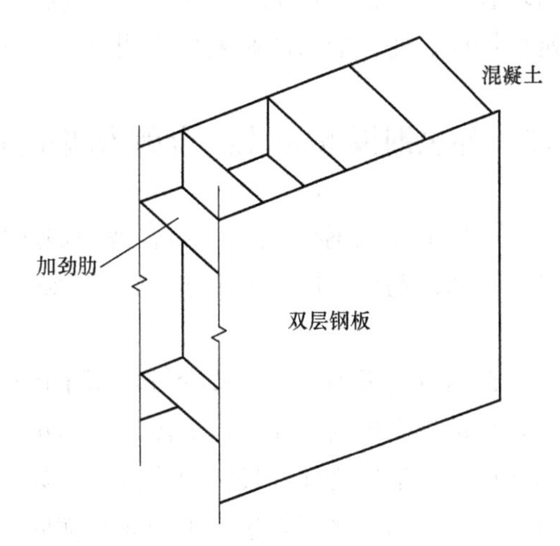

图 12-1 箱形钢板组合剪力墙

2010 年，徐嫚等利用有限元软件 ANSYS 对两边连接钢板剪力墙和钢板组合剪力墙进行了有限元模拟分析，研究了高厚比不同时，两种墙体力学性能的区别。模拟结果表明：高厚比是影响两边连接钢板剪力墙受剪性能的重要因素，内部混凝土的存在改变了剪力墙两侧钢板的受力模式，水平荷载由原来的钢板表面拉力带承担改变为由截面抗剪承担。

2011 年，聂建国等对 2 个低剪跨比双钢板-混凝土组合剪力墙和 1 个低剪跨比普通钢筋混凝土剪力墙进行了试验研究，分析了高轴压比下剪力墙的破坏过程以及变形能力，通过试件的滞回曲线、骨架曲线得到了剪力墙的承载力、延性系数、刚度退化规律、承载力退化规律以及耗能能力等。试验结果表明：与普通钢筋混凝土剪力墙相比，剪跨比小的双钢板-混凝土组合剪力墙受剪承载力较高，有着更好的延性和耗能能力。

同年，广州大学的吴杰对双钢板高强混凝土组合剪力墙进行了试验研究并进行了有限元分析。试验结果表明，双钢板高强混凝土组合剪力墙与普通混凝土组合剪力墙相比，其耗能能力有所提高，承载力退化和刚度退化程度有所减轻。轴压比较大时，剪力墙的承载力有所增加，但水平力-水平位移关系曲线下降段较陡，承载力退化和刚度退化更加严重。

2012 年郭兰慧完成了 1 个两边连接钢板剪力墙和 2 个钢板-混凝土组合剪力墙的试验研究，分析了剪力墙在往复荷载作用下的力学性能以及耗能能力等，并利用有限元软件 ANSYS 对 3 个试验过程进行了数值模型。研究结果表明：两种剪力墙都体现出较高的承载能力和较好的延性，混凝土板的存在显著提高了剪力墙的承载能力以及耗能能力，并且有效抑制了钢板的平面外屈曲变形。跨高比对两边连接钢板-混凝土组合剪力墙的承载力影响很大，跨高比越大，剪力墙的承载力越高。

2013 年李健，罗永峰等完成了 9 个盐城广播电视塔实际工程中剪力墙的缩尺试件试验，研究了采用不同构造措施的双层钢板-混凝土组合剪力墙在往复荷载作用下的破坏过程、承载力、刚度退化规律以及耗能能力等，分析总结了墙体的高宽比、轴压比、钢板厚度、混凝土强度等级等对剪力墙力学性能以及耗能能力的影响。试验结果表明：双层钢板-混凝土组合剪力墙能够充分发挥钢板和混凝土各自的优点，具有较高的承载力和耗能能力，是一种良好的剪力墙形式。

2014 年程卫红，田春雨等对 8 个双钢板-混凝土组合剪力墙进行了拟静力试验研究，分析了剪力墙的承载力、耗能能力、破坏模式以及剪跨比、栓钉间距和含钢率对剪力墙性能的影响。试验结果表明：剪跨比在 1.0～1.5 之间试件发生压弯破坏，试件滞回曲线饱满，耗能能力以及变形能力均较强；含钢率越大，剪力墙的承载力越高，延性性能越好；栓钉间距对剪力墙的承载力、延性性能、变形能力的影响均不明显。

12.1.2 外包钢板-混凝土组合剪力墙不同连接构造

目前主要的外包钢板-混凝土组合剪力墙连接构造形式包括：

(1) 在两侧钢板之间焊接连接钢筋和竖向肋板，并在钢板内侧焊接栓钉，如图 12-2 (*a*) 所示。

(2) 在两侧钢板内表面焊接栓钉，用于传递两侧钢板和内部混凝土之间的剪力，并拉结两侧钢板，防止钢板出现局部屈曲，如图 12-2 (*b*) 所示。

(3) 在两侧钢板之间焊接抗剪连接件，如图 12-2 (*c*) 所示。

(4) 在两侧钢板之间焊接若干竖向和横向的肋板，使剪力墙分隔成若干个内部填有混凝土的钢盒子，如图 12-2 (*d*) 所示。

(5) 在两侧钢板表面设置对拉螺栓，约束两侧钢板和内部混凝土形成一个整体共同受力，防止钢板出现局部屈曲，如图 12-2 (*e*) 所示。

(6) 在两侧钢板之间只设置竖向肋板，将混凝土分隔成若干个混凝土柱，如图 12-2 (*f*) 所示。

(7) 在两侧钢板之间设置竖向开洞肋板、对拉螺栓，钢板内侧同时焊有栓钉，如图 12-2 (*g*) 所示。

(8) 两侧钢板通过短加劲肋和缀板相连，钢板内侧同时焊有栓钉，如图 12-2 (*h*) 所示。

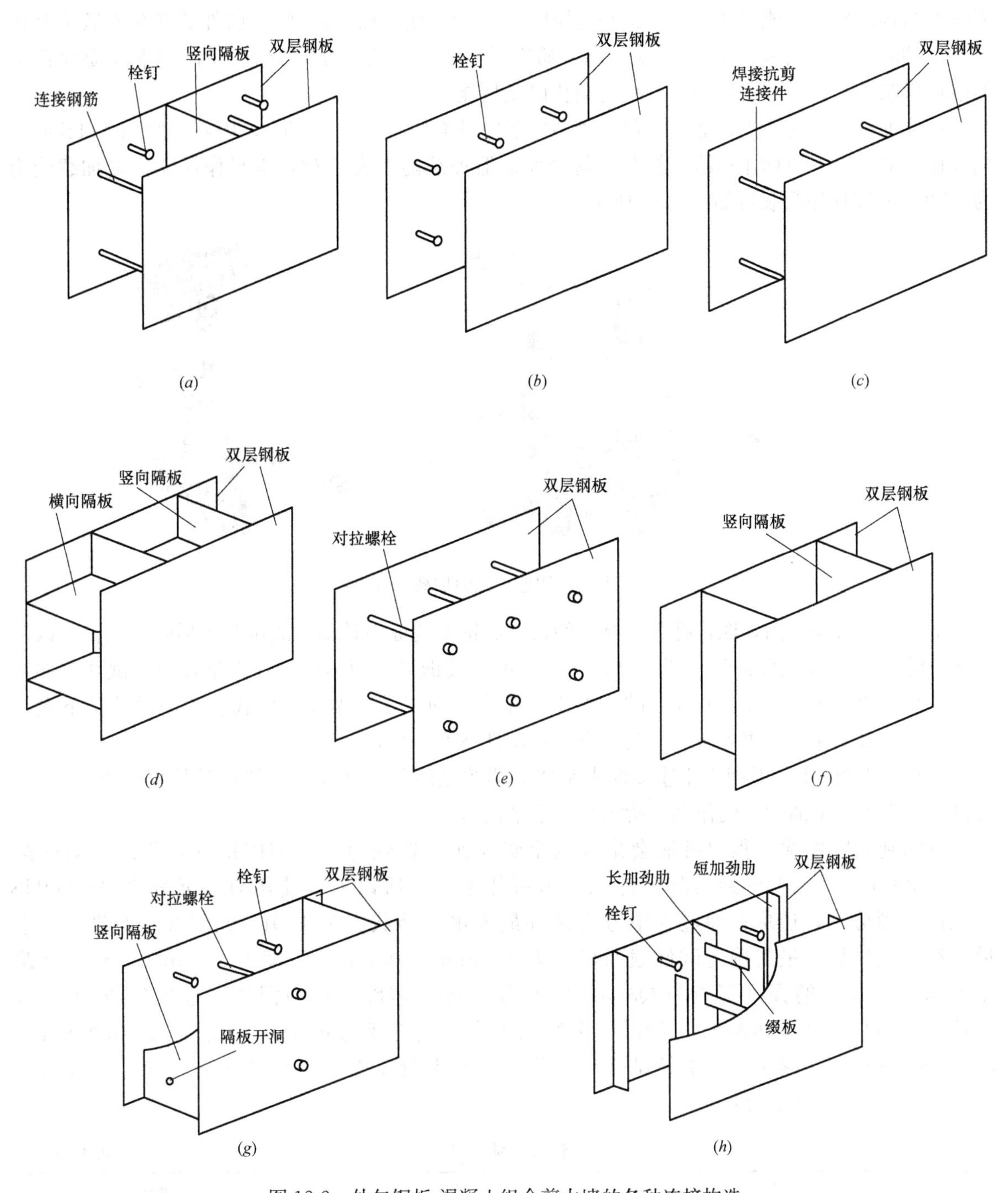

图 12-2 外包钢板-混凝土组合剪力墙的各种连接构造

12.2 多腔钢板-混凝土组合剪力墙试验研究

12.2.1 试件设计

为研究千米级大楼中应用的外包钢板-混凝土剪力墙的抗震性能，于哈尔滨工业大学土木工程学院结构试验室完成了3个多腔钢板-混凝土组合剪力墙拟静力试验。试件的变化参数为外包钢板内的腔数，分别为3腔、4腔和5腔。研究了多腔钢板-混凝土组合剪力墙在不同腔数情况下的破坏机制、承载力、变形能力、刚度退化以及耗能能力等。

试验加载装置为四连杆加载装置，该装置竖向最大加载能力为350t，由两个竖向MTS静液伺服作动器（以下简称作动器）控制，每个作动器加载能力为200t，水平作动器往复加载能力为120t，四连杆加载装置如图12-3所示。

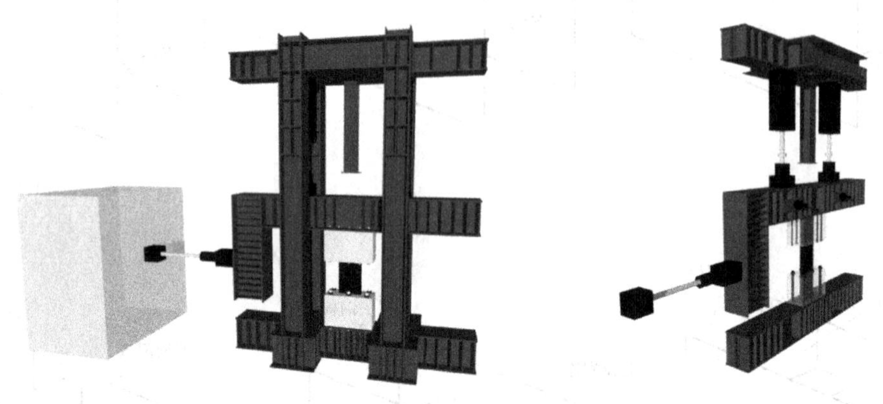

图12-3 四连杆试验加载装置

由于设备自身原因，四连杆无法有效约束加载钢梁的面内转动，故试验中拆除四连杆，以两个加载能力为200t的竖向作动器加以替代，约束加载钢梁平面内转动，效果理想。试件下部通过锚杆螺栓固定在与地面稳固连接的钢梁上，相当于固定端。因此，加载装置提供的是下端固定，上端为滑动支座的边界条件，其反弯点在试件高度一半处。

水平力由与“L”形钢梁相连接的水平作动器控制施加，其作用位置在试件反弯点高度处，其目的是为了尽量消除竖向作动器所承受的不平衡力。

考虑到实际加载过程中可能会出现两个竖向作动器轴力不均匀的情况，所以竖向荷载取值在300t以下。考虑到实际试件承载力可能偏高，所以前期使用有限元软件ABAQUS对试件模拟分析，选取截面过程中考虑试件最大水平承载力为100t，预留20t承载力富余量。经反复试算，最终确定试件截面尺寸为120mm×700mm，高度为1050mm，对应剪跨比为0.75。钢板的强度等级为Q345，厚度为3mm，多腔钢板内混凝土强度等级为C60，三种试件的具体尺寸如表12-1所示。多腔钢板内焊接直径为6mm，长度为20mm的栓钉，用以增强钢板和混凝土之间的拉结作用，使钢板和混凝土能够更好地协同工作，三种试件的截面尺寸如图12-4所示。

试件具体尺寸 **表12-1**

名称	墙体尺寸(mm×mm)	剪跨比	设计轴压比	墙体厚度(mm)
	宽×高			钢+混凝土+钢
3腔试件	700×1050	0.75	0.5	3+114+3
4腔试件	700×1050	0.75	0.5	3+114+3
5腔试件	700×1050	0.75	0.5	3+114+3

为锚固中间试件部分，将多腔钢板通长伸入顶梁及底梁，并在其表面开若干圆孔，穿入锚固钢筋防止其发生拔出变形，锚固钢筋孔位及梁内配筋如图12-5所示。顶梁及底梁内按计算配置钢筋，防止其先于中间试件部分破坏。

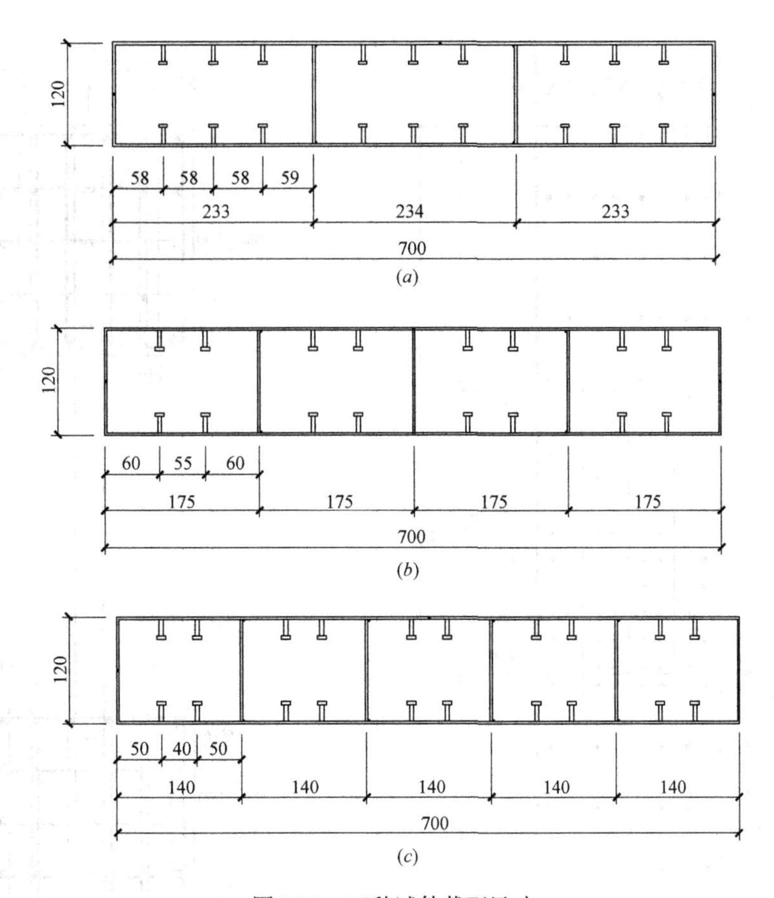

图 12-4 三种试件截面尺寸

(a) 3 腔试件截面尺寸；(b) 4 腔试件截面尺寸；(c) 5 腔试件截面尺寸

12.2.2 材性试验

试验所用的钢材均为 Q345 级钢，厚度为 3mm，依据《金属材料 拉伸试验 第 1 部分：室温试验方法》GB/T 228.1—2010 进行拉伸试验，共 3 个拉伸试件，具体尺寸如图 12-6 所示，试验结果如表 12-2 所示。材性试验应力-应变关系曲线如图 12-7 所示，拉伸试件表现出来的各项特征均符合钢材拉伸的力学性能，可以用来进行试验。

材性试验结果 **表 12-2**

试件	弹性模量 (MPa)	屈服强度 (MPa)	极限强度 (MPa)	强屈比	伸长率 (%)	泊松比
1	192900	471	558	1.18	21.6	0.277
2	193700	466	557	1.20	22.1	0.275
3	199990	465	557	1.20	20.2	0.269

试件的顶梁及底梁混凝土等级为 C30，采用商品混凝土；钢板内混凝土等级为 C60，由试验室配制。加工每个试件时均预留六个边长为 100mm 的立方体试块，在与试件相同条件下养护。试验测得 C30 及 C60 混凝土抗压强度如表 12-3 所示，其中 5 腔试件为第一天浇筑，3 腔和 4 腔试件为第二天浇筑，因为试件是在冬天浇筑及养护，所以试块实测抗压强度均偏低，第一天浇筑的 C60 混凝土抗压强度相比第二天更低一些。

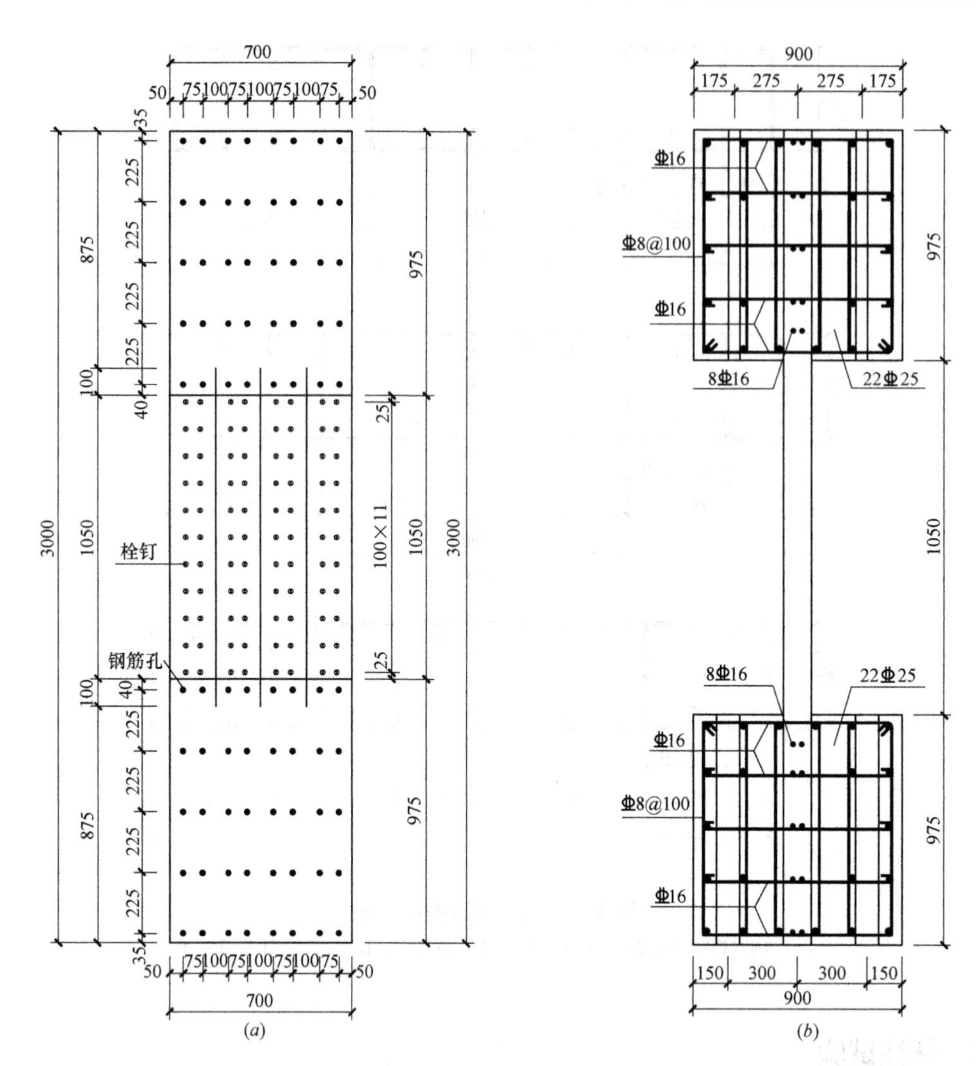

图 12-5 试件钢筋布置及细部构造图

(*a*) 钢板表面钢筋孔位及栓钉布置图；(*b*) 梁内配筋布置图

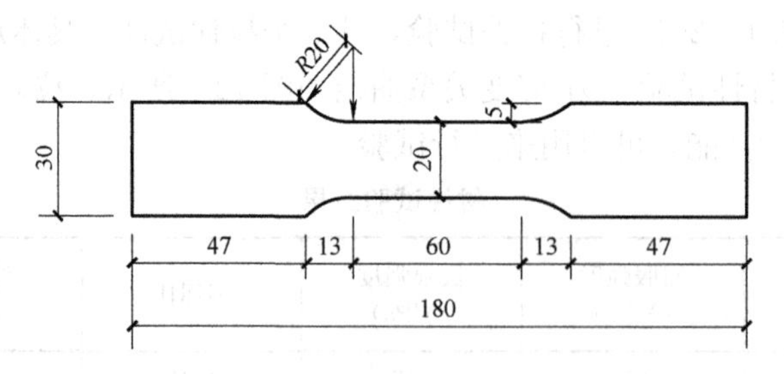

图 12-6 拉伸试件尺寸图

C30 及 C60 混凝土抗压强度（MPa） **表 12-3**

试块种类	试件种类	实测强度平均值	立方体抗压强度平均值	轴心抗压强度平均值
C30	全部试件	20.5	19.5	15.2
C60	5 腔试件	39.8	37.8	29.5
C60	3、4 腔试件	55.1	52.3	40.8

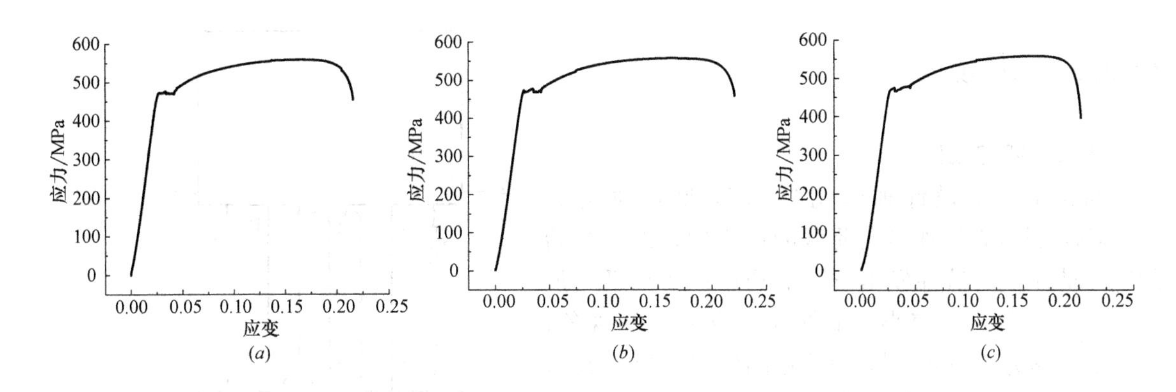

图 12-7 加载装置及应力应变曲线

(*a*) 试件 1 应力应变曲线；(*b*) 试件 2 应力应变曲线；(*d*) 试件 3 应力应变曲线

12.2.3 加载方案

本试验采用拟静力试验方法，首先由两个竖向作动器施加竖向轴力，轴力对应的设计轴压比为 0.5，设计轴压比按式（12-1）计算。式中 f_c 为实测混凝土轴心抗压强度平均值，f_y 为实测的钢材屈服强度，系数 1.25 为重力荷载代表值产生的轴向压力分项系数；1.4 和 1.11 分别为混凝土和钢材的材料分项系数。

$$n=\frac{1.25N}{f_cA_c/1.4+f_yA_s/1.11} \tag{12-1}$$

水平荷载采用力控制和位移控制的混合加载方法加载，3 腔试件和 4 腔试件的加载制度如图 12-8 所示。力控制阶段分 2 级加载，对应的水平荷载分别为 300kN、600kN，每级荷载循环一次。当层间位移角达到 1/400 后，改用位移控制加载，每级位移增量为 2.625mm（对应 1/400 层间位移角），每级荷载循环两次。当试件不能维持施加的轴力或者水平力下降到极限承载力的 85%以下时，停止试验。由于 5 腔试件内部混凝土浇筑不完全密实，预计承载力较低，所以 5 腔试件的力控制阶段对应水平荷载为 200kN、400kN，位移控制阶段与 3 腔、4 腔试件加载制度一致。

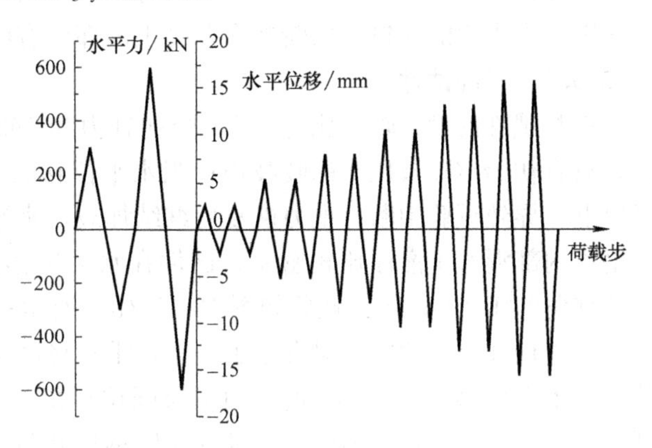

图 12-8 试验加载制度

12.2.4 测量方案

根据前期有限元软件 ABAQUS 模拟分析结果，肋板、腔体中间处钢板应力差别较大，而且肋板处钢板应力水平较高，故在布置应变花时着重监测以上部位，具体应变花以及位移计布置情况如图 12-9 所示。

为防止试件自身形变对所测位移的影响，在试件左右两端各布置四个位移计，其中四个水平位移计监测试件的水平变形，四个竖向位移计监测试件顶梁和底梁的转角变形。

12.2.5 试验现象

12.2.5.1 四腔试件

四腔试件的设计轴压比为 0.5，竖向轴力为 1960kN，试件在施加竖向荷载的过程中，由于初始的缝隙被压实，试件发出吱吱的响声；在水平力加载阶段，水平荷载较小，试件并没有明显的现象；当水平位移为 7.9mm 时，对应层间位移角为 1/133，试件角部受压区正面钢板发生局部鼓曲，侧面钢板向里凹陷，分析其原因为混凝土浇筑不密实，存在空腔，试验现象如图 12-10（*b*）所示；当水平位移为－7.9mm 时，另一侧的角部受压区开始鼓曲，试件背面有两处开始鼓曲，如图 12-10（*c*）所示；当水平位移为 10.5mm 时，对应层间位移角为 1/100，钢板正面上部出现多处鼓曲，如图 12-10（*d*）所示，分析其原因为“L”形钢梁两侧的侧向支撑约束不足，“L”形钢梁发生面外转动，施加的轴力偏心，导致正面钢板上部和背面钢板下部鼓曲。当水平位移为－13.1mm 时，对应层间位移角为 1/80，钢板角部受压区屈曲严重，如图 12-10（*e*）所示，试件最终由于上部混凝土被压碎，竖向失去承载能力而发生破坏，试件破坏时上部及背部多处鼓曲如图 12-10（*f*）、（*g*）所示。试验结束后将外包钢板剖开，发现试件角部混凝土破碎程度严重，如图 12-10（*h*）所示，试件上部鼓曲位置的纵向肋板和正面钢板脱离，焊接在钢板内表面的栓钉有的断裂在混凝土内部，有的栓钉拔出混凝土但依旧未脱离钢板表面。

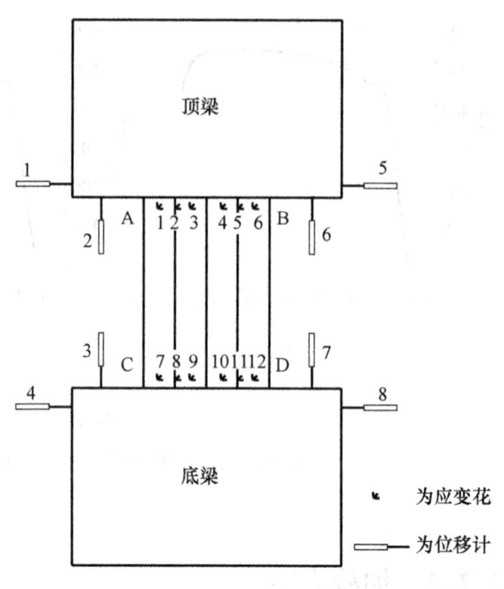

图 12-9　应变花及位移计布置

12.2.5.2 三腔试件

三腔试件的设计轴压比为 0.5，竖向轴力为 1920kN，在水平力加载阶段现象和 4 腔试件类似，只有初始空隙被压实的吱吱声；当水平位移为－5.3mm 的第二个加载循环时，试验室发生了停电，导致试验中断，电力恢复后继续加载，水平位移荷载从 7.9mm 开始。由于 3 腔试件外包钢板内部混凝土灌注比较密实，试件在水平位移为 10.5mm 时角部才出现轻微鼓曲，对应层间位移角为 1/100，鼓曲现象如图 12-11（*a*）所示；当水平位移为－10.5mm 的第二个加载循环时，四连杆加载装置的地梁发生了滑移，重新将试验装置地梁的锚固螺栓拧紧后继续施加水平荷载。当水平位移为 15.8mm 时，对应层间位移角为 1/66，试件正面和背面钢板的对接焊缝出现开裂，如图 12-11（*b*）所示，角部受压区钢板鼓曲程度加深；当水平位移为－15.8mm 时，试件正面及背面钢板对接焊缝开裂程度加重，如图 12-11（*c*）所示；当水平位移为 18.4mm 时，对应层间位移角为 1/57，正面和背面钢板对接焊缝完全开裂，角部发生严重鼓曲，侧向焊缝也出现开裂，如图 12-11（*d*）所示。试件最终由于腔内混凝土被压碎，竖向失去承载能力而发生破坏，试件破坏时钢板鼓曲，侧面裂缝开裂以及混凝土压碎情况如图 12-11（*e*）、（*f*）、（*g*）所示。

分析正面及背面钢板对接焊缝发生开裂的原因为试件中间只有两条纵向肋板，由于纵向肋板间距离较大，使得纵向肋板对正面和背面钢板的拉结约束作用不够，两条纵向肋板间的正面钢板部分更容易发生较大鼓曲变形，焊缝由于承担着较大的内力，最终在水平力反复作用下开裂。

12.2.5.3 五腔试件

五腔试件的设计轴压比为 0.5，竖向轴力为 1750kN，在水平力加载阶段现象和 3 腔、4 腔试件类似，只有初始空隙被压实的吱吱声；当水平位移为－7.9mm 时，对应层间位移角为 1/133，试件左侧角部发生鼓曲，如图 12-12（*a*）所示；随着水平荷载的越来越大，角部鼓曲的程度也

图 12-10　四腔试件破坏过程

(*a*) 试件安装就位；(*b*) 7.9mm 局部屈曲；(*c*) −7.9mm 局部屈曲；(*d*) 10.5mm 多处鼓曲；(*e*) −13.1mm 角部严重屈曲；(*f*) 试件破坏时钢板正面上部鼓曲严重；(*g*) 试件破坏时钢板背面多处鼓曲；(*h*) 试件破坏时上部混凝土被压碎

逐渐加重，直到水平位移为 21mm 时，此时对应层间位移角为 1/50，试件四个角部钢板鼓曲程度严重，侧向焊缝发生了开裂，如图 12-12（*d*）所示。在之后的加载过程中钢板因为局部鼓曲而发出“嘣嘣”声，试件最终破坏时的水平位移为 23.5mm，对应层间位移角为 1/45，同 3 腔、4 腔试件一样，也是因为腔内混凝土被压碎，竖向失去承载能力发生破坏，试件破坏时受压区角部发生严重鼓曲，混凝土压碎情况如图 12-12（*e*）、（*f*）所示。

12.2.6　试验结果分析

12.2.6.1　滞回曲线与骨架曲线

三种试件的水平力-水平位移关系曲线如图 12-13 所示。

各试件中，5 腔试件滞回曲线最饱满，3 腔试件滞回曲线捏缩最严重，除了试件本身性能原因外，3 腔试件在水平位移为−10.5mm 的第二个循环时，加载装置地梁发生了滑移，滑移造成的振动致使试件内部损伤加剧，滞回曲线捏缩较为严重。

由骨架曲线可知，不同腔数模型的弹性承载力、弹性刚度、极限承载力以及延性系数等有着明显的差别。其中，屈服荷载、屈服位移由几何作图法确定。极限位移为承载力下降到极限承载力 85%时的层间位移；延性系数按式（12-2）计算。

图 12-11　三腔试件破坏过程

(*a*) 10.5mm 时试件角部轻微鼓曲；(*b*) 15.8mm 正面及背面焊缝出现开裂；(*c*) −15.8mm 正面及背面焊缝开裂加重；(*d*) 18.4mm 正面及背面焊缝完全开裂；(*e*) 18.4mm 角部鼓曲严重；(*f*) 试件破坏时钢板鼓曲、侧向焊缝开裂；(*g*) 试件破坏时混凝土被压碎

$$\mu=\frac{\delta_u}{\delta_y} \tag{12-2}$$

式中　δ_u——极限位移；

δ_y——屈服位移。

三种试件的具体力学性能参数如表 12-4 所示。

对比三种试件的主要性能指标可以发现，5 腔试件的延性最好，屈服位移角达到 1/120，峰值位移角达到 1/50，极限位移角最大可以达到 1/44；3 腔试件的弹性段刚度最大，其负向加载的弹性段刚度可以达到 269.74kN/mm，其屈服荷载，极限荷载也最大；4 腔试件的各方面性能居于 3、5 腔试件之间。由此可见，外包钢板内纵向肋板越多，对试件的延性贡献越大；腔数越少，试件的刚度越大，承载力也相应的提高。

图 12-12 五腔试件破坏过程
(a) −7.9mm 左侧角部发生鼓曲；(b) −10.5mm 左侧角部鼓曲加重；
(c) −13.1mm 角部鼓曲加重；(d) 21mm 侧向焊缝发生开裂；
(e) 试件破坏时角部发生严重鼓曲；(f) 试件破坏时混凝土压碎

三种试件主要性能指标 表 12-4

腔数	加载方向	弹性段刚度(kN/mm)	屈服位移(mm)	屈服荷载(kN)	屈服位移角	峰值位移(mm)	极限荷载(kN)	极限位移(mm)	极限位移角	延性系数
3	正向	194.53	7.447	898.4	1/141	13.21	1058.01	14.64	1/72	2.0
	负向	269.74	6.741	934.6	1/156	10.24	1146.31	15.02	1/70	2.2
4	正向	175.32	7.157	771.7	1/146	13.287	908.18	—	—	—
	负向	192.59	6.955	737.1	1/151	13.22	866.8	15.11	1/69	2.2
5	正向	165.53	7.987	781	1/131	18.76	911.40	23.95	1/44	3.0
	负向	152.02	8.732	763.9	1/120	20.84	910.09	—	—	—

3 腔试件骨架曲线在−13.1mm 处下降较快的原因为加载装置地梁在此刻发生了滑移，试件因为短暂的剧烈振动加剧了内部损伤，从而导致骨架曲线在此刻下降较快，影响了后期的滞回性能。

5 腔试件滞回曲线饱满，骨架曲线也有明显的下降段，试件整体的性能较好。但由于 5 腔试件混凝土并没有浇筑密实，外包钢板内部有若干小体积空腔，使得试件本身存在缺陷，如果混凝土浇筑密实，养护条件完好，5 腔试件整体的受力性能将会有较大的提高。

12.2.6.2 外包钢板应变分析

三种试件外包钢板的应变发展规律类似，以 4 腔试件为例进行说明。1-6 号应变花位于钢板上侧，7-12 号应变花位于钢板下侧。应变花最大、最小主应变与加载状态的关系曲线如图 12-14

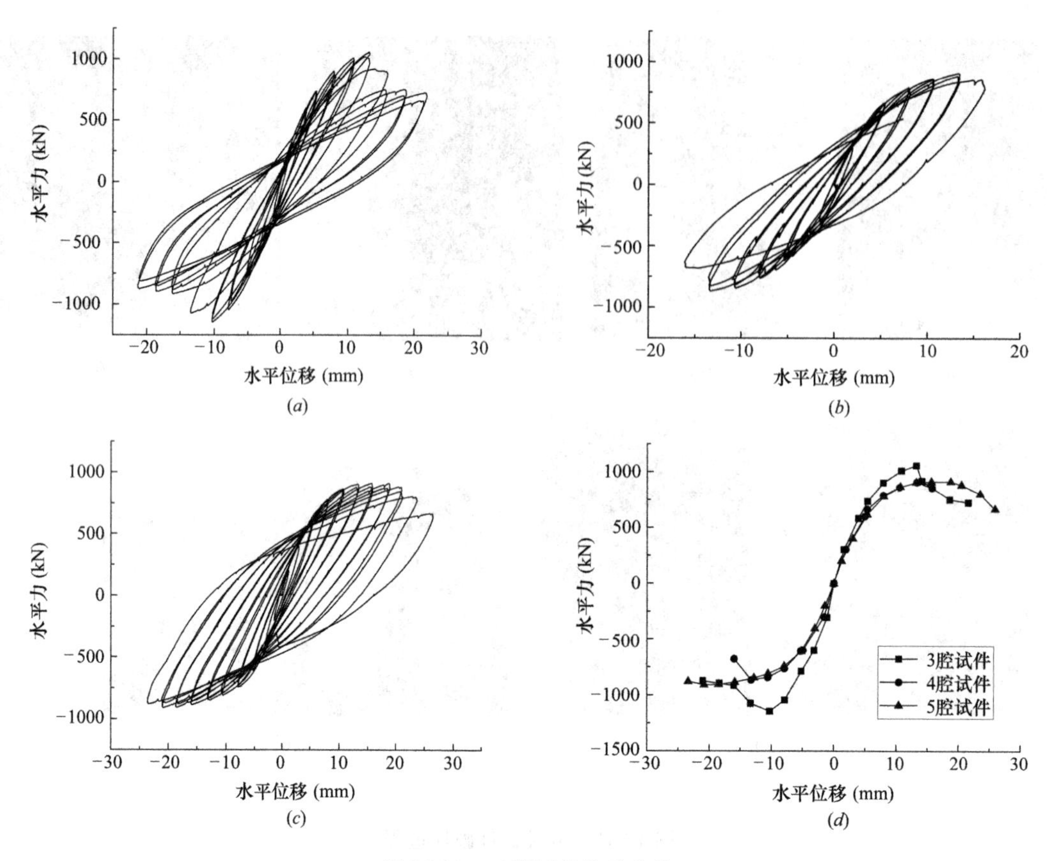

图 12-13　三种试件关系曲线

（*a*）3 腔试件荷载位移曲线；（*b*）4 腔试件荷载位移曲线；

（*c*）5 腔试件荷载位移曲线；（*d*）骨架曲线对比

所示，钢板的屈服应变为 2000$\mu\varepsilon$。从关系曲线中可以看出：钢板上侧应力水平较大，钢板下侧应力水平较小。施加轴力后，钢板的应力水平较低，应变最大值为 1100$\mu\varepsilon$；随着水平荷载的逐步加大，钢板表面应力也越来越大，并且角部的应力水平要大于钢板中部的应力水平。试件加载状态与试件水平力、水平位移关系如表 12-5 所示。

四腔试件加载状态与水平力、水平位移关系　　表 12-5

状态	轴力(kN)	状态	位移(mm)	水平力(kN)	状态	位移(mm)	水平力(kN)	状态	位移(mm)	水平力(kN)	状态	位移(mm)	水平力(kN)
1	0	6	1.91	300	16	−5.3	−607	26	7.9	778	36	−10.5	−807
2	500	7	0.55	0	17	−1.15	0	27	1.85	0	37	−3.28	0
3	1000	8	−1.57	−300	18	5.3	650	28	−7.9	−751	38	13.1	894
4	1500	9	−0.19	0	19	0.55	0	29	−1.97	0	39	4.72	0
5	2000	10	4.93	600	20	−5.3	−597	30	10.5	840	40	−13.1	−866
		11	1.12	0	21	−1.1	0	31	3.13	0	41	−4.65	0
		12	−4.97	−600	22	7.9	770	32	−10.5	−835	42	13.1	908
		13	−1.04	0	23	1.79	0	33	−3.04	0			
		14	5.3	650	24	−7.9	−757	34	10.5	850			
		15	0.06	0	25	−1.85	0	35	3.05	0			

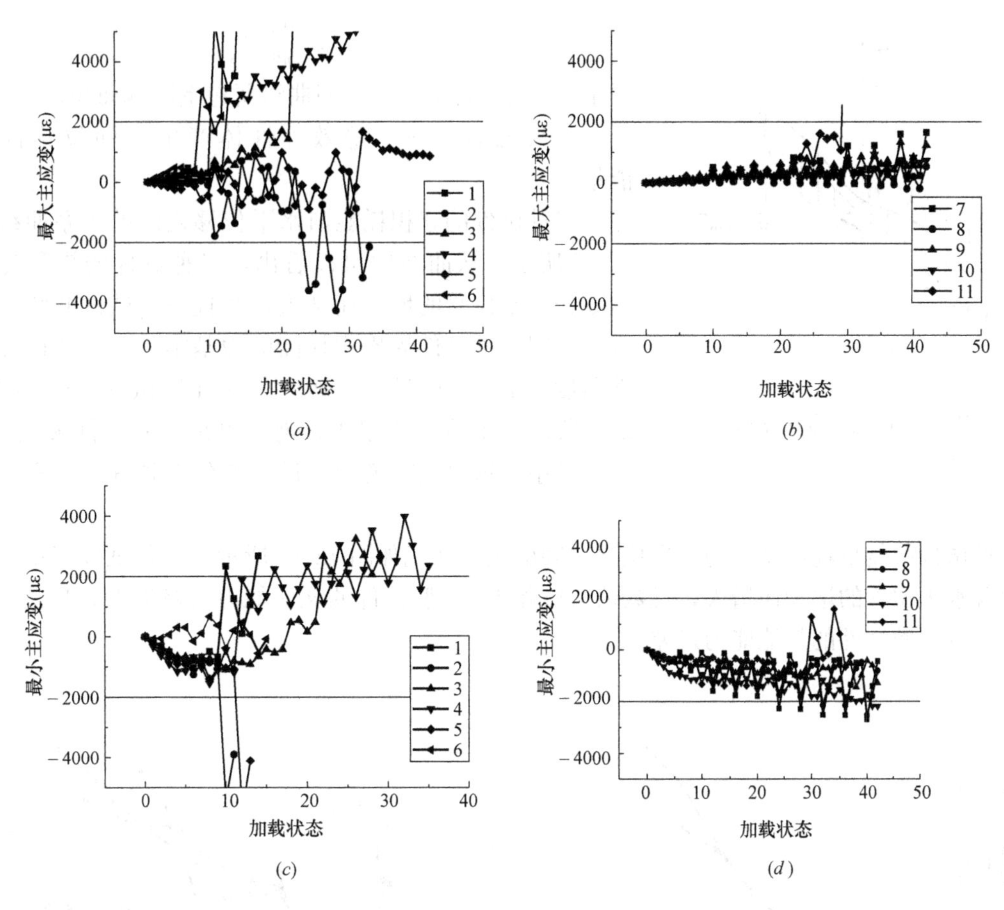

图 12-14 钢板应变与加载状态关系曲线

(a) 1-6 最大主应变；(b) 7-11 最大主应变；(c) 1-6 最小主应变；(d) 7-11 最小主应变

12.2.6.3 刚度退化分析

试件在水平往复荷载作用下，外包钢板会逐渐屈服，钢板内混凝土也会逐渐开裂，甚至压碎，试件的刚度逐渐降低。本书采用等效割线刚度来评价试件在加载过程中的刚度变化，三种试件的刚度退化曲线如图 12-15 所示，等效割线刚度 K 按式 (12-3) 计算。

$$K_i=\frac{|P_i|}{|X_i|} \tag{12-3}$$

式中 P_i——第 i 次峰值点的荷载值；

X_i——第 i 次峰值点的位移值。

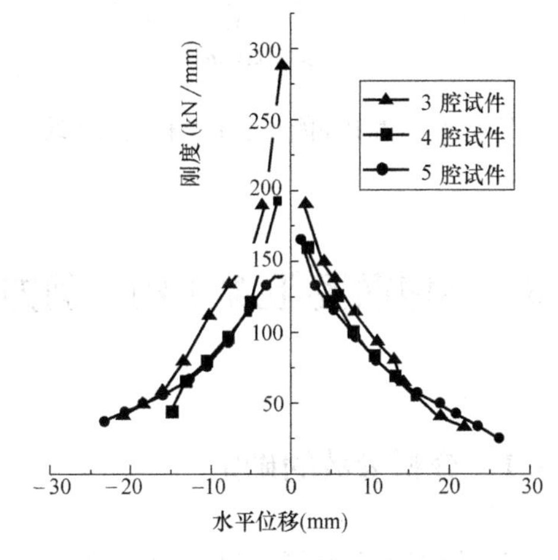

图 12-15 三种试件刚度退化曲线

对比发现，正方向加载时，三种试件的刚度退化规律基本相同；负方向加载时，3 腔试件比 4 腔试件刚度大，5 腔试件次之，三种试件的刚度退化规律大致相同，3 腔试件刚度退化程度相比其他两个试件更剧烈。

12.2.6.4 耗能能力分析

剪力墙是高层建筑中重要的耗能构件，其耗能能力通常用能量耗散系数 E 来评价，其数值按式 (12-4) 计算，计算示意如图 12-16 所示。能量耗散系数越大，其耗能能力越强。

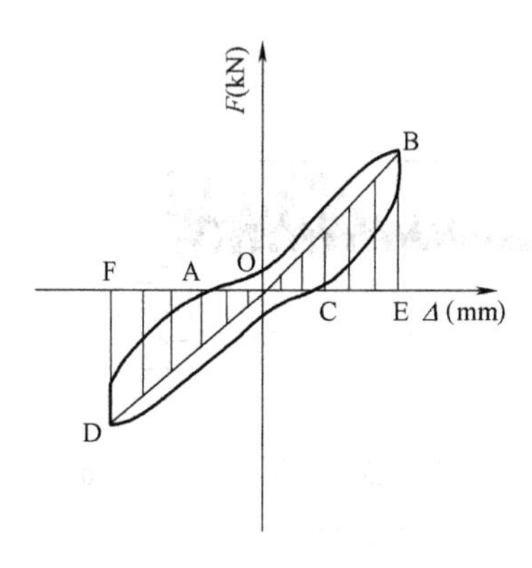

图 12-16　耗能系数计算示意

$$E=\frac{S_{(ABC+CDA)}}{S_{(OBE+ODF)}} \tag{12-4}$$

式中　$S_{(ABC+CDA)}$——滞回曲线所包围区域面积；

$S_{(OBE+ODF)}$——等效弹性体产生相同位移输入的能量。

三种试件的累积耗能与水平位移之间的关系曲线如图 12-17 所示，从曲线中可以看出，三种试件的累积耗能均是随着水平位移的增加而增大，并且三种试件曲线基本重合，说明三种试件的累积耗能能力基本相同。从试件的延性角度来看，5 腔试件的延性优于 4 腔试件，3 腔试件次之，所以对于最终的累积耗能，也是 5 腔试件最大，3 腔试件最小，这也同时说明了试件的延性越好，累积耗能将会越大。

三种试件的能量耗散系数与水平位移之间的关系曲线如图 12-18 所示，三种试件能量耗散系数均随着水平位移的增加而增大，且数值大体相近，4 腔试件的耗能能力要略强于 5 腔试件，从整体上来看 3 腔试件的耗能能力最差。

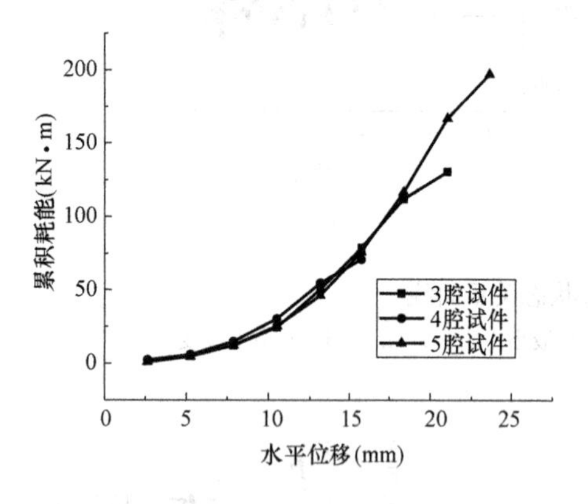

图 12-17　累积耗能与水平位移关系曲线

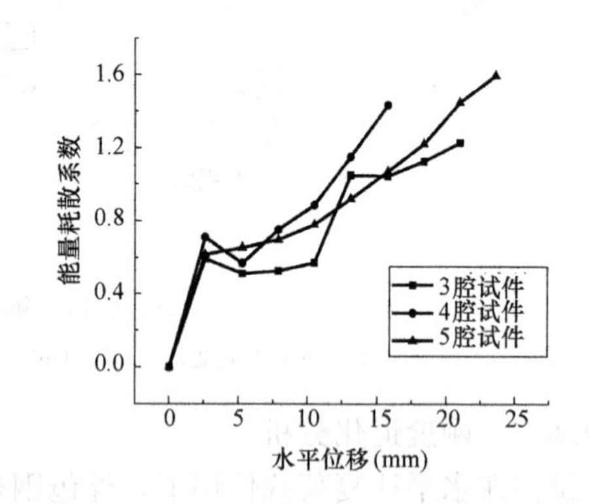

图 12-18　能量耗散系数与水平位移关系曲线

12.3　外包钢板-混凝土组合剪力墙有限元参数分析

12.3.1　分析参数的确定

对于外包钢板-混凝土组合剪力墙，其重要的参数主要有腔体数量、墙体厚度、钢板厚度、钢材强度、混凝土强度、剪跨比以及轴压比等，由于试件的参数较多，本书采用固定腔体数量不变，分别为 3 腔、4 腔和 5 腔，变化其他参数，研究在其他参数变化下不同腔体数量剪力墙的受力性能。

参数分析的基本试件为试验的三种试件，其截面宽度为 120mm，截面高度为 700mm，试件高度为 1050mm，钢材强度等级为 Q345，混凝土强度等级为 C40，剪跨比为 0.75，设计轴压比为 0.5，钢板厚度为 3mm，腔数分别为 3、4、5 腔，在此基本参数上开展参数分析，有限元参数分析的具体取值如表 12-6 所示。

有限元分析参数取值 表 12-6

参　数	取　值					
钢材等级	Q345	Q390	Q420	—	—	—
剪跨比	0.5	0.75	1	—	—	—
设计轴压比	0.4	0.5	0.6	0.7	—	—
混凝土等级	C40	C50	C60	C70	C80	—
墙厚	100	110	120	130	140	—
钢板厚度	2.5	3	3.5	4	4.5	5

12.3.2 有限元模型建立

外包多腔钢板采用壳单元（S4R）模拟，内部混凝土及栓钉均为实体单元（C3D8R）。钢板和内部混凝土之间为摩擦接触，切向摩擦系数为 0.25，法向为硬接触；栓钉贴到钢板表面，并嵌入混凝土内部。外包钢板网格大小为 17.5mm，混凝土网格大小为 25mm。

钢材的本构关系采用双折线随动强化模型，弹性模量 $E=2.06\times10^5$MPa，屈服荷载为 345MPa，极限荷载为 470MPa，混凝土的本构关系采用混凝土塑性损伤模型，其应力应变关系按照《钢管混凝土结构-理论与实践》推荐公式计算，混凝土抗压和抗拉的损伤因子按照《ABAQUS 混凝土损伤塑性模型参数验证》推荐公式进行计算。混凝土本构关系及损伤因子与塑性应变关系曲线如图 12-19、图 12-20 所示。

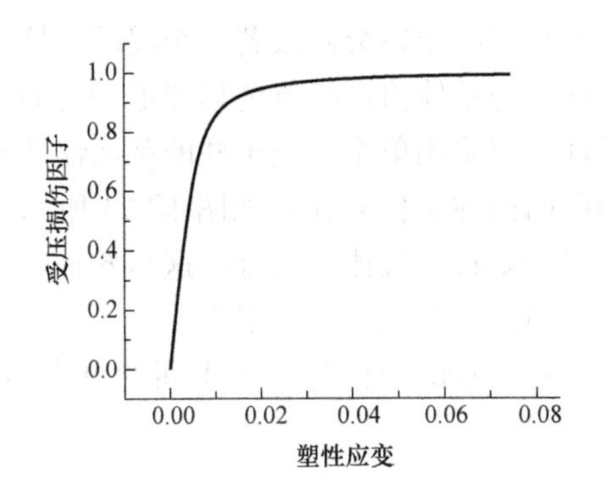

图 12-19　受压损伤因子取值

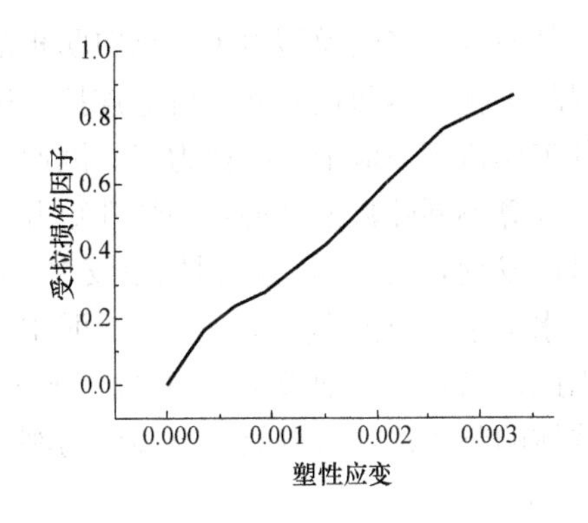

图 12-20　受拉损伤因子取值

模型共设置 33 个分析步，step1 施加轴向压力，自 step2 开始，每一个分析步施加一个水平位移荷载，按照试验加载制度一直加载到层间位移为 21mm，即 1/50 层间位移角。模型的边界条件为下端嵌固端，上端为滑动支座，施加荷载前先将模型上顶面耦合到平面中心的参考点上，之后所有的荷载均在此点施加。

图 12-21 为同一参数分析模型滞回曲线与单向加载曲线的对比，图 12-22 为骨架曲线与单向加载曲线的对比，从两图中可以发现参数分析模型滞回曲线饱满，骨架曲线有明显的下降段，单向加载曲线在极限荷载之前几乎与骨架曲线重合。在接下来的参数化分析过程中，将利用几何作图法在单向加载曲线上确定屈服位移、屈服荷载以及极限荷载，在骨架曲线上确定承载力降低到极限荷载 85%时的极限位移。

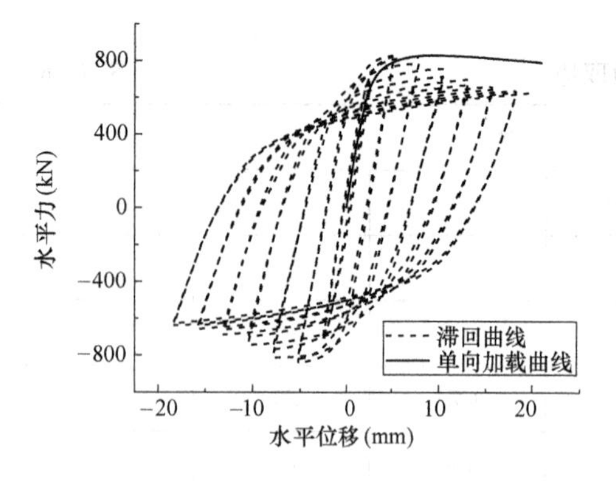

图 12-21 滞回曲线与单向加载曲线对比

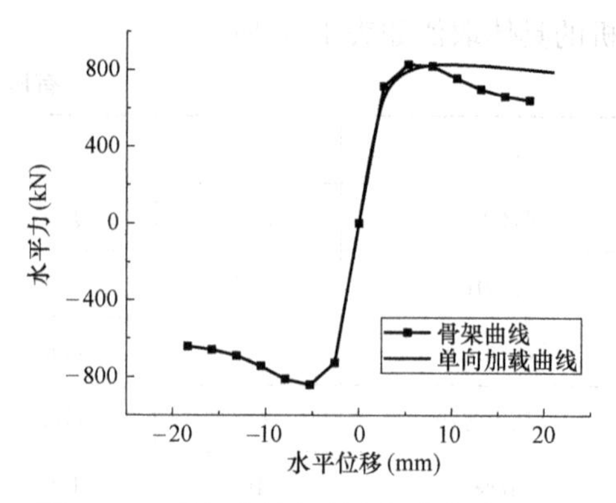

图 12-22 骨架曲线与单向加载曲线对比

12.3.3 参数分析结果

12.3.3.1 腔数的影响

为探究腔数对试件极限承载力的影响，新增 1 腔（中间没有纵向肋板）、2 腔和 6 腔模型，所有模型其他参数均相同，对比极限承载力的差别，六种不同腔数模型单向加载水平力-水平位移关系曲线如图 12-23 所示。

由图可知，1 腔模型的极限承载力最高，弹性段刚度最大，但下降段较陡，延性较差；2 腔模型的极限承载力比 1 腔模型低 200kN 左右，弹性段刚度也比 1 腔模型低，但下降段较缓，延性稍好一些；3 至 6 腔模型无论是弹性段刚度还是极限承载力都十分接近，这说明当多腔钢板-混凝土组合剪力墙内腔数达到一定数量时，腔数的增加并不能使剪力墙的极限承载力有较大的改变。

究其原因，多腔模型由于有纵向肋板的存在，钢板内部混凝土被分隔成若干个混凝土柱，由于各混凝土柱与钢肋板间并无可靠连接，因此各混凝土柱作为整体协同抵抗剪切变形的能力被减弱，其工作机理类似带竖缝剪力墙。因此多腔截面的惯性矩应采用单个混凝土柱的截面惯性矩相叠加，计算不同腔数模型的截面惯性矩并与 1 腔模型的截面惯性矩作对比，如图 12-24 所示。从图中可以发现，1、2 腔截面惯性矩较大，3 至 6 腔截面惯性矩较小且比较接近，这与 6 种不同腔数模型水平承载力大小关系一致，说明水平承载力与模型的截面惯性矩关系很大。

因此建议在多腔钢板-混凝土组合剪力墙的设计中，应加强钢肋板与混凝土间的可靠连接，增强墙体的整体性，可有效提高墙体的刚度与承载力。

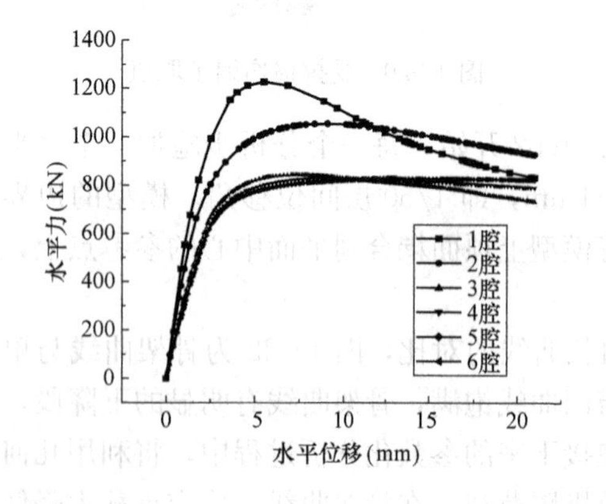

图 12-23 不同腔数模型力-位移关系曲线

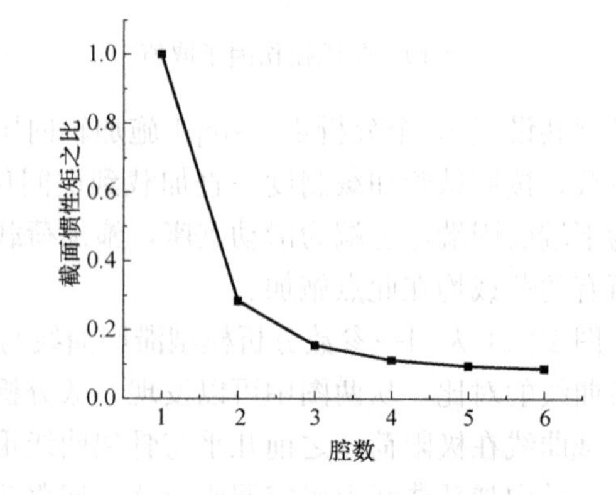

图 12-24 不同腔数模型混凝土截面惯性矩之比

12.3.3.2　钢板厚度的影响

图 12-25 为不同钢板厚度下 3、4、5 腔试件力学性能的比较。弹性段刚度方面，钢板厚度越大，试件的弹性段刚度越大，同时，相同钢板厚度下 3 腔试件要比 4、5 腔试件的弹性段刚度大很多，而 4 腔和 5 腔试件的弹性段刚度较为接近，说明弹性段刚度并不是和腔数呈线性变化，当腔数增加到一定数量时，弹性段刚度维持在一定水平不再有较大改变；屈服强度与极限强度方面，钢板厚度越大，试件的屈服强度与极限强度越高，钢板厚度相同时，腔数变化对其影响不大；延性系数方面，同一腔数下，钢板厚度对 5 腔试件延性系数的影响较大，任何钢板厚度下 5 腔试件的延性系数均要远大于 3、4 腔试件的延性系数。

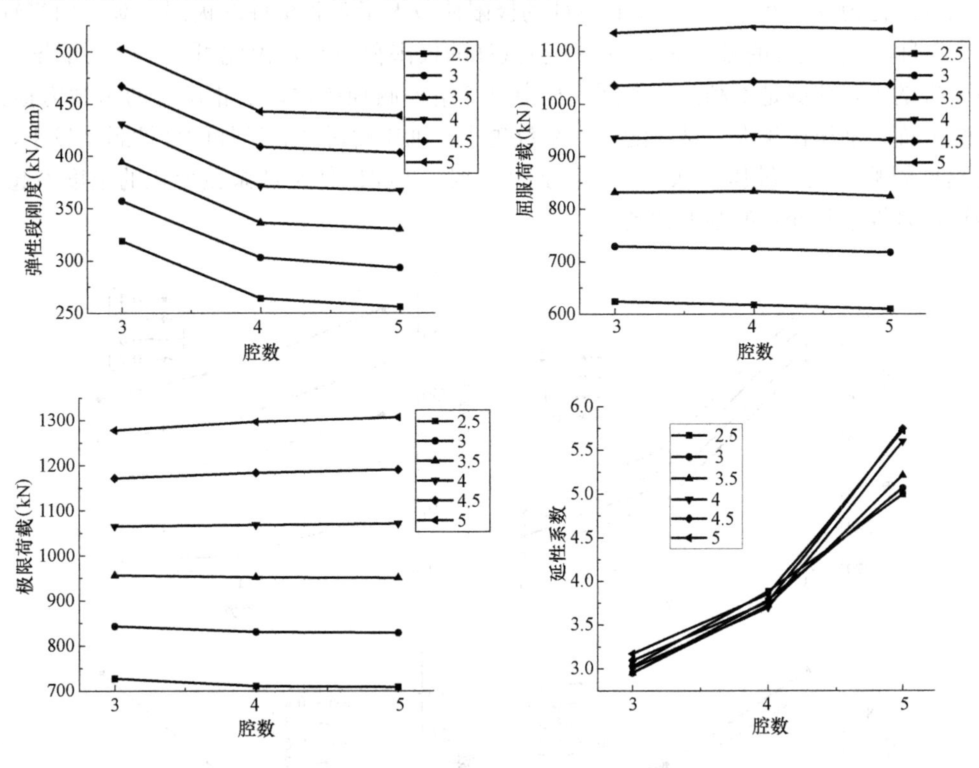

图 12-25　钢板厚度对不同腔数试件力学性能的影响

图 12-26 为不同钢板厚度下 3、4、5 腔试件耗能能力的比较，从图中可以看出不同钢板厚度下 5 腔试件的耗能能力最强，3 腔试件的耗能能力最弱，当钢板厚度增加时，三种试件的耗能能力差距缩小，可以认为当钢板厚度达到一定数值时，腔数对试件耗能能力的影响将变弱。

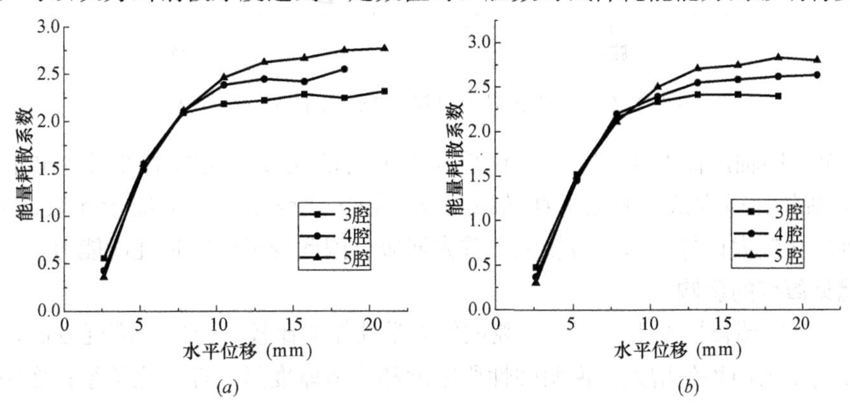

图 12-26　钢板厚度对不同腔数试件耗能能力的影响

(a) 3.5mm 厚钢板；(b) 4.5mm 厚钢板

12.3.3.3 轴压比的影响

图 12-27 为不同轴压比下 3、4、5 腔试件力学性能的比较。弹性段刚度方面，轴压比越大，对应试件的弹性段刚度越大，而且不同轴压比下腔数对弹性段刚度变化的影响规律一致；屈服荷载方面，轴压比越大，对应试件的屈服荷载越小，当轴压比从 0.4 增加到 0.6 时，不同腔数试件的屈服荷载等幅减小，当轴压比为 0.7 时，试件的屈服荷载骤降，并且 4、5 腔试件的屈服荷载趋于相等；极限荷载方面，轴压比越大，对应试件的极限荷载越小，轴压比对 3 腔试件的影响最大，对 5 腔试件的影响最小，当轴压比从 0.4 增加到 0.7 时，3 腔试件的极限荷载从 847kN 降低到 810kN，而 5 腔试件的极限荷载则从 830kN 降低到 817kN，对比 4、5 腔试件的极限荷载可以发现，当轴压比为 0.4 和 0.5 时，4 腔试件的极限荷载大于 5 腔试件的极限荷载，而当轴压比为 0.6 和 0.7 时，4 腔试件的极限荷载要比 5 腔试件的极限荷载小，由此可见，轴力的增大对于腔数较少试件的极限荷载是不利的，实际工程中要严格控制轴压比，防止试件的承载力损失严重；延性系数方面，轴压比越大，试件的延性系数越小，轴压比对 3 腔试件的延性影响较小，对 5 腔试件的延性影响较大，轴压比从 0.4 增加到 0.7 时，3 腔试件延性系数变化的幅度不超过 0.5，而 5 腔试件延性系数变化的幅度达到 2.7。

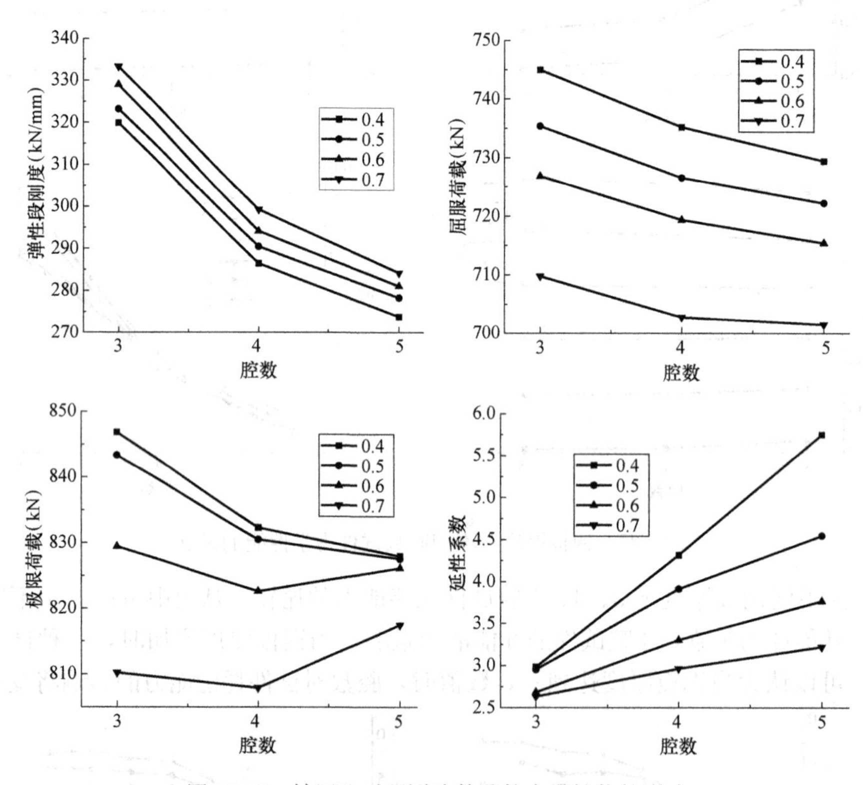

图 12-27 轴压比对不同腔数试件力学性能的影响

图 12-28 为不同轴压比下 3、4、5 腔试件耗能能力的比较，从图中可以看出水平位移小于 7.875mm 时，轴压比较大试件的能量耗散系数要比轴压比较小试件的能量耗散系数稍大一些，主要是由于轴压比较大试件内部应力较大，首先屈服，因此较早地体现耗能能力。

12.3.3.4 墙体厚度的影响

图 12-29 为不同墙体厚度下 3、4、5 腔试件力学性能的比较。弹性段刚度方面，弹性段刚度随着墙体厚度的增大而均匀增大，说明弹性段刚度和墙体厚度呈线性变化关系；屈服荷载和极限荷载方面，墙体厚度对不同腔数试件极限荷载和屈服荷载的影响规律相同，均是墙体厚度对 3 腔试件的影响较大，对 5 腔试件的影响较小，当墙体厚度为 100mm 时，3 腔试件的屈服荷载和极

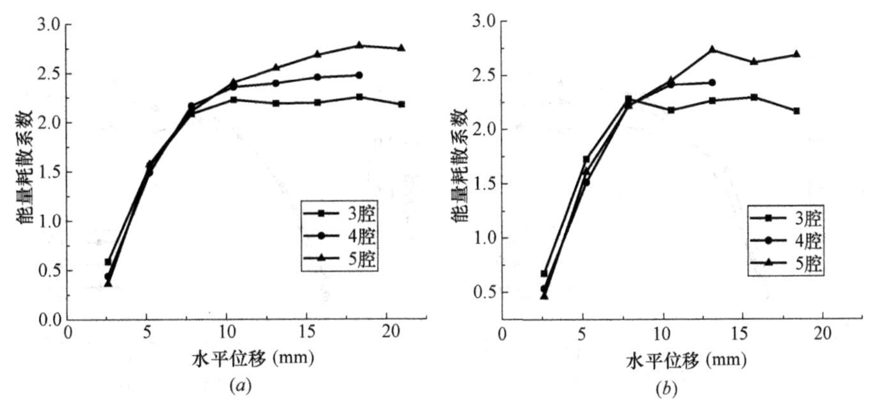

图 12-28 轴压比对不同腔数试件耗能能力的影响

(a) 轴压比为 0.4；(b) 轴压比为 0.7

限荷载最小，而当墙体厚度为 140mm 时，3 腔试件的屈服荷载和极限荷载最大；延性系数方面，墙体厚度对延性系数影响较大，并且当墙体厚度增大时，3、4、5 腔试件的延性系数变化规律相同，都是均匀地增大。

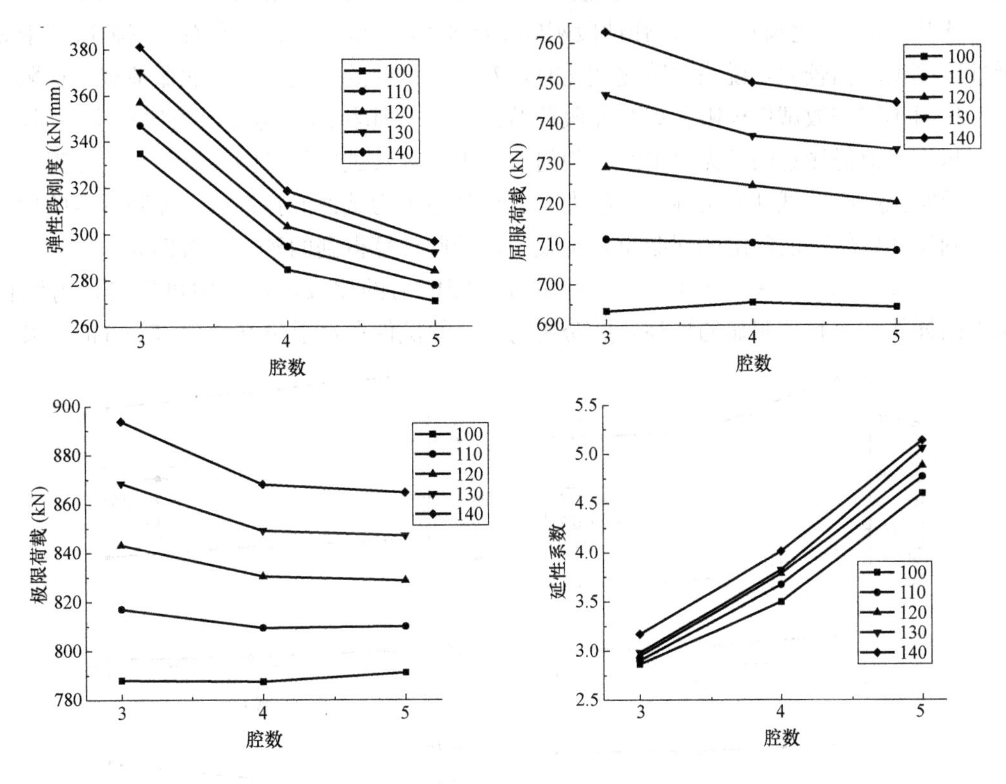

图 12-29 墙体厚度对不同腔数试件力学性能的影响

图 12-30 为不同墙体厚度下 3、4、5 腔试件耗能能力的比较，从图中可以发现墙体厚度对不同腔体数量试件的耗能能力影响不大，3 腔试件在墙体厚度增加时耗能能力有轻微的下降，因此可以看出墙体厚度的增加对少腔数试件的耗能能力影响较大。

12.3.3.5 剪跨比的影响

图 12-31 为不同剪跨比下 3、4、5 腔试件力学性能比较。剪跨比的公式为 $\lambda=\dfrac{M}{Vh_0}=\dfrac{H}{2h_0}$ 模型中控制试件的截面高度不变，变化试件高度以改变剪跨比的大小。弹性段刚度方面，不同剪跨比

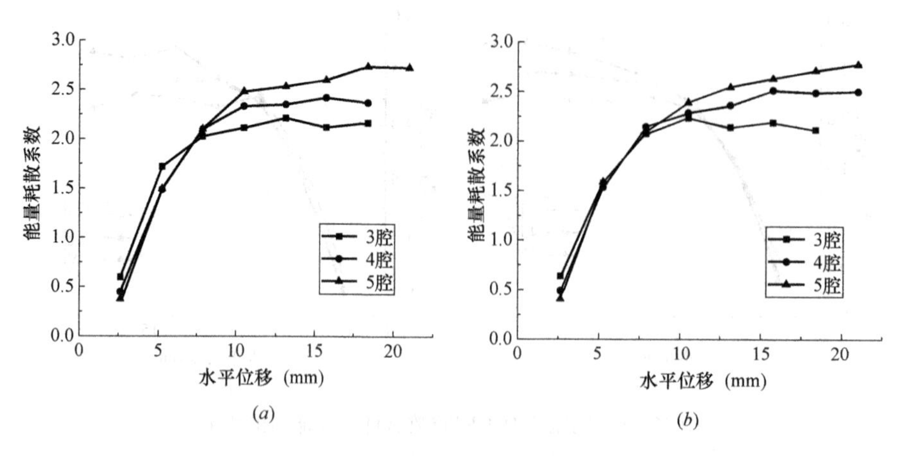

图 12-30 墙体厚度对不同腔数试件耗能能力的影响

(a) 110mm 厚墙体；(b) 130mm 厚墙体

的模型弹性段刚度差距很大，剪跨比越小，试件的弹性段刚度越大，并且弹性段刚度与剪跨比之间不是线性变化关系，当剪跨比从 1 变化到 0.75 时，弹性段刚度增幅平均在 120kN/mm 左右；而当剪跨比从 0.75 变化到 0.5 时，弹性段刚度增幅平均在 280kN/mm 左右。三种试件中 3 腔试件的弹性段刚度增幅较大，说明剪跨比变化时，对 3 腔试件的影响较大；屈服荷载和极限荷载方面，剪跨比对不同腔数试件极限荷载和屈服荷载的影响规律相同，均是剪跨比越小，屈服荷载、极限荷载越大，值得注意的是无论剪跨比为何值，不同腔数试件的极限荷载都十分接近；延性系数方面，剪跨比越小，试件的延性系数越大，分析其原因为试件的弹性段刚度随着剪跨比的减小而增大，利用几何作图法确定的屈服位移也较小，因此计算得到的延性系数偏大。

图 12-32 为不同墙体厚度下 3、4、5 腔试件耗能能力的比较，从图中可以发现剪跨比减小时，试件的耗能能力有着明显的提高，剪跨比为 0.5 的试件在水平位移为 5.25mm 时，其能量耗

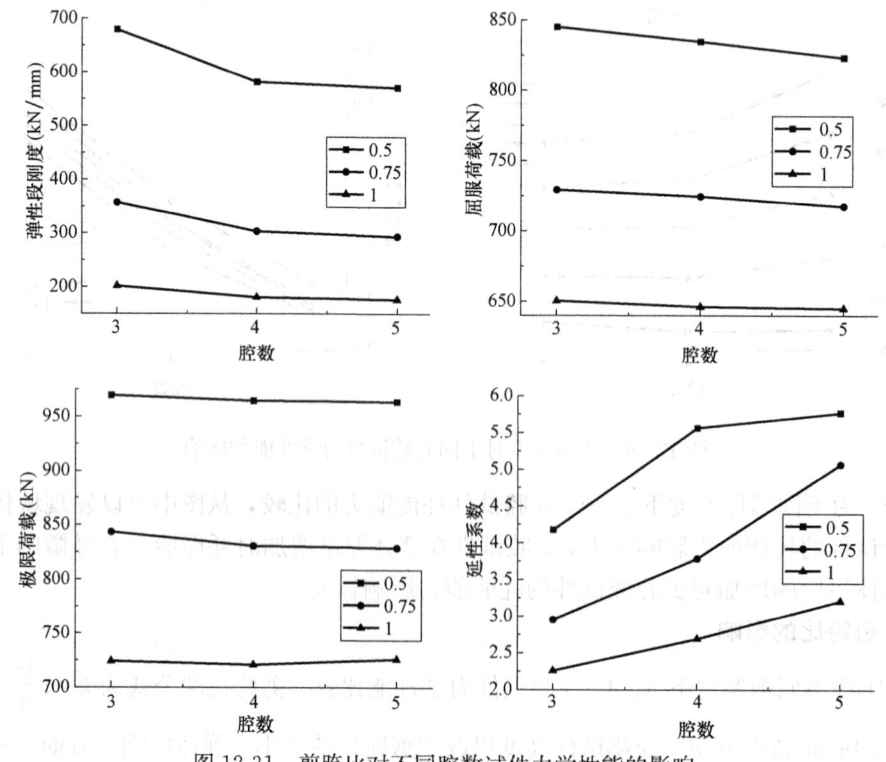

图 12-31 剪跨比对不同腔数试件力学性能的影响

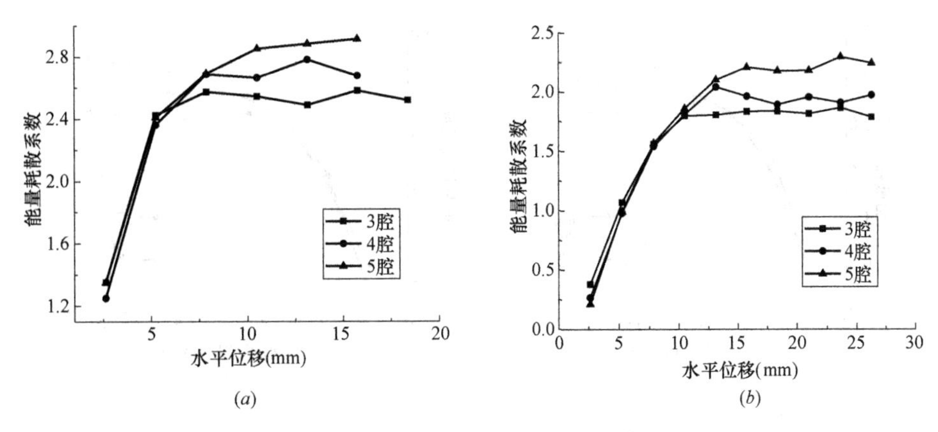

图 12-32 剪跨比对不同腔数试件耗能能力的影响

(a) 剪跨比为 0.5；(b) 剪跨比为 1

散系数已经达到 2.4，而剪跨比为 1 的 5 腔试件在加载后期能量耗散系数仅在 2.3 左右。

12.3.3.6 混凝土强度的影响

图 12-33 为不同混凝土强度下 3、4、5 腔试件力学性能的比较。弹性段刚度方面，随着混凝土强度的逐渐增大，试件的弹性段刚度也逐渐增大，但增幅逐渐较小，说明当混凝土标号达到一定程度时，再增加混凝土强度并不能对弹性段刚度的增加有更多的贡献；屈服荷载和极限荷载方面，不同腔数模型的屈服荷载和极限荷载都随着混凝土强度的提高而均匀增大，说明屈服荷载、极限荷载与混凝土强度之间为线性变化关系，混凝土强度的提高对 3 腔试件屈服荷载、极限荷载的增长最为明显，分析其原因为 3 腔试件中单个混凝土柱的截面高度较高，混凝土在截面抗弯中起到的作用比 4、5 腔试件中混凝土起到的作用大，因此在混凝土强度提高时，3 腔试件屈服荷载、极限荷载的增幅最大；延性系数方面，混凝土强度对试件的延性几乎没有影响。图 12-34 为不同混凝土强度下 3、4、5 腔试件耗能能力的比较，从图中可以发现混凝土强度对不同腔数试件的耗能能力影响不大。

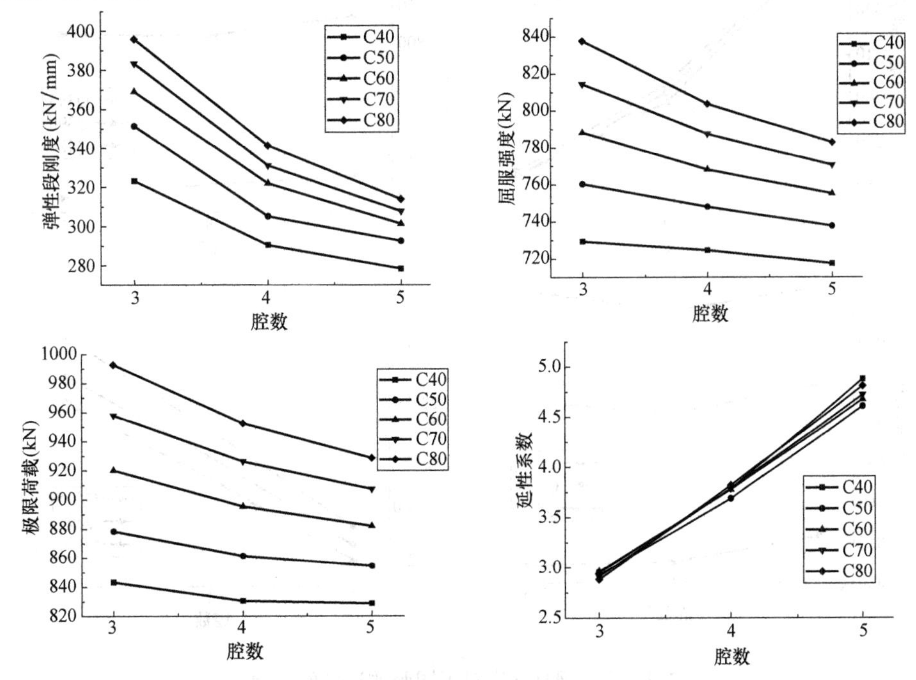

图 12-33 混凝土强度对不同腔数试件力学性能的影响

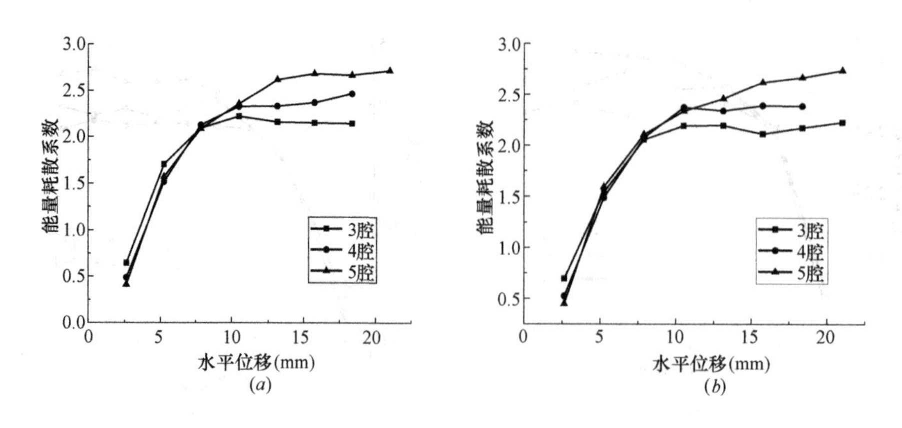

图 12-34　混凝土强度对不同腔数试件耗能能力的影响

(a) C50 混凝土；(b) C70 混凝土

12.3.3.7　钢材强度的影响

图 12-35 为不同钢材强度下 3、4、5 腔试件力学性能的比较。弹性段刚度方面，钢材强度对试件弹性段刚度几乎没有影响。屈服荷载和极限荷载方面，钢材强度越高，试件的屈服强度和极限强度随之提高，钢材强度对 5 腔试件的屈服荷载、极限荷载影响较大，分析其原因为 5 腔试件内部有 4 条纵向肋板，钢板对于试件的屈服荷载以及极限荷载作用更大一些，因此钢板强度增大时，对 5 腔试件屈服荷载、极限荷载的提高更有利；延性系数方面，钢材强度增大时，延性系数反而降低，分析其原因为钢材强度增大时，屈服荷载增大，而弹性段刚度几乎没有变化，因此屈服位移增大，延性系数降低。图 12-36 为不同钢材强度下 3、4、5 腔试件耗能能力的比较，从图中可以发现钢材强度的提高并不能使试件的耗能能力提高。

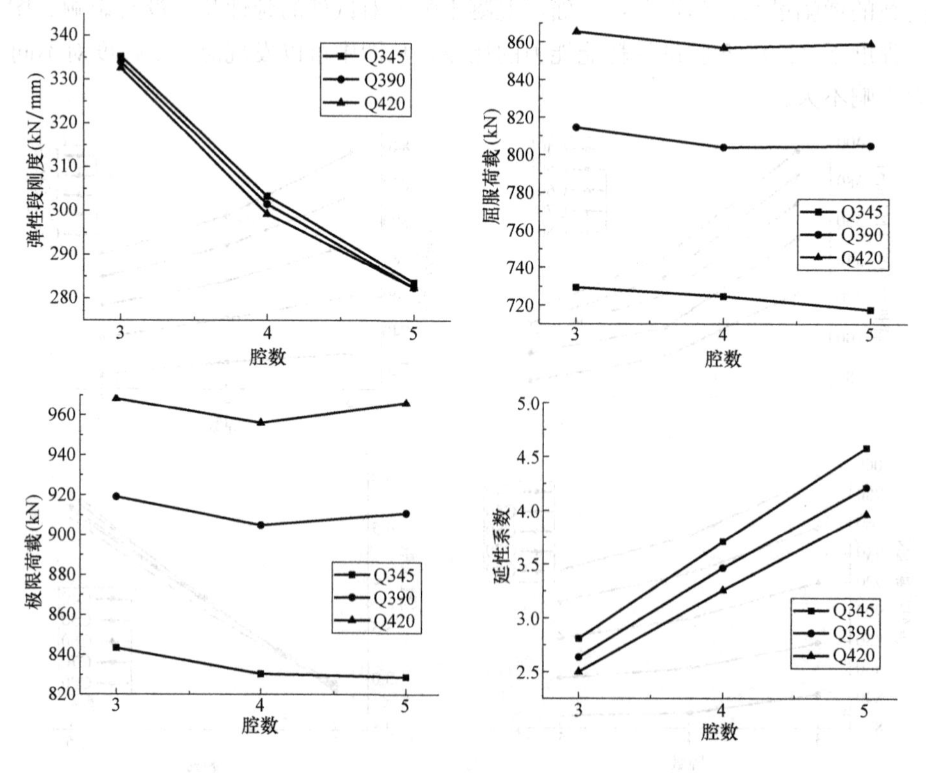

图 12-35　钢材强度对不同腔数试件的影响

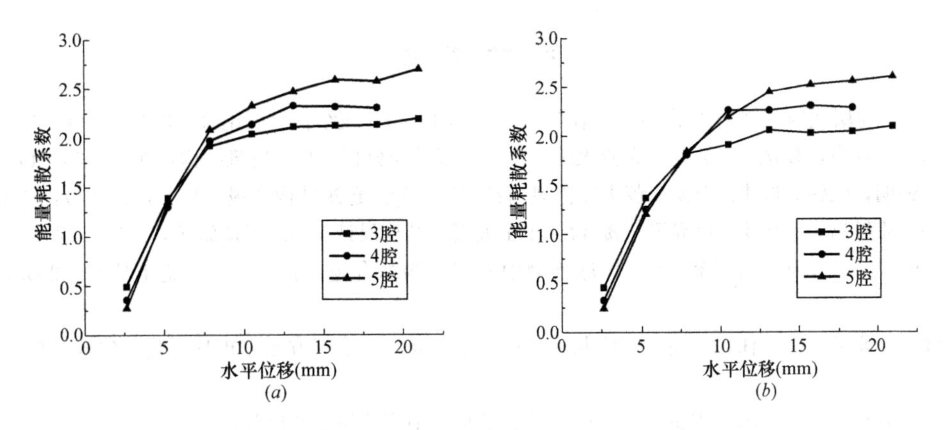

图 12-36 钢材强度对不同腔数试件耗能能力的影响

(a) Q390 钢材；(b) Q420 钢材

参考文献

[1] 赵西安. 超高层建筑的结构体系 [C]. 第二十三届全国高层建筑结构会议论文. 2014：360-372.

[2] 王亚勇，罗开海，杨沈. 深圳地王商业大厦结构风荷载效应分析 [J]. 建筑结构，2015，35（1）：55-58.

[3] 黄鹏，顾明，张锋，叶丰. 上海金茂大厦静风荷载研究 [J]. 建筑结构学报，1999，20（6）：63-68.

[4] 谢绍松，张敬昌，钟俊宏. 世界第一楼-台北 101 大楼之结构设计 [J]. 建造施工，2005，27（10）：1-4.

[5] 曾强，陈放，台登红，鲍广鉴. 上海环球金融中心钢结构综合施工技术 [J]. 施工技术，2009，38（6）：18-22.

[6] 汪大绥，包联进，姜文伟，王建，周建龙. 上海中心大厦结构第三方独立审核 [J]. 建筑结构，2012，42（5）：13-18.

[7] 高层建筑混凝土结构技术规程 JGJ3—2010 [S]. 北京：中国建筑工业出版社，2010.

[8] 聂建国，陶慕轩，樊健生，等. 双钢板-混凝土组合剪力墙研究新进展 [J]. 建筑结构 2011，41（12）：52-60.

[9] 周建龙. 武汉绿地中心结构设计报告 [M]. 北京，2013.

[10] 赵西安. 世界最高建筑迪拜哈利法塔结构设计和施工 [J]. 建筑技术，2010，41（7）：625-629.

[11] 建筑结构荷载规范 GB 50009—2012 [S]. 北京：中国建筑工业出版社，2012.

[12] 岩土工程勘察规范 GB 50021—2009 [S]. 北京：中国建筑工业出版社，2009.

[13] 建筑结构可靠度设计统一标准 GB 50068—2001 [S]. 北京：中国建筑工业出版社，2009.

[14] 建筑工程抗震设防分类标准 GB 50223—2008 [S]. 北京：中国建筑工业出版社，2008.

[15] 建筑抗震设计规范 GB 50011—2010 [S]. 北京：中国建筑工业出版社，2010.

[16] 混凝土结构设计规范 GB 50010—2010 [S]. 北京：中国建筑工业出版社，2010.

[17] 组合结构设计规范 JGJ 138—2016 [S]. 北京：中国建筑工业出版社，2016.

[18] 钢结构设计规范 GB 50017—2003 [S]. 北京：中国建筑工业出版社，2003.

[19] 高层民用建筑钢结构技术规程 JGJ 99—2015 [S]. 北京：中国建筑工业出版社，2015.

[20] 地下工程防水技术规范 GB 50108—2008 [S]. 北京：中国建筑工业出版社，2008.

[21] 建筑钢结构焊接技术规程 JGJ 81—2002 [S]. 北京：中国建筑工业出版社，2002.

[22] 钢筋机械连接通用技术规程 JGJ 107—2016 [S]. 北京：中国建筑工业出版社，2016.

[23] 高层建筑结构用钢板 YB 4104—2000 [S]. 北京：中国建筑工业出版社，2000.

[24] 建筑地基基础设计规范 GB 50007—2011 [S]. 北京：中国建筑工业出版社，2011.

[25] 房屋建筑部分 2009 版工程建设标准强制性条文 [S]. 北京：中国建筑工业出版社，2009.

[26] 建筑地基基础技术规范 DB 21/907—2005 [S]. 北京：中国建筑工业出版社，2005.

[27] 岩土工程技术规范 DB 29-20—2000 [S]. 北京：中国建筑工业出版社，2000.

[28] 高层建筑筏形与箱形基础技术规范 JGJ 6—2011 [S]. 北京：中国建筑工业出版社，2005.

[29] 高层民用建筑钢结构技术规程 JGJ 99—98 [S]. 北京：中国建筑工业出版社，1998.

[30] 上海市工程建设规范. 建筑抗震设计规程 DGJ 08-9—2013 [S]. 上海：2013.

[31] 广东省标准. 钢结构设计技术规程（定向征求意见）[M]. 广东：2011.

[32] 赵昕，孙华华，丁洁民，祁晓昱. 上海中心大厦输入地震动分析与选用 [J]. 建筑结构，2010，40（11）：40-44.

[33] 刘鹏，殷超，李旭宇，等. 高银 117 大厦抗震超限设计专家审查报告 [M]. 天津：2010.

[34] 周建龙，陆道渊，包联进，钱鹏，等. 大连绿地中心抗震超限设计专家审查报告 [M]. 大连：2012.

[35] 傅学怡，吴兵，孟美莉，等. 沈阳宝能金融中心 T1 塔楼结构设计 [C]. 第二十三届全国高层建筑结构会议论文. 2014：121-128.

[36] 超限高层建筑工程抗震设防专项审查技术要点：建设部建质 [2015] 67 号 [S]. 2015.

[37] 广东省标准. 高层建筑混凝土结构技术规程 DBJ 15-92—2013 [S]. 北京：中国建筑工业出版社，2013.

[38] 李宏男，霍林生. 结构多维减震控制 [M]. 北京：科学出版社，2008.

[39] 李爱群. 工程结构减震控制 [M]. 北京：机械工业出版社，2008.

[40] 滕军. 结构振动控制的理论、技术和方法 [M]. 北京：科学出版社，2009.
[41] 欧进萍. 结构振动控制-主动、半主动与智能控制 [M]. 北京：科学出版社，2003.
[42] 周云. 防屈曲耗能支撑结构设计与应用 [M]. 北京：中国建筑工业出版社，2007.
[43] 王佼姣. 低屈服点钢防屈曲支撑及其框架抗震性能研究 [D]. 北京：清华大学，2015.
[44] 包联进，汪大绥，周建龙等. 天津高银117大厦巨型支撑设计与思考 [J]. 建筑钢结构进展，上海科学技术出版社，2014，4（16）：43-48.
[45] 金钊，陈勇. 大气边界层湍流风生成方法DSRFG的计算效率研究 [C]. 第二十三届全国高层建筑结构会议论文. 2014：1120-1126.
[46] 傅学怡. 实用高层建筑结构设计（第二版）[M]. 北京：中国建筑工业出版社，2010.
[47] 袁兴隆. 高层建筑加强层及转换层的研究 [D]. 上海：同济大学，1996.
[48] 张树珺，马中军，李密. 水平加强层对框筒结构的力学性能研究 [J]. 重庆科技学院学报（自然科学版），2008，10（5）：50-52.
[49] 朱杰江，宋健，王颖，江蓓. 带加强层框架-芯筒结构的优化研究 [J]. 南京建筑工程学院学报，2001，58（3）：26-31.
[50] 黄怡等. 水平加强层对超高层钢框架-支撑结构的影响 [J]. 重庆建筑大学学报，2005，27（3）：49-56.
[51] 徐培福等. 带加强层的框架-核心筒结构抗震设计中的几个问题 [J]. 建筑结构学报，1999（8）：2-10.
[52] 丁洁民，巢斯，赵昕，等. 上海中心结构分析中若干关键问题 [J]. 建筑结构学报，2010，31（6）：122-131.
[53] 任重翠，徐自国，田春雨，张宏，常兆中，马宏睿，罗海林. 钢板组合剪力墙在广州东塔伸臂桁架区中的应用与分析 [J]. 建筑结构，2013，43（16）：58-62.
[54] 汪大绥，周建龙，袁兴方. 上海环球金融中心结构设计 [J]. 建筑结构，2007，37（5）：8-12.
[55] 刘鹏，殷超，李旭宇，刘光磊，黄晓芸，何伟明，李志铨. 天津高银117大厦结构体系设计研究 [J]. 建筑结构，2012，3（42）：1-9.
[56] 杨先桥，傅学怡，黄用军. 深圳平安金融中心塔楼动力弹塑性分析 [J]. 建筑结构学报，2011，7（32）：40-49.
[57] 刘鹏，等. 北京CBD核心区Z15地块中国尊大楼结构设计和研究 [J]. 建筑结构，2014，24（44）：1-7.
[58] 日本建筑构造技术者协会. 日本结构技术典型实例100选 [M]. 北京：中国建筑工业出版社，2005.
[59] Abolhassan A staneh2A sl. Seismic behavior and design of composite steel plate shear walls [R]. Moraga, CA: Steel TIPS (Technical Information and Product Service), Structural Steel Educational Council, 2002.
[60] 徐培福，傅学怡，王翠坤，等. 复杂高层建筑结构设计 [M]. 北京：中国建筑工业出版社，2005.
[61] 孙建超，徐培福，肖从真，等. 钢板-混凝土组合剪力墙受剪性能试验研究 [J]. 建筑结构，2008，38（6）：1-5.
[62] 陈涛，肖从真，田春雨，等. 高轴压比钢-混凝土组合剪力墙压弯性能试验研究 [J]. 土木工程学报，2011，44（6）：1-7.
[63] 孙建超，王杨，孙慧中，陈莹，杜文博，夏荣茂，陈叶妮. 钢板混凝土组合剪力墙在中国国家博物馆工程中的应用 [J]. 建筑结构，2011，41（6）：14-19.
[64] 郭家耀，郭伟邦. 中国国际贸易中心三期主塔楼结构设计 [J]. 建筑钢结构进展，2007，9（5）：1-6.
[65] 王墩，蒋欢军，卢文胜，吕西林 . 某超高层建筑局部结构模型低周反复加载试验研究 [J]. 结构工程师，2011，27（1）：118-125.
[66] 孙华华，赵昕，李学平，丁洁民，周瑛. 上海中心大厦地下室翼墙性能分析 [J]. 建筑结构，2011，41（5）：24-27.
[67] 杨先桥，傅学怡，黄用军. 深圳平安金融中心塔楼动力弹塑性分析 [J]. 建筑结构学报，2011，32（7）：40-49.
[68] 齐五辉，宫贞超，常为华，杨蔚彪. 中国尊大厦外框筒建筑-结构一体化设计方法 [J]. 建筑结构，2014，44（20）：1-6.
[69] 王光远. 论时变结构力学 [J]. 土木工程学报，2000，33（6）：105-108.

[70] 曹志远. 土木工程分析的施工力学与时变力学基础 [J]. 土木工程学报，2001，34 (3)：41-46.
[71] 邱英亮. 超高建筑结构施工模拟分析及施工方案的长期效应研究 [D]. 哈尔滨：哈尔滨工业大学，209.
[72] 刘军进，徐自国，徐强，等. 天津津塔施工过程分析及预变形技术 [J]. 建筑结构，2012，42 (9)：137-141.
[73] 汪建民. 超高层建筑竖向变形的简略估算 [J]. 建筑结构学报，1992，13 (4)：61-66.
[74] 时彬. 巨型框架结构模拟施工过程的结构分析 [D]. 重庆：重庆大学，2004.
[75] 刘学武，郭彦林，张庆林，刘禄宇. CCTV新台址主楼施工过程结构内力和变形分析 [J]. 工业建筑，2007，37 (9)：22-29.
[76] Brooks J J，Neville A M. Relaxation of stress in concrete and its relation to creep [J]. ACE Journal，1976，73 (4) ：86-97.
[77] BazantZP，WittmannFH. Cree and Shrinkage in Conerete Structure [J]. NewYork：Wiley&Sons，1982，129-358.
[78] Bungale S. Taranath. Structural analysis and design of tall buildings：steel and composite construction [M]. Boca Raton：CRC / Talor & Francis，2011.
[79] 范峰，王化杰，支旭东，黄刚，祝恩淳，王宏，沈世钊. 上海环球金融中心施工竖向变形分析 [J]. 建筑结构学报，2010，31 (7)：118-124.
[80] Bazant Z P. Prediction of concrete creep effect using age-adjusted effective modulus method [J]. ACI Journal，1972，69 (4) ：212-217.
[81] 陈灿. 高层钢框架-混凝土核心筒混合结构体系施工期间变形及其控制研究 [D]. 上海：同济大学，2007.
[82] CEB-FIP. CEB-FIP Model code [S]. Paris：CEB Europe International Concrete Committee，1990.
[83] 梁富华，韩建强，甘海峰，罗沁，陈林，王锋波. 超高层框架-核心筒结构竖向变形差的实测与分析 [J]. 建筑结构学报，2008，37 (8)：82-89.
[84] 周绪红，黄湘湘，王毅红，等. 钢框架-钢筋混凝土核心筒体系竖向变形差异的计算 [J]. 建筑结构学报，2005，26 (2)：66-73.
[85] 傅学怡，余卫江，孙璨，等. 深圳平安金融中心重力荷载作用下长期变形分析与控制 [J]. 建筑结构学报，2014，35 (1)：41-47.
[86] 王智飞. 型钢混凝土框架-钢筋混凝土核心筒混合结构体系竖向变形差研究 [D]. 西安：西安建筑科技大学，2007：17.
[87] 郑七振，康伟，吴探，等. 超高层混合建筑结构竖向变形差计算分析 [J]. 建筑结构，2011，41 (8)：49-53.
[88] 傅学怡. 实用高层建筑结构设计 [M]. 北京：中国建筑工业出版社，2010.
[89] 傅学怡. 卡塔尔某超高层建筑结构设计研究综述 [J]. 建筑结构学报，2008，29 (1)：1-9.
[90] 丁龙章. 高层框架在恒载作用下的施工模拟计算 [J]. 建筑结构，1985，15 (5)：5-12.
[91] 沈蒲生，方辉. 高层框架施工过程的模拟分析方法与近似方法的比较 [J]. 建筑结构，2006，36 (2)：48-50.
[92] 傅学怡. 高层建筑结构垂直荷载下的施工模拟计算 [J]. 深圳大学学报：理工版，1992，9 (1)：23-29.
[93] 方永明，韦承基，戴国莹. 高层建筑结构施工模拟分析的剖析 [J]. 上海铁道大学学报：自然科学版，1997，18 (4)：50-54.
[94] Muto K. Newly-deviced reinforced concrete shear walls for high-rise building structures [C]// SEAOC Convention of HAWAII，1969.
[95] ANSI/AISC341—2005 American institute of steel construction，seismic provisions for structural steel buildings [S]. 2005.
[96] Sabouri-ghomi S，Gholhaki M. Ductility of thin steel plate shear walls [J]. Asian Journal of Civil Engineer：Building and Hoursing，2008，9 (2)：153-166.
[97] Canadian Standards Association (CSA) . CAN /CSAS16-2001 Limit states design of steel structures

[S]. 2001.
[98] 王富润. 高层建筑的垂直变形分析 [J]. 建筑结构学报, 1990, 11 (3): 23-29.
[99] 罗小华. 超高层建筑结构竖向变形估算 [J]. 结构工程师, 2004, 20 (6): 30-33..
[100] 沈蒲生, 方辉, 夏心红. 混凝土收缩徐变对高层混合结构的影响及对策 [J]. 湖南大学学报: 自然科学版, 2008, 35 (1): 1-5.
[101] 范重, 孔相立, 刘学林, 王义华, 刘先明. 超高层建筑结构施工模拟技术最新进展与实践 [J]. 施工技术, 2012, 41 (369): 1-12.
[102] 李浩, 唐圣业, 陈璞. 两种高层建筑施工模拟快速计算方案 [J]. 工程力学, 2006, 23 (7): 87-92.
[103] 周建龙, 闫峰. 超高层结构竖向变形及差异问题分析与处理 [J]. 建筑结构, 2007, 37 (5): 82-90.
[104] 王化杰, 范峰, 支旭东, 等. 超高层结构施工竖向变形规律及预变形控制研究 [J]. 工程力学, 2013, 30 (2): 298-305.
[105] 范峰, 王化杰, 金晓飞, 等. 超高层施工监测系统的研发与应用 [J]. 建筑结构学报, 2011, 32 (7): 50-59.
[106] 惠荣炎, 黄国兴, 易冰若. 混凝土的徐变 [M]. 北京: 中国铁道出版社, 1988.
[107] 孙宝君. 混凝土徐变理论的有效模量法 [J]. 土木工程学报, 1993, 26 (3): 66-68.
[108] 黄民, 邓蜀娟, 艾奕, 等. 建筑结构的徐变收缩分析 [J]. 西南科技大学学报, 2004, 19 (3): 49-51.
[109] 曾彦. 钢管混凝土徐变研究发展概述 [J]. 公路交通技术, 2005, 4 (2): 73-75.
[110] 傅学怡, 孙璨, 吴兵, 等. 高层及超高层钢筋混凝土结构的徐变影响分析 [J]. 深圳大学学报: 理工版, 2006, 23 (4): 283-289.
[111] 沈蒲生, 方辉. 超静定结构徐变效应的力法分析方法 [J]. 铁道科学与工程学报, 2006, 3 (1): 1-5.
[112] 高洪. 高层钢筋混凝土结构收缩徐变分析 [D]. 哈尔滨: 哈尔滨工业大学, 2008.
[113] 孙璨. 钢筋混凝土结构长期徐变收缩效应研究应用 [D]. 哈尔滨: 哈尔滨工业大学, 2010.
[114] 刘枫, 刘军进. 混凝土收缩徐变对天津津塔施工模拟及预变形的影响分析 [J]. 北京: 建筑结构, 2012, 47 (9): 142-145.
[115] Zdenek P. Bazant, 等. 2000. Criteria for Rational Prediction of Creep and Shrinkage of Concrete [J]. ACI SP-194. 237-260.
[116] Zednek P. Bazant, Li, Guang-Hua. 2007. Unbiased Statistical Comparison of Creep and Shrinkage Prediction Models [R].
[117] 朱川海, 方朔, 赵昕, 丁鲲. 超高层建筑核心筒超前施工结构性能分析与设计 [J]. 建筑结构学报, 2013, 43 (5): 985-990.
[118] 曾强, 巨型桁架-核心筒结构施工技术研究与施工过程力学模拟分析 [D]. 重庆: 重庆大学, 2009.
[119] 赵挺生, 李树逊, 顾祥林. 混凝土房屋建筑施工活荷载的实测统计 [J]. 施工技术, 2005, 34 (7): 63-65.
[120] 程骥. 框架-核心筒-伸臂桁架结构体系受力性能研究 [D]. 武汉: 武汉理工大学, 2012.
[121] NieJianguo, Ding Ran. Experimental research on seismic performance of K-style steel outrigger truss to concrete core tube wall joints [C] // Proceedings of the Structures Congress 2013. Pittsburgh, Pennsylvania, 2013.
[122] Hoenderkamp J. Second outrigger at optimum location on high-rise shear wall [J]. The Structural Design of Tall and Special Buildings, 2008, 17 (3): 619-634.
[123] 王化杰, 钱宏亮, 范峰, 支旭东. 超高层结构伸臂桁架安装时序分析与控制方法 [J]. 土木工程学报, 2014, 47 (7): 1-8.
[124] 赵昕, 刘南乡, 孙华华, 等. 超高层混合结构施工阶段结构性能评估与控制 [J]. 建筑结构学报, 2011, 32 (7): 22-30.
[125] 马旭光. 加强层布置及连接方式对超高层结构竖向变形的影响分析 [D]. 哈尔滨: 哈尔滨工业大学, 2014.
[126] 赵昕, 刘南乡, 郑毅敏, 等. 带伸臂超高层结构最优伸臂道数及位置确定的灵敏度向量法 [J]. 建筑结

构，2011，41（5）：20-23.

［127］ 陈以一，王斌，赵宪忠，等. 上海中心大厦伸臂桁架与巨柱和核心筒连接的抗震性能试验研究［J］. 建筑结构学报，2013，34（2）：29-36.

［128］ 公路钢筋混凝土及预应力混凝土桥涵设计规范 JTGD 62—2015［S］.

［129］ NevilleA. M.，Dilger W. H.，Brooks J. J.，1983. Creep of Plain and Structural Concrete［M］.

［130］ 曹国辉，胡佳星，张锴，等. 钢管膨胀混凝土徐变系数简化模型［J］. 建筑结构学报. 2015，36（6）：151-157.

［131］ 曹国辉，张旺，胡佳星，等. 钢管混凝土徐变系数预测模型［J］. 中南大学学报（自然科学版）. 2016，47（2）：628-634.

［132］ 王铁梦. 建筑物的裂缝控制［M］. 上海：上海科学技术出版社，1993.

［133］ 李鸿猷. 高层建筑结构日照影响的探索［J］. 建筑结构学报，1989，10（3）：52-68.

［134］ 民用建筑热工设计规范 GB 50176—93［S］. 北京：中国计划出版社，1993.

［135］ 傅学怡. 高层建筑竖向温差内力简化计算［J］. 建筑结构学报，1993，14（1）：35-43.

［136］ 赵娟，陈淮，李天. 超长高层建筑在季节升温作用下的温度效应分析［J］. 建筑技术，2005，36（2）：111-112.

［137］ 郑毅敏，张盼盼，赵昕. 基于温度变化的超高层混合结构构件变形及受力分析［J］. 建筑科学与工程学报，2010，04（27）：78-85.

［138］ 郑毅敏，张盼盼，赵昕，郑彧. 上海中心大厦日照温差效应分析［J］. 建筑结构，2011，05（41）：28-32.

［139］ 张在明，陈雷. 高层建筑地基整体稳定性与埋深关系的研究［J］. 工程勘察，1994（6）：2-12.

［140］ 郁彦. 高层建筑结构概念设计［M］. 北京：中国铁道出版社，1999.

［141］ Eurocode8：Design provisions for earthquake resistance of structures［S］. BSI.

［142］ BS8004：1986-Code of practice for Foundations（Formerly CP2004）［S］. BSI.

［143］ International Building Code 2012［S］. International Code Council. Inc.

［144］ Uniform Building Code 1997［S］. International Code Council. Inc.

［145］ Building Code Requirements for Structural Concrete（ACI318-11）［S］. American Concrete Institute.

［146］ Minimum Design Loads for Building and Other Strucutres［S］. America Society of Civil Engineering，USA.

［147］ Unified Facilities Criteria 2013-Structural Engineering［S］. Department of Defense，USA.

［148］ 钢管混凝土结构构造 06SG524［M］. 北京：中国计划出版社，2006.

［149］ 大连金州辽南地矿工程勘测院. 某超高层建筑岩土工程勘察报告［R］. 2014.

［150］ Stephens，M J，Zimmerman，T J. THE STRENGTH OF COMPOSITE ICE-RESISTING WALLS SUBJECTED TO COMBINED LOADS［J］. Aztex Corp，1990.

［151］ Wright H D. The Behavior of Composite Walling under Construction and Service Loading［J］. Journal of Constructional Steel Research，1995，35（3）：257-275.

［152］ Wright H D. The Axial Load Behavior of Composite Walling［J］. Constructional Steel Research，1998，45（3）：353-375.

［153］ Link R A，ElwiA E. Composite Concrete-Steel Plate Walls：Analysis［J］. Journal of Structural Engineering，1995，121（2）：260-271.

［154］ Emori Katsuhiko. Compressive and Shear Strength of Concrete Fill Wall［J］. Journal of Steel Structures，2002，26（2）：29-40.

［155］ 徐嫚，王玉银，张素梅. 两边连接钢板剪力墙与组合剪力墙抗剪性能［J］. 哈尔滨工业大学学报，2010，42（8）：1216-1220.

［156］ 聂建国，卜凡民，樊健生. 低剪跨比双钢板-混凝土组合剪力墙抗震性能试验研究［J］. 建筑结构学报，2011，32（11）：74-81.

［157］ 吴杰. 双钢板型高强混凝土组合剪力墙抗震性能研究［D］. 广州大学，2012.

[158] 郭兰慧，戎芹，马欣伯，等．两边连接钢板-混凝土组合剪力墙抗震性能试验研究及有限元分析［J］．建筑结构学报，2012，33（6）：59-68.
[159] 李健，罗永峰，郭小农，等．双层钢板组合剪力墙抗震性能试验研究［J］．同济大学学报：自然科学版，2013，41（11）：1636-1643.
[160] 程卫红，田春雨，王翠坤，杨晓蒙，孙运轮．钢板夹心混凝土组合剪力墙试验研究［J］．工程抗震与加固改造，2014，36（1），40-47.
[161] Ozaki M，Akita S，Osuga H，et al. Study on steel plate reinforced concrete panels subjected to cyclic in-plane shear［J］. Nuclear Engineering & Design，2004，228（1-3）：225-244.
[162] Takeuchi M，Narikawa M，Matsuo I，et al. Study on a concrete filled steel structure for nuclear power plants (Part 4)［J］. Nuclear Engineering & Design，1998，179（2）：209-223.
[163] Clubley S K，Moy S S J，Xiao R Y. Shear strength of steel-concrete-steel composite panels. Part I-testing and numerical modelling［J］. Journal of Constructional Steel Research，2003，59（6）：781-794.
[164] Emori K. Compressive and shear strength of concrete filled steel box wall［J］. Steel Structures，2002.
[165] 过镇海，时旭东．钢筋混凝土原理和分析［M］．北京：清华大学出版社，2003.
[166] 金属材料拉伸试验方法 GB/T 228．1—2010［S］．北京：中国标准出版社，2011.
[167] 李盛勇，聂建国，刘付钧，胡红松，樊健生，邵大成，喻德明．外包多腔钢板-混凝土组合剪力墙抗震性能试验研究［J］．土木工程学报，2013，46（10）：26-38.
[168] 杨清波．预制混凝土剪力墙盒子结构足尺模型抗震性能试验研究［D］．哈尔滨工业大学，2015.
[169] 建筑抗震试验方法规程 JGJ 101-96［S］．北京：中国建筑工业出版社，1996.
[170] Wang S H，Hu H T，Huang C S，et al. Axial load behavior of stiffened concrete-filled steel columns［J］. Journal of Structural Engineering，2002，128（9）：1222-1230.
[171] Lee J，Fenves G L. Plastic-Damage Model for Cyclic Loading of Concrete Structures［J］. Journal of Engineering Mechanics，1998，124（8）：892-900.
[172] Lubliner J，Oliver J，Oller S，et al. A plastic-damage model for concrete［J］. International Journal of Solids & Structures，1989，25（3）：299-326.
[173] 韩林海．钢管混凝土结构——理论与实践［C］．中国科协青年学术年会．1998：24-34.
[174] 张劲，王庆扬，胡守营，等．ABAQUS 混凝土损伤塑性模型参数验证［J］．建筑结构，2008（8）.